AutoCAD 2020 辅助绘图课堂实录

（标准版）

王越男　刘云鹏　牟晓枫　主　编

清華大學出版社
北　京

内 容 简 介

本书以AutoCAD软件为载体，以知识应用为中心，对AutoCAD绘图知识进行了全面阐述。书中每个案例都给出了详细的操作步骤，同时还对操作过程中的设计技巧进行了描述。

全书共13章，遵循由浅入深、循序渐进的思路，依次对AutoCAD软件的发展及应用领域、AutoCAD基础知识、二维图形的绘制、二维图形的编辑、图块的应用、尺寸标注、文本的创建与编辑、表格的应用、三维图形的创建与编辑、图形的输出与打印等知识进行了详细讲解。最后通过机械零件、三居室施工图、别墅施工图这3个实操案例，对前面所学的知识进行了综合应用，以实现举一反三、学以致用的目的。

本书结构合理，思路清晰，内容丰富，语言简练，解说详略得当，既有鲜明的基础性，也有很强的实用性。

本书既可作为高等院校相关专业的教学用书，又可作为室内设计爱好者的学习用书，同时也可作为社会各类AutoCAD软件培训班的首选教材。

图书在版编目(CIP)数据

AutoCAD 2020辅助绘图课堂实录：标准版 / 王越男，刘云鹏，牟晓枫主编. —北京：清华大学出版社，2020.8
ISBN 978-7-302-56286-3

Ⅰ. ①A… Ⅱ. ①王… ②刘… ③牟… Ⅲ. ①AutoCAD软件 Ⅳ. ①TP391.72

中国版本图书馆CIP数据核字(2020)第153060号

责任编辑：李玉茹
封面设计：杨玉兰
责任校对：王明明
责任印制：宋　林

出版发行：清华大学出版社
网　址：http://www.tup.com.cn，http://www.wqbook.com
地　址：北京清华大学学研大厦A座　　邮　编：100084
社 总 机：010-62770175　　邮　购：010-62786544
投稿与读者服务：010-62776969，c-service@tup.tsinghua.edu.cn
质量反馈：010-62772015，zhiliang@tup.tsinghua.edu.cn

印 装 者：北京嘉实印刷有限公司
经　销：全国新华书店
开　本：200mm×260mm　　印　张：22.25　　字　数：538千字
版　次：2020年8月第1版　　印　次：2020年8月第1次印刷
定　价：86.00元

产品编号：089274-01

序 言

AutoCAD 2020

数字艺术设计是指通过数字化手段和数字工具实现创意和艺术创作的全新职业技能，全面应用于文化创意、新闻出版、艺术设计等相关领域，并覆盖移动互联网应用、传媒娱乐、制造业、建筑业、电子商务等行业。

ACAA意为联合数字创意和设计相关领域的国际厂商、龙头企业、专业机构和院校，为数字创意领域人才培养提供最前沿的国际技术资源和支持，是中国教育发展战略学会教育认证专业委员会常务理事单位。

20年来ACAA始终致力于数字创意领域，在国内率先创建数字创意领域数字艺术设计技能等级标准，填补该领域空白，依据职业教育国际合作项目成立“设计类专业国际化课改办公室”，积极参与“学历证书+若干职业技能等级证书”相关工作，目前是Autodesk中国教育管理中心。

ACAA在数字创意相关领域具有显著的品牌辨识度和影响力，并享有独立的自主知识产权，先后为Apple、Adobe、Autodesk、Sun、Redhat、Unity、Corel等国际软件公司提供认证考试和教育培训标准化方案，经过20年市场检验，获得充分肯定。

20年来，通过ACAA数字艺术设计培训和认证学员，有些已成功创业，有些成为企业骨干力量。众多考生通过ACAA数字艺术设计师资格或实现入职，或实现加薪、升职，企业还可以通过高级设计师资格完成资质备案，来提升企业竞标成功率。

ACAA系列教材旨在为院校和学习者提供更为科学、严谨的学习资源，我们致力于把最前沿的技术和最实用的职业技能评测方案提供给院校和学习者，促进院校教学改革，提升教学质量，助力产教融合，帮助学习者掌握新技能，强化职业竞争力，助推学习者的职业发展。

ACAA教育/Autodesk中国教育管理中心

（设计类专业国际化课改办公室）

主任　王　东

前 言

本书内容概要

AutoCAD 是一款功能强大的辅助设计软件，它具备二维、三维图形的绘制与编辑功能，对图形进行尺寸标注、文本注释以及协同设计、图纸管理等功能，并被广泛应用于机械、建筑、电子、航天、石油、化工、地质等领域。为了能让读者在短时间内掌握 AutoCAD 软件应用技能，我们组织教学一线的设计人员及高校教师共同编写了此书。全书共 13 章，遵循由局部到整体、由理论到实践的写作原则，对 AutoCAD 软件进行了全方位的阐述，各篇章的知识介绍如下：

篇	章节	内容概述
学习准备篇	第 1 章	主要讲解了 AutoCAD 软件的发展简史、应用领域、基本入门操作、AutoCAD 与其他设计软件间的协作应用等
理论知识篇	第 2 ～ 10 章	主要讲解了绘图前的准备工作、二维图形的绘制与编辑、图块的应用、尺寸标注的应用、文本与表格的应用、创建三维模型、编辑三维模型、图形的输出与打印等
实战案例篇	第 11 ～ 13 章	主要讲解了机械零件三视图、三居室施工图、别墅施工图的绘制方法与设计技巧等

系列图书一览

本系列图书既注重单个软件的实操应用，又看重多个软件的协同办公，以“理论+实操”为创作模式，向读者全面阐述各软件在设计领域中的强大功能。在讲解过程中，结合各领域的实际应用，对相关的行业知识进行了深度剖析，以辅助读者完成各种类型的设计工作。正所谓要“授人以渔”，读者不仅可以掌握这些设计软件的使用方法，还能利用它独立完成作品的创作。本系列图书包含以下图书作品：

★《AutoCAD 2020 辅助绘图课堂实录（标准版）》
★《AutoCAD 2020 室内设计课堂实录》
★《AutoCAD 2020 园林景观设计课堂实录》
★《AutoCAD 2020 机械设计课堂实录》
★《AutoCAD 2020 建筑设计课堂实录》
★《3ds Max 建模课堂实录》
★《3ds Max+VRay 室内效果图制作课堂实录》
★《3ds Max 材质 / 灯光 / 渲染效果表现课堂实录》
★《草图大师 SketchUp 课堂实录》
★《AutoCAD+SketchUp 园林景观效果表现课堂实录》
★《AutoCAD+SketchUp+VRay 建筑效果表现课堂实录》

配套资源获取方式

本书由佳木斯大学的王越男、刘云鹏、牟晓枫编写。其中王越男编写第 1 ～ 6 章，刘云鹏编写第 7 ～ 10 章，牟晓枫编写第 11 ～ 13 章。由于作者水平有限，不妥之处在所难免，望读者批评与指正。

如下载素材和配套资料，可以扫描以下二维码获取：

课件二维码

扩展资源二维码

CONTENTS

目录

第 1 章

AutoCAD 绘图入门必学

第 2 章

辅助绘图知识

第3章 绘制二维图形

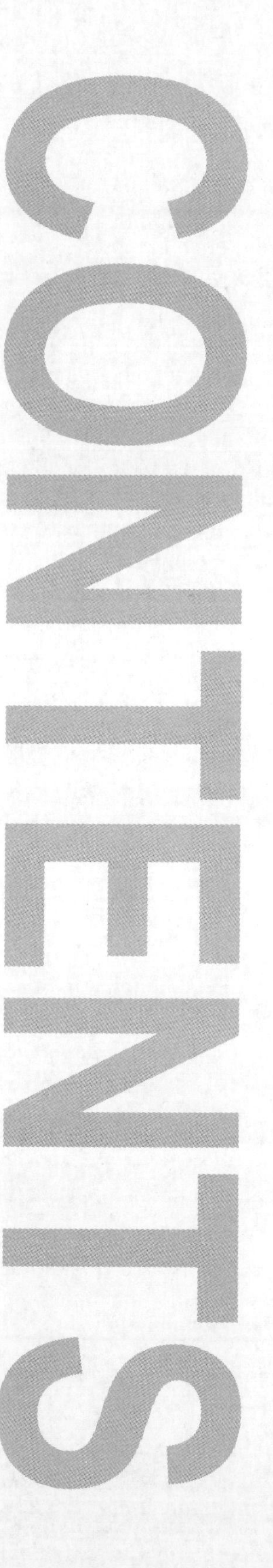

CONTENTS

第 5 章

图块及设计中心

CONTENTS

CONTENTS

CONTENTS

CONTENTS

目录

第 10 章

输出与打印图形

第 11 章

绘制机械零件三视图

CONTENTS

CONTENTS

第1章 AutoCAD 绘图入门必学

内容导读

AutoCAD 软件是一款非常优秀的计算机辅助设计软件，常常用于二维图形的绘制。目前软件最新版本为 AutoCAD 2020，该版本使用起来更加便捷。本章将向读者介绍 AutoCAD 软件的应用及基本操作。通过本章的学习，相信读者能够对 AutoCAD 软件有一定程度的了解和认识。

AutoCAD 2020

学习目标

- AutoCAD 概述
- 了解 AutoCAD 2020 软件界面
- AutoCAD 软件的基本操作
- AutoCAD 与其他软件的协作

1.1 了解 AutoCAD

使用 AutoCAD 软件不仅能够将设计方案用规范美观的图纸表达出来，而且能够有效地帮助设计人员提高设计水平及工作效率。它是一款非常实用的制图软件。在学习该软件前，用户可对软件的行业应用及功能有一个基本的了解，从而为后期学习打下基础。

■ 1.1.1 AutoCAD 的发展历程

从 1982 年研发至今，AutoCAD 先后经历了二十余次重大改进，每一次升级和更新，功能都会得到完善。其发展过程可分为初级阶段、发展阶段、高级发展阶段、完善阶段和进一步完善阶段。

（1）初级阶段：从 1982 年 11 月的 AutoCAD 1.0 到 1984 年 10 月的 AutoCAD 2.0 经历了五个版本的更新，其执行方式类似 DOS 命令；从 1985 年 5 月到 1987 年末又经历了 AutoCAD 2.17、AutoCAD 2.18、AutoCAD 2.5、AutoCAD 9.0 和 AutoCAD 9.03 等五个版本，出现了状态行和下拉菜单。

（2）发展阶段：从 1988 年的 AutoCAD 10.0 到 1992 年推出的 AutoCAD 12.0 版本，AutoCAD 出现了工具条，功能已经比较齐全，还提供了完善的 AutoLisp 语言用于二次开发；从 1996 年起至 1999 年 1 月，AutoCAD 经历了 AutoCAD R13、AutoCAD R14、AutoCAD 2000 三个版本，逐步由 DOS 平台转向 Windows 平台，实现了与 Internet 网络的连接，后期提供了更加开放的二次开发环境，出现了 Vlisp 独立编程环境，3D 绘图及编辑更为方便。

（3）高级发展阶段：在该阶段，AutoCAD 经历了两个版本，功能逐渐加强。2001 年 9 月推出了 AutoCAD 2002 版本，2003 年 5 月则推出了 CAD 软件的划时代版本——AutoCAD 2004 简体中文版。

（4）完善阶段：从 2004 年推出的 AutoCAD 2005 版本到 2013 年 3 月推出的 2014 版本，都对 AutoCAD 的功能进行了完善，界面也越来越人性化，并且与较低版本完全兼容。

（5）进一步完善阶段：从 2014 年推出的 AutoCAD 2015 版本到 2019 年推出的 2020 版本，取消了 CAD 经典模式，界面更加美观，增强了与其他软件的兼容性。本书所介绍的 AutoCAD 2020 版本于 2019 年 3 月发布。

■ 1.1.2 AutoCAD 的行业应用

AutoCAD 具有易于掌握、使用方便、体系结构开放等优点，能够轻松绘制出精准的二维图形及三维图形。随着科学技术的发展，AutoCAD 软件已经被广泛运用到了各行各业，如城市规划、园林设计、航空航天、建筑设计、机械设计、工业设计、电子电气、服装设计、美工设计等。下面将对几种常见的应用领域进行简单介绍。

1. 建筑领域

AutoCAD 是建筑制图的核心制图软件，设计人员通过该软件可以轻松表现出他们所需要的设计效果，这不但可以提高设计质量，缩短工程周期，还可以节约建筑投资。如图 1-1 所示为利用 AutoCAD 绘制的建筑图纸。

图 1-1　建筑立面图

2. 机械领域

AutoCAD 在机械制造行业的应用时间最早，也最为广泛，主要集中在零件与装配图的实体生成等。如图 1-2 所示为用 AutoCAD 绘制的机械图形。

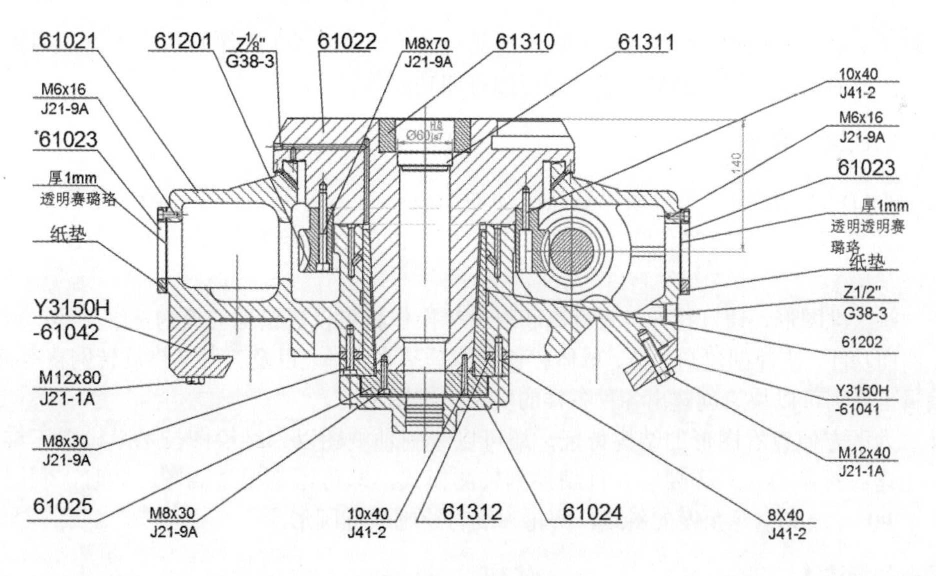

图 1-2　机械装配图

3. 服装领域

在服装行业中，AutoCAD 可用来绘制服装款式图、放码基础样板、对完成的衣片进行排料、对完成的排料方案直接通过服装裁剪系统进行裁剪等。与以往传统工序相比，AutoCAD 不仅使设计更加精确，还加快了产业的开发周期，更提高了生产率。如图 1-3 所示为利用 AutoCAD 绘制的服装打板图。

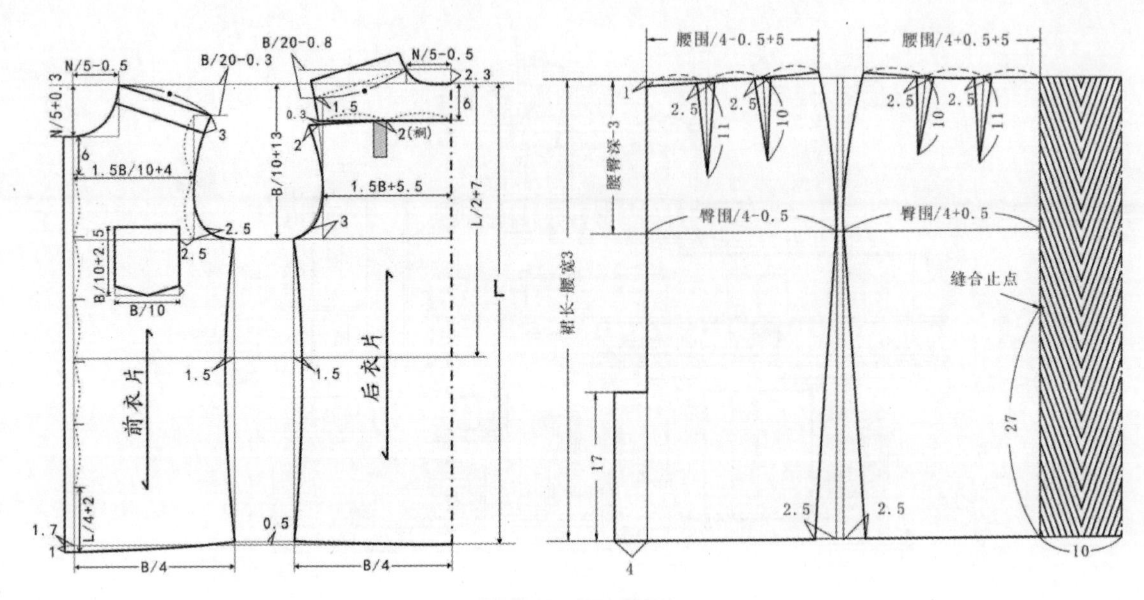

图 1-3　服装打板图

由于功能的强大和应用范围的广泛，越来越多的设计单位和企业采用 AutoCAD 来提高工作效率、改进产品的质量和改善劳动条件。因此，AutoCAD 已逐渐成为工程设计中最流行的计算机辅助绘图软件之一。

■ 1.1.3　AutoCAD 的基本功能

在了解了 AutoCAD 软件的行业应用后，下面将介绍 AutoCAD 软件的基本功能，例如图形的创建与编辑、图形的标注、图形的显示以及图形的打印功能等。

1. 图形的创建与编辑

在 AutoCAD 的“绘图”菜单或“默认”功能面板中包含各种二维和三维的绘图工具，使用这些工具可以绘制直线、多段线和圆等基本二维图形，也可以将绘制的图形转换为面域，对其进行填充。

对于一些二维图形，通过拉伸设置标高和厚度等操作就可以轻松地转换为三维图形；或者使用基本实体或曲面功能，快速创建圆柱体、球体和长方体等基本实体，以及三维网格旋转网格等曲面模型；而使用编辑工具则可以快速创建出各种各样的复杂三维图形。

此外，为了方便查看图形的结构特征，还可以绘制轴测图以二维绘图技术来模拟三维对象。轴测图实际上是二维图形，只需要将软件切换到轴测模式，即可绘制出轴测图。此时，利用直线可绘制出 30°、90°、150° 等角度的斜线，圆轮廓线将绘制成椭圆形。

2. 图形的标注

图形标注是制图过程中一个较为重要的环节。AutoCAD 的“标注”菜单和“注释”功能面板中包含了一套完整的尺寸标注和尺寸编辑工具。使用它们可以在图形的各个方向上创建各种类型的标注，也可以方便快捷地以一定格式创建符合行业或项目标准的标注。

AutoCAD 的标注功能不仅提供了线性、半径和角度 3 种基本标注类型，还提供了引线标注、公差标注及粗糙度标注等。而标注的对象可以是二维图形，也可以是三维图形。

3. 渲染和观察三维视图

在 AutoCAD 中，可以运用雾化、光源和材质等功能，将模型渲染成具有真实感的图像。如果是为了演示视图，可以渲染全部对象；如果时间有限或者显示设备和图形设备不能提供足够的灰度等级和颜色，就不必精细渲染；如果只需快速查看设计的整体效果，则可以使用简单消隐或者设置视觉样式。

此外，为了查看三维图形各方面的显示效果，可在三维操作环境中使用动态观察器观察模型，也可以设置漫游和飞行方式观察图形，甚至可以录制运动动画和设置观察相机，以更方便地查看模型结构。

4. 图形的输出与打印

AutoCAD 不仅允许将所绘制图形以不同样式通过绘图仪或打印机输出，还能够将不同格式的图形导入 AutoCAD，或者将 AutoCAD 图形以其他格式输出。因此当图形绘制完成后，可以使用多种方法将其输出，如可以将图形打印在图纸上，或者保存成文件以供其他应用程序使用。

5. 图形显示控制

AutoCAD 可以任意调整图形的显示比例，以便观察图形的全部或局部，并可以使图形上、下、左、右移动来进行观察。该软件为用户提供了 6 个标准视图和 4 个轴测视图，可以利用视点工具设置任意的视角，还可以利用三维动态观察器设置任意视角效果。

6.Internet 功能

利用 AutoCAD 强大的 Internet 工具，可以在网络上发布、访问和存取图形，为用户之间共享资源和信息，同步进行设计、讨论、演示，获得外界消息等提供了极大的帮助。

电子传递功能可以把 AutoCAD 图形及相关文件进行打包或制成可执行文件，然后将其以单个数据包的形式传递给客户和工作组成员。

AutoCAD 的超级链接功能可以将图形对象与其他对象建立链接关系。此外，AutoCAD 提供了一种既安全又适于在网上发布的 DWF 文件格式，用户可以使用 Autodesk DWF Viewer 来查看或打印 DWF 文件的图形集，也可以查看 DWF 文件中包含的图层信息、图纸和图纸集特性、块信息和属性，以及自定义特性等信息。

1.2 熟悉 AutoCAD 软件

目前 AutoCAD 最新版本为 AutoCAD 2020，该版本在以往的版本上发生了一些变化，例如界面主题色、图块功能、测量功能等。下面将对 AutoCAD 2020 软件进行简单介绍。

■ 1.2.1 AutoCAD 软件的安装

在使用 AutoCAD 之前，先要对软件进行安装。本小节将向用户介绍 AutoCAD 2020 软件的安装方法。随着版本的更新换代，软件安装也越来越智能。用户只需按照安装向导的提示进行安装即可。

将软件安装包解压，解压完成后，系统自动跳转到初始化界面，如图 1-4 所示。当初始化程序结束后，系统将进入安装界面，如图 1-5 所示。在此单击“安装”按钮，稍等片刻，系统会自动进入“许可协议”界面，如图 1-6 所示。在该界面中选中“我接受”单选按钮，并单击“下一步”按钮，随之会进入“配置安装”界面，如图 1-7 所示。在此用户只需设置好安装路径，单击“安装”按钮。

进入正在安装界面，用户需稍等片刻，如图 1-8 所示。待安装进度条结束之后，随即进入完成安装界面，说明软件安装完成，如图 1-9 所示。在此，单击“立即启动”按钮，即可启动 AutoCAD 2020 软件。

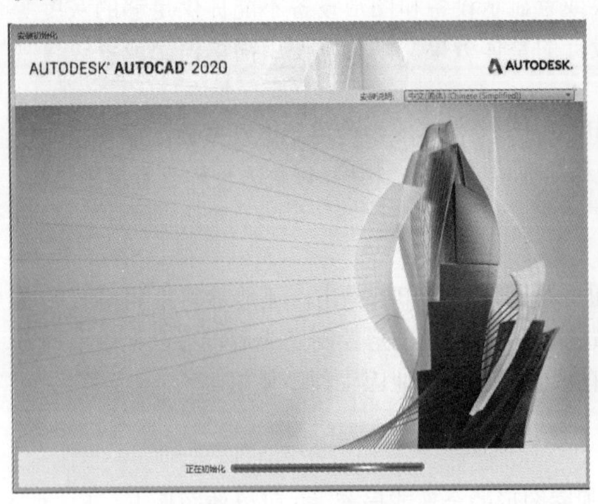

图 1-4　初始化界面

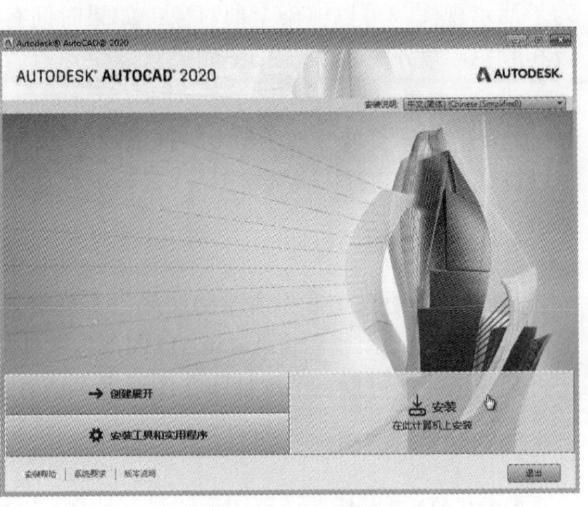

图 1-5　安装界面

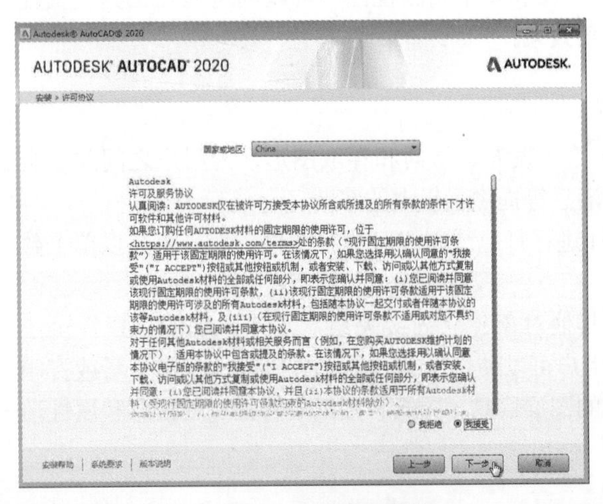

图 1-6　安装许可协议

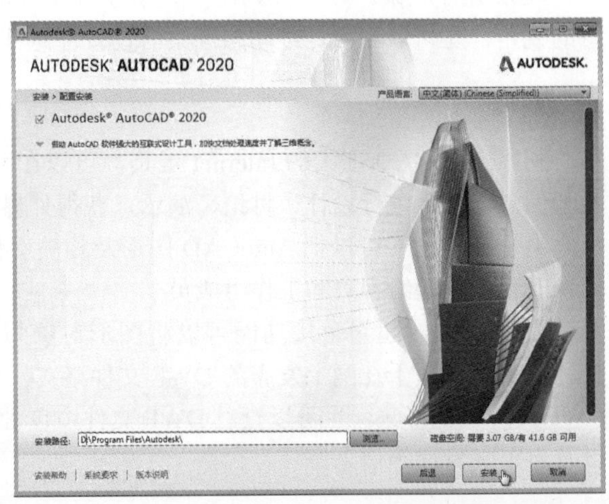

图 1-7　设置安装路径

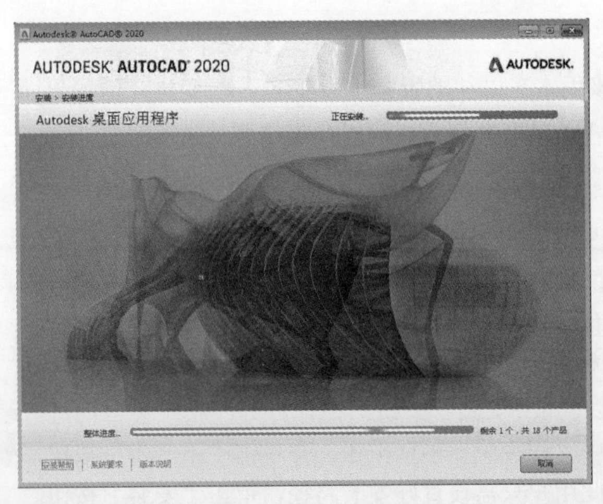

图 1-8　正在安装

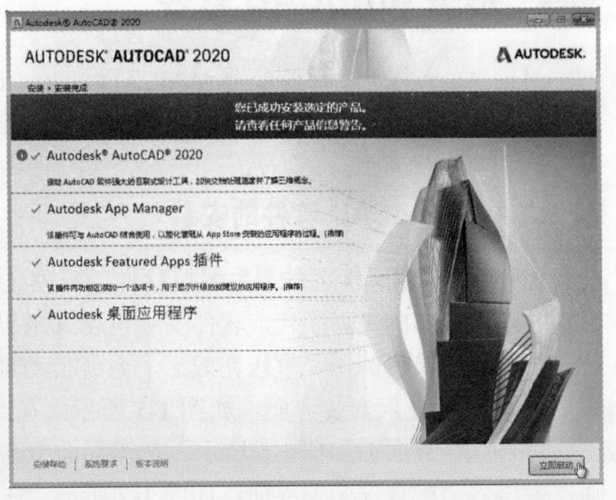

图 1-9　完成安装

1.2.2 AutoCAD 的工作界面

成功安装 AutoCAD 2020 后，系统会在桌面上创建 AutoCAD 2020 的快捷启动图标，并在程序文件夹中创建 AutoCAD 2020 程序组。用户可以通过下列方式启动 AutoCAD 2020。

◎ 执行“开始”|“所有程序”|Autodesk|“AutoCAD 2020- 简体中文（Simplified Chinese）”|“AutoCAD 2020- 简体中文（Simplified Chinese）”命令。

◎ 双击桌面上的 AutoCAD 快捷启动图标。

◎ 双击任意一个 AutoCAD 图形文件。

打开已有的图纸文件，即可看到 AutoCAD 2020 的工作界面。需要说明的是，界面默认为黑色，在此为了便于显示，将界面做了相应的调整，如图 1-10 所示。

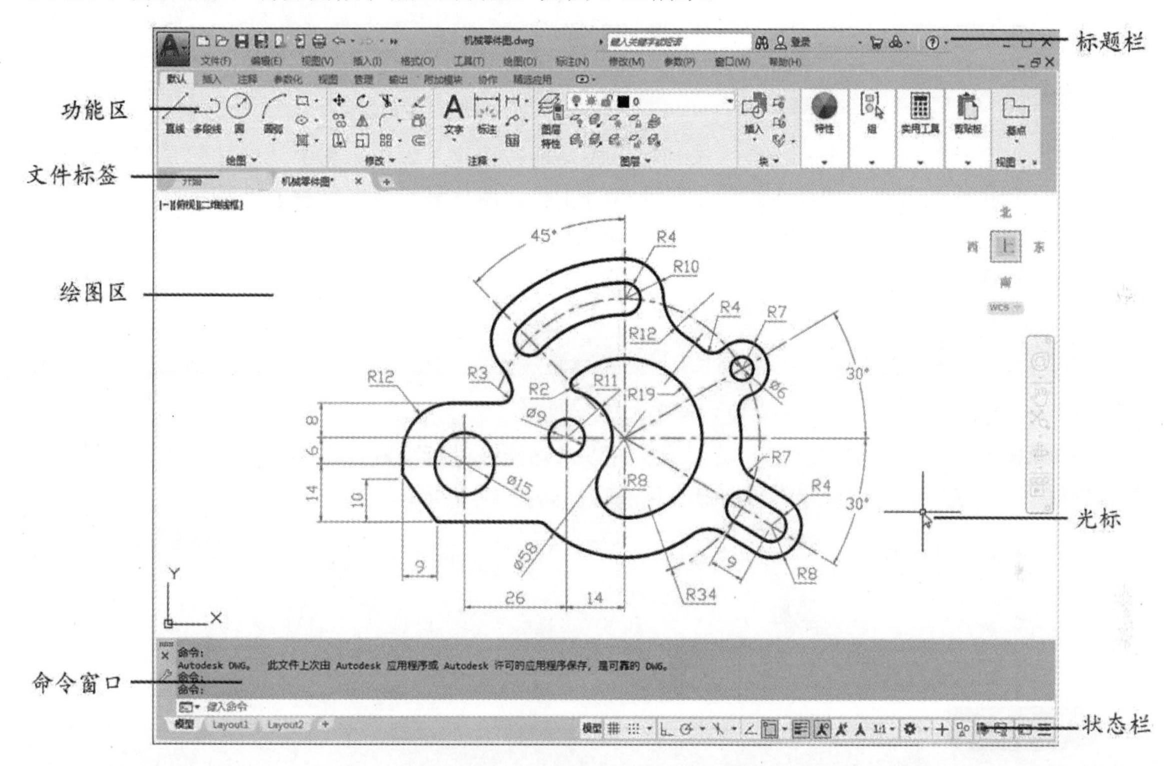

图 1-10 AutoCAD 2020 工作界面

1. 标题栏

标题栏位于工作界面的最上方，它由“菜单浏览器”按钮、快速访问工具栏、当前图形标题、搜索、Autodesk A360 以及窗口控制等按钮组成。将鼠标光标移至标题栏上，右击鼠标或按 Alt+ 空格键，将弹出窗口控制菜单，从中可执行窗口的还原、移动、最小化、最大化、关闭等操作，如图 1-11 所示。

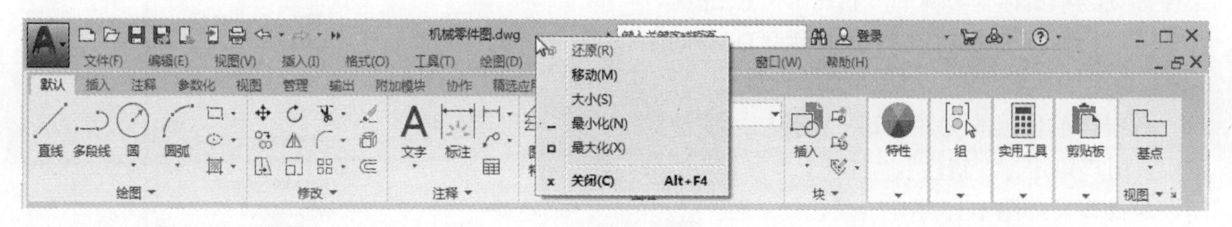

图 1-11 标题栏

2. 菜单栏

默认情况下，菜单栏是不显示状态。如需要通过菜单栏启动相关命令，可在自定义快速访问工具栏中单击下拉按钮，在弹出的下拉菜单中选择“显示菜单栏”命令。在菜单栏中包含了12项命令菜单，分别是“文件”“编辑”“视图”“插入”“格式”“工具”“绘图”“标注”“修改”“参数”“窗口”以及“帮助”，如图1-12所示。

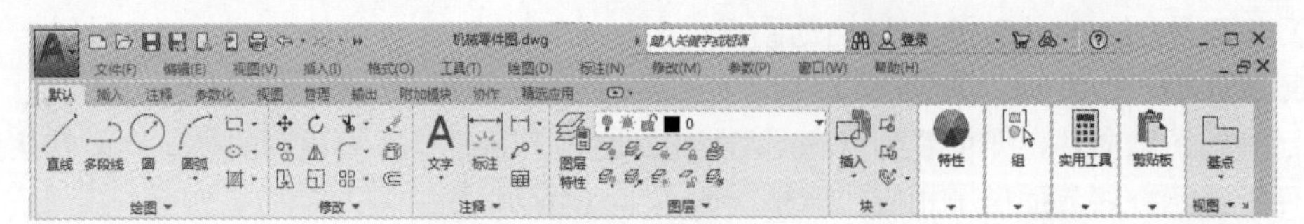

图 1-12　菜单栏

3. 功能区

功能区包含功能区选项卡、功能区选项组以及功能按钮这3大类。其中功能按钮是代替命令的简便工具，利用它们可以完成绘图过程中的大部分工作。用户只需单击所需的功能按钮就可以启动相关命令，其效率要比使用菜单栏命令高得多，如图1-13所示。

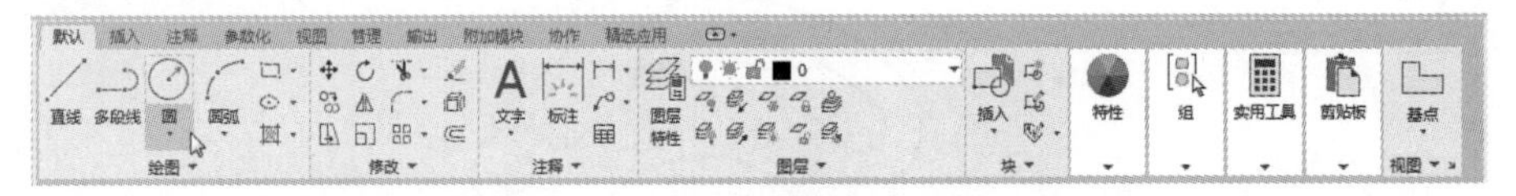

图 1-13　功能区

在实际操作时，为了扩大绘图区域，用户可以对功能区进行隐藏。在功能区右侧单击“最小化面板按钮”按钮，可以设置不同的最小化选项，如图1-14所示。

图 1-14　隐藏功能区

注意事项

对于新用户来说，不建议隐藏功能区。毕竟不熟悉命令操作，使用命令相对会麻烦些。

4. 文件标签

在功能区下方、绘图区上方会显示文件标签栏。默认会显示“开始”标签和当前正在使用的文件标签。单击标签右侧的“新图形”按钮，系统会新建一份空白文件，并用“Drawing1.dwg”命名的标签显示。

右击当前使用的文件标签，在弹出的快捷菜单中，用户可进行“新建”“打开”“保存”“关闭”等操作，如图1-15所示。

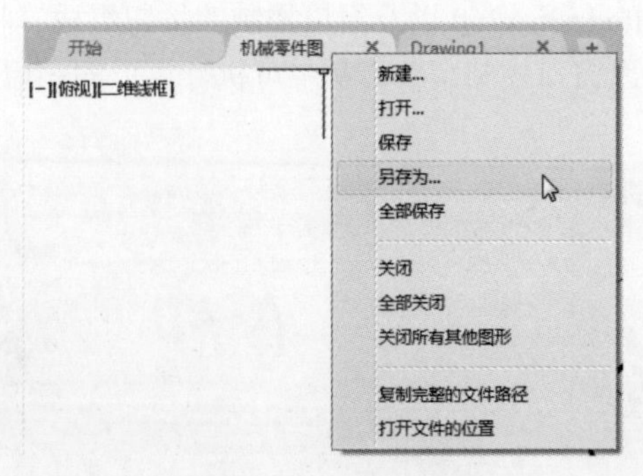

图 1-15　文件标签右键菜单

5. 绘图区域

绘图区域是用户的工作窗口，是绘制、编辑和显示图形对象的区域。它位于操作界面中间位置。绘图区左上角为视口控件按钮，用户可以在此对视口显示方式及样式进行设置，如图 1-16 所示。

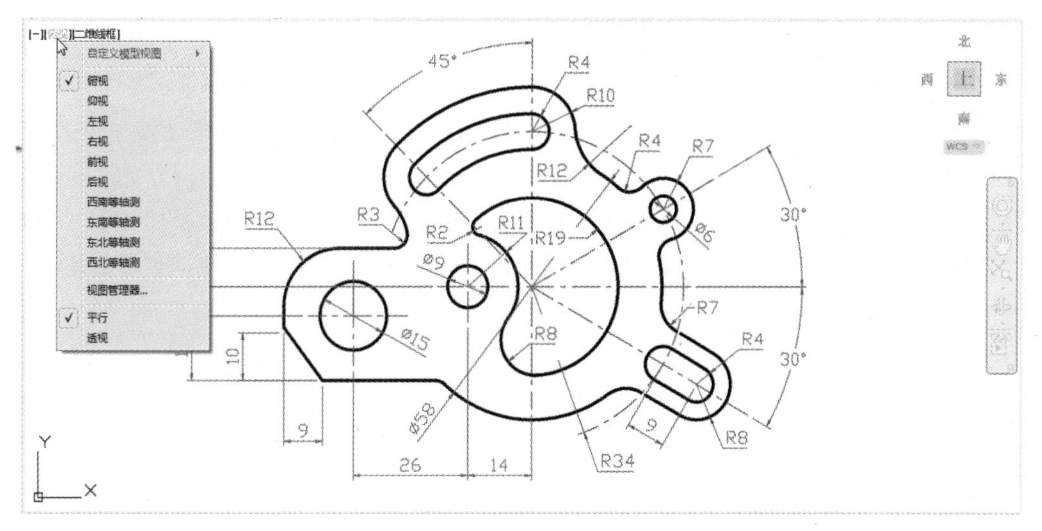

图 1-16　绘图区域

绘图区左下角为绘图坐标。用户可以根据该坐标原点位置指定所需点位置。在三维绘图中，绘图坐标较为常用。绘图区右上角为视图导航系统，在此可切换不同的视角范围。在视图导航系统下方则会显示视图控制工具栏，在此用户可进行视图的缩放、平移、三维视图旋转等操作。

6. 命令窗口

命令窗口是用户通过键盘输入命令、参数等信息的地方。通过菜单和功能区执行的命令也会在命令窗口中显示。默认情况下，命令窗口位于绘图区域的下方，如图 1-17 所示。用户可以通过拖动命令窗口的左边框将其移至任意位置。

命令：
命令：指定对角点或 [栏选(F)/圈围(WP)/圈交(CP)]:
键入命令

图 1-17　命令窗口

文本窗口是记录 AutoCAD 历史命令的窗口，用户可以通过按 F2 键打开“AutoCAD 文本窗口”，以便于快速查看完整的历史记录，如图 1-18 所示。

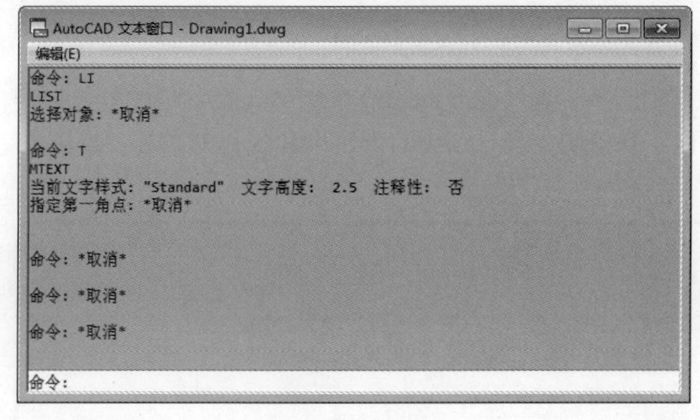

图 1-18　文本窗口

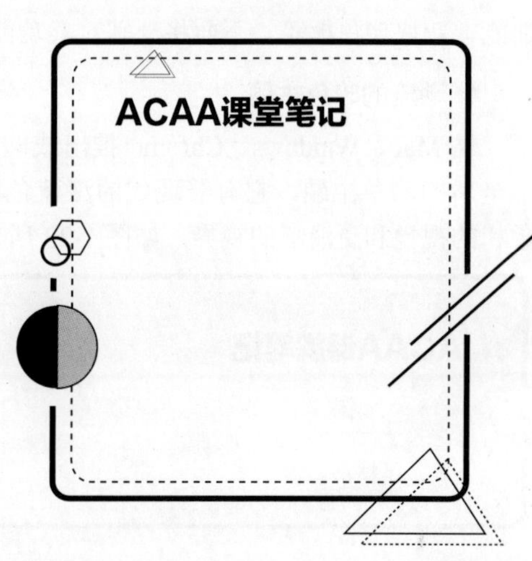

7. 状态栏

状态栏位于工作界面的最底部，用于显示当前的状态。状态栏的最左侧有“模型”和“布局”两个绘图模式，单击鼠标即可切换模式。状态栏右侧主要用于显示光标坐标轴、控制绘图的辅助功能、控制图形状态的功能等多个按钮，如图 1-19 所示。

图 1-19　状态栏

8. 快捷菜单

一般情况下快捷菜单是隐藏的，在绘图区域空白处单击鼠标右键即可弹出快捷菜单。无操作状态下的右键快捷菜单与操作状态下的右键快捷菜单，或者选择图形后的右键快捷菜单都是不同的，如图 1-20 ～图 1-22 所示。

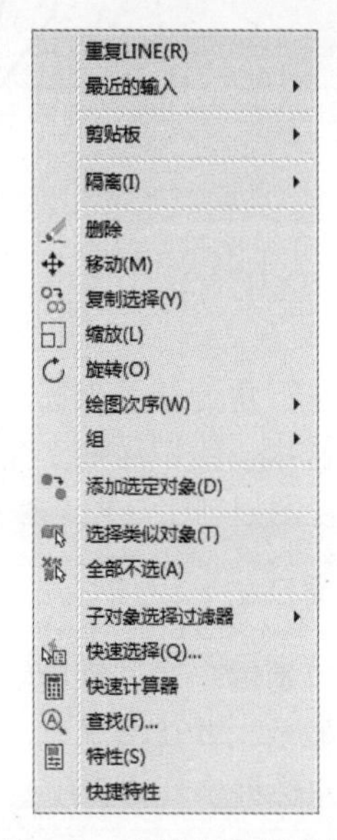

图 1-20　无操作状态下的右键菜单　图 1-21　操作状态下的右键菜单　图 1-22　选择图形后的右键菜单

1.2.3　AutoCAD 新增功能

新版本 AutoCAD 2020 与以往版本相比，其功能或性能都有了一些提升，如暗色主题、更优质的性能、新块调色板等。下面将分别对其功能进行介绍。

1. 潮流的暗色主题

继 Mac、Windows、Chrome 推出或即将推出暗色主题（dark theme）后，AutoCAD 2020 也带来了全新的暗色主题，它有着现代的深蓝色界面、扁平的外观、改进的对比度和优化的图标，提供更柔和的视觉和更清晰的视界，如图 1-23 所示。

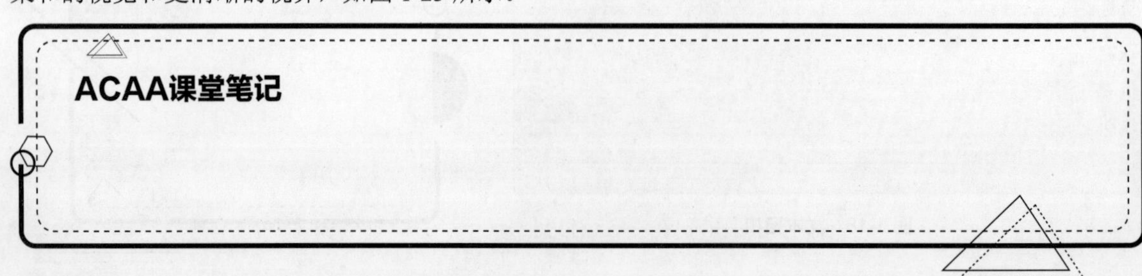

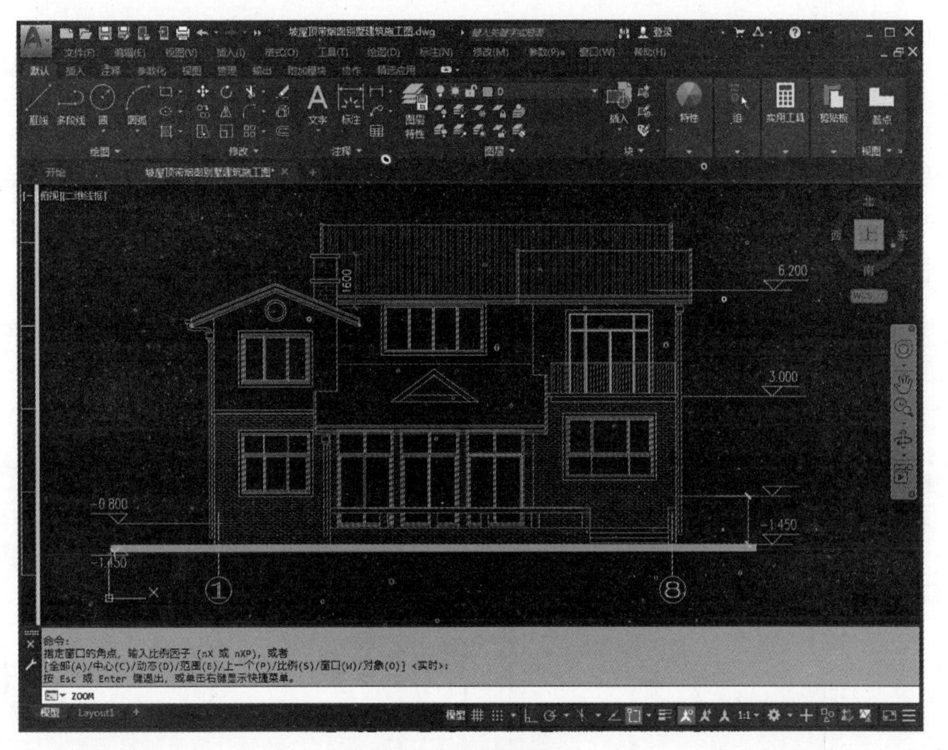

图 1-23　新界面颜色

2. 新的“块”选项板

新的“块”选项板可以提高查找和插入多个块的效率，包括当前的、最近使用的以及其他的块，并添加了“重复放置”选项以节省步骤，如图 1-24 所示。用户可以通过 blockspalette 命令来打开该选项板。

3. 功能区访问图块

从功能区便可访问当前图形中可用块的库，并提供了两个新选项，即“最近使用的块”和“其他图形中的块”，如图 1-25 所示。选择这两个选项均可打开“块”选项板并切换到“最近使用”选项卡或“其他图形”选项卡。“块”选项板中的“当前图形”选项卡显示当前图形中与功能区库相同的块。可以通过拖放或单击再放置操作，从“块”选项板放置块。

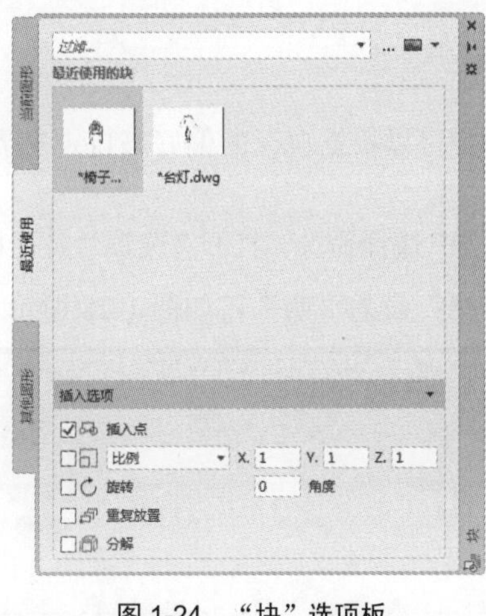

图 1-24　“块”选项板

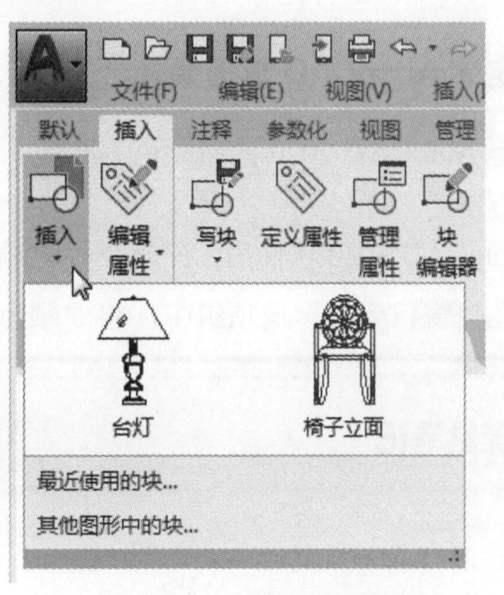

图 1-25　功能区访问图块

4. 更便捷的“清理”功能

重新设计的清理工具有了更一目了然的选项，通过简单的选择，可以一次删除多个不需要的对象。在“清理”对话框中还有“查找不可清除项目”以及“可清除项目”按钮，可以帮助用户了解无法清理某些项目的原因，如图 1-26 所示。在功能区的“管理”选项卡中也增加了“清理”选项板，用户也可以通过此处进行清理操作。

5. “快速测量”工具

新版本的测量工具中增加了“快速测量”工具，允许通过移动或悬停光标来动态显示对象的标注、距离、角度等数据，测量速度变得更快。被测量的活动区域会以高亮显示，如图 1-27 所示。

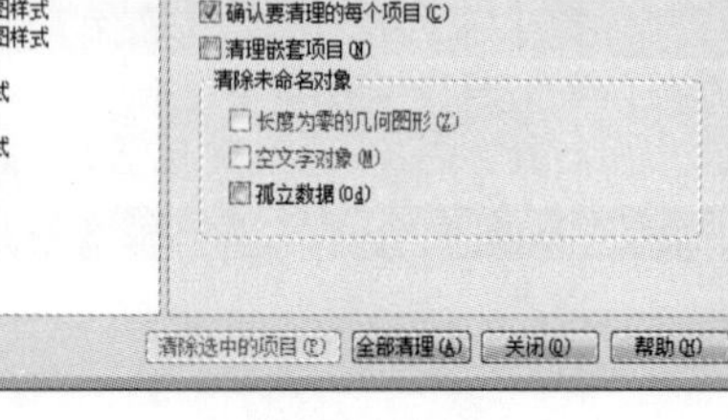

图 1-26 “清理”对话框

图 1-27 快速测量

6. DWG 比较功能增强

新版本中的 DWG 比较功能得到了增强，用户可以在不离开当前窗口的情况下比较图形的两个版本，并将所需的更改实时导入到当前图形中。

7. 更优质的性能

AutoCAD 2020 的文件保存工作只需 0.5 秒，比上一版本整整快了 1 秒。此外，软件在固态硬盘上的安装时间也缩短了约 50%。

■ 实例：自定义 AutoCAD 界面颜色

默认情况下 AutoCAD 2020 界面颜色为暗色。用户可以根据自己的偏好来自定义界面颜色，下面将介绍具体的方法。

Step01 启动 AutoCAD 2020 软件后，在命令行中输入 OP 快捷命令，打开“选项”对话框，切换到“显示”选项卡，在“窗口元素”选项组中，将“颜色主题”设为“明”，如图 1-28 所示。

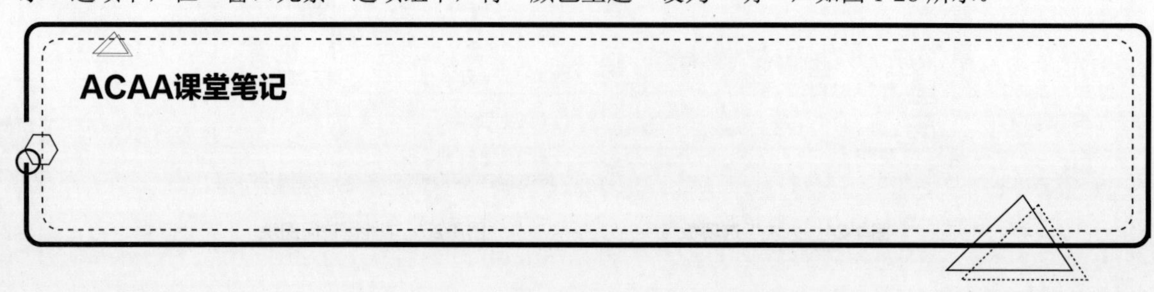

Step02 单击“颜色”按钮，在打开的“图形窗口颜色”对话框中，用户可以选择窗口元素来设置其颜色。这里将“二维模型空间”的“统一背景”设为白色，如图 1-29 所示。

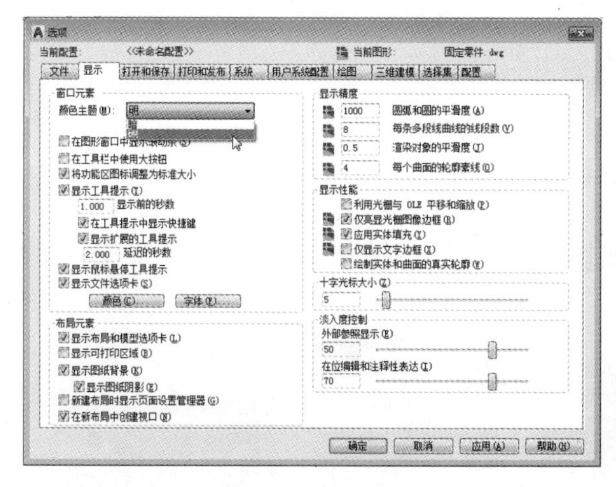
图 1-28 设置主题色

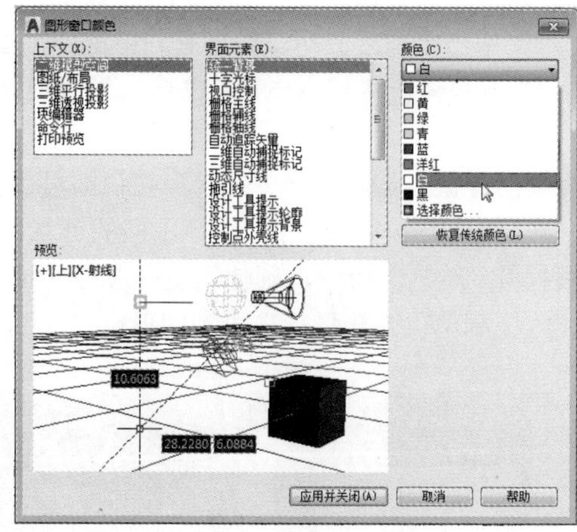
图 1-29 设置绘图区颜色

Step03 设置完成后，单击“应用并关闭”按钮，返回上一层对话框，单击“确定”按钮，关闭对话框，完成设置操作，结果如图 1-30 所示。

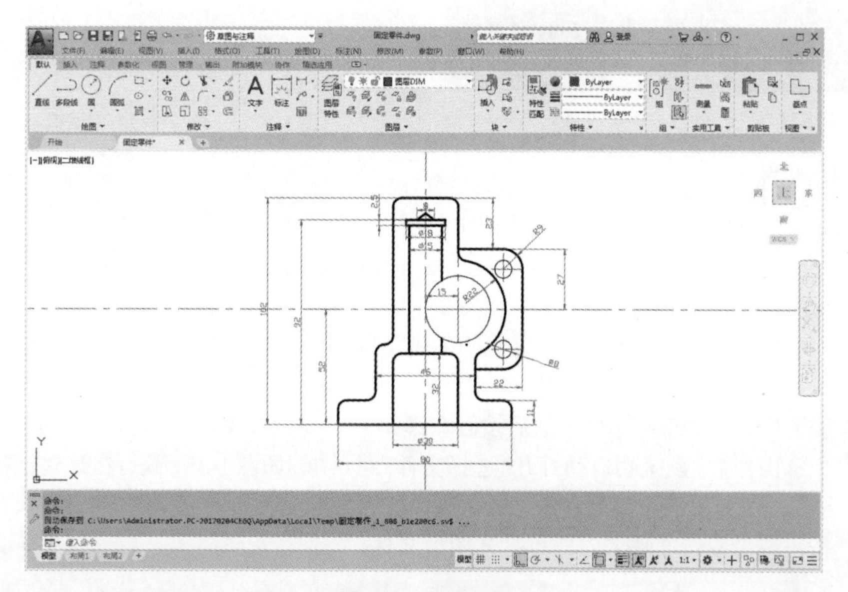
图 1-30 设置效果

■ 1.2.4 图形文件的基本操作

图形文件的管理是设计过程中的重要环节，是绘制图形过程中必须掌握的知识要点。图形文件的操作包括图形文件的新建、打开、保存以及退出等。下面将对其操作进行简单介绍。

1. 创建图形文件

启动 AutoCAD 2020 后，在打开的“开始”界面中单击“开始绘制”图案按钮，即可新建一个新的空白图形文件，如图 1-31 所示。用户可通过以下几种方法来创建图形文件。

◎ 在菜单栏中执行“文件”|“新建”命令。

◎ 单击“菜单浏览器”按钮，在弹出的下拉菜单中执行“新建”|“图形”命令。

◎ 单击快速访问工具栏中的“新建”按钮。

◎ 单击绘图区上方文件标签栏中的“新图形”按钮。

◎ 在命令行中输入 NEW 命令，然后按回车键。

执行以上任意操作后，系统将自动打开“选择样板”对话框，如图 1-32 所示。从文件列表中选择需要的样板，然后单击“打开”按钮即可创建新的图形文件。

在打开图形时，还可以选择不同的计量标准，单击“打开”按钮右侧的下拉按钮，若选择“无样板打开 - 英制”命令，则使用英制单位为计量标准绘制图形；若选择“无样板打开 - 公制”命令，则使用公制单位为计量标准绘制图形。

图 1-31　“开始”界面

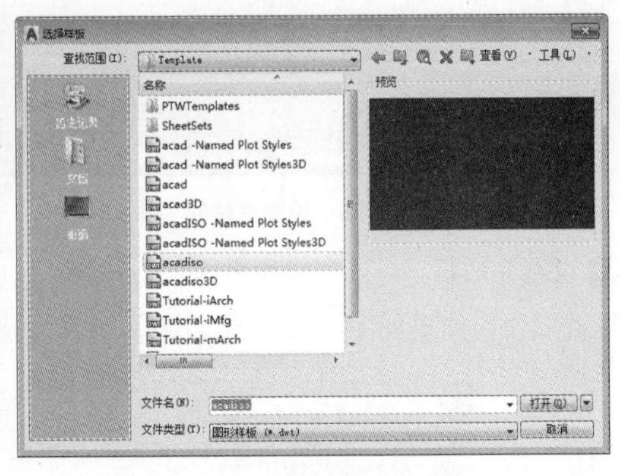

图 1-32　“选择样板”对话框

2. 打开图形文件

启动 AutoCAD 2020 后，在“开始”界面中单击“打开文件”选项按钮，在“选择文件”对话框中，选择所需图形文件即可打开。用户还可通过以下方式打开已有的图形文件。

◎ 在菜单栏中执行“文件”|“打开”命令。

◎ 单击“菜单浏览器”按钮，在弹出的下拉菜单中执行“打开”|“图形”命令。

◎ 单击快速访问工具栏中的“打开”按钮。

◎ 在命令行中输入 OPEN 命令，然后按回车键。

执行以上任意操作后，系统会自动打开“选择文件”对话框，如图 1-33 所示。在该对话框中，单击“查找范围”下拉按钮，在弹出的下拉列表中，选择要打开的图形文件夹，选择图形文件，如图 1-34 所示，单击“打开”按钮或者双击文件名，即可打开图形文件。

图 1-33　“选择文件”对话框

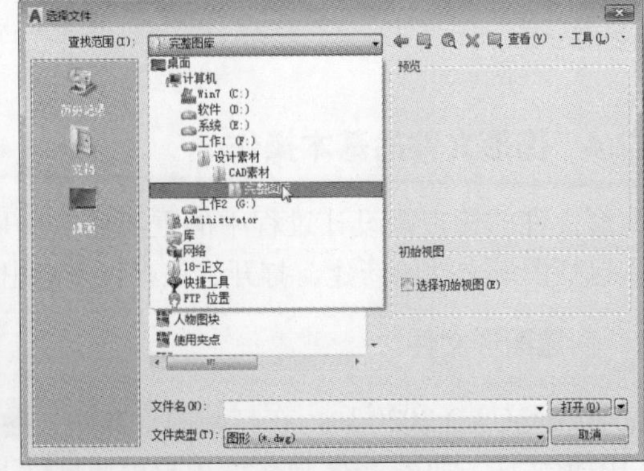

图 1-34　选择文件

在该对话框中也可以单击“打开”按钮右侧的下拉按钮，在弹出的下拉菜单中选择所需的方式来打开图形文件。

AutoCAD 2020 支持同时打开多个文件，利用 AutoCAD 的这种多文档特性，用户可在打开的所有图形之间来回切换、修改、绘图，还可参照其他图形进行绘图，在图形之间复制和粘贴图形对象，或从一个图形向另一个图形移动对象。

■ 实例：使用“查找”功能打开文件

如果在“选择文件”对话框中无法找到所需文件，用户就可以使用“查找”功能进行定位查找。下面将介绍具体的操作方法。

Step01 在“开始”界面中单击“打开文件”按钮，打开“选择文件”对话框，在该对话框中单击“工具”下拉按钮，从中选择“查找”命令，如图 1-35 所示。

Step02 在“查找”对话框中，输入要查找的文件，这里输入“法兰盘”，单击“开始查找”按钮，此时在结果列表中会显示查找的结果，如图 1-36 所示。

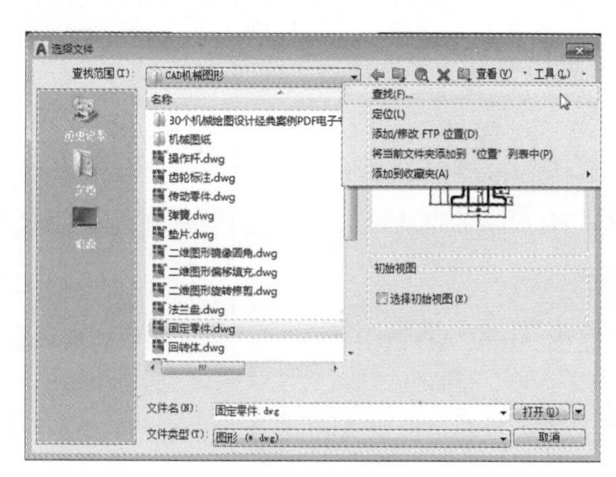

图 1-35　执行“查找”命令

图 1-36　查找文件

Step03 在结果列表中选择所需文件，单击“确定”按钮，返回到上一层对话框，单击“打开”按钮即可打开该文件。

3. 保存图形文件

对图形进行编辑后，要对图形文件进行保存。可以直接保存，也可以更改名称后保存为另一个文件。

（1）保存新建的图形。

通过下列方式可以保存新建的图形文件。

◎ 在菜单栏中执行“文件”|“保存”命令。

◎ 单击“菜单浏览器”按钮，在弹出的下拉菜单中执行“保存”命令。

◎ 单击快速访问工具栏中的“保存”按钮。

◎ 在命令行中输入 SAVE 命令，然后按回车键。

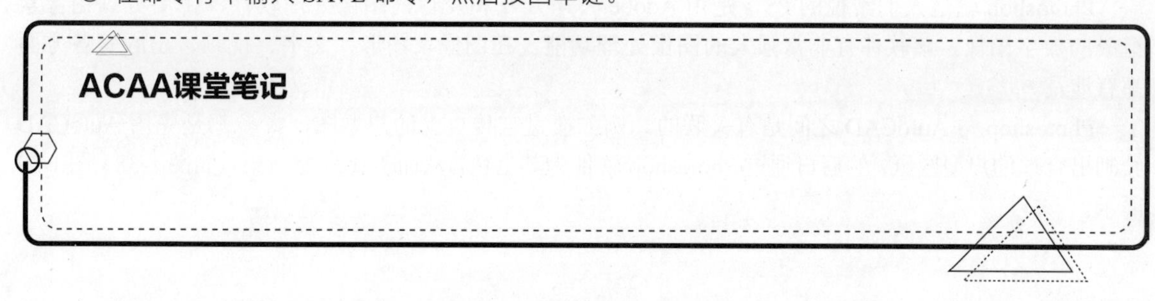

执行以上任意一种操作后，系统将自动打开“图形另存为”对话框，如图1-37所示。在“保存于”下拉列表中指定文件保存的文件夹，在“文件名”文本框中输入图形文件的名称，在“文件类型”下拉列表中选择保存文件的类型，最后单击“保存”按钮。

图1-37 “图形另存为”对话框

（2）图形换名保存。

对于已保存的图形，可以更改名称保存为另一个图形文件。先打开该图形，然后通过下列方式进行图形换名保存。

◎ 在菜单栏中执行“文件”|“另存为”命令。

◎ 单击“菜单浏览器”按钮，在弹出的下拉菜单中执行“另存为”命令。

◎ 在命令行中输入SAVE命令，然后按回车键。

执行以上任意一种操作后，系统将会自动打开“图形另存为”对话框，设置需要的名称及其他选项后保存即可。

4. 退出AutoCAD 2020

图形绘制完毕并保存之后，可以通过下列方式退出AutoCAD 2020。

◎ 在菜单栏中执行“文件”|“退出”命令。

◎ 单击“菜单浏览器”按钮，在弹出的下拉菜单中执行“退出Autodesk AutoCAD 2020”命令。

◎ 单击标题栏中的“关闭”按钮。

◎ 按Ctrl+Q组合键。

AutoCAD与其他软件的协作

AutoCAD作为辅助绘图软件，与其他制图软件是互通的，如机械行业经常使用的UG（Unigraphics NX）以及PRO/E（Pro/Engineer）软件；室内设计行业中的3ds Max；建筑园林行业中的SketchUp、Photoshop等。下面将以Photoshop、3ds Max、SketchUp这三款软件为例，来介绍它们与AutoCAD之间的协作关系。

1.3.1 AutoCAD与Photoshop的协作

Photoshop就是人们常说的PS，是由Adobe公司开发和发行的图像处理软件，主要处理由像素组成的数字图像。该软件有非常强大的图像处理功能，在图像、图形、文字、视频、出版等各方面都有涉及。

Photoshop与AutoCAD之间是有关联的。例如楼盘宣传页上的户型图，大多都是先用AutoCAD绘制出合理的户型图纸，然后再通过Photoshop软件为其上色，从而美化户型效果，如图1-38、图1-39所示。

图 1-38　居室平面图

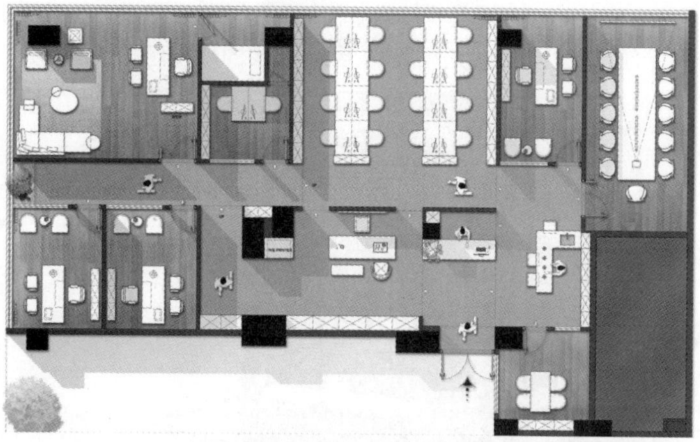

图 1-39　办公空间平面图

对于园林、建筑行业来说，在使用 AutoCAD 软件规划好某地段的平面图后，为了能够让甲方一目了然，通常也需要对其平面进行上色，当然这也离不开 Phtotoshop 软件，如图 1-40、图 1-41 所示。

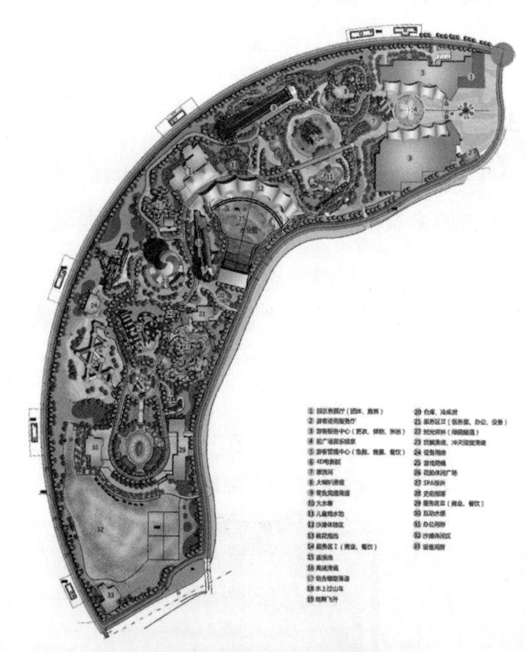

图 1-40　园林规划效果 1

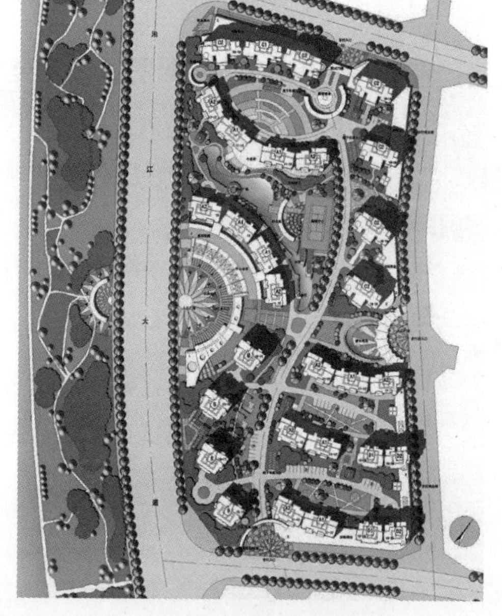

图 1-41　园林规划效果 2

利用 Photoshop 可以真实地再现现实生活中的图像，也可以创建出现实生活中并不存在的虚幻景象。它可以完成精确的图像编辑任务，可以对图像进行缩放、旋转或透视等操作，也可修补、修饰图像的残缺内容，还可以将几幅图像通过图层操作、工具应用等编辑手法，合成为完整的、意义明确的设计作品。

■ 1.3.2　AutoCAD 与 3ds Max 的协作

3ds Max 全称为 3D Studio Max，它是用于三维建模、动画、渲染和可视化的软件，可以创建出绝佳的场景、细致入微的角色并使场景栩栩如生，如今已被广泛地应用于建筑室内外设计、影视制作、游戏动画、工业产品造型等多个领域。

3ds Max 可以创建具有精确结构与尺度的仿真模型，一旦模型制作完成，就可以在建筑物的外部与内部以任意视点与角度进行观察，结合现实的环境场景输出更为真实的效果图，如图 1-42、图 1-43 所示。

图 1-42　卧室效果图欣赏

图 1-43　家具效果图欣赏

3ds Max 与 AutoCAD 之间有着密切的联系，AutoCAD 设计出建筑图纸，然后导入 3ds Max 中，通过建模、赋予材质等步骤渲染出极为真实的效果。

■ 实例：将 AutoCAD 室内平面图纸导入至 3ds Max 软件中

下面用案例向用户简单介绍如何将 AutoCAD 的图纸导入至 3ds Max 中。

Step01 在 AutoCAD 软件中将平面图进行调整。删除其他多余的图形，其中包括文字和标注。只保留墙体结构图形，如图 1-44 所示。

Step02 调整好后，保存好该图纸。打开 3ds Max 软件，在菜单栏中执行“自定义”|“单位设置”命令，在打开的“单位设置”对话框中，将“显示单位比例”和“系统单位设置”选项都统一设为“毫米”，如图 1-45 所示。

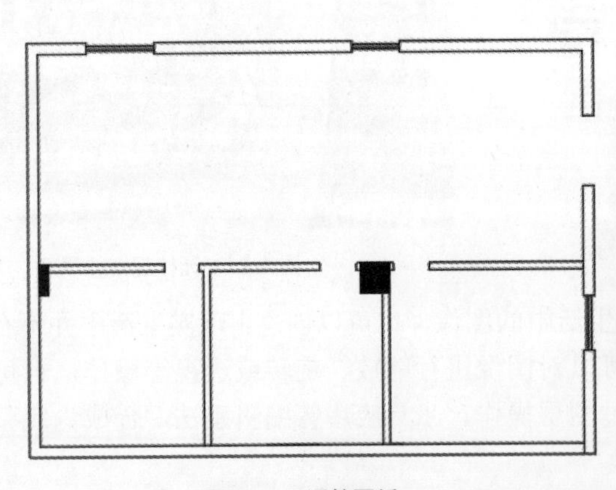
图 1-44　调整图纸

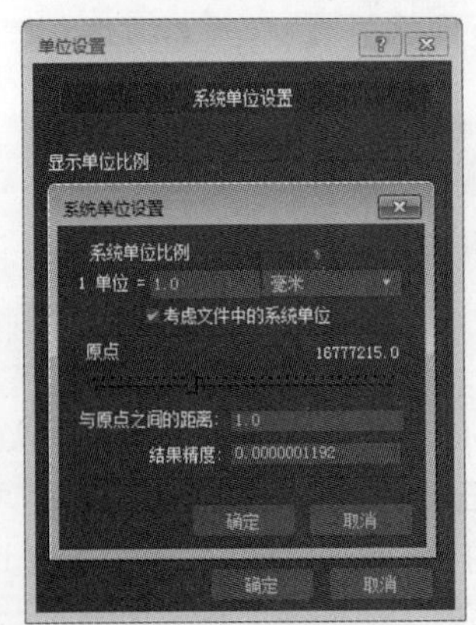

图 1-45　设置单位

Step03 在菜单栏中执行“文件”|“导入”命令，在打开的“选择要导入的文件”对话框中，选择刚保存的 AutoCAD 图纸文件，单击“打开”按钮，如图 1-46 所示。

Step04 在打开的“AutoCAD DWG/DXF 导入选项”对话框中，勾选“重缩放”复选框，单击“确定”按钮，如图 1-47 所示。

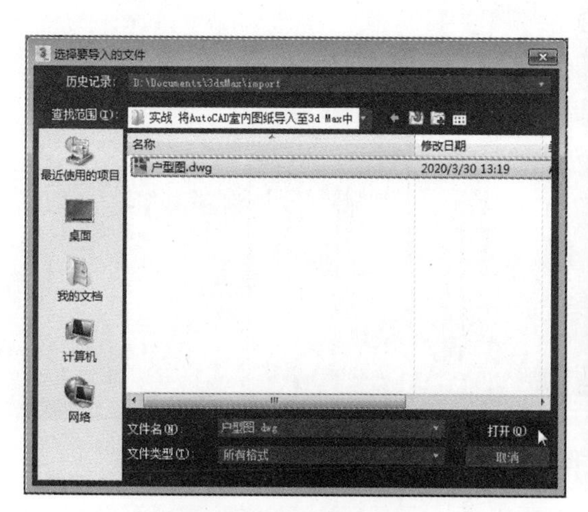
图 1-46　选择导入的图纸

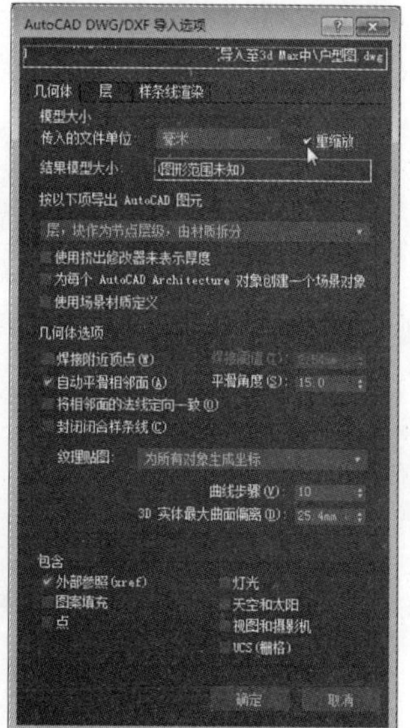
图 1-47　设置导入选项

Step05 此时 AutoCAD 图纸已导入至 3d Max 软件中，如图 1-48 所示。

Step06 选择图纸对象，将其进行组合，并冻结当前选择操作后，即可在该图纸上进行建模操作了。

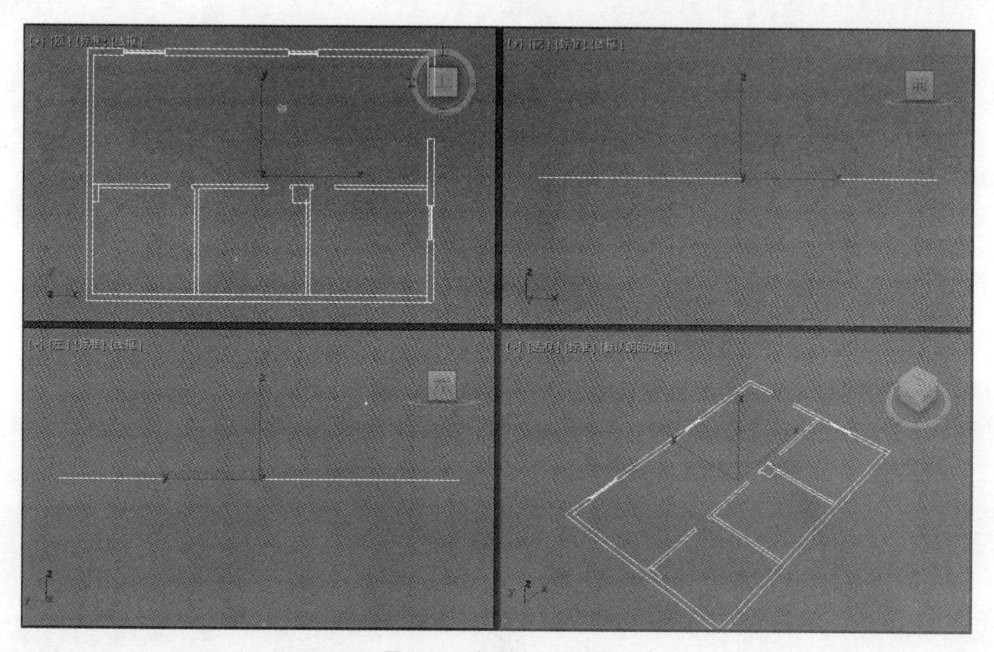
图 1-48　完成导入的效果

如果想要将 3ds Max 文件导入至 AutoCAD 软件中，只需在导出 3ds Max 文件时，将保存类型设置为 DWG 格式即可。

■ 1.3.3　AutoCAD 与 SketchUp 的协作

SketchUp（中文名：草图大师）是一款极受欢迎并易于使用的 3D 设计软件，更确切地说，它是一套直接面向方案创作过程的草图绘制工具。在设计过程中，通常习惯从不十分精确的尺度、比例开始思考，随着思路的进展不断添加细节。SketchUp 会根据设计目标，随时随地地解决在整个设计过程中出现的各种修改，如图 1-49 ～图 1-51 所示。

图 1-49 别墅立面效果

图 1-50 景观小品效果 1

图 1-51 景观小品效果 2

在实际绘图时，设计师会结合 AutoCAD、3ds Max、VRay 或者 LUMIOM 等软件或插件制作各类建筑方案、园林景观方案、室内方案，所以该软件的协作功能非常强大。

如果用户想要将 AutoCAD 文件导入至 SketchUp 软件中，要先将 AutoCAD 文件图纸文件清理干净，仅保留基本结构，然后在 SketchUp 软件中导入 AutoCAD 文件即可。具体操作与导入 3ds Max 文件相似，操作起来非常方便，如图 1-52、图 1-53 所示。

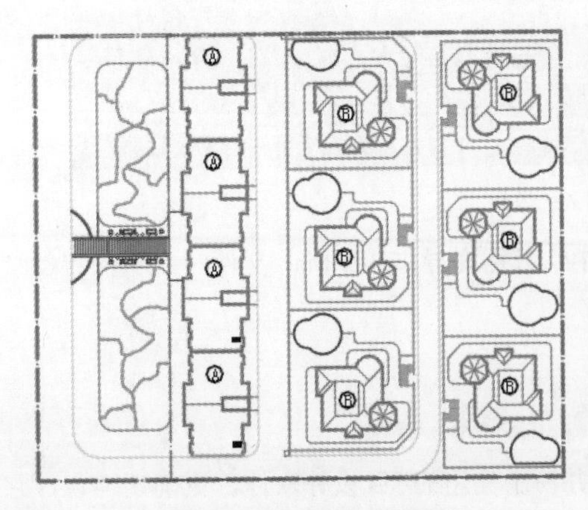

图 1-52 AutoCAD 二维图形

图 1-53 导入至 SketchUp 后效果

课堂实战：在 Photoshop 中导入 AutoCAD 高清线稿

在实际工作中，从 AutoCAD 导出的 JPG 图片放大后经常会模糊不清，从而给彩平图制作带来各种麻烦。那么如何解决这个问题呢？下面将为用户介绍具体的解决方法，其操作步骤如下。

Step01 打开素材文件，按 Ctrl+P 组合键打开“打印—模型”对话框，将“打印机/绘图仪”选项组中的“名称”设为 DWG To PDF.pc3，如图 1-54 所示。

Step02 将“打印范围”设为“窗口”，系统自动返回到绘图区，此时框选要导入的图纸，如图 1-55 所示。

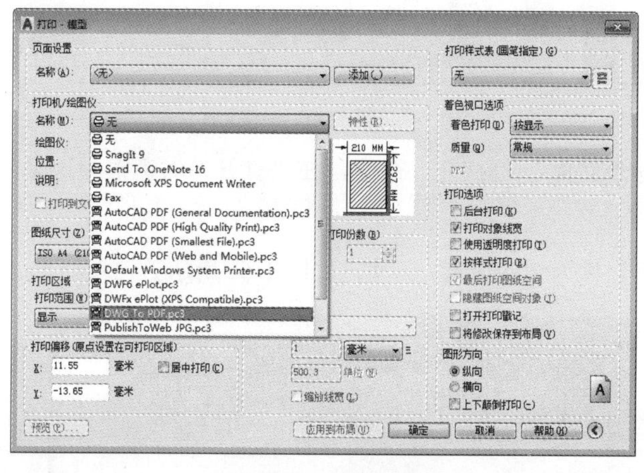

图 1-54　设置名称

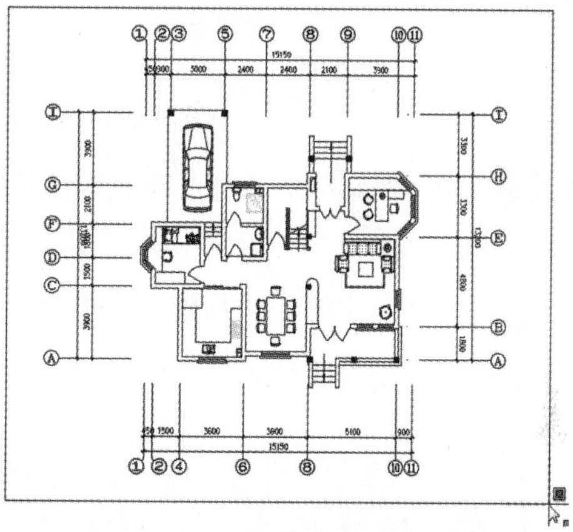

图 1-55　框选打印范围

Step03 返回到“打印 - 模型”对话框，勾选“打印偏移”选项组中的“居中打印”复选框，勾选“打印比例”选项组中的“布满图纸”复选框，同时，将“图形方向”设为“横向”，如图 1-56 所示。

Step04 在“打印样式表”下拉列表框中选择 acad.ctb 选项，同时单击右侧的“编辑”按钮，在“打印样式表编辑器 -acad.ctb”对话框中，将“颜色”设为“黑”，将“线型”设为“实心”，将“线宽”设为默认“0.0000 毫米”，如图 1-57 所示。

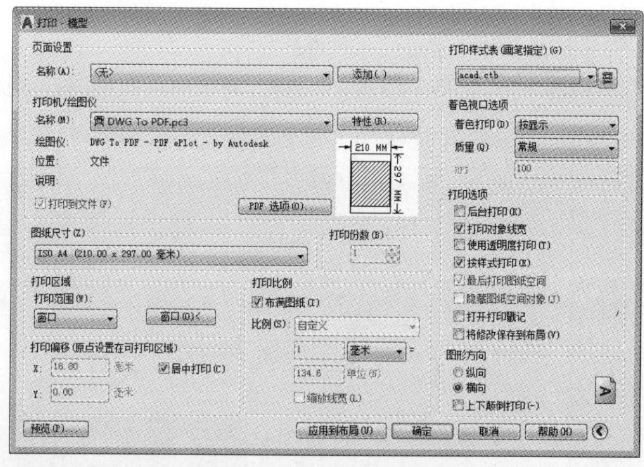

图 1-56　设置其他打印参数

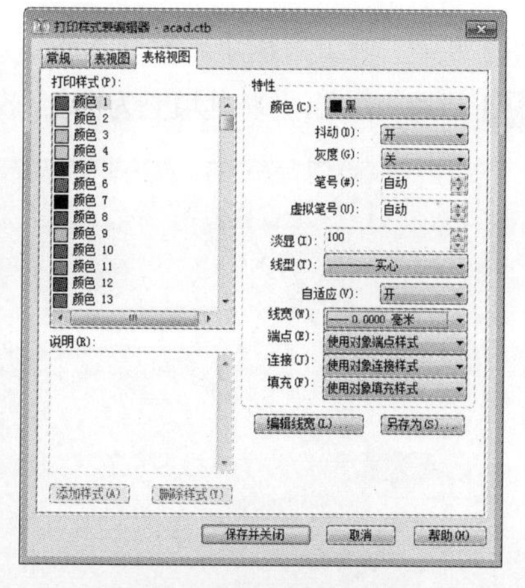

图 1-57　设置打印样式表

Step05 单击“预览”按钮，预览设置后的打印效果，如图 1-58 所示。

Step06 按 Esc 键返回到“打印 - 模型”对话框。单击“确定”按钮，在打开的“浏览打印文件”对话框中，设置保存路径，单击“保存”按钮，如图 1-59 所示。

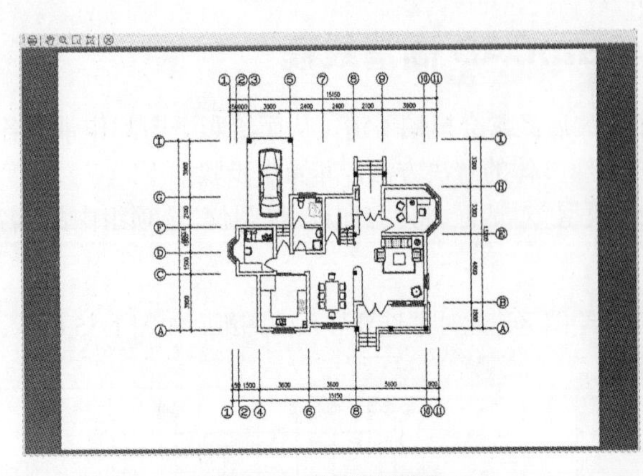

图 1-58　预览打印效果

图 1-59　保存文件

Step07 打开 Photoshop 软件，在菜单栏中执行“文件”|“打开”命令，在“打开”对话框中选择刚保存的 PDF 图纸文件，如图 1-60 所示。

Step08 在“导入 PDF”对话框中，将“分辨率”设为 300 像素 / 英寸，如图 1-61 所示。

图 1-60　打开 PDF 文件

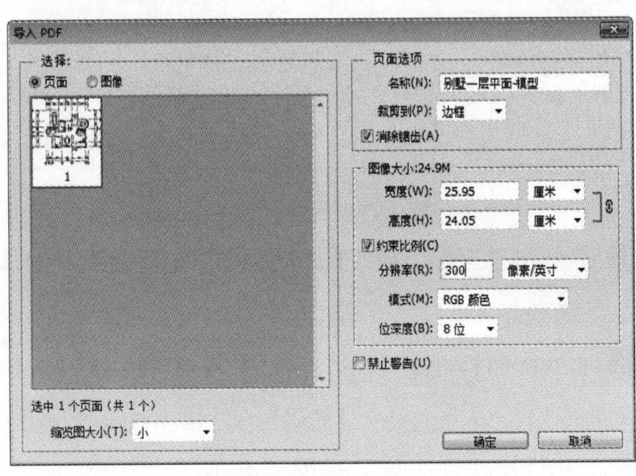

图 1-61　设置分辨率

Step09 单击“确定”按钮完成导入操作，如图 1-62 所示。

Step10 新建一图层，并将其填充为白色，放置于线稿下方，如图 1-63 所示。至此，完成高清线稿的导入操作。

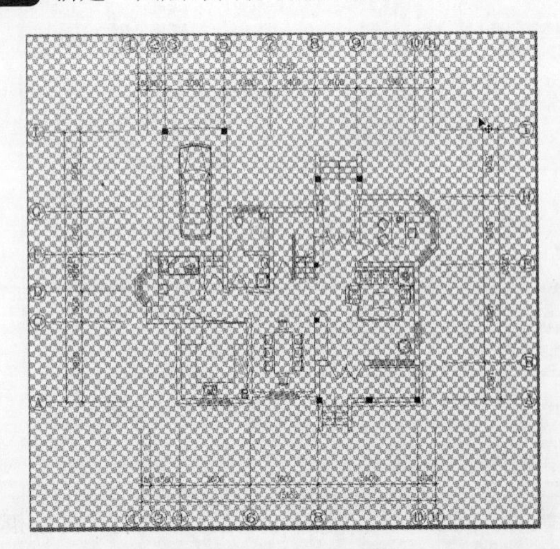

图 1-62　导入 PDF 文件

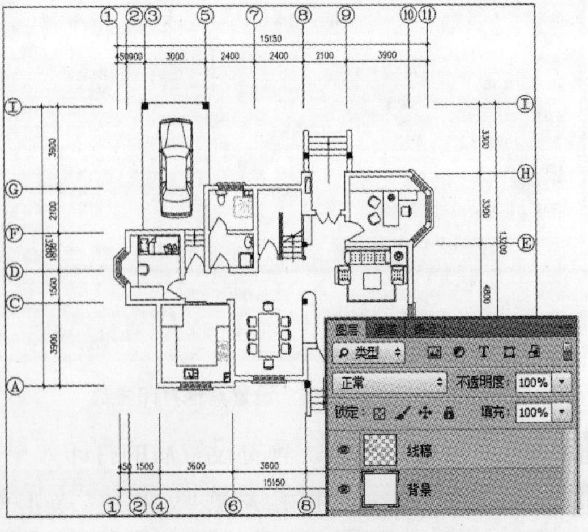

图 1-63　调整图层关系

课后作业

为了让用户能够更好地掌握本章所学的知识内容，下面将安排一些 Autodesk 认证考试的参考试题，让用户可以对所学的知识进行巩固和练习。

一、填空题

（1）在 AutoCAD 的“______”菜单或“______”功能面板中包含各种二维和三维的绘图工具，使用这些工具可以绘制直线、多段线和圆等基本二维图形，也可以将绘制的图形转换为面域，对其进行填充。

（2）在默认情况下，AutoCAD 2020 软件的功能区包含了______、______、______、______、______、______、______、______、______和______10 个功能选项卡。

（3）在 AutoCAD 软件中，调用命令的方法有______、______、______3 种。

二、选择题

（1）重复使用刚执行的命令，按哪一个按键？（　　）

A. Ctrl　　B. Alt　　C. Enter　　D. Shift

（2）下面哪一项可以在“选项”对话框中设置界面背景的颜色？（　　）

A. 系统　　B. 用户系统配置　　C. 文件　　D. 显示

（3）人们常说的彩平图，指的是（　　）。

A. 用 Photoshop 软件为平面图上色　　B. 用 SketchUp 软件为平面图上色

C. 用 3ds Max 软件为平面图上色　　D. 以上都不对

（4）想要扩大绘图区，可在下列哪一项中进行操作？（　　）

A. 标题栏　　B. 功能区　　C. 状态栏　　D. 文件标签

三、操作题

（1）自定义命令行字体。

本实例将通过“选项”对话框中的相关参数，来设置命令行中的字体样式，操作参考如图 1-64、图 1-65 所示。

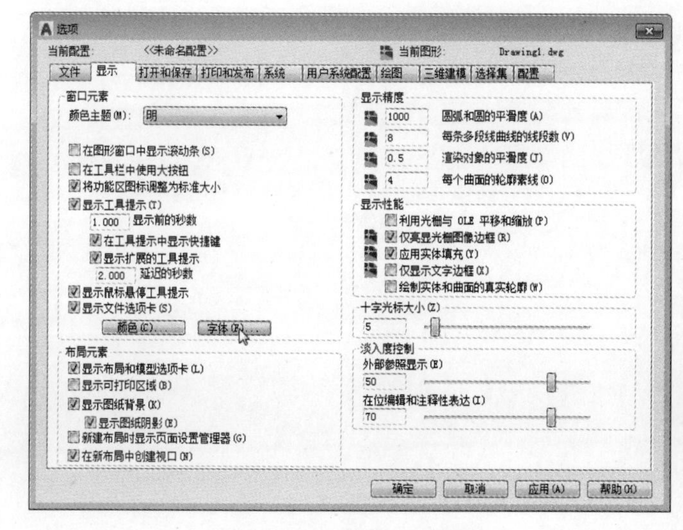

图 1-64　“选项”对话框

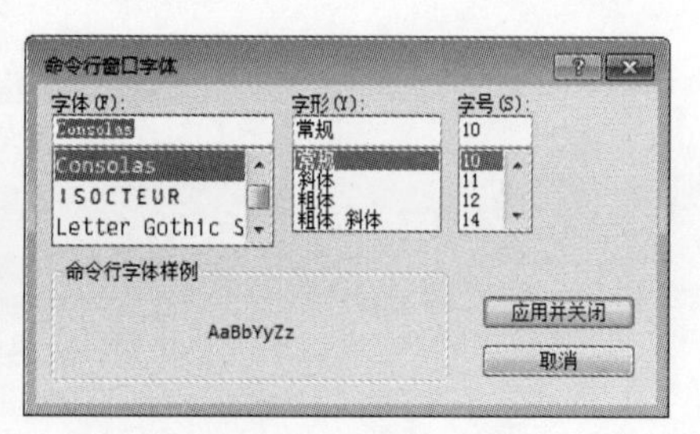

图 1-65　设置字体样式

操作提示：

Step01 打开“选项”对话框，在“显示”选项卡中单击“字体”按钮。

Step02 打开“命令行窗口字体”对话框，设置字体样式。

（2）隐藏文件选项卡。

本实例将通过操作，取消文件选项卡的显示状态，结果参考如图 1-66、图 1-67 所示。

图 1-66　显示的效果

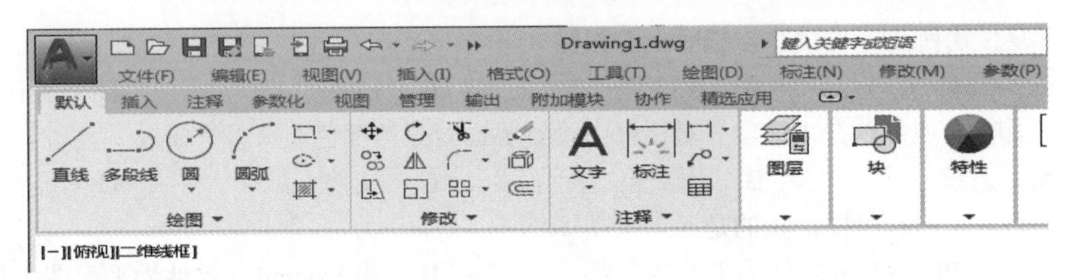

图 1-67　隐藏后效果

操作提示：

Step01 打开“选项”对话框，切换到“显示”选项卡。

Step02 取消勾选“显示文件选项卡”复选框，单击“确定”按钮即可。

第 2 章 辅助绘图知识

内容导读

在绘图之前，用户可以根据自己的绘制习惯对绘图的环境进行一些必要的设置，从而满足绘图的需求，如设置图形界限、图形单位、图层的创建与设置、对象捕捉设置、视图的平移缩放等。用户熟悉并掌握这些知识后，相信能够为今后的绘图操作提供便利。

AutoCAD 2020

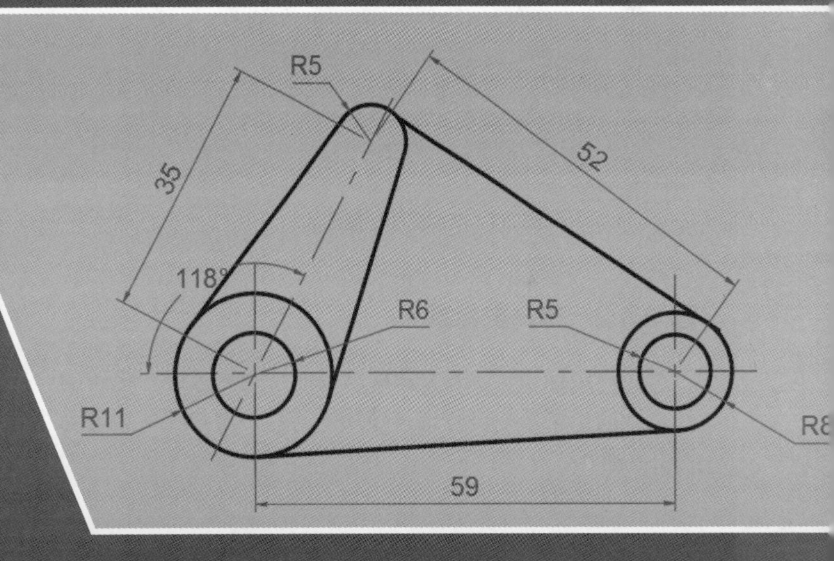

学习目标

- 了解坐标系统
- 图形管理
- 绘图辅助功能
- 视图缩放、平移
- 设置系统选项

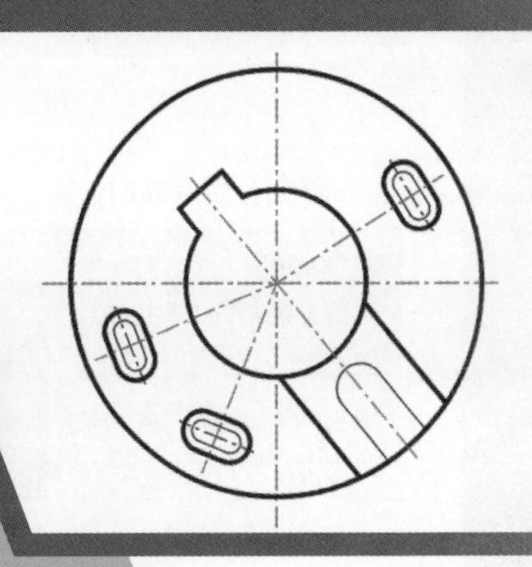

2.1 了解 AutoCAD 的坐标系统

启动 AutoCAD 软件后，在绘图区左下角会显示绘图坐标。在绘图时，用户需要通过坐标系来指定点的位置。AutoCAD 的坐标系有两种，分别是世界坐标系（WCS）和用户坐标系（UCS）。下面将对坐标系统的相关知识进行介绍。

2.1.1 世界坐标系

世界坐标系（WCS）是 AutoCAD 默认坐标系统，它分别通过 X、Y、Z 这 3 个相互垂直的坐标轴来确定位置。X 轴为水平方向；Y 轴为垂直方向；Z 轴正方向垂直屏幕向外，所以在二维图形空间中不显示。坐标原点则位于绘图区左下角，如图 2-1 所示是二维图形空间的坐标，如图 2-2 所示是三维图形空间的坐标。

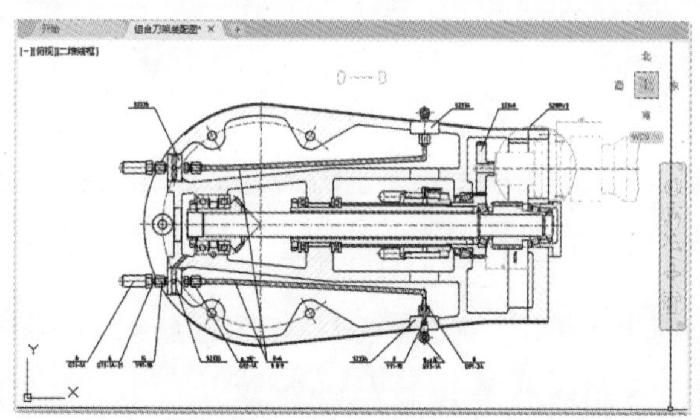

图 2-1 二维空间坐标显示

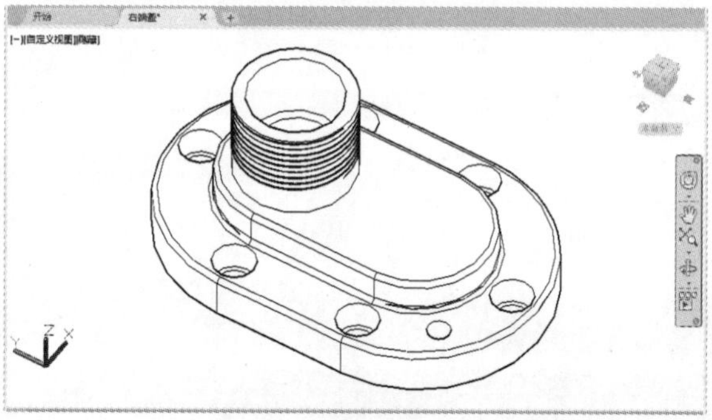

图 2-2 三维空间坐标显示

2.1.2 用户坐标系

用户坐标系（UCS）是可以根据绘图需求进行更改的。在菜单栏中执行“工具”|“新建”命令，在打开的子菜单中进行选择使用。同时，用户还可以在命令行中输入命令 UCS 进行设置，如图 2-3、图 2-4 所示。

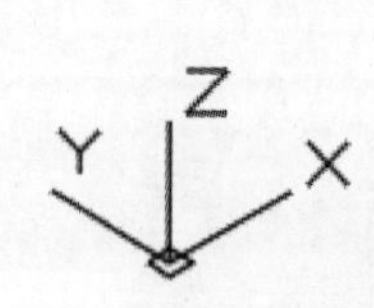

图 2-3 默认坐标

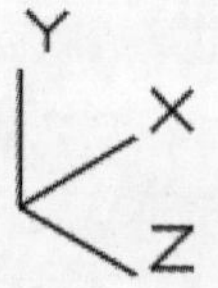

图 2-4 更改坐标

命令行提示如下：

```
命令: UCS
当前 UCS 名称: *世界*
指定 UCS 的原点或 [面(F)/命名(NA)/对象(OB)/上一个(P)/视图(V)/世界(W)/X/Y/Z/Z 轴(ZA)] <世界>:（指定坐标原点）
指定 X 轴上的点或 <接受>:                                   （指定X轴方向上的一点）
指定 XY 平面上的点或 <接受>:                                （指定Y轴方向上的一点）
```

■ 2.1.3 坐标输入方法

对绘制一些大型的园林图纸来说，经常需要输入点的坐标值来确定线条或图形的位置、大小和方向。而用户在输入坐标点时，可以通过以下两种方法。

1. 绝对坐标

绝对坐标包含绝对直角坐标和绝对极坐标两种。

（1）绝对直角坐标。

绝对直角坐标是指相对于坐标原点的坐标，可以输入“X,Y”或“X,Y,Z”坐标来确定点在坐标系中的位置。如在命令行中输入“30,15,40”，表示在 X 轴正方向距离原点 30 个单位，在 Y 轴正方向距离原点 15 个单位，在 Z 轴正方向距离原点 40 个单位。

（2）绝对极坐标。

绝对极坐标通过相对于坐标原点的距离和角度来定义点的位置。输入极坐标时，距离和角度之间用“<”符号隔开。如在命令行中输入“30<45”，表示该点距离原点 30 个单位，与 X 轴成 45° 角。通常逆时针旋转为正，顺时针旋转则为负。

2. 相对坐标

相对坐标是指相对于上一个点的坐标，它是以上一个点为参考点，用位移增量确定点的位置。在输入相对坐标时，需在坐标值的前面加“@”符号。如上一个点的坐标是（3,20），输入“@2,3”，则表示该点的绝对直角坐标为（5,23）。

■ 实例：利用坐标点绘制正六边形

下面将利用输入相对坐标的方法绘制正六边形，其具体操作如下。

Step01 在命令行中输入 L（直线）快捷命令，在绘图区指定线段的起点，根据命令行中的提示，将光标向右移动，并输入“@150,0”，按回车键，确定第 2 点，如图 2-5 所示。

Step02 将光标向上移动，输入“@150<45”，按回车键确定第 3 点，如图 2-6 所示。

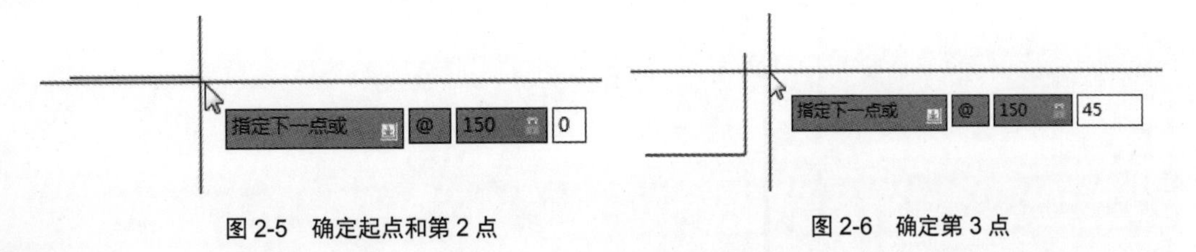

图 2-5　确定起点和第 2 点　　图 2-6　确定第 3 点

Step03 继续向上移动光标，并输入“@150<135”，按回车键确定第 4 点，如图 2-7 所示。

Step04 向左移动光标，输入“@-150,0”，按回车键确定第 5 点，如图 2-8 所示。

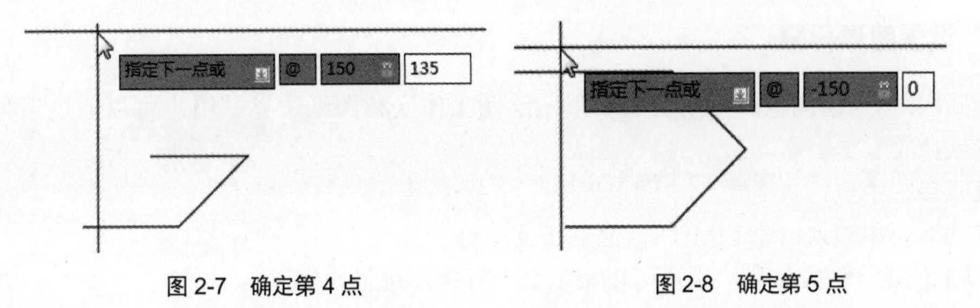

图 2-7　确定第 4 点　　图 2-8　确定第 5 点

Step05 向下移动光标，输入“@150<225”，按回车键确定第 6 点，如图 2-9 所示。

Step06 捕捉图形起点，按回车键完成正六边形的绘制，如图 2-10 所示。

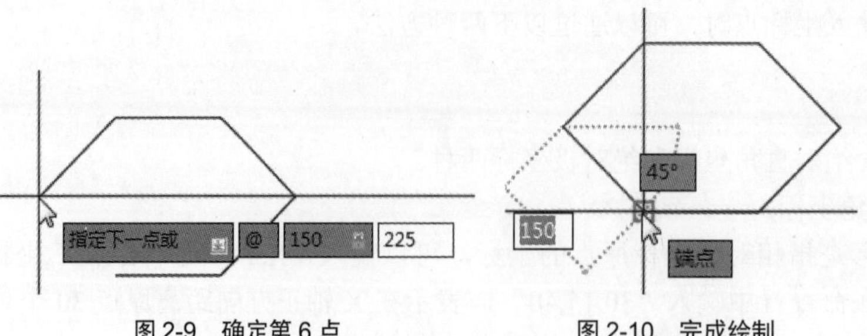

图 2-9　确定第 6 点　　　图 2-10　完成绘制

2.2 设置绘图环境

绘图环境包括设置图形的单位、图形界限、图形界面颜色等。用户可以根据自己的喜好进行设置。

2.2.1　设置图形单位

在默认情况下，AutoCAD 的图形单位为十进制单位，包括长度单位、角度单位、缩放单位、光源单位以及方向控制等。

用户可以通过以下方法执行图形单位命令。

◎ 在菜单栏中执行“格式”|“单位”命令。

◎ 在命令行中输入命令 UNITS，然后按回车键。

执行以上任意一种操作后，将弹出“图形单位”对话框，如图 2-11 所示。

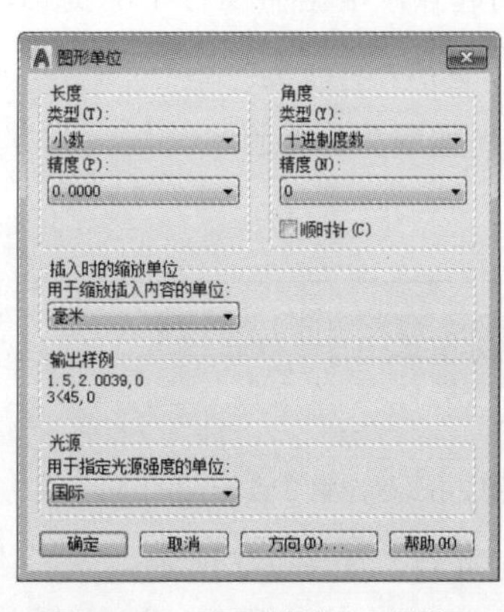

图 2-11　“图形单位”对话框

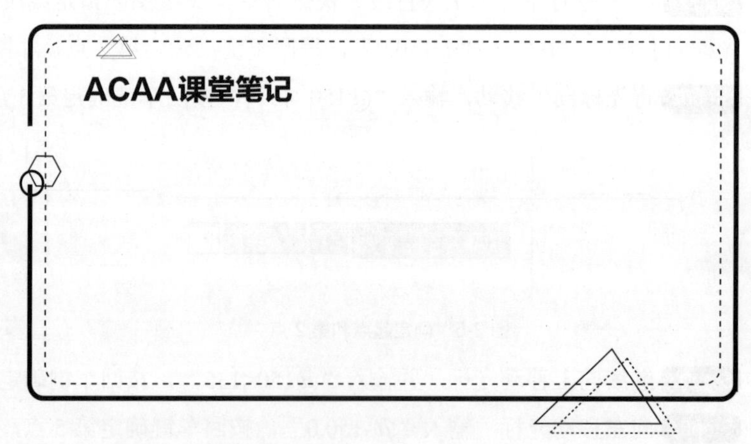

2.2.2　设置图形界限

图形界限又称为绘图范围，主要用于限定绘图工作区和图纸边界。用户可以通过下列方法为绘图区域设置边界。

◎ 在菜单栏中执行“格式”|“图形界限”命令。

◎ 在命令行中输入命令 LIMITS，然后按回车键。

执行以上任意一种操作后，用户可以根据命令行提示进行操作。

命令行提示如下：

```
命令: '_limits
重新设置模型空间界限:
指定左下角点或 [开(ON)/关(OFF)] <-199.7795,1151.7045>: 0,0        （输入起始点坐标）
指定右上角点 <3030.8567,2728.1723>: 420,297                        （指定对角点坐标）
```

2.3 设置系统配置参数

AutoCAD 2020 的系统参数主要用于对系统配置进行设置，其中包括设置文件路径、更改绘图背景颜色、设置自动保存的时间、设置绘图单位等。安装该软件后，系统将自动完成默认的初始系统配置。用户在绘图过程中，可通过以下方式进行操作。

◎ 在菜单栏中执行“工具”|“选项”命令。

◎ 单击“菜单浏览器”按钮，在弹出的下拉菜单中执行“选项”命令。

◎ 在命令行中输入 OP 快捷命令，然后按回车键。

◎ 在绘图区域中单击鼠标右键，在弹出的快捷菜单中选择“选项”命令。

执行以上任意一种操作后，系统将打开“选项”对话框，在此，用户可对相关配置参数进行设置。

2.3.1 显示设置

在“选项”对话框中切换到“显示”选项卡，从中可以设置“窗口元素”“布局元素”“显示精度”“显示性能”“十字光标大小”“淡入度控制”等选项组，如图 2-12 所示。

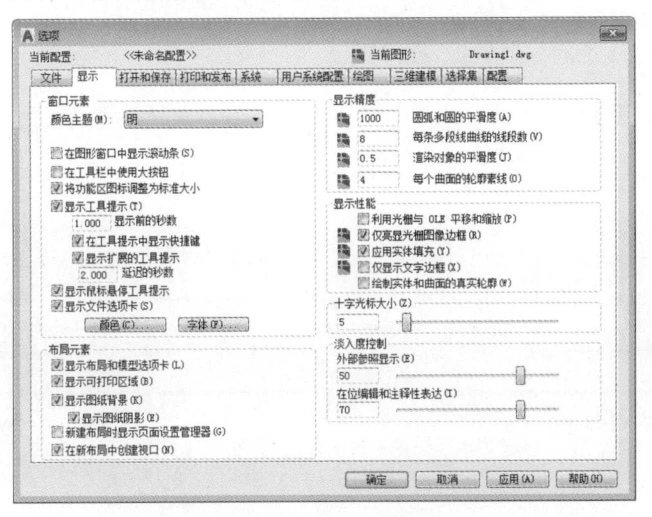

图 2-12　“显示”选项卡

1. 窗口元素

该选项组主要用于设置窗口的颜色、窗口内容显示的方式等。

2. 显示精度

该选项组用于设置圆弧或圆的平滑度、每条多段线的线段数等项目。

3. 布局元素

该选项组用于设置图纸布局相关的内容和控制图纸布局的显示或隐藏。例如，显示布局中的可打印区域（可打印区域是指虚线以内的区域），勾选“显示可打印区域”复选框的布局如图 2-13 所示，不显示可打印区域的布局如图 2-14 所示。

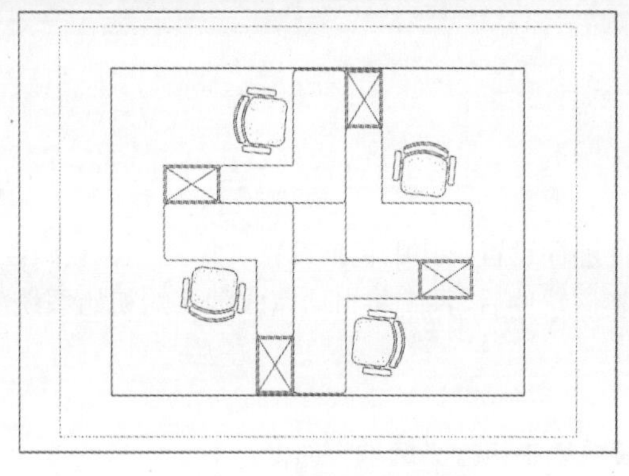

图 2-13　显示可打印区域

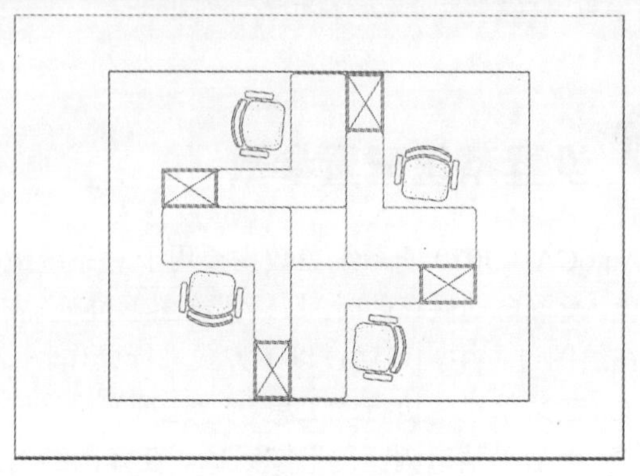

图 2-14　不显示可打印区域

4. 显示性能

该选项组用于对利用光栅与 OLE 平移和缩放、仅亮显光栅图像边框、应用实体填充、仅显示文字边框等参数进行设置。

5. 十字光标大小

该选项组用于调整光标的十字线大小。十字光标的值越大，光标两边的延长线就越长。默认情况下，十字光标大小为 5，如图 2-15 所示；当十字光标大小为 100 时，如图 2-16 所示。

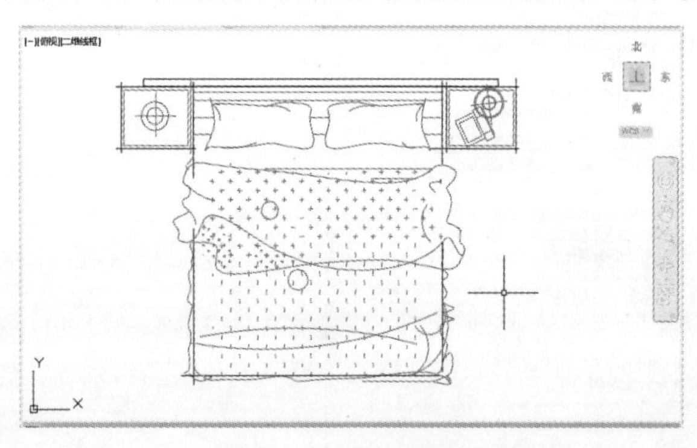

图 2-15　十字光标为 5

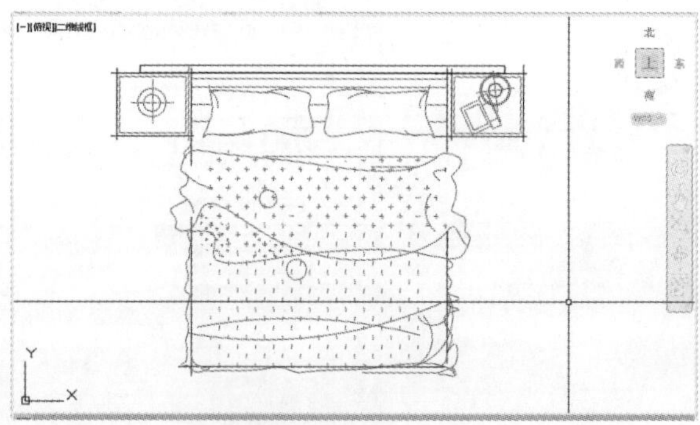

图 2-16　十字光标为 100

6. 淡入度控制

该选项组中的参数可以将不同类型的图形区分开来，操作更加方便，用户可以根据自己的习惯来调整这些淡入度的设置。

2.3.2　打开和保存设置

在“打开和保存”选项卡中，用户可以对“文件保存”“文件安全措施”“文件打开”“外部参照”等选项组进行设置，如图 2-17 所示。

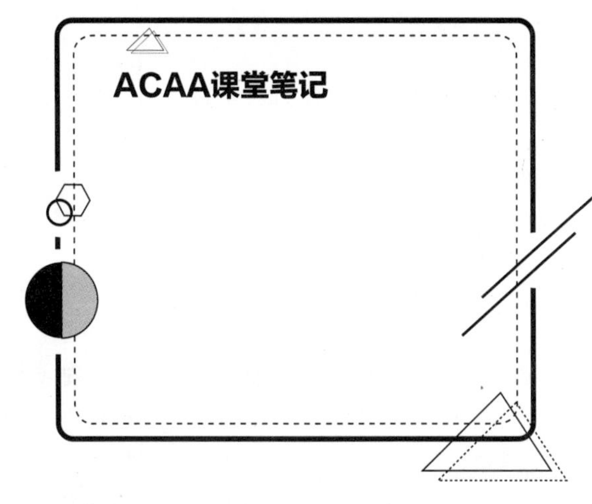

图 2-17　“打开和保存”选项卡

1. 文件保存

该选项组可以设置文件保存的格式、缩略图预览以及增量保存百分比等参数。

2. 文件安全措施

该选项组用于设置自动保存的间隔时间、是否创建副本、临时文件的扩展名等。

3. 文件打开与应用程序菜单

“文件打开”选项组可以设置在窗口中打开的文件数量，“应用程序菜单”选项组可以设置最近打开的文件数量。

4. 外部参照

该选项组可根据外部参照的情况，设置启用、禁用或使用副本。

5. ObjectARX 应用程序

该选项组可以设置加载 ObjectARX 应用程序和自定义对象的代理图像。

■ 2.3.3　打印和发布设置

在“打印和发布”选项卡中，用户可以设置打印机和打印样式参数，包括出图设备的配置和选项，如图 2-18 所示。

1. 新图形的默认打印设置

该选项组用于设置默认输出设备的名称以及是否使用上次的可用打印设置。

2. 打印到文件

该选项组用于设置打印到文件操作的默认位置。

3. 后台处理选项

该选项组用于设置何时启用后台打印。

4. 打印和发布日志文件

该选项组用于设置打印和发布日志的方式及保存打印日志的文件。

5. 自动发布

该选项组用于设置是否需要自动发布及自动发布的文件位置、类型等。

6. 常规打印选项

该选项组用于设置修改打印设备时的图纸尺寸、后台打印警告、OLE 打印质量以及是否隐藏系统打印机等。

7. 指定打印偏移时相对于

该选项组用于设置打印偏移时相对于的对象为可打印区域还是图纸边缘。单击“打印戳记设置”按钮，将打开“打印戳记”对话框，用户可以从中设置打印戳记的具体参数，如图 2-19 所示。

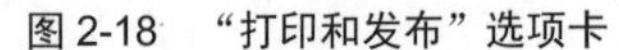

图 2-18　“打印和发布”选项卡

图 2-19　“打印戳记”对话框

2.3.4　系统与用户系统配置设置

在“系统”选项卡中，用户可以设置“硬件加速”“当前定点设备”“数据库连接选项”等相关选项组，如图 2-20 所示。

而在“用户系统配置”选项卡中，用户可设置“Windows 标准操作”“插入比例”“超链接”“字段”“坐标数据输入的优先级”等选项组。另外还可单击“块编辑器设置”“线宽设置”和“默认比例列表”按钮，进行相应的参数设置，如图 2-21 所示。

图 2-20　“系统”选项卡

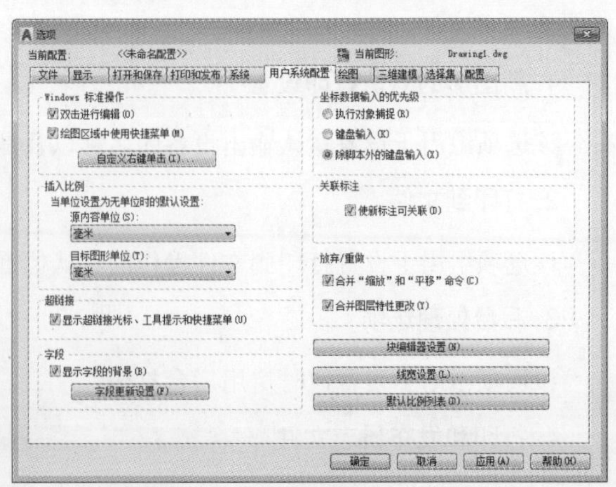

图 2-21　“用户系统配置”选项卡

1. 硬件加速

在该选项组中单击“图形性能”按钮，可以进行相应的参数设置，如图 2-22 所示。

2. 信息中心

在该选项组中单击“气泡式通知”按钮，打开“信息中心设置”对话框，从中可对相应参数进行设置，如图 2-23 所示。

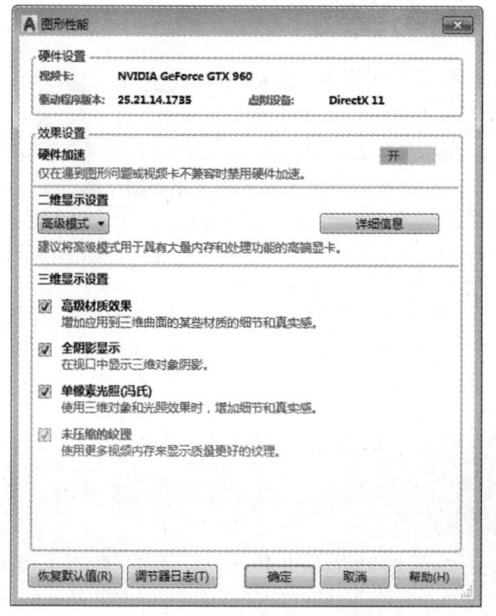

图 2-22 “图形性能”对话框

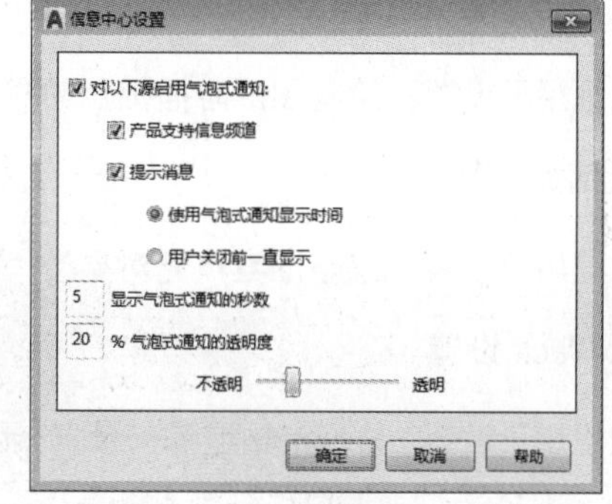

图 2-23 “信息中心设置”对话框

3. 当前定点设备

该选项组可以设置定点设备的类型，接受某些设备的输入。

4. 布局重生成选项

该选项组提供了“切换布局时重生成”“缓存模型选项卡和上一个布局”和“缓存模型选项卡和所有布局”3 种布局重生成样式。

5. 常规选项

该选项组用于设置消息的显示与隐藏，以及提供了“显示‘OLE 文字大小’对话框”复选框等选项。

6. 数据库连接选项

该选项组用于选择在图形中保存链接索引和以只读模式打开表格。

■ 2.3.5 绘图与三维建模设置

在“绘图”选项卡中，用户可以在“自动捕捉设置”和“AutoTrack 设置”选项组中设置自动捕捉和自动追踪的相关内容。另外还可以拖动滑块调节自动捕捉标记和靶框的大小，如图 2-24 所示。

在“三维建模”选项卡中，用户可以设置“三维十字光标”“在视口中显示工具”“三维对象”和“三维导航”等选项组，如图 2-25 所示。

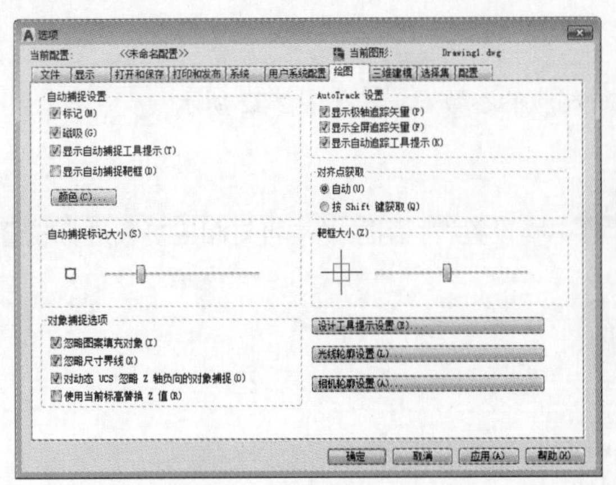

图 2-24 “绘图”选项卡

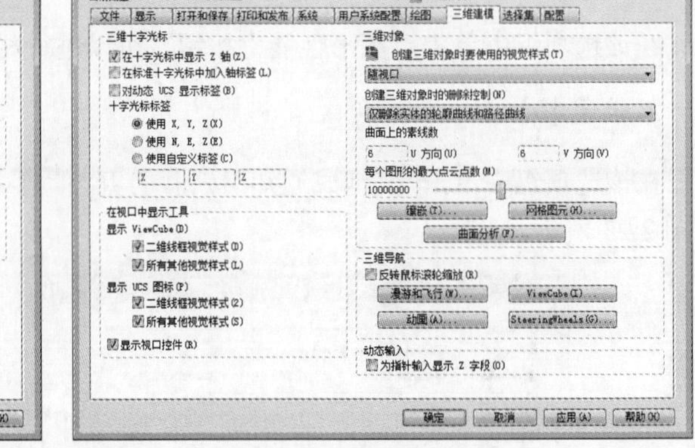

图 2-25 “三维建模”选项卡

1. 自动捕捉设置

该选项组用于设置在绘制图形时捕捉点的样式。

2. 对象捕捉选项

该选项组用于设置“忽略图案填充对象”“使用当前标高替换 Z 值”等选项。

3. AutoTrack 设置

该选项组用于设置“显示极轴追踪矢量”“显示全屏追踪矢量”和“显示自动追踪工具提示”选项。

4. 三维十字光标

该选项组可用于设置十字光标是否显示 Z 轴，是否在标准十字光标中加入轴标签以及十字光标标签的显示样式等。

5. 三维对象

该选项组用于设置“创建三维对象时要使用的视觉样式”“曲面上的素线数”“镶嵌”和“网格图元”等选项。

2.3.6 选择集与配置设置

在“选择集”选项卡中，用户可以设置“拾取框大小”“选择集模式”“夹点尺寸”“预览”和“夹点”选项组的相关内容，如图 2-26 所示。

在“配置”选项卡中，用户可以针对不同的需求在此进行设置并保存，当以后需要进行相同的设置时，只需调用该配置文件即可。

1. 拾取框大小

在该选项组中，通过拖动滑块，用户可以设置想要的拾取框的大小值。

2. 选择集模式

该选项组用于设置“先选择后执行”“隐含选择窗口中的对象”“窗口选择方法”和“选择效果颜色”等选项。

3. 预览

该选项组用于设置命令处于活动状态的选择集、未激活命令时的选择集预览效果。单击“视觉效果设置”按钮后，可在弹出的“视觉效果设置”对话框中调节视觉样式的各种参数，如图2-27所示。

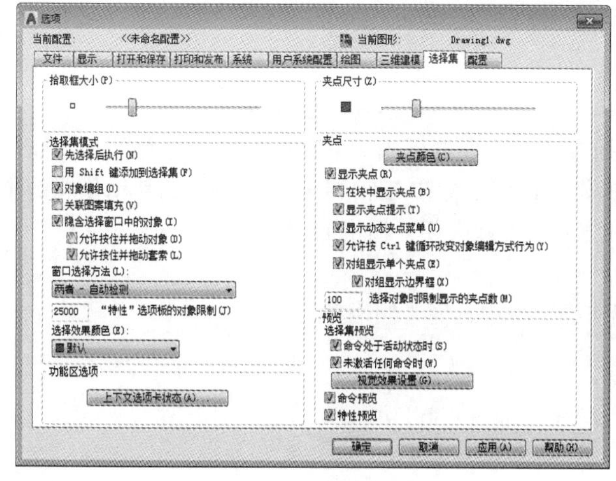

图2-26 “选择集”选项卡

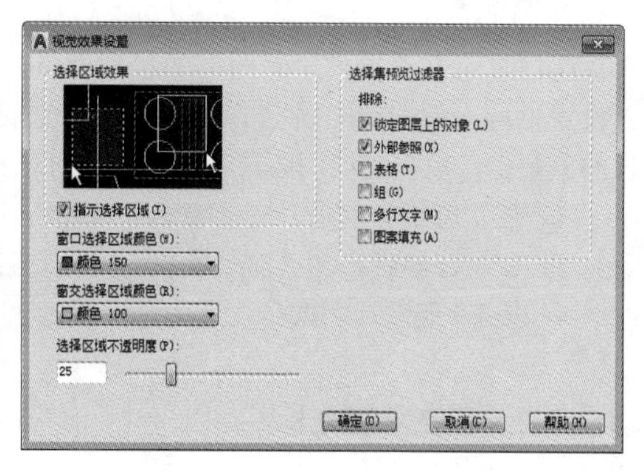

图2-27 “视觉效果设置”对话框

设置绘图辅助功能

在使用AutoCAD制图的过程中，如果想要精确定位点的位置，可以启用各种捕捉功能进行操作，例如栅格显示、对象捕捉、对象捕捉追踪、极轴追踪等。下面将对一些常用的捕捉功能进行介绍。

2.4.1 开启图形栅格和捕捉模式

一般情况下，捕捉和栅格是配合使用的，即捕捉间距与栅格的X、Y轴间距分别一致，这样就能保证鼠标拾取到精确的位置。

1. 显示图形栅格

栅格是一种可见的位置参考图标，有助于定位。显示栅格后，栅格则按照设置的间距显示在图形区域中，可以起到坐标纸的作用，以提供直观的距离和位置参照，如图2-28所示。

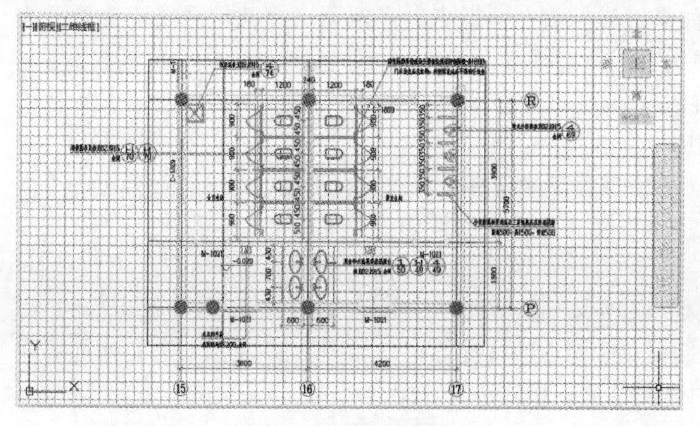

图2-28 显示的栅格

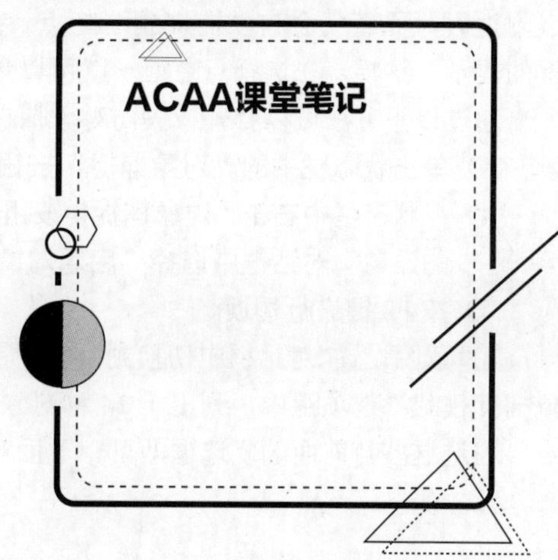

通过以下方式可以打开或关闭栅格。

◎ 在状态栏中单击“显示图形栅格”按钮#。

◎ 在状态栏中右击“显示图形栅格”按钮，然后选择“网格设置”命令，在弹出的“草图设置”对话框中选择“启用栅格”选项。

◎ 按 F7 键或 Ctrl ＋ G 组合键进行切换。

2. 捕捉模式

栅格显示只能提供绘制图形的参考背景，捕捉才是约束鼠标光标移动的工具。栅格捕捉功能用于设置鼠标光标移动的固定步长，即栅格点阵的间距，使鼠标在 X 轴和 Y 轴方向上的移动量总是步长的整数倍，以提高绘图的精度。可以通过下列方式打开或关闭“栅格捕捉”。

◎ 在状态栏中单击“捕捉模式”按钮⠿。

◎ 在状态栏中右击“捕捉模式”按钮，在快捷菜单中选择“栅格捕捉”命令。

◎ 按 F9 键进行切换。

2.4.2 正交限制光标

正交限制光标模式是在任意角度和直角之间对约束线段进行切换的一种模式，在约束线段为水平或垂直的时候可以使用正交模式。通过以下方法可以打开或关闭正交模式。

◎ 在状态栏中单击“正交限制光标”按钮∟。

◎ 按 F8 键进行切换。

2.4.3 将光标捕捉到二维参照点

对象捕捉是通过已存在的实体对象的特殊点或特殊位置来确定点的位置。对象捕捉有两种方式，一种是自动对象捕捉，另一种是临时对象捕捉。

临时对象捕捉主要通过“对象捕捉”工具栏实现，执行“工具”|“工具栏”| AutoCAD |“对象捕捉”菜单命令，即可打开“对象捕捉”工具栏，如图 2-29 所示。

图 2-29 “对象捕捉”工具栏

执行自动对象捕捉操作前，首先要设置好需要的对象捕捉点，以后当光标移动到这些对象捕捉点附近时，系统就会自动捕捉到这些点。如果把光标放在捕捉点上多停留一会儿，系统还会显示捕捉的提示。这样，在选择点之前，就可以预览和确认捕捉点。

通过以下方法可以打开或关闭对象捕捉模式。

◎ 单击状态栏中的“对象捕捉”按钮□。

◎ 在状态栏中右击“对象捕捉”按钮，在快捷菜单中选择“对象捕捉设置”命令，在弹出的“草图设置”对话框中选择“启用对象捕捉”模式。

◎ 按 F3 键进行切换。

在“草图设置”对话框中切换到“对象捕捉”选项卡，可以设置自动对象捕捉模式。在该选项卡的“对象捕捉模式”选项组中，列出了 14 种对象捕捉点和对应的捕捉标记，如图 2-30 所示。需要捕捉哪些点，勾选这些点前面的复选框即可。下面对常用的捕捉模式进行介绍。

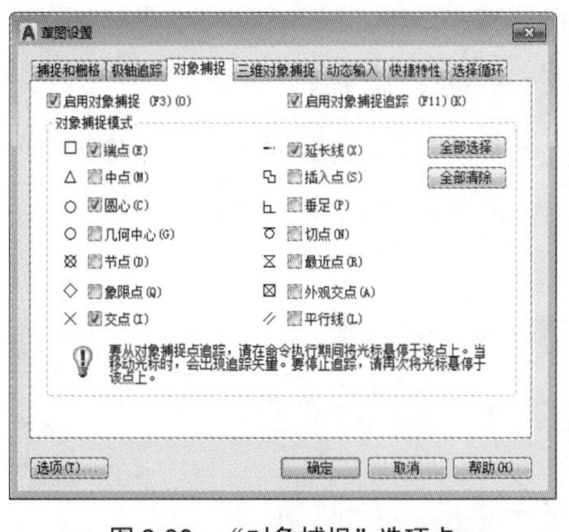

图 2-30　“对象捕捉”选项卡

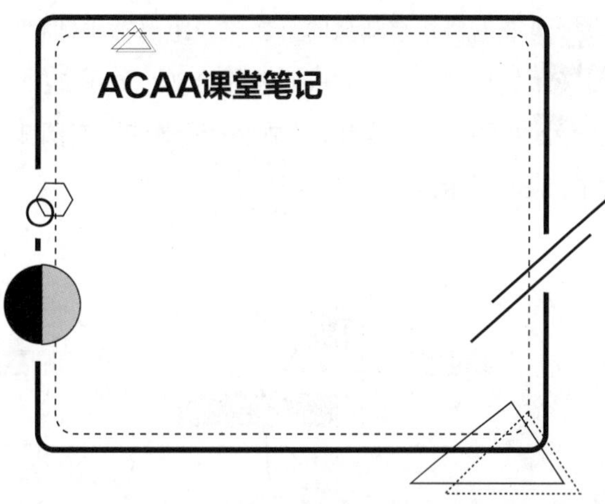

◎ 端点□：捕捉直线、圆弧或多段线离拾取点最近的端点，以及离拾取点最近的填充直线、填充多边形或 3D 面的封闭角点。

◎ 中点△：捕捉直线、多段线、圆弧的中点。

◎ 圆心○：捕捉圆弧、圆、椭圆的中心。

◎ 交点╳：捕捉直线、圆弧、圆、多段线和另一直线、多段线、圆弧或圆的任何组合的最近的交点。如果第一次拾取时选择了一个对象，命令行提示输入第二个对象，并捕捉两个对象真实的或延伸的交点。该模式和“外观交点”模式不能同时有效。

◎ 垂足⊾：捕捉直线、圆弧、圆、椭圆或多段线上的一点，已选定的点到该捕捉点的连线与所选择的实体垂直。

◎ 切点Ō：捕捉圆弧、圆或椭圆上的切点，该点和另一点的连线与捕捉对象相切。

■ 实例：利用对象捕捉功能绘制八卦图形

对象捕捉功能在实际绘图中使用的频率很高。可以说几乎每画一步都能够使用到。下面将利用对象捕捉功能结合圆和圆弧命令，来绘制八卦图形。

Step01 执行“圆”命令，根据命令行的提示，绘制半径为 300mm 的圆，如图 2-31 所示。

Step02 在状态栏中右击“对象捕捉”按钮，在弹出的快捷菜单中选择“对象捕捉设置”命令，打开“草图设置”对话框，在“对象捕捉”选项卡中勾选“启用对象捕捉”复选框，并勾选需要的捕捉模式，如图 2-32 所示，单击“确定”按钮。

Step03 执行“圆弧”命令，根据命令行的提示，捕捉圆形上方的象限点作为圆弧的起点，如图 2-33 所示。

图 2-31　绘制圆

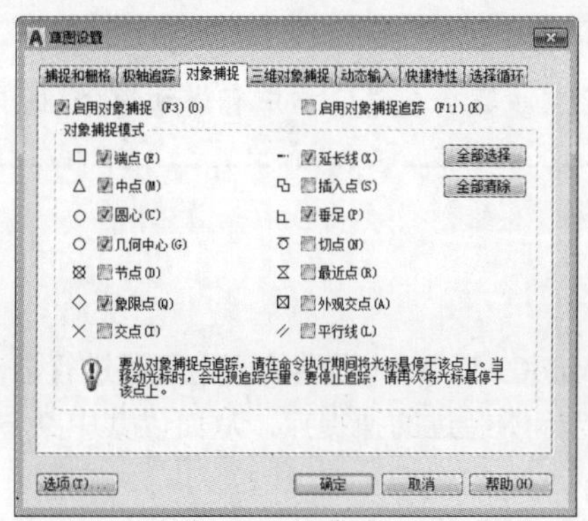

图 2-32　设置对象捕捉

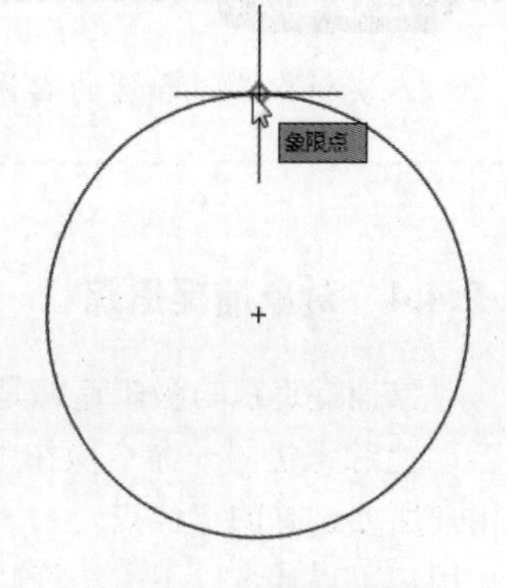

图 2-33　捕捉象限点

Step04 在右侧指定圆弧的第 2 点，距离适中即可，如图 2-34 所示。

Step05 捕捉圆心点，完成圆弧的绘制，如图 2-35 所示。

Step06 按照同样的操作，绘制另一个圆弧。其圆弧的起点为圆心点，圆弧的端点为圆形下方的象限点，如图 2-36 所示。

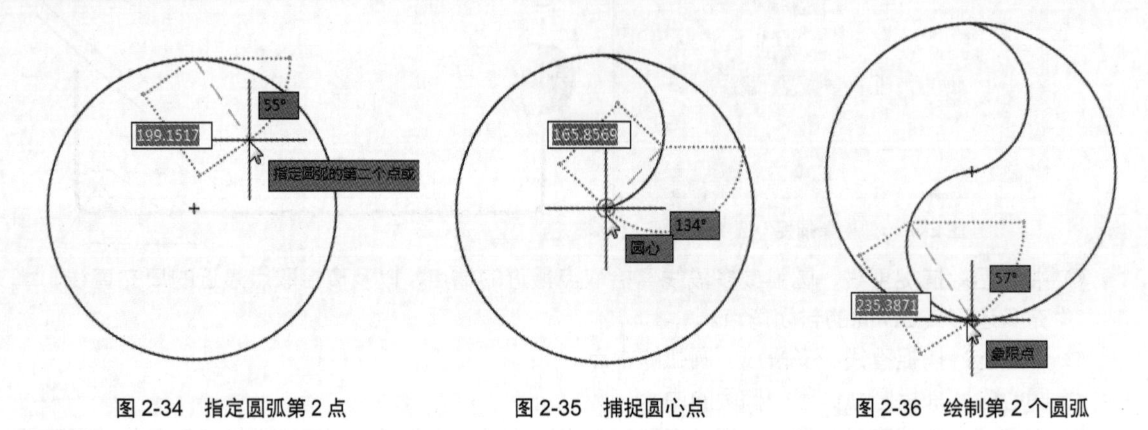

图 2-34　指定圆弧第 2 点　　图 2-35　捕捉圆心点　　图 2-36　绘制第 2 个圆弧

Step07 再次执行“圆”命令，捕捉第一个圆弧的圆心点，绘制半径为 30mm 的圆，如图 2-37、图 2-38 所示。

Step08 按照以上操作，捕捉第 2 个圆弧的圆心，绘制半径为 30mm 的圆。至此八卦图形绘制完成，结果如图 2-39 所示。

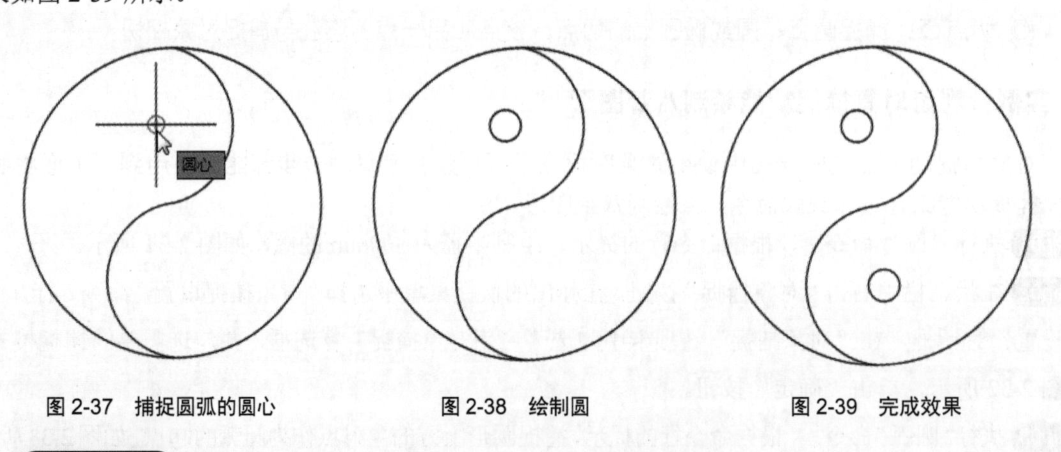

图 2-37　捕捉圆弧的圆心　　图 2-38　绘制圆　　图 2-39　完成效果

注意事项

本实例中圆弧和圆的具体绘制步骤会在第 3 章中有详细的介绍。

2.4.4 对象捕捉追踪

对象捕捉追踪与极轴追踪是 AutoCAD 2020 提供的两个可以进行自动追踪的辅助绘图功能，即可以自动追踪记忆同一命令操作中光标所经过的捕捉点，从而以其中某一捕捉点的 X 坐标或 Y 坐标控制用户所要选择的定位点。

用户可以通过以下方法打开或关闭“对象捕捉追踪”功能。

◎ 在状态栏中单击“对象捕捉追踪”按钮∠。

◎ 在状态栏中右击“对象捕捉追踪”按钮，然后选择“对象捕捉追踪设置”命令，在弹出的“草图设置”对话框中选择“启用对象捕捉追踪”模式。

◎ 按 F11 键进行切换。

注意事项

对象追踪功能必须和对象捕捉功能同时使用，即在追踪对象捕捉到点之前，须先打开对象捕捉功能。

■ 2.4.5 极轴追踪的追踪路径

极轴追踪的追踪路径是由相对于命令起点和端点的极轴定义的。极轴角是指极轴与 X 轴或前面绘制对象的夹角，如图 2-40 所示。

用户可以通过以下方法打开或关闭极轴追踪功能。

◎ 在状态栏中单击“极轴追踪”按钮。

◎ 在状态栏中右击“极轴追踪”按钮，在快捷菜单中选择“正在追踪设置”命令，在弹出的“草图设置”对话框中选择“启用极轴追踪”模式。

◎ 按 F10 键进行切换。

在“草图设置”对话框的“极轴追踪”选项卡中，可对极轴追踪进行相关设置，如图 2-41 所示。各选项功能介绍如下。

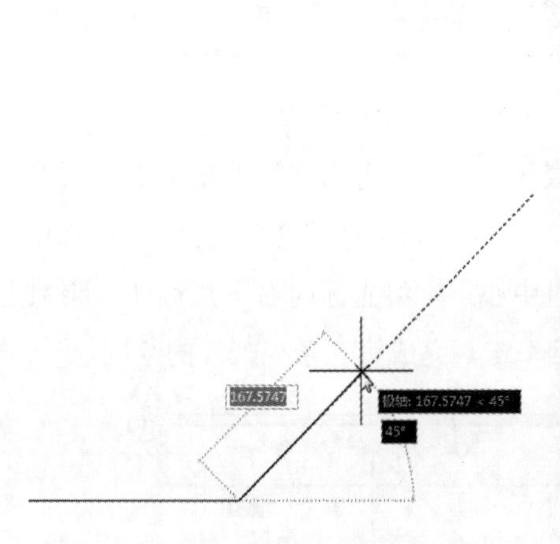

图 2-40 极轴追踪绘图

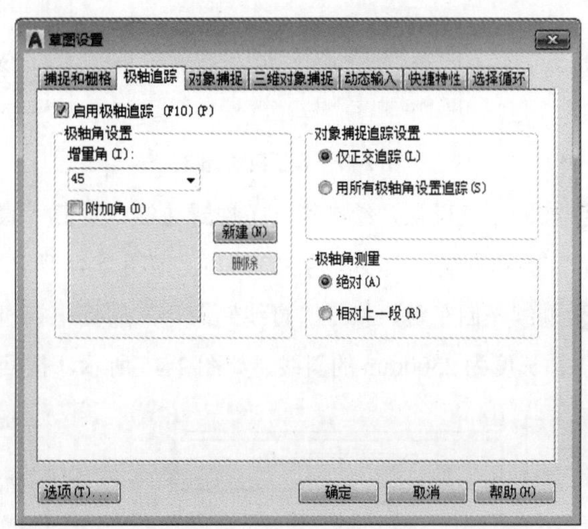

图 2-41 “极轴追踪”选项卡

◎ 启用极轴追踪：打开或关闭极轴追踪模式。

◎ 增量角：选择极轴角的递增角度，AutoCAD 2020 按增量角的整数倍数确定追踪路径。

◎ 附加角：可沿某些特殊方向进行极轴追踪。如在按 30° 增量角的整数倍角度追踪的同时，追踪 15° 角的路径，可勾选“附加角”复选框，单击“新建”按钮，在文本框中输入 15 即可。

◎ 对象捕捉追踪设置：设置对象捕捉追踪的方式。

◎ 极轴角测量：定义极轴角的测量方式。“绝对”单选按钮表示以当前 UCS 的 X 轴为基准计算极轴角，“相对上一段”单选按钮表示以最后创建的对象为基准计算极轴角。

■ 实例：绘制电视机视野标识线段

下面将利用极轴追踪功能来为客厅电视机添加视野标识线段。

Step01 在状态栏中右击“极轴追踪”按钮，在弹出的快捷菜单中选择“45,90,135,180…”命令，即可启动极轴追踪功能，如图 2-42 所示。

注意事项

如果在内置的增量角中没有用户所需的，就可以选择“正在追踪设置”命令，并在打开的“草图设置”对话框的“极轴追踪”选项卡中进行具体设置。

Step02 在命令行中输入 L（直线）快捷命令，启动“直线”功能。在绘图区中捕捉电视机中心点为直线的起点，将光标向左下角移动，此时光标会自动捕捉到 135° 夹角虚线，根据提示输入长度值 2500mm，如图 2-43 所示。

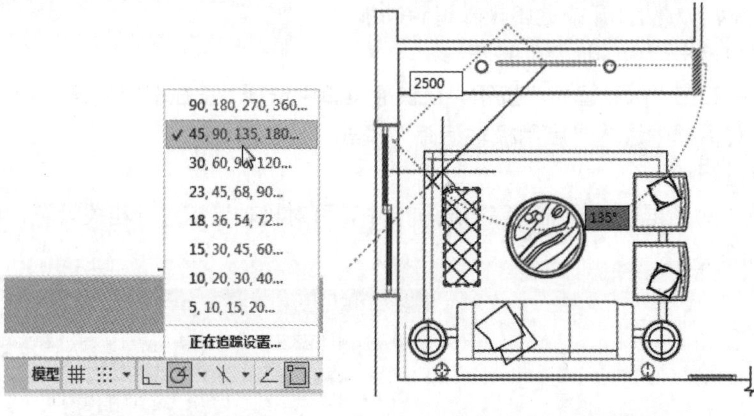

图 2-42　设置极轴追踪　　　　图 2-43　绘制第一条边

Step03 按回车键确认，绘制第一条视野边线。重复“直线”功能，再次捕捉电视机中心点，绘制夹角为 90° 的垂直线，线段长为 3000mm，如图 2-44 所示。按回车键完成第 2 条视野线的绘制。

Step04 继续按回车键，执行“直线”命令，捕捉电视机中心点，将光标向右下角移动，绘制出夹角为 45° 、长度为 2500mm 的斜线，如图 2-45 所示。按回车键，完成第三条视野线的绘制。

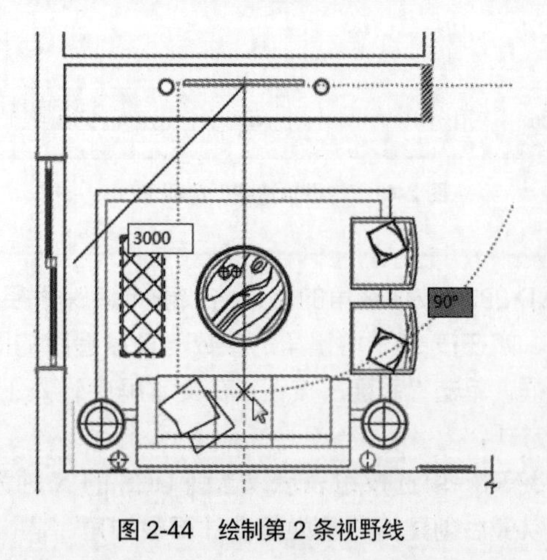

图 2-44　绘制第 2 条视野线

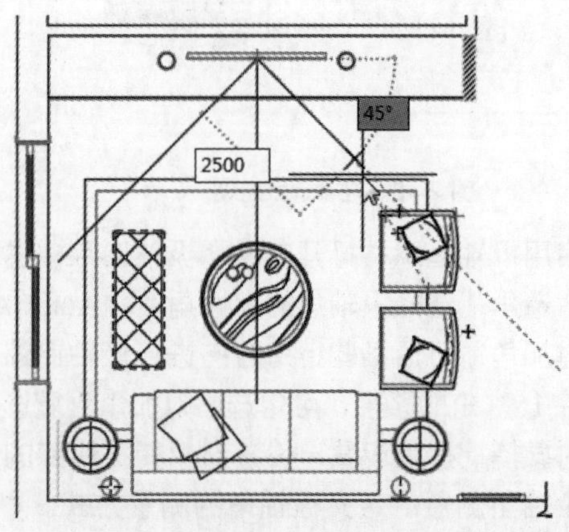

图 2-45　绘制第 3 条视野线

注意事项

当开启极轴追踪模式时，正交模式将自动关闭；相应地，开启正交模式后，极轴追踪模式将关闭。

2.4.6 测量工具

使用测量工具可以快速地测量出对象间的距离、角度、半径以及面积等。在“默认”选项卡的“实用工具”选项板中，单击“测量”下拉按钮，在打开的下拉菜单中，用户根据需要选中相关的测量工具即可，如图 2-46 所示。

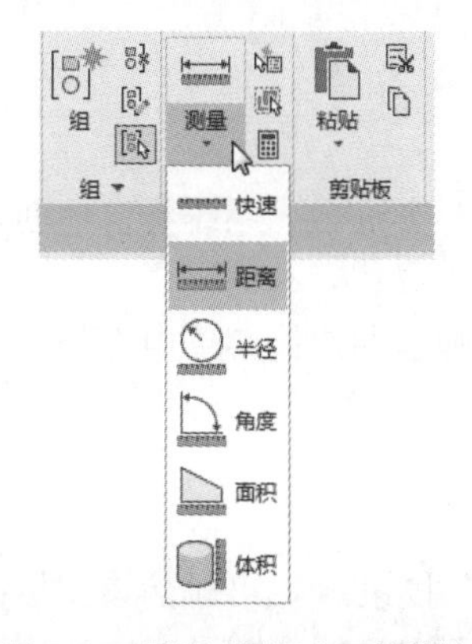

图 2-46 展开“测量”下拉菜单

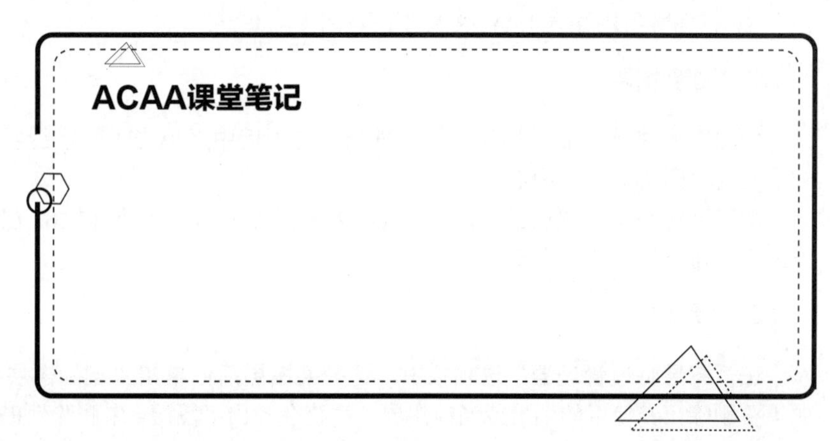

1. 快速

利用该工具可以快速地测量出对象的长、宽值。选择该工具后，将光标放置在所需对象上，即可快速得出测量结果。

2. 距离

距离是测量两个点之间的最短长度值，距离查询是最常用的查询方式。在使用距离查询工具的时候，只需要指定要查询距离的两个端点，系统将自动显示出两个点之间的距离。

3. 半径

半径是圆心与圆弧之间的距离。在使用该工具时，只需选中圆形或圆弧即可显示半径值。

4. 角度

角度是两条线段所形成的夹角的度数。在使用该工具时，用户只需要选择要测量的两条夹角边线，即可显示出角度值。

5. 面积

该工具可以测量对象及所定义区域的面积和周长。使用该工具时，用户需要指定好测量区域的各个测量点，按回车键后即可显示出该区域的面积和周长。

6. 体积

该工具与“面积”工具用法相似。在使用该工具时，同样先指定测量区域的各个测量点，按回车键后，输入高度值即可。不过该测量工具很少使用。

2.5 图层的管理与应用

在使用 AutoCAD 绘图之前是需要创建图层的。这样操作是为了避免后期对图纸进行加工时出现的一些不必要的麻烦。而在 AutoCAD 中，图层的创建、删除以及对图层的管理都是通过“图层特性管理器”选项板来实现的。用户可通过以下方式打开“图层特性管理器”选项板。

◎ 在菜单栏中执行“格式”|“图层”命令。

◎ 在“默认”选项卡的“图层”面板中单击“图层特性”按钮。

◎ 在“视图”选项卡的“选项板”面板中单击“图层特性”按钮。

◎ 在命令行中输入 LAYER 命令，然后按回车键。

1. 创建新图层

如图 2-47 所示，在“图层特性管理器”选项板中，单击“新建图层”按钮，系统将自动创建一个名为“图层 1”的图层。

图层名称是可以更改的。用户也可以在选项板中单击鼠标右键，在弹出的快捷菜单中选择“新建图层”命令来创建一个新图层。

2. 删除图层

在“图层特性管理器”选项板中，选择某图层后，单击“删除图层”按钮，可删除该图层；如果要删除正在使用的图层或当前图层，系统会弹出“图层 - 未删除”提示对话框，如图 2-48 所示。

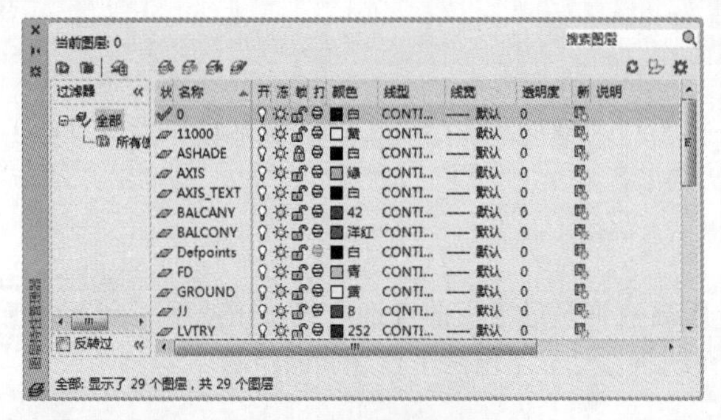

图 2-47 图层特性管理器

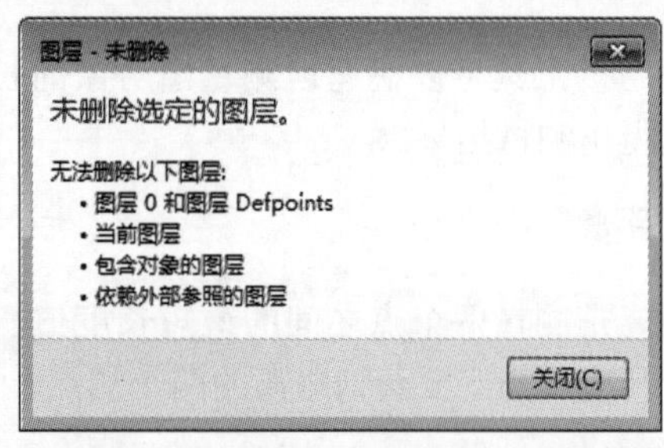

图 2-48 “图层 - 未删除”提示对话框

注意事项

用户在删除图层时需要注意一点，图层0、当前图层以及依赖外部参照的图层等是不能被删除的。

2.5.1 图层的管理

在“图层特性管理器”选项板中，除了可创建图层并设置图层属性外，还可以对创建好的图层进行管理操作，如图层状态的控制、置为当前层、改变图层和属性等操作。

1. 图层状态控制

在“图层特性管理器”选项板中，提供了一组状态开关图标，用以控制图层状态，如关闭、冻结、锁定等。

（1）开 / 关图层。

单击“开”按钮，该图层即被关闭，图标即变成“”。图层关闭后，该图层上的实体不能在屏幕上显示或打印输出；重新生成图形时，图层上的实体将重新生成。

若关闭当前图层，系统会提示是否关闭当前图层，只需选择“关闭当前图层”选项即可，如图 2-49 所示。但是当前图层被关闭后，若要在该图层中绘制图形，其结果将不显示。

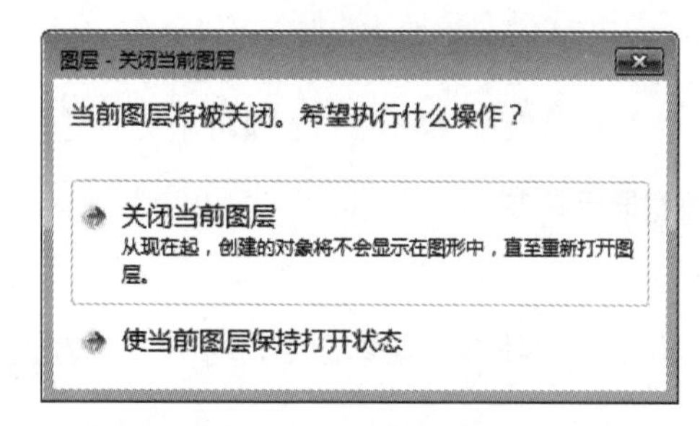

图 2-49 “图层 - 关闭当前图层”对话框

（2）冻结 / 解冻图层。

单击“冻结”按钮，当其变成雪花图样“”时，即可完成图层的冻结。图层冻结后，该图层上的实体不能在屏幕上显示或打印输出；重新生成图形时，图层上的实体不会重新生成。

（3）锁定 / 解锁图层。

单击“锁定”按钮，当其变成闭合的锁图样“”时，图层即被锁定。图层锁定后，用户只能查看、捕捉位于该图层上的对象，可以在该图层上绘制新的对象，而不能编辑或修改位于该图层上的图形对象，但实体仍可以显示和输出。

2. 置为当前层

系统默认当前图层为 0 图层，且只可在当前图层上绘制图形实体，用户可以通过以下方式将所需的图层设置为当前图层。

◎ 在“图层特性管理器”选项板中选中图层，然后单击“置为当前”按钮。
◎ 在“图层”面板中，单击“图层”下拉按钮，然后单击图层名。
◎ 在“默认”选项卡的“图层”面板中单击“置为当前”按钮，根据命令行的提示，选择一个实体对象，即可将选定对象所在的图层设置为当前图层。

3. 改变图形对象所在的图层

通过下列方式可以更改图形对象所在的图层。

◎ 选中图形对象，然后在“图层”面板的下拉列表中选择所需图层。
◎ 选中图形对象，右击，打开快捷菜单，然后选择“特性”命令，在“特性”选项板的“常规”选项组中单击“图层”选项右侧的下拉按钮，再从下拉列表中选择所需的图层，如图 2-50 所示。

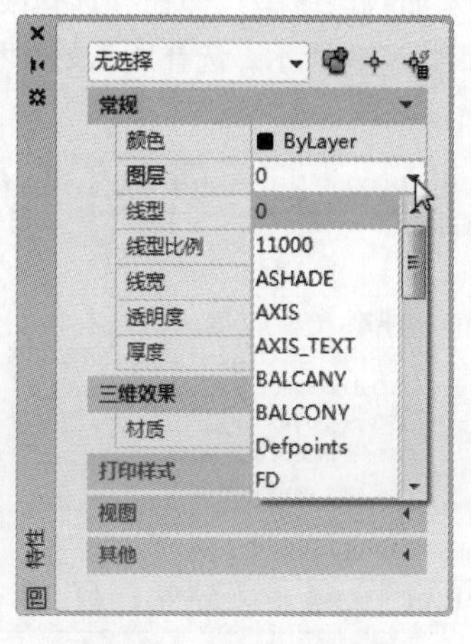

图 2-50 “特性”选项板

4. 改变对象的默认属性

默认情况下，用户所绘制的图形对象将使用当前图层的颜色、线型和线宽。可在选中图形对象后，利用“特性”选项板中“常规”选项组里的各选项为该图形对象设置不同于所在图层的相关属性。

5. 线宽显示控制

由于线宽属性属于打印设置，在默认情况下系统并未显示线宽设置效果。要显示线宽设置效果，可执行“格式”|“线宽”菜单命令，打开“线宽设置”对话框，勾选“显示线宽”复选框。

■ 2.5.2 设置图层的颜色、线型和线宽

在“图层特性管理器”选项板中，可对图层的颜色、线型和线宽进行相应的设置。

1. 颜色的设置

打开图层特性管理器，单击颜色图标■白，打开“选择颜色”对话框，如图 2-51 所示，用户可根据自己的需要在“索引颜色”“真彩色”和“配色系统”选项卡中选择所需的颜色。其中标准颜色名称仅适用于 1 ～ 7 号颜色，分别为红、黄、绿、青、蓝、洋红、白 / 黑。

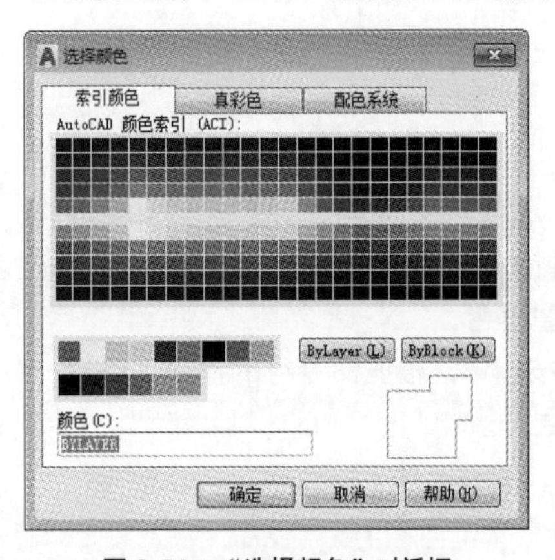

图 2-51 “选择颜色”对话框

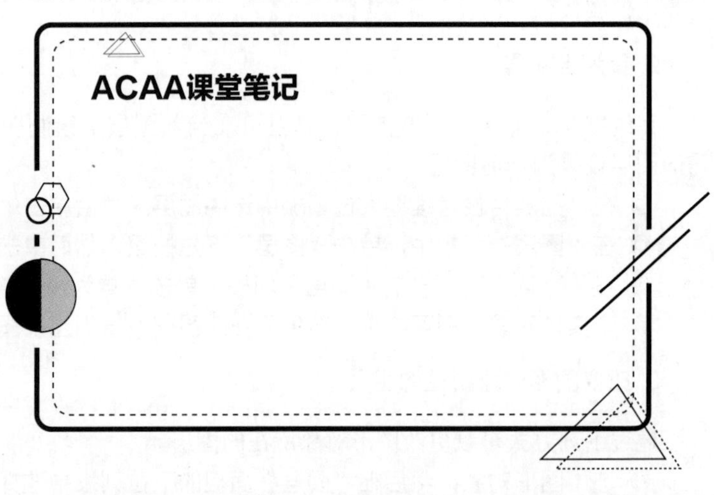

2. 线型的设置

单击线型图标 Continuous，系统将打开“选择线型”对话框，如图 2-52 所示。在默认情况下，系统仅加载一种 Continuous（连续）线型。若需要其他线型，则要先加载该线型，即在“选择线型”对话框中，单击“加载”按钮，打开“加载或重载线型”对话框，如图 2-53 所示。选择所需的线型之后，单击“确定”按钮即将其添加到“选择线型”对话框中。

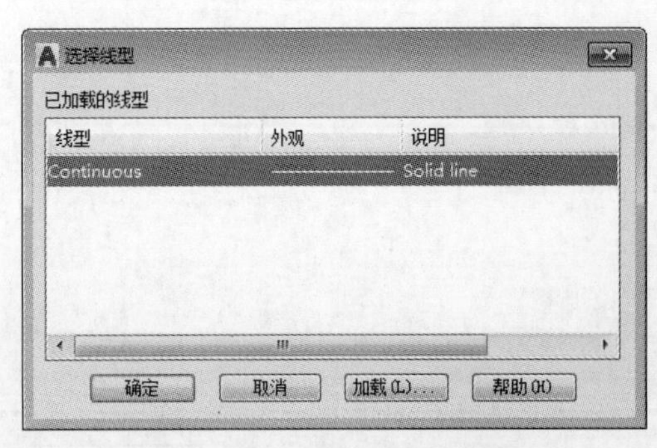

图 2-52 “选择线型”对话框

图 2-53 “加载或重载线型”对话框

2.5.3 “图层”面板与“特性”面板

在绘制图形时，可将不同属性的图形放置在不同图层中，以便于用户操作。而在图层中，用户可对图形对象的各种特性进行更改，例如颜色、线型以及线宽等。熟练应用图层可大大提高操作效率，还可使图形的清晰度更高。

1. “图层”面板

“图层”面板主要是对图层进行控制，如图 2-54 所示。

2. “特性”面板

“特性”面板主要是对颜色、线型和线宽进行控制，如图 2-55 所示。

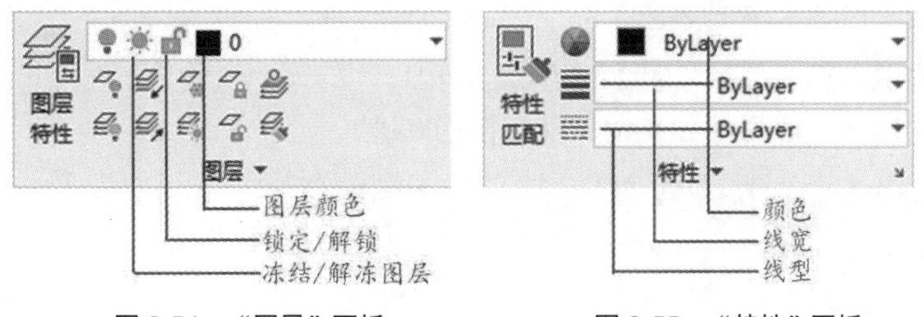

图 2-54 “图层”面板　　图 2-55 “特性”面板

3. 线宽的设置

线宽是图形的一个基本属性，用户可以通过图层来进行线宽设置，也可以直接对图形对象单独设置线宽。

在“图层特性管理器”选项板中，若需对某图层的线宽进行设置，可通过以下方法进行操作：

单击所需图层的线宽—— 默认图标按钮，打开“线宽”对话框，如图 2-56 所示。在“线宽”列表框中，选择所需线宽后，单击“确定”按钮即可。

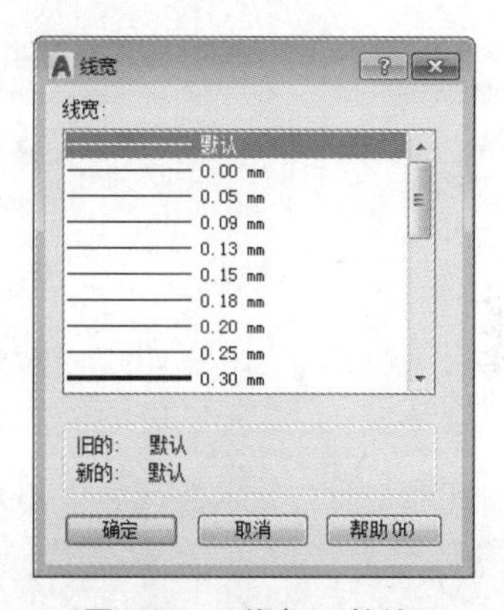

图 2-56 “线宽”对话框

2.5.4 非连续线型外观控制

在绘制图形时，经常使用非连续线型，如中线等，根据图形尺寸的不同，有时需要调整外观。AutoCAD 通过系统变量 LTSCALE 和 CELTSCALE 控制非连续线型的外观，这两个系统变量的默认值是 1，其数值越小，线度越密。

知识点拨

要更改已绘制对象的比例因子，可先选择该对象，然后在绘图区域中单击鼠标右键，选择快捷菜单中的“特性”命令，在打开的“特性”选项板中更改即可。

2.6 缩放与平移视图

在绘图过程中经常需要将视图进行放大、缩小和平移，其目的就是为了更好地观察图形对象。“缩放”命令用于增加或减少视图区域，对象的真实性保持不变。“平移”命令用于查看当前视图中的不同部分，不用改变视图大小。

1. 缩放视图

缩放视图可以增加或减少图形对象的屏幕显示尺寸，以便观察图形的整体结构和局部细节。缩放视图不改变对象的真实尺寸，只改变显示的比例。

用户可以通过以下方法执行“缩放”命令。

◎ 执行“视图”|“缩放”子命令，如图 2-57 所示。

◎ 在绘图区右侧，相关菜单如图 2-58 所示。

◎ 在命令行中输入快捷命令 ZOOM，然后按回车键。

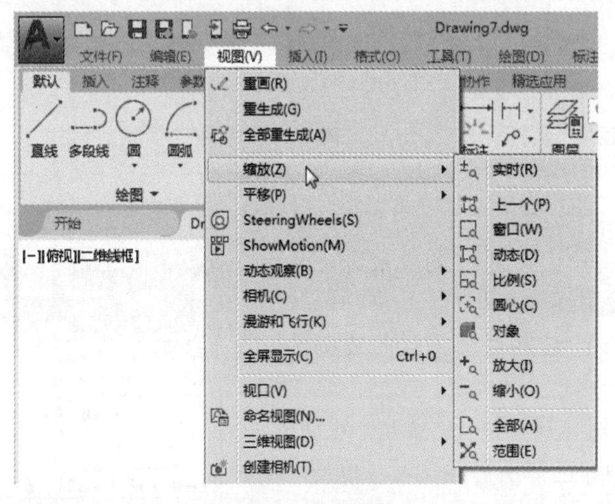

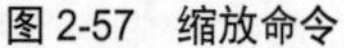
图 2-57 缩放命令

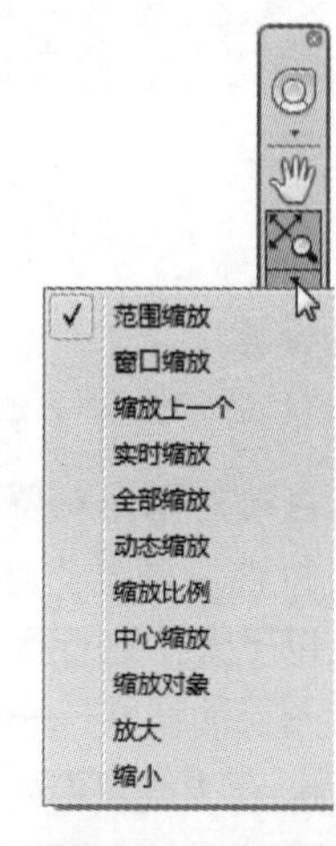

图 2-58 范围缩放

在命令行中输入快捷命令 ZOOM，然后按回车键，命令行提示内容如下：

```
命令: ZOOM
指定窗口的角点，输入比例因子 (nX 或 nXP)，或者
[全部(A)/中心(C)/动态(D)/范围(E)/上一个(P)/比例(S)/窗口(W)/对象(O)] <实时|:
```

其中，命令行中部分选项含义介绍如下。

◎ 全部：显示整个图形中的所有对象。

◎ 中心：在图形中指定一点，然后指定一个缩放比例因子或者指定高度值来显示一个新视图，指定的点将作为该视图的中心点。

◎ 动态：用于动态缩放视图。当进入动态模式时，在屏幕中将显示一个带“×”的矩形方框。单击鼠标左键，窗口中心的“×”消失，显示一个位于右边框的方向箭头，拖动鼠标可以改变选择窗口的大小，以确定选择区域，按回车键即可缩放图形。

◎ 范围：在绘图区中尽可能大地显示所有图形对象。与全部缩放模式不同的是，范围缩放使用的显示边界只是图形范围而不是图形界限。
◎ 窗口：通过用户在屏幕上拾取两个对角点以确定一个矩形窗口，系统将矩形范围内的图形放大至整个屏幕。
◎ 实时：在该模式下，光标变为放大镜符号。按住鼠标左键向上拖动光标可放大整个图形；向下拖动光标可缩小整个图形；释放鼠标停止缩放。

2. 平移视图

在绘制图形的过程中，由于某些图形比较大，在放大进行绘制及编辑时，其余图形对象将不能进行显示。如果要显示绘图区边上或绘图区外的图形对象，但又不想改变图形对象的显示比例时，则可以使用平移视图功能，移动图形对象。

用户可以通过以下方法执行“平移”命令。

◎ 在菜单栏中选择“视图”|“平移”子命令。
◎ 在绘图区右侧的快捷菜单中单击“平移”按钮。
◎ 在命令行中输入快捷命令 PAN，然后按回车键。
◎ 实时：鼠标指针变为手形形状，按住鼠标左键拖动，窗口内的图形就可以按移动的方向移动。释放鼠标，即返回到平移的等待状态。
◎ 定点：可以通过指定基点和位移值来指定平移视图。

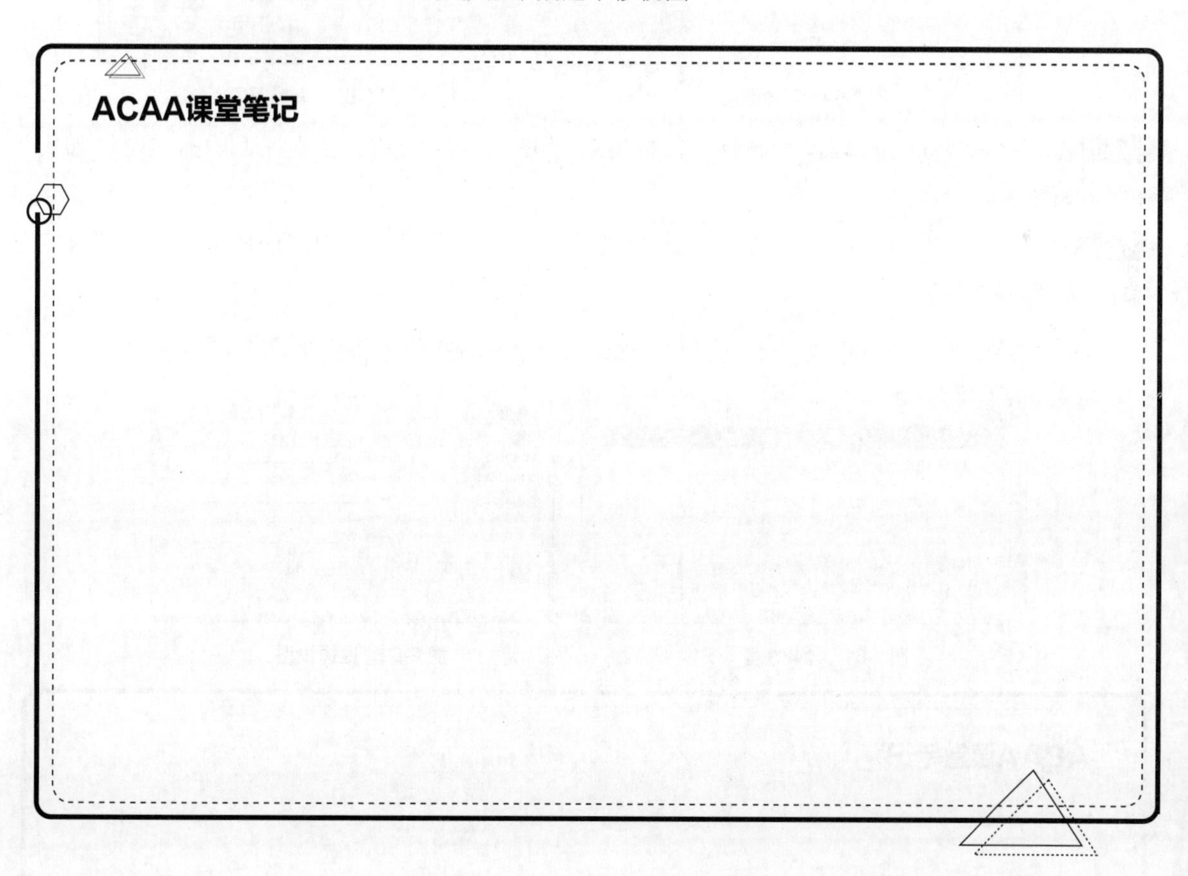

课堂实战：调整机械零件图的显示效果

在没有设置图层的情况下，创建的图形都会显示在“图层 0”中。这样会对后期图纸加工带来不必要的麻烦。下面将以机械零件图为例，来为其添加图层，以便调整图纸显示的效果。

Step01 打开素材文件，在“默认”选项卡的“图层”选项组中，单击“图层特性”按钮，打开“图层特性管理器”选项板，单击“新建”按钮，新建“图层 1”，并将其重命名为“中心线”，如图 2-59 所示。

Step02 单击“颜色”图标，在打开的“选择颜色”对话框中，选择红色，并单击“确定”按钮，如图 2-60 所示。

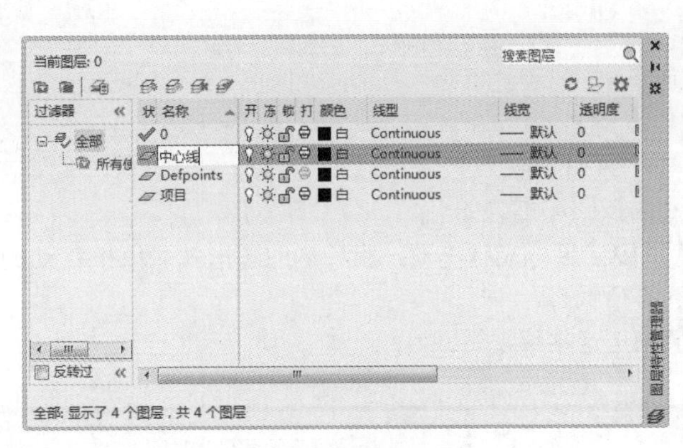

图 2-59 新建图层

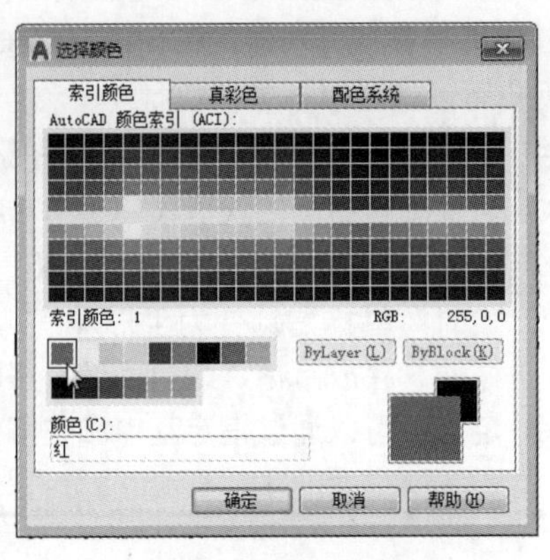

图 2-60 设置图层颜色

Step03 返回到图层特性管理器，单击该图层的“线型”图标，在“选择线型”对话框中，单击“加载”按钮，如图 2-61 所示。

Step04 在“加载或重载线型”对话框中，选择所需的中心线型，这里选择 CENTER 线型，单击“确定”按钮，如图 2-62 所示。

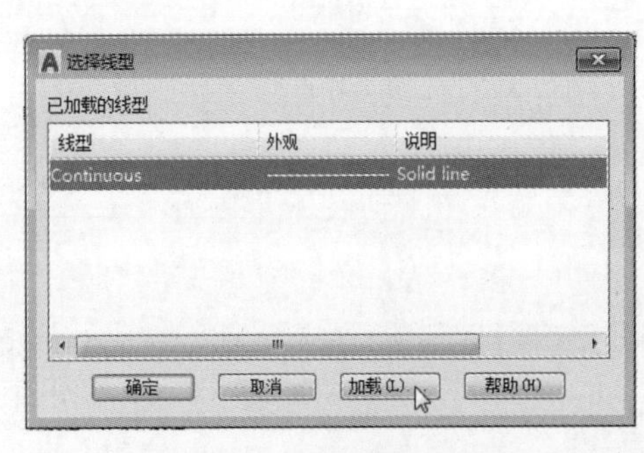

图 2-61 加载线型

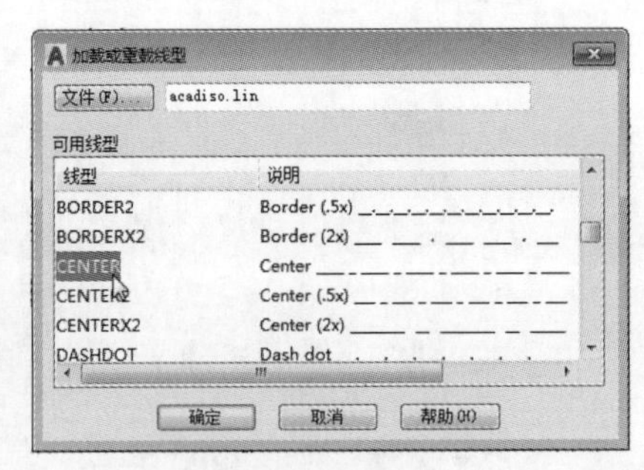

图 2-62 选择线型

ACAA课堂笔记

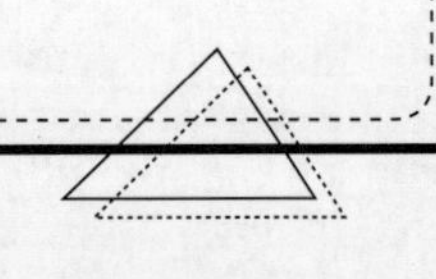

Step05 返回到上一层对话框，选中刚加载的线型，单击“确定”按钮，如图 2-63 所示。

Step06 在“图层特性管理器”选项板中，“中心线”图层的属性已发生了相应的变化，如图 2-64 所示。

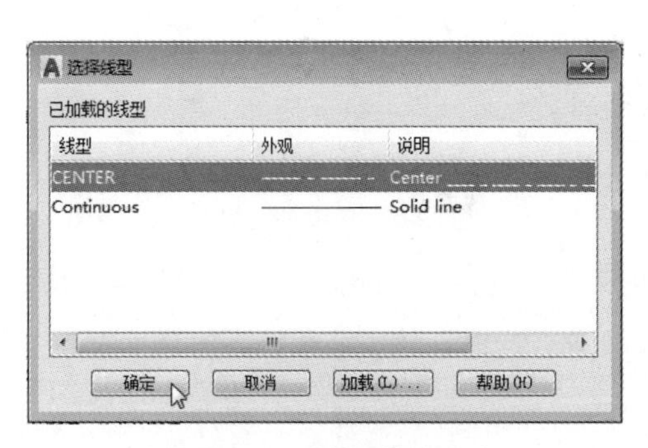

图 2-63　选择加载的线型

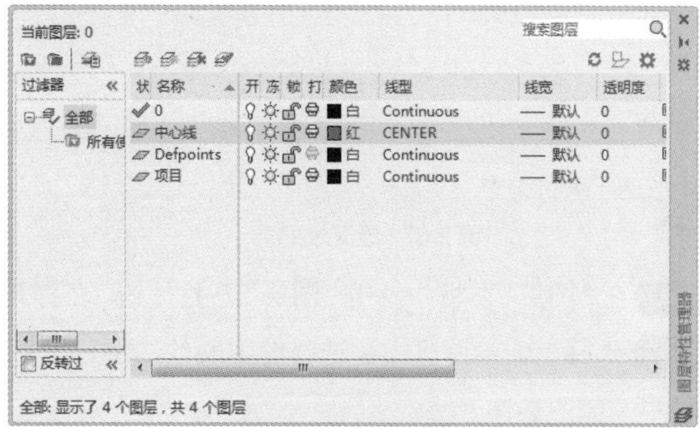

图 2-64　查看效果

Step07 按照以上同样的方法，创建“标注”图层，并更改该图层的颜色，如图 2-65 所示。

注意事项

在创建“标注”图层时，由于它是在“中心线”图层的结构上创建的，所以在创建标注图层后，需要将其颜色、线型、线宽等属性更改过来，否则创建的图层还是延续中心线图层的属性显示的。

Step08 在“图层特性管理器”选项板中，选择“项目”图层，并单击“线宽”图标，打开“线宽”对话框，设置线宽参数，如图 2-66 所示。

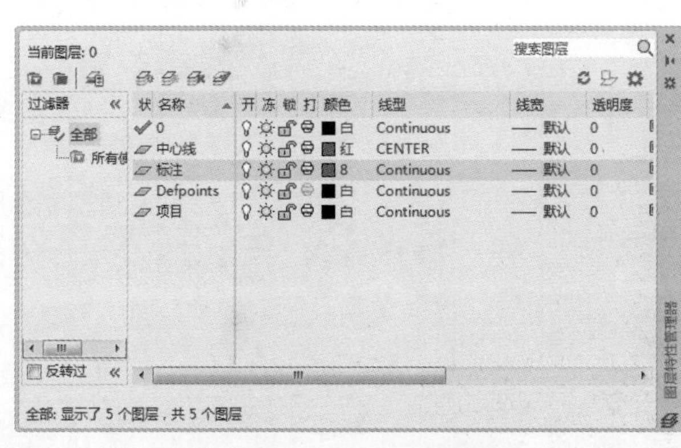

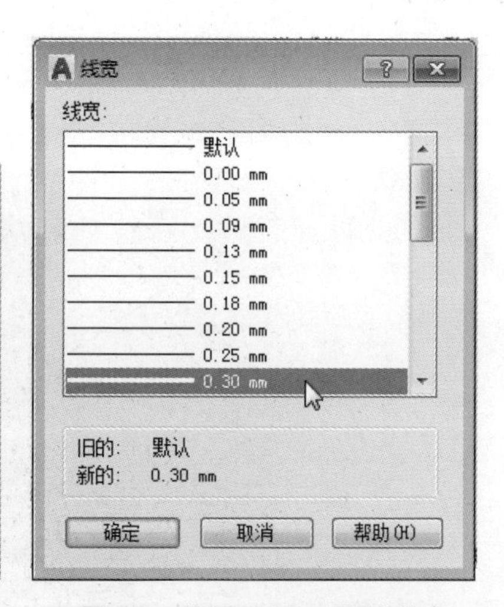

图 2-65　添加“标注”图层　　　　图 2-66　设置“项目”图层的线宽

Step09 单击“确定”按钮，返回图层特性管理器，此时该图层的线宽已发生了变化，如图 2-67 所示。

Step10 关闭“图层特性管理器”选项板，完成图层设置操作。在绘图区中选择零件图的中心线，如图 2-68 所示。

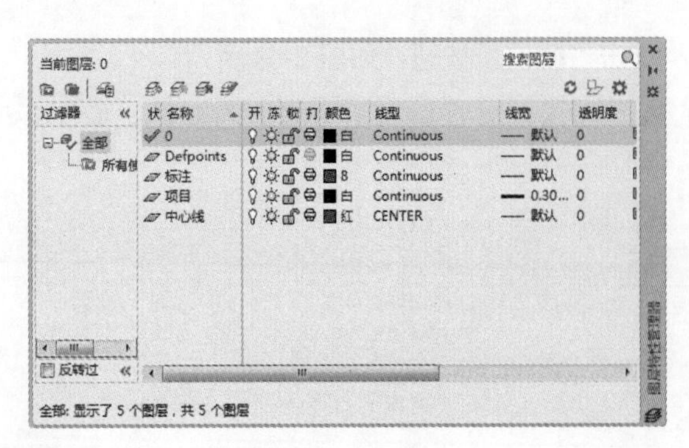

图 2-67　设置效果

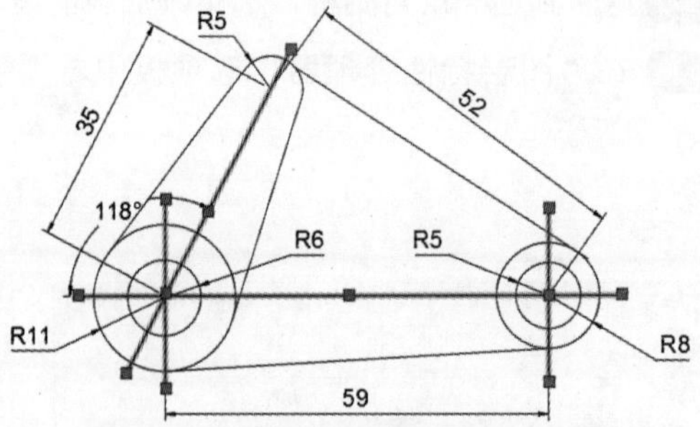

图 2-68　选择中心线

Step11 在“图层”面板中单击“图层”下拉按钮，在打开的列表中选择“中心线”图层，如图 2-69 所示。

Step12 选择后，绘图区中被选择的中心线线型已发生了变化，同时，该中心线已添加至“中心线”图层中，如图 2-70 所示。

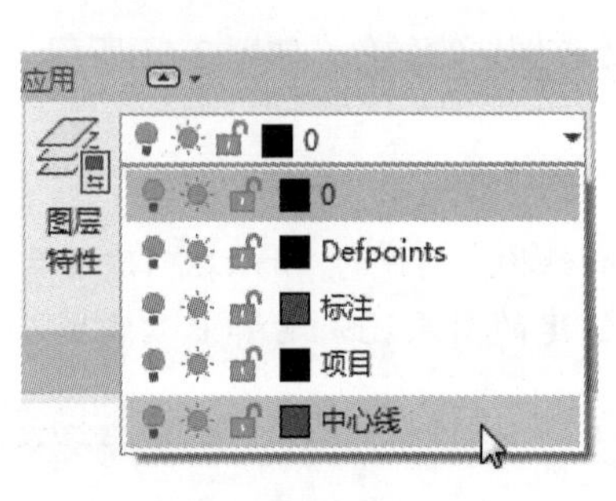

图 2-69　选择“中心线”图层

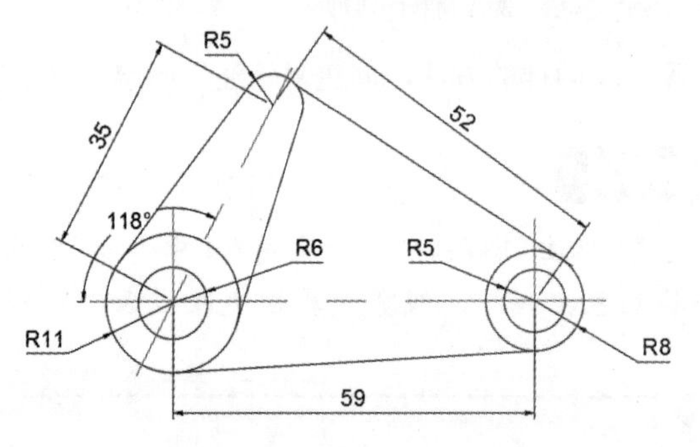

图 2-70　调整中心线所在的图层

Step13 选中其中任意一条中心线，单击鼠标右键，选择“特性”命令，打开“特性”选项板，将“线型比例”设置为 0.3，如图 2-71、图 2-72 所示。

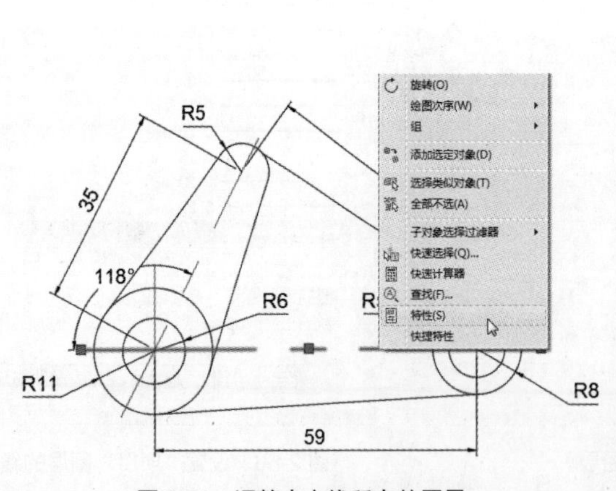

图 2-71　调整中心线所在的图层

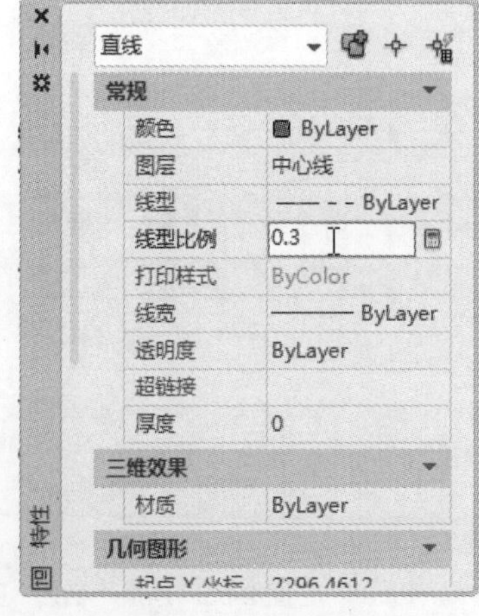

图 2-72　设置线型比例

Step14 按照同样的方法，更改其他中心线的线型比例，如图 2-73 所示。

Step15 在绘图区中选择零件图的尺寸标注，单击“图层”下拉按钮，选择“标注”图层，将其添加至“标注”图层中，如图 2-74 所示。

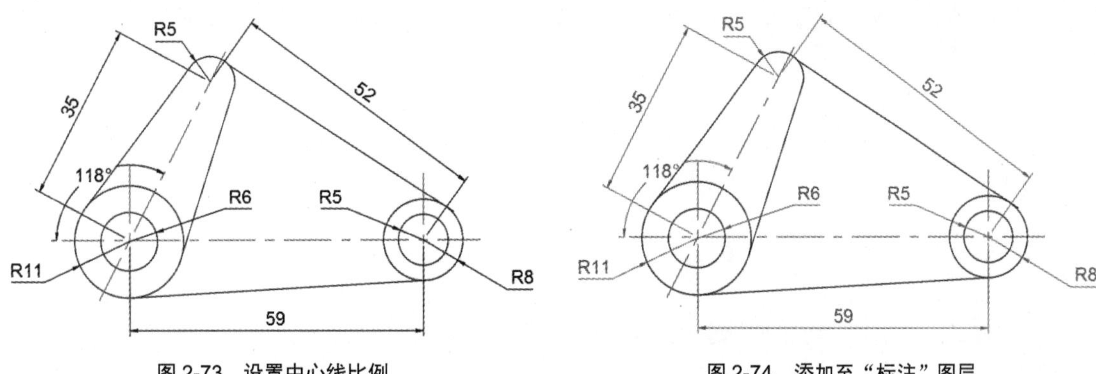

图 2-73　设置中心线比例　　　　　　　　图 2-74　添加至“标注”图层

Step16 在状态栏中，单击“显示/隐藏线宽”按钮，开启显示线宽模式，此时零件图轮廓线已加粗显示，如图 2-75 所示。

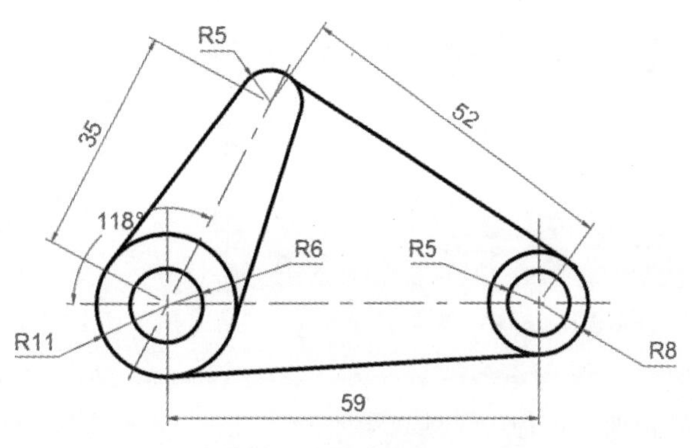

图 2-75　显示线宽模式

课后作业

为了让用户能够更好地掌握本章所学的知识内容，下面将安排一些 Autodesk 认证考试的参考试题，让用户可以对所学的知识进行巩固和练习。

一、填空题

（1）AutoCAD 的坐标系可分为两种，分别是______和______，可通过 UCS 命令进行坐标切换。

（2）______通过已存在的实体对象的特殊点或特殊位置来确定点的位置，它有两种方式，一种是______，另一种是______。

（3）在“______”选项卡的“______”面板中单击“______”按钮，可以打开“图层特性管理器”选项板。

二、选择题

（1）执行对象捕捉时，如果在一个指定的位置上包含多个对象符合捕捉条件，则按哪个键可以在不同对象间切换？（　　）。

A. Ctrl　　B. Alt　　C. Shift　　D. Tab

（2）要使对象的颜色始终与图层的颜色一致，应将该对象的颜色设置为（　　）。

A. Colour　　B. Bylayer　　C. Byblock　　D. Red

（3）在动态输入模式下绘制直线时，当提示指定下一点时输入“80”，然后按逗号（,）键，接下来输入的数值是（　　）。

A. 角度值　　B. X 坐标值　　C. Y 坐标值　　D. Z 坐标值

（4）打开和关闭正交模式，可按功能键（　　）。

A. F2　　B. F9　　C. F8　　D. F11

三、操作题

（1）创建并隐藏图层。

本实例将通过图层的创建与管理操作，对机械零件图创建相关图层，并关闭其“标注”图层，结果参考图 2-76、图 2-77。

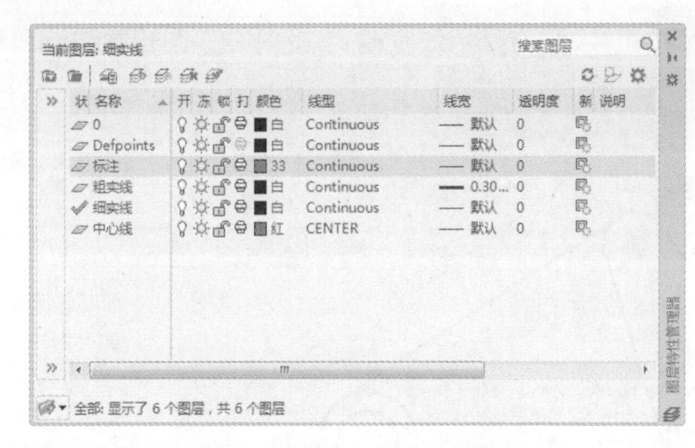

图 2-76　创建“标注”图层

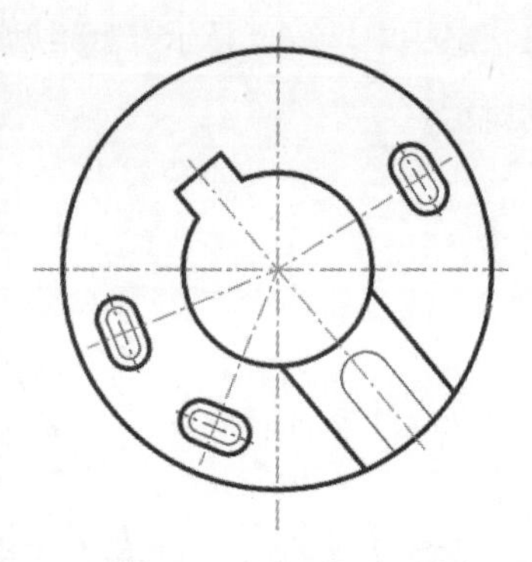

图 2-77　关闭“标注”图层

操作提示：

Step01 打开“图层特性管理器”选项板，创建图层。

Step02 将所有尺寸标注添加至“标注”图层，单击“关闭”按钮关闭“标注”图层。

（2）快速测量客厅面积。

本实例将利用测量工具，快速测量出二居室客厅区域的面积，结果参考图 2-78。

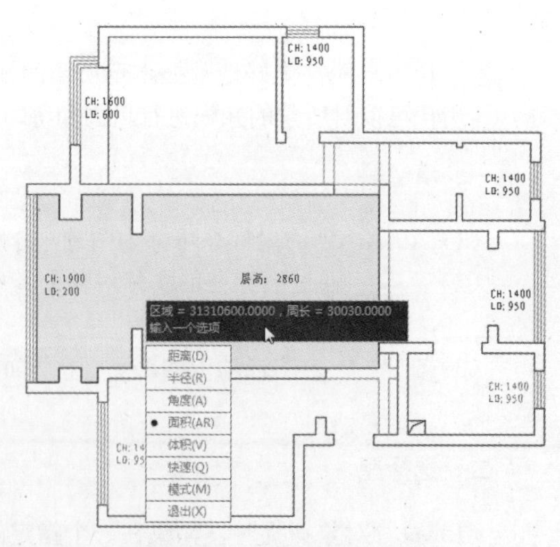

图 2-78　快速测量客厅面积

操作提示：

Step01 执行“实用工具”|“测量”|“面积”命令。

Step02 依次捕捉二居室客厅测量点，按回车键即可得出结果。

绘制二维图形

内容导读

想要绘制出漂亮的图形，就必须掌握一些基本图形的绘制方法，如直线、多段线、曲线、矩形、多边形等，这些是所有二维图形的基础。只有打好基础，才能做出花样。本章将向用户介绍基本二维图形的绘制方法及技巧，从而为后续章节的学习打下基础。

学习目标

- 绘制点
- 绘制线
- 绘制曲线
- 绘制多边形
- 图案填充

3.1 点功能的应用

点是构成图形的基础，任何复杂曲线都是由无数个点构成的。点可以作为捕捉和移动对象的节点或参照点。当然在 AutoCAD 中，点是结合其他图形来使用的，不会单独使用它。

3.1.1 设置点样式

在默认情况下，点是以圆点的形式来显示的，其大小可以忽略不计。如果在绘制过程中，需要显示某个点，那么用户需要对点的样式进行一番设置。

用户可以通过以下方法来打开“点样式”对话框。

◎ 在菜单栏中执行“格式”|“点样式”命令。

◎ 在“默认”选项卡的“实用工具”面板中单击“点样式”按钮。

◎ 在命令行中输入命令 PTYPE，然后按回车键。

执行以上任意一项操作后，会打开“点样式”对话框，如图 3-1 所示。在该对话框中，可以根据需要选择相应的点样式。若选中“相对于屏幕设置大小”选项，则在“点大小”文本框中输入的是百分数；若选中“按绝对单位设置大小”选项，则在文本框中输入的是实际单位。

完成设置后，执行“点”命令，新绘制的点以及先前绘制的点的样式将会以新的点类型和尺寸显示。

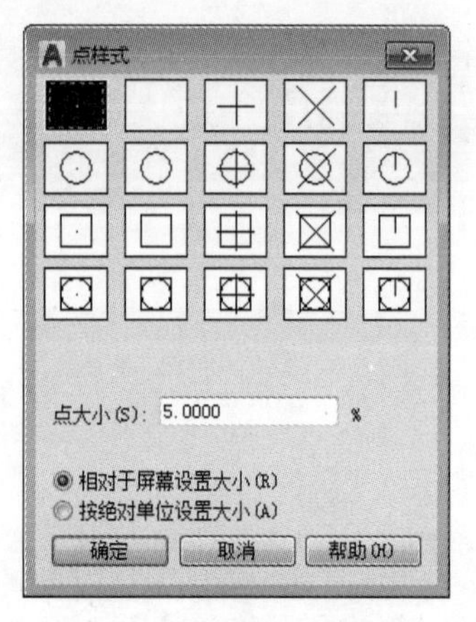

图 3-1 “点样式”对话框

3.1.2 绘制点

在 AutoCAD 软件中，点可分单点和多点两种。在菜单栏中执行“绘图”|“点”|“单点”命令，通过在绘图区中单击鼠标左键或输入点的坐标值指定点，即可绘制单点。而多点的绘制方法与单点相同，只是执行“单点”命令后，一次只能创建一个点；而执行“多点”命令，则一次可创建多个点。

用户可以通过以下方法执行“多点”命令。

◎ 在菜单栏中执行“绘图”|“点”|“多点”命令。

◎ 在“默认”选项卡的“绘图”面板中单击“多点”按钮。

◎ 在命令行中输入命令 POINT，然后按回车键。

3.1.3 绘制定数等分点

定数等分是将所选对象按指定的线段数目进行平均等分。该操作并不是将对象等分为单独的对象，而是在对象上按照平均分出的点的位置，并结合直线，绘制出等分线。所以它不是真正意义上的等分对象。

用户可以通过以下方法执行“定数等分”命令。

◎ 在菜单栏中执行“绘图”|“点”|“定数等分”命令。

◎ 在“默认”选项卡的“绘图”面板中单击“定数等分”按钮。

◎ 在命令行中输入命令 DIVIDE，然后按回车键。

执行以上任意一项操作后，用户可根据命令行提示的内容进行操作。

命令行提示如下：

```
命令: _divide
选择要定数等分的对象:                              （选择对象）
输入线段数目或 [块(B)]: 5                          （输入等分数量，按回车键）
```

■ 实例：绘制五角星图形

下面将利用定数等分功能，在半径为500mm的圆中绘制五角星图形。

Step01 打开素材文件，执行"格式"|"点样式"命令，在打开的"点样式"对话框中，选择一款点样式，如图3-2所示。

Step02 选择完成后，单击"确定"按钮关闭对话框。执行"定数等分"命令，根据命令行中的提示，先选择圆形，然后输入线段数目，这里输入5，如图3-3所示。

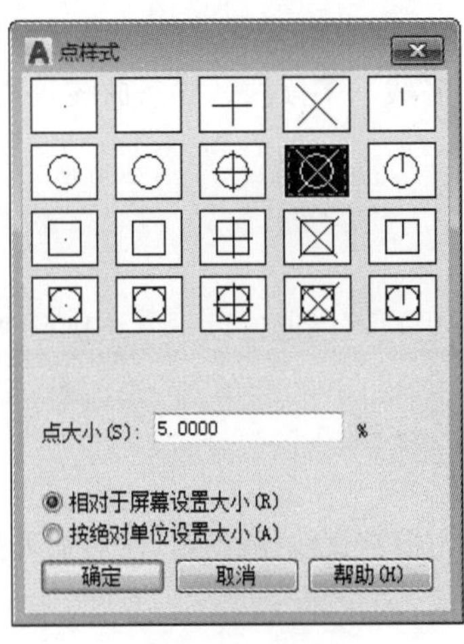

图3-2　设置点样式

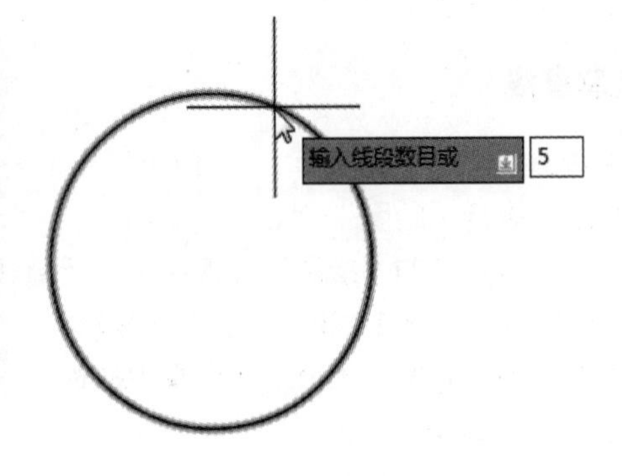

图3-3　选择圆形

Step03 按回车键，此时在圆形上会出现5个等分点，如图3-4所示。

Step04 执行"直线"命令，捕捉这5个等分点，绘制等分线，如图3-5所示。

Step05 删除所有等分点和圆形，结果如图3-6所示。

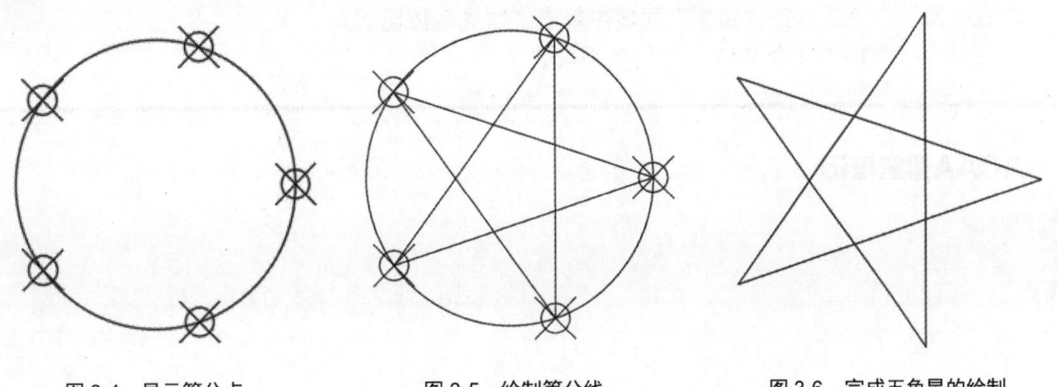
图3-4　显示等分点　　图3-5　绘制等分线　　图3-6　完成五角星的绘制

■ 3.1.4　绘制定距等分点

定距等分可从选定对象的某一个端点开始，按照指定的长度开始划分，等分对象的最后一段可能要比指定的间隔短。

用户可以通过以下方法执行“定距等分”命令。

◎ 在菜单栏中执行“绘图”|“点”|“定距等分”命令。

◎ 在“默认”选项卡的“绘图”面板中单击“定距等分”按钮。

◎ 在命令行中输入 MEASURE 命令，然后按回车键。

执行以上任意一种操作后，命令行提示内容如下：

```
命令: _measure
选择要定距等分的对象:                    （选择等分图形）
指定线段长度或 [块(B)]: 10              （输入等分数值，按回车键）
```

3.2 线功能的应用

在 AutoCAD 中，线段可分为直线、射线、构造线、多线、多段线、样条曲线等样式。下面将分别对这些线段的绘制方法进行简单的介绍。

■ 3.2.1　绘制直线

直线是在绘制图形过程中最基本、常用的绘图命令。用户可以通过以下方法执行“直线”命令。

◎ 在菜单栏中执行“绘图”|“直线”命令。

◎ 在“默认”选项卡的“绘图”面板中单击“直线”按钮。

◎ 在命令行中输入命令 LINE，然后按回车键。

执行“直线”命令后，用户可根据命令行中的提示，先指定直线的起点，然后输入直线的长度值，按回车键，完成线段的绘制。

■ 3.2.2　绘制射线

射线是以一个起点为中心，向某方向无限延伸的直线。在 AutoCAD 中，射线常作为绘图辅助线来使用。用户可以通过以下方法执行“射线”命令。

◎ 在菜单栏中执行“绘图”|“射线”命令。

◎ 在“默认”选项卡的“绘图”面板中单击“射线”按钮。

◎ 在命令行中输入命令 RAY，然后按回车键。

ACAA课堂笔记

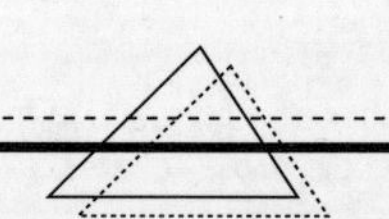

执行“射线”命令后，先指定射线的起点，再指定通过点即可绘制一条射线，如图 3-7 所示。用户可以连续指定不同方向的点，完成多条射线的绘制操作，直到按 Esc 键，或回车键退出为止，如图 3-8 所示。

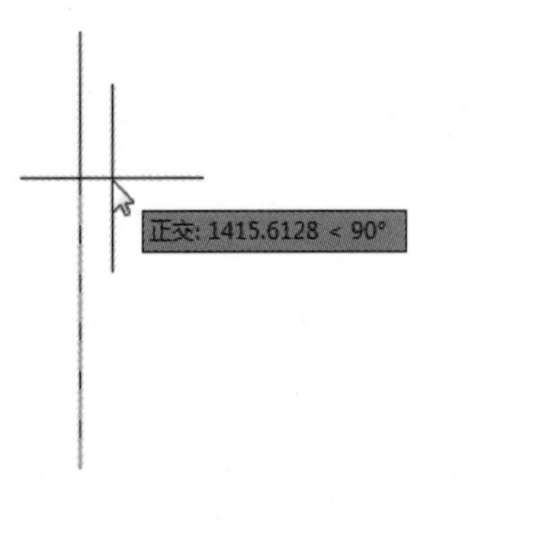

图 3-7　绘制一条射线

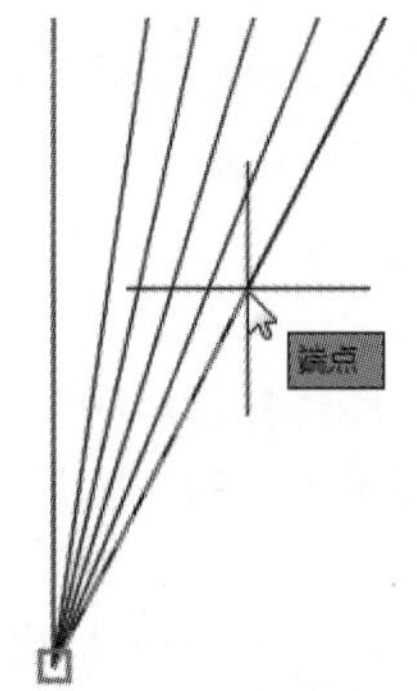

图 3-8　绘制多条射线

■ 3.2.3　绘制构造线

构造线与射线的区别在于，构造线是向两端无限延伸的线；而射线是仅向一段无限延伸的线。同样，构造线也可以用来作为创建其他直线的参照，创建出水平、垂直、具有一定角度的构造线，起到辅助制图的作用。

用户可以通过以下方法执行“构造线”命令。

◎ 在菜单栏中执行“绘图”|“构造线”命令。

◎ 在“默认”选项卡的“绘图”面板中单击“构造线”按钮。

◎ 在命令行中输入命令 XLINE，然后按回车键。

执行“构造线”命令后，先指定好构造线的起点位置，然后再指定构造线延伸方向上的一点即可绘制构造线。与绘制射线一样，用户可以连续绘制不同方向的构造线，如图 3-9 所示，直到按 Esc 键退出为止。

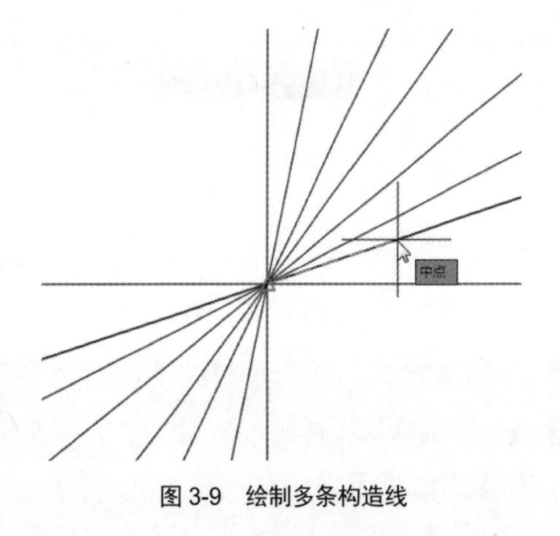

图 3-9　绘制多条构造线

■ 3.2.4　绘制多段线

多段线相对来说是比较灵活的线段，用户可以一次性绘制出直线和圆弧这两种不同属性的线段。除此之外，在绘制多段线时，还可以调整多段线的线宽。

用户可以通过以下方法执行“多段线”命令。

◎ 在菜单栏中执行“绘图”|“多段线”命令。

◎ 在“默认”选项卡的“绘图”面板中单击“多段线”按钮。

◎ 在命令行中输入命令 PLINE，然后按回车键。

执行“多段线”命令后，用户可以根据命令行中的提示信息进行操作。在绘制的过程中，用户可以随时选择命令行中的设置选项来改变线段的属性。

命令行提示如下：

```
命令: _pline
指定起点:                                                    （指定多段线起始点）
当前线宽为 0.0000
指定下一个点或 [圆弧(A)/半宽(H)/长度(L)/放弃(U)/宽度(W)]:      （指定下一点，直至结束）
```

命令行中各选项的含义介绍如下。

◎ 圆弧：以圆弧的方式绘制多段线。

◎ 半宽：可以指定多段线的起点和终点半宽值。

◎ 长度：定义下一段多段线的长度。

◎ 放弃：撤销上一步操作。

◎ 宽度：可以设置多段线起点和端点的宽度。

■ 实例：绘制箭头图形

下面将利用多段线命令来绘制箭头图形。

Step01 执行“多段线”命令，在绘图区中指定多段线的起点，输入 W 命令并按回车键，根据提示输入多段线的起点宽度和端点宽度，如图 3-10、图 3-11 所示。

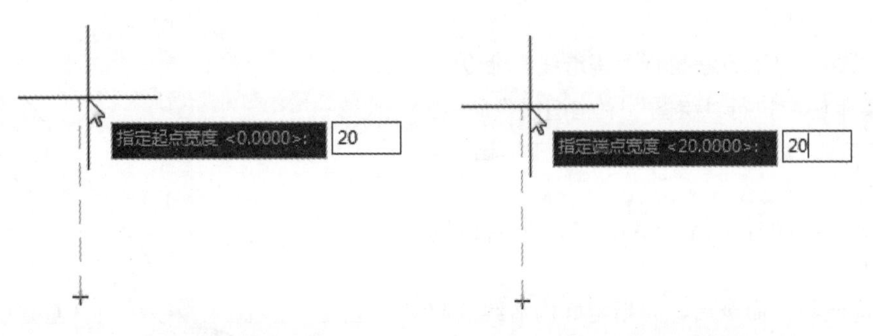

图 3-10　输入起点宽度　　　　图 3-11　输入端点宽度

Step02 按回车键确认，再移动光标，然后输入多段线长度 50mm，如图 3-12 所示。

Step03 按回车键确认，再输入 W 命令并按回车键，根据提示输入多段线的起点宽度为 60，端点宽度为 0，如图 3-13 所示。

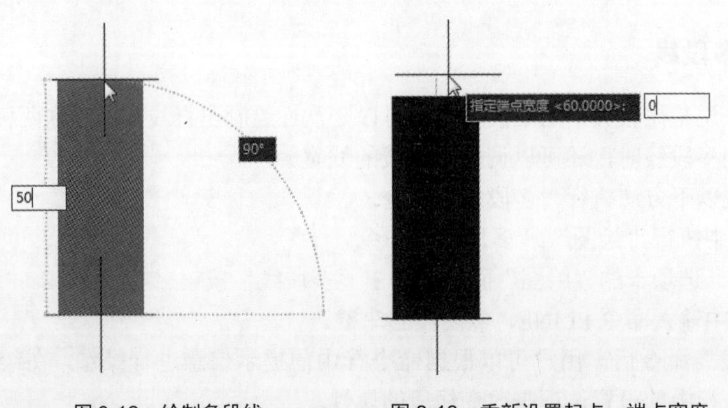

图 3-12　绘制多段线　　　　图 3-13　重新设置起点、端点宽度

Step04 按回车键确认，移动光标并输入多段线长度 60mm，如图 3-14 所示。

Step05 再按回车键确认，完成箭头图形的绘制，如图 3-15 所示。

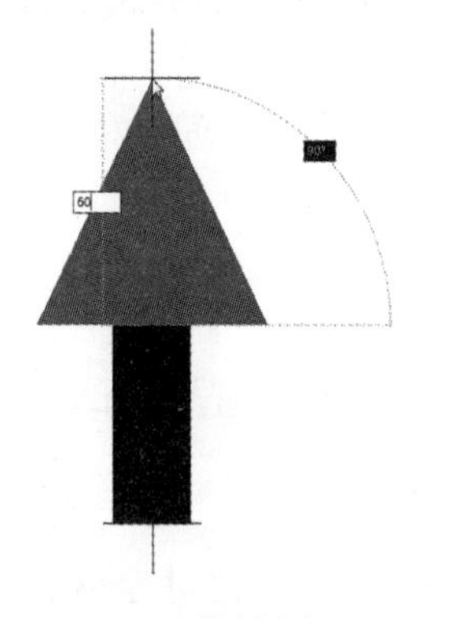

图 3-14　确定端点　　图 3-15　绘制完成

3.2.5　绘制修订云线

修订云线是由连续的圆弧组成的多段线，主要用于在检查阶段提醒用户注意图形的某个部分。当然，对于园林专业的人员来说，云线还可以绘制草坪、灌木之类的植物图形。

用户可以通过以下方法执行“修订云线”命令。

◎ 在菜单栏中执行“绘图”|“修订云线”命令。

◎ 在“默认”选项卡的“绘图”面板中单击“修订云线”下拉按钮，从中根据需要选择“矩形修订云线”“多边形修订云线”以及“徒手画”这 3 种方式绘制。

◎ 在“注释”选项卡的“标记”面板中单击“修订云线”下拉按钮，从中选择合适的命令。

◎ 在命令行中输入命令 REVCLOUD，然后按回车键。

执行以上任意一种操作后，用户可以根据命令行中的提示信息进行操作。

命令行提示如下：

```
命令: _revcloud
最小弧长: 0.5  最大弧长: 0.5  样式: 普通  类型: 矩形
指定第一个角点或 [弧长(A)/对象(O)/矩形(R)多边形(P)徒手画(F)样式(S)修改(M)] <对象>:
```

3.2.6　绘制样条曲线

样条曲线是指通过一系列指定点的光滑曲线，用来绘制不规则的曲线图形。AutoCAD 中包括拟合样条曲线和控制点样条曲线两种，如图 3-16、图 3-17 所示。

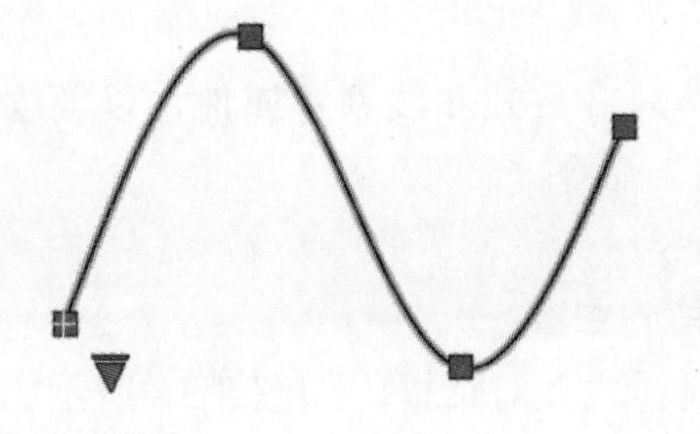

图 3-16　拟合样条曲线

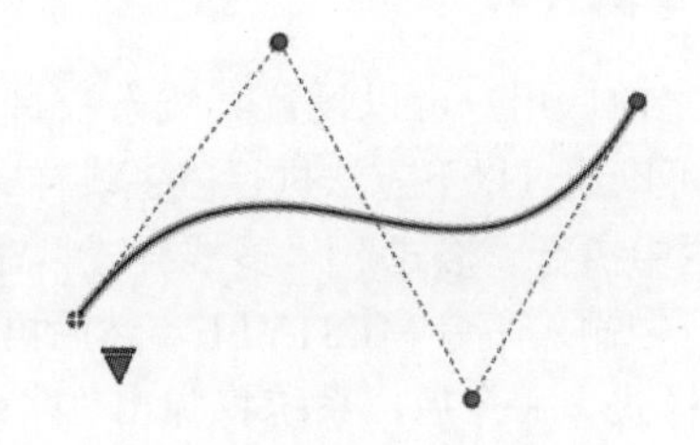

图 3-17　控制点样条曲线

用户可以通过以下方法执行“样条曲线”命令。

◎ 在菜单栏中执行“绘图”|“样条曲线”命令。

◎ 在“默认”选项卡的“绘图”面板中单击“样条曲线拟合”按钮或“样条曲线控制点”按钮。

◎ 在命令行中输入命令 SPLINE，然后按回车键。

执行“样条曲线”命令后，根据命令行提示，依次指定起点、中间点和终点，即可绘制出样条曲线。待样条曲线绘制完毕之后，可对其进行修改。

用户可以通过以下方法执行“编辑样条曲线”命令。

◎ 在菜单栏中执行“修改”|“对象”|“样条曲线”命令。

◎ 在“默认”选项卡的“修改”面板中单击“编辑样条曲线”按钮。

◎ 在命令行中输入命令 SPLINEDIT，然后按回车键。

◎ 双击样条曲线。

执行以上任意一种操作后，用户可以根据命令行中的提示信息进行操作。

命令行提示如下：

```
命令: _splinedit
选择样条曲线:
输入选项 [闭合(C)/合并(J)/拟合数据(F)/编辑顶点(E)/转换为多段线(P)/反转(R)/放弃(U)/退出(X)] <退出>
```

命令行中各选项的含义介绍如下。

◎ 闭合：用于封闭样条曲线。如样条曲线已封闭，此处显示“打开(O)”，用于打开封闭的样条曲线。

◎ 合并：用于闭合两条或两条以上的开放曲线。

◎ 拟合数据：用于修改样条曲线的拟合点。其中各个子选项的含义为，“添加”表示将拟合点添加到样条曲线；“闭合”表示闭合样条曲线两个端点；“删除”表示删除该拟合点或节点；“扭折”表示在样条曲线上的指定位置添加节点和拟合点，这不会保持在该点的相切或曲率连续性；“移动”表示移动拟合点到新位置；“切线”表示修改样条曲线的起点和端点切向；“公差”表示使用新的公差值将样条曲线重新拟合至现有的拟合点。

◎ 编辑顶点：移动样条曲线的控制点，调节样条曲线形状。其中子选项的含义为，“添加”用于添加顶点；“删除”用于删除顶点；“提高阶数”用于增大样条曲线的多项式阶数（阶数为 4 和 26 之间的整数）；“移动”用于重新定位选定的控制点；“权值”用于根据指定控制点的新权值重新计算样条曲线。权值越大，样条曲线越接近控制点。

◎ 转换为多段线：用于将样条曲线转化为多段线。

◎ 反转：反转样条曲线的方向，起点和终点互换。

◎ 放弃：撤销上一步操作。

◎ 退出：退出该命令。

■ 3.2.7 创建多线样式

在绘制多线之前，用户可以设置其线条数目、对齐方式和线型等属性，以便绘制出符合要求的多线样式。用户可以通过以下方法执行“多线样式”命令。

◎ 在菜单栏中执行“格式”|“多线样式”命令。

◎ 在命令行中输入命令 MLSTYLE，然后再按回车键。

执行“多线样式”命令后，系统将弹出“多线样式”对话框，如图 3-18 所示。该对话框中常用选项的含义介绍如下。

◎ 新建：用于新建多线样式。单击此按钮，可打开“创建新的多线样式”对话框，如图 3-19 所示。

图 3-18 “多线样式”对话框

图 3-19 “创建新的多线样式”对话框

◎ 加载：从多线文件中加载已定义的多线。单击此按钮，可打开“加载多线样式”对话框，如图 3-20 所示。

◎ 保存：用于将当前的多线样式保存到多线文件中。单击此按钮，可打开“保存多线样式”对话框，从中可对文件的保存位置与名称进行设置。

在“创建新的多线样式”对话框中输入样式名（如输入“墙体”），然后单击“继续”按钮，即可打开“新建多线样式”对话框，在该对话框中可设置多线样式的特性，如填充颜色、多线颜色、线型等，如图 3-21 所示。

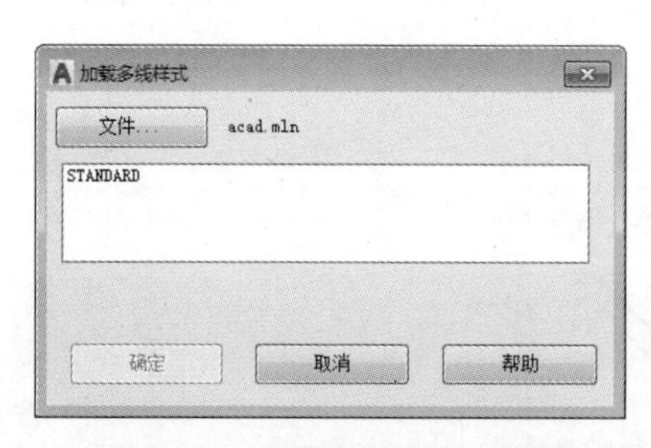

图 3-20 “加载多线样式”对话框

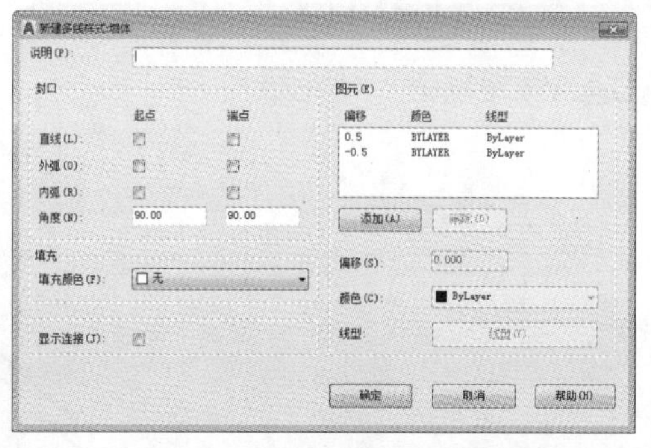

图 3-21 “新建多线样式”对话框

“新建多线样式”对话框中主要设置选项的含义说明如下。

◎ “说明”文本框：为多线样式添加说明。

◎ 封口：该选项组用于设置多线起点和端点处的封口样式。“直线”表示多线起点或端点处以一条直线封口；“外弧”和“内弧”选项表示起点或端点处以外圆弧或内圆弧封口；“角度”选项用于设置圆弧包角。

◎ 填充：该选项组用于设置多线之间内部区域的填充颜色，可以通过“选择颜色”对话框选取或配置颜色系统。

◎ 图元：该选项组用于显示并设置多线的平行线数量、距离、颜色和线型等属性。“添加”可向其中添加新的平行线；“删除”可删除选取的平行线；“偏移”文本框用于设置平行线相对于多线中心线的偏移距离；“颜色”和“线型”选项用于设置多线显示的颜色或线型。

■ 3.2.8 绘制多线

多线是一种由多条平行线组成的对象，平行线之间的间距和数目是可以设置的。多线样式设置好后，接下来用户就可以通过以下方法执行“多线”命令。

◎ 在菜单栏中执行“绘图”|“多线”命令。

◎ 在命令行中输入命令 MLINE，然后按回车键。

执行以上任意一种操作后，命令行提示内容如下：

```
命令: _mline
当前设置: 对正 = 上，比例 = 20.00，样式 = STANDARD
指定起点或 [对正(J)/比例(S)/样式(ST)]:                （设置对正方式、比例值、样式）
```

■ 3.2.9 编辑多线

多线绘制完毕后，通常都需要对该多线进行修改编辑，这样才能达到预期的效果。在 AutoCAD 中，用户可以利用多线编辑工具对多线进行设置。用户可以通过以下方式打开该对话框：

◎ 在菜单栏中执行“修改”|“对象”|“多线”命令。

◎ 在命令行输入 MLEDIT 命令并按回车键。

◎ 双击绘制的多线。

执行以上任意一项操作，均会打开“多线编辑工具”对话框，该对话框提供了 12 个编辑多线的选项，如图 3-22 所示。利用这些选项可以对十字形、T 字形及有拐角和顶点的多线进行编辑，还可以截断和连接多线。

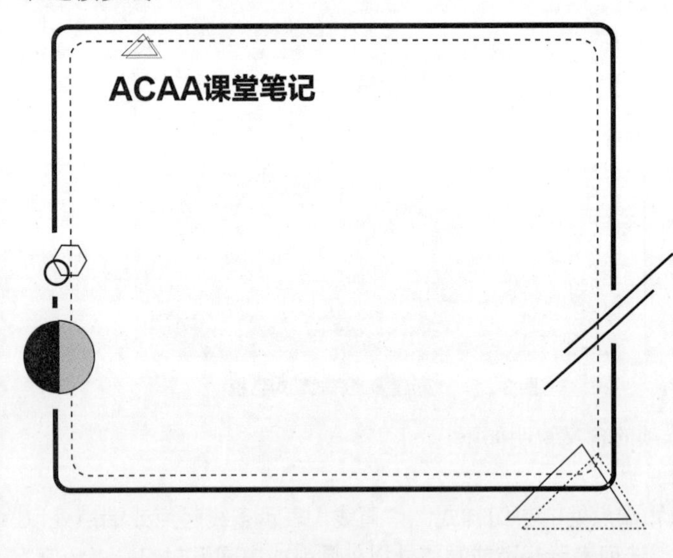

图 3-22 “多线编辑工具”对话框

其中，7 个工具用于编辑多线交点，其功能介绍如下。

◎ 十字闭合：在两条多线间创建一个十字闭合的交点。选择的第一条多线将被剪切。

◎ 十字打开：在两条多线间创建一个十字打开的交点。如果选择的第一条多线的元素超过两个，则内部元素也被剪切。

◎ 十字合并：在两个多线间创建一个十字合并的交点。与所选的多线的顺序无关。

◎ T 形闭合：在两条多线间创建一个 T 形闭合交点。

◎ T 形打开：在两条多线间创建一个 T 形打开交点。

◎ T 形合并：在两条多线间创建一个 T 形合并交点。

◎ 角点结合：在两条多线间创建一个角点结合，修剪或拉伸第一条多线，与第二条多线相交。

■ 实例：绘制墙体平面图

下面将利用多线功能，根据绘制好的中轴线，来绘制并修改墙体线。

Step01 打开素材文件，执行“格式”|“多线样式”命令，在打开的“多线样式”对话框中，单击“修改”按钮，在“修改多线样式”对话框的“封口”选项组中，勾选“直线”的“起点”和“端点”，单击“确定”按钮，如图 3-23 所示。

Step02 返回到上一层对话框，单击“确定”按钮，关闭对话框。执行“多线”命令，根据命令行的提示，将“对正”设为“无”，“比例”设为“240”，捕捉中轴线起点，绘制外墙体线，如图 3-24 所示。

图 3-23　修改多线样式

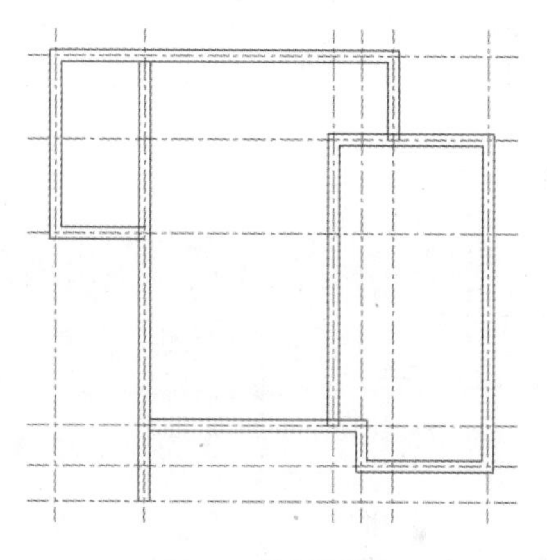

图 3-24　绘制外墙线

命令行提示如下：

```
命令: _mline
当前设置: 对正 = 上，比例 = 20.00，样式 = STANDARD
指定起点或 [对正(J)/比例(S)/样式(ST)]: j                （选择“对正”）
输入对正类型 [上(T)/无(Z)/下(B)] <上>: Z               （选择“无”）
当前设置: 对正 = 无，比例 = 20.00，样式 = STANDARD
指定起点或 [对正(J)/比例(S)/样式(ST)]: s                （选择“比例”）
输入多线比例 <20.00>: 240                              （输入比例值）
当前设置: 对正 = 无，比例 = 240.00，样式 = STANDARD
指定起点或 [对正(J)/比例(S)/样式(ST)]:                  （捕捉中轴线起点）
指定下一点:（捕捉下一轴线的交点）
指定下一点或 [放弃(U)]: <正交 开>                        （继续捕捉交点，直到结束，按回车键完成操作）
指定下一点或 [闭合(C)/放弃(U)]:
```

Step03 关闭“中线”图层。执行“直线”命令，绘制出门洞和窗洞的位置，如图 3-25 所示。执行“修剪”命令，先选中绘制的直线，按回车键，再选择要减掉的多线，即可修剪出门洞和窗洞，删除多余的线段，如图 3-26 所示。

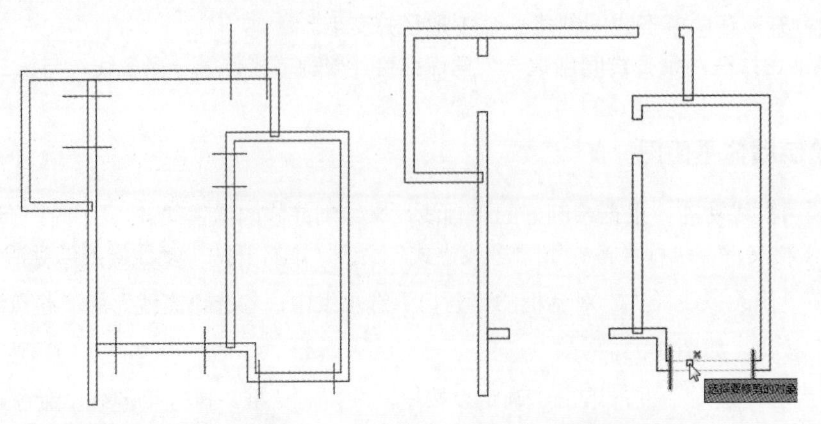

图 3-25　标注窗洞和门洞　　　　图 3-26　修剪窗洞和门洞

Step04 双击要编辑的多线，打开“多线编辑工具”对话框，如图 3-27 所示。

Step05 根据情况在该对话框中选择编辑工具，这里选择“T 形打开”工具，然后根据命令行的提示，选择要修剪的两个多线即可。按照同样的操作修剪其他相交的多线，结果如图 3-28 所示。

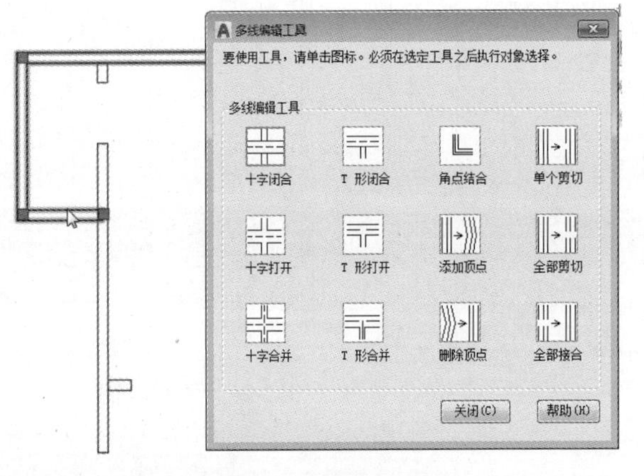

图 3-27　选择编辑工具

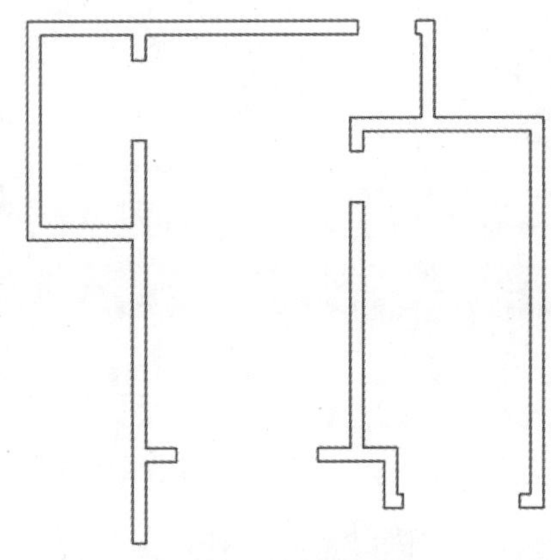

图 3-28　修剪效果

注意事项

在编辑多线时，很可能会遇到无法编辑或编辑错误的情况，这就说明用户没有选对编辑工具。重新选择编辑工具即可。

3.3 矩形功能的应用

矩形命令在 AutoCAD 中最常用的命令之一，利用该命令可以绘制倒角矩形、圆角矩形以及不同边宽的矩形。无论什么类型的矩形，都是通过两个角点来定义的。用户可以通过以下方法执行“矩形”命令。

◎ 在菜单栏中执行“绘图”|“矩形”命令。

◎ 在“默认”选项卡的“绘图”面板中单击“矩形”按钮□。

◎ 在命令行中输入命令 RECTANG，然后按回车键。

■ 3.3.1　绘制基本矩形

执行“矩形”命令后，用户可先指定矩形的起始点位置，然后在命令行中输入矩形的长、宽值，来指定矩形对角点。

命令行提示内容如下：

```
命令: _rectang
指定第一个角点或 [倒角(C)/标高(E)/圆角(F)/厚度(T)/宽度(W)]:          （指定矩形的起点）
指定另一个角点或 [面积(A)/尺寸(D)/旋转(R)]: d                      （选择“尺寸”选项）
指定矩形的长度 <200.0000>: 450                                   （输入长度）
指定矩形的宽度 <600.0000>: 650                                   （输入宽度）
指定另一个角点或 [面积(A)/尺寸(D)/旋转(R)]:                         （单击任意点，完成操作）
```

知识点拨

矩形命令具有继承性，即绘制矩形时，前一个命令设置的各项参数始终起作用，直至修改该参数或重新启动 AutoCAD 软件。

■ 3.3.2　倒角、圆角和有宽度的矩形

执行“矩形”命令后，在命令行输入 C 并按回车键，选择“倒角”选项，然后设置倒角距离，即可绘制倒角矩形，如图 3-29 所示。

命令行提示内容如下：

```
命令: _rectang
指定第一个角点或 [倒角(C)/标高(E)/圆角(F)/厚度(T)/宽度(W)]: C        （输入C，选择倒角选项，按回车键）
指定矩形的第一个倒角距离 <0.0000|: 100                             （设置两个倒角距离）
指定矩形的第二个倒角距离 <0.0000|: 100
指定第一个角点或 [倒角(C)/标高(E)/圆角(F)/厚度(T)/宽度(W)]:          （指定矩形的起点）
指定另一个角点或 [面积(A)/尺寸(D)/旋转(R)]: d                      （选择“尺寸”选项）
指定矩形的长度 <200.0000>: 600                                   （输入长度）
指定矩形的宽度 <600.0000>: 650                                   （输入宽度）
指定另一个角点或 [面积(A)/尺寸(D)/旋转(R)]:                         （单击任意点，完成操作）
```

若在命令行中输入 F 并按回车键，选择“圆角”选项，然后设置圆角半径，即可绘制出圆角矩形，如图 3-30 所示。

命令行提示内容如下：

```
命令: _rectang
指定第一个角点或 [倒角(C)/标高(E)/圆角(F)/厚度(T)/宽度(W)]: F        （输入F，选择“圆角”选项，按回车键）
指定矩形的圆角半径 <0.0000>:100                                  （输入圆角半径值，按回车键）
```

若在命令行中输入 W 并按回车键，选择“宽度”选项，然后设置宽度值，即可绘制出带宽度的矩形，如图 3-31 所示。

命令行提示内容如下：

```
命令: _rectang
指定第一个角点或 [倒角(C)/标高(E)/圆角(F)/厚度(T)/宽度(W)]: W        （输入W，选择“宽度”选项，按回车键）
指定矩形的线宽 <0.0000|: 50                                         （输入宽度值，按回车键）
```

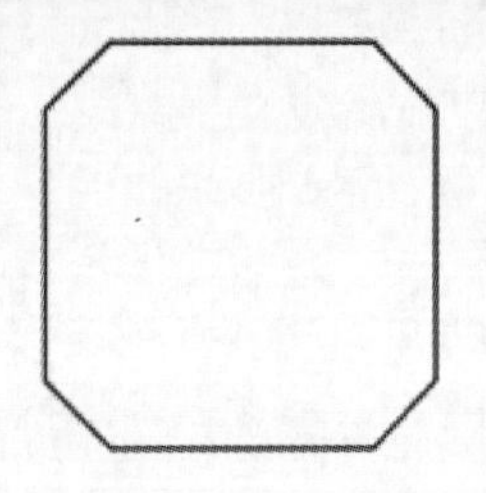
图 3-29　倒角均为 100mm 的矩形

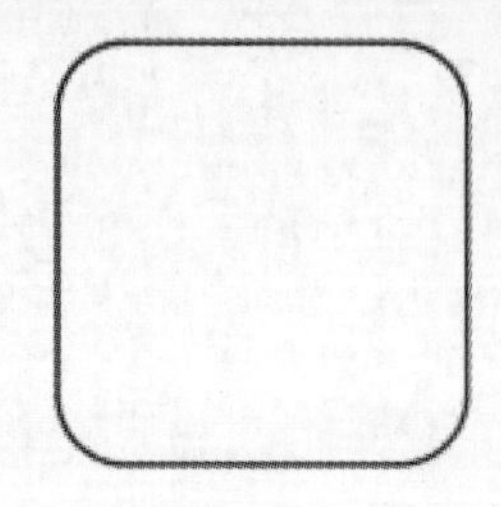
图 3-30　圆角半径为 100mm 的矩形

图 3-31　宽度为 50 的矩形

3.4 正多边形功能的应用

正多边形是由多条边长相等的闭合线段组合而成的，其各边相等，各角也相等。默认情况下，正多边形的边数为 4。

用户可以通过以下方法执行“多边形”命令。

◎ 执行“绘图”|“多边形”命令。

◎ 在“默认”选项卡的“绘图”面板中单击“多边形”按钮⬠。

◎ 在命令行中输入快捷命令 POLYGON，然后按回车键。

执行以上任意一种操作后，用户根据命令行中的提示，先输入多边形的边数，然后指定多边形的中心点，再选择内接圆或外切圆选项，指定好圆的半径值即可。

命令行提示内容如下：

```
命令: _polygon 输入侧面数 <4|: 6                 （输入多边形边数）
指定正多边形的中心点或 [边(E)]:                   （指定多边形中心位置）
输入选项 [内接于圆(I)/外切于圆(C)] <I>:           （选择内接于圆或外切于圆）
指定圆的半径:                                     （输入圆半径值）
```

根据命令提示，正多边形可以通过与虚拟的圆内接或外切的方法来绘制，也可以通过指定正多边形某一边端点的方法来绘制。

■ 3.4.1　内接于圆

“内接于圆”方法是先确定正多边形的中心位置，然后输入内接圆的半径。所输入的半径值是多边形的中心点到多边形任意端点间的距离，整个多边形位于一个虚拟的圆中。

执行“多边形”命令后，根据命令行提示，依次指定侧面数、正多边形中心点和“内接于圆”，即可绘制出内接于圆的正六边形，如图 3-32 所示。

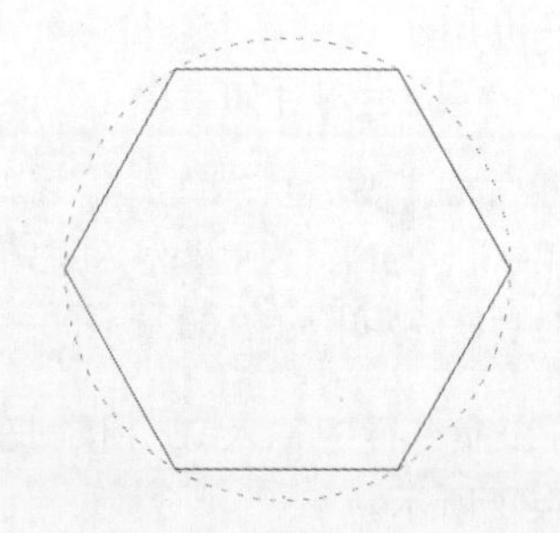
图 3-32　内接于圆的正六边形

3.4.2 外切于圆

“外切于圆”方法同“内接于圆”的方法一样，确定中心位置，输入圆的半径，但所输入的半径值为多边形的中心点到边线中点的垂直距离。

执行“多边形”命令后，根据命令行提示，依次指定侧面数、正多边形中心点和“外切于圆”，即可绘制出外切于圆的正六边形，如图 3-33 所示。

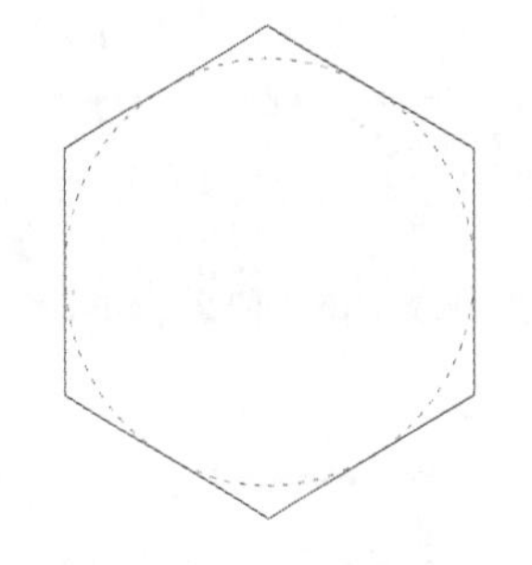

图 3-33　外切于圆的正六边形

3.4.3 边长确定正多边形

该方法是通过输入长度数值或指定两个端点来确定正多边形的一条边，来绘制正多边形。在绘图区域指定两点或在指定一点后输入边长数值，即可绘制出所需的正多边形。

执行“正多边形”命令，根据命令行提示，确定其边数，然后输入 E，确定多边形两个端点即可。

命令行提示内容如下：

```
命令: _polygon 输入侧面数 <4>:                (输入边数，按回车键，默认为4)
指定正多边形的中心点或 [边(E)]: E              (输入E，以指定边绘制)
指定边的第一个端点: 指定边的第二个端点:        (指定多边形边线的两个端点)
```

3.5 圆和圆弧功能的应用

圆和圆弧也是常用功能之一，圆弧是圆的一部分。利用这些功能命令，可以绘制出很多优美的图案出来。在 AutoCAD 中，绘制圆和圆弧的方法有很多种，下面将向用户介绍一些常用的绘制方法。

3.5.1 圆心、半径方式

圆心、半径方式是系统默认绘制圆的方式。该方式是先确定圆心，然后输入半径或者直径，即可完成绘制操作。用户可以通过以下方法执行“圆”命令。

◎ 在菜单栏中执行“绘图”|“圆”命令。

◎ 在“默认”选项卡的“绘图”面板中单击“圆”按钮。

◎ 在命令行中输入 C 快捷命令，然后按回车键。

执行“圆”命令后，用户可以根据命令行中的提示进行绘制操作，如图 3-34 所示。

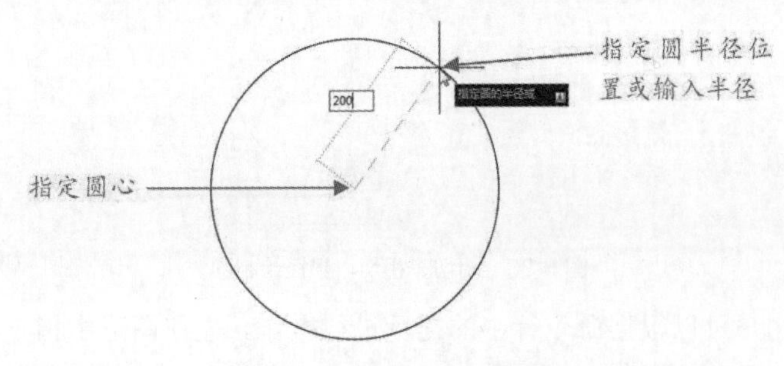

图 3-34　圆心、半径绘制圆

命令行提示内容如下：

```
命令: _circle
指定圆的圆心或 [三点(3P)/两点(2P)/切点、切点、半径(T)]:          （指定圆心）
指定圆的半径或 [直径(D)]:                                  （输入圆半径值，按回车键）
```

知识点拨

用户也可以使用在命令行中输入D（直径），并输入直径数值，以确定直径的方式来绘制圆。

3.5.2 三点方式

三点方式是指随意指定三点位置，或者捕捉图形上的三点来绘制圆，如图3-35所示。用户可以通过以下方式执行操作：

◎ 在菜单栏中执行“绘图”|“圆”|“三点”命令。

◎ 在“默认”选项卡的“绘图”面板中单击“圆”下拉按钮，选择“三点”选项。

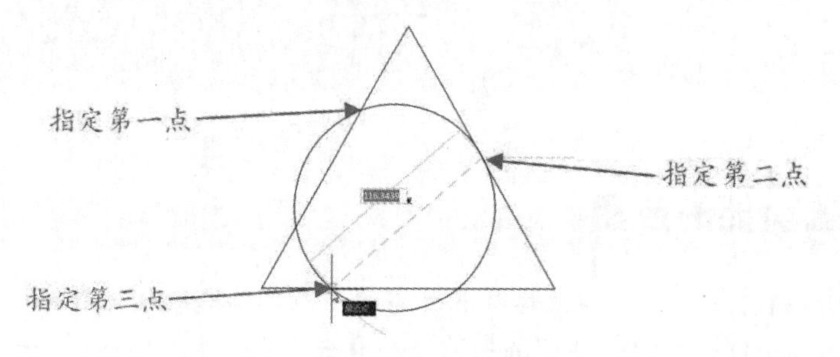

图3-35 三点绘制圆

3.5.3 相切、相切、半径方式

该方式是利用指定图形的两个切点，并确定圆半径值来绘制圆，如图3-36所示。用户可以通过以下方式执行操作：

◎ 在菜单栏中执行“绘图”|“圆”|“相切、相切、半径”命令。

◎ 在“默认”选项卡的“绘图”面板中单击“圆”下拉按钮，选择“相切、相切、半径”选项。

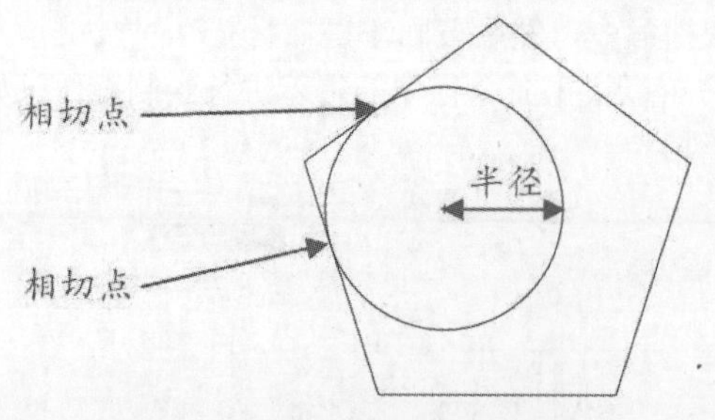

图3-36 相切、相切、半径绘制圆

执行该命令后，用户可以根据命令行中的提示进行操作。先在图形中指定与圆相切的两个点，然后输入圆的半径值，按回车键即可。

命令行提示内容如下：

```
命令: _circle
指定圆的圆心或 [三点(3P)/两点(2P)/切点、切点、半径(T)]: _ttr
指定对象与圆的第一个切点:                                  （指定两个切点）
指定对象与圆的第二个切点:
指定圆的半径 <200.0000|:                                   （输入圆半径值）
```

在绘制圆的过程中，如果指定的圆半径或直径的值无效，系统会提示“需要数值距离或第二点”“值必须为正且非零”等信息，或提示重新输入，或者退出该命令。

注意事项

在使用“相切，相切，半径”命令时，需要先指定与圆相切的两个对象，系统总是在距拾取点最近的位置绘制相切的圆。拾取相切对象时，所拾取的位置不同，最后得到的结果有可能也不同。

3.5.4 相切、相切、相切方式

执行“相切，相切，相切”命令后，利用光标来拾取已知3个图形对象即可完成圆形的绘制，如图3-37所示。用户可以通过以下方式执行操作：

◎ 在菜单栏中执行“绘图” | “圆” | “相切、相切、相切”命令。

◎ 在“默认”选项卡的“绘图”面板中单击“圆”下拉按钮，选择“相切、相切、相切”○选项。

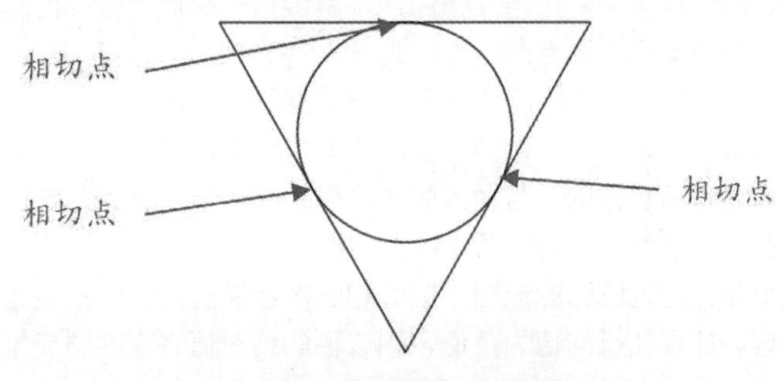

图 3-37 相切、相切、相切绘制圆

执行该命令后，用户根据命令行的提示，直接在图形中指定圆形的三个切点即可。

命令行提示如下：

```
命令: _circle
指定圆的圆心或 [三点(3P)/两点(2P)/切点、切点、半径(T)]: _3p 指定圆上的第一个点: _tan 到    （指定图形上三个切点）
指定圆上的第二个点: _tan 到
指定圆上的第三个点: _tan 到
```

3.5.5 绘制圆弧的几种方式

绘制圆弧一般需要指定三个点：圆弧的起点、圆弧上的点和圆弧的端点。在 11 种绘制方式中，“三点”命令为系统默认绘制方式。

用户可以通过以下方法执行“圆弧”命令。

◎ 在菜单栏中选择“绘图”|“圆弧”子命令。

◎ 在“默认”选项卡的“绘图”面板中单击“圆弧”下拉按钮，在展开的下拉菜单中选择方式即可，如图 3-38 所示。

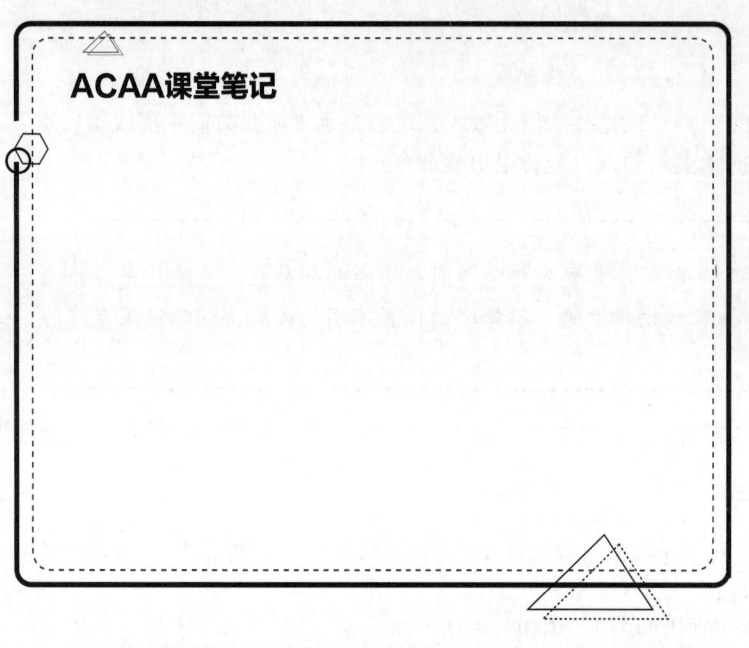

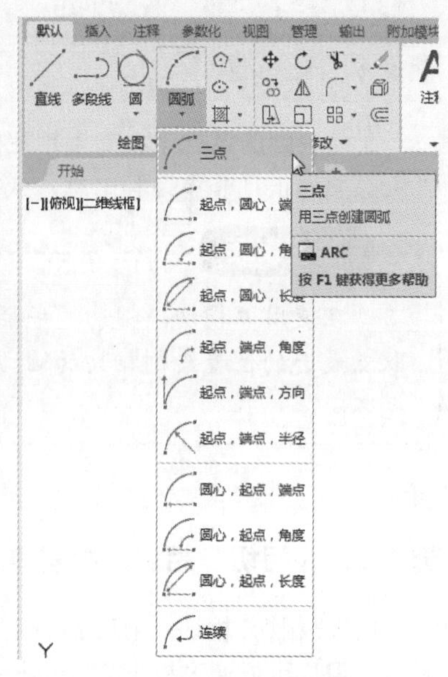

图 3-38 绘制圆弧的命令

下面将对圆弧列表中的几种常用命令的功能进行详细介绍。

◎ 三点：通过指定三个点来创建一条圆弧曲线，其中第一个点为圆弧的起点，第二个点为圆弧上的点，第三个点为圆弧的端点。

◎ 起点、圆心、端点：指定圆弧的起点、圆心和端点绘制圆弧。

◎ 起点、圆心、角度：指定圆弧的起点、圆心和角度绘制圆弧。在输入角度值时，若当前环境设置的角度方向为逆时针方向，且输入的角度值为正，则从起始点绕圆心沿逆时针方向绘制圆弧；若输入的角度值为负，则沿顺时针方向绘制圆弧。

◎ 起点、圆心、长度：指定圆弧的起点、圆心和长度绘制圆弧。所指定的弦长不能超过起点到圆心距离的两倍。如果弦长的值为负值，则该值的绝对值将作为对应整圆的空缺部分圆弧的弦长。

◎ “圆心、起点”命令组：指定圆弧的圆心和起点后，再根据需要指定圆弧的端点、角度或长度即可绘制。

◎ 连续：使用该方法绘制的圆弧将与最后一个创建的对象相切。

■ 实例：绘制六角螺母零件图

下面将利用“多边形”和“圆”命令，来绘制六角螺母零件图。

Step01 执行“多边形”命令，根据命令行的提示，设置多边形边数为 6，绘制外切于圆的半径为 10mm 的正六边形，如图 3-39 所示。

Step02 执行“圆”命令，根据命令行的提示指定正六边形的几何中心为圆心，拖动光标绘制出半径为 10mm 的圆形，如图 3-40 所示。

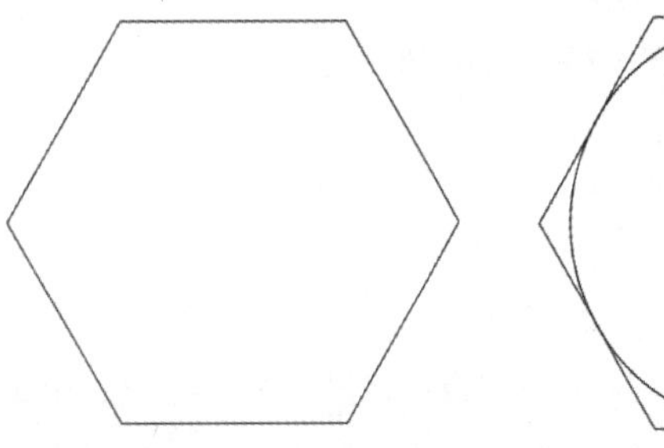

图 3-39　绘制正六边形　　　　图 3-40　绘制圆形

Step03 继续执行“圆”命令，绘制半径为 5mm 的同心圆，如图 3-41 所示。

Step04 执行“圆弧”|“圆心 , 起点 , 端点”命令，根据命令行提示指定圆心，再拖动光标到圆弧的起点位置，输入圆弧半径并按回车键以确认圆弧的起点，拖动光标指定圆弧的端点，即可绘制出一条圆弧，如图 3-42 所示。

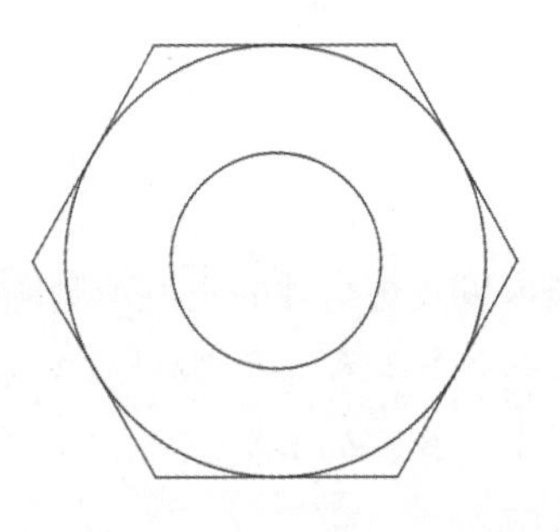

图 3-41　绘制同心圆

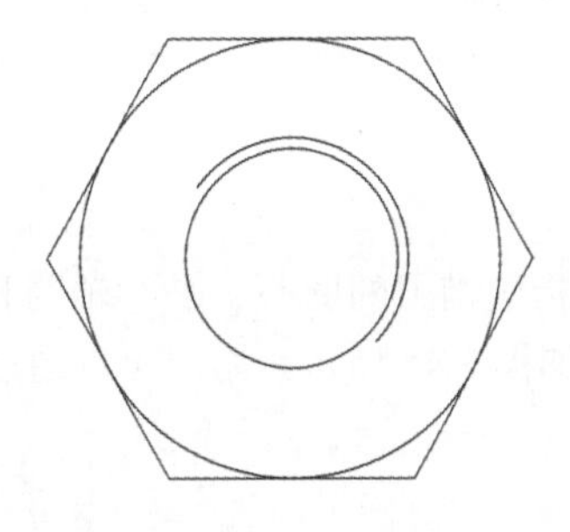

图 3-42　绘制圆弧

Step05 开启正交功能，执行“直线”命令，绘制两条相互垂直的长 28mm 的直线，作为零件图中线，如图 3-43 所示。

Step06 调整中线的颜色、线型等特性，最终效果如图 3-44 所示。

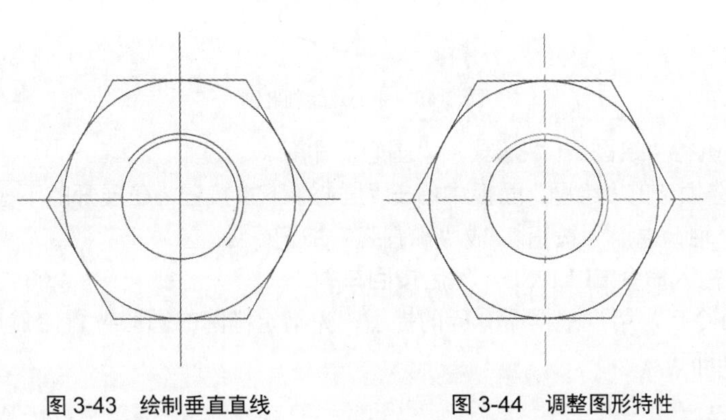

图 3-43　绘制垂直直线　　　　图 3-44　调整图形特性

3.5.6　圆环

圆环是由两个圆心相同、半径不同的圆组成。圆环分为填充环和实体填充圆，即带有宽度的闭合多段线。可通过以下方法执行“圆环”命令。

◎ 在菜单栏中执行“绘图”|“圆环”命令。

◎ 在“默认”选项卡的“绘图”面板中单击“圆环”按钮◎。

◎ 在命令行输入命令 DONUT，然后按回车键。

执行以上任意一种操作后，用户可根据命令行中的提示进行操作。

命令行提示内容如下：

```
命令: _donut
指定圆环的内径 <0.5000>: 50                    （输入圆环内部直径参数）
指定圆环的外径 <1.0000>: 100                   （输入圆环外部直径参数）
指定圆环的中心点或 <退出>:                     （指定圆环中心位置）
指定圆环的中心点或 <退出>:                     （按Esc键，退出操作）
```

3.6 椭圆和椭圆弧功能的应用

椭圆有长半轴和短半轴之分，长半轴与短半轴的值决定了椭圆曲线的形状。在 AutoCAD 中，椭圆的绘制方法有 3 种，下面将分别对其进行简单的操作。

3.6.1 圆心方式

圆心方式是通过指定椭圆的圆心、长半轴的长度以及短半轴的长度绘制椭圆。该命令是系统默认绘制椭圆的方式，如图 3-45 所示。用户可以通过以下方法执行命令。

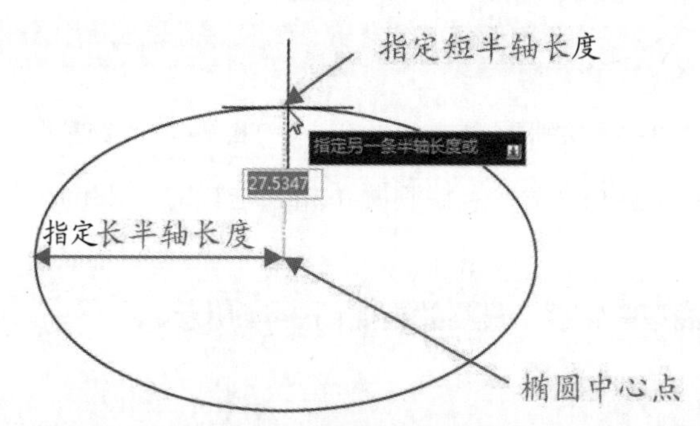

图 3-45　中心点绘制椭圆

◎ 在菜单栏中执行“绘图”|“椭圆”|“圆心”命令。

◎ 在“默认”选项卡的“绘图”面板中单击“圆心”下拉按钮，在展开的下拉菜单中选择“圆心”按钮⊙、“轴，端点”按钮○或“椭圆弧”按钮◌。

◎ 在命令行中输入命令 ELLIPSE，然后按回车键。

执行“圆心”命令后，用户根据命令行的提示，先指定椭圆的圆心位置，然后指定椭圆长半轴，再指定椭圆的短半轴即可。

命令行提示如下：

```
命令: _ellipse
指定椭圆的轴端点或 [圆弧(A)/中心点(C)]: _c
指定椭圆的中心点:                              （指定椭圆中心位置）
指定轴的端点:                                  （指定椭圆长半轴长度）
指定另一条半轴长度或 [旋转(R)]:                （指定椭圆短半轴长度）
```

3.6.2 轴、端点方式

该方式是在绘图区域直接指定椭圆的一轴的两个端点，并输入另一条半轴的长度，完成椭圆弧的绘制。用户可以通过以下方法执行命令。

◎ 在菜单栏中执行“绘图”|“椭圆”|“轴，端点”命令。

◎ 在“默认”选项卡的“绘图”面板中单击“圆心”下拉按钮，在展开的下拉菜单中选择“轴，端点”选项。

执行该命令后，先指定椭圆两个端点的位置，然后再指定椭圆短半轴长度即可。

命令行提示内容如下：

```
命令: _ellipse
指定椭圆的轴端点或 [圆弧(A)/中心点(C)]:                    （指定两个端点位置）
指定轴的另一个端点:
指定另一条半轴长度或 [旋转(R)]:                            （指定短半轴长度）
```

3.6.3 绘制椭圆弧

椭圆弧是椭圆的部分弧线。指定圆弧的起止角和终止角，即可绘制椭圆弧，如图 3-46 所示。

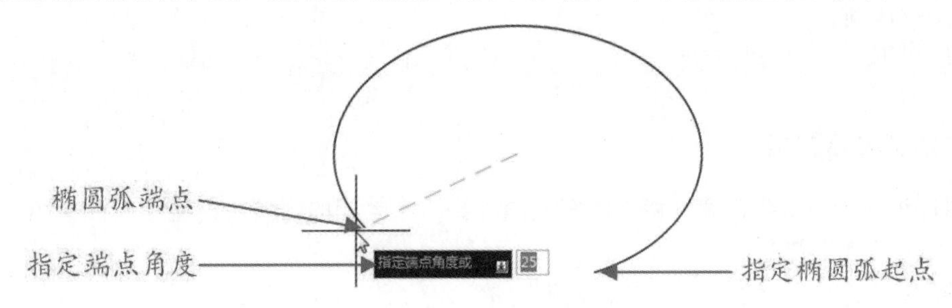

图 3-46　绘制椭圆弧

用户可以通过以下方法执行“椭圆弧”命令。

◎ 在菜单栏中执行“绘图”|“椭圆”|“椭圆弧”命令。

◎ 在“默认”选项卡的“绘图”面板中单击“圆心”下拉按钮，在展开的下拉菜单中选择“椭圆弧”按钮。

执行以上任意一种操作后，用户可以根据命令行中的提示进行操作。

命令行提示内容如下：

```
命令: _ellipse
指定椭圆的轴端点或 [圆弧(A)/中心点(C)]: _a
指定椭圆弧的轴端点或 [中心点(C)]:                          （指定椭圆一侧端点）
指定轴的另一个端点:                                        （指定椭圆另一侧端点）
指定另一条半轴长度或 [旋转(R)]:                            （指定椭圆短半轴长度）
指定起点角度或 [参数(P)]:                                  （指定椭圆弧起点）
指定端点角度或 [参数(P)/夹角(I)]:                          （指定椭圆弧端点）
```

命令行中部分选项功能介绍如下。

◎ 指定起点角度：通过给定椭圆弧的起点角度来确定椭圆弧，命令行将提示“指定端点角度或 [参数 (P)/ 夹角 (I)]：”。其中，选择“指定端点角度”选项，将确定椭圆弧另一端点的位置；

选择“参数”选项，系统将通过参数确定椭圆弧的另一个端点的位置；选择“夹角”选项，系统将根据椭圆弧的夹角来确定椭圆弧。

◎ 参数：通过给定的参数来确定椭圆弧，命令行将提示“指定起点参数或 [角度 (A)]：”。其中，选择“角度”选项，将切换到用角度来确定椭圆弧的方式；如果输入参数，系统将使用公式 P(n)=c+a*cos(n)+b*sin(n) 来计算椭圆弧的起始角。其中，n 是参数，c 是椭圆弧的半焦距，a 和 b 分别是椭圆的长半轴与短半轴的轴长。

知识点拨

系统变量 Pellipse 决定椭圆的类型，当该变量为 0 时，所绘制的椭圆是由 NURBS 曲线表示的真椭圆。当该变量为 1 时，所绘制的椭圆是由多段线近似表示的椭圆，调用 ellipse 命令后没有“圆弧”选项。

3.7 图案的填充功能的应用

在实际操作中，经常需要对图形填充一些图案或纹理材质，以区别于其他图形对象，这时就需使用到图案填充功能了。在 AutoCAD 中，图案填充就是利用线条或图案来填充指定的图形区域，以增加图纸的可读性。

3.7.1 创建填充图案

在绘图过程中，经常要将某种特定的图案填充到一个封闭的区域内，这就是图案填充。通过下列方法可以执行“图案填充”命令。

◎ 在菜单栏中执行“绘图”|“图案填充”命令。

◎ 在“默认”选项卡的“绘图”面板中单击“图案填充”按钮▦。

◎ 在命令行中输入 H 快捷命令，然后按回车键。

执行“图案填充”命令后，系统将自动打开“图案填充创建”选项卡，如图 3-47 所示。用户可以直接在该选项卡中设置图案填充的边界、图案、特性以及其他属性。

图 3-47 “图案填充创建”选项卡

3.7.2 “图案填充创建”选项卡

打开“图案填充创建”选项卡后，可根据作图需要，设置相关参数以完成填充操作。其中各面板作用介绍如下。

1. “边界”面板

“边界”面板用于选择填充的边界点或边界线段，也可以通过对边界的删除或重新创建等操作来直接改变区域填充的效果。

（1）拾取点。

单击“拾取点”按钮，可根据围绕指定点构成封闭区域的现有对象来确定边界。

（2）选择。

单击“选择”按钮，可根据构成封闭区域的选定对象确定边界。使用该按钮时，“图案填充”命令不会自动检测内部对象。必须选择选定边界内的对象，以按照当前孤岛检测样式填充这些对象。每次单击“选择对象”时，图案填充命令将清除上一选择集。

（3）删除。

单击“删除”按钮，可以从边界定义中删除之前添加的任何对象。

（4）重新创建。

单击“重现创建”按钮，可围绕选定的图案填充或填充对象创建多段线或面域，并使其与图案填充对象相关联。

2. “图案”面板

该面板用于显示所有内置和自定义图案的预览图像。在“图案”面板中，单击其下拉按钮，可在打开的下拉列表中选择图案的类型，如图 3-48 所示。

3. “特性”面板

执行图案填充的第一步就是定义填充图案类型。在该面板中，用户可根据需要设置填充类型、填充颜色、填充角度以及填充比例等功能，如图 3-49 所示。

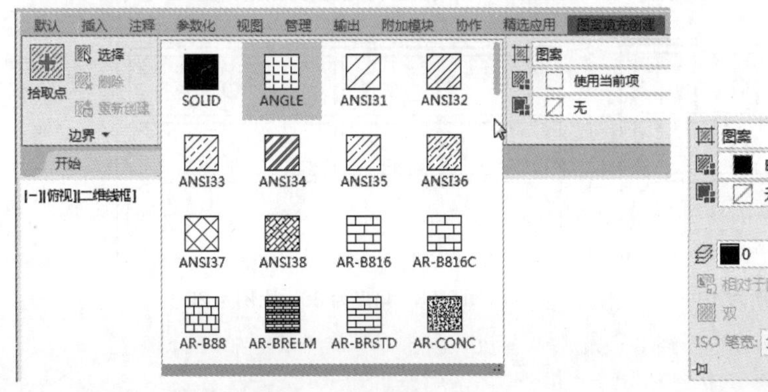

图 3-48 “图案”面板

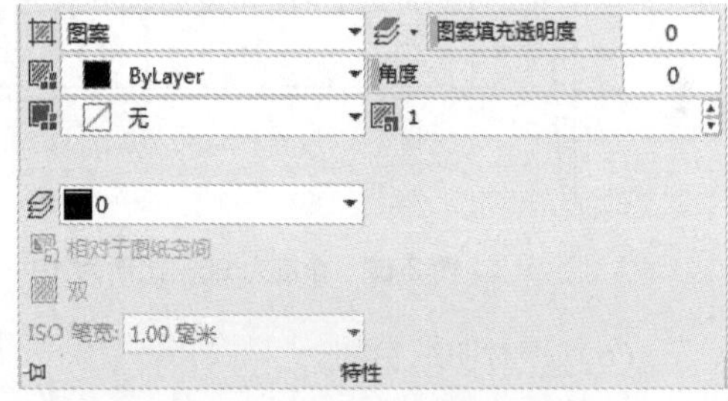

图 3-49 “特性”面板

其中，常用选项的功能如下所示。

（1）图案填充类型。

用于指定是创建实体填充、渐变填充、图案填充，还是创建用户定义填充。

（2）图案填充颜色或渐变色 1。

用于替代实体填充和填充图案的当前颜色，或指定两种渐变色中的第一种。如图 3-50 所示为实体填充。

（3）背景色或渐变色 2。

用于指定填充图案背景的颜色，或指定第二种渐变色。“图案填充类型”设定为“实体”时，“渐变色 2”不可用。如图 3-51 所示为填充类型为渐变色，渐变色 1 为蓝色，渐变色 2 为绿色。

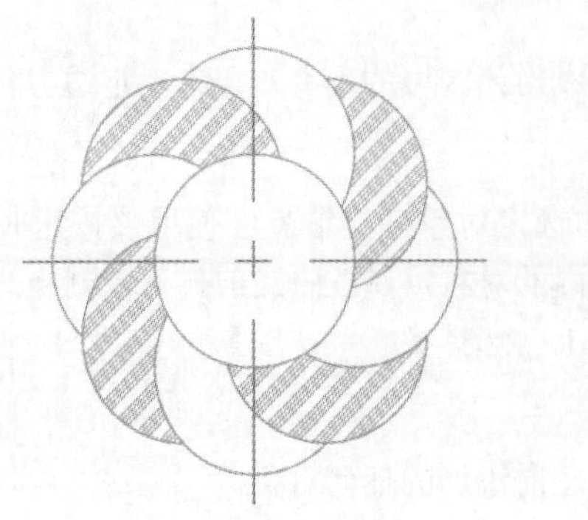

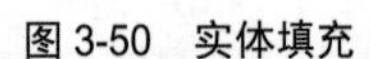

图 3-50　实体填充

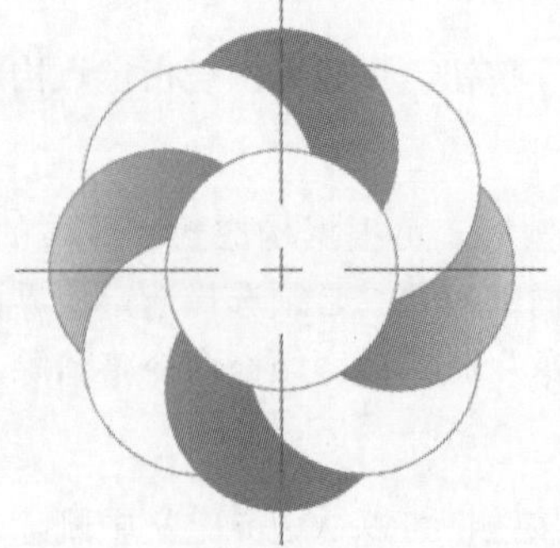

图 3-51　渐变色填充

（4）填充透明度。

设定新图案填充或填充的透明度，替代当前对象的透明度。选择“使用当前值”可使用当前对象的透明度设置。

（5）填充角度与比例。

“图案填充角度”选项用于指定图案填充或填充的角度（相对于当前 UCS 的 X 轴），有效值为 0 ～ 359。

“填充图案比例”选项用于确定填充图案的比例值，默认比例为 1。用户可以在该文本框中输入相应的比例值来放大或缩小填充的图案。只有将“图案填充类型”设定为“图案”，此选项才可用。

如图 3-52 所示为填充角度为 90 度，比例为 10。如图 3-53 所示为填充角度为 30 度，比例为 25。

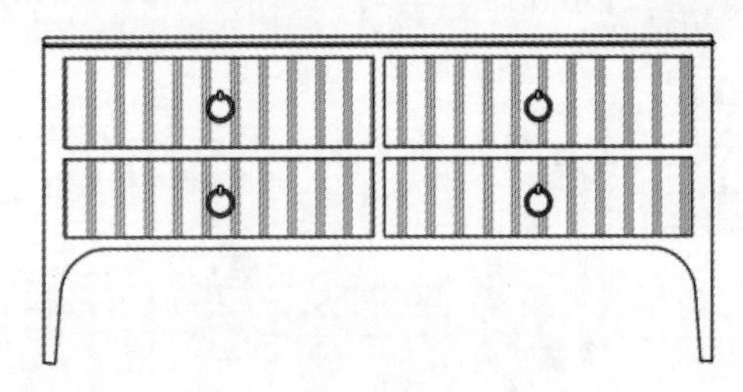

图 3-52　角度为 90，比例为 10

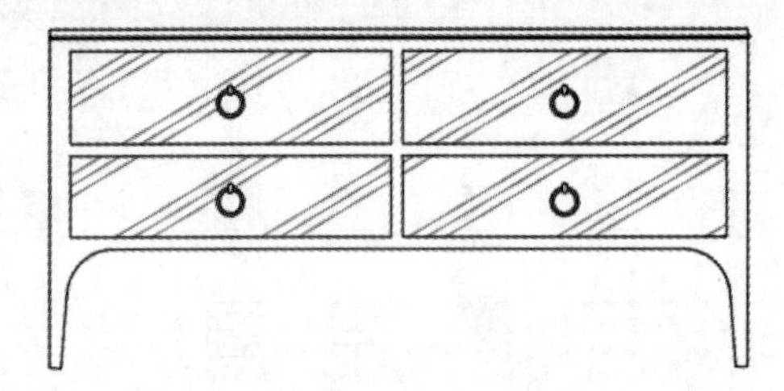

图 3-53　角度为 30，比例为 25

（6）相对图纸空间。

相对于图纸空间单位缩放填充图案。使用此选项可以按适合于布局的比例显示填充图案。该选项仅适用于布局。

4.“原点”面板

该面板用于控制填充图案生成的起始位置。某些图案填充（例如砖块图案）需要与图案填充边界上的一点对齐，默认情况下，所有图案填充原点都对应于当前的 UCS 原点。

5.“选项”面板

控制几个常用的图案填充或填充选项，如选择是否自动更新图案、自动视口大小调整填充比例值，以及填充图案属性的设置等。

（1）关联。

指定图案填充或关联图案填充。关联的图案填充在用户修改其边界对象时将会更新。

（2）注释性。

指定图案填充为注释性。此特性会根据视口比例自动调整填充图案比例，从而使注释能够以正确的大小在图纸上打印或显示。

（3）特性匹配。

特性匹配分为使用当前原点和使用源图案填充的原点两种。

◎ 使用当前原点：使用选定图案填充对象的特性设定图案填充的特性，图案填充原点除外。

◎ 使用源图案填充的原点：使用选定图案填充对象的特性设定图案填充的特性，包括图案填充原点。

（4）创建独立的图案填充。

控制当指定多条闭合边界时，是创建单个图案填充对象，还是创建多个图案填充对象。

（5）孤岛。

孤岛填充方式属于填充方式中的高级功能。在扩展列表中，该功能分为3种类型。

◎ 普通孤岛检测：从外部边界向内填充。如果遇到内部孤岛，填充将关闭，直到遇到孤岛中的另一个孤岛，如图3-54所示。

◎ 外部孤岛检测：从外部边界向内填充。此选项仅填充指定的区域，不会影响内部孤岛，如图3-55所示。

◎ 忽略孤岛检测：忽略所有内部的对象，填充图案时将影响这些对象，如图3-56所示。

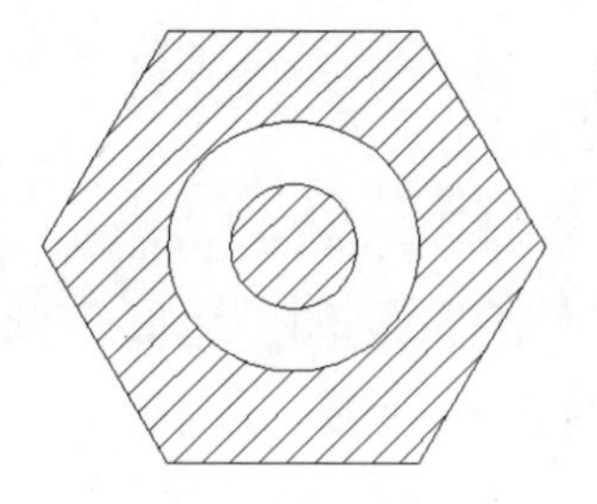

图3-54　普通孤岛检测

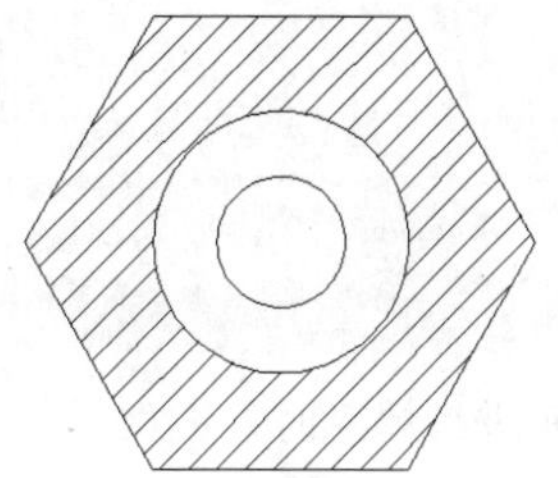

图3-55　外部孤岛检测

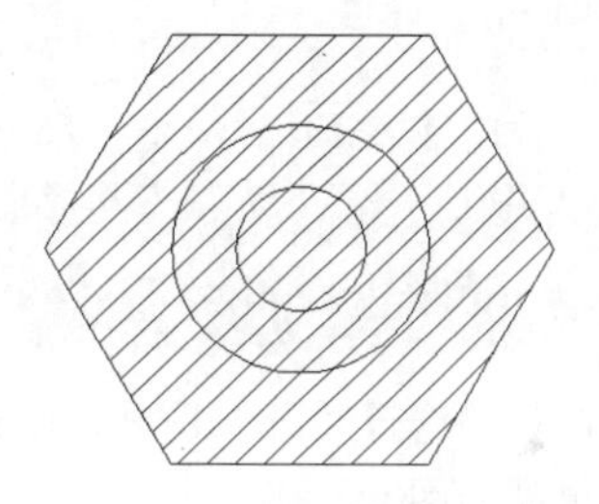

图3-56　忽略孤岛检测

（6）绘图次序。

为图案填充指定绘图次序。图案填充可以放在所有其他对象之后、所有其他对象之前、图案填充边界之后或图案填充边界之前。

◎ 后置：选中需设置的填充图案，选择“后置”选项，即可将选中的填充图案置于其他图形后方，如图3-57所示。

◎ 前置：选择需设置的填充图案，选择“前置”选项，即可将选中的填充图案置于其他图形的前方，如图3-58所示。

图3-57　后置示意图　　　图3-58　前置示意图

◎ 置于边界之前：填充的图案置于边界前方，不显示图形边界线，如图 3-59 所示。

◎ 置于边界之后：填充的图案置于边界后方，显示图形边界线，如图 3-60 所示。

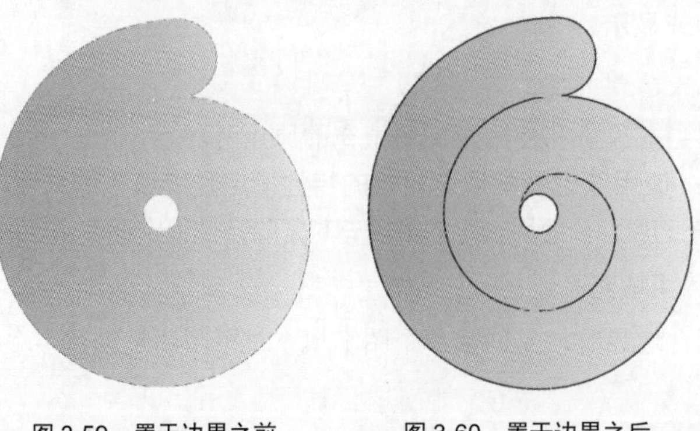

图 3-59　置于边界之前　　　图 3-60　置于边界之后

3.7.3　控制图案填充的可见性

图案填充的可见性是可以控制的。用户可以用两种方法来控制图案填充的可见性：一种是利用 FILL 命令；另一种是利用图层。

1. 使用 FILL 命令

在命令行中输入 FILL 命令，然后按回车键，此时命令行提示内容如下：

```
命令: FILL
输入模式 [开(ON)/关(OFF)] <开>:
```

此时，如果选择"开"选项，则在进行填充时，图案是可见状态；相反，如果选择"关"选项，则不显示填充的图案。

注意事项

在使用 FILL 命令设置填充模式后，执行"视图"|"重生成"命令，即可重新生成图形以观察效果。

2. 使用图层

利用图层功能，将图案填充单独放在一个图层上。当不需要显示该图案填充时，将图案所在层关闭或者冻结即可。使用图层控制图案填充的可见性时，不同的控制方式会使图案填充与其边界的关联关系有所不同，其特点如下：

◎ 当图案填充所在的图层被关闭后，图案与其边界仍保持着关联关系。即修改边界后，填充图案会根据新的边界自动调整位置。

◎ 当图案填充所在的图层被冻结后，图案与其边界脱离关联关系。即修改边界后，填充图案不会根据新的边界自动调整位置。

◎ 当图案填充所在的图层被锁定后，图案与其边界脱离关联关系。即修改边界后，填充图案不会根据新的边界自动调整位置。

课堂实战：绘制推拉门立面图

立面图主要是反映对象的立面造型效果，是施工人员施工的主要依据。下面将根据推拉门平面图绘制其立面造型。具体操作步骤如下。

Step01 打开素材文件，执行“直线”命令，绘制一条地平线。然后执行“偏移”命令，根据命令行的提示，先将偏移尺寸设为2200mm，选择地平线，将其向上进行偏移复制，如图3-61所示。

命令行提示如下：

```
命令: _offset
当前设置: 删除源=否  图层=源  OFFSETGAPTYPE=0
指定偏移距离或 [通过(T)/删除(E)/图层(L)] <通过>: 2200                （输入偏移距离，按回车键）
选择要偏移的对象，或 [退出(E)/放弃(U)] <退出>:                        （选择地平线）
指定要偏移的那一侧上的点，或 [退出(E)/多个(M)/放弃(U)] <退出>:        （指定地平线上方任意点）
选择要偏移的对象，或 [退出(E)/放弃(U)] <退出>: *取消*                 （按Esc键取消操作）
```

Step02 执行“直线”命令，根据平面图绘制立面墙体线段，如图3-62所示。

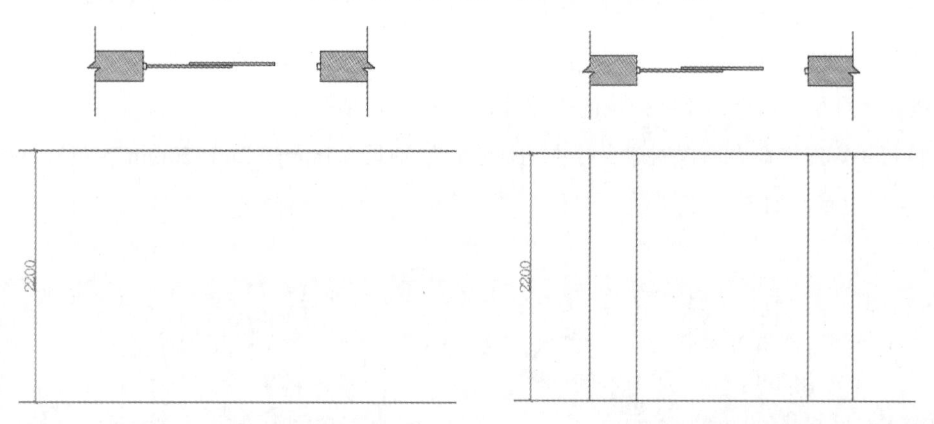

图 3-61　绘制地平线并向上偏移　　　　图 3-62　绘制立面墙体线

Step03 执行“偏移”命令，再次将地平线向上偏移2000mm。执行“倒角”命令，根据命令行的提示，将两个倒角距离都设为默认值0，选中要倒角的两条线进行倒角操作，如图3-63所示。按回车键，再次启动“倒角”命令，将另一侧线段进行倒角，从而完成门洞的绘制，结果如图3-64所示。

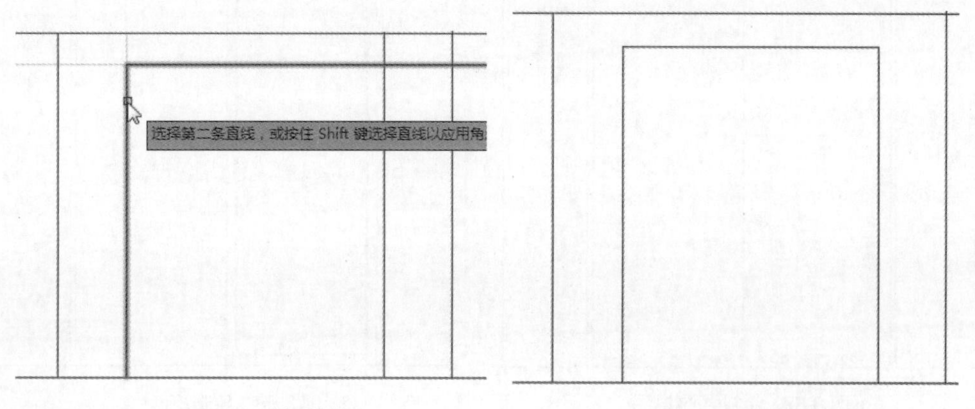

图 3-63　线段倒角　　　　图 3-64　完成门洞的绘制

Step04 执行"偏移"命令，将绘制好的门洞向内偏移30mm，结果如图3-65所示。

Step05 再次执行"倒角"命令，将两个倒角距离都设为0，将偏移的门洞进行倒直角操作，完成门框图形的绘制，如图3-66所示。

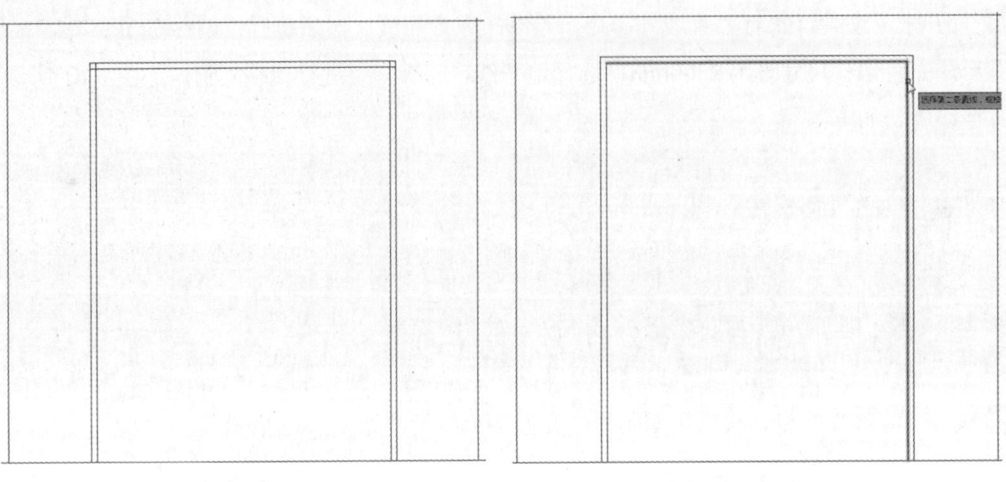

图3-65 偏移门洞　　图3-66 绘制门框

Step06 执行"直线"命令，绘制推拉门中心线，如图3-67所示。

Step07 执行"矩形"命令，根据命令行中的提示，绘制长670mm、宽1870mm的矩形，并将其置于图形中的合适位置，如图3-68所示。

命令行提示如下：

```
命令: _rectang
指定第一个角点或 [倒角(C)/标高(E)/圆角(F)/厚度(T)/宽度(W)]:     (指定矩形起点)
指定另一个角点或 [面积(A)/尺寸(D)/旋转(R)]: d                  (选择"尺寸"选项)
指定矩形的长度 <10.0000|: 670                                  (输入长度值)
指定矩形的宽度 <10.0000|: 1870                                 (输入宽度值)
指定另一个角点或 [面积(A)/尺寸(D)/旋转(R)]:                     (单击任意一点，完成操作)
```

图3-67 绘制中心线

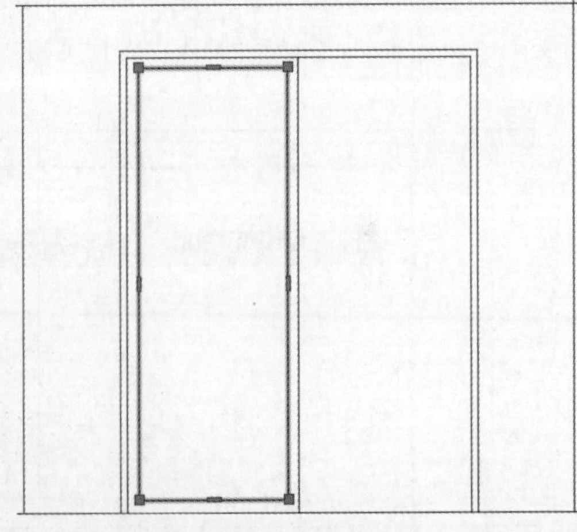

图3-68 绘制矩形

Step08 执行“分解”命令，选择矩形，按回车键，将矩形进行分解。执行“定数等分”命令，将矩形左侧边线等分成 5 段，如图 3-69 所示。

Step09 再次执行“定数等分”命令，将矩形上侧边线等分成 3 段。执行“直线”命令，捕捉所有的等分点，绘制等分线，如图 3-70 所示。

命令行提示如下：

```
命令: _divide
选择要定数等分的对象:                                    （选择矩形左侧边线）
输入线段数目或 [块(B)]: 5                                （输入等分值，按回车键）
```

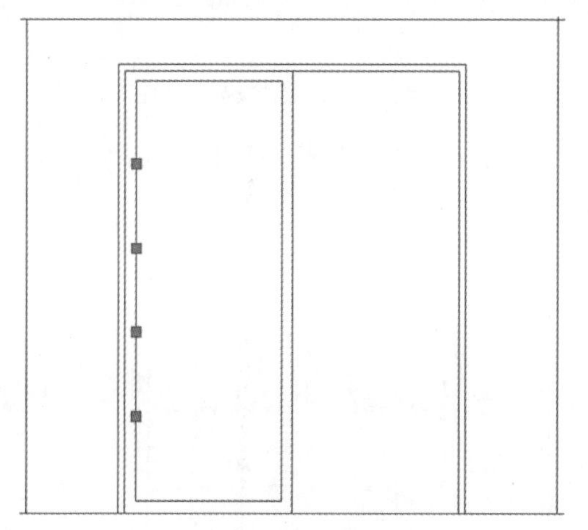
图 3-69　等分直线

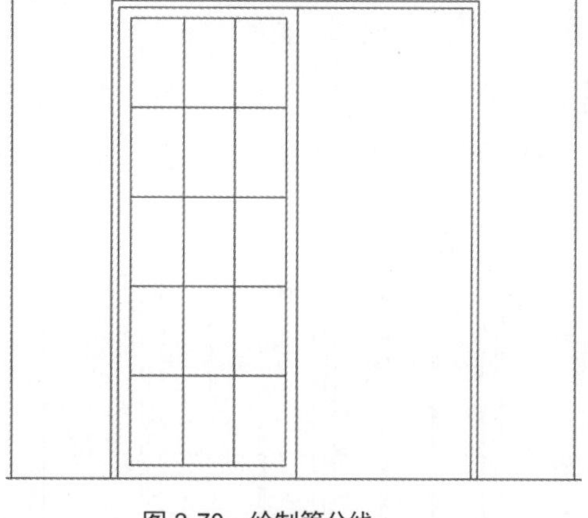
图 3-70　绘制等分线

Step10 执行“偏移”命令，将等分线分别向两边各偏移 10mm，如图 3-71 所示。

Step11 删除所有的等分线和等分点。执行“修剪”命令，选中所有偏移后的等分线，按回车键，选择多余的交叉线段，完成图形的修剪操作，如图 3-72 所示。

命令行提示如下：

```
命令: _trim
当前设置:投影=UCS，边=无
选择剪切边...
选择对象或 <全部选择|: 指定对角点: 找到 12 个              （选择所有偏移后的等分线，按回车键）
选择对象:
选择要修剪的对象或按住 Shift 键选择要延伸的对象，或者
[栏选(F)/窗交(C)/投影(P)/边(E)/删除(R)]:                  （选择所有交叉线段）
选择要修剪的对象，或按住 Shift 键选择要延伸的对象，或
[栏选(F)/窗交(C)/投影(P)/边(E)/删除(R)/放弃(U)]:           （按Esc键退出操作）
```

ACAA课堂笔记

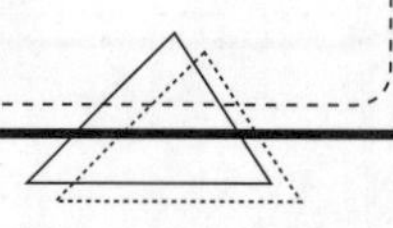

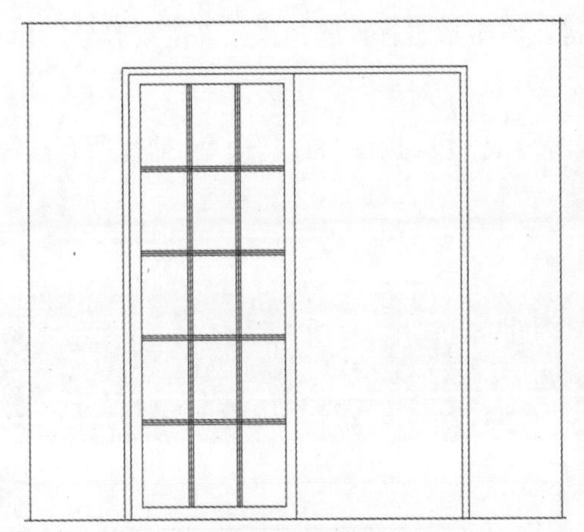

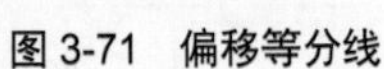

图 3-71　偏移等分线

图 3-72　修剪偏移的等分线

Step12 选择所有修剪后的小矩形，执行“复制”命令，根据命令行的提示，指定图形的复制基点和新基点，即可完成复制操作，如图 3-73、图 3-74 所示。

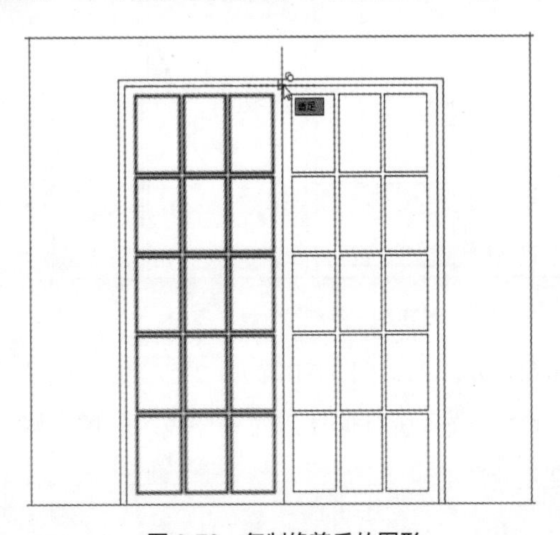

图 3-73　复制修剪后的图形

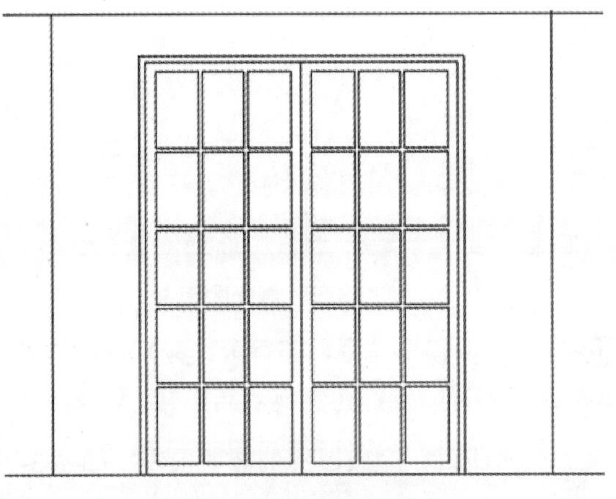

图 3-74　完成绘制操作

Step13 执行“图案填充”命令，在“图案填充创建”选项卡中，将图案设为 AR-RROOF，将角度设为 45，将比例设为 10，将颜色设为灰色，如图 3-75 所示。

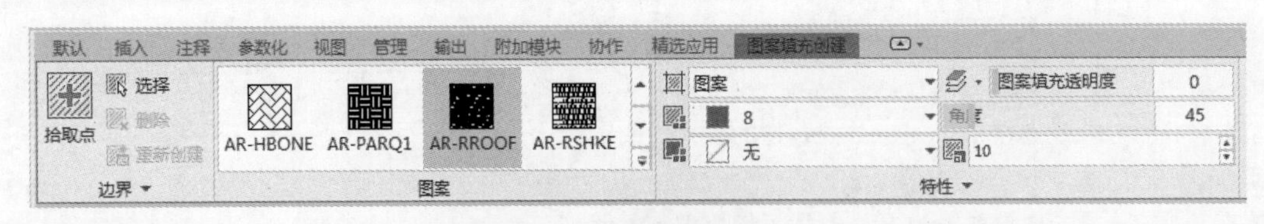

图 3-75　设置填充效果

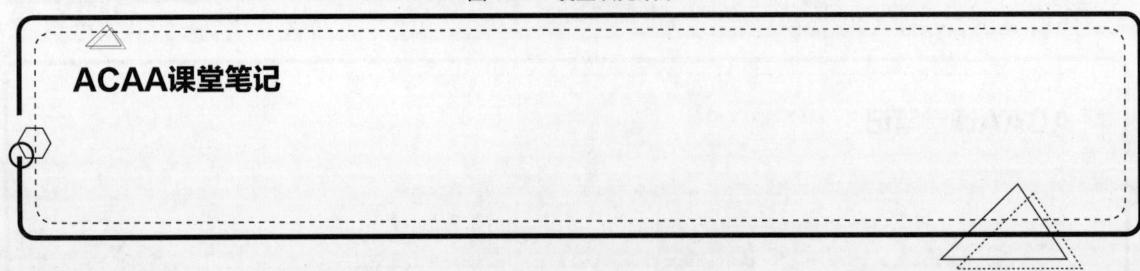

Step14 图案设置好后，选择推拉门玻璃区域，如图 3-76 所示。

Step15 选择完成后即可完成推拉门立面图形的绘制操作，最终效果如图 3-77 所示。

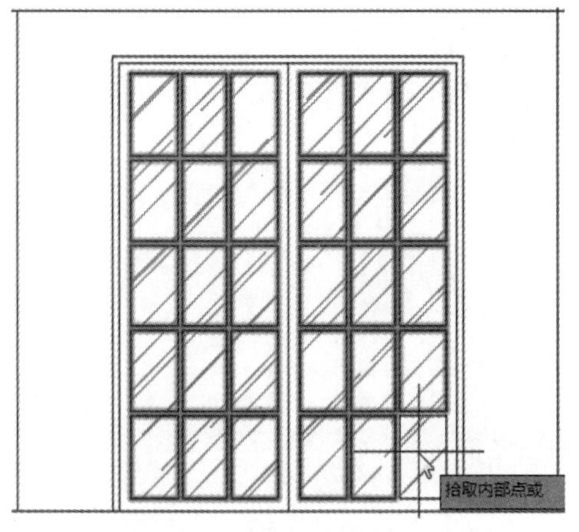

图 3-76　填充玻璃区域

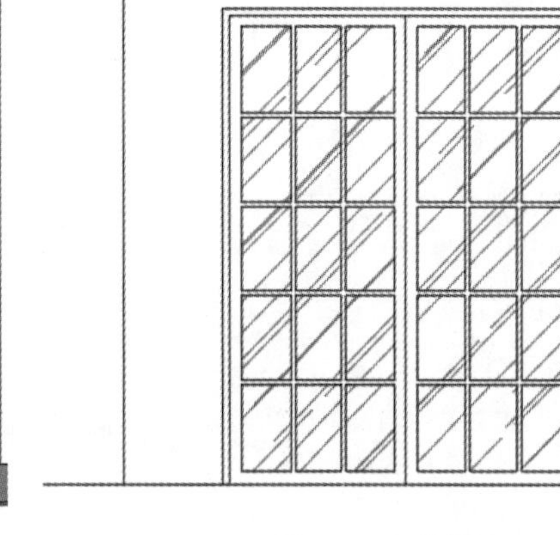

图 3-77　最终效果

课后作业

为了让用户能够更好地掌握本章所学的知识内容，下面将安排一些 Autodesk 认证考试的参考试题，让用户可以对所学的知识进行巩固和练习。

一、填空题

（1）______相对来说是比较灵活的线段。用户可以一次性绘制出______和______这两种不同属性的线段。在绘制多段线时，还可以调整它的______。

（2）执行“矩形”命令后，用户可以一次性绘制出______、______、______以及______。

（3）想要调整填充图案的角度，则可在“图案填充编辑器”选项卡的“______”面板中，设置“______”参数。

二、选择题

（1）圆的半径为 50mm，用 I 和 C 方式画的正五边形的边长分别为（　）。

A. 72.64；58.78　　B. 89.45；62.56　　C. 58.78；72.65　　D. 62.56；89.45

（2）用“矩形”命令绘制的四边形进行分解后，该矩形成为几个对象？（　）。

A. 4　　B. 3　　C. 2　　D. 1

（3）下列对象可以转化为多段线的是（　）。

A. 圆　　B. 椭圆　　C. 文字　　D. 直线和圆弧

（4）弦长为 50，包角为 100° 的圆弧，半径是（　）。

A. 25.386　　B. 57.015　　C. 45.524　　D. 32.635

三、操作题

（1）绘制机械零件剖面图。

本实例将综合利用“多段线”和“矩形”工具，绘制出如图 3-78 所示的零件剖面图形。

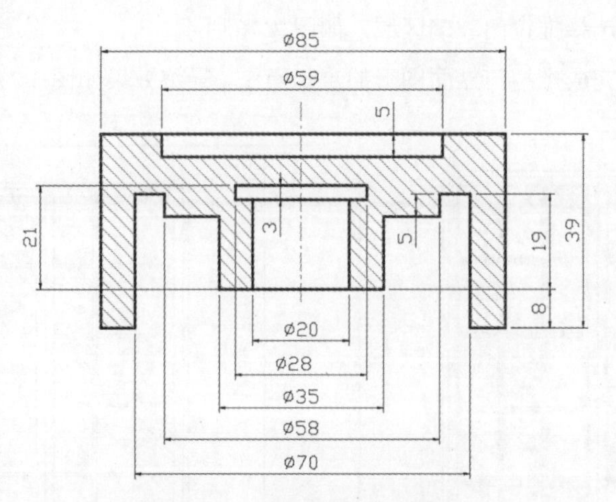

图 3-78 绘制机械零件剖面图

操作提示：

Step01 执行“多段线”和“矩形”命令，根据图中尺寸绘制剖面图形。

Step02 执行“图案填充”命令，对剖面图进行填充。

（2）绘制吧凳图形。

本实例将综合利用“圆”“圆弧”等绘图工具，绘制吧凳图形，参考如图 3-79 所示。

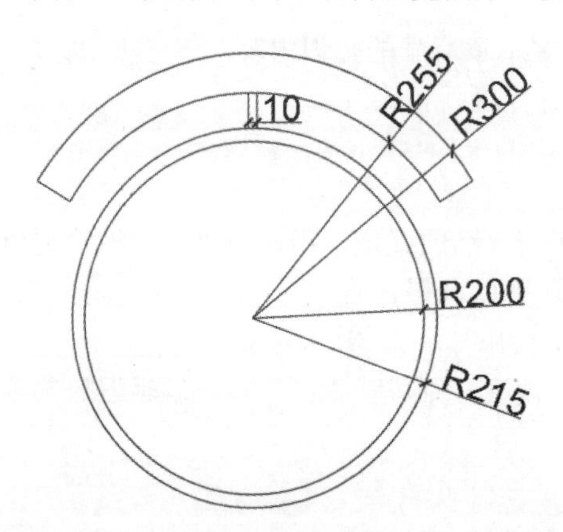

图 3-79 绘制吧凳图形

操作提示：

Step01 执行“圆”命令，根据图中的尺寸，绘制凳子轮廓。

Step02 执行“圆弧”“直线”命令，绘制吧凳扶手。

第4章 编辑二维图形

内容导读

图形绘制完成后，通常需要对图形进行一些必要的编辑加工，以便让图形能够更精准地表达出设计者的设计意图。而对于 AutoCAD 2020 版本来说，其图形编辑功能已经非常智能化，与以往老版本相比，其制图效率得到了提升。本章将介绍一些常用的编辑命令，包括图形的偏移、镜像、拉伸、修剪等。希望读者通过本章内容的学习，能够熟悉并掌握相关的编辑命令，以便运用在以后的工作中。

AutoCAD 2020

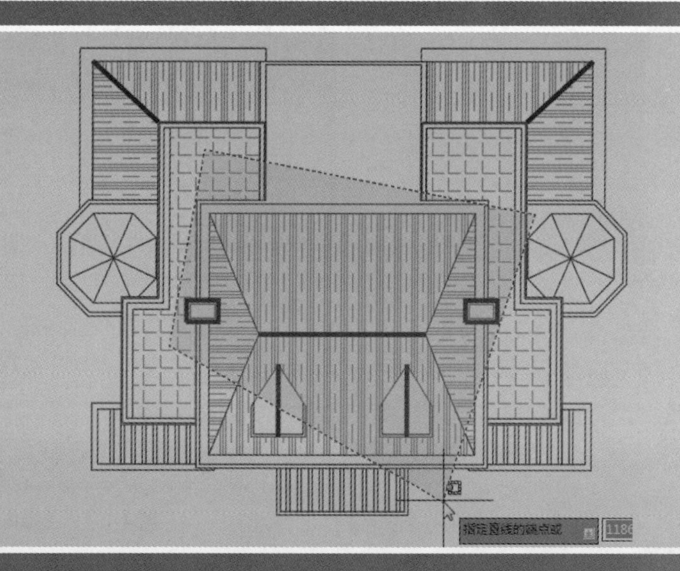

学习目标

- 选取图形对象
- 复制图形对象
- 移动图形对象
- 更改图形的特性
- 应用夹点编辑图形

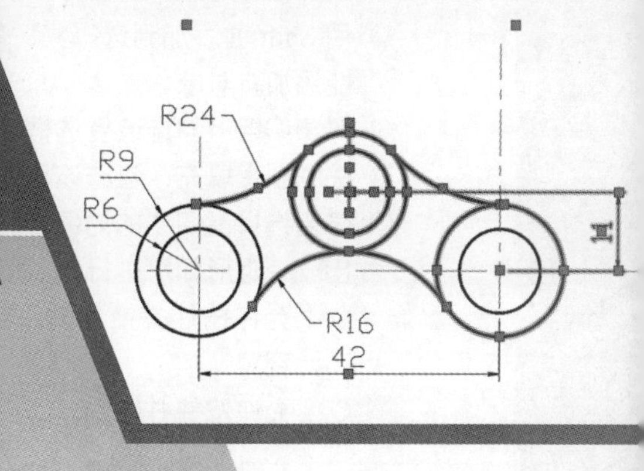

图形选取功能的应用

选择图形是 AutoCAD 最基本的功能。无论执行任何命令，都需要先选择图形，再执行命令。用户在选择图形后，默认情况下系统会用蓝色高量显示出所选择的对象，如果选择了多个对象，那么这些对象便构成了选择集，选择集可包含单个对象和多个对象。

在命令行中输入 SELECT 命令，在命令行“选择对象”提示下输入“？”后按回车键，根据其中的信息提示，选择相应的选项即可指定对象的选择模式。

■ 4.1.1 设置对象的选择模式

利用“选项”对话框可以设置对象的选择模式。用户可以通过以下方法打开“选项”对话框。

◎ 在菜单栏中执行“工具”|“选项”命令。

◎ 在绘图区中右击，在弹出的快捷菜单中选择“选项”命令。

◎ 在命令行中输入命令 OPTIONS，然后按回车键。

执行以上任意一项操作后，系统会打开“选项”对话框，在“选择集”选项卡中可设置选择模式，如图 4-1 所示。

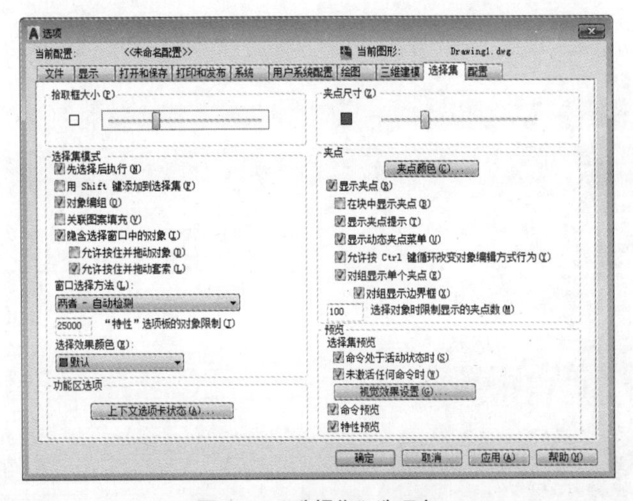

图 4-1 “选择集”选项卡

在“选择集模式”选项组中，各复选框功能介绍如下。

◎ 先选择后执行：该选项用于执行大多数修改命令时调换传统的次序。可以在命令提示下，先选择图形对象，再执行修改命令。

◎ 用 Shift 键添加到选择集：勾选该复选框，将激活一个附加选择方式，即需要按住 Shift 键才能添加新对象。

◎ 对象编组：勾选该复选框，若选择组中的任意一个对象，则该组象所在的组都将被选中。

◎ 关联图案填充：勾选该复选框，若选择关联填充的对象，则该组的边界对象也被选中。

◎ 隐含选择窗口中的对象：勾选该复选框，在图形区用鼠标拖动或者用定义对角线的方法定义出一个矩形即可进行对象的选择。

◇ 允许按住并拖动对象：勾选该复选框，按住鼠标左键并拖动则可以生成一个矩形选择窗口。

◇ 允许按住并拖动套索：勾选该复选框，在按住鼠标左键并拖动则可自定义选择区域。

4.1.2 用拾取框选择单个实体

在命令行中输入 SELECT 命令，默认情况下光标将变成拾取框，之后单击选择对象，系统将检索选中的图形对象。在“隐含窗口”处于打开状态时，若拾取框没有选中图形对象，则该选择将变为窗口或交叉窗口的第一角点，如图 4-2、图 4-3 所示。该方法既方便又直观，但选择排列密集的对象时，不宜使用。

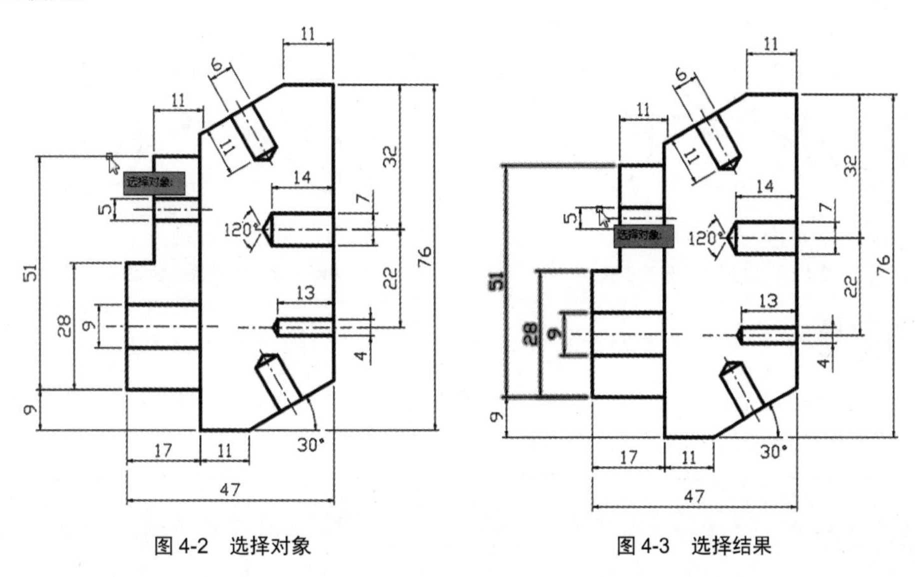

图 4-2 选择对象　　　图 4-3 选择结果

4.1.3 图形选择的方式

除了直接单击图形进行选择外，还有其他几种选择方式，例如窗口方式、窗交方式、套索方式等。

1. 窗口方式选取图形

在图形窗口中选择第一个对角点，从左向右移动鼠标显示出一个实线矩形，如图 4-4 所示。选择第二个角点后，选取的对象为完全封闭在选择矩形中的所有对象，不在该窗口内的或者只有部分在该窗口内的对象则不被选中，按回车键结束选择，如图 4-5 所示。

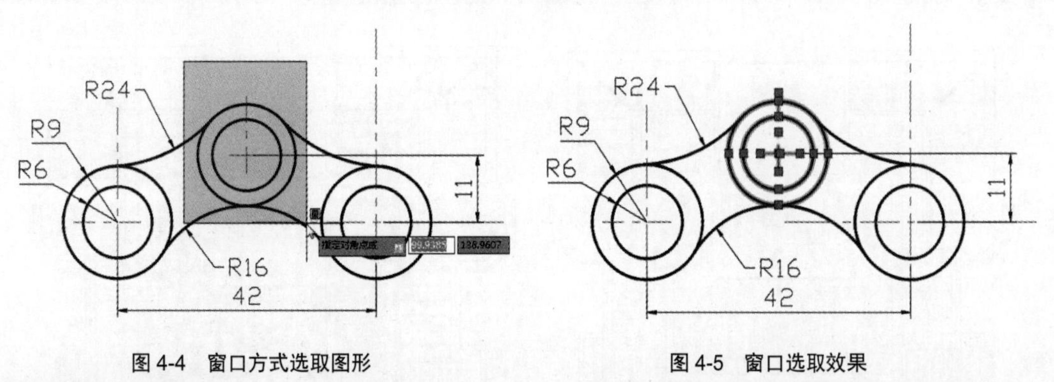

图 4-4 窗口方式选取图形　　　图 4-5 窗口选取效果

2. 窗交方式选取图形

在图形窗口中选择第一个对角点，从右向左移动鼠标显示一个虚线矩形，如图 4-6 所示。选择第二角点后，全部位于窗口之内或与窗口边界相交的对象都将被选中，按回车键结束选择，如图 4-7 所示。

在窗交模式下并不是只能从右向左拖动矩形来选择。在命令行中输入 SELECT 命令，按回车键，然后输入“？”按回车键，根据命令行的提示选择“窗交 (C)”选项，此时也可以从左向右进行窗交选取图形对象。

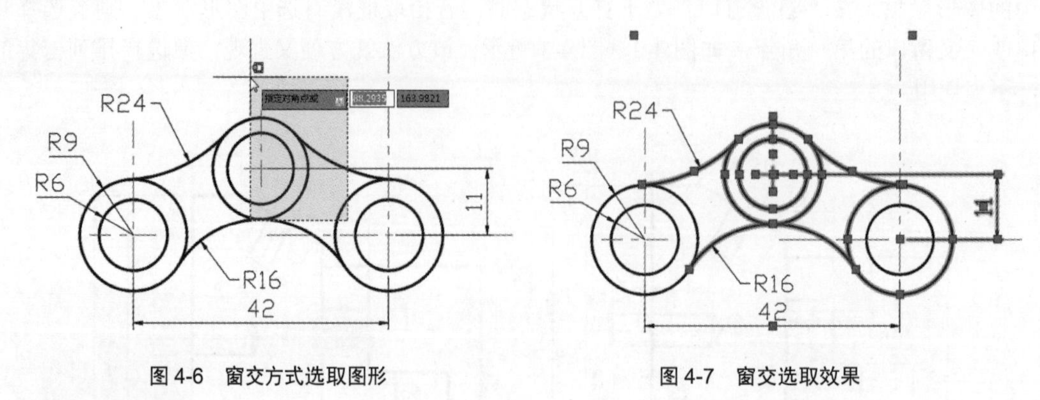

图 4-6　窗交方式选取图形　　　　图 4-7　窗交选取效果

知识点拨

AutoCAD 中对这两种选取方式有非常明显的提示：窗口框选的边界是实线，窗交框选的边界是虚线；窗口选框为蓝色，窗交选框为绿色。

3. 套索选取图形

在绘图区进行套索选择对象时，也是单击鼠标左键进行选择。该工具是利用不规则图形来圈选，用户只需将要选择的对象圈选在内即可。用户可以任意选择所需要的对象。单击绘图区一点作为套索选取起始点，在命令行中输入 CP，按回车键，指定选取第 2 点、第 3 点……直到结束，如图 4-8 所示，按回车键即可。此时在选区范围内的，以及与选区边界相交的图形对象都会被选中，如图 4-9 所示。

命令行提示如下：

```
命令: 指定对角点或 [栏选(F)/圈围(WP)/圈交(CP)]: cp        （选择“圈交”）
指定直线的端点或 [放弃(U)]:                              （指定选取第1点）
指定直线的端点或 [放弃(U)]:                              （指定选取第2点，直到结束，按回车键）
```

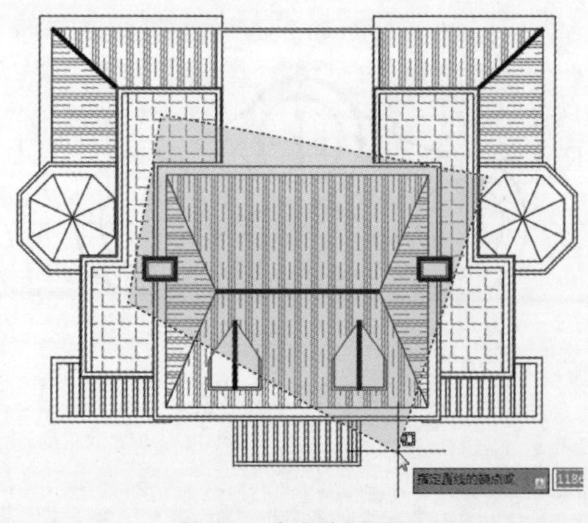

图 4-8　套索选取图形

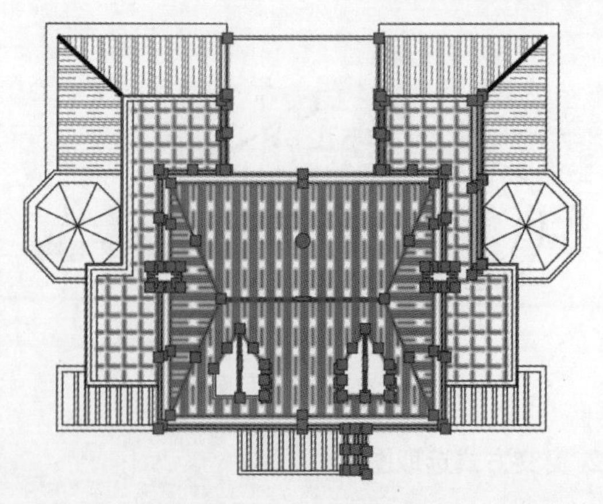

图 4-9　套索选取效果

4.1.4 快速选择图形对象

如果需要选择大量具有某些相同特性的图形对象，可通过“快速选择”功能进行选择操作。利用该功能，可以根据图形的图层、颜色、图案填充等特性和类型来创建选择集。

用户可以通过以下方法执行“快速选择”命令。

◎ 在菜单栏中执行“工具”|“快速选择”命令。

◎ 在“默认”选项卡的“实用工具”面板中单击“快速选择”按钮 。

◎ 在命令行中输入命令 QSELECT，然后按回车键。

执行以上任意一项操作后，将打开“快速选择”对话框，如图 4-10 所示。

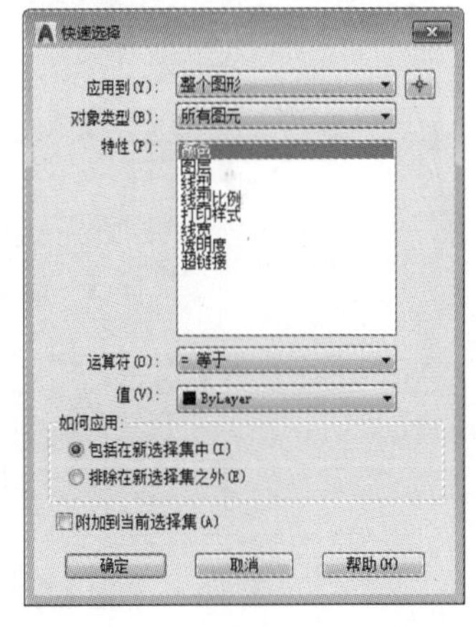

图 4-10 “快速选择”对话框

在“如何应用”选项组中可选择特性应用的范围。若勾选“包括在新选择集中”单选按钮，则表示将按设定的条件创建新选择集；若选中“排除在新选择集之外”单选按钮，则表示将按设定条件选择对象，选择的对象将被排除在选择集之外，即根据这些对象之外的其他对象创建选择集。

实例：快速为标注文本更换颜色

下面将利用“快速选择”功能来选择图纸中的文字，并对其文本颜色进行更改。

Step01 打开素材文件，在“默认”选项卡的“实用工具”面板中单击“快速选择”按钮，打开“快速选择”对话框，在“对象类型”下拉列表中选择“多行文字”选项，如图 4-11 所示。

Step02 在“特性”列表框中选择“颜色”选项，在“值”下拉列表中选择红色，如图 4-12 所示。

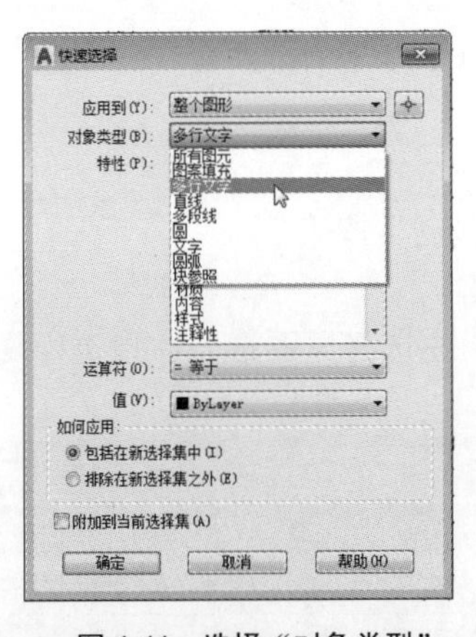

图 4-11 选择“对象类型”

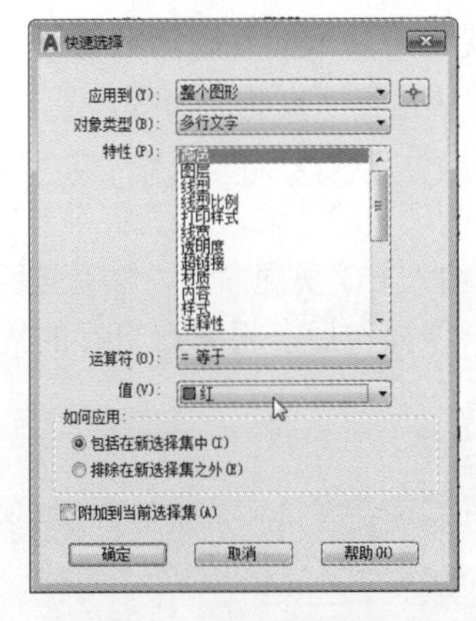

图 4-12 选择文字颜色

ACAA课堂笔记

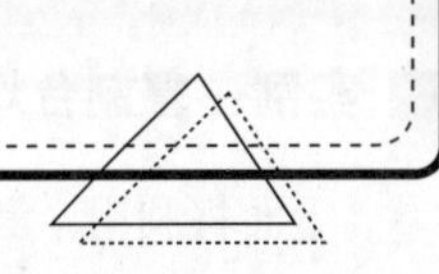

Step03 单击“确定”按钮，此时图纸中所有红色的文本均被选中，如图 4-13 所示。

Step04 在“默认”选项卡的“特性”面板中单击“对象颜色”下拉按钮，选择新颜色。此时，被选中的文字颜色已发生了相应的变化，如图 4-14 所示。设置完成后，按 Esc 键取消选择。

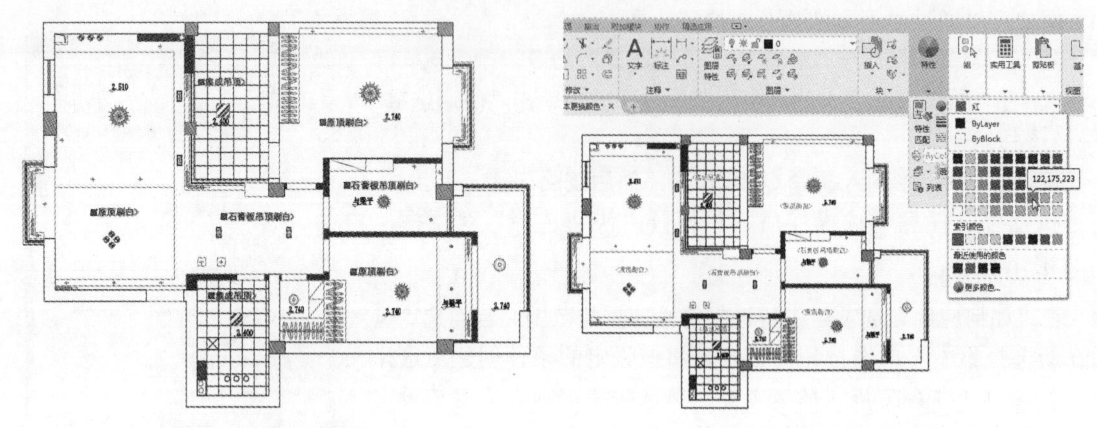

图 4-13　快速选择结果　　　　图 4-14　重新选择文字颜色

4.2 图形复制功能的应用

在 AutoCAD 中，复制图形的方法有很多种，例如偏移、阵列、镜像等都属于复制命令。在绘图过程中，用户需要根据实际需求来选择使用。下面将分别对这些复制方法进行简单介绍。

■ 4.2.1　复制图形

复制图形其实就是最基本的复制粘贴操作：将原图形复制出两个、三个甚至更多相同的图形。用户可以通过以下方法执行“复制”命令。

◎ 在菜单栏中执行“修改”|“复制”命令。

◎ 在“默认”选项卡的“修改”面板中单击“复制”按钮。

◎ 在命令行中输入 CO 快捷命令，然后按回车键。

执行以上任意一项操作后，根据命令行的提示，先选择原图形，并指定好复制的基点，然后移动光标，指定新的基点即可。

命令行提示如下：

```
命令: _copy
选择对象: 找到 1 个
选择对象:                                                   （选择原图形）
当前设置: 复制模式 = 多个
指定基点或 [位移(D)/模式(O)] <位移>:                        （指定复制基点）
指定第二个点或 [阵列(A)] <使用第一个点作为位移>:            （指定新的基点，按回车键完成操作）
```

■ 实例：复制台灯图形

下面将利用“复制”命令，对床头柜上的台灯图形进行复制操作。

Step01 打开素材文件，执行“复制”命令，选择要进行复制的台灯图形，按回车键后，指定圆心点为复制基点，如图 4-15 所示。

Step02 向右移动鼠标，并捕捉床头柜图形的几何中心点，如图 4-16 所示。

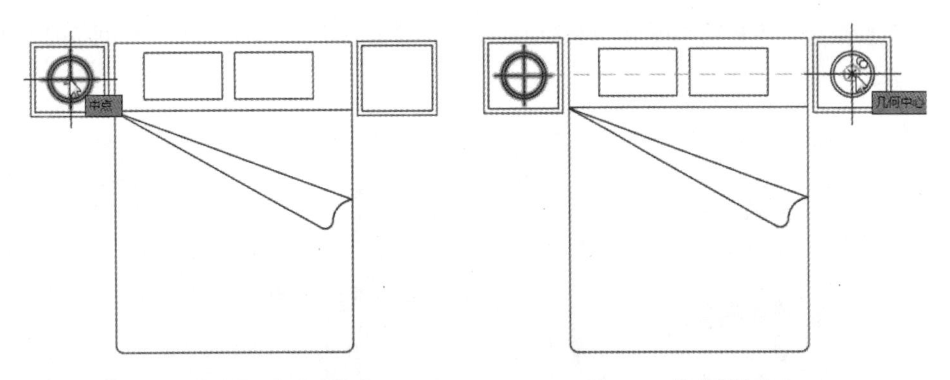

图 4-15　选择并指定复制基点　　图 4-16　指定新的基点

Step03 按回车键即可完成台灯的复制操作，如图 4-17 所示。

知识点拨

在进行复制的同时，用户还可以进行阵列复制操作。指定好复制基点后，在命令行中输入 A，按回车键，并输入要阵列的数值，再次按回车键，即可快速进行阵列复制操作。

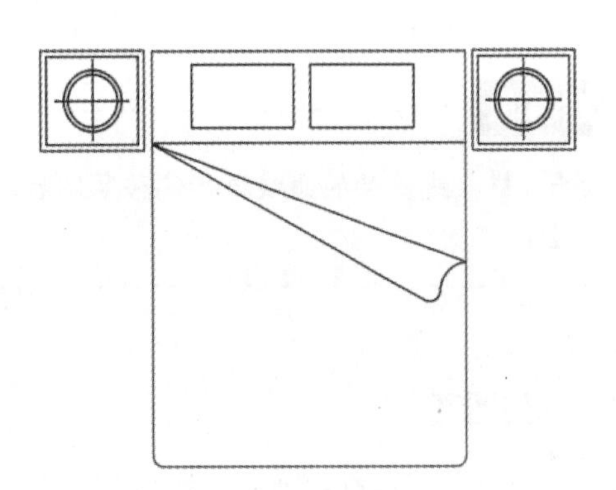

图 4-17　复制后的效果

4.2.2　偏移图形

偏移是对选择的图形按照指定的距离尺寸进行复制。这里所指的图形包含各种线段、曲线、矩形等，而不包含图块。偏移后的图形与原图形具有相同的属性。用户可以通过以下方法执行“偏移”命令。

◎ 在菜单栏中执行“修改”|“偏移”命令。

◎ 在“默认”选项卡的“修改”面板中，单击“偏移”命令⊆。

◎ 在命令行中输入 O 快捷命令，然后按回车键。

执行以上任意一种操作后，用户可以根据命令行中的提示，先输入偏移的距离值，按回车键，再选择原图形，然后指定偏移方向上的任意一点即可。

命令行提示内容如下：

```
命令: _offset
当前设置: 删除源=否  图层=源  OFFSETGAPTYPE=0
指定偏移距离或 [通过(T)/删除(E)/图层(L)] <通过>:  50                （输入偏移距离）
选择要偏移的对象，或 [退出(E)/放弃(U)] <退出>:                     （选择原图形）
指定要偏移的那一侧上的点，或 [退出(E)/多个(M)/放弃(U)] <退出>:（指定偏移方向上的一点）
选择要偏移的对象，或 [退出(E)/放弃(U)] <退出>:
```

实例：偏移木桩平面轮廓

下面将利用“偏移”命令，对木桩平面轮廓进行向内偏移操作。

Step01 打开素材文件，执行“偏移”命令，在命令行中输入偏移距离100mm，如图4-18所示。

Step02 按回车键后选择木桩轮廓图形，再移动鼠标到要偏移的那一侧，单击鼠标即可完成偏移操作，如图4-19、图4-20所示。

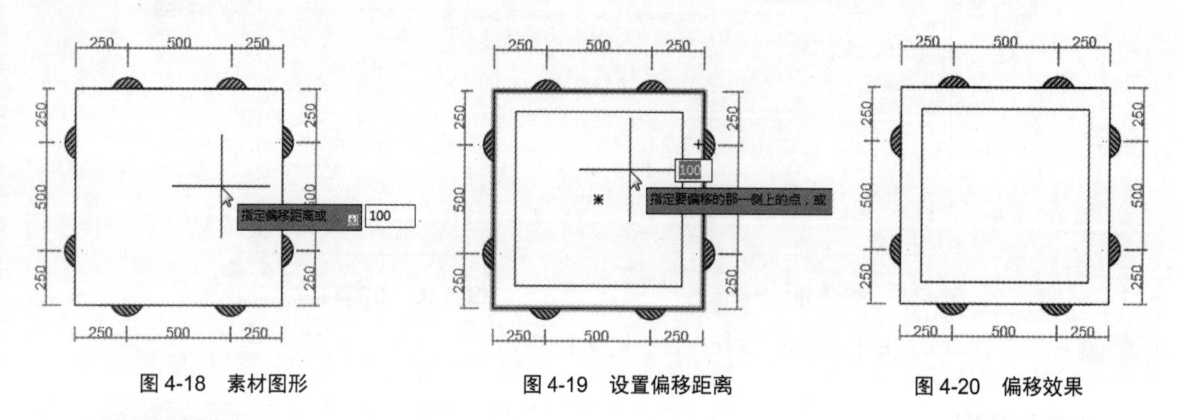

图4-18 素材图形　　图4-19 设置偏移距离　　图4-20 偏移效果

注意事项

对圆弧、样条线之类的曲线进行偏移复制后，新曲线的长度或者弧线的半径可能会发生变化，但圆心不会改变。

4.2.3 阵列图形

“阵列”命令是一种有规则的复制命令，其阵列图形的方式包括矩形阵列、路径阵列和环形阵列3种方式。

1. 矩形阵列图形

矩形阵列是按任意行、列和层级组合分布对象副本。用户可以通过以下方法执行“矩形阵列”命令。

◎ 在菜单栏中执行“修改”|“阵列”|“矩形阵列”命令。

◎ 在“默认”选项卡的“修改”面板中单击“矩形阵列”按钮。

◎ 在命令行中输入命令AR，然后按回车键。

执行以上任意一项操作后，用户可以根据命令行的提示，先选择阵列的对象，然后在打开的“阵列创建”选项卡中，设置“列数”“行数”以及“级别”设置，如图4-21所示。

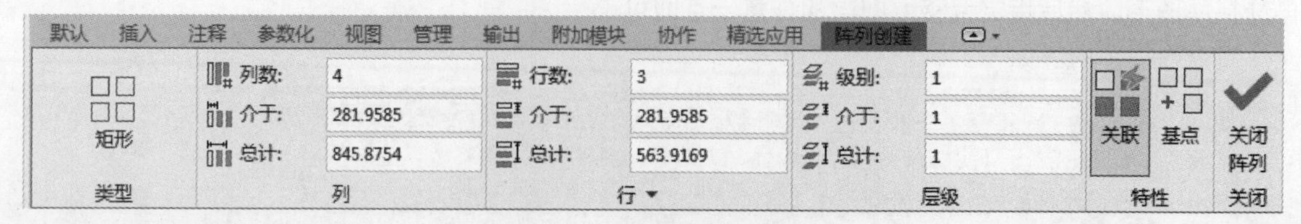

图4-21 “阵列创建”选项卡

■ 实例：绘制中式窗格

下面将利用矩形阵列功能，绘制中式窗格图形。

Step01 执行“矩形”命令，绘制尺寸为830mm×1170mm的矩形，如图4-22所示。

Step02 执行“偏移”命令，设置偏移尺寸为60mm，将矩形向外侧进行偏移操作，如图4-23所示。

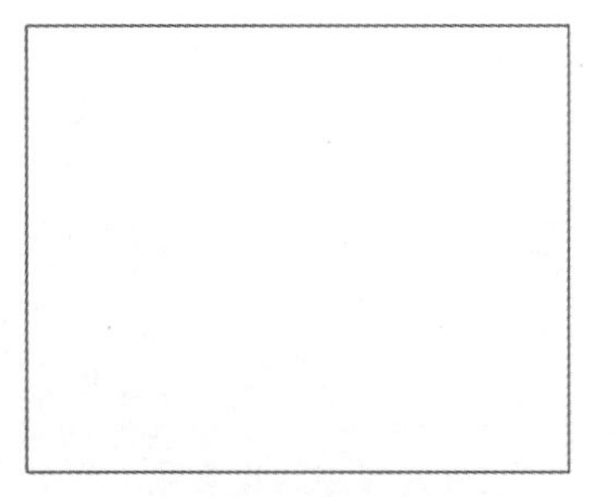

图4-22　绘制矩形

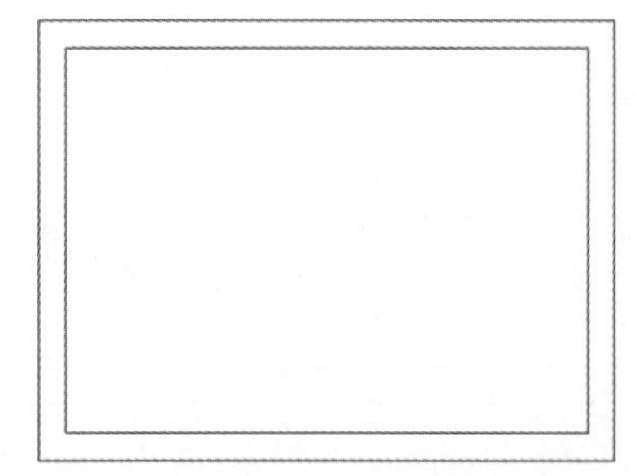

图4-23　偏移图形

Step03 再执行“矩形”命令，绘制尺寸为150mm×150mm、倒角长度均为20的倒角矩形，并将倒角矩形对齐到左上角，如图4-24所示。

Step04 执行“矩形阵列”命令，根据提示选择倒角矩形，按回车键进入“阵列创建”选项卡，设置行数、列数以及介于值，如图4-25所示。

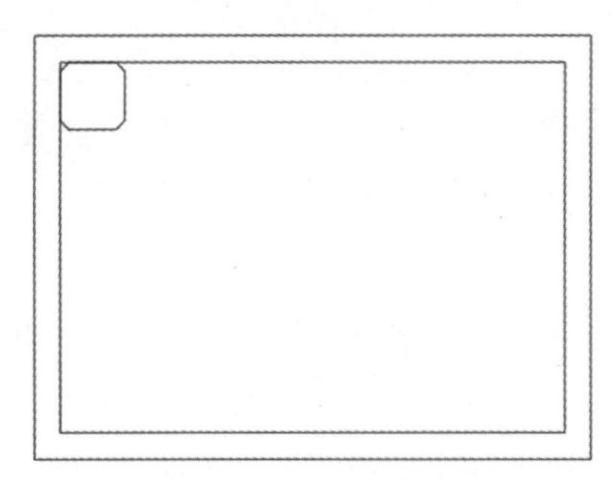

图4-24　绘制倒角矩形

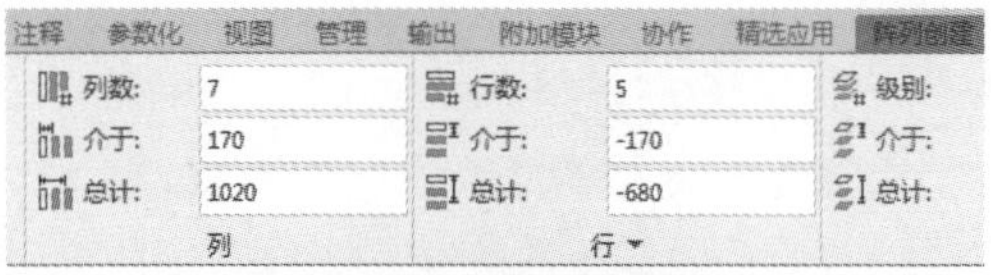

图4-25　设置阵列参数

Step05 设置完毕后，在“阵列创建”选项卡中单击“关闭阵列”按钮，即可完成矩形阵列操作，如图4-26所示。

Step06 执行“直线”命令，绘制窗框角线，即可完成中式窗格的绘制，如图4-27所示。

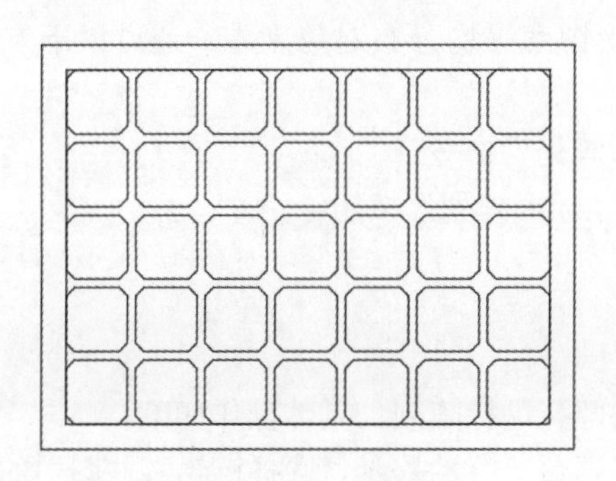

图4-26　最终阵列效果

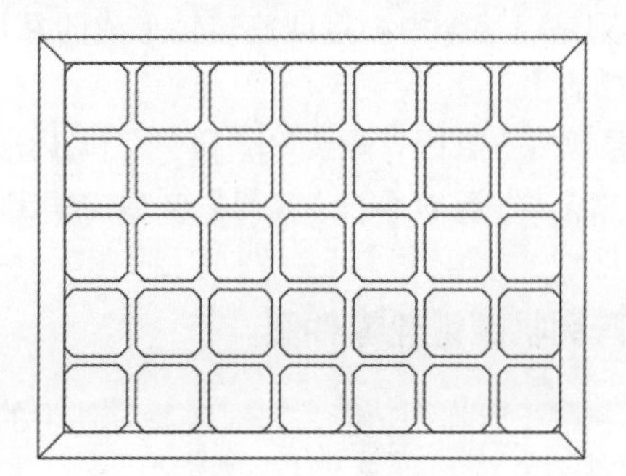

图4-27　完成绘制

2. 路径阵列图形

路径阵列是沿整个路径或部分路径平均分布对象副本，路径可以是曲线、弧线、折线等所有开放型线段。通过以下方法可以执行路径阵列命令。

◎ 在菜单栏中执行“修改”|“阵列”|“路径阵列”命令。

◎ 在“默认”选项卡的“修改”面板中单击“路径阵列”按钮。

执行以上任意一项操作后，用户可先选择所需图形，按回车键，再选择路径对象，并输入阵列参数值，按回车键完成操作，如图 4-28、图 4-29 所示。同样可在“阵列创建”选项卡中进行设置操作。

命令行提示如下：

```
命令: _arraypath
选择对象: 找到 1 个
选择对象:                                                    （选择所需图形对象，按回车键）
类型 = 路径  关联 = 是
选择路径曲线:                                                （选择路径对象）
选择夹点以编辑阵列或 [关联(AS)/方法(M)/基点(B)/切向(T)/项目(I)/行(R)/层(L)/对齐项目(A)/z 方向(Z)/退出(X)]
<退出>: I                                                    （选择“项目”）
指定沿路径的项目之间的距离或 [表达式(E)] <72.2071>: 150        （输入每个对象间的间距值）
最大项目数 = 6
指定项目数或 [填写完整路径(F)/表达式(E)] <6>:                 （输入阵列数值，按两次回车键，结束操作）
选择夹点以编辑阵列或 [关联(AS)/方法(M)/基点(B)/切向(T)/项目(I)/行(R)/层(L)/对齐项目(A)/z 方向(Z)/退出(X)] <退出>:
```

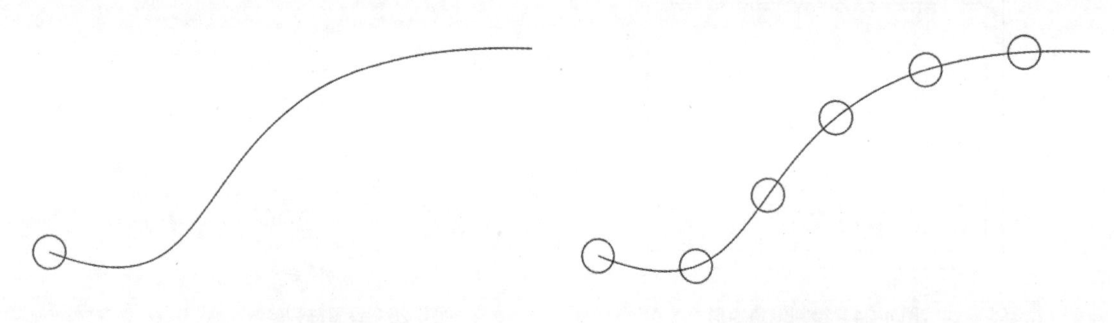

图 4-28　阵列前效果

图 4-29　间隔距离为 150mm 的阵列效果

3. 环形阵列图形

环形阵列是绕某个中心点或旋转轴形成的环形图案平均分布对象副本。通过以下方法可以执行“环形阵列”命令。

◎ 在菜单栏中执行“修改”|“阵列”|“环形阵列”命令。

◎ 在“默认”选项卡的“修改”面板中单击“环形阵列”按钮。

■ 实例：阵列机械链轮零件图

下面将利用环形阵列功能，来对链轮零件中的圆孔进行阵列。具体操作如下。

Step01 打开素材文件，执行“环形阵列”命令，根据命令行的提示，选择链轮零件图中的圆孔图形，如图 4-30 所示。

Step02 按回车键确认后，选择阵列的中心点，这里选择链轮中心点为阵列中心，如图 4-31 所示。

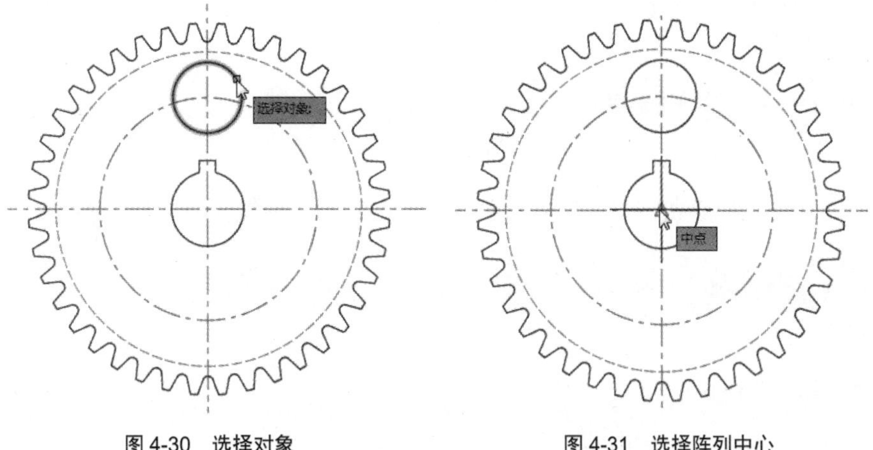

图 4-30　选择对象　　　图 4-31　选择阵列中心

Step03 指定阵列中心后进入“阵列创建”选项卡，将“项目数”设为 6，如图 4-32 所示。

默认　插入　注释　参数化　视图　管理　输出　附加模块　协作　精选应用　阵列创建

类型	项目		行		层级	
极轴	项目数:	6	行数:	1	级别:	1
	介于:	60	介于:	57	介于:	1
	填充:	360	总计:	57	总计:	1

图 4-32　设置阵列参数

Step04 在“阵列创建”选项卡中单击“关闭阵列”按钮，即可完成阵列操作，效果如图 4-33 所示。

注意事项

无论进行何种阵列操作，阵列后的图形都是一个整体。如果需要对其中某个图形对象进行单独调整，则需要先将阵列的图形进行分解操作。

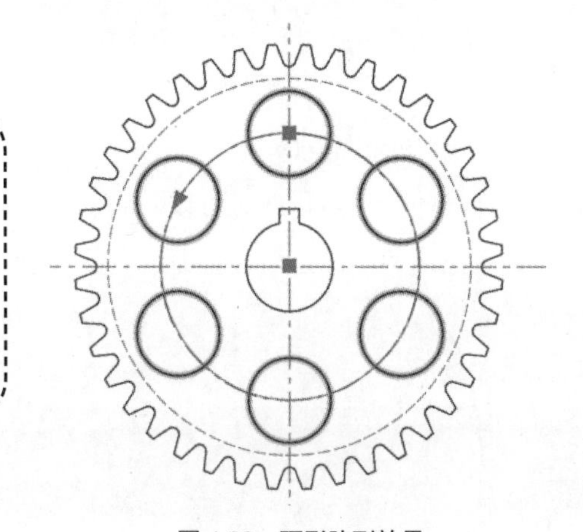

图 4-33　环形阵列效果

■ 4.2.4　镜像图形

镜像可以按指定的镜像线翻转对象，创建出对称的镜像图像。该功能经常用于绘制对称图形。用户可以通过以下方法执行“镜像”命令。

◎ 在菜单栏中执行“修改”|“镜像”命令。

◎ 在“默认”选项卡的“修改”面板中单击“镜像”按钮。

◎ 在命令行中输入 MI 快捷命令，然后按回车键。

执行以上任意一项操作后，用户可根据命令行中的提示，先选择原图形，按回车键，再指定镜像线的起点和端点位置，按回车键即可完成镜像操作。

命令行提示内容如下：

```
命令: _mirror
选择对象: 找到 1 个                                    （选择原图形，按回车键）
选择对象:
指定镜像线的第一点:                                    （捕捉镜像线的起点和端点）
指定镜像线的第二点:
要删除源对象吗？[是(Y)/否(N)] <否>:                     （选择是否删除源对象）
```

■ 实例：镜像椅子图形

下面将利用“镜像”功能，来对椅子图形进行镜像操作。

Step01 打开素材文件，执行“镜像”命令，选择椅子图形对象，如图 4-34 所示。

Step02 按回车键后，指定桌面中心点为镜像线的第一点，如图 4-35 所示。

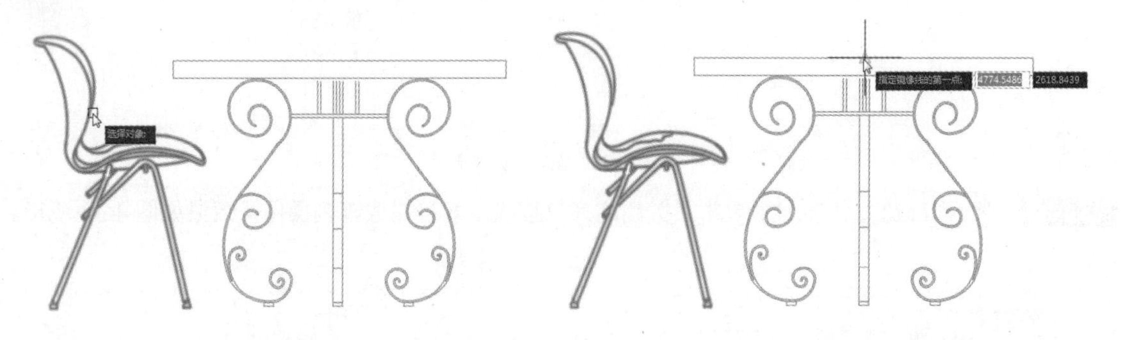

图 4-34 选择对象　　图 4-35 指定镜像线第一点

Step03 指定镜像线的第二点，此时可以看到追踪的镜像图像，如图 4-36 所示。

Step04 在确定镜像线的第二点后，会提示“要删除源对象吗？”选择“否”选项后即完成镜像操作，如图 4-37 所示。

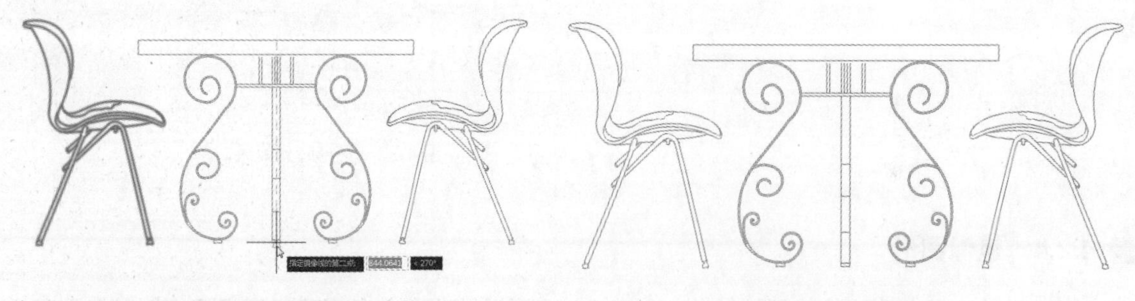

图 4-36 指定镜像线第二点　　图 4-37 镜像效果

注意事项

在镜像过程中，如果想要删除原对象，就可以在命令行中输入 Y，并按回车键。

4.3 图形移动功能的应用

在 AutoCAD 中，要想移动图形的位置，可以根据需要选择不同的移动方式。例如简单移动图形、旋转图形、缩放图形等。下面将分别对这些常用移动工具进行讲解。

4.3.1 简单移动图形

移动图形是指在不改变对象的方向和大小的情况下，将其从当前位置移动到新的位置。用户可以通过以下方法执行“移动”命令。

◎ 在菜单栏中执行“修改”|“移动”命令。

◎ 在“默认”选项卡的“修改”面板中单击“移动”按钮✥。

◎ 在命令行中输入 M 快捷命令，然后按回车键。

执行以上任意一种操作后，用户可以根据命令行的提示，先选择要移动的图形，按回车键，并指定移动的基点，然后再指定新位置即可，如图 4-38、图 4-39、图 4-40 所示。

命令行提示内容如下：

```
命令: _move
选择对象: 找到 1 个                                    （选择图形，按回车键）
选择对象:
指定基点或 [位移(D)] <位移>:                           （指定移动基点）
指定第二个点或 <使用第一个点作为位移>:                 （指定目标点）
```

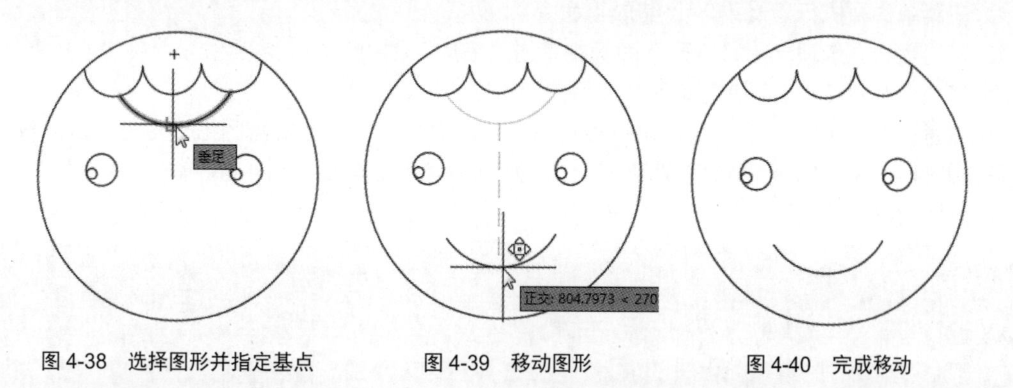

图 4-38　选择图形并指定基点　　图 4-39　移动图形　　图 4-40　完成移动

4.3.2 旋转图形对象

旋转图形是将图形以指定的角度，并围绕其旋转基点进行旋转。用户可以通过以下方法执行“旋转”命令。

◎ 在菜单栏中执行“修改”|“旋转”命令。

◎ 在“默认”选项卡的“修改”面板中单击“旋转”按钮↻。

◎ 在命令行中输入 RO 快捷命令，然后按回车键。

执行以上任意一项操作后，用户可以根据命令行中的提示，先选择图形，按回车键，指定旋转中心点，并输入旋转角度值，按回车键完成旋转操作，如图 4-41、图 4-42、图 4-43 所示。

命令行提示内容如下：

```
命令: _rotate
UCS 当前的正角方向: ANGDIR=逆时针  ANGBASE=0
选择对象: 找到 1 个                                  (选择需要旋转的图形，按回车键)
选择对象:
指定基点:                                            (指定旋转基点)
指定旋转角度，或 [复制(C)/参照(R)] <0|: 90           (输入旋转角度，按回车键完成操作)
```

图 4-41　选择并指定基点

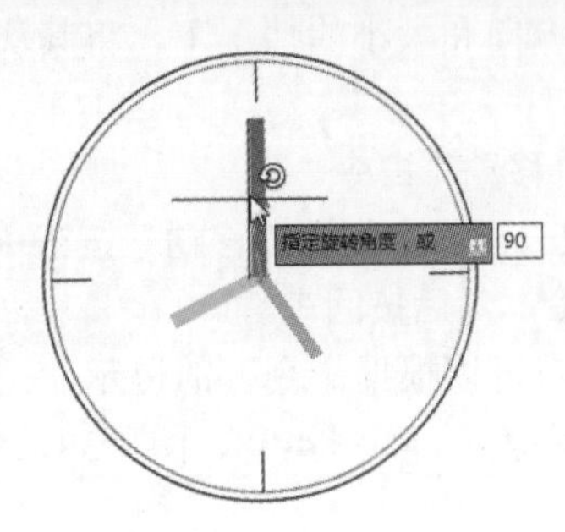

图 4-42　输入旋转角度

图 4-43　完成旋转

■ 4.3.3　缩放图形对象

比例缩放是将选择的对象按照一定的比例来进行放大或缩小。用户可以通过以下方法执行“缩放”命令。

◎ 在菜单栏中执行“修改”|“缩放”命令。

◎ 在“默认”选项卡的“修改”面板中单击“缩放”按钮。

◎ 在命令行中输入 SC 快捷命令，然后按回车键。

执行以上任意一项操作后，用户可以根据命令行的提示，先选择所需图形，然后指定缩放基点，输入缩放比例值，按回车键即可完成缩放操作，如图 4-44、图 4-45、图 4-46 所示。

命令行提示内容如下：

```
命令: _scale
选择对象: 找到 1 个                                  (选择所需图形，按回车键)
选择对象:
指定基点:                                            (指定好缩放基点)
指定比例因子或 [复制(C)/参照(R)]: 0.6                (输入比例值，按回车键)
```

图 4-44　选择并指定缩放基点

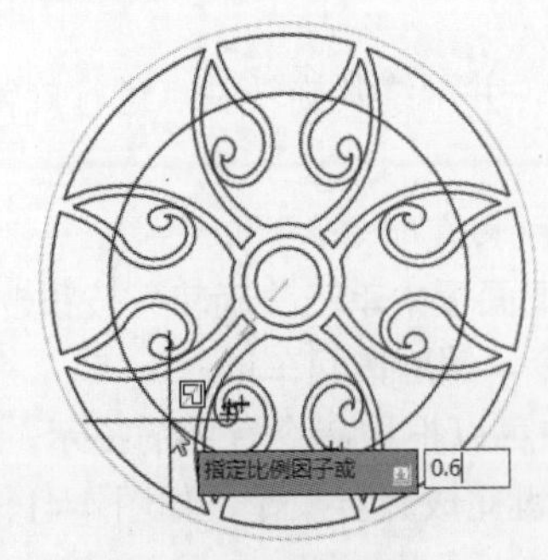

图 4-45　输入缩放比例

图 4-46　完成缩放

注意事项

用户若要对图形进行缩小设置，那么只需在输入比例值时，输入小于1的数值，如0.9、0.8、0.75。如果要放大图形，那么就输入大于1的数值，如1.5、2、3。

4.4 图形特性功能的应用

在绘制图形时，经常需要对图形造型进行编辑修改，例如对图形进行倒角、对图形进行修剪、对图形进行拉伸，或延长图形等。下面将分别对其编辑功能进行介绍。

4.4.1 图形的倒角与圆角

图形的倒角与圆角主要用来对图形进行修饰。倒角是将相邻的两条直角边进行倒角，而圆角则是通过指定的半径圆弧来进行倒角。

1. 倒角

倒角是对图形相邻的两条边进行修饰，既可以修剪多余的线段，还可以设置图形中两条边的倒角距离和角度。用户可以通过以下方法执行“倒角”命令。

◎ 在菜单栏中执行“修改”|“倒角”命令。

◎ 在“默认”选项卡的“修改”面板中单击“倒角”按钮。

◎ 在命令行中输入快捷命令CHAMFER，然后按回车键。

执行以上任意一种操作后，用户可以根据命令行中的提示，先设置两个倒角距离，然后再选择两条倒角边线，即可完成倒角操作，如图4-47、图4-48所示。

命令行提示如下：

```
命令: _chamfer
(“修剪”模式) 当前倒角距离 1 = 0.0000，距离 2 = 0.0000
选择第一条直线或 [放弃(U)/多段线(P)/距离(D)/角度(A)/修剪(T)/方式(E)/多个(M)]: d （选择“距离”）
指定 第一个 倒角距离 <0.0000>: 2                    （输入两个倒角距离，按回车键）
指定 第二个 倒角距离 <2.0000>: 2
选择第一条直线或 [放弃(U)/多段线(P)/距离(D)/角度(A)/修剪(T)/方式(E)/多个(M)]: （选择两条倒角边）
选择第二条直线，或按住 Shift 键选择直线以应用角点或 [距离(D)/角度(A)/方法(M)]:
```

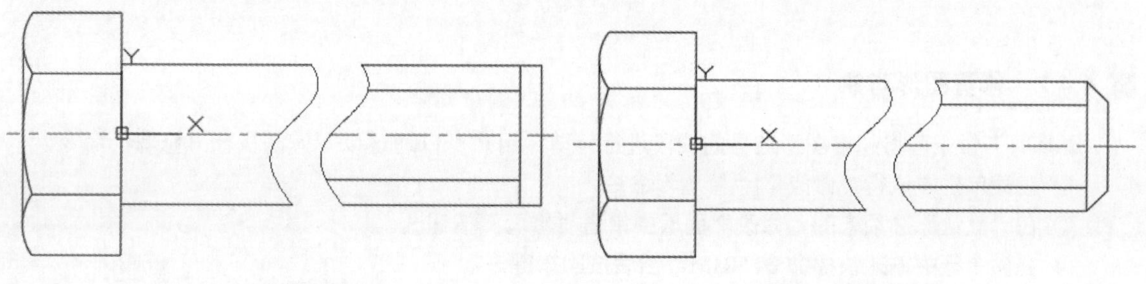

图4-47 倒角前效果　　图4-48 倒角后效果

注意事项

倒角时，如果倒角距离设置太大或距离角度无效，系统将会给出提示。同时因两条直线平行或发散造成不能倒角，系统也会提示。对相交两边进行倒角且倒角后修剪倒角边时，AutoCAD会保留选择倒角对象时所选取的那一部分。若将两个倒角距离均设为0，则利用“倒角”命令可延伸两条直线使它们相交。

2. 圆角

圆角是指通过指定的圆弧半径将多边形的边界棱角部分光滑连接起来，是倒角的一种表现形式。用户可以通过以下方法执行“圆角”命令。

◎ 在菜单栏中执行“修改”|“圆角”命令。

◎ 在“默认”选项卡的“修改”面板中单击“圆角”按钮。

◎ 在命令行中输入F快捷命令，然后按回车键。

执行以上任意一项操作后，根据命令行中的提示，先设置圆角半径值，然后再选择两条倒角边即可完成倒圆角操作，如图4-49、图4-50所示。

命令行提示内容如下：

```
命令: _fillet
当前设置: 模式 = 修剪，半径 = 0.0000
选择第一个对象或 [放弃(U)/多段线(P)/半径(R)/修剪(T)/多个(M)]: r  （选择“半径”选项，按回车键）
指定圆角半径 <0.0000>: 2                                      （输入圆角半径值）
选择第一个对象或 [放弃(U)/多段线(P)/半径(R)/修剪(T)/多个(M)]:    （选择两条倒角边）
选择第二个对象，或按住 Shift 键选择对象以应用角点或 [半径(R)]:
```

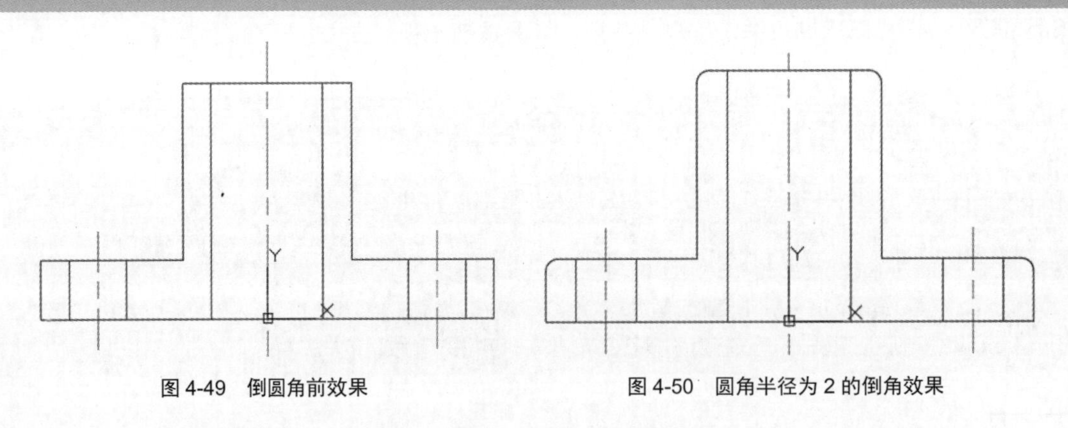

图4-49 倒圆角前效果　　图4-50 圆角半径为2的倒角效果

4.4.2 修剪图形对象

“修剪”命令可将超出图形边界的线段进行修剪。用户可以通过以下方法执行“修剪”命令。

◎ 在菜单栏中执行“修改”|“修剪”命令。

◎ 在“默认”选项卡的“修改”面板中单击“修剪”按钮。

◎ 在命令行中输入快捷命令TRIM，然后按回车键。

执行以上任意一项操作后，根据命令行的提示，先选择修剪边界线，按回车键，然后再选择要减掉的线段即可，如图4-51、图4-52、图4-53所示。

命令行提示内容如下：

```
命令: _trim
当前设置:投影=UCS，边=无
选择剪切边...
选择对象或 <全部选择|: 找到 1 个                                    （选择修剪的边界线，按回车键）
选择对象:
选择要修剪的对象或按住 Shift 键选择要延伸的对象，或者
[栏选(F)/窗交(C)/投影(P)/边(E)/删除(R)]: （选择要减掉的线段）
选择要修剪的对象，或按住 Shift 键选择要延伸的对象，或
[栏选(F)/窗交(C)/投影(P)/边(E)/删除(R)/放弃(U)]:
```

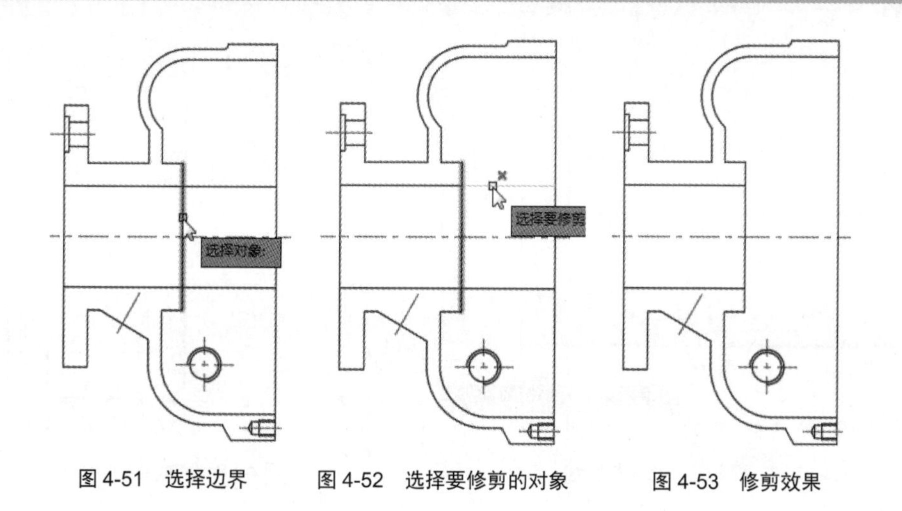

图 4-51　选择边界　　图 4-52　选择要修剪的对象　　图 4-53　修剪效果

■ 实例：绘制左堵头结合件零件的折断线

下面将利用样条曲线、复制以及修剪命令，绘制左堵头结合件的折断线。

Step01 打开素材文件，执行“样条曲线控制点”命令，在零件图左侧合适位置，先绘制一条折断线，其大小、长度适中即可，如图 4-54 所示。

Step02 执行“复制”命令，选中刚绘制的折断线，并指定复制基点，将其向左进行复制，复制位移距离为 10mm，如图 4-55 所示。按回车键完成操作。

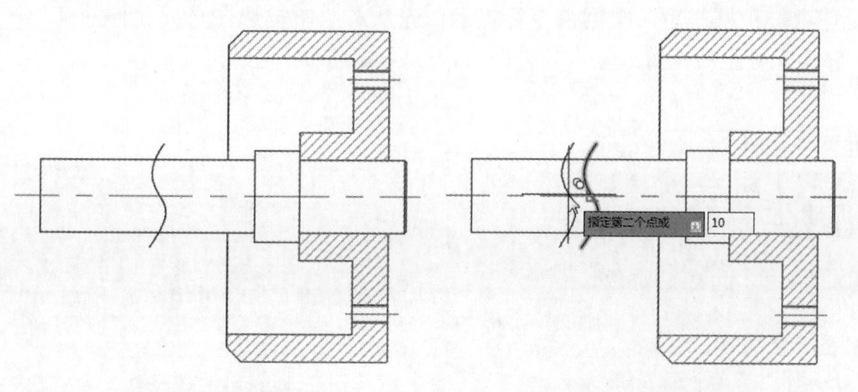

图 4-54　绘制折断线　　图 4-55　复制折断线

Step03 执行“修剪”命令，根据命令行提示，先选择两条折断线，按回车键，再选择要修剪的直线，如图 4-56 所示。

Step04 按回车键，完成修剪操作。再次执行“修剪”命令，先选择四条直线，按回车键后，再选择所有要修剪的折断线，如图 4-57 所示。按回车键完成零件图折断线的绘制操作，最终结果如图 4-58 所示。

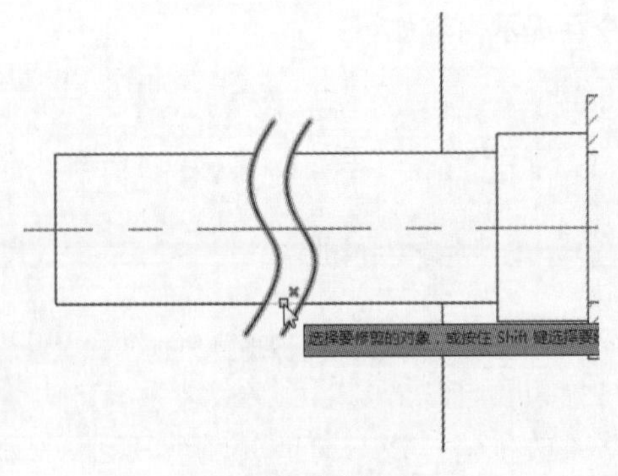

图 4-56 修剪直线

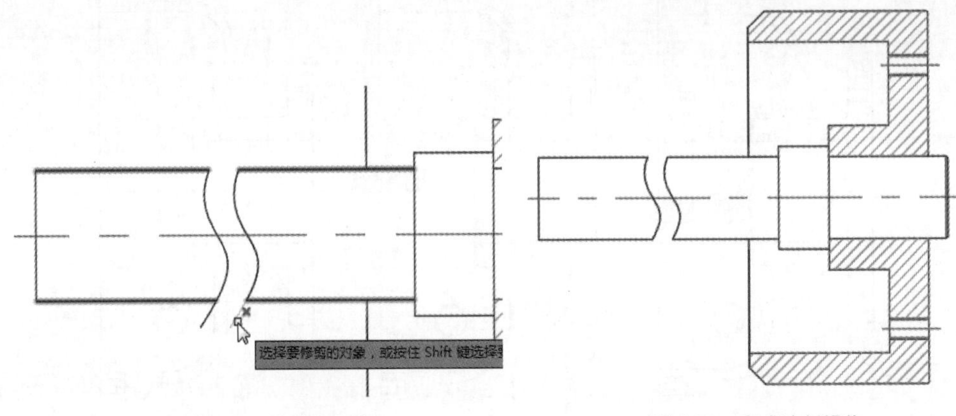

图 4-57 修剪折断线

图 4-58 完成绘制操作

■ 4.4.3 拉伸图形对象

“拉伸”命令用于拉伸窗交窗口部分包围的对象，移动完全包含在窗交窗口中的对象或单独选定的对象。其中圆、椭圆和图块无法进行拉伸操作。

用户可以通过以下方法执行“拉伸”命令。

◎ 在菜单栏中执行“修改”|“拉伸”命令。

◎ 在“默认”选项卡的“修改”面板中单击“拉伸”按钮。

◎ 在命令行中输入命令 STRETCH，然后按回车键。

执行以上任意一种操作后，根据命令行提示，先从右至左框选图形要拉伸的部位，按回车键。指定拉伸点，移动光标至新位置或输入拉伸距离，按回车键即可完成拉伸操作，如图 4-59、图 4-60、图 4-61 所示。

命令行提示内容如下：

```
命令: _stretch
以交叉窗口或交叉多边形选择要拉伸的对象...
选择对象: 指定对角点: 找到 1 个                    （窗交选择要拉伸对象的拉伸部位）
选择对象:
指定基点或 [位移(D)] <位移>:
指定第二个点或 <使用第一个点作为位移>:             （指定目标点或输入拉伸距离）
```

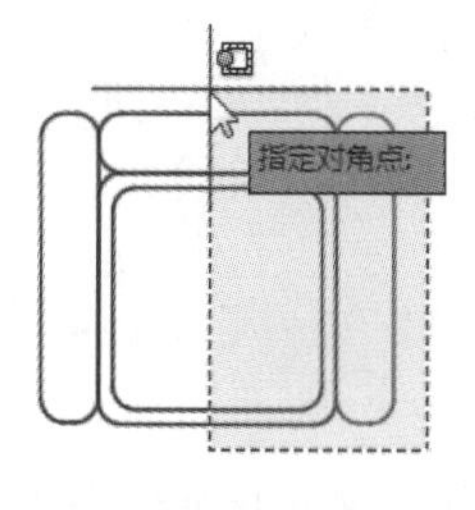

图 4-59　框选图形

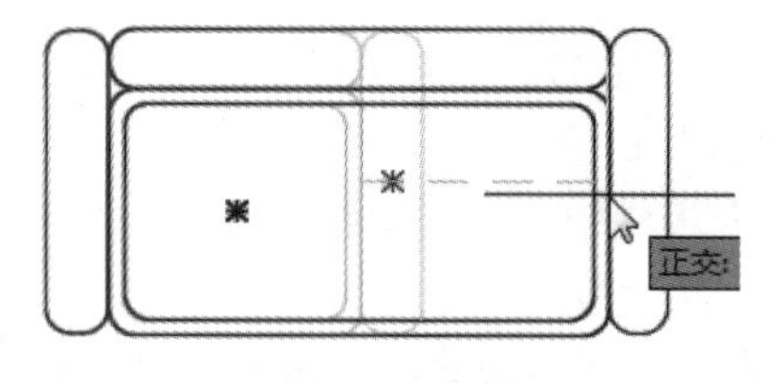

图 4-60　拉伸图形

图 4-61　拉伸结果

注意事项

在使用“拉伸”命令时，用户只能从右至左框选图形的一部分来拉伸图形。如果使用其他选取方式，将无法实现拉伸效果。

4.4.4　打断图形对象

打断图形指的是删除图形上的某一部分或将图形分成两部分。用户可以通过以下方法执行“打断”命令。

◎ 在菜单栏中选择“修改”|“打断”命令。

◎ 在“默认”选项卡的“修改”面板中单击“打断”按钮。

◎ 在命令行中输入命令 BREAK，按回车键即可。

执行以上任意一种操作后，在图形中指定两个打断点，即可完成打断操作，如图 4-62、图 4-63、图 4-64 所示。

命令行提示内容如下：

```
命令: _break
选择对象:                                    (选择对象以及确定第一个打断点)
指定第二个打断点 或 [第一点(F)]:              (指定第二个打断点)
```

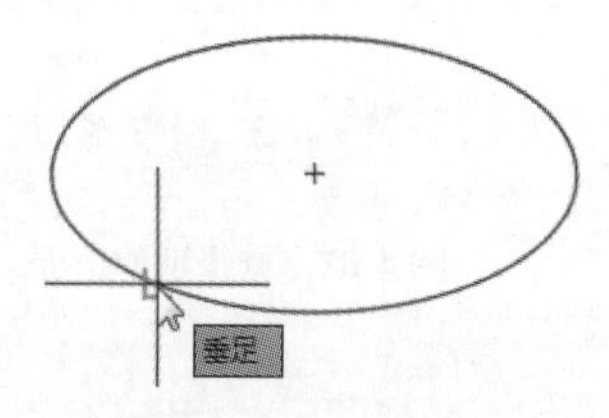

图 4-62　指定打断第 1 点

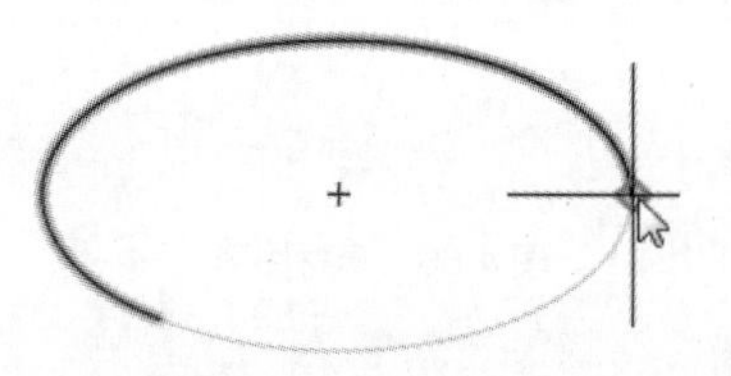
图 4-63　指定打断第 2 点

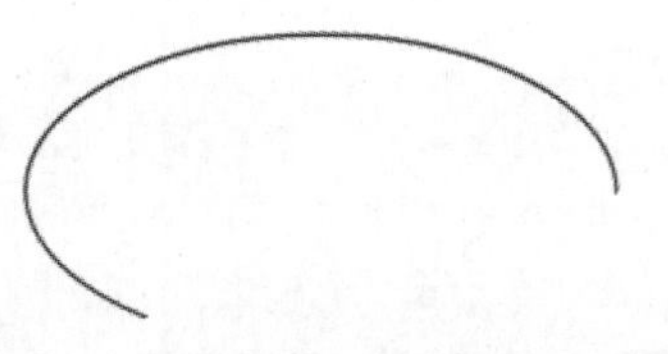
图 4-64　完成打断

知识点拨

在 AutoCAD 中打断命令有两种，一种是以上所介绍的“打断”命令，另一种是“打断于点”命令。后一种命令主要是根据指定的打断点来打断图形，也就是图形一分为二，如图 4-65 所示。需要注意的是，该命令只作用于直线、样条线和弧线等开放型的图形，闭合图形是无法打断的。

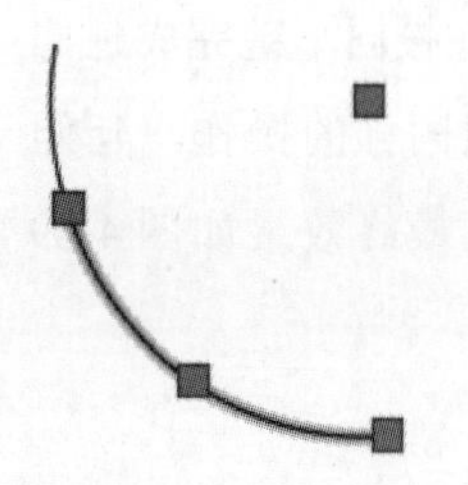
图 4-65　线段一分为二

4.4.5 延伸图形对象

延伸命令是将指定的图形对象延伸到指定的边界。通过下列方法可执行“延伸”命令。

◎ 在菜单栏中执行“修改”|“延伸”命令。

◎ 在“默认”选项卡的“修改”面板中单击“延伸”按钮--/。

◎ 在命令行中输入 EX 快捷命令，然后按回车键。

执行以上任意一种操作后，选择要延长到的边界线，按回车键，再选择需要延长的线即可。命令行提示内容如下：

```
命令: _extend
当前设置:投影=UCS，边=无
选择边界的边...
选择对象或<全部选择|: 找到 1 个                          (选择边界线，按回车键)
选择对象:
选择要延伸的对象或按住 Shift 键选择要修剪的对象，或者
[栏选(F)/窗交(C)/投影(P)/边(E)]:                        (选择要延伸的线条)
```

实例：延伸拼花图形

下面将利用延伸命令来对拼花图形进行延伸操作。

Step01 打开素材文件，如图 4-66 所示。

Step02 执行“延伸”命令，根据提示选择图形边界线，如图 4-67 所示。

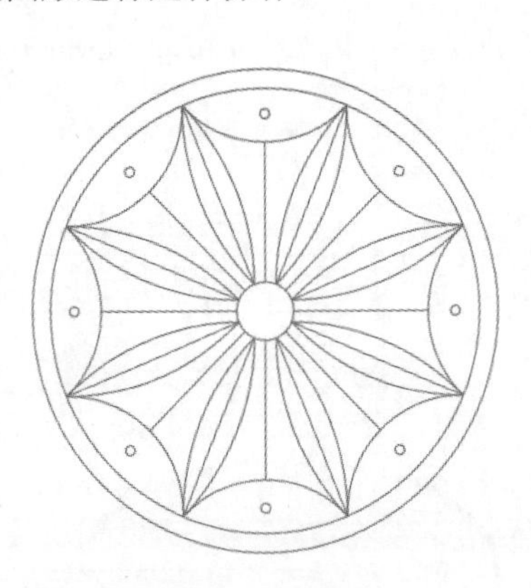

图 4-66 素材图形

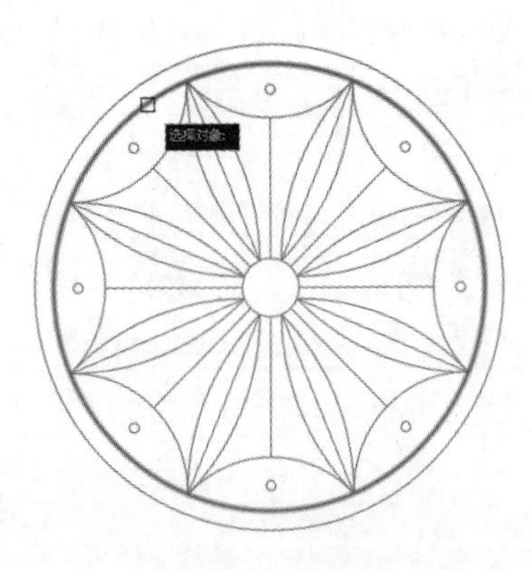

图 4-67 选择延伸边界

Step03 按回车键，再根据提示选择要延伸的线段，如图 4-68 所示。

Step04 再次按回车键完成延伸操作。按照同样的操作，延伸其他直线，最终效果如图 4-69 所示。

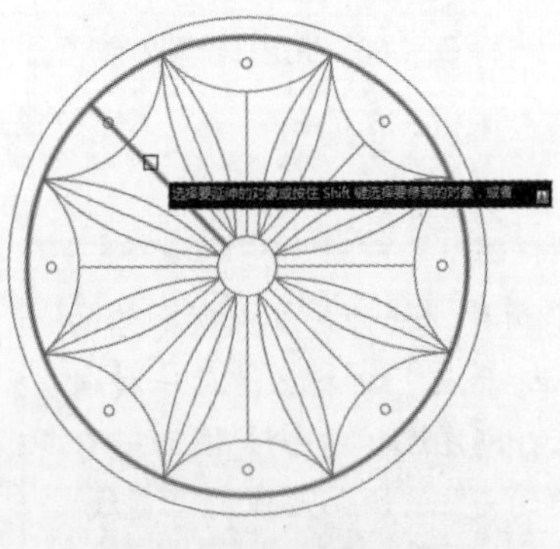

图 4-68 选择延伸对象

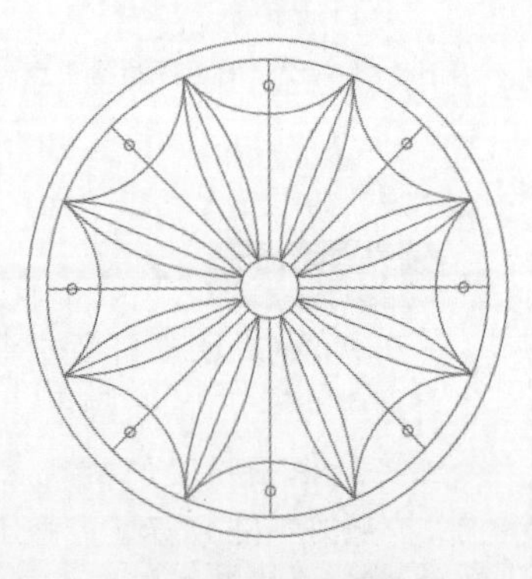

图 4-69 延伸效果

4.5 图形夹点功能的应用

选择图形后，图形的四周会出现蓝色的控制点，该控制点被称为夹点。它是一种集成的编辑模式。使用 AutoCAD 的夹点功能，可以对图形对象进行拉伸、移动、复制、缩放以及旋转等操作，如图 4-70 所示。

选择要编辑的图形，将光标移到需设置的夹点上单击，当夹点为红色显示时，单击鼠标右键，则会打开快捷菜单，从中可以选择相应的编辑工具，如图 4-71 所示。

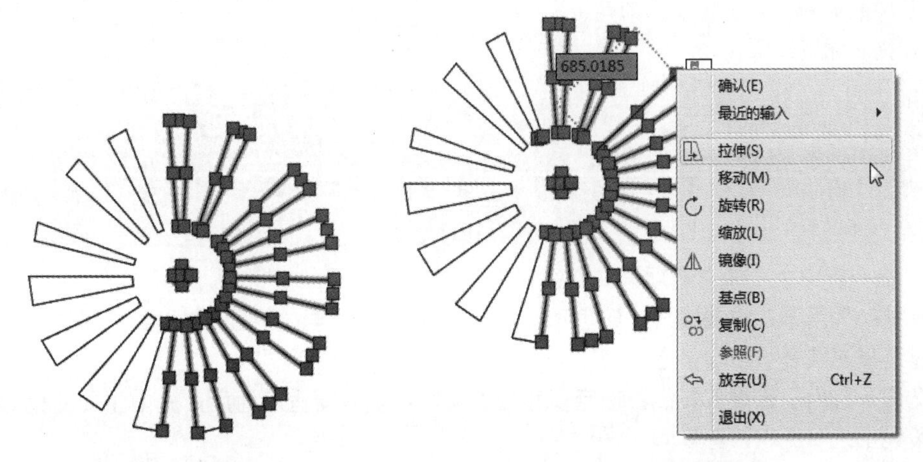

图 4-70　图形夹点　　　　图 4-71　夹点快捷菜单

通常用户可以利用夹点功能对图形进行拉伸、移动、复制、缩放和旋转操作。下面将分别对其使用方法进行简单介绍。

1. 拉伸对象

默认情况下激活夹点后，单击激活点，放开鼠标，即可对夹点进行拉伸。

2. 移动对象

可以将图形从当前位置移动到新的位置。选择要移动的图形对象，进入夹点选择状态，按回车键即可进入移动编辑模式。

3. 复制对象

可以将图形基于夹点进行复制操作。选择要复制的图形对象，将鼠标指针移动到夹点上，按回车键，即可进入复制编辑模式。

4. 缩放对象

可以将图形已被选取的夹点进行缩放，同时也可以进行多次复制。选择要缩放的图形对象，进入夹点选择状态，连续 3 次按回车键，即可进入缩放编辑模式。

5. 旋转对象

可以将图形对象围绕被选取的夹点进行旋转，还可以进行多次旋转复制。选择要旋转的图形对象，进入夹点选择状态，连续 2 次按回车键，即可进入旋转编辑模式。

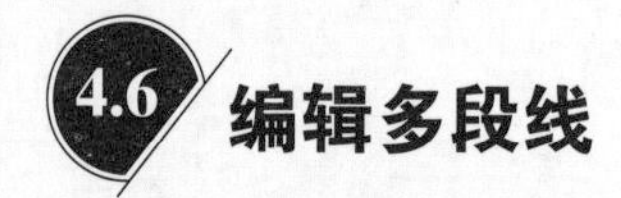

4.6 编辑多段线

多段线绘制完毕之后，若需要对其特性进行编辑，可以通过以下方法启动“编辑多段线”命令。

◎ 在菜单栏中执行“修改”|“对象”|“多段线”命令。

◎ 在“默认”选项卡的“修改”面板中单击“编辑多段线”按钮。

◎ 在命令行中输入 PE 快捷命令，然后按回车键。

执行以上任意一项操作后，用户通过命令行提示，先选择要编辑的多段线，然后选择所需编辑的选项，并按照提示内容进行操作即可。

命令行提示如下：

```
命令: _pedit
选择多段线或 [多条(M)]:                                          (选择要编辑的多段线)
输入选项 [闭合(C)/合并(J)/宽度(W)/编辑顶点(E)/拟合(F)/样条曲线(S)/非曲线化(D)/线型生成(L)/反转(R)/
放弃(U)]:                                                         (选择编辑选项)
```

其中，命令行中主要编辑选项含义介绍如下。

◎ 合并：只用于二维多段线，该选项可把其他圆弧、直线、多段线连接到已有的多段线上，不过连接端点必须精确重合。

◎ 宽度：只用于二维多段线，指定多段线宽度。当输入新宽度值后，先前生成的宽度不同的多段线都统一使用该宽度值。

◎ 编辑顶点：用于提供一组子选项，使用户能够编辑顶点和与顶点相邻的线段。

◎ 拟合：用于创建圆弧拟合多段线（即由圆弧连接每对顶点），该曲线将通过多段线的所有顶点并使用指定的切线方向。

◎ 样条曲线：可生成由多段线顶点控制的样条曲线，所生成的多段线并不一定通过这些顶点，样条类型分辨率由系统变量控制。

◎ 非曲线化：用于取消拟合或样条曲线，回到初始状态。

◎ 线型生成：可控制非连续线型多段线顶点处的线型。如“线型生成”为关，在多段线顶点处将采用连续线型，否则在多段线顶点处将采用多段线自身的非连续线型。

◎ 反转：用于反转多段线。

4.7 删除图形

在绘制图形时，经常需要删除一些辅助或错误的图形。用户可以通过以下方法执行“删除”命令。

◎ 在菜单栏中执行“修改”|“删除”命令。

◎ 在“默认”选项卡的“修改”面板中单击“删除”按钮。

◎ 在命令行中输入命令 ERASE，然后按回车键。

◎ 选中图形，直接按 Delete 键删除。

注意事项

在命令行中输入 OOPS 命令，可以启动恢复删除命令，但只能恢复最后一次利用“删除”命令删除的对象。

课堂实战：绘制景观亭平面图

下面将利用所学的知识来绘制景观亭平面图，其中所运用到编辑命令主要有偏移、修剪、复制、旋转等。具体操作过程介绍如下。

Step01 执行“矩形”命令，绘制一个长3600mm、宽3600mm的矩形，如图4-72所示。

Step02 执行“偏移”命令，将偏移距离依次设为150mm和300mm，将矩形向内进行偏移，完成亭子基座的绘制，结果如图4-73所示。

命令行提示如下：

```
命令: _offset
当前设置: 删除源=否  图层=源  OFFSETGAPTYPE=0
指定偏移距离或 [通过(T)/删除(E)/图层(L)] <通过>: 150                （输入偏移距离）
选择要偏移的对象，或 [退出(E)/放弃(U)] <退出>:                      （选择矩形）
指定要偏移的那一侧上的点，或 [退出(E)/多个(M)/放弃(U)] <退出>:（指定矩形内一点）
选择要偏移的对象，或 [退出(E)/放弃(U)] <退出>:                      （按回车键）
命令:
OFFSET
当前设置: 删除源=否  图层=源  OFFSETGAPTYPE=0
指定偏移距离或 [通过(T)/删除(E)/图层(L)] <150.0000>: 300           （输入偏移距离）
选择要偏移的对象，或 [退出(E)/放弃(U)] <退出>:                      （选择偏移后的矩形）
指定要偏移的那一侧上的点，或 [退出(E)/多个(M)/放弃(U)] <退出>:（指定矩形内一点）
选择要偏移的对象，或 [退出(E)/放弃(U)] <退出>: *取消*
```

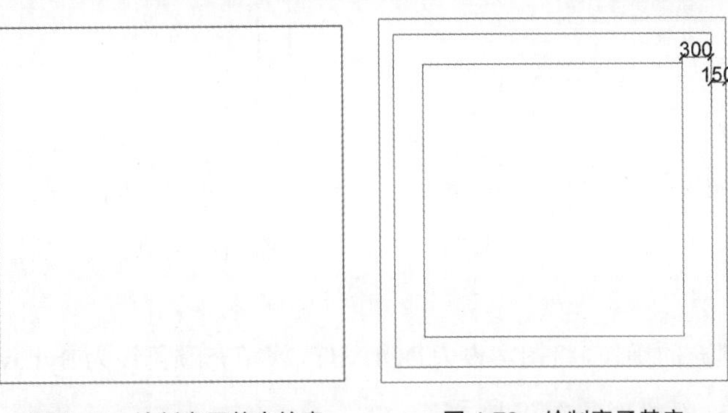

图4-72　绘制亭子基座轮廓　　　　图4-73　绘制亭子基座

ACAA课堂笔记

Step03 执行“直线”命令，在最小的矩形中，绘制两条相交的直线段，作为亭顶图形，如图 4-74 所示。

Step04 执行“图案填充”命令，在“图案填充创建”选项卡的“图案”面板中，选择满意的填充图案，这里选择“AR-B88”图案选项，如图 4-75 所示。

图 4-74　绘制亭顶线段

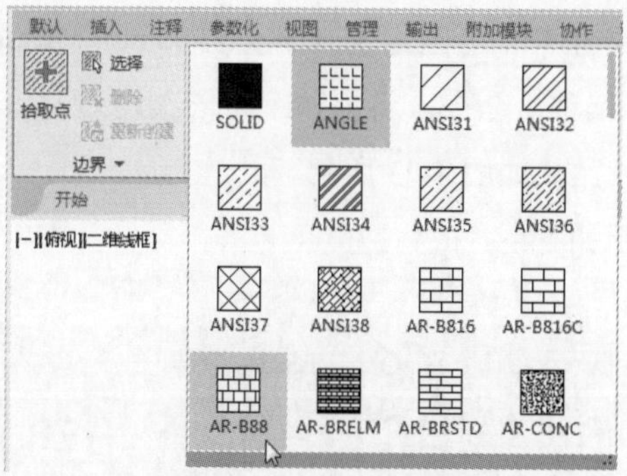

图 4-75　选择填充图案

Step05 在“特性”面板中，将填充颜色设为 8，将填充角度设为 90，如图 4-76 所示。

Step06 设置完成后，拾取如图 4-77 所示的图形区域，完成填充操作。

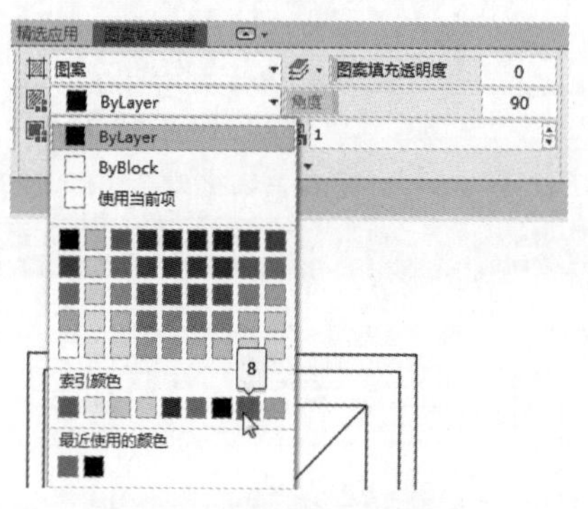

图 4-76　设置填充颜色和角度

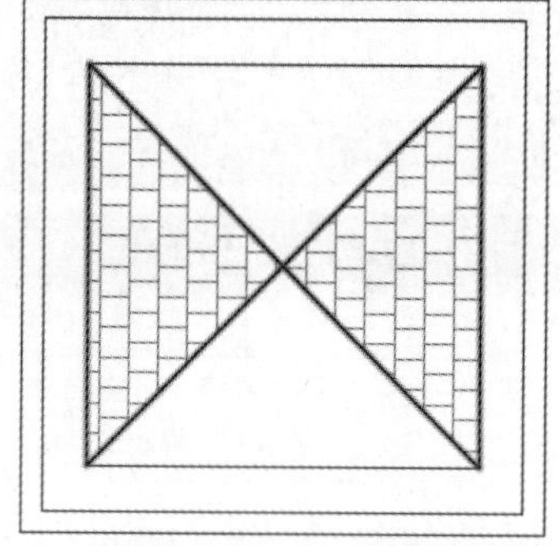

图 4-77　拾取填充区域

Step07 再次执行“图案填充”命令，拾取如图 4-78 所示的图形区域，在“特性”面板中，将填充角度设为 0。

Step08 按照以上图案填充的操作，将图案设为 DOLMIT，将填充颜色设为 ByLayer，将填充比例设为 6，选择基座图形将其填充，结果如图 4-79 所示。

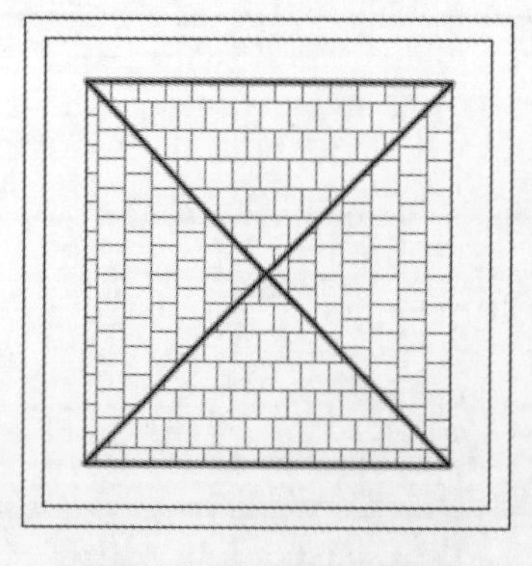

图 4-78　填充亭顶剩余区域

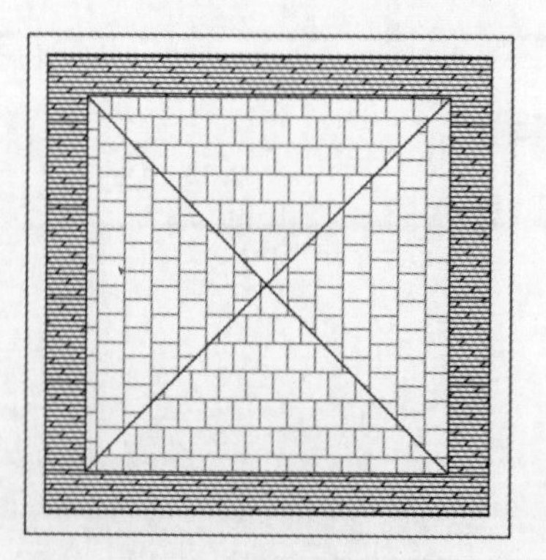

图 4-79　填充基座图形

Step09 执行“多段线”命令，绘制如图 4-80 所示的线段，完成台阶轮廓线的绘制。

Step10 执行“偏移”命令，将刚绘制的台阶轮廓线向内依次偏移 300mm 和 300mm，结果如图 4-81 所示。

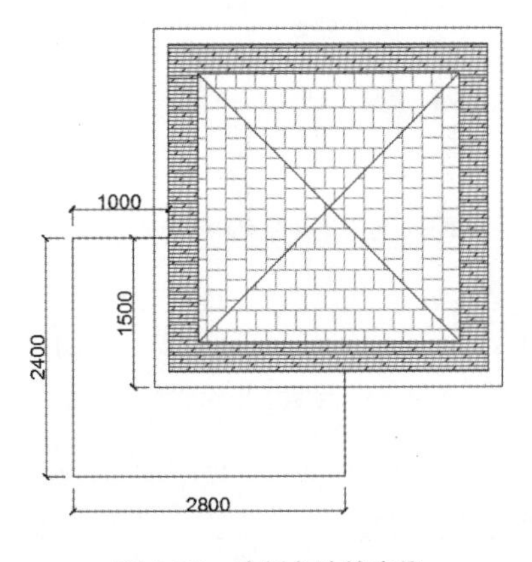

图 4-80 绘制台阶轮廓线

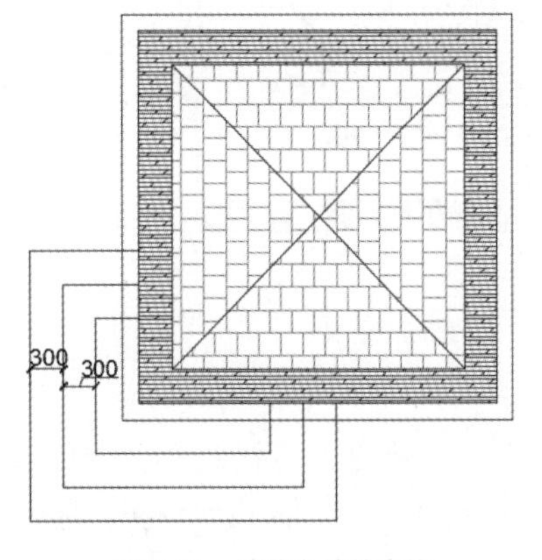

图 4-81 偏移台阶轮廓线

Step11 执行“直线”命令，绘制台阶转折线，如图 4-82 所示。

Step12 执行“修剪”命令，根据命令行中的提示，先选择最外侧多段线，按回车键，再选择亭子基座边缘线，如图 4-83 所示。

命令行提示如下：

```
命令: _trim
当前设置:投影=UCS，边=无
选择剪切边...
选择对象或 <全部选择>: 找到 1 个                    （选择多段线，按回车键）
选择对象:
选择要修剪的对象或按住 Shift 键选择要延伸的对象，或者
[栏选(F)/窗交(C)/投影(P)/边(E)/删除(R)]:            （选择亭子基座边缘线）
选择要修剪的对象，或按住 Shift 键选择要延伸的对象，或
[栏选(F)/窗交(C)/投影(P)/边(E)/删除(R)/放弃(U)]: *取消*
```

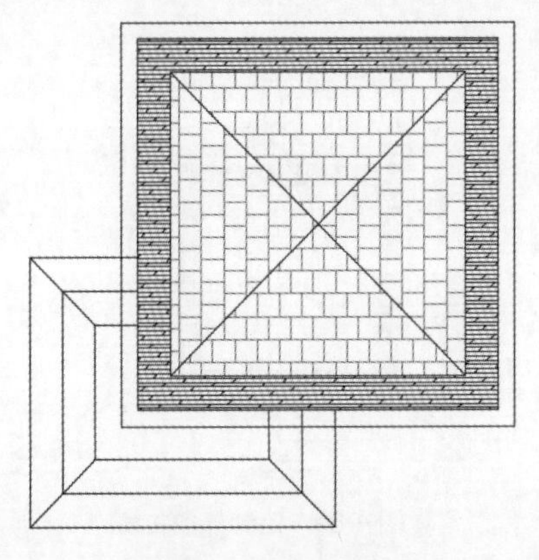

图 4-82 绘制转折线

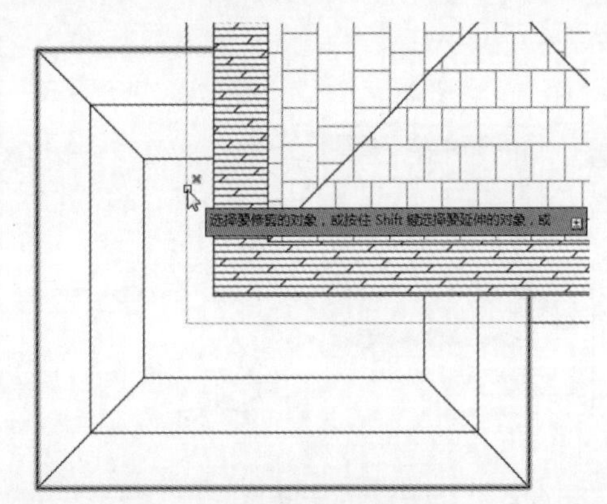

图 4-83 修剪线段

Step13 选择后，即可完成图形的修剪操作，如图 4-84 所示。

Step14 执行“样条曲线”命令，在图形合适位置，绘制水路轮廓线，结果如图 4-85 所示。

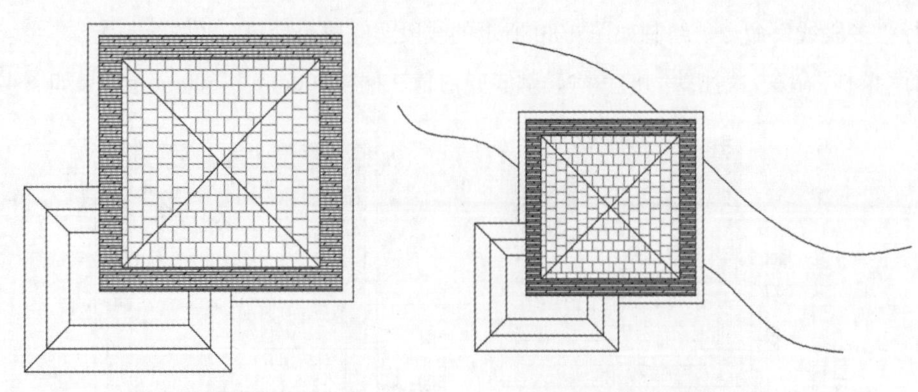

图 4-84　修剪结果　　图 4-85　绘制水路轮廓线

Step15 执行“多段线”命令，绘制大小不同的石块图形，如图 4-86 所示。

Step16 执行“复制”命令，将石块图形沿着水路轮廓进行复制，并单击“旋转”命令，将石块适当进行旋转操作，结果如图 4-87 所示。

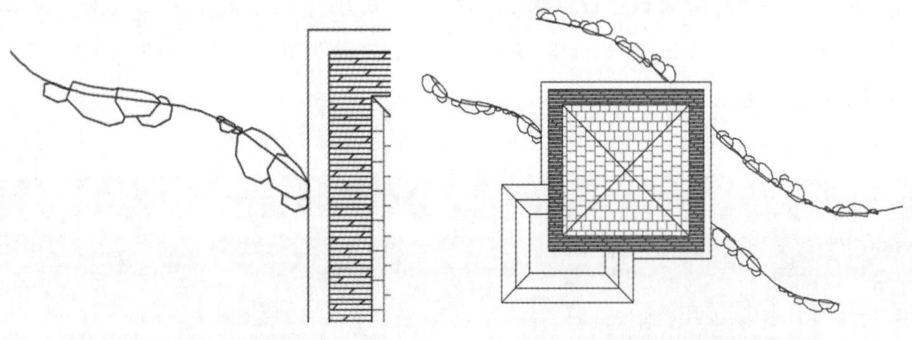

图 4-86　绘制石块轮廓图形　　图 4-87　复制旋转石块图形

Step17 执行“缩放”命令，将石块图形适当进行缩放操作，缩放比例适中即可。其后执行“修剪”命令，对样条线条进行修剪，结果如图 4-88 所示。

Step18 执行“样条曲线”命令，绘制如图 4-89 所示的图形。

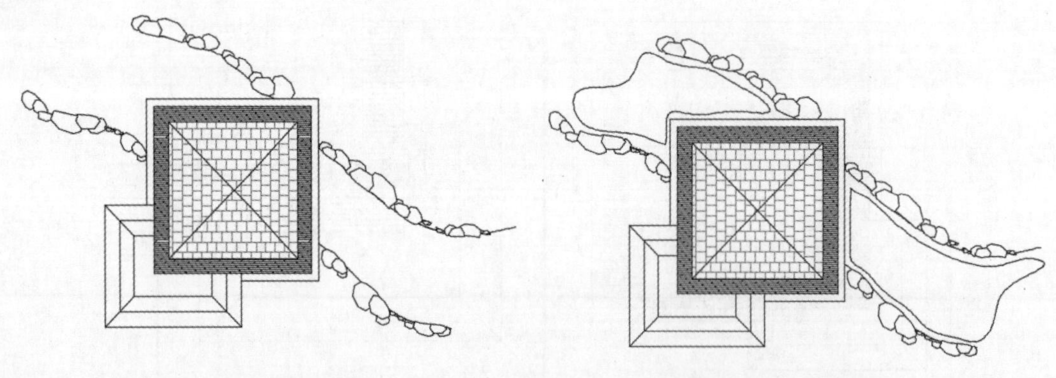

图 4-88　缩放并修剪石块图形　　图 4-89　绘制样条曲线

Step19 执行“图案填充”命令，在“图案填充创建”选项卡的“图案”列表中，选择“GOST_WOOD”图案选项，在“特性”面板中，将颜色设为淡灰色，将图案填充角度设为 90，将填充比例设为 150，如图 4-90 所示。

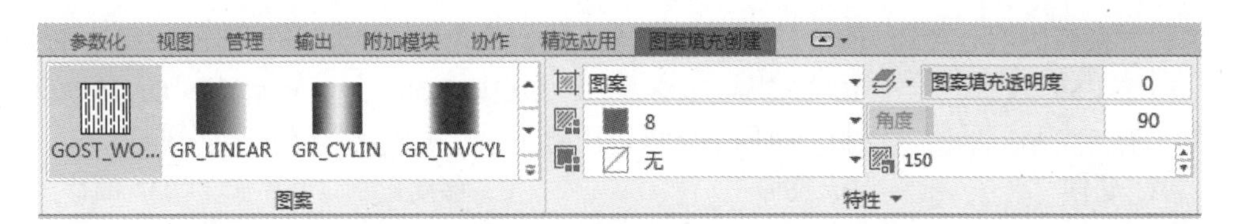

图 4-90　设置填充图案

Step20 设置完成后，拾取刚绘制的样条曲线区域，完成水路填充操作。删除多余的样条曲线。至此景观亭平面图绘制完毕，最终效果如图 4-91 所示。

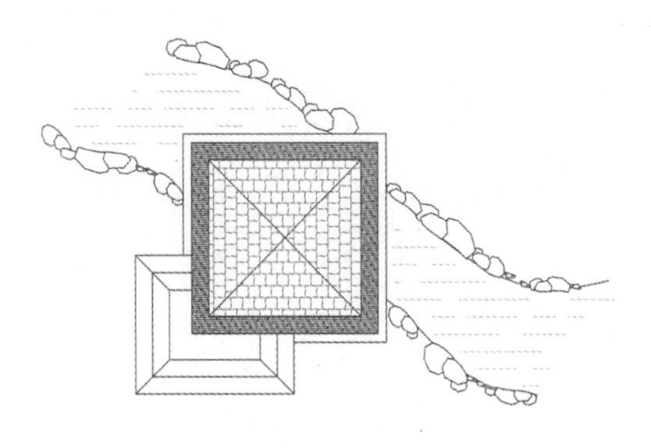

图 4-91　最终效果

课后作业

为了让用户能够更好地掌握本章所学的知识内容，下面将安排一些 Autodesk 认证考试的参考试题，让用户可以对所学的知识进行巩固和练习。

一、填空题

（1）如果需要选择大量具有某些相同特性的图形对象，可通过“______”功能进行选择操作。

（2）执行“偏移”命令后，在命令行中先______，按回车键，再选择______，然后指定______上任意一点即可。

（3）执行“拉伸”操作后，先______框选图形要拉伸的部位，按回车键，指定好拉伸点，移动光标至新位置或输入拉伸距离，按回车键即可完成拉伸操作。

二、选择题

（1）在进行打断操作时，系统要求指定第二打断点，这时输入了 @，然后回车结束，其结果是（　）。

A. 在第一打断点处将对象一分为二，打断距离为零

B. 没有实现打断

C. 从第一打断点处将对象另一部分删除

D. 系统要求指定第二打断点

（2）在对图形进行复制时，给定了图形位置的基点坐标为（80,120），系统要求给定第二点时输入 @，回车结束，那么复制后的图形所处位置是（　）。

A. 0,0　　　　B. -90,-70

C. 复制出的图形与原图形重合　　　　D. 没有复制出新图形

（3）已知圆弧的圆心（50,50），起点坐标（100,80），角度 90°，该圆弧的长度是（　）。

A. 91.59　　B. 75.36　　C. 87.58　　D. 75.16

（4）已有一个画好的圆，绘制一组同心圆可以用哪个命令来实现？（　）

A. 延伸　　B. 拉伸　　C. 移动　　D. 偏移

三、操作题

（1）绘制法兰盘图形。

本实例将综合利用二维绘图和编辑工具，绘制出法兰盘俯视图，参考如图 4-92 所示。

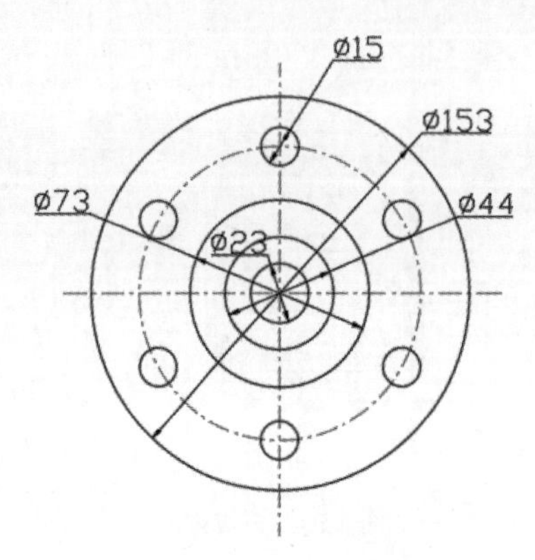

图 4-92　绘制法兰盘俯视图

操作提示：

Step01 执行“圆”和“偏移”命令，绘制 1 个同心圆及 1 个圆孔。

Step02 执行“环形阵列”命令，以同心圆的圆心为阵列中心，阵列出 6 个圆孔。

（2）绘制中式窗格。

本实例将综合利用二维绘图和编辑工具，绘制出中式窗格图形，参考如图 4-93 所示。

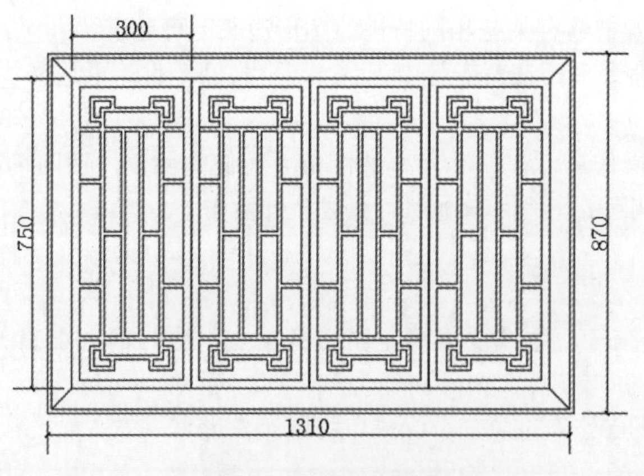

图 4-93　绘制中式窗格

操作提示：

Step01 执行“矩形”“偏移”“修剪”等命令，绘制出窗框及一个窗格。

Step02 执行“复制”命令，复制出其他 3 个窗格图形。

第5章 图块及设计中心

内容导读

在 AutoCAD 中，图块是一项非常实用的功能。它可以将一些常用的图形以组合块的形式来显示，并可以重复、批量使用。还可以将已有的图形文件以参照的形式插入到当前图形中。本章将向读者重点介绍图块功能的运用，其中包括图块的创建、插入、图块的编辑与管理等。

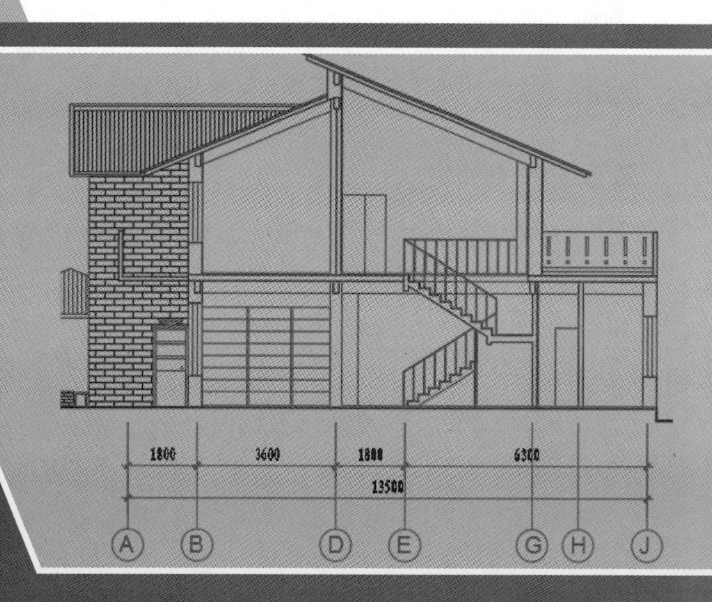

学习目标

- 创建块、插入块
- 存储块
- 编辑与管理块属性
- 设计中心的使用

图块的概念和特点

块是一个或多个对象形成的对象集合。当生成块时，可以将处于不同图层上的具有不同颜色、线型和线宽的对象定义为块，使块中的对象仍保持原来的图层和特性信息。

在 AutoCAD 中，使用图块具有如下优点。

◎ 提高绘图速度：将图形转化为图块后，用户可以重复、批量地使用它，简化了制图工作，提高了制图效率。

◎ 节省存储空间：图纸中绘制的每一个图形都会占据一定的存储空间。如果将相同的图形定义成一个块，并直接插入到图中，这样则会节省存储空间。

◎ 便于修改图形：设计图纸往往不是一次成型的，需要经过反复的修改。例如在建筑图纸中要修改标高符号的尺寸，就可以使用创建属性块的方法进行操作。这样可将原来的标高符号以属性块的方法插入，并对其尺寸进行修改。

创建与编辑图块

创建块首先要绘制组成块的图形对象，然后用块命令对其定义，这样在以后的工作中便可以重复使用该块了。下面将介绍图块的创建与编辑操作。

■ 5.2.1 创建块

内部图块是跟随定义它的图形文件一起保存的，存储在图形文件内部，因此只能在当前图形文件中调用，而不能在其他图形中调用。

用户可以通过以下方法来创建图块。

◎ 在菜单栏中执行“绘图”|“块”|“创建”命令。

◎ 在“默认”选项卡的“块”面板中单击“创建”按钮。

◎ 在“插入”选项卡的“块定义”面板中单击“创建块”按钮。

◎ 在命令行中输入命令 BLOCK，然后按回车键。

执行以上任意一种操作后，即可打开“块定义”对话框，如图 5-1 所示。在该对话框中进行相关的设置，即可将图形对象创建成块。

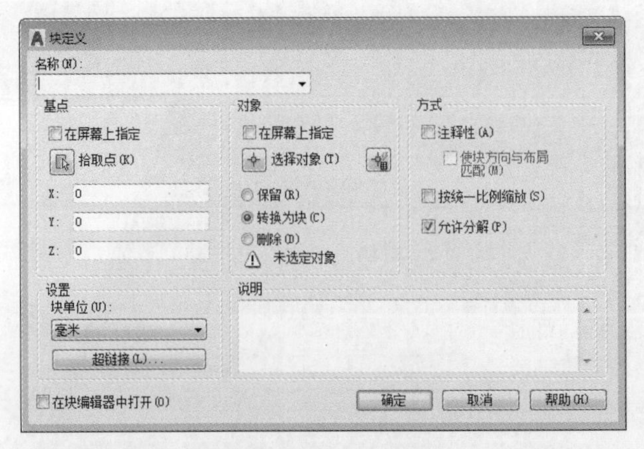

图 5-1 “块定义”对话框

该对话框中一些主要选项的含义介绍如下。

◎ 基点：该选项组中的选项用于指定图块的插入基点。系统默认图块的插入基点值为（0,0,0），用户可直接在 X、Y 和 Z 数值框中输入坐标相对应的数值，也可以单击“拾取点”按钮，切换到绘图区中指定基点。

◎ 对象：该选项组中的选项用于指定新块中要包含的对象，以及创建块之后如何处理这些对象，是保留还是删除选定的对象，或者是将它们转换成块实例。

◎ 方式：该选项组中的选项用于设置插入后的图块是否允许被分解、是否统一比例缩放等。

◎ 在块编辑器中打开：选中该复选框，当创建图块后，进入“块编辑器”窗口中进行“参数”“参数集”等选项的设置。

■ 实例：创建吉他图块

下面将利用创建块命令，将吉他图形创建成块。具体操作如下。

Step01 打开素材文件，执行“绘图” | “块” | “创建”命令，打开“块定义”对话框，在对话框中单击“选择对象”按钮，如图 5-2 所示。

Step02 在绘图区中框选吉他图形，如图 5-3 所示。

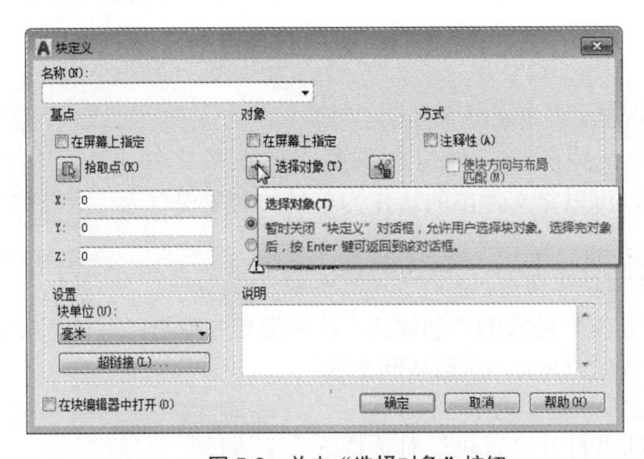

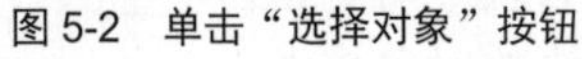
图 5-2　单击“选择对象”按钮

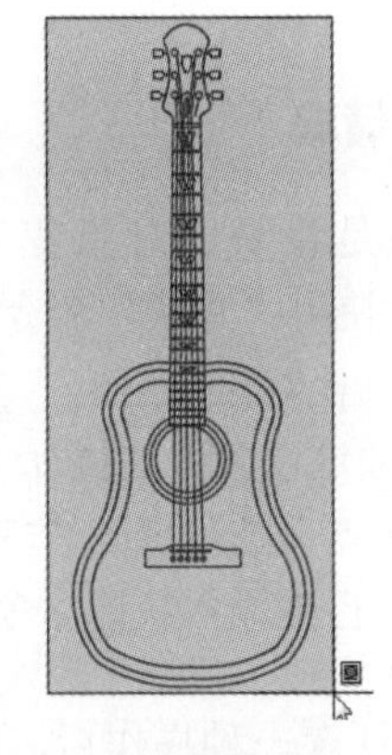
图 5-3　选取对象

Step03 按回车键返回至“块定义”对话框，然后单击“拾取点”按钮，如图 5-4 所示。

Step04 在绘图窗口中指定吉他图形的一点作为块的基点，如图 5-5 所示。

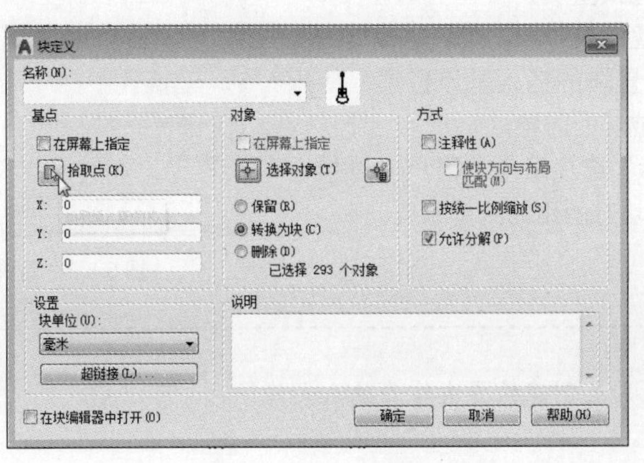

图 5-4　单击“拾取点”按钮

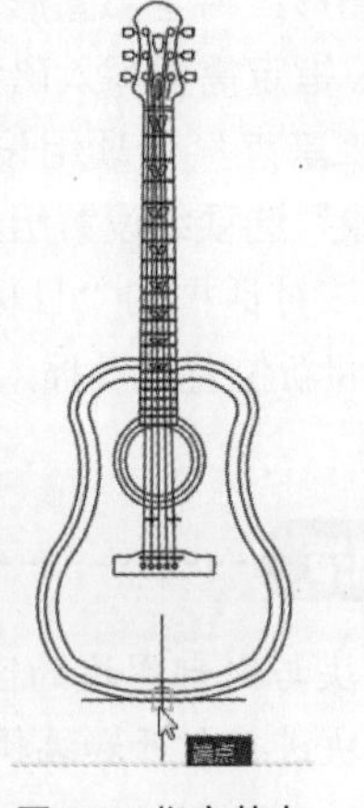

图 5-5　指定基点

Step05 单击“确定”按钮后即可返回到对话框，输入块名称，如图 5-6 所示。

Step06 单击“确定”按钮关闭对话框，完成图块的创建。选择创建好的图块并将鼠标放置在图块上，会看到“块参照”的提示，如图 5-7 所示。

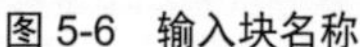
图 5-6　输入块名称

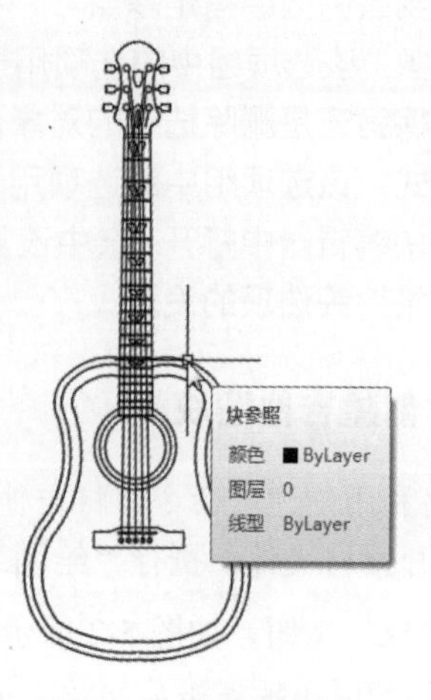

图 5-7　完成图块的创建

5.2.2　存储块

存储图块是将块、对象或者某些图形文件保存到独立的图形文件中，又称为外部块。在 AutoCAD 中，使用“写块”命令，可以将文件中的块作为单独的对象保存为一个新文件，被保存的新文件可以被其他对象使用。

用户可以通过以下方法执行“写块”命令。

◎ 在“插入”选项卡的“块定义”面板的“创建快”下拉菜单中单击“写块”按钮。

◎ 在命令行中输入快捷命令 WBLOCK，然后按回车键。

执行以上任意一种操作后，即可打开“写块”对话框，如图 5-8 所示。在该对话框中可以设置组成块的对象来源，其主要选项的含义介绍如下。

◎ 块：将创建好的块写入磁盘。

◎ 整个图形：将全部图形写入图块。

◎ 对象：指定需要写入磁盘的块对象，用户可根据需要使用“基点”选项组设置块的插入基点位置；使用“对象”选项组设置组成块的对象。

此外，在该对话框的“目标”选项组中，用户可以指定文件的新名称和新位置以及插入块时所用的测量单位。

图 5-8　“写块”对话框

知识点拨

外部图块与内部图块的区别是创建的图块作为独立文件保存，可以插入到任何图形中去，并可以对图块进行打开和编辑。

■ 5.2.3 插入块

当图形被定义为块后，可使用“插入”命令直接将图块插入到图形中。插入块时可以一次插入一个，也可一次插入呈矩形阵列排列的多个块参照。

用户可以通过以下方法执行块的“插入”命令。

◎ 执行“插入”|“块”命令。

◎ 在“默认”选项卡的“块”面板中单击“插入”按钮。

◎ 在“插入”选项卡的“块”面板中单击“插入”按钮。

◎ 在命令行中输入快捷命令 BLOCKSPALETTE，然后按回车键。

执行以上任意一种操作后，即可打开“块”选项板，用户可以通过“当前图形”“最近使用”“其他图形”三个选项卡访问图块，如图 5-9 所示。

◎ “当前图形”选项卡：该选项卡将当前图形中的所有块定义显示为图标或列表。

◎ “最近使用”选项卡：该选项卡显示所有最近插入的块，而不管当前图形为何。选项卡中的图块可以删除。

◎ “其他图形”选项卡：该选项卡提供了一种导航到文件夹的方法（也可以从其中选择图形作为块插入，或从这些图形定义的块中进行选择）。

选项卡顶部包含多个控件，包括图块名称过滤器以及“缩略图大小和列表样式”选项等。选项卡底部则是“插入选项”参数设置面板，包括插入点、插入比例、旋转角度、重复放置、分解等选项。

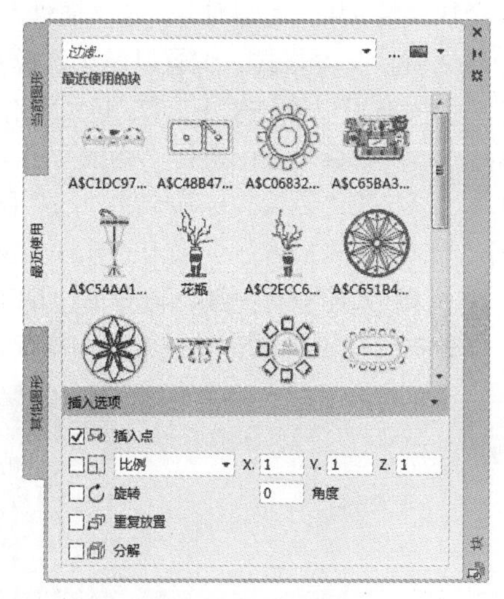

图 5-9 “块”选项板

5.3 编辑与管理块属性

在 AutoCAD 中，除了可以创建普通的块，还可以创建带有附加信息的块，这些信息被称为属性。块的属性是块的组成部分，是包含在块定义中的文字对象。用户利用属性来跟踪类似于零件数量和价格等信息的数据，属性值既可以是可变的，也可以是不可变的。

■ 5.3.1 块属性的特点

用户可以在图形绘制完成后，调用 ATTEXT 命令将块属性数据从图形中提取出来，并将这些数据写入到一个文件中，这样就可以从图形数据库文件中获取数据信息。

属性块具有如下特点。

◎ 块属性由属性标记名和属性值两部分组成。如可以把 Name 定义为属性标记名，而具体的姓名 Mat 就是属性值，即属性。

◎ 定义块前，应先定义该块的每个属性，即规定每个属性的标记名、属性提示、属性默认值、属性的显示格式（可见或不可见）及属性在图中的位置等。一旦定义了属性，该属性以其标记名将在图中显示出来，并保存有关的信息。

◎ 定义块时，应将图形对象和表示属性定义的属性标记名一起用来定义块对象。

◎ 插入有属性的块时，系统将提示用户输入需要的属性值。插入块后，属性用它的值表示。因此，同一个块在不同点插入时，可以有不同的属性值。如果属性值在属性定义时规定为常量，系统将不再询问它的属性值。

◎ 插入块后，用户可以改变属性的显示可见性，修改属性，把属性单独提取出来写入文件以统计、制表使用，还可以与其他高级语言或数据库进行数据通信。

5.3.2 创建并使用带有属性的块

属性块由图形对象和属性对象组成。对块增加属性，就是使块中的指定内容可以变化。要创建一个块属性，用户可以使用“定义属性”命令，先建立一个属性定义来描述属性特征，包括标记、提示符、属性值、文本格式、位置以及可选模式等。

用户可以通过以下方法执行“定义属性”命令。

◎ 在菜单栏中执行“绘图”|“块”|“定义属性”命令。

◎ 在“默认”选项卡的“块”面板中单击“定义属性”按钮。

◎ 在“插入”选项卡的“块定义”面板中单击“定义属性”按钮。

◎ 在命令行中输入命令 ATTDEF，然后按回车键。

执行以上任意一种操作后，系统将自动打开“属性定义”对话框，如图 5-10 所示。

图 5-10 “属性定义”对话框

该对话框中各选项的含义介绍如下。

1. 模式

“模式”选项组用于在图形中插入块时，设定与块关联的属性值选项。

◎ 不可见：指定插入块时不显示或打印属性值。

◎ 固定：在插入块时赋予属性固定值。勾选该复选框，插入块时属性值不发生变化。

◎ 验证：插入块时提示验证属性值是否正确。勾选该复选框，插入块时系统将提示用户验证所输入的属性值是否正确。

◎ 预设：插入包含预设属性值的块时，将属性设定为默认值。勾选该复选框，插入块时，系统将把“默认”文本框中输入的默认值自动设置为实际属性值，不再要求用户输入新值。

◎ 锁定位置：锁定块参照中属性的位置。解锁后，属性可以相对于使用夹点编辑的块的其他部分移动，并且可以调整多行文字属性的大小。

◎ 多行：指定属性值可以包含多行文字。选定此选项后，可以指定属性的边界宽度。

2. 属性

“属性”选项组用于设定属性数据。

◎ 标记：标识图形中每次出现的属性。

◎ 提示：指定在插入包含该属性定义的块时显示的提示。如果不输入提示，属性标记将用作提示。如果在“模式”选项组选择“固定”模式，“提示”选项将不可用。

◎ 默认：指定默认属性值。单击后面的“插入字段”按钮，显示“字段”对话框，可以插入一个字段作为属性的全部或部分值；选定“多行”模式后，显示“多行编辑器”按钮，单击此按钮将弹出具有“文字格式”工具栏和标尺的在位文字编辑器。

3. 插入点

“插入点”选项组用于指定属性位置。输入坐标值或者勾选“在屏幕上指定”复选框，并使用定点设备根据与属性关联的对象指定属性的位置。

4. 文字设置

“文字设置”选项组用于设定属性文字的对正、样式、高度和旋转。

◎ 对正：用于设置属性文字相对于参照点的排列方式。

◎ 文字样式：指定属性文字的预定义样式，显示当前加载的文字样式。

◎ 注释性：指定属性为注释性。如果块是注释性的，则属性将与块的方向相匹配。

◎ 文字高度：指定属性文字的高度。

◎ 旋转：指定属性文字的旋转角度。

◎ 边界宽度：换行至下一行前，指定多行文字属性中一行文字的最大长度。此选项不适用于单行文字属性。

5. 在上一个属性定义下对齐

该选项用于将属性标记直接置于之前定义的属性的下面。如果之前没有创建属性定义，则此选项不可用。

5.3.3 块属性管理器

当图块中包含属性定义时，属性将作为一种特殊的文本对象一同被插入。此时即可使用“块属性管理器”工具编辑之前定义的块属性，然后使用“增强属性管理器”工具将属性标记赋予新值，使之符合相似图形对象的设置要求。

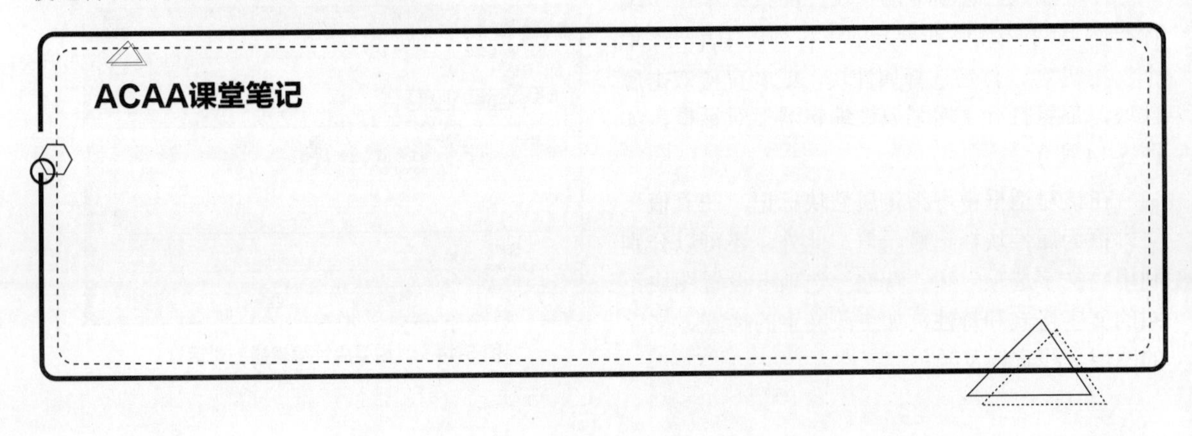

1. 块属性管理器

当编辑图形文件中多个图块的属性定义时，可以使用块属性管理器重新设置属性定义的构成、文字特性和图形特性等属性。

在“插入”选项卡的“块定义”面板中单击“管理属性”按钮，将打开“块属性管理器”对话框，如图 5-11 所示。

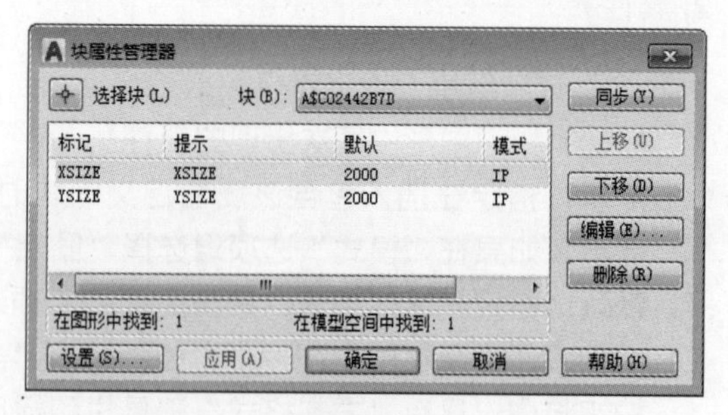

图 5-11 “块属性管理器”对话框

该对话框中各选项含义介绍如下。

◎ 块：列出具有属性的当前图形中的所有块定义。选择要修改属性的块。

◎ 属性列表：显示所选块中每个属性的特性。

◎ 同步：更新具有当前定义的属性特性的选定块的全部实例。

◎ 上移：在提示序列的早期阶段移动选定的属性标签。选定固定属性时，“上移”按钮不可用。

◎ 下移：在提示序列的后期阶段移动选定的属性标签。选定常量属性时，“下移”按钮不可使用。

◎ 编辑：可打开“编辑属性”对话框，从中可以修改属性特性，如图 5-12 所示。

◎ 删除：从块定义中删除选定的属性。

◎ 设置：打开“块属性设置”对话框，从中可以自定义“块属性管理器”对话框中属性信息的列出方式，如图 5-13 所示。

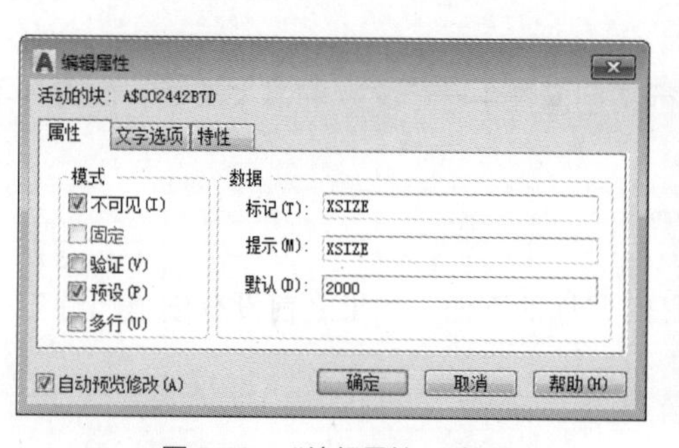

图 5-12 “编辑属性”对话框

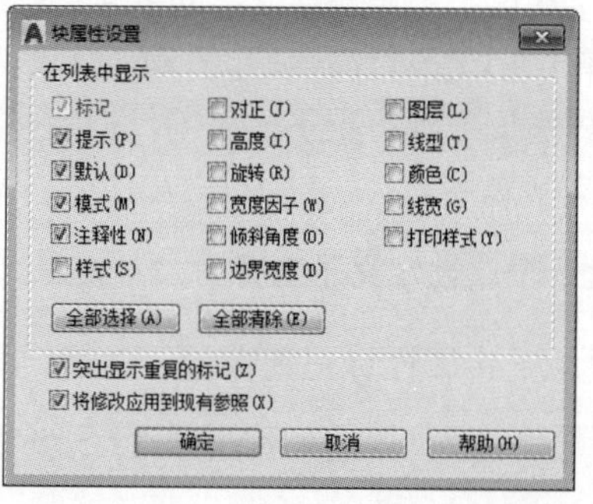

图 5-13 “块属性设置”对话框

2. 增强属性编辑器

增强属性编辑器功能主要用于编辑块中定义的标记和值属性，与块属性管理器设置方法基本相同。

在“插入”选项卡的“块”面板中单击“编辑属性”下拉按钮，在展开的下拉列表中单击“单个”按钮，然后选择属性块，或者直接双击属性块，都将打开“增强属性编辑器”对话框，如图 5-14 所示。

在该对话框中可指定属性块标记，在“值”文本框为属性块标记赋予值。此外，还可以分别利用“文字选项”和“特性”选项卡设置图块不同的文字格式和特性，如更改文字的格式、文字的图层、线宽以及颜色等属性。

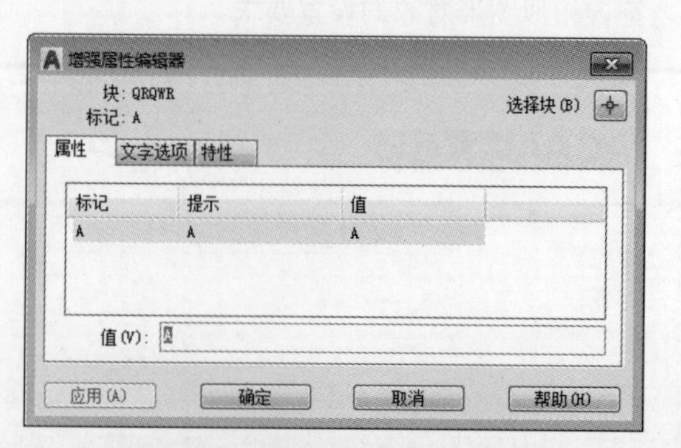

图 5-14 “增强属性编辑器”对话框

■ 实例：创建带属性的门图块

下面将利用“创建块”和“定义属性”命令，创建带属性的门图块。

Step01 执行“矩形”和“圆弧”命令，绘制一个平面门图形，尺寸如图 5-15 所示。

Step02 执行“绘图”|“块”|“定义属性”命令，打开“属性定义”对话框，设置各项属性值，如图 5-16 所示。

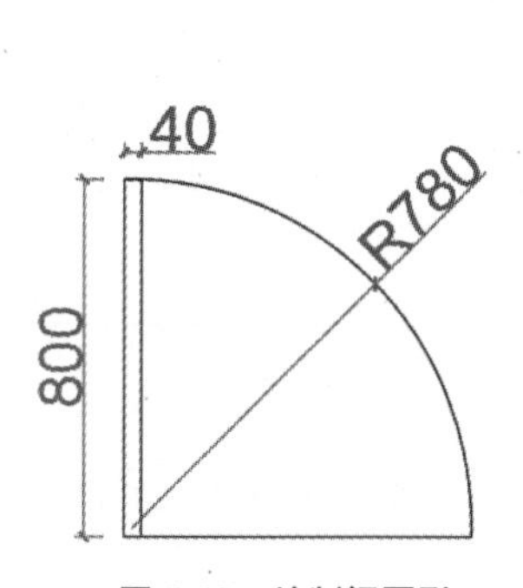

图 5-15　绘制门图形

图 5-16　设置属性参数

Step03 设置完成后，在绘图区中指定文字属性插入点，如图 5-17 所示。

Step04 在“块定义”面板单击“写块”按钮，打开“写块”对话框，单击“选择对象”按钮，在绘图区中选择门图形，按回车键，返回到对话框，单击“拾取点”按钮，指定图块的插入点，如图 5-18 所示。

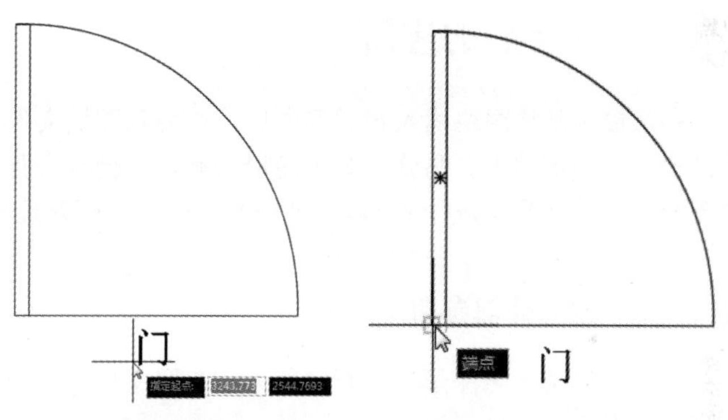

图 5-17　指定文字属性插入点　　图 5-18　指定图块插入点

Step05 在“写块”对话框，设置目标的文件名和路径，单击“确定”按钮即可，如图 5-19 所示。

Step06 在“块”面板中单击“插入”按钮，在打开的列表中选择“最近使用的块”选项，打开“块”选项板，将创建的门图块插入绘图区中，如图 5-20 所示。

图 5-19　“写块”设置

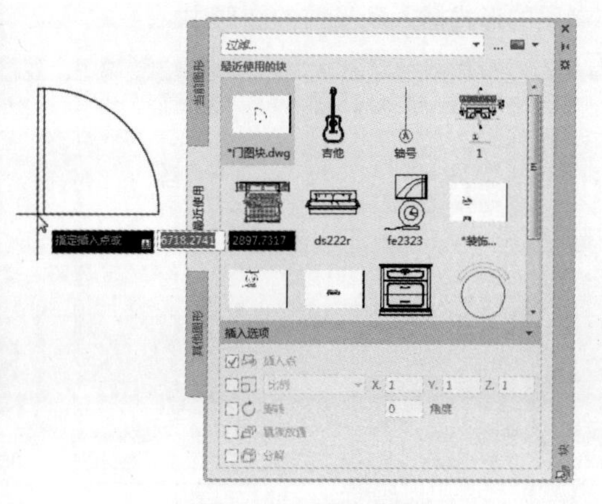

图 5-20　插入属性图块

Step07 在打开的“编辑属性”对话框中输入属性信息，如图 5-21 所示。

Step08 设置完成后，单击“确定”按钮。此时在插入的门图块下方将会显示相关文字信息，如图 5-22 所示。

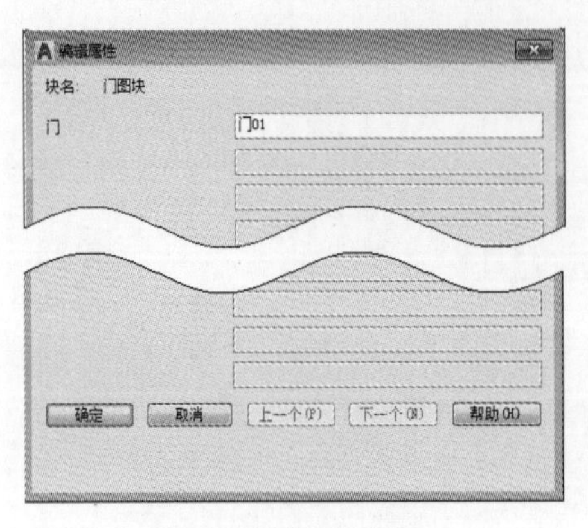

图 5-21　输入属性信息

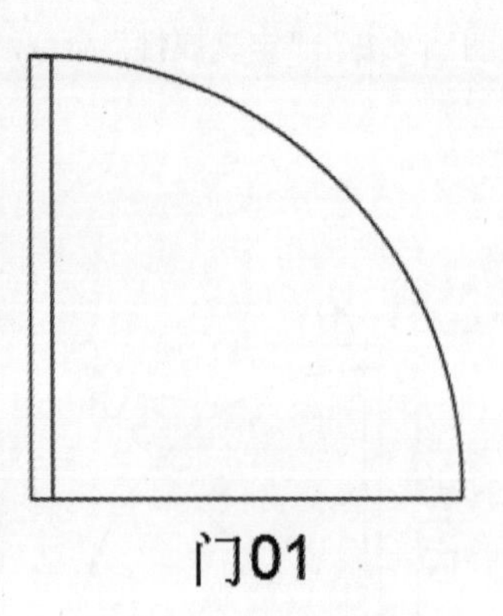

图 5-22　完成属性块的插入

5.4 外部参照的应用

外部参照是将图块插入到图形中后，被插入图块文件的信息并不直接加入到主图形中，主图形只是记录参照的关系。另外，对主图形的操作不会改变外部参照图形文件的内容。当打开具有外部参照的图形时，系统会自动将各个外部参照图形文件重新调入内存并在当前图形中显示出来。

5.4.1 附着外部参照

要使用外部参照图形，先要附着外部参照文件。用户可以通过以下方法调出“附着外部参照”对话框。

◎ 在菜单栏中执行“工具”|“外部参照和块在位编辑”|“打开参照”命令。

◎ 在“插入”选项卡的“参照”面板中单击“附着”按钮。

执行以上任意一项操作，都能够打开“选择参照文件”对话框，如图 5-23 所示。在此选择所需的文件，单击“打开”按钮，即可打开“附着外部参照”对话框，如图 5-24 所示。从中可将图形文件以外部参照的形式插入到当前的图形中。

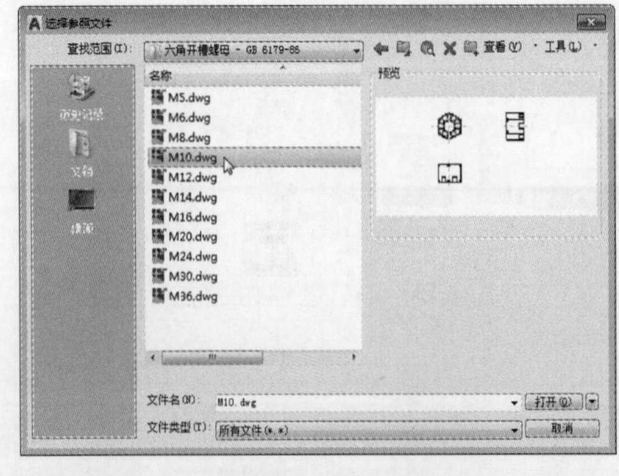

图 5-23　选择所需文件

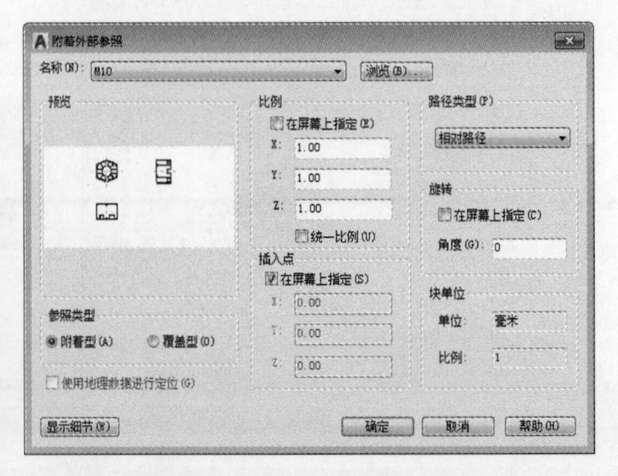

图 5-24　“附着外部参照”对话框

在“附着外部参照”对话框中，各主要选项的含义介绍如下。

◎ 浏览：单击该按钮，将打开“选择参照文件”对话框，从中可以为当前图形选择新的外部参照。

◎ 参照类型：用于指定外部参照为附着型还是覆盖型。与附着型的外部参照不同，当附着覆盖型外部参照的图形作为外部参照附着到另一图形时，将忽略该覆盖型外部参照。

◎ 比例：用于指定所选外部参照的比例因子。

◎ 插入点：用于指定所选外部参照的插入点。

◎ 路径类型：设置是否保存外部参照的完整路径。如果选择该选项，外部参照的路径将保存到数据库中，否则将只保存外部参照的名称而不保存其路径。

◎ 旋转：为外部参照引用指定旋转角度。

5.4.2 管理外部参照

用户可利用参照管理器对外部参照文件进行管理，如查看附着到DWG文件的文件参照，或者编辑附着的路径。参照管理器是一种外部应用程序，使用户可以检查图形文件可能附着的任何文件。用户可以通过以下方式打开“外部参照”面板。

◎ 在菜单栏中执行“插入”|“外部参照”命令。

◎ 在“插入”选项卡“参照”面板中单击右侧三角箭头按钮。

◎ 在命令行输入XREF命令并按回车键。

执行以上任意一种方法，即可打开“外部参照”选项板，如图5-25所示。其中各选项的含义介绍如下。

◎ 附着：单击“附着”按钮，即可添加不同格式的外部参照文件。

◎ 文件参照：显示当前图形中各种外部参照文件的名称。

◎ 详细信息：显示外部参照文件的详细信息。

◎ 列表图：单击该按钮，设置图形以列表的形式显示。

◎ 树状图：单击该按钮，设置图形以树的形式显示。

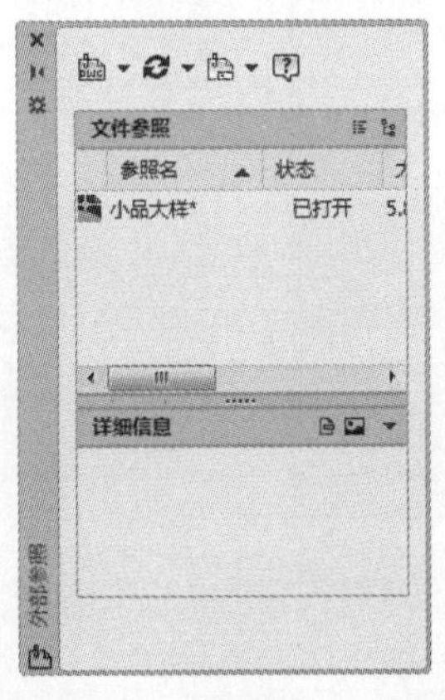

图5-25 “外部参照”选项板

知识点拨

在“文件参照”列表框中，在外部文件上单击鼠标右键，打开快捷菜单，用户可以根据快捷菜单的选项编辑外部文件。

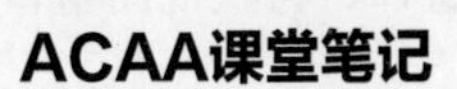

ACAA课堂笔记

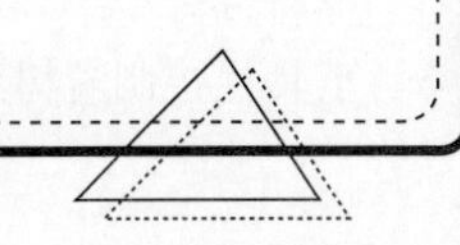

■ 5.4.3 编辑外部参照

块和外部参照都被视为参照，用户可以使用在位参照编辑来修改当前图形中的外部参照，也可以重新定义当前图形中的块定义。

用户可以通过以下方式打开“参照编辑”对话框。

◎ 在菜单栏中执行“工具”|“外部参照和块在位编辑”|“在位编辑参照”命令。

◎ 在“插入”选项卡“参照”面板中，单击“参照”下拉菜单按钮，在弹出的列表中单击“编辑参照”按钮。

◎ 在命令行输入 REFEDIT 命令并按回车键。

◎ 双击需要编辑的外部参照图形。

5.5 设计中心的使用

通过 AutoCAD 设计中心，用户可以访问图形、块、图案填充及其他图形内容，可以将原图形中的任何内容拖动到当前图形中使用；还可以在图形之间复制、粘贴对象属性，以避免重复操作。

■ 5.5.1 “设计中心”选项板

“设计中心”选项板用于浏览、查找、预览以及插入内容，包括块、图案填充和外部参照。

用户可以通过以下方法打开如图 5-26 所示的选项板。

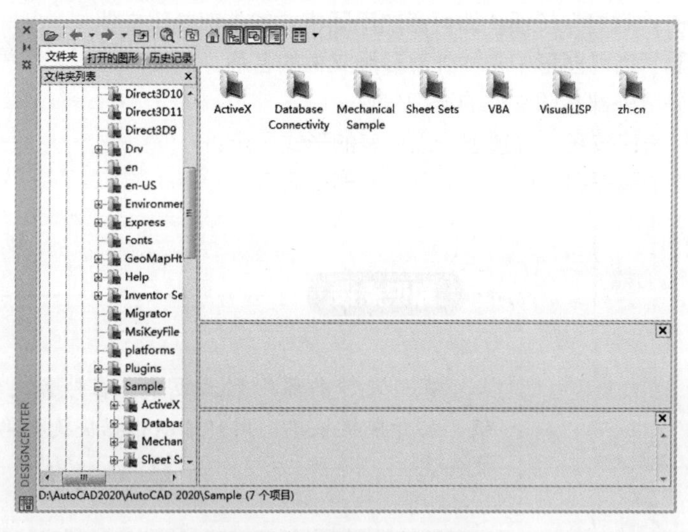

图 5-26 “设计中心”选项板

◎ 在菜单栏中执行“工具”|“选项板”|“设计中心”命令。

◎ 在“视图”选项卡的“选项板”面板中单击“设计中心”按钮。

◎ 按 Ctrl+2 组合键。

在“设计中心”选项板中可以看到，它主要由工具栏、选项卡、内容窗口、树状视图窗口、预览窗口和说明窗口 6 个部分组成。

1. 工具栏

工具栏控制着树状图和内容区中信息的显示，各选项作用如下。

◎ 加载：显示“加载”对话框（标准文件选择对话框），浏览本地和网络驱动器或 Web 上的文件，然后选择内容加载到内容区域。

◎ 上一级：单击该按钮，将会在内容窗口或树状视图中显示上一级内容、内容类型、内容源、文件夹、驱动器等内容。

◎ 搜索：在“搜索”对话框中可以快速查找诸如图形、块、图层及尺寸样式等图形内容。

◎ 主页：将设计中心返回到默认文件夹。可以使用树状图中的快捷菜单更改默认文件夹。

◎ 树状图切换：显示和隐藏树状图。若绘图区域需要更多的空间，则可以隐藏树状图。树状图隐藏后，可以使用内容区域浏览并加载内容。在树状图中使用“历史记录”列表时，“树状图切换”按钮不可用。

◎ 预览：显示和隐藏内容区域选定项目的预览。

◎ 说明：显示和隐藏内容区域选定项目的文字说明。

◎ 视图：下拉菜单可以选择显示的视图类型。

2. 选项卡

设计中心共有 3 个选项卡，分别为“文件夹”“打开的图形”和“历史记录”。

◎ 文件夹：该选项卡可方便地浏览本地磁盘或局域网中所有的文件夹、图形和项目内容。

◎ 打开的图形：该选项卡显示了所有打开的图形，以便查看或复制图形内容。

◎ 历史记录：该选项卡主要用于显示最近编辑过的图形名称及目录。

5.5.2 插入设计中心内容

通过 AutoCAD 设计中心，可以很方便地在当前图形中插入图块、引用图像和外部参照，及在图形之间复制图层、图块、线型、文字样式、标注样式和用户定义等内容。

打开“设计中心”选项板，在“文件夹列表”中，查找文件的保存目录，并在内容区域选择需要插入为块的图形，右击鼠标，在打开的快捷菜单中选择“插入为块”命令，如图 5-27 所示。打开“插入”对话框，从中进行相应的设置，单击“确定”按钮即可，如图 5-28 所示。

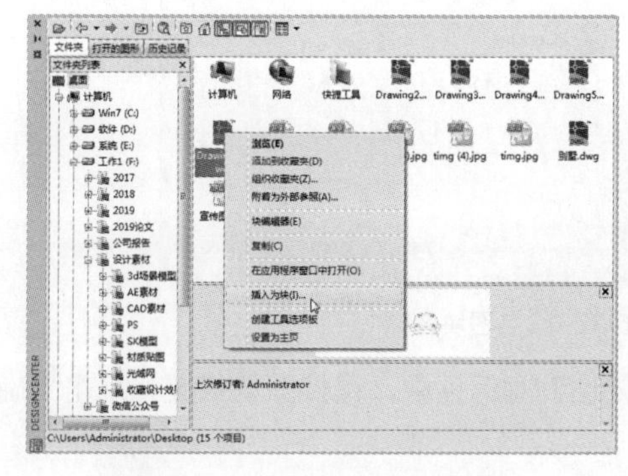

图 5-27　选择“插入为块”命令

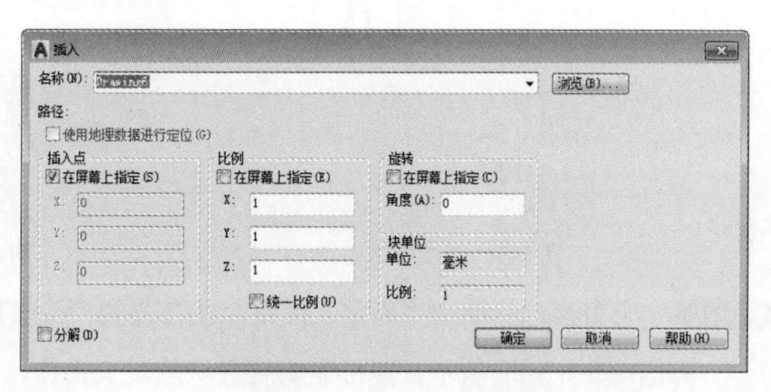

图 5-28　“插入”对话框

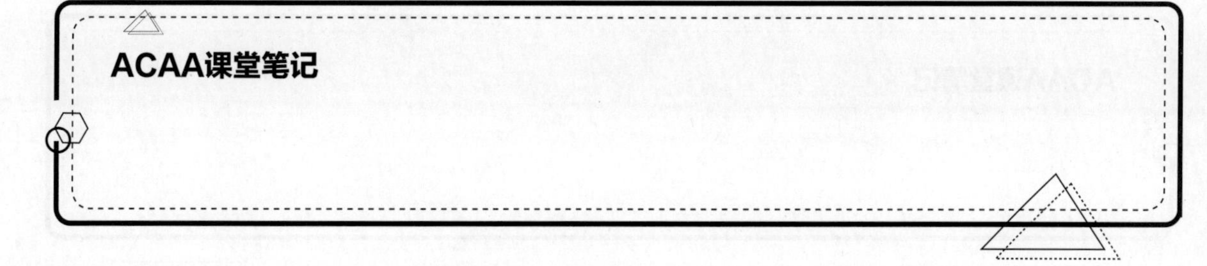

课堂实战：为别墅剖面图添加标高和轴号

下面将根据本章所学的知识内容，为别墅剖面图添加标注。其中主要使用的命令有创建块、定义属性块、插入块等。

Step01 打开素材文件，执行“直线”命令，根据如图 5-29 所示的尺寸，绘制出标高符号。

Step02 在“插入”选项卡的“块”面板中，单击“定义属性”按钮，打开“属性定义”对话框。根据需要对“属性”参数进行设置，如图 5-30 所示。

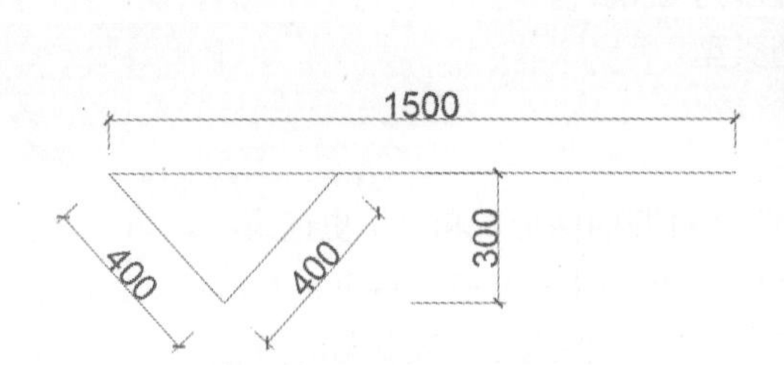

图 5-29　绘制标高符号

图 5-30　定义标高参数

Step03 同样在“块”面板中单击“创建”按钮，在“块定义”对话框中，单击“选择对象”按钮，在绘图区中框选标高图块，返回到对话框，单击“拾取点”按钮，指定图块插入基点，如图 5-31 所示。

Step04 选择完成后，返回上一层对话框，在“名称”文本框中定义图块名称，如图 5-32 所示。

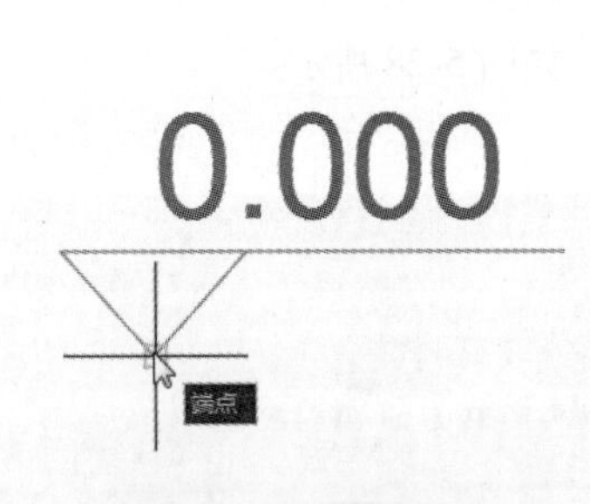

图 5-31　指定插入基点

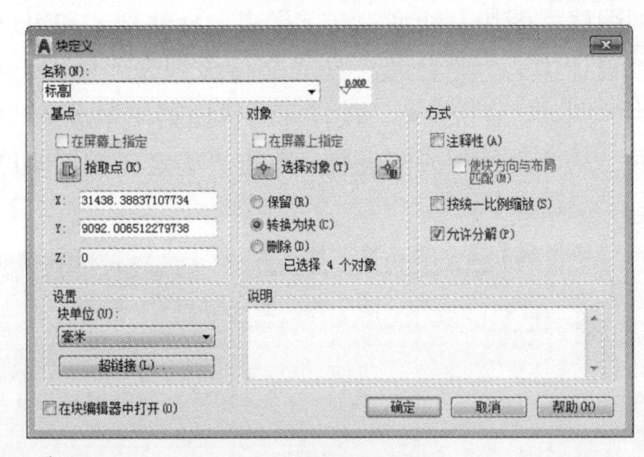

图 5-32　命名图块名称

Step05 定义好名称后单击“确定”按钮，在打开的“编辑属性”对话框中，保持默认设置，单击“确定”按钮，如图 5-33 所示。即可完成属性块的定义操作。

Step06 将创建好的标高图块放置在图形合适位置，如图 5-34 所示。

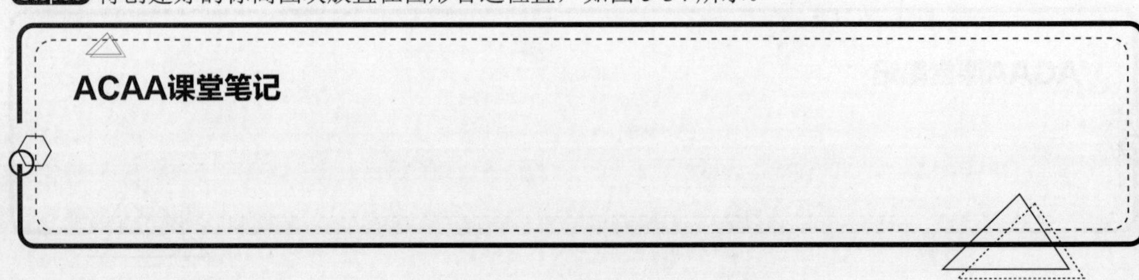

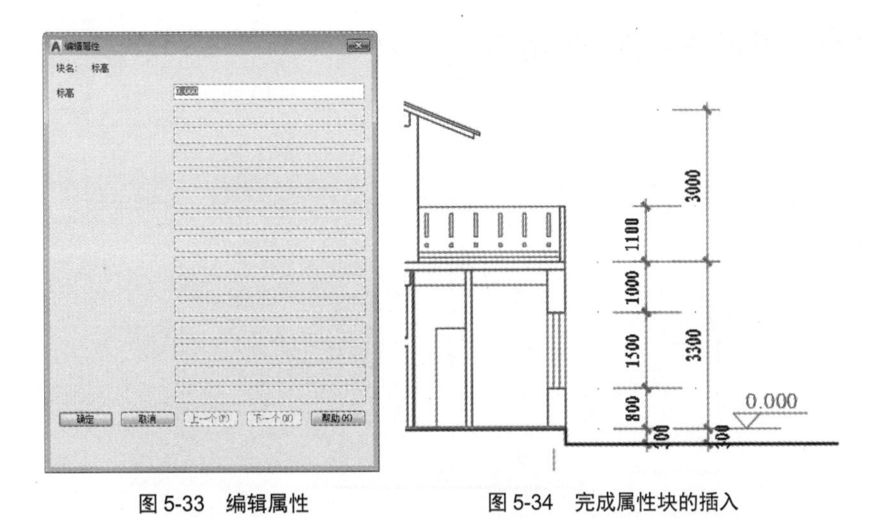

图 5-33　编辑属性　　　　图 5-34　完成属性块的插入

Step07 在“块”面板中单击“插入”按钮，在打开的当前图形块预览列表中，选择刚创建的标高图块，如图 5-35 所示。

Step08 在图形中指定标高图块的插入点，并在打开的“编辑属性”对话框中设置标高参数，如图 5-36 所示。

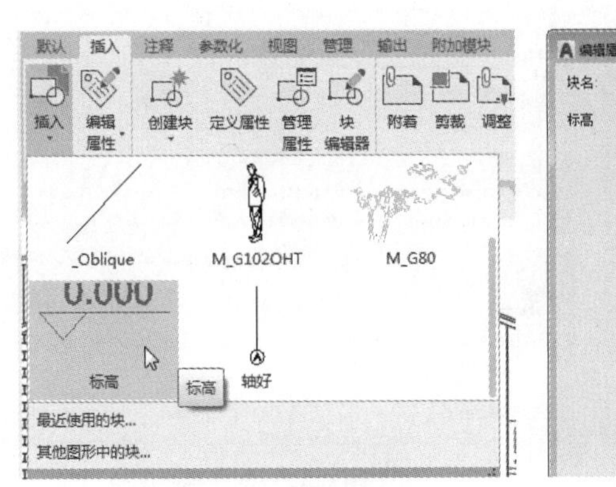

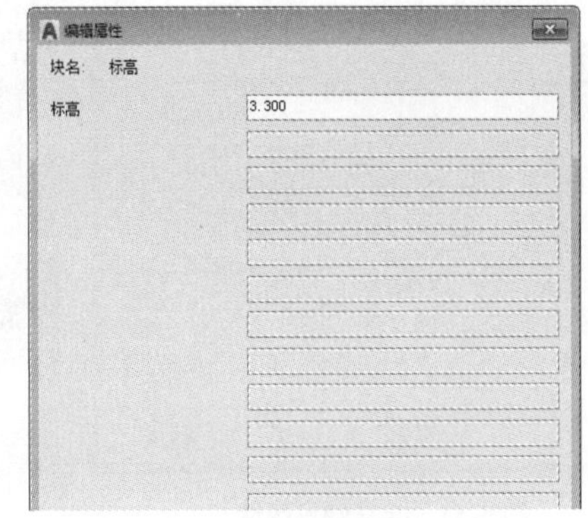

图 5-35　插入标高图块　　　　图 5-36　设置标高参数

Step09 设置完成后，单击“确定”按钮，完成第 2 个标高图块的插入操作，如图 5-37 所示。

Step10 复制第 2 个标高图块至新位置，完成第 3 个属性块的插入操作。双击标高值，在打开的“增强属性编辑器”对话框中，设置“值”参数，如图 5-38 所示。

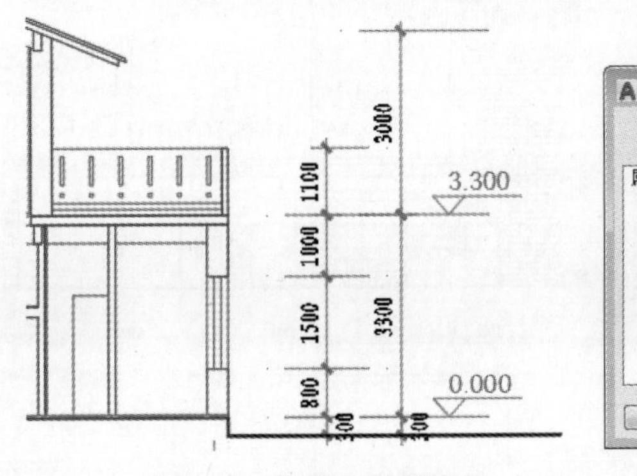

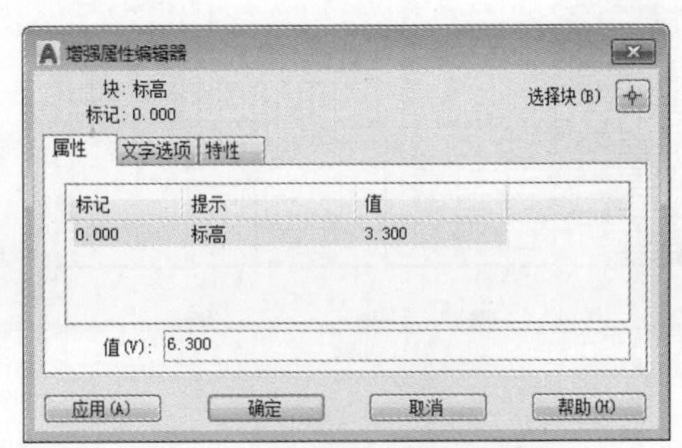

图 5-37　插入第 2 个属性块　　　　图 5-38　修改第 3 个属性块参数

Step11 单击“确定”按钮，此时第 3 个属性块参数已发生了变化，如图 5-39 所示。

Step12 执行“直线”和“圆”命令，绘制轴号图形，结果如图 5-40 所示。

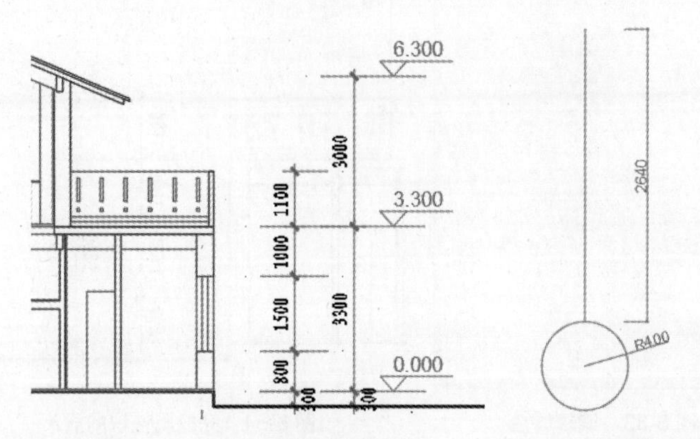

图 5-39　修改第 3 个属性块参数　　　图 5-40　创建轴号图形

Step13 执行“定义属性”命令，为轴号图形添加属性，如图 5-41 所示。

Step14 指定文字的插入点。执行“创建块”命令，将其创建为图块，如图 5-42 所示。

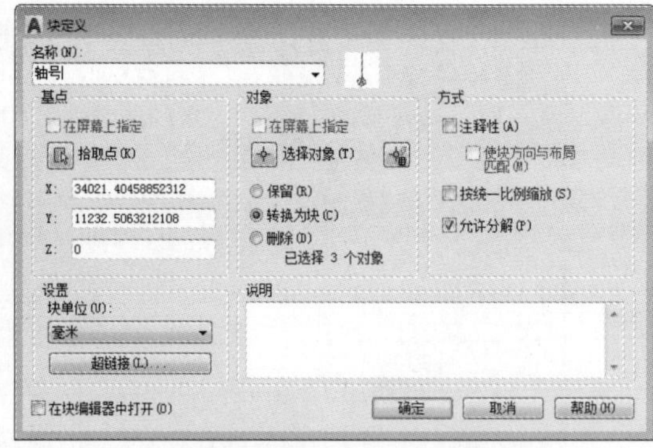

图 5-41　定义轴号属性　　　图 5-42　创建轴号图块

Step15 将创建好的轴号图块插入至图形标注位置，如图 5-43 所示。

Step16 复制该轴号图块至其他标注处，并双击轴号文字，修改轴号属性，完成轴号图块的插入操作，如图 5-44 所示。

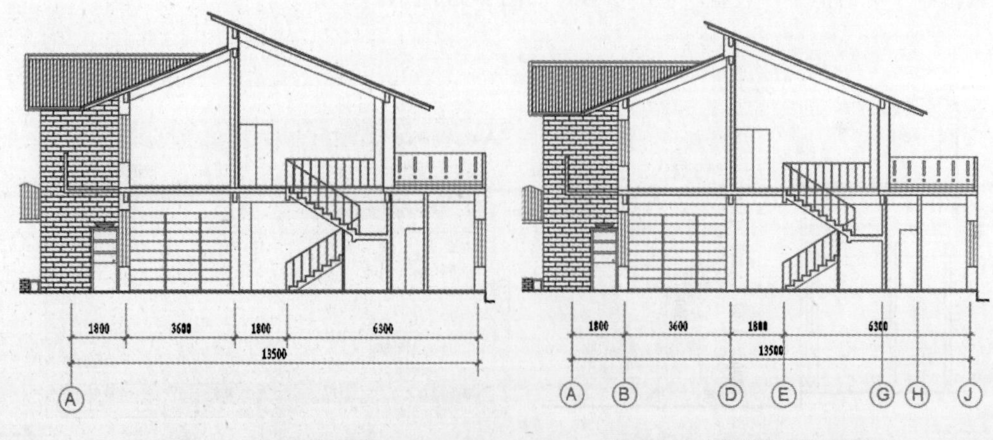

图 5-43　插入轴号图块　　　图 5-44　复制并修改轴号属性

课后作业

为了让用户能够更好地掌握本章所学的知识内容，下面将安排一些 Autodesk 认证考试的参考试题，让用户可以对所学的知识进行巩固和练习。

一、填空题

（1）在“插入”选项卡的“块定义”面板中单击“______”按钮，可打开“块定义”对话框。

（2）在 AutoCAD 中，使用“______”命令，可以将文件中的块作为单独的对象保存为一个新文件，被保存的新文件可以被其他对象使用。

（3）块属性由______和______两部分组成。

二、选择题

（1）删除块属性时，下列说法正确的是（ ）。

A. 可以从块定义和当前图形现有的块参照中删除属性，删除的属性会立即从绘图区域中消失

B. 块属性不能删除

C. 如果需要删除所有属性，则需要重新定义块

D. 可以从块中删除所有的属性

（2）在 AutoCAD 软件中，写块的快捷命令是（ ）。

A. 输入 B，回车　　B. 输入 W，回车

C. 输入 X，回车　　D. 输入 I，回车

（3）将插入的外部参照拆离，其操作结果是（ ）。

A. 列表中删除外部参照，图形仍保留　　B. 列表中保留参照名，图形被删除

C. 列表中删除外部参照，图形也被删除　　D. 列表中保留参照名，图形也保留

（4）下列哪些方法不能插入创建好的块？（ ）

A. 从 Windows 资源管理器中将图形文件图标拖放到 AutoCAD 绘图区域插入块

B. 从设计中心插入块

C. 用粘贴命令 pasteclip 插入块

D. 用插入命令 insert 插入块

三、操作题

（1）完善玄关立面图。

本实例将利用“插入”命令，将所需图块插入至玄关立面合适位置，从而完善玄关立面图形，结果参考如图 5-45 所示。

操作提示：

Step01 执行“插入”命令，插入花瓶图块。

Step02 同样执行“插入”命令，插入其他装饰图块。

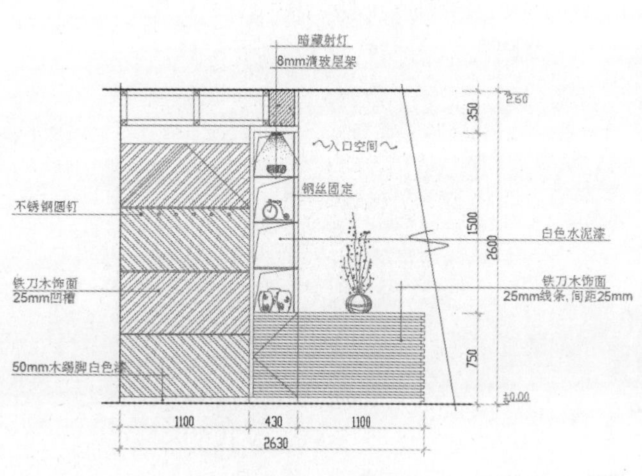
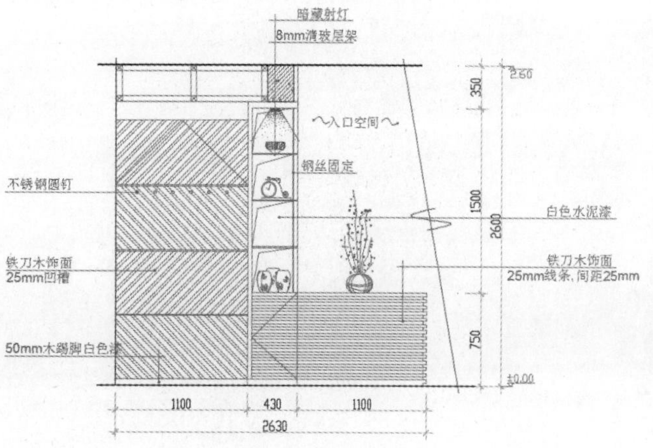

图 5-45　插入图块

（2）将浮雕图形创建成图块。

本实例将利用“创建块”命令，将绘制好的浮雕图形创建成图块，如图 5-46 所示。

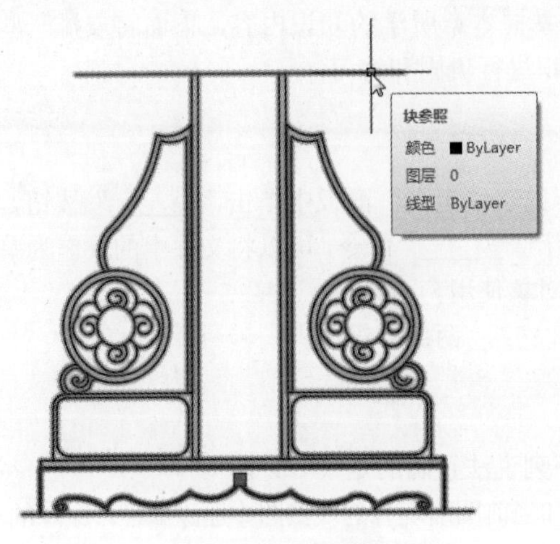

图 5-46　创建成图块

操作提示：

Step01 执行“创建块”命令，打开“块定义”对话框。

Step02 选择好所需图形，并指定好插入点，命名块名称即可。

文本标注与表格的应用

内容导读

在设计图纸中，通常需要使用一些文字或表格内容来对图纸进行说明，如施工材料的注释、数量统计设计图纸的设计人员、图纸比例等，所以说文字和表格也是必要元素之一。本章将着重向读者介绍文本与表格的应用，其中包含文本标注与编辑、文字样式的设置、单行和多行文本等知识点。

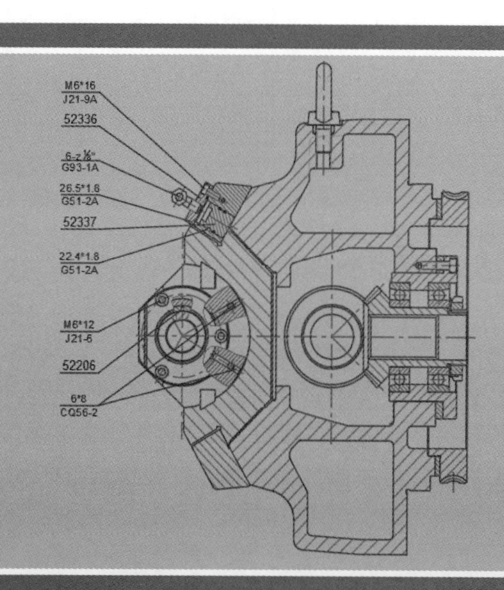

学习目标

- 创建单行文本和多行文本
- 编辑单行文本和多行文本
- 创建与编辑文字样式
- 创建和编辑表格

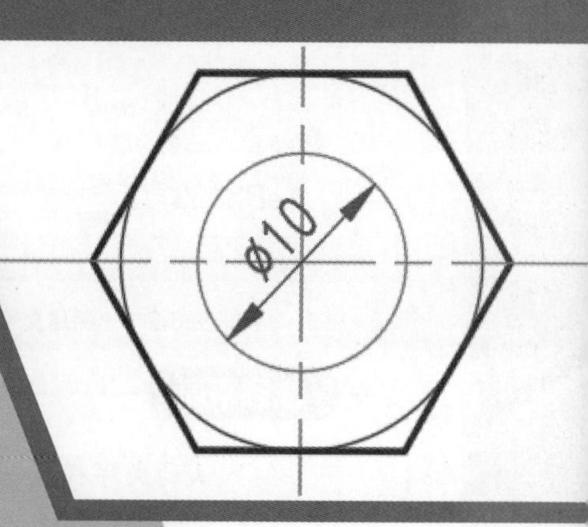

6.1 创建文字样式

在输入文字前，通常需要对文字的样式进行统一设置，例如设置字体、高度、比例等。在AutoCAD中，用户可以使用“文字样式”对话框来创建和修改文本样式。通过以下方法可以打开“文字样式”对话框。

◎ 执行“格式”|“文字样式”命令。

◎ 在“默认”选项卡的“注释”面板中单击“文字样式”按钮A。

◎ 在“注释”选项卡的“文字”面板中单击右下角箭头↘。

◎ 在命令行中输入命令STYLE，然后按回车键。

执行以上任意一种操作后，都将打开“文字样式”对话框，如图6-1所示。在该对话框中，用户可创建新的文字样式，也可对已定义的文字样式进行编辑。

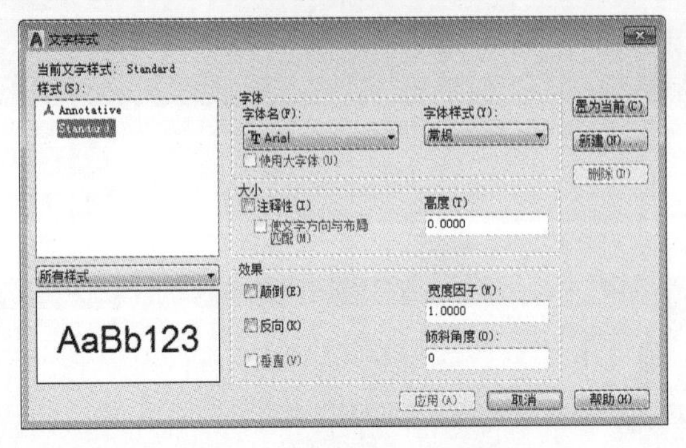

图6-1 “文字样式”对话框

6.1.1 设置样式名

在AutoCAD中，对文字样式名的设置包括新建文本样式名，以及对已定义的文字样式更改名称。其中“新建”和“删除”按钮的作用如下。

◎ 新建：该按钮用于创建新文字样式。单击该按钮，打开“新建文字样式”对话框，如图6-2所示。在该对话框的“样式名”中输入新的样式名，然后单击“确定”按钮。

◎ 删除：用于删除在“样式”列表框中所选择的文字样式。单击此按钮，在弹出的对话框中单击“确定”按钮即可，如图6-3所示。

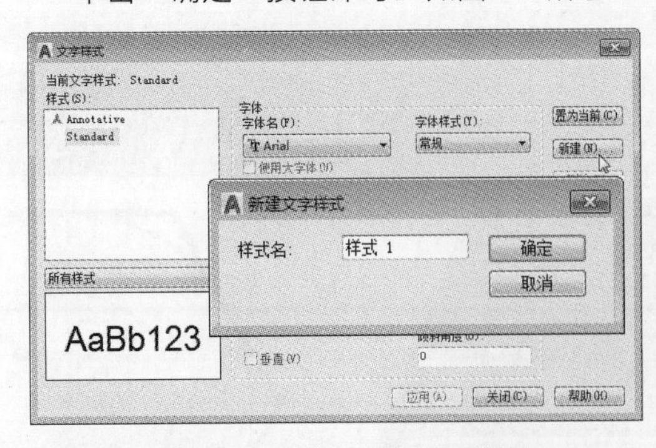

图6-2 “新建文字样式”对话框

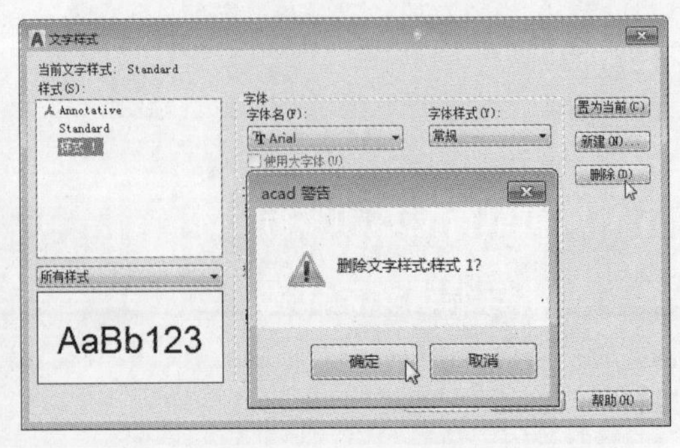

图6-3 删除文字样式

注意事项

系统默认的文字样式以及当前正在使用的文字样式是无法删除的。

■ 6.1.2 设置字体

字体设置主要是指选择字体文件和定义文字的高度。系统中可使用的字体文件分为两种：一种是普通字体，即 TrueType 字体文件；另一种是 AutoCAD 特有的字体文件（.shx）。

在“字体”和“大小”选项组中，各选项功能介绍如下。

◎ 字体名：在该下拉列表中，列出了 Windows 注册的 TrueType 字体文件和 AutoCAD 特有的字体文件（.shx）。

◎ 字体样式：指定字体格式，比如斜体、粗体、粗斜体或者常规字体。

◎ 注释性：指定文字为注释性。

◎ 使文字方向与布局匹配：指定图纸空间视口中的文字方向与布局方向匹配。如果未选择“注释性”选项，则该选项不可用。

◎ 高度：用于设置文字的高度。AutoCAD 的默认值为 0，如果设置为默认值，在文本标注时，AutoCAD 定义文字高度为 2.5mm，用户可重新进行设置。

在字体名中，有一类字体前带有 @，如果选择了该类字体样式，则标注的文字效果为向左旋转 90°。

注意事项

只有选择了有中文字库的字体文件，如宋体、仿宋体、楷体或大字体中的 Hztxt.shx 等字体文件，才能正常进行中文标注，否则会出现问号或者乱码。

■ 6.1.3 设置文本效果

在对话框中用户还可以对字体的特性进行修改，例如高度、宽度因子、倾斜角以及是否颠倒显示、反向或垂直对齐。“效果”选项组中各选项功能介绍如下。

◎ 颠倒：颠倒显示字符。用于将文字旋转 180°，如图 6-4 所示。

◎ 反向：用于将文字以镜像方式显示，如图 6-5 所示。

图 6-4 颠倒效果

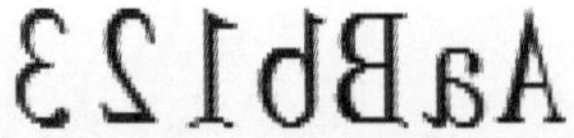

图 6-5 反向效果

◎ 垂直：显示垂直对齐的字符。只有在选定字体支持双向时，选项才可用。TrueType 字体的垂直定位不可用。

◎ 宽度因子：设置字符间距。输入小于 1.0 的值将压缩文字，输入大于 1.0 的值则扩大文字。如图 6-6 所示字体的宽度为 1.3。

◎ 倾斜角度：设置文字的倾斜角。输入一个 -85 和 85 之间的值将使文字倾斜。如图 6-7 所示，字体的倾斜角度为 -30。

AaBb123

图 6-6 宽度为 1.3

AaBb123

图 6-7 倾斜角度为 -30

■ 6.1.4 预览与应用文本样式

对文字样式设置效果后，可以在“文字样式”对话框预览窗口进行预览。单击“置为当前”按钮，即可将当前设置好的文字样式应用到正在编辑的图形中。

◎ 置为当前：将创建的样式或修改样式设置为当前使用样式。

◎ 应用：应用当前设置的文字样式。

◎ 取消：放弃文字样式的设置，并关闭“文字样式”对话框。

◎ 关闭：关闭“文字样式”对话框，同时保存对文字样式的设置。

6.2 创建与编辑单行文本

单行文本就是将每一行文本作为一个独立的文字对象进行处理。下面将向用户介绍单行文本的标注与编辑，以及在文本标注中使用控制符输入特殊字符的方法。

■ 6.2.1 创建单行文本

在 AutoCAD 中，用户可以通过以下方法执行“单行文字”命令。

◎ 在菜单栏中执行“绘图”|“文字”|“单行文字”命令。

◎ 在“默认”选项卡的“注释”面板中单击“单行文字”按钮A。

◎ 在“注释”选项卡的“文字”面板中单击“单行文字”按钮A。

◎ 在命令行中输入命令 TEXT，然后按回车键。

执行上述命令后，用户可以根据命令行的提示进行操作。先在绘图区中指定文本起点，然后输入文本的高度及旋转角度，按回车键，输入文字即可，如图 6-8 所示。输入后，单击绘图区空白处任意一点，按 Esc 键完成输入操作。

命令行提示如下：

```
命令: _text
当前文字样式: “Standard” 文字高度: 2.5000 注释性: 否 对正: 左
指定文字的起点 或 [对正(J)/样式(S)]:                    (指定文字起点)
指定高度 <2.5000>: 100                                   (输入文字高度值)
指定文字的旋转角度 <0>:                                  (按回车键)
```

AutoCAD 2020

图 6-8 输入单行文本

命令行中各选项的含义介绍如下。

1. 指定文字的起点

在绘图区域单击一点，确定文字的高度后，将指定文字的旋转角度，按回车键即可完成创建。

在执行“单行文字”命令的过程中，用户可随时用鼠标确定下一行文字的起点，也可按回车键换行，但输入的文字与前面的文字属于不同的实体。

2. “对正”选项

该选项用于确定标注文本的排列方式和排列方向。AutoCAD 用直线确定标注文本的位置，分别是顶线、中线、基线和底线。

命令行的提示内容如下：

```
命令: _text
当前文字样式: “Standard” 文字高度: 100.0000 注释性: 否 对正: 左
指定文字的起点 或 [对正(J)/样式(S)]: j
输入选项 [左(L)/居中(C)/右(R)/对齐(A)/中间(M)/布满(F)/左上(TL)/中上(TC)/右上(TR)/左中(ML)/正中(MC)/右中
(MR)/左下(BL)/中下(BC)/右下(BR)]:                                    (选择“对正”选项)
指定文字基线的第一个端点:                                            (指定基线两个端点)
指定文字基线的第二个端点:
```

其中“正中”和“中间”有所不同。正中用于确定标注文本基线的中点，选择该选项后，输入的文本均匀分布在该中点的两侧；而中间，文字在基线的水平中点和指定高度的垂直中点上对齐；中间对齐的文字不保持在基线上。

3. “样式”选项

指定文字样式。文字样式决定文字字符的外观，创建的文字使用当前文字样式。输入“?”将列出当前文字样式、关联的字体文件、字体高度及其他参数。

在该提示下按回车键，系统将自动打开“AutoCAD 文本窗口”对话框，在命令行中输入样式名，此窗口便列出指定文字样式的具体设置。

若不输入文字样式名称直接按回车键，则窗口中列出的是当前 AutoCAD 图形文件中所有文字样式的具体设置，如图 6-9 所示。

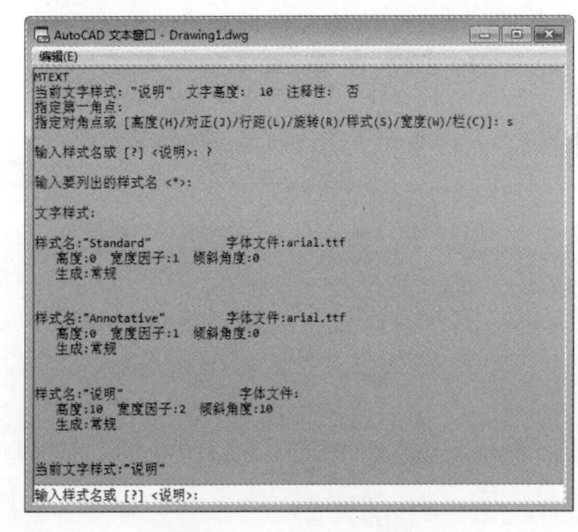

图 6-9 AutoCAD 文本窗口

注意事项

如果用户在当前使用的文字样式中设置有文字高度，那么在文本标注时，AutoCAD 将不提示“指定高度 <2.5000>”。

ACAA课堂笔记

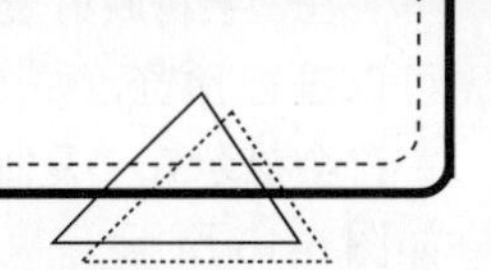

6.2.2 使用文字控制符

在文本标注中，经常需要标注一些不能直接利用键盘输入的特殊字符，如直径“Φ”、角度“°”等。AutoCAD 为输入这些字符提供了控制符，如表 6-1 所示。可以通过输入控制符来输入特殊的字符。

表 6-1 特殊字符控制符

控制符	对应特殊字符	控制符	对应特殊字符
%%C	直径（Φ）符号	%%D	度（°）符号
%%O	上划线符号	%%P	正负公差（±）符号
%%U	下划线符号	\U+2238	约等于（≈）符号
%%%	百分号（%）符号	\U+2220	角度（∠）符号

在单行文本标注和多行文本标注中，控制符的使用方法有所不同。

1. 在单行文本中使用文字控制符

在需要使用特殊字符的位置直接输入相应的控制符，那么输入的控制符将会显示在图中特殊字符的位置上。当单行文本标注命令执行结束后，控制符将会自动转换为相应的特殊字符。

2. 在多行文本中使用文字控制符

标注多行文本时，可以灵活地输入特殊字符，因为其本身具有一些格式化选项。在“文字编辑器”选项卡的“插入”面板中单击“符号”下拉按钮，在展开的下拉列表中将会列出特殊字符的控制符选项，如图 6-10 所示。

另外，在“符号”下拉列表中选择“其他”选项，将弹出“字符映射表”对话框，从中选择所需字符进行输入即可，如图 6-11 所示。

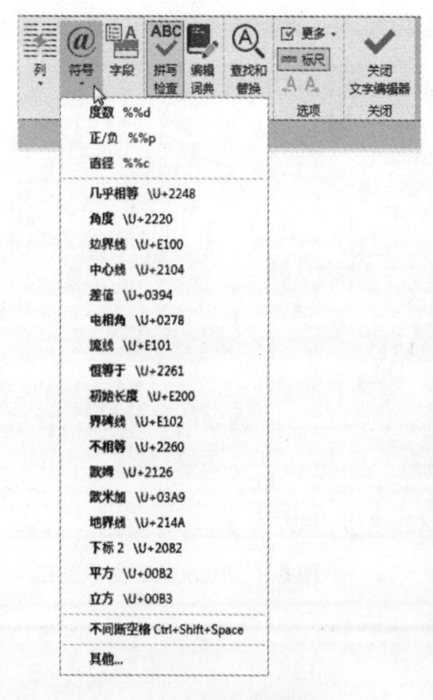

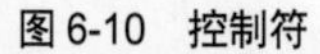

图 6-10 控制符

图 6-11 “字符映射表”对话框

在“字符映射表”对话框中，通过“字体”下拉列表选择不同的字体，选择所需字符，单击该字符，可以进行预览，如图 6-12 所示，然后单击“选择”按钮。用户也可以直接双击所需要的字符，此时字符会显示在“复制字符”文本框中，打开多行文本编辑框，选择“粘贴”命令即可插入所选字符，如图 6-13 所示。

图 6-12　控制符预览

图 6-13　“字符映射表”对话框

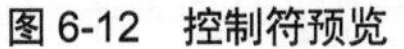

知识点拨

%%O 和 %%U 是两个切换开关，第一次输入时打开上划线或下划线功能，第二次输入则关闭上划线或下划线功能。

6.2.3　编辑单行文本

若需要对已标注的文本进行修改，如文字的内容、对正方式以及缩放比例等，可通过 DDEDIT 命令和“特性”选项板进行编辑。

1. 用 DDEDIT 命令编辑单行文本

在 AutoCAD 中，用户可以通过以下方法执行文本编辑命令。

◎ 在菜单栏中执行“修改”|“对象”|“文字”|“编辑”命令。

◎ 在命令行中输入 DDEDIT，然后按回车键。

◎ 双击文本即可进入文本编辑状态。

执行以上任意一种操作后，在绘图窗口中单击要编辑的单行文字，即可进入文字编辑状态，对文本内容进行相应的修改即可，如图 6-14 所示。

技术要求

图 6-14　单行文字编辑状态

2. 用“特性”选项板编辑单行文本

选择要编辑的单行文本，右击，弹出快捷菜单，选择“特性”选项，打开“特性”选项板，在“文字”展卷栏中，可对文字进行修改，如图 6-15 所示。

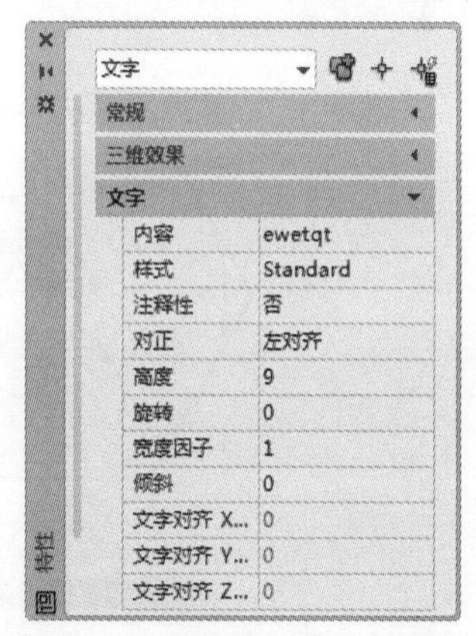

图 6-15　单行文字“特性”选项板

ACAA课堂笔记

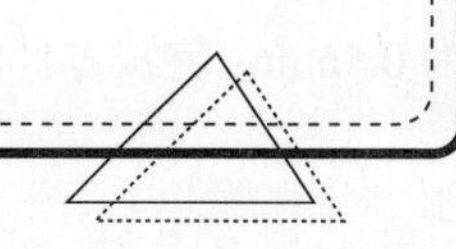

该选项板中各卷展栏的作用如下。

◎ 常规：用于修改文本颜色和所属的图层。

◎ 三维效果：用于设置三维材质。

◎ 文字：用于修改文字的内容、样式、对正方式、高度、旋转角度、倾斜角度和宽度比例等。

■ 实例：为零件图添加图示内容

下面将运用单行文字功能，为零件图添加图示，具体操作如下。

Step01 打开素材文件，执行“格式”|“文字样式”命令，打开“文字样式”对话框。单击“新建”按钮，在“新建文字样式”对话框中输入样式名，如图6-16所示。

Step02 单击“确定”按钮，进入“文字样式”对话框，将“字体名”设为“楷体 GB2312”，字体“高度”设为1.5，单击“置为当前”按钮，如图6-17所示。在打开的提示对话框中，单击“确定”按钮。

图6-16 新建文字样式

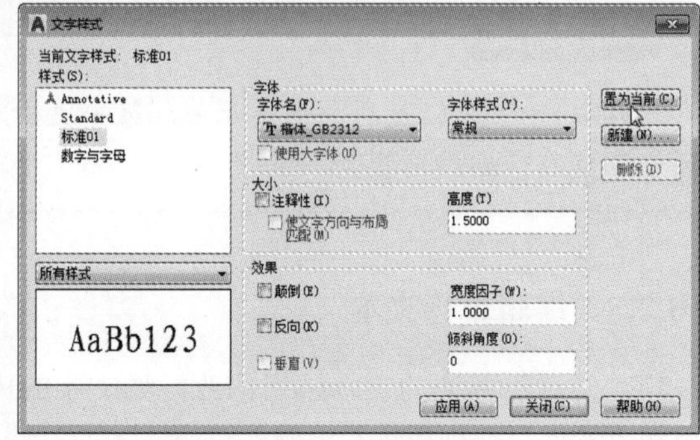

图6-17 设置文字样式

Step03 执行“单行文字”命令，在图形下方指定文字的起点，如图6-18所示。

Step04 向右移动光标，并根据命令行提示，将旋转角度设为0，如图6-19所示。

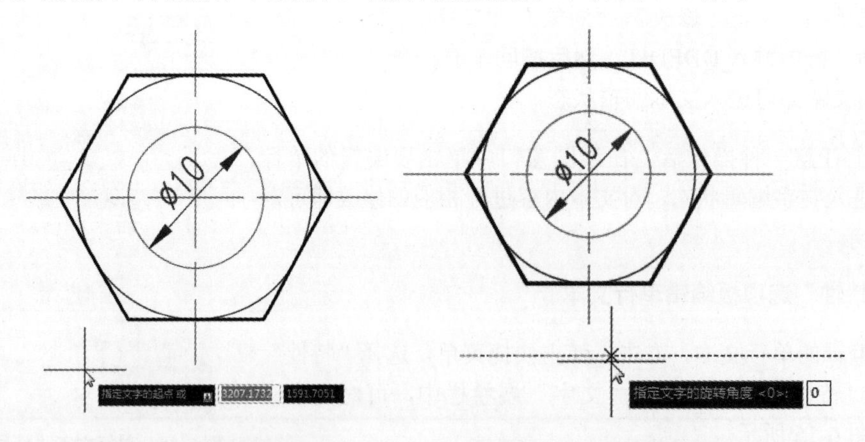

图6-18 指定文字起点　　图6-19 设置旋转角度

Step05 按回车键，输入图示内容，如图6-20所示。输入完成后，单击绘图区空白处任意点，按Esc键取消操作。

Step06 执行“多段线”命令，在图示下方绘制两条多段线，长度适中即可。将第1条多段线宽度设为0.5mm，完成零件图示内容的输入操作，如图6-21所示。

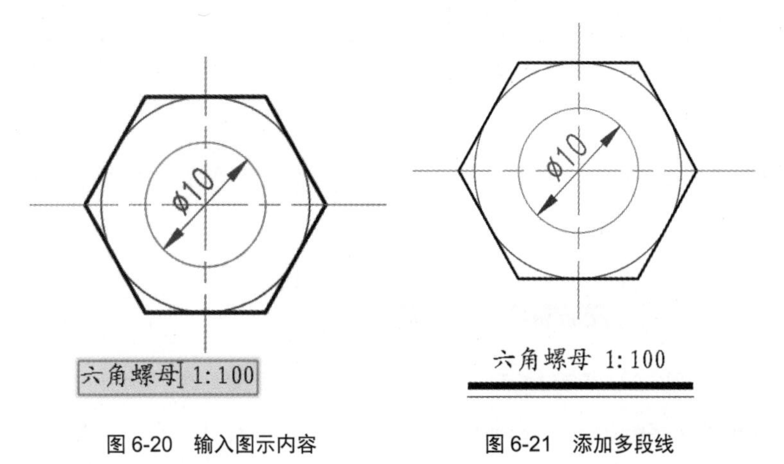

图 6-20　输入图示内容　　图 6-21　添加多段线

6.3 创建与编辑多行文本

多行文本是将一个或多个文字段落作为一个对象处理。在创建时，需要先指定文字边框的对角点，然后在其中输入文字内容即可。其中文字边框用于定义多行文字对象中段落的宽度。下面将介绍多行文本的创建与编辑操作。

■ 6.3.1 创建多行文本

用户可以通过以下方法执行“多行文字”命令。

◎ 在菜单栏中执行“绘图”|“文字”|“多行文字”命令。

◎ 在“默认”选项卡的“注释”面板中单击“多行文字”按钮A。

◎ 在“注释”选项卡的“文字”面板中单击“多行文字”按钮A。

◎ 在命令行中输入命令 MTEXT，然后按回车键。

执行以上任意一项操作后，在绘图区中指定文字边框的对角点，输入文字即可。

命令行的提示内容如下：

```
命令: _mtext
当前文字样式: "Standard"  文字高度: 2.5  注释性: 否
指定第一角点:                                    (指定文本边框两个对角点)
指定对角点或 [高度(H)/对正(J)/行距(L)/旋转(R)/样式(S)/宽度(W)/栏(C)]:
```

其中，命令行中主要选项含义介绍如下。

◎ 对正：用于设置文本的排列方式。

◎ 行距：指定多行文字对象的行距。行距是一行文字的底部（或基线）与下一行文字底部之间的垂直距离。

◎ 样式：用于指定多行文字的文字样式。其中“样式名”用于指定文字样式名；“?—列出样式”用于列出文字样式名称和特性。

◎ 栏：指定多行文字对象的栏选项。“静态”指定总栏宽、栏数、栏间距宽度（栏之间的间距）和栏高；“动态”指定栏宽、栏间距宽度和栏高。动态栏由文字驱动。调整栏将影响文字流，而文字流将导致添加或删除栏；“不分栏”会将当前多行文字对象设置不分栏模式。

在绘图区中通过指定对角点框选出文字输入范围，如图 6-22 所示，在文本框中即可输入文字，如图 6-23 所示。

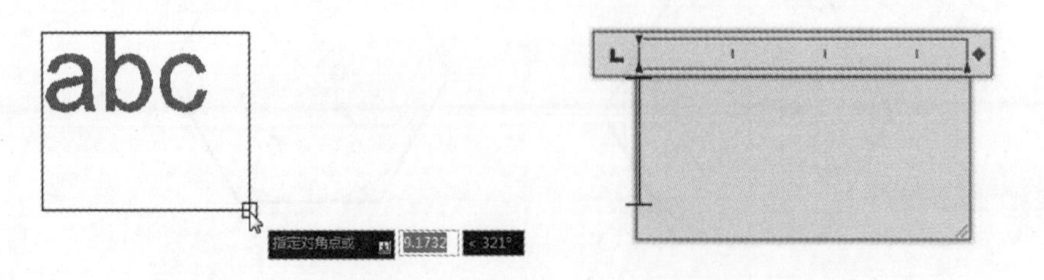

图 6-22　指定对角点　　　　图 6-23　文本框

系统会自动打开“文字编辑器”选项卡，从中可对文字的样式、格式、段落等属性进行设置，如图 6-24 所示。

图 6-24　“文字编辑器”选项卡

■ 实例：为装配图添加文字说明

下面将运用“多行文字”命令，为机械装配图纸添加“技术要求”文字内容。

Step01 打开素材文件，如图 6-25 所示。

Step02 执行“格式” | “文字样式”命令，打开“文字样式”对话框，设置“字体”为宋体，文字“高度”为 9，设置完毕后依次单击“应用”和“关闭”按钮，如图 6-26 所示。

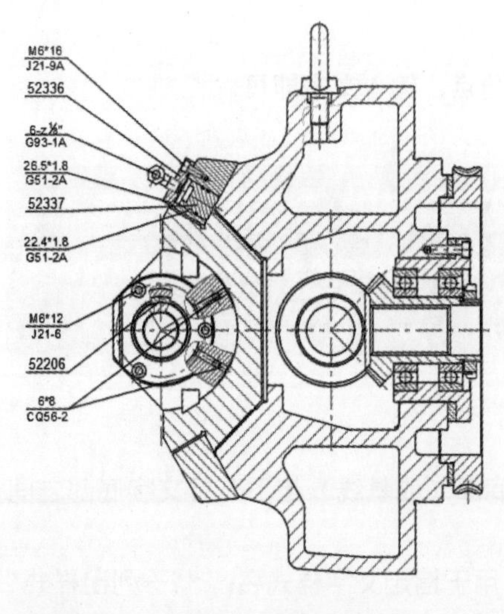

图 6-25　素材文件　　　　图 6-26　设置文字样式

Step03 执行“多行文字”命令，在零件图旁框选出文字输入范围，如图 6-27 所示。

Step04 在文字输入框内输入说明文字，如图 6-28 所示。

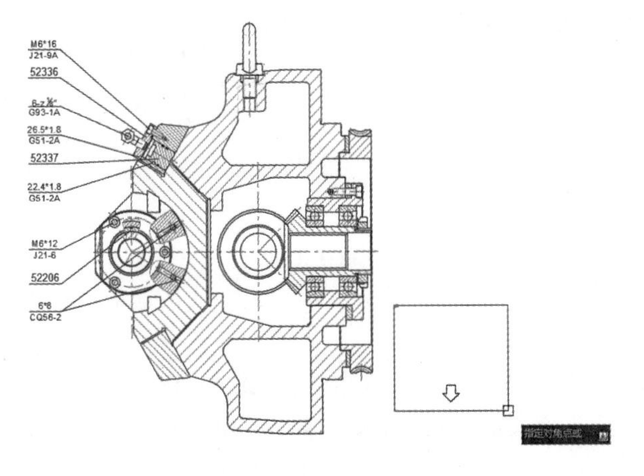

图 6-27　框选文字输入范围

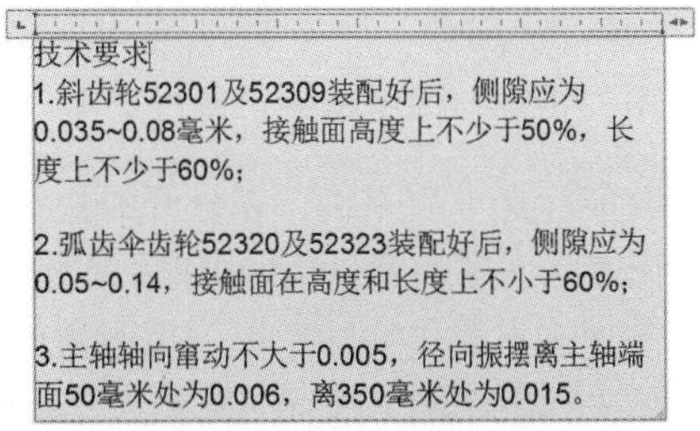

技术要求
1.斜齿轮52301及52309装配好后，侧隙应为0.035~0.08毫米，接触面高度上不少于50%，长度上不少于60%；

2.弧齿伞齿轮52320及52323装配好后，侧隙应为0.05~0.14，接触面在高度和长度上不小于60%；

3.主轴轴向窜动不大于0.005，径向振摆离主轴端面50毫米处为0.006，离350毫米处为0.015。

图 6-28　输入说明文字

Step05 选择“技术要求”文字，在“文字编辑器”选项卡的“段落”面板中单击“居中”按钮，将文字居中显示，如图 6-29 所示。

Step06 设置完毕后，在“文字编辑器”选项卡中单击“关闭文字编辑器”按钮，完成说明文字的创建，如图 6-30 所示。

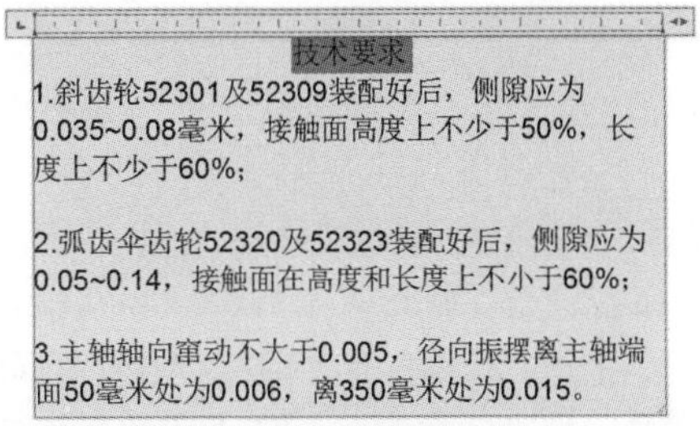

技术要求
1.斜齿轮52301及52309装配好后，侧隙应为0.035~0.08毫米，接触面高度上不少于50%，长度上不少于60%；

2.弧齿伞齿轮52320及52323装配好后，侧隙应为0.05~0.14，接触面在高度和长度上不小于60%；

3.主轴轴向窜动不大于0.005，径向振摆离主轴端面50毫米处为0.006，离350毫米处为0.015。

图 6-29　文字居中

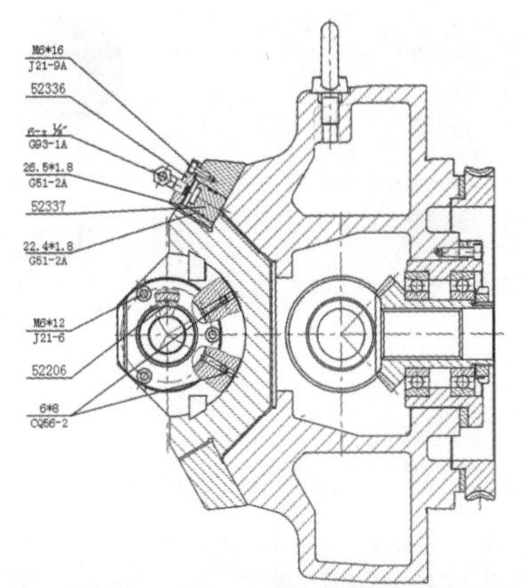

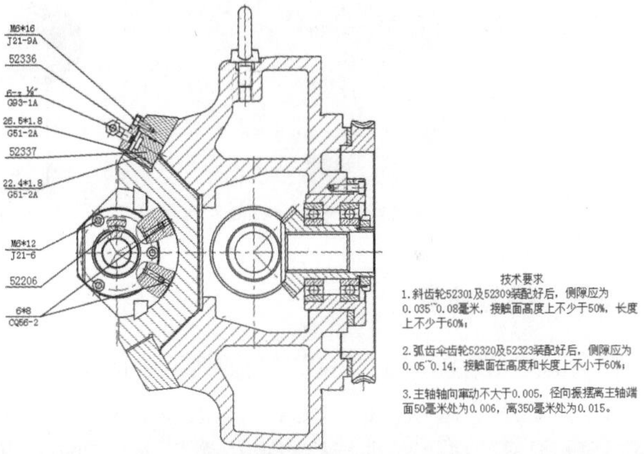

技术要求
1.斜齿轮52301及52309装配好后，侧隙应为0.035~0.08毫米，接触面高度上不少于50%，长度上不少于60%；

2.弧齿伞齿轮52320及52323装配好后，侧隙应为0.05~0.14，接触面在高度和长度上不小于60%；

3.主轴轴向窜动不大于0.005，径向振摆离主轴端面50毫米处为0.006，离350毫米处为0.015。

图 6-30　说明文字效果

6.3.2　编辑多行文本

如需对多行文本进行编辑，其操作与编辑单行文本是相似的，用 DDEDIT 命令和“特性”选项板即可。

1. 用 DDEDIT 命令编辑多行文本

在命令行中输入 DDEDIT 命令，按回车键，选择多行文本后，将会弹出“文字编辑器”选项卡和文本编辑框，如图 6-31 所示。在“文字编辑器”选项卡中，可对当前多行文字进行字体属性的设置，如图 6-32 所示。

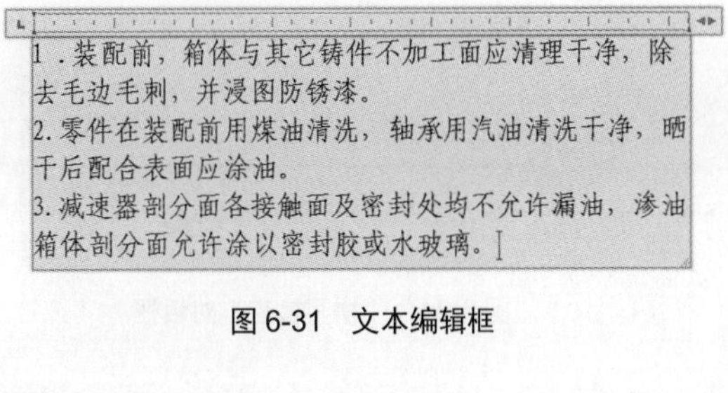

1．装配前，箱体与其它铸件不加工面应清理干净，除去毛边毛刺，并浸图防锈漆。
2. 零件在装配前用煤油清洗，轴承用汽油清洗干净，晒干后配合表面应涂油。
3. 减速器剖分面各接触面及密封处均不允许漏油，渗油箱体剖分面允许涂以密封胶或水玻璃。

图 6-31　文本编辑框

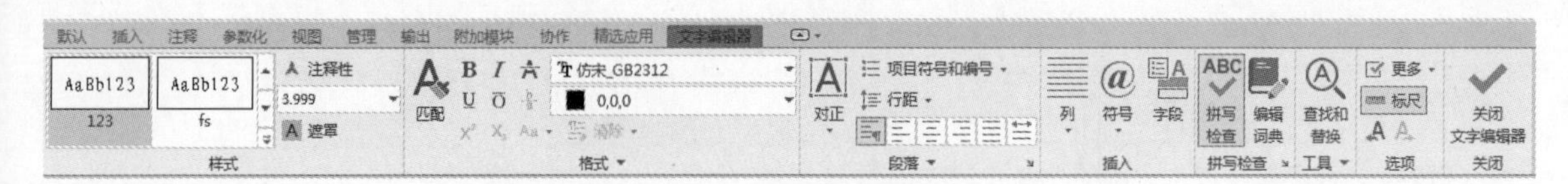

图 6-32　文字编辑器

2. 用“特性”选项板编辑多行文本

选取多行文本后右击，在打开的快捷菜单中选择“特性”选项，用户可在该选项板中设置多行文字的内容、文字高度、旋转角度、行间距等参数。

与单行文本的“特性”选项板不同的是，此选项板省略了“其他”选项组，在“文字”选项组中增加了“行距比例”“行间距”“行距样式”3 个选项，但缺少了“倾斜”和“宽度因子”选项，如图 6-33 所示。

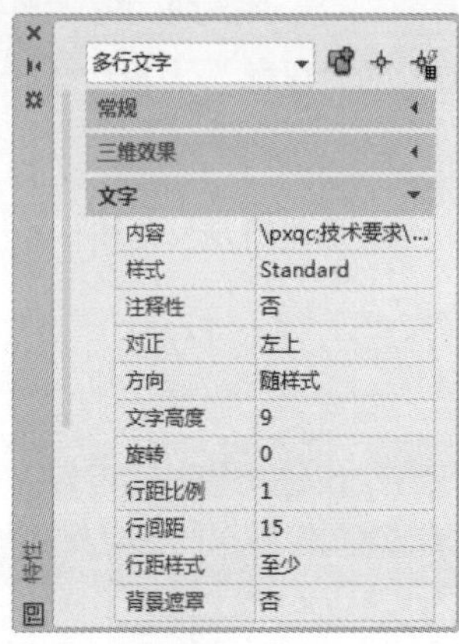
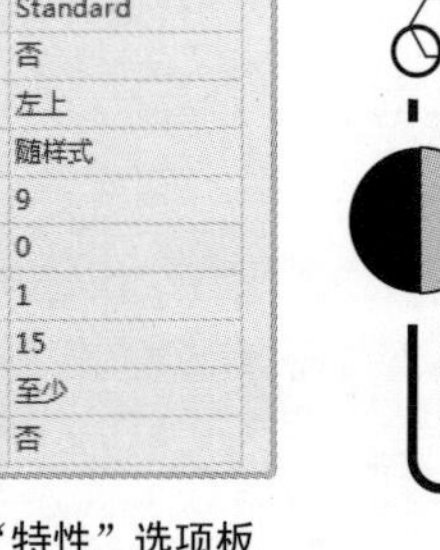

图 6-33　文字“特性”选项板

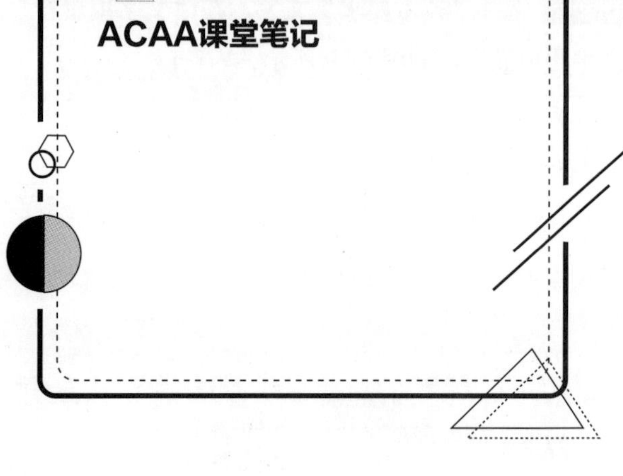

6.3.3　拼写检查

在 AutoCAD 中，用户可以对当前图形中的文字内容进行拼音检查。执行“工具”|“拼写检查”命令或在“注释”选项卡的“文字”面板中单击“拼写检查”按钮，都将打开“拼写检查”对话框，如图 6-34 所示。在“要进行检查的位置”下拉列表中设置要进行检查的位置，单击“开始”按钮，即可进行检查。

执行“编辑”|“查找”命令，打开“查找和替换”对话框，可以对已输入的一段文本中的部分文字进行查找和替换。单击“展开”按钮，可以展开“搜索选项”和“文字类型”选项组，如图 6-35 所示。

图 6-34　“拼写检查”对话框

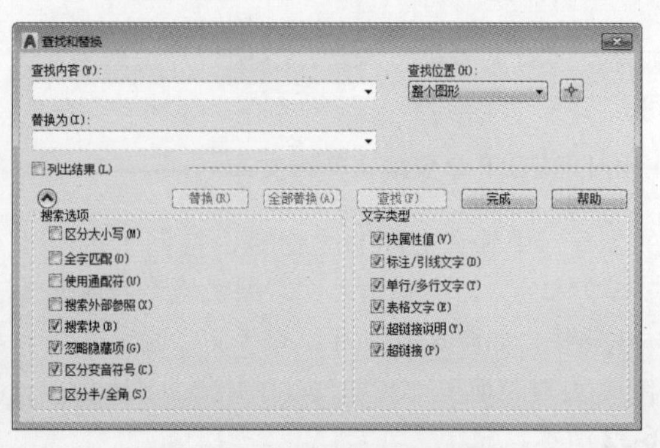

图 6-35　“查找和替换”对话框

6.4 创建与编辑表格

在制图过程中，常常会利用表格来标识图纸中所需要的参数，如占地面积、容积率、材料统计等。此时用户可使用表格功能，直接插入表格，而不需单独画线来制作表格。

■ 6.4.1 设置表格样式

在插入表格之前，通常需要对表格样式进行设定。其方法与设置文字样式相似，用户可以通过以下方式来设置表格样式：

◎ 在菜单栏中执行“格式”|“表格样式”命令。

◎ 在“默认”选项卡的“注释”面板中单击下拉箭头，再单击“表格样式”按钮。

◎ 在“注释”选项卡的“表格”面板中单击右下角箭头。

◎ 在命令行中输入命令 TABLESTYLE，然后按回车键。

通过以上任意一种方式，都可以打开“表格样式”对话框，如图 6-36 所示。在该对话框中，用户可通过单击“新建”按钮，新建表格样式；也可以通过单击“修改”按钮，修改当前表格样式。在打开的对话框中，用户可对表格的表头、数据以及标题样式进行设置，如图 6-37 所示。

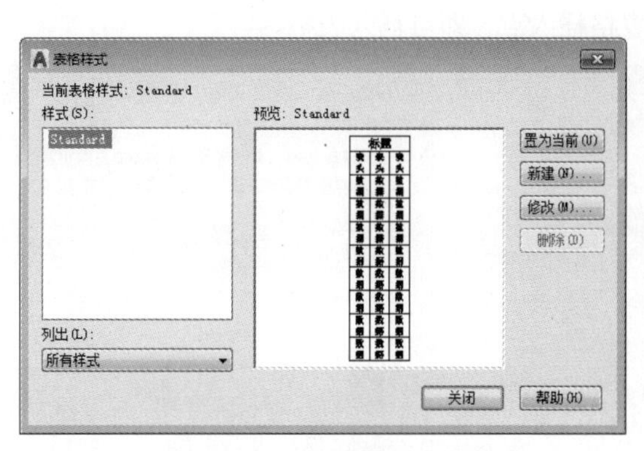

图 6-36 “表格样式”对话框

图 6-37 设置表格样式

■ 6.4.2 创建编辑表格

表格样式设置完成后，即可使用表格功能插入表格了。用户可通过以下方式执行表格插入操作。

◎ 在菜单栏中执行“绘图”|“表格”命令。

◎ 在“注释”选项卡的“表格”面板中单击“表格”按钮。

◎ 在“默认”选项卡的“注释”面板中单击“表格”。

◎ 在命令行中输入命令 TABLE，然后按回车键。

执行以上任意一种命令，都会打开“插入表格”对话框，在对话框中设置表格的列数和行数即可插入，如图 6-38 所示。

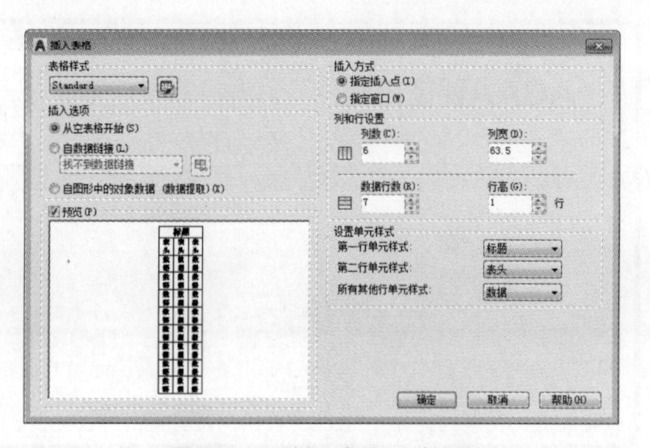

图 6-38 “插入表格”对话框

当表格创建完成后，用户可对表格进行编辑和修改操作。单击表格内部任意单元格，系统会打开“表格单元”选项卡，在该选项卡中，用户可根据需要对表格的行、列以及单元格样式等参数进行设置，如图 6-39 所示。

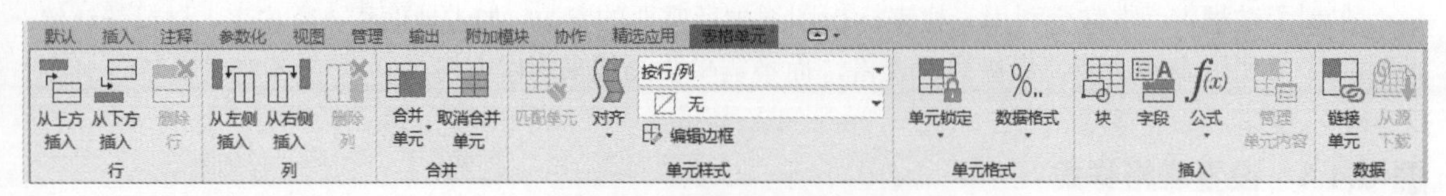

图 6-39 “表格单元”选项卡

6.4.3 调用外部表格

如果用户手中有 Excel 或其他电子表格数据的话，就可以直接调用，无须再手动创建。执行“绘图”|“表格”命令，在打开的“插入表格”对话框中勾选“自数据链接”单选按钮，并单击右侧的“数据链接管理器”按钮，其后在“选择数据链接”对话框中，选择“创建新的 Excel 数据链接”选项，打开“输入数据链接名称”对话框，输入文件名，如图 6-40 所示。

在“新建 Excel 数据链接：灯具列表”对话框中，单击“浏览”按钮，如图 6-41 所示。打开“另存为”对话框，选择所需插入的 Excel 文件，单击“打开”按钮，返回到上一层对话框，最后依次单击“确定”按钮，返回到绘图区，在绘图区指定表格插入点，即可插入表格。

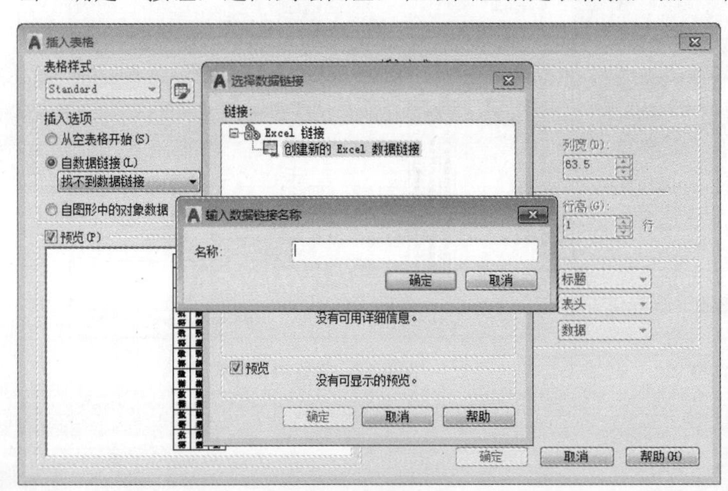

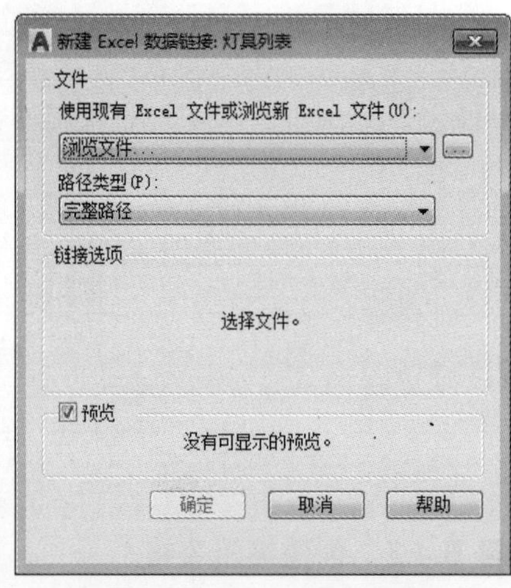

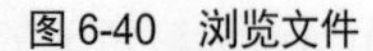
图 6-40 浏览文件

图 6-41 选择插入的 Excel 文件

课堂实战：绘制单元楼照明系统

下面将以电气系统图为例，介绍文字在电气设计图纸中的运用与操作。其中所运用到的文字命令有设置文字样式、创建多行文字、编辑多行文字等。

Step01 执行“矩形”命令，绘制 800mm×550mm 的矩形，如图 6-42 所示。

Step02 在“特性”选项板中，单击“线型”下拉按钮，选择“其他”选项，打开“线型管理器”对话框，单击“加载”按钮，如图 6-43 所示。

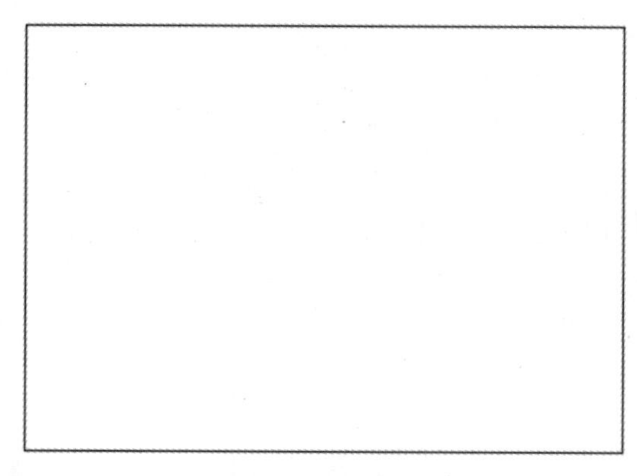

图 6-42 绘制矩形

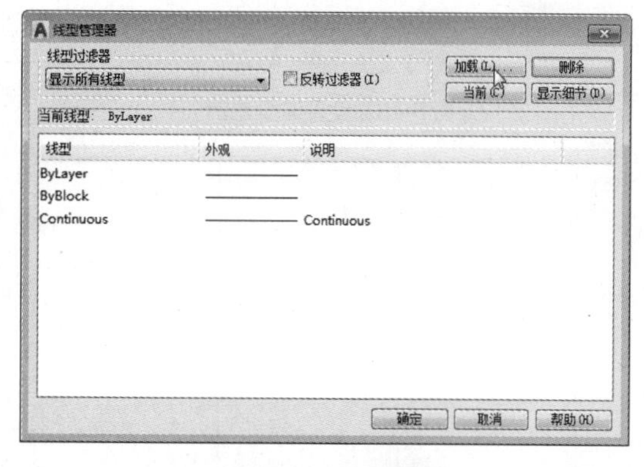

图 6-43 加载线型

Step03 在“加载或重载线型”对话框中，选择加载的线型，如图 6-44 所示。

Step04 单击“确定”按钮，返回到上一层对话框。选中加载后的线型，单击“确定”按钮，如图 6-45 所示。

图 6-44 选择线型

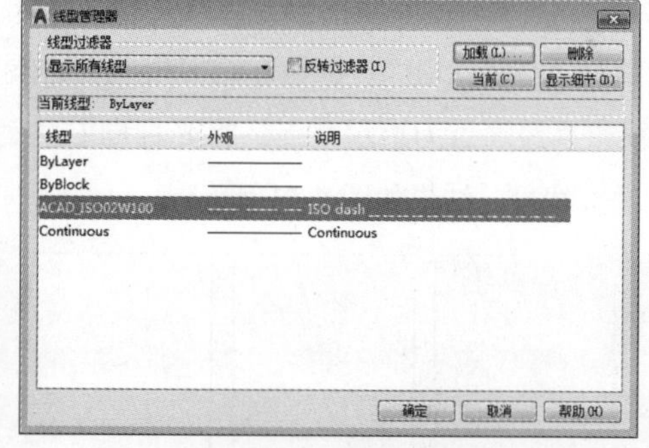

图 6-45 选择加载线型

Step05 选中矩形，在“特性”选项板中，单击“线型”下拉按钮，选择加载的线型，完成线型的更改操作。再次选中矩形，单击鼠标右键，选择“特性”选项，打开“特性”选项板，将“线型比例”设为 4，如图 6-46 所示。

Step06 设置好后，矩形线型已发生变化，结果如图 6-47 所示。

Step07 执行“分解”命令，将矩形进行分解。执行“定数等分”命令，将矩形上边线等分成 3 段。执行“直线”命令，绘制等分线，结果如图 6-48 所示。

Step08 执行“偏移”命令，将矩形边线向内分别偏移 28mm，同时将两条等分线向右偏移 28mm，结果如图 6-49 所示。

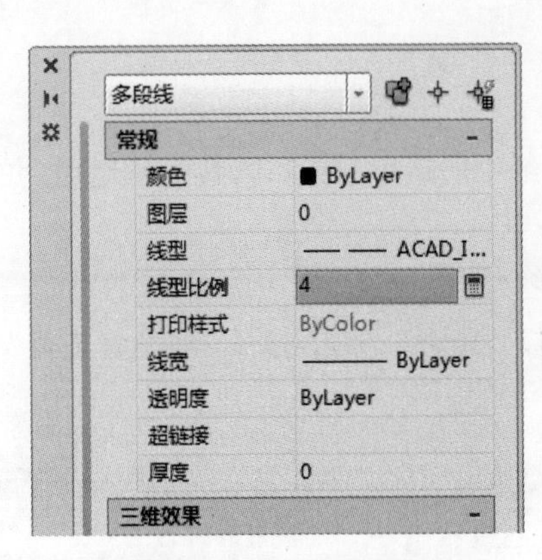

图 6-46　设置线型比例

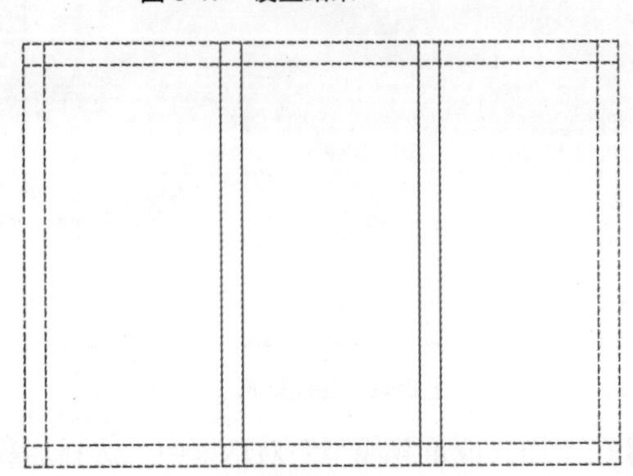

图 6-47　设置结果

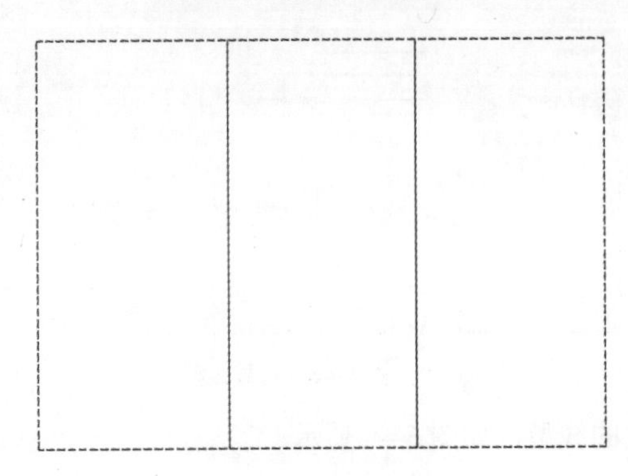

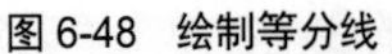

图 6-48　绘制等分线

图 6-49　偏移边线

Step09 执行“多段线”命令，将多段线线宽设为 0.7，以偏移后线段的两个交点为多段线起点与端点，绘制多段线。然后删除多余的偏移直线，结果如图 6-50 所示。

Step10 执行“直线”命令，以最左侧多段线上方端点为起点，绘制长 50mm 的水平直线，按回车键，然后捕捉该直线端点为追踪基点，将光标向右移动，并输入 25，指定下一直线的起点，绘制一条长 100mm 的直线段，结果如图 6-51 所示。

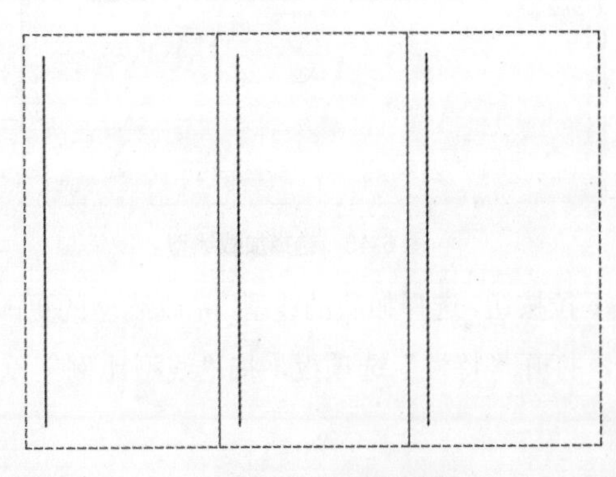

图 6-50　绘制多段线

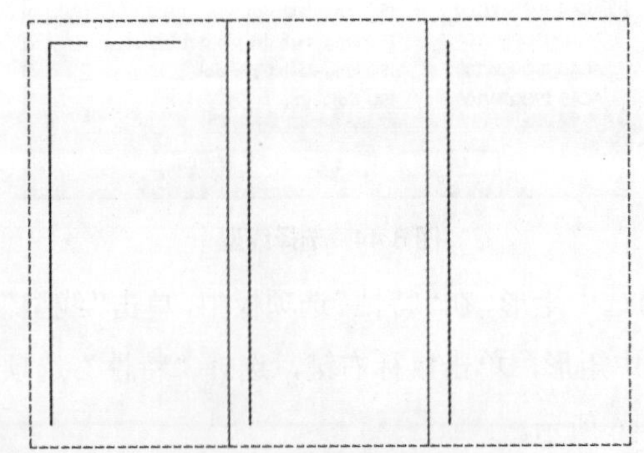

图 6-51　绘制两条水平直线

Step11 执行“直线”和“极轴追踪”命令，将增量角设为 15 度，以 100mm 直线的左端点为起点，将光标向左下角移动，并沿着 165° 辅助虚线绘制 26mm 的斜线，如图 6-52 所示。

Step12 执行“矩形”命令，绘制边长为 5mm 的正方形。执行“多段线”命令，绘制矩形两条对角线，其多段线的线宽为 0.5mm，结果如图 6-53 所示。

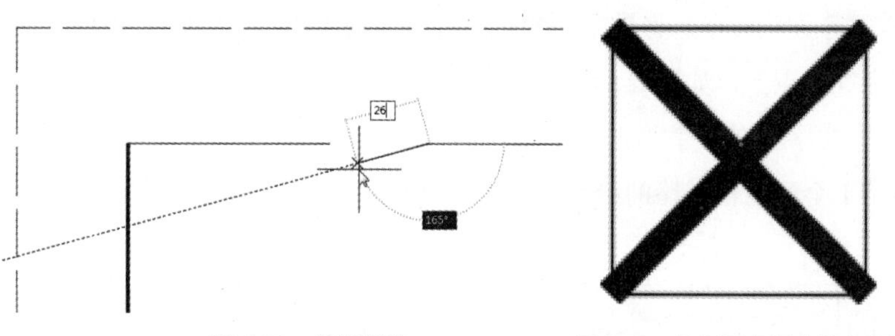

图 6-52 绘制斜线　　图 6-53 绘制两条相交的多段线

Step13 删除矩形边框，执行“移动”命令，将两条相交的多段线移至开关符号处，结果如图 6-54 所示。

Step14 执行“文字样式”命令，打开“文字样式”对话框，将“字体名”设为“仿宋”，将“高度”设为 7，单击“置为当前”按钮，如图 6-55 所示。

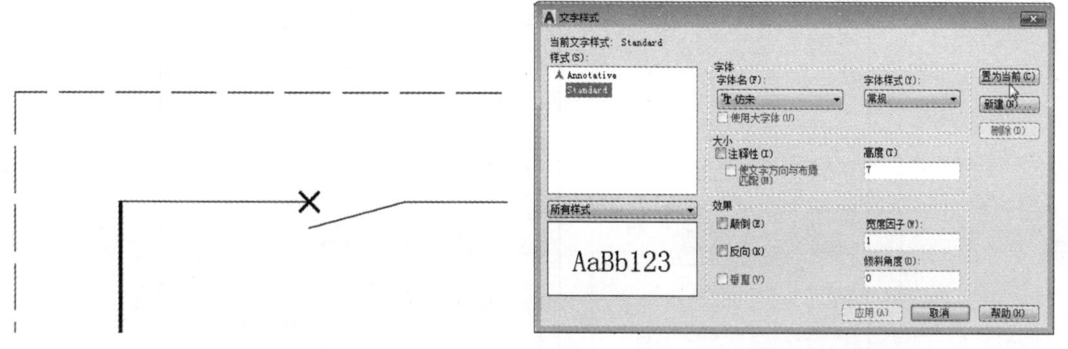

图 6-54 移动图形　　图 6-55 设置文字样式

Step15 执行“多行文字”命令，在图形上方合适位置，使用鼠标拖曳的方法，框选文字范围，如图 6-56 所示。

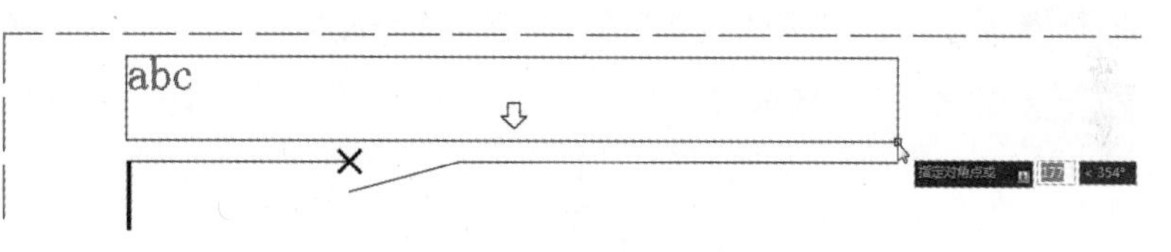

图 6-56 框选文字范围

Step16 在文字编辑器中，输入文字内容，如图 6-57 所示。

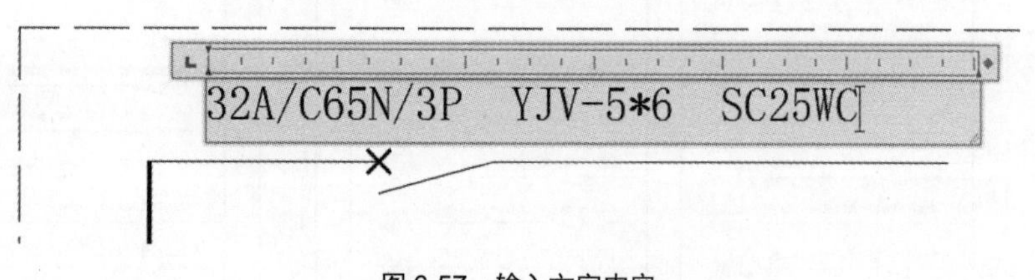

图 6-57 输入文字内容

Step17 输入完成后，单击绘图区空白处，完成输入操作。按照同样的方法，输入其他文字，并使用直线将其分隔，如图 6-58 所示。

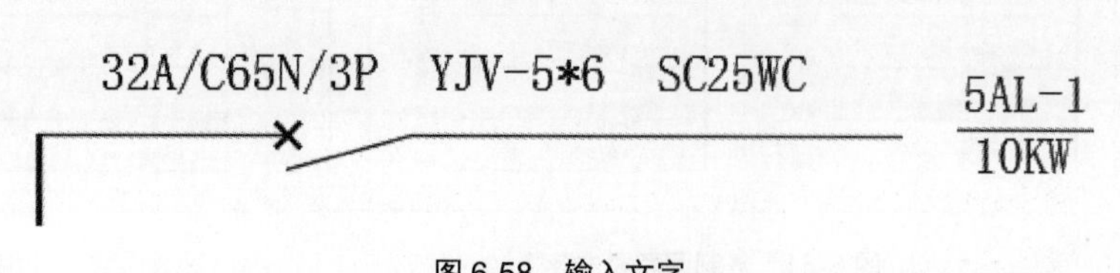

图 6-58 输入文字

Step18 执行“定数等分”命令，将最左侧的多段线等分成 14 段，并执行“复制”命令，将绘制好的回路与文字复制到等分点上，如图 6-59 所示。

Step19 双击复制的文字，在文字编辑器中输入新文字，单击空白处完成文本的修改操作，如图 6-60 所示。至此完成第 1 个配电箱回路的绘制。

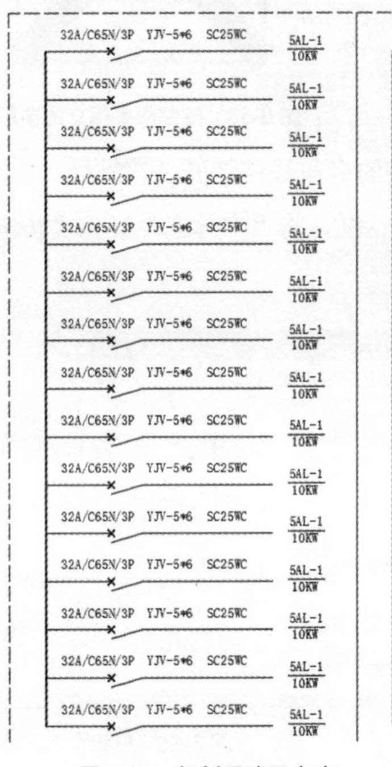

图 6-59　复制回路及文字

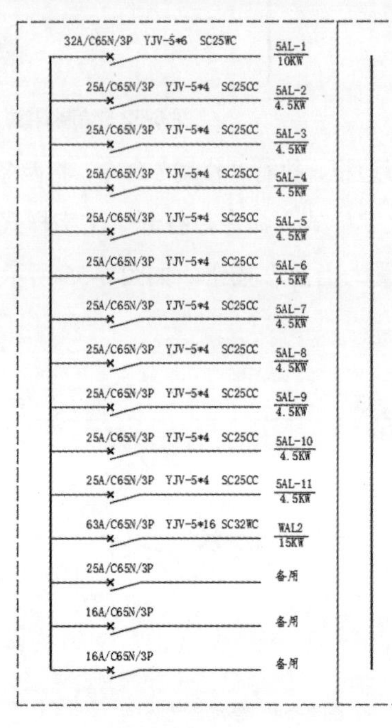

图 6-60　更改文字

Step20 执行“复制”和“修剪”命令，将第 1 个配电箱的回路复制到第 2 条多段线上，如图 6-61 所示。

Step21 删除第 2 个区域的第 1、2、13、14、15 这五条回路，并对竖直多段线进行修剪，完成第 2 个配电箱回路的绘制，如图 6-62 所示。

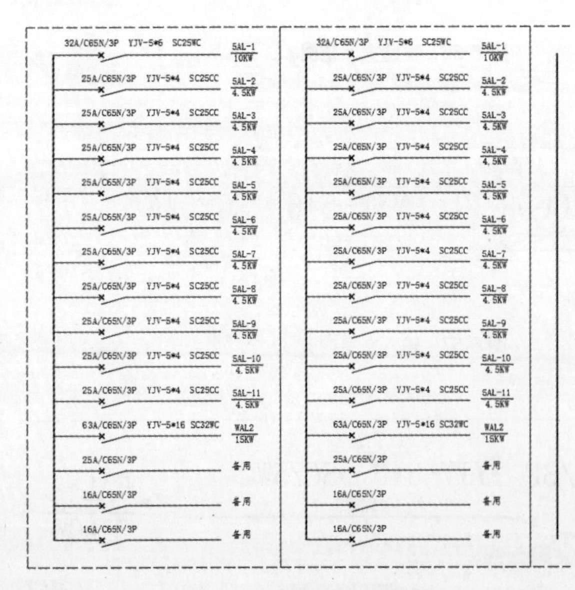

图 6-61　复制回路及文字

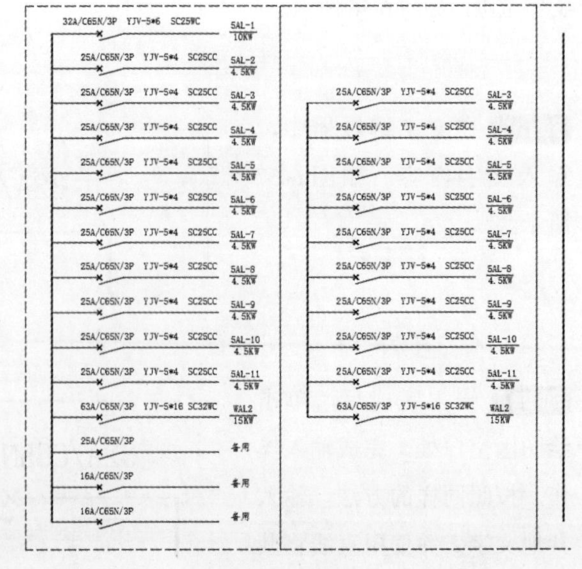

图 6-62　删除回路

Step22 修改第 2 个配电箱中的回路文字，如图 6-63 所示。

Step23 执行“复制”命令，将第 1 个配电箱中的回路及文字复制到第 3 条多段线上，并删除其 1、8、15 这三条回路及文字，完成第 3 个配电箱中回路的绘制，如图 6-64 所示。

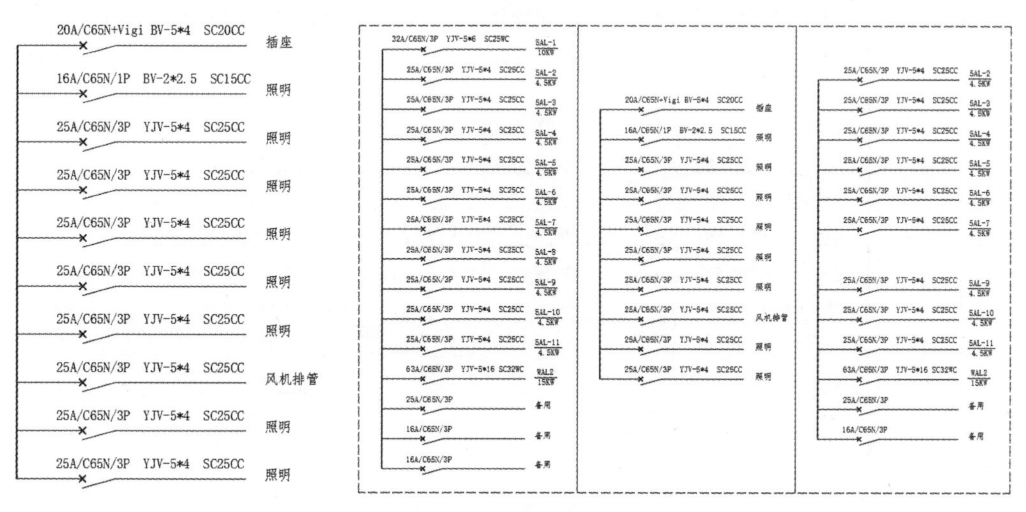

图 6-63 修改回路文字

图 6-64 复制并修改回路

Step24 修改第 3 个回路文字内容。执行“椭圆”命令，绘制漏电断路器，如图 6-65 所示。

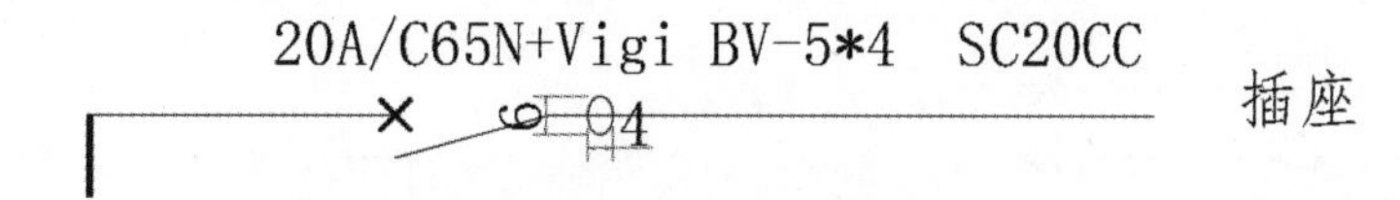

图 6-65 绘制漏电断路器

Step25 执行“复制”命令，将漏电断路器移至其他回路合适位置。删除矩形虚线与等分直线。

Step26 执行“复制”命令，复制回路图形至配电箱中点处，并使用“修剪”命令和“直线”命令修改复制的回路图形，结果如图 6-66 所示。

Step27 执行“多行文字”命令，添加文本内容。完成隔离开关图形的绘制，结果如图 6-67 所示。

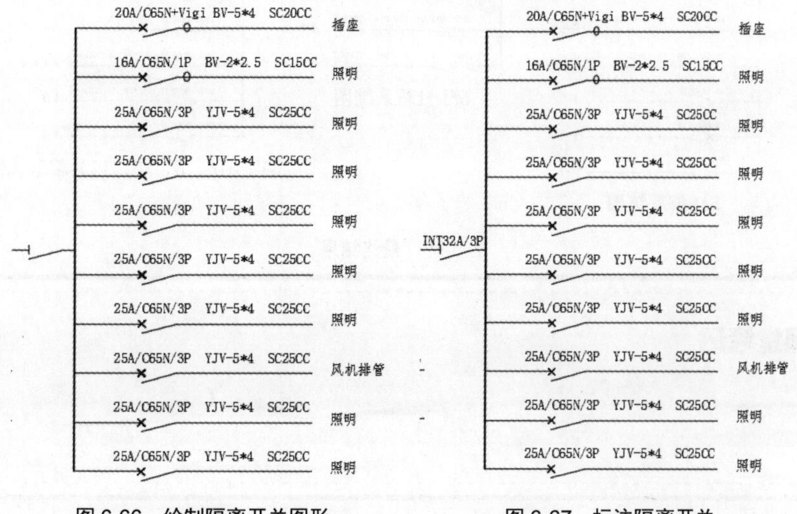

图 6-66 绘制隔离开关图形

图 6-67 标注隔离开关

Step28 复制隔离开关至其他配电箱中点处，并修改其文本标注，如图 6-68 所示。

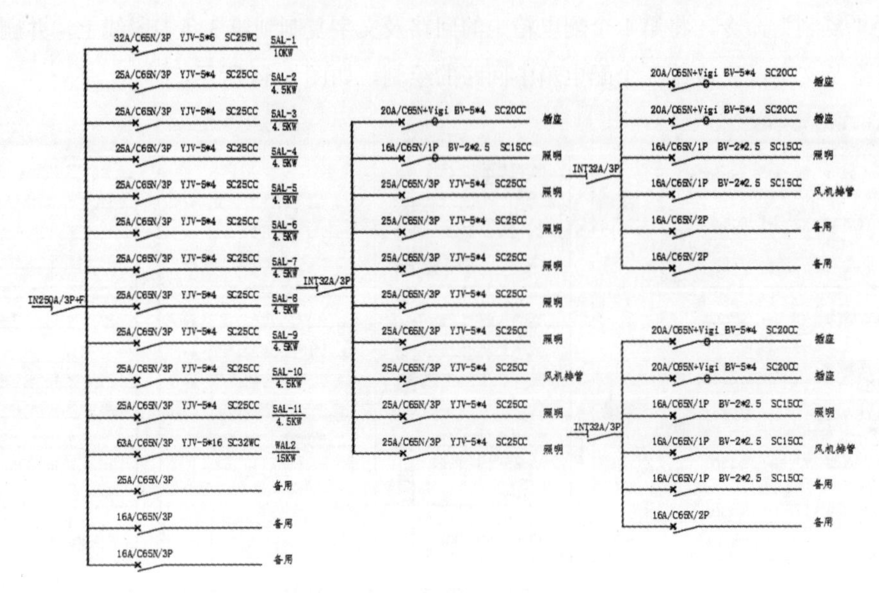

图 6-68 复制并修改隔离开关文本

Step29 继续执行“多行文字”命令，将文字高度设为 15，并将其加粗显示。为各配电箱标注名称，结果如图 6-69 所示。至此单元楼照明系统图已全部绘制完毕。

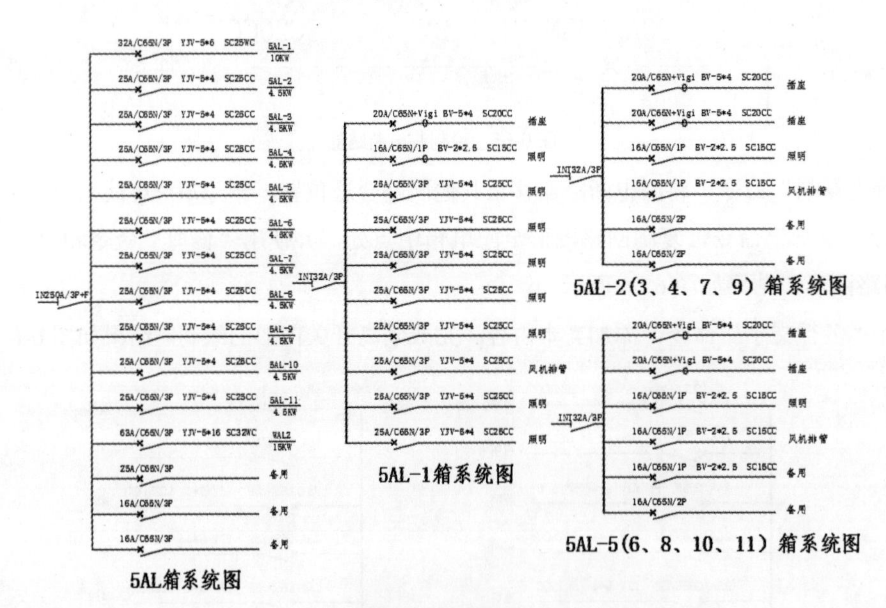

图 6-69 最终结果

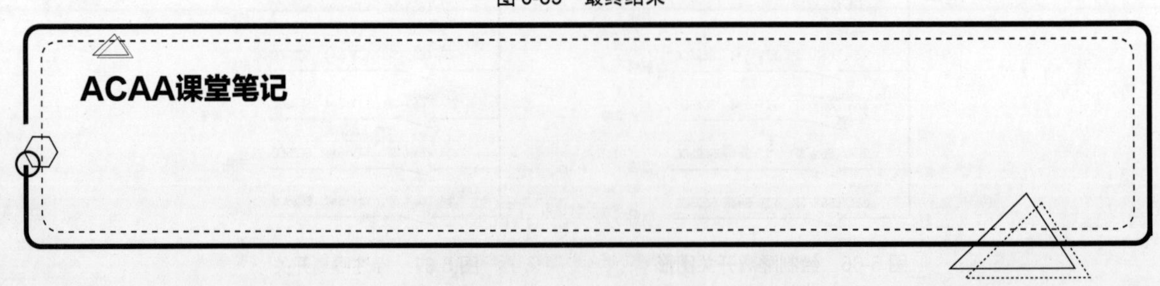

课后作业

为了让用户能够更好地掌握本章所学的知识内容，下面将安排一些 Autodesk 认证考试的参考试题，让用户可以对所学的知识进行巩固和练习。

一、填空题

（1）在“文字样式”对话框中，用户可以对文字样式进行“______”“______”“______”“______”的操作。

（2）想要修改单行文字的高度，可使用______或______进行设置。

（3）在进行文字注释时，如果需要插入直径符号，直接输入______即可。

二、选择题

（1）用“单行文字”命令输入正负符号时，应使用（　）。

A. %%D　　B. %%C　　C. %%P　　D. %%U

（2）以下哪种不是表格的单元格式数据类型？（　）

A. 百分比　　B. 时间　　C. 货币　　D. 点

（3）在设置文字样式的时候，设置了文字的高度，其效果是（　）。

A. 在输入单行文字时，可以改变文字高度

B. 输入单行文字时，不可以改变文字高度

C. 在输入多行文字时候，不能改变文字高度

D. 都能改变文字高度

（4）在“文字样式”对话框中，哪种文字效果是不能实现的？（　）

A. 颠倒　　B. 反向　　C. 垂直　　D. 阴影

三、操作题

（1）为户型图添加文字注释。

本实例将利用“单行文字”命令为一居室户型图添加文字注释，结果如图 6-70 所示。

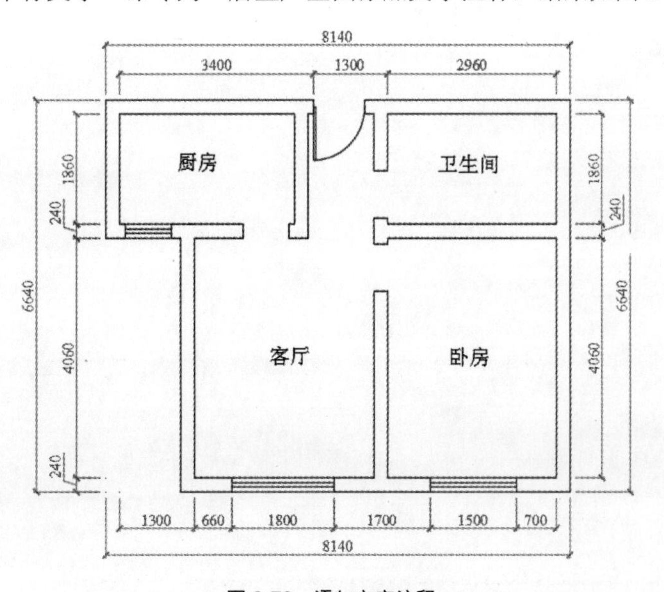

图 6-70　添加文字注释

操作提示：

Step01 执行“文字样式”命令，设定文字的样式。

Step02 执行“单行文字”命令，添加文字注释。

（2）创建灯具说明表。

本实例将利用“表格”命令来创建灯具说明表格，结果如图 6-71 所示。

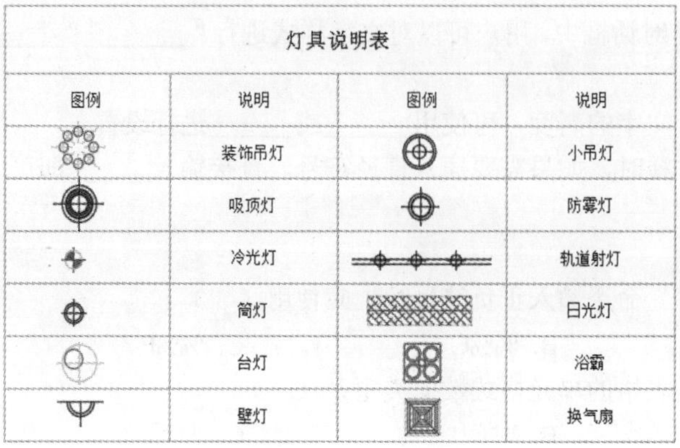

灯具说明表			
图例	说明	图例	说明
	装饰吊灯		小吊灯
	吸顶灯		防雾灯
	冷光灯		轨道射灯
	筒灯		日光灯
	台灯		浴霸
	壁灯		换气扇

图 6-71　创建灯具说明表

操作提示：

Step01 执行“表格”命令，插入 6 行 4 列表格。

Step02 按回车键依次输入表格内容。

Step03 插入灯具图块，即可完成表格的创建。

第7章 尺寸标注与编辑

内容导读

在图纸中添加尺寸标注，主要是为了方便浏览者快速地了解图形的真实大小和相互位置。尺寸标注是绘图设计过程中的一个重要环节，它是图形的测量注释。本章将向读者介绍尺寸标注在图纸中的应用，其中包括创建与设置标注样式、多重引线标注、编辑标注对象等内容。

学习目标

- 尺寸标注类型、引线
- 创建与设置标注样式
- 编辑标注对象
- 尺寸标注的规则与组成
- 尺寸标注关联性

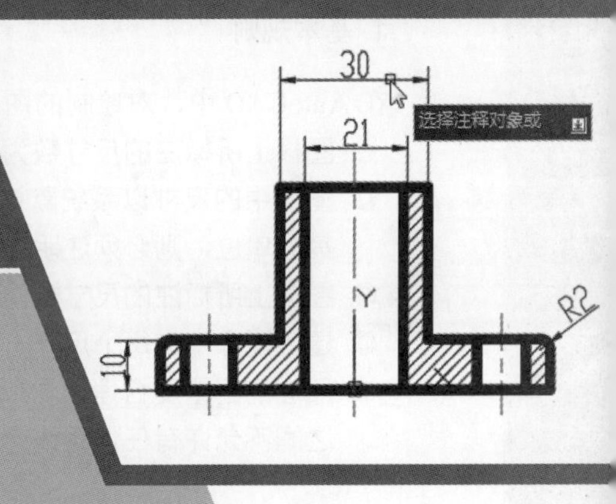

7.1 尺寸标注的规则与组成

尺寸标注是工程绘图设计中的一项重要内容，它描述了图形对象的真实大小、形状和位置，为生产施工提供了重要依据。下面将介绍标注的规则、尺寸标注的组成以及尺寸标注的一般步骤。

■ 7.1.1 尺寸标注的组成

一个完整的尺寸标注具有尺寸界线、尺寸线、尺寸起止符号和尺寸数字 4 个要素，如图 7-1 所示。

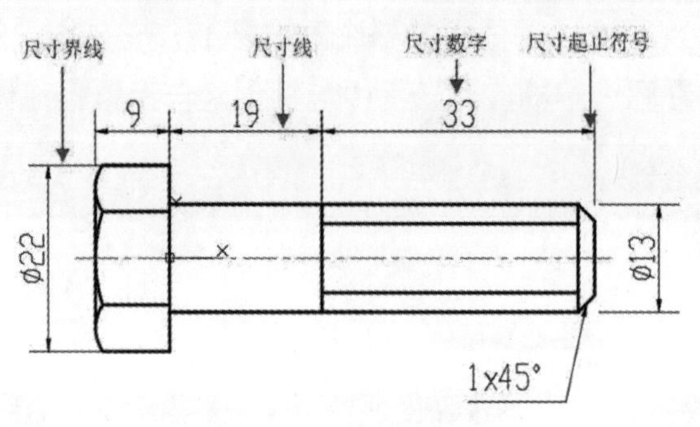

图 7-1 尺寸标注的组成

尺寸标注基本要素的作用与含义如下。

◎ 尺寸界线：也称为投影线，从被标注的对象延伸到尺寸线。尺寸界线一般与尺寸线垂直，特殊情况下也可以将尺寸界线倾斜。有时也用对象的轮廓线或中心线代替尺寸界线。

◎ 尺寸线：表示尺寸标注的范围。通常与所标注的对象平行，一端或两端带有终端号，如箭头或斜线，角度标注的尺寸线为圆弧线。

◎ 尺寸起止符号：位于尺寸线两端，用于标记标注的起始和终止位置。箭头的范围很广，既可以是短划线、点或其他标记，也可以是块，还可以是用户创建的自定义符号。

◎ 尺寸数字：用于指示测量的字符串，一般位于尺寸线上方或中断处。标注文字可以反映基本尺寸，也可以包含前缀、后缀和公差，还可以按极限尺寸形式标注。如果尺寸界线内放不下尺寸文字，AutoCAD 将会自动将其放到外部。

■ 7.1.2 尺寸标注的规则

国家标准《尺寸注法》（GB/4457.4-1984）中对尺寸标注时应遵循的有关规则作了明确规定。

1. 基本规则

在 AutoCAD 中，对绘制的图形进行尺寸标注时，应遵循以下 5 个规则：

◎ 图样上所标注的尺寸数为图形的真实大小，与绘图比例和绘图的准确度无关。

◎ 图形中的尺寸以系统默认值 mm（毫米）为单位时，不需要计算单位代号或名称；如果采用其他单位，则必须注明相应计量的代号或名称，如“度”的符号“°”和英寸“″”等。

◎ 图样上所标注的尺寸数值应为工程图形完工的实际尺寸，否则需要另外说明。

◎ 建筑图像中的每个尺寸一般只标注一次，并标注在最能清晰表现该图形结构特征的视图上。

◎ 尺寸的配置要合理，功能尺寸应该直接标注，尽量避免在不可见的轮廓线上标注尺寸，数字之间不允许有任何图线穿过，必要时可以将图线断开。

2. 尺寸数字

◎ 线性尺寸的数字一般应注写在尺寸线的上方，也允许标注在尺寸线的中断处。
◎ 线性尺寸数字的方向，以平面坐标系的 Y 轴为分界线，左侧按顺时针方向标注在尺寸线的上方，右侧按逆时针方向标注在尺寸线的上方，但在与 Y 轴正负方向成 30° 角的范围内不标注尺寸数字。在不引起误解时，也允许采用引线标注。但在一张图样中，应尽可能采用一种方法。
◎ 角度的数字一律写成水平方向，一般注写在尺寸线的中断处。必要时也可使用引线标注。
◎ 尺寸数字不可被任何图线通过，否则必须将该图线断开。

3. 尺寸线

◎ 尺寸线用细实线绘制，其终端可以使用箭头和斜线两种形式。箭头适用于各种类型的图样，但在实践中多用于机械制图；斜线多用于建筑制图。斜线用细实线绘制，当尺寸线的终端采用斜线形式时，尺寸线与尺寸界线必须相互垂直。
◎ 当尺寸线与尺寸界线相互垂直时，同一张图样中只能采用一种尺寸线终端的形式。当采用箭头时，如果空间地位不足，允许用圆点或斜线代替箭头。
◎ 标注线性尺寸时，尺寸线必须与所标注的线段平行。尺寸线不能用其他图线代替，一般也不得与其他图线重合或画在其延长线上。
◎ 标注角度时，尺寸线应画成圆弧，其圆心是该角的顶点。
◎ 当对称机件的图形只画出一半或略大于一半时，尺寸线应略超过对称中心线或断裂处的边界线，此时仅在尺寸线的一端画出箭头。

4. 尺寸界线

◎ 尺寸界线用细实线绘制，并应由图形的轮廓线、轴线或对称中心线处引出。也可利用轮廓线、轴线或对称中心线作尺寸界线。
◎ 当表示曲线轮廓上各点的坐标时，可将尺寸线或其延长线作为尺寸界线。
◎ 尺寸界线一般应与尺寸线垂直，必要时才允许倾斜。在光滑过渡处标注尺寸时，必须用细实线将轮廓线延长，从它们的交点处引出尺寸界线。
◎ 标注角度的尺寸界线应径向引出。标注弦长或弧长的尺寸界线应平行于该弦的垂直平分线，当弧度较大时，可沿径向引出。

5. 标注尺寸的符号

◎ 标注直径时，应在尺寸数字前加注符号“Φ”；标注半径时，应在尺寸数字前加注符号“R”；标注球面的直径或半径时，应在符号“Φ”或“R”前再加注符号“S”。
◎ 标注弧长时，应在尺寸数字上方加注符号“⌒”。
◎ 标注参考尺寸时，应将尺寸数字外加上圆括弧。
◎ 当需要指明半径尺寸是由其他尺寸所确定时，应用尺寸线和符号“R”标出，但不要注写尺寸数。

注意事项

尺寸标注中的尺寸线、尺寸界线用细实线。尺寸数字中的数据不一定是标注对象的图上尺寸，因为有时使用了绘图比例。

7.1.3 创建尺寸标注的步骤

尺寸标注是一项系统化的工作，涉及尺寸线、尺寸界线、指引线所在的图层、尺寸文本的样式、尺寸样式、尺寸公差样式等。在 AutoCAD 中对图形进行尺寸标注时，通常按以下步骤进行。

（1）创建或设置尺寸标注图层，将尺寸标注在该图层上。

（2）创建或设置尺寸标注的文字样式。

（3）创建或设置尺寸标注样式。

（4）使用对象捕捉等功能，对图形中的元素进行相应的标注。

（5）设置尺寸公差样式。

（6）标注带公差的尺寸。

（7）设置形位公差样式。

（8）标注形位公差。

（9）修改调整尺寸标注。

7.2 创建与设置标注样式

默认情况下，尺寸标注的样式是要进行必要的设置的，如标注箭头样式、文字样式、尺寸界线样式等。这些设置可以在“标注样式管理器”对话框中进行操作。用户可以通过以下方法调出该对话框。

◎ 在菜单栏中执行“格式”|“标注样式”命令。

◎ 在“默认”选项卡的“注释”面板中单击“标注样式”按钮。

◎ 在“注释”选项卡的“标注”面板中单击右下角箭头。

◎ 在命令行中输入快捷命令 DIMSTYLE，然后按回车键。

执行以上任意一种操作，都将打开“标注样式管理器”对话框，如图 7-2 所示。在该对话框中可以创建新的标注样式，也可以对已定义的标注样式进行设置。

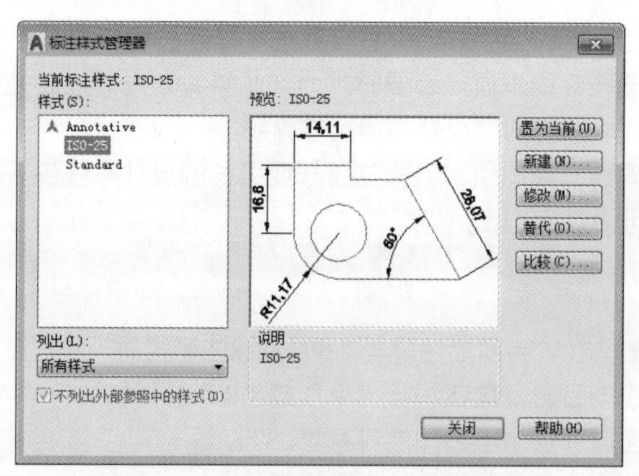

图 7-2 “标注样式管理器”对话框

对话框中各选项的含义介绍如下。

◎ 样式：列出图形中的标注样式，当前样式亮显。在列表中单击鼠标右键，可显示快捷菜单，用于设定样式置为当前、重命名样式和删除样式。不能删除当前样式或当前图形使用的样式。

◎ 列出：在“样式”列表中控制样式显示。如果要查看图形中所有的标注样式，选择“所有样式”选项。如果只希望查看图形中当前使用的标注样式，则选择“正在使用的样式”选项。

◎ 预览：显示“样式”列表中选定样式的图示。

◎ 置为当前：将在“样式”下选定的标注样式设定为当前标注样式，当前样式将应用于所创建的标注。

◎ 新建：显示“创建新标注样式”对话框，从中可以定义新的标注样式。

◎ 修改：显示“修改标注样式”对话框，从中可以修改标注样式。对话框选项与“新建标注样式”对话框中的选项相同。

◎ 替代：显示“替代当前样式”对话框，从中可以设定标注样式的临时替代值。对话框选项与“新建标注样式”对话框中的选项相同。替代将作为未保存的更改结果显示在“样式”列表中的标注样式下。

◎ 比较：显示“比较标注样式”对话框，从中可以比较两个标注样式或列出一个标注样式的所有特性。

7.2.1 新建标注样式

在“标注样式管理器”对话框中，单击“新建”按钮，可打开“创建新标注样式”对话框，如图7-3所示。

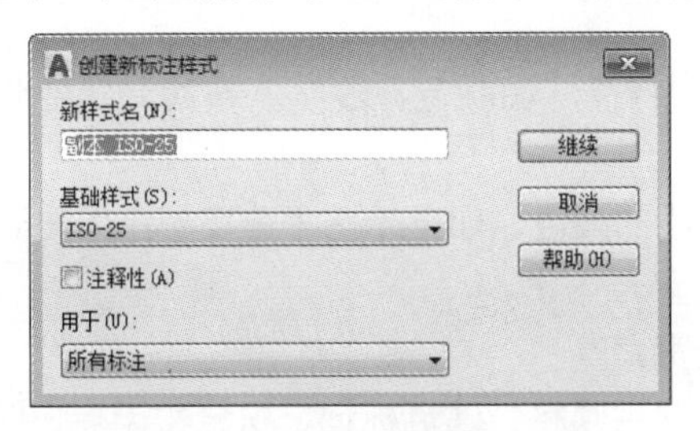

图7-3 “创建新标注样式”对话框

其中各选项的含义介绍如下。

◎ 新样式名：指定新的标注样式名。

◎ 基础样式：设定作为新样式基础的样式。对于新样式，仅更改那些与基础特性不同的特性。

◎ 用于：创建一种仅适用于特定标注类型的标注子样式。

◎ 继续：单击该按钮，可打开“新建标注样式”对话框，从中可以定义新的标注样式特性。

“新建标注样式”对话框中包含7个选项卡，在各个选项卡中可对标注样式进行相关设置，如图7-4、图7-5所示。

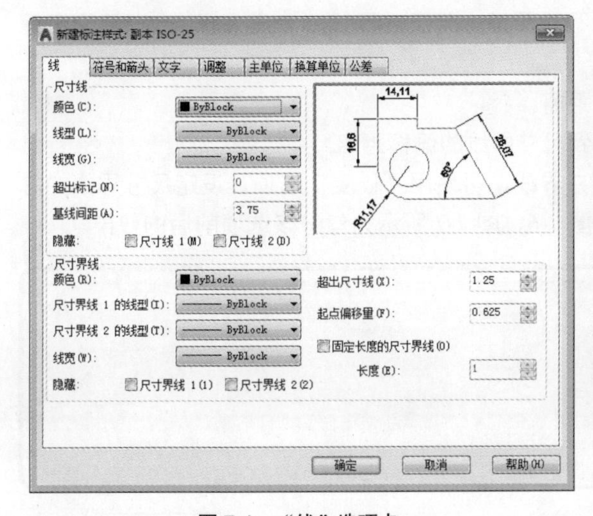

图7-4 “线”选项卡

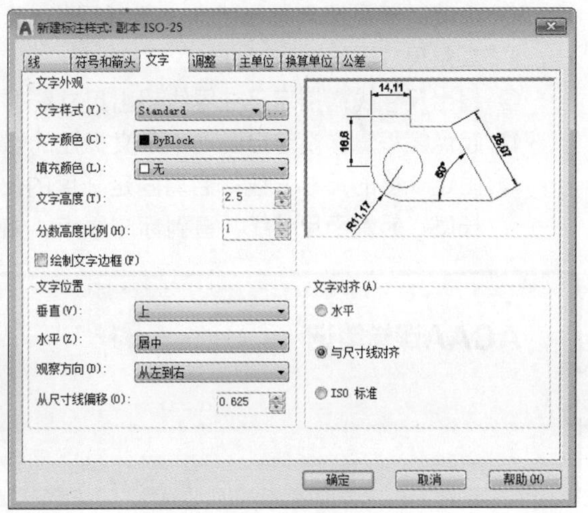

图7-5 “文字”选项卡

其中，各选项卡的功能介绍如下。

◎ 线：主要用于设置尺寸线、尺寸界线的相关参数。

◎ 箭头和符号：主要用于设定箭头、圆心标记、弧长符号和折弯半径标注的格式和位置。

◎ 文字：主要用于设置文字的外观、位置和对齐方式。

◎ 调整：主要用于控制标注文字、箭头、引线和尺寸线的放置。

◎ 主单位：主要用于设定主标注单位的格式和精度，并设定标注文字的前缀和后缀。

◎ 换算单位：主要用于指定标注测量值中换算单位的显示方式并设定其格式和精度。

◎ 公差：主要用于指定标注文字中公差的显示方式及格式。

7.2.2 线和箭头

在“线”和“符号和箭头”选项卡中，用户可以设置尺寸线、尺寸界线、圆心标记和箭头等内容。下面将对其重要参数进行简单说明。

1. 尺寸线

该选项组用于设置尺寸线的特性，如颜色、线宽、基线间距等特征参数，还可以控制是否隐藏尺寸线。

◎ 颜色：显示并设定尺寸线的颜色。如果单击“选择颜色”按钮，将显示“选择颜色”对话框。

◎ 线型：设定尺寸线的线型。

◎ 线宽：设定尺寸线的线宽。

◎ 超出标记：指定当箭头使用倾斜、建筑标记、积分和无标记时尺寸线超过尺寸界线的距离。

◎ 基线间距：设定基线标注的尺寸线之间的距离。

◎ 隐藏：不显示尺寸线。“尺寸线 1”不显示第一条尺寸线，“尺寸线 2”不显示第二条尺寸线。

2. 尺寸界线

该选项组用于控制尺寸界线的外观。可以设置尺寸界线的颜色、线宽、超出尺寸线、起点偏移量等特征参数。

◎ 尺寸界限 1 的线型：设定第一条尺寸界线的线型。

◎ 尺寸界限 2 的线型：设定第二条尺寸界线的线型。

◎ 隐藏：不显示尺寸界线。“尺寸界线 1”不显示第一条尺寸界线，“尺寸界线 2”不显示第二条尺寸界线。

◎ 超出尺寸线：指定尺寸界线超出尺寸线的距离。

◎ 起点偏移量：设定自图形中定义标注的点到尺寸界线的偏移距离。

◎ 固定长度的尺寸界线：启用固定长度的尺寸界线，可使用“长度”选项，设定尺寸界线的总长度，起始于尺寸线，直到标注原点。如图 7-6、图 7-7 所示为勾选该选项前后的效果。

ACAA课堂笔记

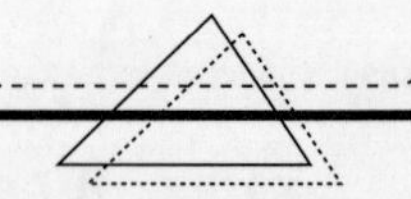

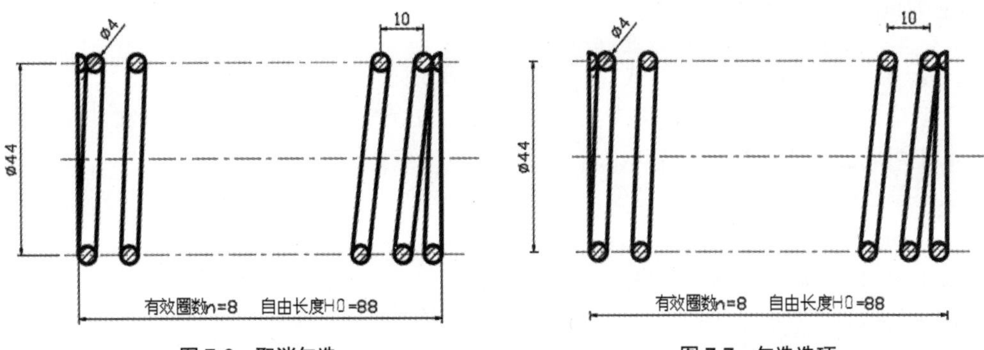

图 7-6 取消勾选　　图 7-7 勾选选项

3. 箭头

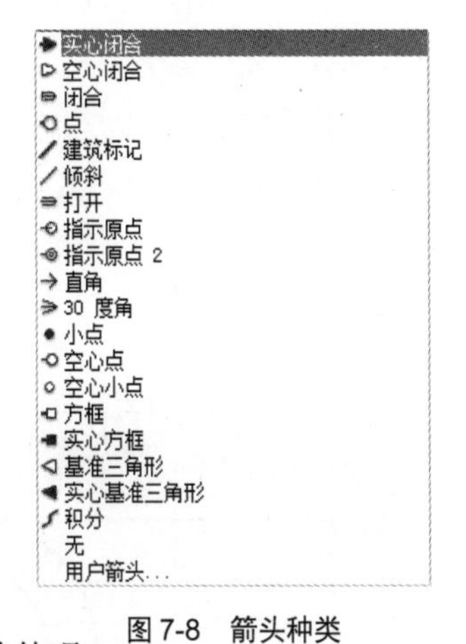

图 7-8 箭头种类

在“符号和箭头”选项卡的“箭头”选项组中，用户可以选择尺寸线和引线标注的箭头形式，还可以设置箭头的大小，共包含 21 种箭头类型，如图 7-8 所示。

◎ 第一个：设定第一条尺寸线的箭头。当改变第一个箭头的类型时，第二个箭头将自动改变以同第一个箭头相匹配。

◎ 第二个：设定第二条尺寸线的箭头。

◎ 引线：设定引线箭头。

4. 圆心标记

该选项组用于控制直径标注和半径标注的圆心标记和中心线的外观。

◎ 无：不创建圆心标记或中心线。

◎ 标记：创建圆心标记。选择该选项，圆心标记为圆心位置的小十字线。

◎ 直线：表示创建中心线。选择该选项时，表示圆心标记的标注线将延伸到圆外。

■ 7.2.3 文本

在“文字”选项卡中，用户可以设置标注文字的格式、位置和对齐，如图 7-9 所示。

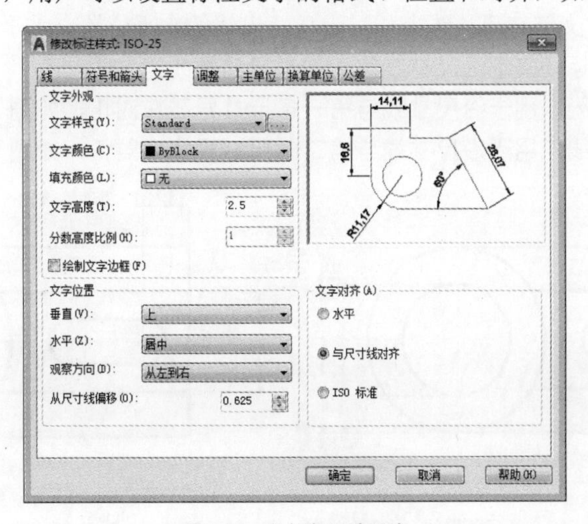

图 7-9 “文字”选项卡

1. 文字外观

该选项组用于控制标注文字的样式、颜色、高度等属性。

◎ 文字样式：列出可用的文本样式。单击后面的“文字样式”按钮，可显示“文字样式”对话框，从中可以创建或修改文字样式。

◎ 填充颜色：设定标注中文字背景的颜色。

◎ 分数高度比例：设定相对于标注文字的分数比例。在此处输入的值乘以文字高度，可确定标注分数相对于标注文字的高度。

2. 文字位置

在该选项组中，用户可以设置文字的垂直、水平位置、观察方向以及文字从尺寸线偏移的距离。

（1）垂直。

该选项用于控制标注文字相对尺寸线的垂直位置。垂直位置包括如下子选项。

◎ “居中”用于将标注文字放在尺寸线的两部分中间，如图 7-10 所示。

◎ “上方”用于将标注文字放在尺寸线上方，如图 7-11 所示。

◎ “外部”用于将标注文字放在尺寸线上远离第一个定义点的一边。

◎ “JIS”用于按照日本工业标准 (JIS) 放置标注文字。

◎ “下方”用于将标注文字放在尺寸线下方。

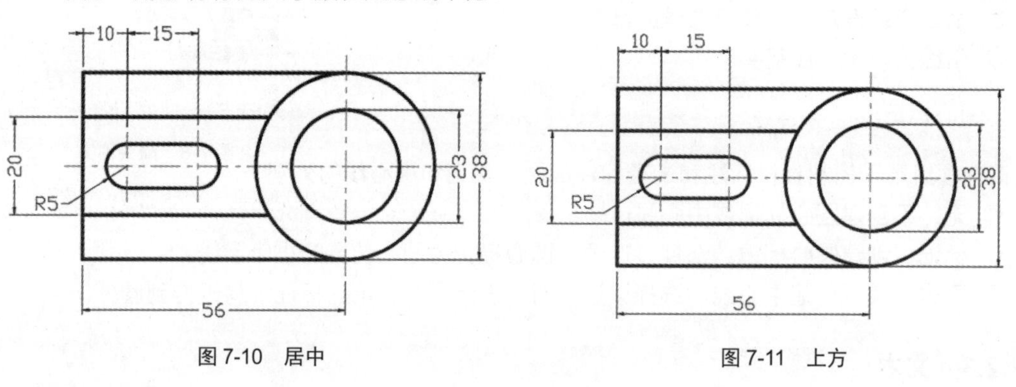

图 7-10　居中　　　　图 7-11　上方

（2）水平。

该选项用于控制标注文字在尺寸线上相对于尺寸界线的水平位置。水平位置子选项如下。

◎ “居中”用于将标注文字沿尺寸线放在两条尺寸界线的中间。

◎ “第一条尺寸界线”用于沿尺寸线与第一条尺寸界线左对正，如图 7-12 所示。

◎ “第二条尺寸界线”用于沿尺寸线与第二条尺寸界线右对正，如图 7-13 所示。

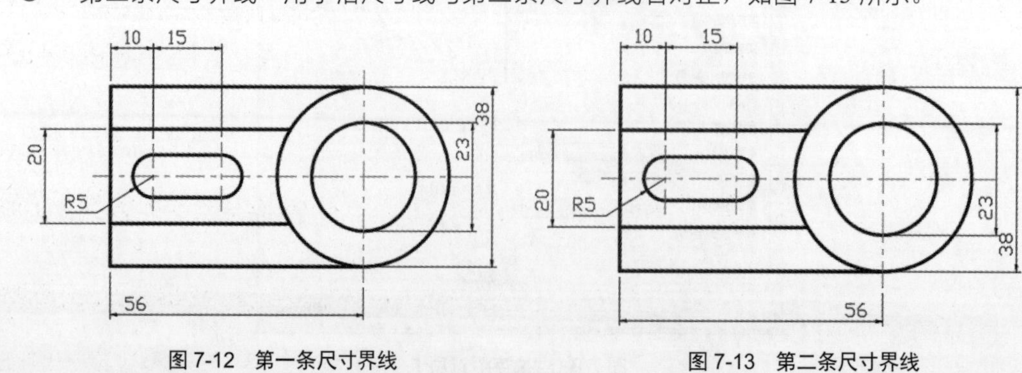

图 7-12　第一条尺寸界线　　　　图 7-13　第二条尺寸界线

◎ “第一条尺寸界线上方”用于沿第一条尺寸界线放置标注文字或将标注文字放在第一条尺寸界线之上。

◎ “第二条尺寸界线上方”用于沿第二条尺寸界线放置标注文字或将标注文字放在第二条尺寸界线之上。

（3）观察方向。

该选项用于控制标注文字的观察方向。“从左到右”选项是按从左到右阅读的方式放置文字，“从右到左”选项是按从右到左阅读的方式放置文字。

（4）从尺寸线偏移。

该选项用于设定当前文字间距，文字间距是指当尺寸线断开以容纳标注文字时标注文字周围的距离。

3. 文字对象

该选项组用于控制标注文字放置在尺寸界线外侧或里侧时的方向是保持水平还是与尺寸界线平行。

◎ 水平：水平放置文字。

◎ 与尺寸线对齐：文字与尺寸线对齐。

◎ ISO 标准：当文字在尺寸界线内时，文字与尺寸线对齐。当文字在尺寸界线外时，文字水平排列。

■ 7.2.4 调整

“调整”选项卡用于设置文字、箭头、尺寸线的标注方式、文字的标注位置和标注的特征比例等，如图 7-14 所示。

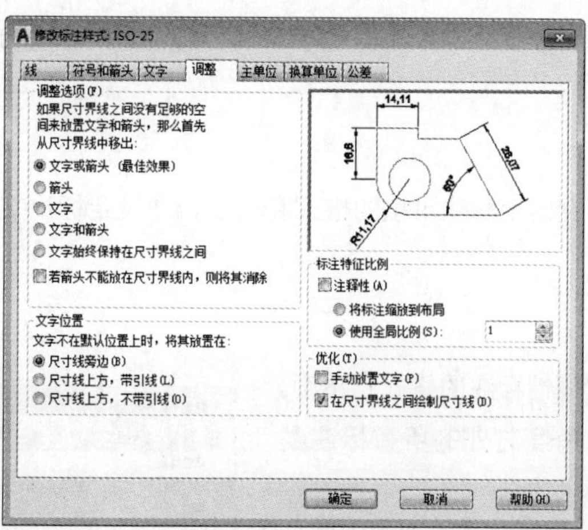

图 7-14 “调整”选项卡

1. 调整选项

该选项组用于控制尺寸界线之间可用空间的文字和箭头的位置。

◎ 文字或箭头（最佳效果）：按照最佳效果将文字或箭头移动到尺寸界线外。

◎ 箭头：先将箭头移动到尺寸界线外，然后移动文字。

◎ 文字：先将文字移动到尺寸界线外，然后移动箭头。

◎ 文字和箭头：当尺寸界线间距离不足以放下文字和箭头时，文字和箭头都移到尺寸界线外。

◎ 文字始终保持在尺寸界线之间：始终将文字放在尺寸界线之间。

◎ 若箭头不能放在尺寸界线内，则将其消除：如果尺寸界线内没有足够的空间，则不显示箭头。

2. 文字位置

该选项组用于设定标注文字从默认位置（由标注样式定义的位置）移动时标注文字的位置。

◎ 尺寸线旁边：如果选定，只要移动标注文字尺寸线就会随之移动，如图 7-15 所示。

◎ 尺寸线上方，带引线：如果选定，移动文字时尺寸线不会移动。如果将文字从尺寸线上移开，将创建一条连接文字和尺寸线的引线。当文字非常靠近尺寸线时，将省略引线，如图 7-16 所示。

◎ 尺寸线上方，不带引线：如果选定，移动文字时尺寸线不会移动。远离尺寸线的文字不与带引线的尺寸线相连，如图 7-17 所示。

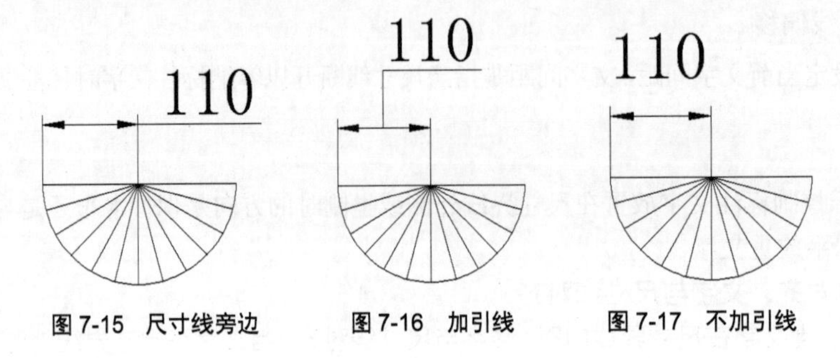

图 7-15　尺寸线旁边　　图 7-16　加引线　　图 7-17　不加引线

3. 标注特征比例

该选项组用于设定全局标注比例值或图纸空间比例。

4. 优化

该选项组用于提供可手动放置文字以及在尺寸界限之间绘制尺寸线的选项。

■ 7.2.5　主单位

“主单位”选项卡用于设定主标注单位的格式和精度，并设定标注文字的前缀和后缀，如图 7-18 所示。

1. 线性标注

该选项组主要用于设定线性标注的格式和精度。

◎ 单位格式：设定除角度之外的所有标注类型的当前单位格式。

◎ 精度：显示和设定标注文字中的小数位数。

◎ 分数格式：设定分数的格式。只有当单位格式为“分数”时，此选项才可用。

◎ 舍入：为除“角度”之外的所有标注类型设置标注测量值的舍入规则。如果输入 0.25，则所有标注距离都以 0.25 为单位进行舍入。如果输入 1.0，则所有标注距离都将舍入为最接近的整数。小数点后显示的位数取决于“精度”设置。

◎ 前缀：在标注文字中包含前缀。可以输入

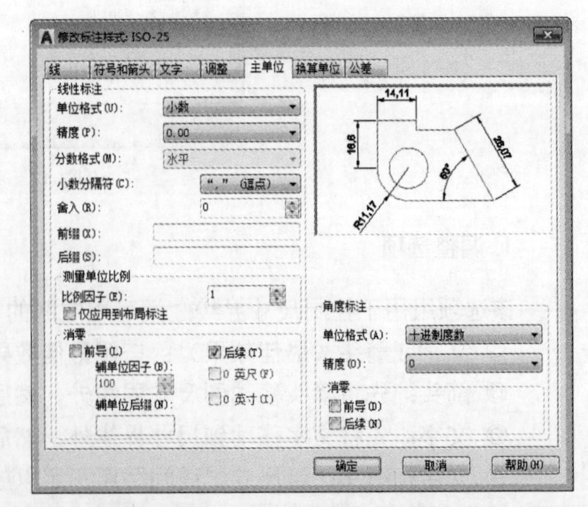

图 7-18　“主单位”选项卡

文字或使用控制代码显示特殊符号。

◎ 后缀：在标注文字中包含后缀。可以输入文字或使用控制代码显示特殊符号。

2. 测量单位比例

该选项组用于定义线性比例选项，并控制该比例因子是否仅应用到布局标注。

3. 消零

该选项组用于控制是否禁止输出前导零和后续零以及零英尺和零英寸部分。

◎ 前导：不输出所有十进制标注中的前导零。

◎ 辅单位因子：将辅单位的数量设定为一个单位。它用于在距离小于一个单位时以辅单位为单位计算标注距离。

◎ 辅单位后缀：在标注值子单位中包含后缀。 可以输入文字或使用控制代码显示特殊符号。

◎ 0 英尺：如果长度小于一英尺，则消除英尺 - 英寸标注中的英尺部分。

◎ 0 英寸：如果长度为整英尺数，则消除英尺 - 英寸标注中的英寸部分。

4. 角度标注

该选项组用于显示和设定角度标注的当前角度格式。

■ 7.2.6 换算单位

在“换算单位”选项卡中，可以设置换算单位的格式，如图 7-19 所示。设置换算单位的单元格式、精度、前缀、后缀和消零的方法，与设置主单位的方法相同，但该选项卡中有两个选项是独有的。

◎ 换算单位倍数：指定一个乘数，作为主单位和换算单位之间的转换因子使用。例如，要将英寸转换为毫米，则输入 25.4。此值对角度标注没有影响，而且不会应用于舍入值或者正、负公差值。

◎ 位置：该选项组用于控制标注文字中换算单位的位置。其中“主值后”选项用于将换算单位放在标注文字中的主单位之后。“主值下”用于将换算单位放在标注文字中的主单位下面。

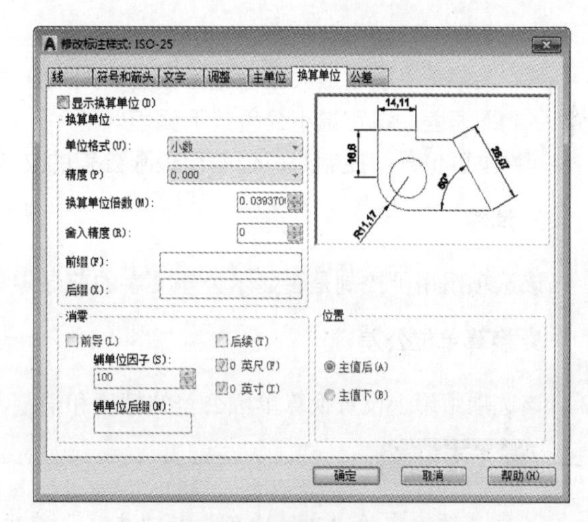

图 7-19 “换算单位”选项卡

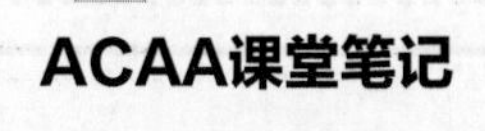

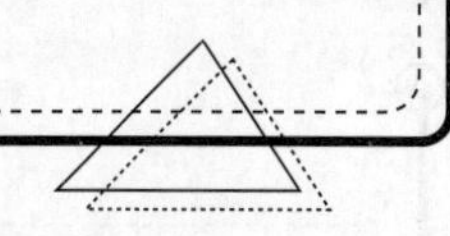

7.2.7 公差

在“公差”选项卡中，可以设置标注文字中公差的显示及格式，如图 7-20 所示。

1. 公差格式

该选项组用于设置公差的方式、精度、公差值、公差文字的高度与对齐方式等。

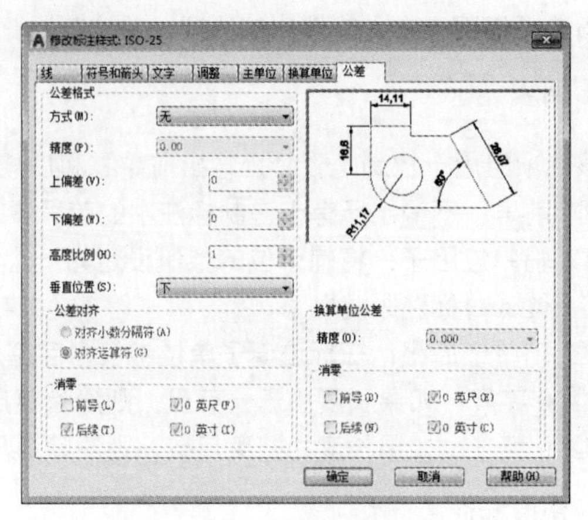

图 7-20 “公差”选项卡

◎ 方式：设定计算公差的方法。其中，“无”表示不添加公差。“对称”表示公差的正负偏差值相同，如图 7-21 所示。“极限偏差”表示公差的正负偏差值不相同，如图 7-22 所示。“极限尺寸”表示公差值合并到尺寸值中，并且将上界显示在下界的上方，如图 7-23 所示。“基本尺寸”表示创建基本标注，这将在整个标注范围周围显示一个框，如图 7-24 所示。

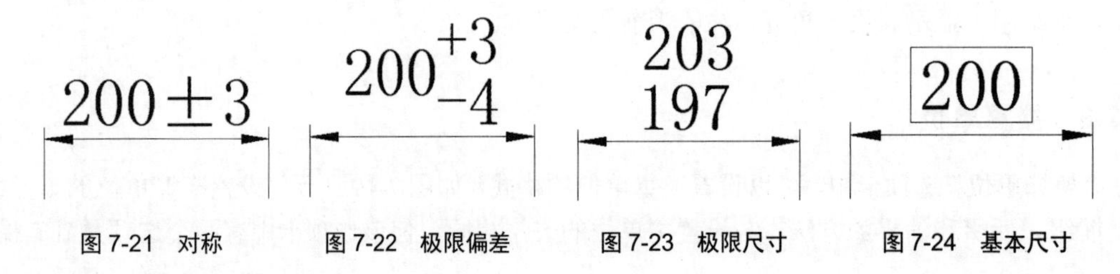

图 7-21 对称　　图 7-22 极限偏差　　图 7-23 极限尺寸　　图 7-24 基本尺寸

◎ 精度：设定小数位数。

◎ 上偏差：设定最大公差或上偏差。如果在“方式”中选择“对称”，则此值将用于公差。

◎ 下偏差：设定最小公差或下偏差。

◎ 垂直位置：控制对称公差和极限公差的文字对正。

2. 消零

该选项组用于控制是否显示公差文字的前导零和后续零。

3. 换算单位公差

该选项组用于设置换算单位公差的精度和消零。

注意事项

该选项卡中的“高度比例”与“文字”选项卡中的“分数高度比例”是相关联的，设置其中的任一处，另一处将会自动与之相同。

ACAA课堂笔记

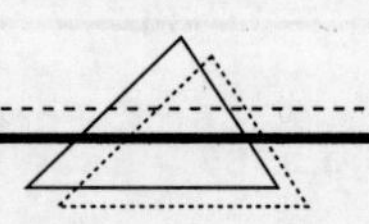

7.3 尺寸标注的类型

尺寸样式设置完成后，接下来用户就可以利用各种标注命令来为图形进行尺寸标注。AutoCAD 软件为用户提供了多种尺寸标注类型，它们可以在图形中标注任意两点间的距离、圆或圆弧的半径和直径、圆心位置、圆弧或相交直线的角度等。

7.3.1 线性标注

线性标注是最基本的标注类型，它可以在图形中创建水平、垂直或倾斜的尺寸标注。线性标注有 3 种类型，如图 7-25 所示。

- ◎ 水平：标注平行于 X 轴的两点之间的距离。
- ◎ 垂直：标注平行于 Y 轴的两点之间的距离。
- ◎ 旋转：标注指定方向上两点之间的距离。

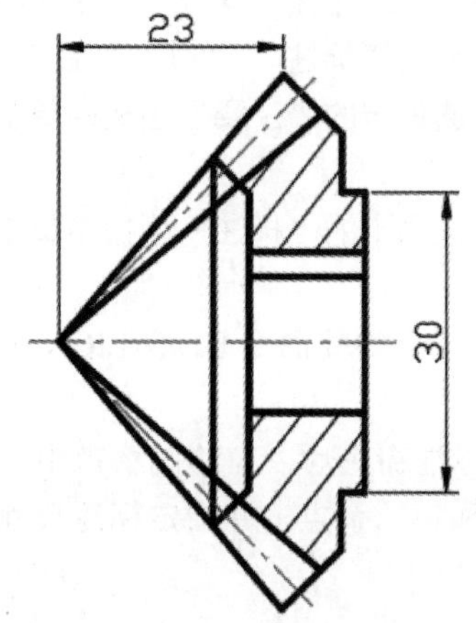

图 7-25　线性标注

用户可以通过以下方法执行“线性”标注命令。

- ◎ 执行“标注”|“线性”命令。
- ◎ 在“默认”选项卡的“注释”面板中单击“线性”按钮⊢⊣。
- ◎ 在“注释”选项卡的“标注”面板中单击“线性”按钮⊢⊣。
- ◎ 在命令行中输入快捷命令 DIMLINER，然后按回车键。

执行以上任意一种操作后，用户可以根据命令行中的提示信息，来进行标注。

命令行提示内容如下：

```
命令: _dimlinear
指定第一个尺寸界线原点或 <选择对象>:                    （指定直线标注第一点）
指定第二条尺寸界线原点:                                 （指定直线标注第二点）
创建了无关联的标注。
指定尺寸线位置或
[多行文字(M)/文字(T)/角度(A)/水平(H)/垂直(V)/旋转(R)]:  （指定尺寸界线的位置）
```

其中，命令行中主要选项的含义介绍如下。

- ◎ 第一个尺寸界线原点：指定第一条尺寸界线的原点之后，将提示指定第二条尺寸界线的原点。
- ◎ 指定尺寸线位置：AutoCAD 使用指定点定位尺寸线并且确定绘制尺寸界线的方向。指定位置之后，将绘制标注。
- ◎ 多行文字：显示在位文字编辑器，可用它来编辑标注文字。用尖括号（<|）表示生成的测量值。要给生成的测量值添加前缀或后缀，则在尖括号前后输入前缀或后缀。
- ◎ 文字：在命令提示下，自定义标注文字。生成的标注测量值显示在尖括号中。要包括生成的测量值，请用尖括号（<|）表示生成的测量值。如果标注样式中未显示换算单位，可以通过输入方括号（[ ]）来显示换算单位。
- ◎ 角度：用于设置标注文字（测量值）的旋转角度。

注意事项

在“选择对象”模式下，系统只允许用拾取框选择标注对象，不支持其他方式。选择标注对象后，AutoCAD 将自动把标注对象的两个端点作为尺寸界线的起点。

■ 7.3.2 对齐标注

对齐标注是指尺寸线平行于尺寸界线原点连成的直线，它是线性标注尺寸的一种特殊形式，如图 7-26 所示。

用户可以通过以下方法执行“对齐”标注命令。

◎ 在菜单栏中执行“标注”|“对齐”命令。

◎ 在“默认”选项卡的“注释”面板中单击“对齐”按钮。

◎ 在“注释”选项卡的“标注”面板中单击“对齐”按钮。

◎ 在命令行中输入快捷命令 DIMALIGNED，然后按回车键。

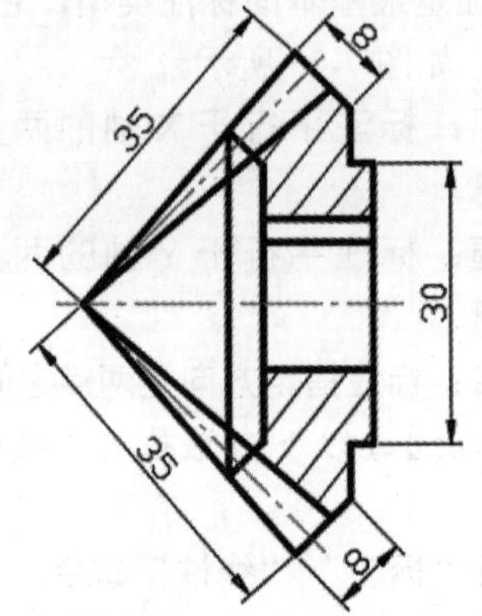

图 7-26 对齐标注

执行“对齐”标注命令后，在绘图窗口中，分别指定要标注的第一个点和第二个点，并指定标注尺寸位置，即可完成对齐标注。

命令行提示内容如下：

```
命令: _dimaligned
指定第一个尺寸界线原点或 <选择对象>:                (指定斜线标注第一点)
指定第二条尺寸界线原点:                              (指定斜线标注第二点)
指定尺寸线位置或
[多行文字(M)/文字(T)/角度(A)]:                      (指定尺寸界线的位置)
```

■ 7.3.3 基线标注

基线标注是从一个标注或选定标注的基线开始创建线性、角度或坐标标注。系统会使每一条新的尺寸线偏移一段距离，以避免与前一段尺寸线重合，如图 7-27 所示。

用户可以通过以下方法执行“基线”标注命令。

◎ 在菜单栏中执行“标注”|“基线”命令。

◎ 在“注释”选项卡的“标注”面板中单击“基线”按钮。

◎ 在命令行中输入命令 DIMBASELINE，然后按回车键。

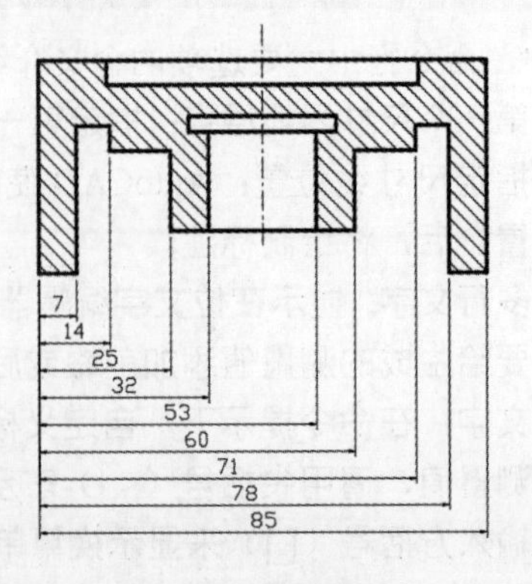

图 7-27 基线标注

执行以上任意一种操作后，系统将自动指定基准标注的第一条尺寸界线作为基线尺寸界线原点，然后用户根据命令行的提示指定第二条尺寸界线原点。选择完成后，将绘制基线标注并再次显示“指定第二条尺寸界线原点”提示。

命令行提示内容如下：

```
命令: _dimbaseline
选择基准标注:                                              (指定第一条尺寸界线)
指定第二个尺寸界线原点或 [选择(S)/放弃(U)] <选择>:          (指定第二条尺寸界线的位置)
```

■ 7.3.4 连续标注

连续标注可以创建一系列连续的线性、对齐、角度或坐标标注，每一个尺寸的第二个尺寸界线的原点是下一个尺寸的第一个尺寸界线的原点，在使用“连续标注”之前要标注的对象必须有一个尺寸标注，如图 7-28 所示。

通过下列方法可执行“连续”标注命令。

◎ 执行“标注”|“连续”命令。

◎ 在“注释”选项卡的“标注”面板中单击“连续”按钮。

◎ 在命令行中输入 DIMCONTINUE 命令，然后按回车键。

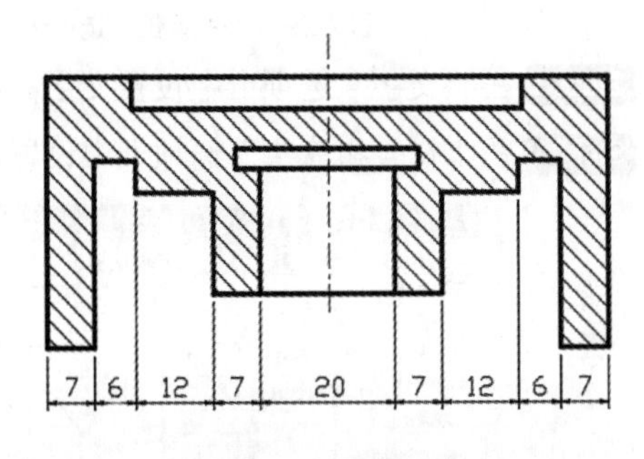

图 7-28 连续标注

执行以上任意一项操作后，系统会自动追踪到上一条尺寸界线，并将其作为下一条尺寸界线的原点，再根据命令行提示，指定下一条尺寸界线的端点，然后继续操作，直到结束，按 Esc 键取消操作即可。

命令行提示内容如下：

```
命令: _dimcontinue
选择基准标注:                                              (指定上一条尺寸界线)
指定第二个尺寸界线原点或 [选择(S)/放弃(U)] <选择>:          (指定下一个测量点)
```

■ 实例：为圆柱齿轮立面图添加尺寸标注

下面将用“线性”和“连续”命令来对圆柱直齿轮立面图添加尺寸标注。

Step01 打开素材文件，执行“格式”|“标注样式”命令，打开“标注样式”对话框，单击“修改”按钮，打开“修改标注样式”对话框，在“主单位”选项卡中设置标注“精度”为 0，如图 7-29 所示。

Step02 在“调整”选项卡中选中“文字始终保持在尺寸界线之间”单选按钮和“若箭头不能放在尺寸界线内，则将其消除”复选框，如图 7-30 所示。

ACAA课堂笔记

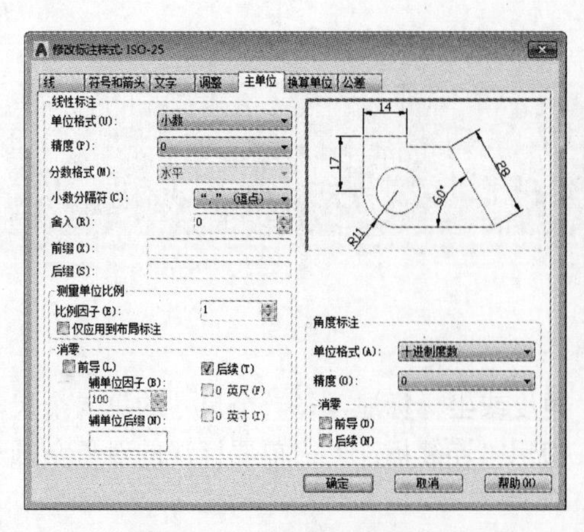

图 7-29 “主单位”选项卡

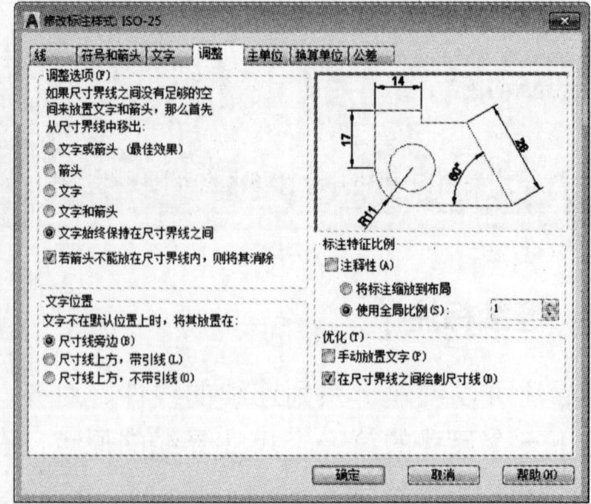

图 7-30 “调整”选项卡

Step03 在“文字”选项卡中设置文字高度和从尺寸线偏移值，如图 7-31 所示。

Step04 在“符号和箭头”选项卡中设置箭头类型为“实心闭合”，大小为 5，如图 7-32 所示。

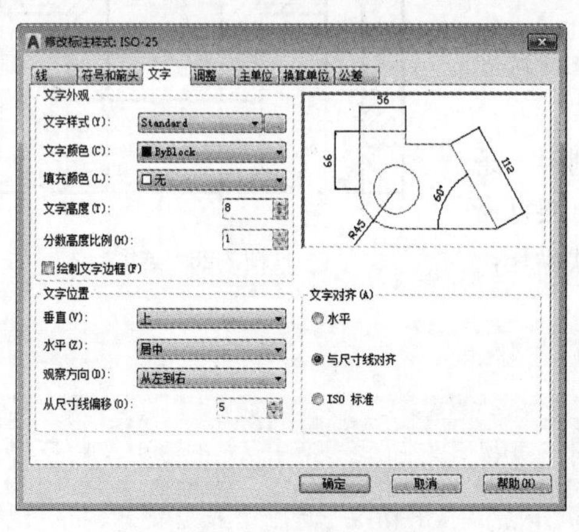

图 7-31 “文字”选项卡

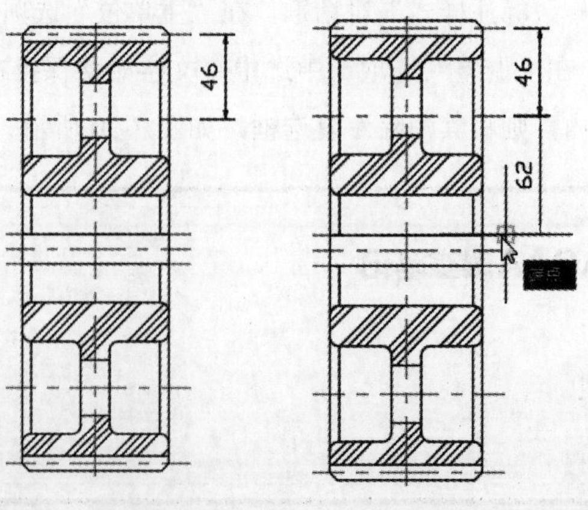

图 7-32 “符号和箭头”选项卡

Step05 在“线”选项卡中设置尺寸界线参数，具体参数如图 7-33 所示。

Step06 设置完毕依次单击“确定”按钮关闭对话框。执行“线性”命令，捕捉右侧两个中心线端点，创建线性标注，如图 7-34 所示。

Step07 执行“连续”命令，根据命令行的提示指定第二个尺寸界线原点，如图 7-35 所示。

图 7-33 “线”选项卡

图 7-34 创建线性标注 图 7-35 指定第二个尺寸界线原点

Step08 继续向下捕捉其他中心线端点，标注出其他尺寸线，如图 7-36 所示。

Step09 执行“线性”命令，标注齿轮立面图水平尺寸，如图 7-37 所示。

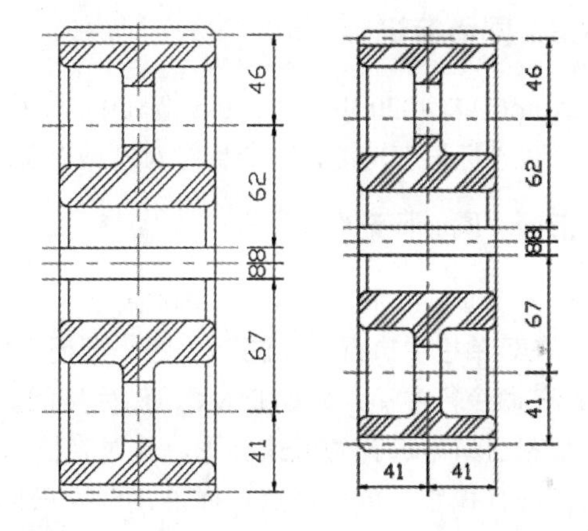

图 7-36 继续标注尺寸线　图 7-37 标注水平尺寸

7.3.5 半径 / 直径标注

半径标注主要是标注圆或圆弧的半径尺寸。用户可以通过以下方法执行“半径”标注命令。

◎ 在菜单栏中执行“标注”|“半径”命令。

◎ 在“注释”选项卡的“标注”面板中单击“半径”按钮。

◎ 在命令行中输入命令 DIMRADIUS，然后按回车键。

执行“半径”标注命令后，在绘图窗口中选择所需标注的圆或圆弧，并指定好标注位置，即可完成半径标注，如图 7-38 所示。

而直径标注主要用于标注圆或圆弧的直径尺寸。它的操作方法与半径相同。用户可以通过以下方法执行“直径”标注命令。

◎ 在菜单栏中执行“标注”|“直径”命令。

◎ 在“注释”选项卡的“标注”面板中单击“直径”按钮。

◎ 在命令行中输入命令 DIMDIAMETER，然后按回车键。

执行“直径”标注命令后，在绘图窗口中，选择要进行标注的圆或圆弧，并指定标注位置，即可创建出直径标注，如图 7-39 所示。

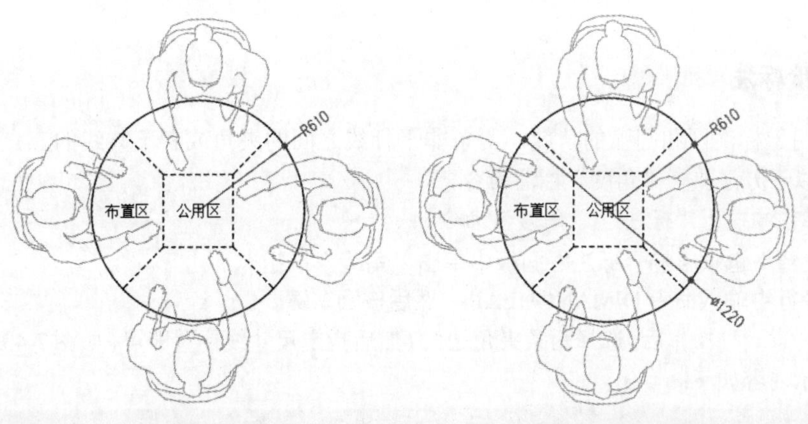

图 7-38 半径标注　图 7-39 直径标注

注意事项

当尺寸变量 DIMFIT 取默认值 3 时，半径和直径的尺寸线标注在圆外；当尺寸变量 DIMFIT 的值设置为 0 时，半径和直径的尺寸线标注在圆内。

7.3.6 圆心标记

在 AutoCAD 2020 中有两种标记圆心的方法，分别是老版本中的“圆心标记”功能以及新版本中的智能“圆心标记”功能，二者皆是对圆或圆弧进行中心标注。

1. 旧版“圆心标记”

用户可以通过以下方法执行“圆心标记”命令。

◎ 在菜单栏中执行“标注”|“圆心标记”命令。

◎ 在命令行中输入命令 DIMC，然后按回车键。

在绘图窗口中选择圆弧或圆形，此时在圆心位置将自动显示圆心十字标识，其大小可通过“标注样式”进行调整，可以用点、标记、直线三种样式显示，标记和直线样式效果如图 7-40、图 7-41 所示。

2. 智能“圆心标记”

用户可以通过以下方法执行智能“圆心标记”命令。

◎ 在“注释”选项卡的“中心线”面板中单击“圆心标记”按钮。

◎ 在命令行中输入命令 CENTERMARK，然后按回车键。

在绘图窗口中选择圆弧或圆形，此时在圆上将自动显示圆的中心线，中心线的端点超出圆或圆弧 3.5mm，如图 7-42 所示。

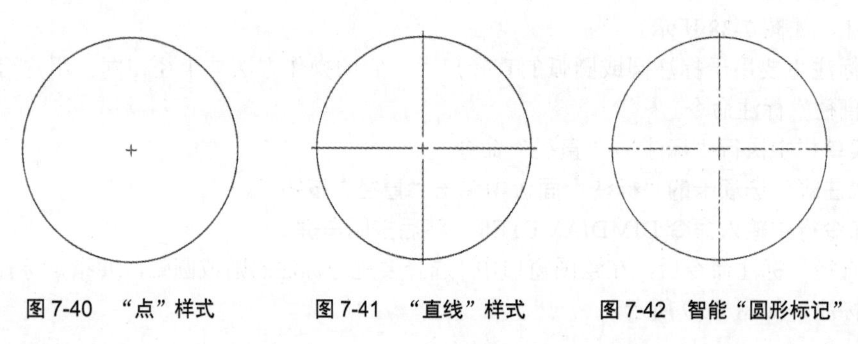

图 7-40 “点”样式　　图 7-41 “直线”样式　　图 7-42 智能“圆形标记”

7.3.7 角度标注

角度标注用于标注圆和圆弧的角度、两条非平行线之间的夹角或者不共线的三点之间的夹角。用户可以通过以下方法执行“角度”标注命令。

◎ 在菜单栏中执行“标注”|“角度”命令。

◎ 在“注释”选项卡的“标注”面板中单击“角度”按钮。

◎ 在命令行中输入命令 DIMANGULAR，然后按回车键。

执行以上任意一种操作后，选择两条夹角边线，然后指定尺寸线位置即可，如图 7-43、图 7-44 所示。

命令行提示内容如下：

```
命令: _dimangular
选择圆弧、圆、直线或 <指定顶点>:                          (选择两条夹角边线)
选择第二条直线:
指定标注弧线位置或 [多行文字(M)/文字(T)/角度(A)/象限点(Q)]:     (指定尺寸线位置)
标注文字 = 30
```

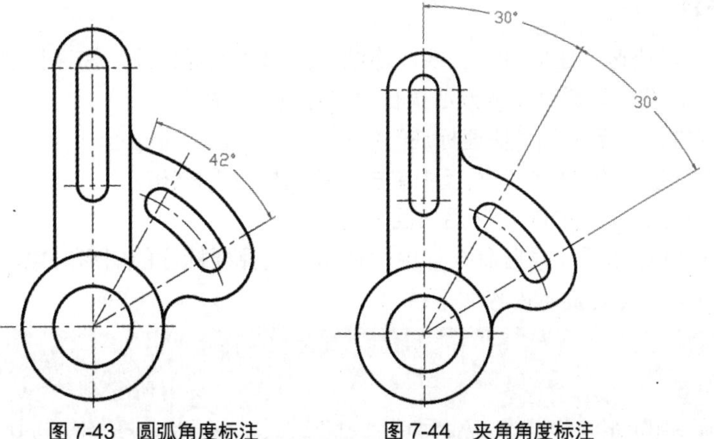

图 7-43　圆弧角度标注　　　图 7-44　夹角角度标注

7.3.8　坐标标注

在绘图过程中，绘制的图形并不能直接显示出点的坐标，那么就需要使用坐标标注。坐标标注主要是标注指定点的 X 坐标或者 Y 坐标。用户可以通过以下方法执行“坐标”标注命令。

◎ 在菜单栏中执行“标注”|“坐标”命令。

◎ 在“注释”选项卡的“标注”面板中单击“坐标”按钮。

◎ 在命令行中输入命令 DIMORDINATE，然后按回车键。

执行以上任意一种操作后，在图纸中指定坐标点，向上移动光标，则标注 Y 轴方向的坐标值，如图 7-45 所示。再次指定坐标点，向右移动光标，则可标注 X 轴方向的值，如图 7-46 所示。

命令行提示内容如下：

```
命令: _dimordinate
指定点坐标:                                                    （指定坐标点）
指定引线端点或 [X 基准(X)/Y 基准(Y)/多行文字(M)/文字(T)/角度(A)]:    （向X/Y轴方向移动，指定标注端点）
标注文字 = 28228
```

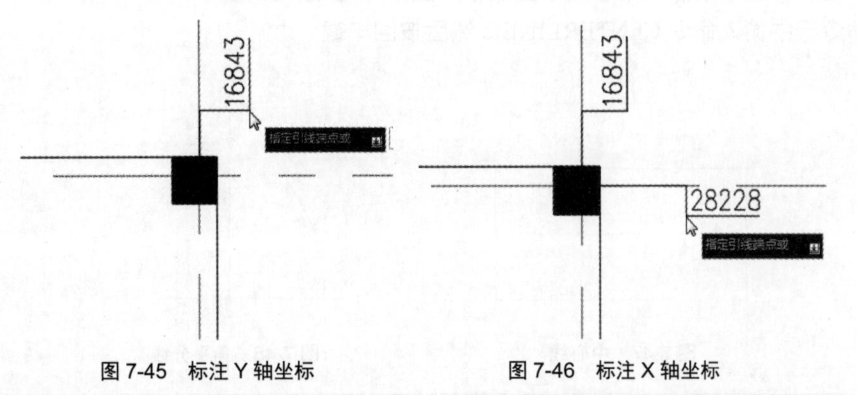

图 7-45　标注 Y 轴坐标　　　图 7-46　标注 X 轴坐标

命令行中主要选项含义介绍如下。

◎ 指定引线端点：使用点坐标和引线端点的坐标差可确定其是 X 坐标标注还是 Y 坐标标注。如果 Y 坐标的坐标差较大，标注就测量 X 坐标，否则就测量 Y 坐标。

◎ X 基准：测量 X 坐标并确定引线和标注文字的方向。

◎ Y 基准：测量 Y 坐标并确定引线和标注文字的方向。

■ 7.3.9 快速标注

使用快速标注可以快速创建成组的基线、连续、阶梯和坐标标注，快速标注多个圆、圆弧及编辑现有标注的布局。用户可以通过以下方法执行“快速标注”命令。

◎ 在菜单栏中执行“标注”|“快速标注”命令。

◎ 在“注释”选项卡的“标注”面板中单击“快速标注”按钮。

◎ 在命令行中输入命令 QDIM，然后按回车键。

执行以上任意一种操作后，根据命令行中的提示，选择要标注的图形对象，按回车键，移动鼠标指定好尺寸线即可，命令行提示内容如下：

```
命令: _qdim
选择要标注的几何图形:                                              (选择所需图形)
指定尺寸线位置或 [连续(C)/并列(S)/基线(B)/坐标(O)/半径(R)/直径(D)/基准点(P)/编辑(E)/设置(T)] <连续>:
                                                                    (指定尺寸线位置)
```

命令行中主要选项的含义介绍如下。

◎ 连续：创建一系列连续标注，其中线性标注线端对端地沿同一条直线排列。

◎ 并列：创建一系列并列标注，其中线性尺寸线以恒定的增量相互偏移。

◎ 基线：创建一系列基线标注，其中线性标注共享一条公用尺寸界线。

◎ 半径：创建一系列半径标注，其中将显示选定圆弧和圆的半径值。

◎ 直径：创建一系列直径标注，其中将显示选定圆弧和圆的直径值。

◎ 基准点：为基线和坐标标注设置新的基准点。

◎ 编辑：在生成标注之前，删除出于各种考虑而选定的点位置。

■ 7.3.10 中心线

中心线命令主要用于创建与选定直线和多段线关联的指定线型的中心线几何图形。使用该命令可以快速创建平行线的中心线或相交直线的角平分线，如图 7-47、图 7-48 所示。用户可以通过以下方法执行“中心线”命令。

◎ 在“注释”选项卡的“中心线”面板中单击“中心线”按钮。

◎ 在命令行中输入命令 CENTERLINE，然后按回车键。

图 7-47 中心线

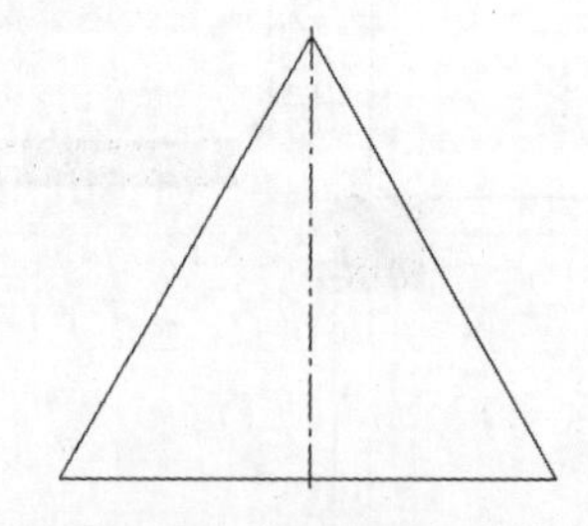

图 7-48 角平分线

ACAA课堂笔记

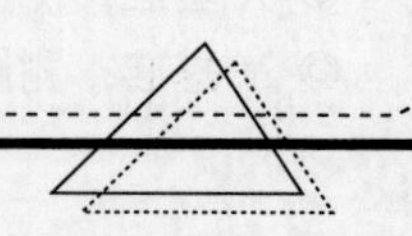

7.4 多重引线

多重引线主要用于对图形进行注释说明。引线对象可以是直线，也可以是样条曲线。引线的一端带有箭头标识，另一端带有多行文字或块。下面将对多重引线的操作进行简单介绍。

7.4.1 多重引线样式

在添加多重引线时，单一的引线样式往往不能满足设计的要求，这就需要预先定义新的引线样式，即指定基线、引线、箭头和注释内容的格式。用户可通过“标注样式管理器”对话框创建并设置多重引线样式。

在 AutoCAD 中通过以下方法可调出该对话框。

◎ 在菜单栏中执行“格式”|“多重引线样式”命令。

◎ 在“默认”选项卡的“注释”面板中单击“多重引线样式”按钮。

◎ 在“注释”选项卡的“引线”面板中单击右下角箭头。

◎ 在命令行中输入命令 MLEADERSTYLE，按回车键即可。

执行以上任意一种操作后，可打开如图 7-49 所示的“多重引线样式管理器”对话框。单击“新建”按钮，打开“创建新多重引线样式”对话框，如图 7-50 所示，从中输入样式名并选择基础样式；单击“继续”按钮，即可在打开的“修改多重引线样式”对话框中对各选项卡进行详细的设置。

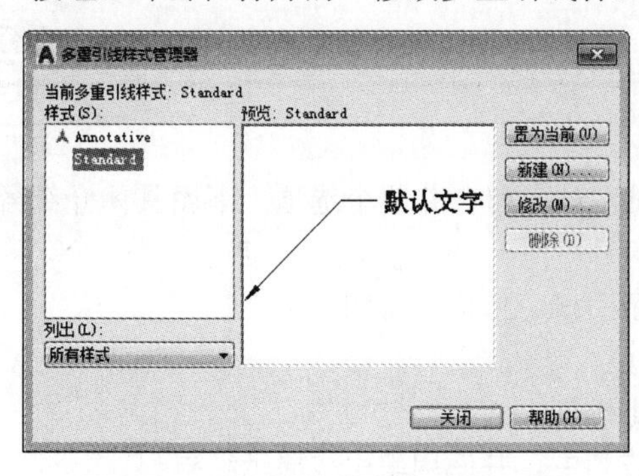

图 7-49 “多重引线样式管理器”对话框

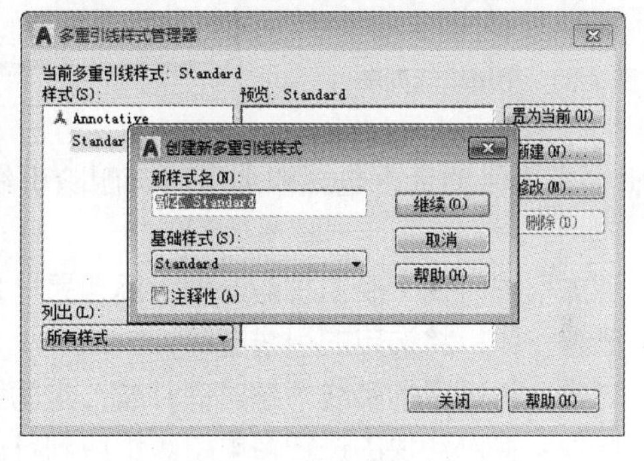

图 7-50 输入新样式名

7.4.2 创建多重引线

设置好引线样式后，就可以创建引线标注了，用户可以通过以下方式调用“多重引线”命令。

◎ 执行“标注”|“多重引线”命令。

◎ 在“默认”选项卡“注释”面板中单击“引线”按钮。

◎ 在“注释”选项卡“引线”面板中单击“多重引线”按钮。

◎ 在命令行输入命令 MLEADER，按回车键。

执行以上任意一种操作后，用户可以根据命令行中的提示，先指定引线箭头的位置，然后再指定引线基线的位置，最后输入文本内容。

命令行提示内容如下：

```
命令: _mleader
指定引线箭头的位置或 [引线基线优先(L)/内容优先(C)/选项(O)] <选项>:   （指定箭头位置）
指定引线基线的位置:                                                  （指定基线端点）
```

7.4.3 添加 / 删除引线

如果创建的引线还未达到要求，用户需要对其进行编辑操作，在“多重引线”选项板中编辑多重引线。除此之外，还可以利用菜单命令或者“注释”选项卡“引线”面板中的按钮进行编辑操作。用户可以通过以下方式调用编辑多重引线命令。

◎ 在菜单栏中执行“修改”|“对象”|“多重引线”子菜单命令。

◎ 在“默认”选项卡“注释”面板中，单击“引线”右侧的下拉按钮，从中选择相应的编辑方式，如图 7-51 所示。

◎ 在“注释”选项卡“引线”面板中单击相应的按钮。

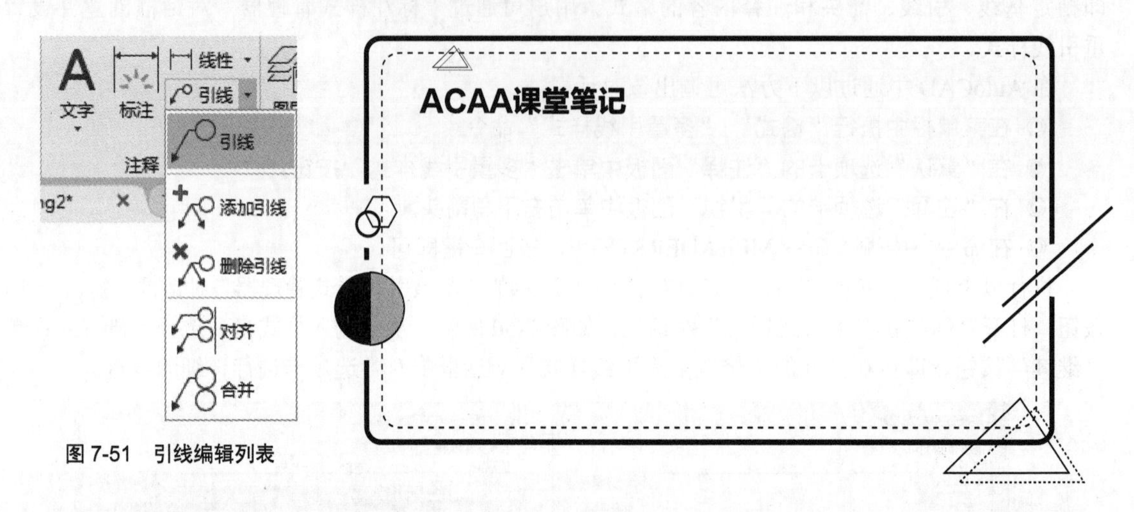

图 7-51 引线编辑列表

编辑多重引线的命令包括添加引线、删除引线、对齐和合并四个选项。下面具体介绍各选项的含义。

◎ 添加引线：在一条引线的基础上添加另一条引线，且标注是同一个。

◎ 删除引线：将选定的引线删除。

◎ 对齐：将选定的引线对象对齐并按一定间距排列。

◎ 合并：将包含块的选定多重引线组织到行或列中，并使用单引线显示结果。

若想删除多余的引线标注，用户执行“注释”|“标注”|“删除引线”命令，根据命令行中的提示，选择需删除的引线，按回车键即可。

知识点拨

有时创建好的引线长短不一，使得画面不太美观。此时用户可使用“对齐引线”功能，将这些引线注释进行对齐操作：执行“注释”|“引线”|“对齐引线”命令，根据命令行提示，选中所有需对齐的引线标注，其后选择需要对齐到的引线标注，并指定对齐方向即可。

7.5 形位公差

形位公差主要用于机械图纸。机械零件加工后，其实际的尺寸与设计尺寸会有一定的误差，其中包括形状误差和位置误差。只要这些误差值在合理的范围内，则为合格产品。下面将简单介绍公差标注的操作，其中包括符号表示、使用对话框标注公差等内容。

7.5.1 形位公差的符号表示

在 AutoCAD 中，可通过特征控制框来显示形位公差信息，如图形的形状、轮廓、方向、位置和跳动的偏差等。下面将介绍几种常用公差符号，如表 7-1 所示。

表 7-1 公差符号

符 号	含 义	符 号	含 义
⌖	定位	▱	平坦度
◎	同心 / 同轴	○	圆或圆度
⌯	对称	—	直线度
//	平行	⌓	平面轮廓
⊥	垂直	⌒	直线轮廓
∠	角	↗	圆跳动
⌭	柱面性	⌰	全跳动
Ø	直径	Ⓛ	最小包容条件（LMC）
Ⓟ	投影公差	Ⓢ	不考虑特征尺寸（RFS）
Ⓜ	最大包容条件（MMC）		

7.5.2 使用对话框标注形位公差

用户可以通过以下方法执行“公差”标注命令。

◎ 在菜单栏中执行“标注”|“公差”命令。

◎ 在“注释”选项卡的“标注”面板中单击“公差”按钮。

◎ 在命令行中输入命令 TOLERANCE，然后按回车键。

执行“公差”标注命令后，系统将打开“形位公差”对话框，如图 7-52 所示。

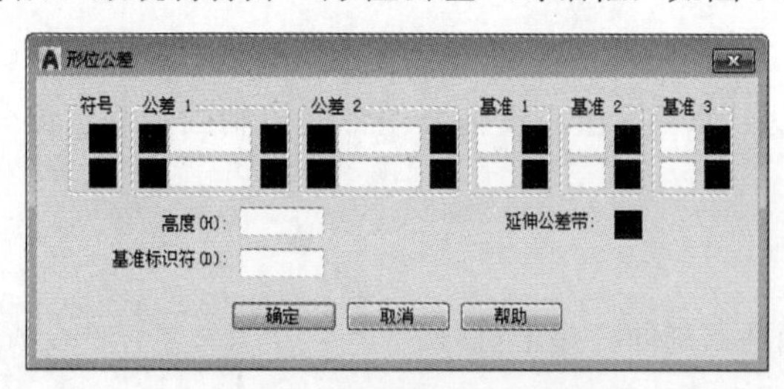

图 7-52 “形位公差”对话框

该对话框中各选项的功能介绍如下。

1. 符号

该选项组用于显示从“特征符号”对话框中选择的几何特征符号。选择一个“符号”框，将打开该对话框，如图 7-53 所示。

2. 公差 1

该选项组用于创建特征控制框中的第一个公差值。公差值指明了几何特征相对于精确形状的允许偏差量。可在公差值前插入直径符号，在其后插入包容条件符号。

◎ 第一个框：在公差值前面插入直径符号。单击该框插入直径符号。

◎ 第二个框：创建公差值。在框中输入值。

◎ 第三个框：显示“附加符号”对话框，从中选择修饰符号，如图 7-54 所示。这些符号可以作为几何特征和大小可改变的特征公差值的修饰符。在“形位公差”对话框中，符号将插入到第一个公差值的“附加符号”框中。

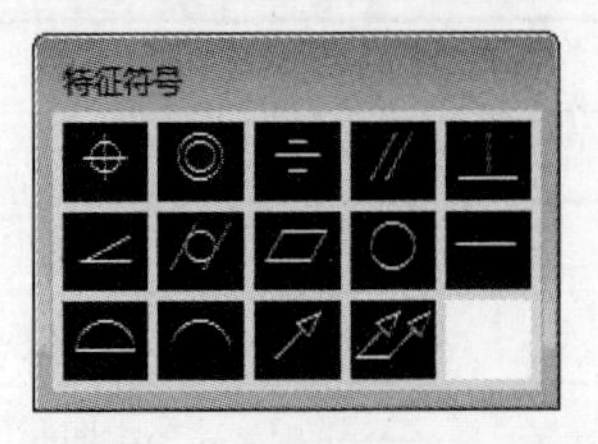

图 7-53 “特征符号”对话框

图 7-54 “附加符号”对话框

3. 公差 2

该选项组用于在特征控制框中创建第二个公差值。以与第一个相同的方式指定第二个公差值。

4. 基准 1

该选项组用于在特征控制框中创建第一级基准参照。基准参照由值和修饰符号组成。基准是理论上精确的几何参照，用于建立特征的公差带。其中，第一个框用于创建基准参照值，第二个框用于显示“附加符号”对话框，从中选择修饰符号。这些符号可以作为基准参照的修饰符。在“形位公差”对话框中，符号将插入到第一级基准参照的“附加符号”框中。

5. 基准 2

在特征控制框中创建第二级基准参照，方式与创建第一级基准参照相同。

6. 基准 3

在特征控制框中创建第三级基准参照，方式与创建第一级基准参照相同。

7. 高度

创建特征控制框中的投影公差零值。投影公差带能控制固定垂直部分延伸区的高度变化，并以位置公差控制公差精度。

8. 延伸公差带

在延伸公差带值的后面插入延伸公差带符号。

9. 基准标识符

创建由参照字母组成的基准标识符。基准是理论上精确的几何参照，用于建立其他特征的位置和公差带。点、直线、平面、圆柱或者其他几何图形都能作为基准。

ACAA课堂笔记

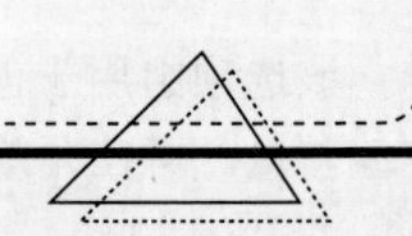

■ 实例：为零件图添加公差标注

下面将以零件剖面图纸为例，来为其添加公差尺寸，具体操作如下。

Step01 打开素材文件，执行“标注”|“公差”命令，打开“形位公差”对话框，单击“符号”选项组下的第一个黑色方框，如图 7-55 所示。

Step02 打开“特征符号”面板，选择“垂直”符号⊥，如图 7-56 所示。

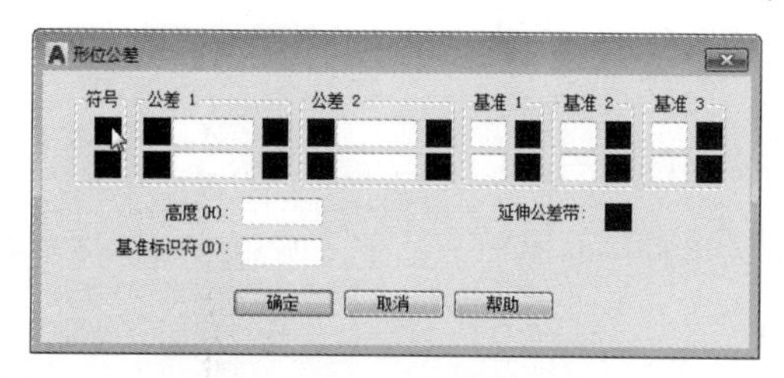

图 7-55　单击“符号”下的方框

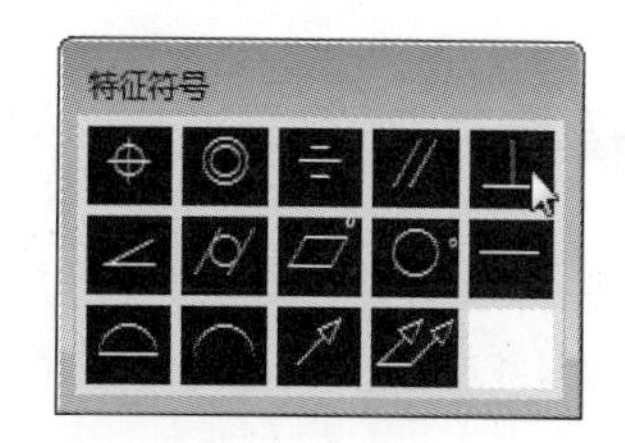

图 7-56　选择“垂直”符号

Step03 返回“形位公差”对话框，在“公差 1”选项组的第一排文本框中输入 0.01，在“公差 2”选项组的第一排文本框中输入 A，如图 7-57 所示。

Step04 单击“符号”选项组下的第二个黑色方框，打开“特征符号”面板，从中选择“平坦度”符号▱，如图 7-58 所示。

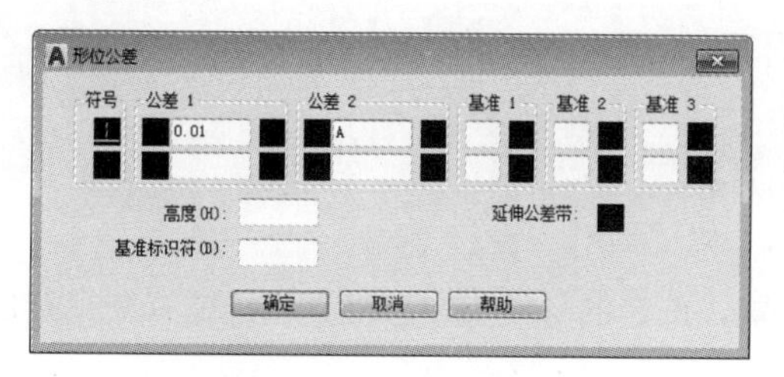

图 7-57　输入“垂直”公差值

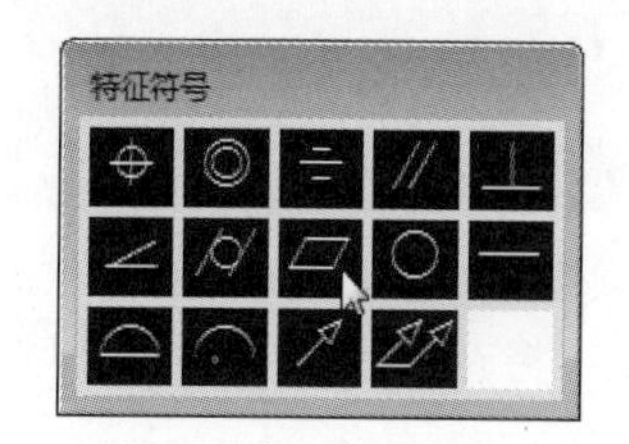

图 7-58　选择“平坦度”符号

Step05 返回“形位公差”对话框，在“公差 1”选项组的第二排文本框中输入平坦度值 0.015，如图 7-59 所示。

Step06 单击“确定”按钮关闭“形位公差”对话框。在绘图区的图纸中指定行为公差标注的位置，如图 7-60 所示，完成公差值的添加操作。

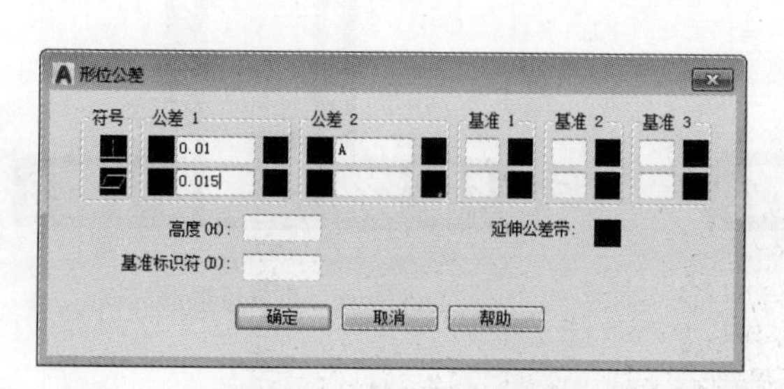

图 7-59　输入平坦度值

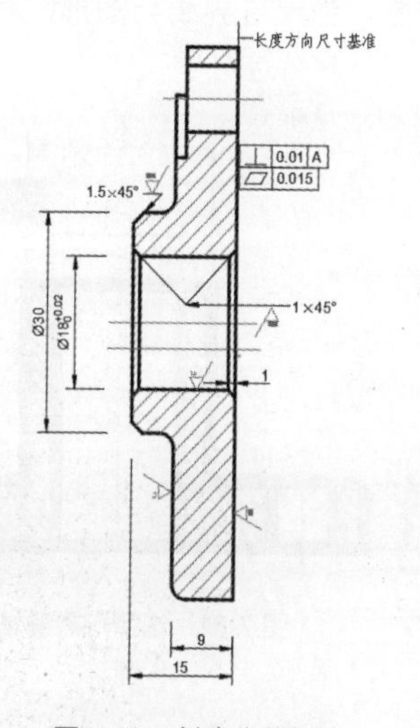

图 7-60　创建公差标注

知识点拨

用公差命令标注形位公差时，不能直接绘制引线，而必须用引线命令绘制引线。除此之外，可以使用引线命令直接标注形位公差，操作时在“引线设置”对话框中将“注释类型”设置为“公差”，然后单击“确定”按钮，弹出“形位公差”对话框，便可标注形位公差。

7.6 编辑标注对象

尺寸标注完成后，很可能需要对尺寸内容进行一些必要的编辑，例如添加直径符号等。下面将向用户介绍如何对标注的尺寸进行编辑操作。

7.6.1 编辑标注

使用编辑标注命令可以改变尺寸文本，或者强制尺寸界线旋转一定的角度。在命令行中输入 ED 快捷命令并按回车键，根据命令提示选择需要编辑的标注，即可进行编辑标注操作，如图 7-61、图 7-62 所示。命令行提示内容如下：

```
命令: ED
DIMEDIT
输入标注编辑类型 [默认(H)/新建(N)/旋转(R)/倾斜(O)] <默认>:          (选择所需尺寸标注)
```

主要选项说明如下。

◎ 默认：将旋转标注文字移回默认位置。选定的标注文字移回到由标注样式指定的默认位置和旋转角。

◎ 新建：使用在位文字编辑器更改标注文字。

◎ 旋转：用于旋转指定对象中的标注文字，选择该项后系统将提示用户指定旋转角度，如果输入 0 则把标注文字按默认方向放置。

◎ 倾斜：调整线性标注尺寸界线的倾斜角度，选择该项后系统将提示用户选择对象并指定倾斜角度。当尺寸界线与图形的其他要素冲突时，“倾斜”选项将很有用处。

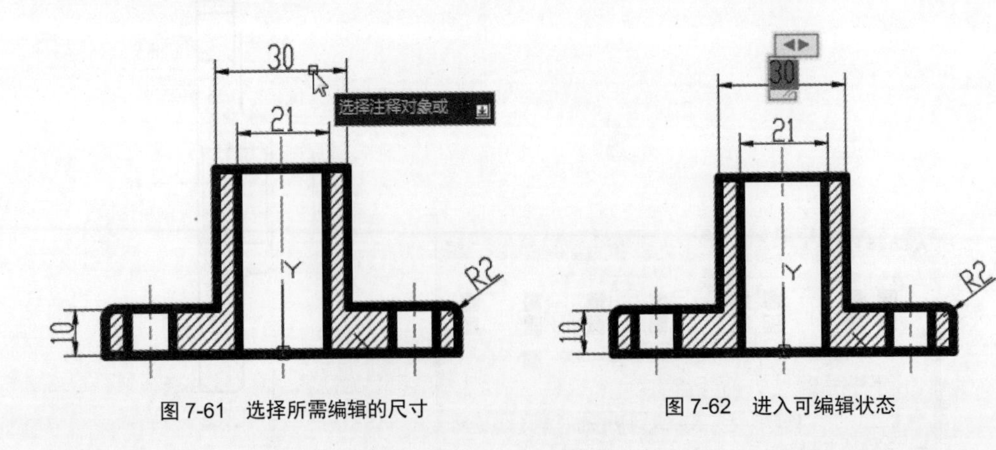

图 7-61 选择所需编辑的尺寸　　图 7-62 进入可编辑状态

实例：在尺寸标注中添加直径符号

下面将为零件图中的轴孔尺寸添加直径符号，具体操作如下。

Step01 打开素材文件，在命令行中输入 ED 快捷命令，并选中轴尺寸线进入可编辑状态。

Step02 在“文字编辑器”选项卡中，单击“符号”下拉按钮，选择“直径 %%C”选项，如图 7-63 所示。

Step03 选择完成后，系统会自动将直径符号插入至标注内容中。单击绘图区空白区，即可完成直径符号的添加操作，如图 7-64 所示。

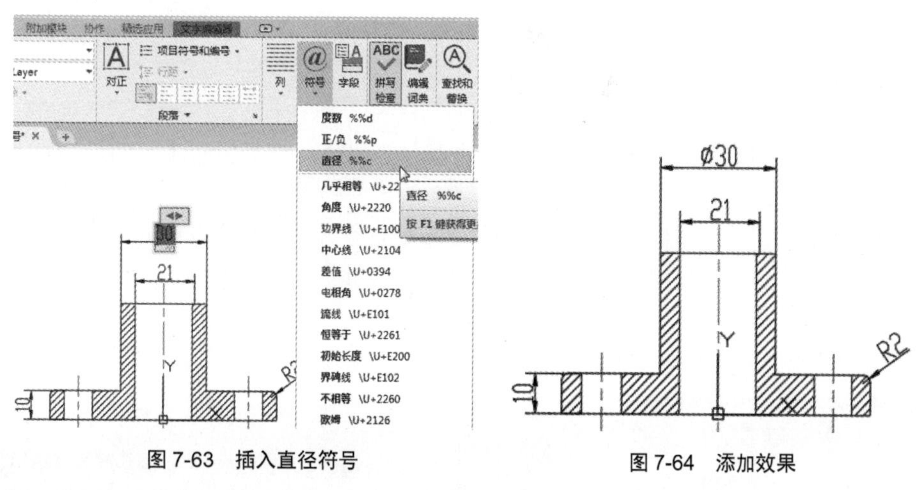

图 7-63　插入直径符号　　图 7-64　添加效果

Step04 按照同样的操作，为第 2 条尺寸内容添加直径符号。

7.6.2　编辑标注文本的位置

编辑标注文字命令可以改变标注文字的位置或是放置标注文字。通过下列方法可执行编辑标注文字命令。

◎ 在菜单栏中执行“标注”|“对齐文字”子命令。

◎ 在命令行中输入 DIMTEDIT，然后按回车键。

执行以上任意一种操作后，命令行提示内容如下：

```
命令: dimtedit
选择标注:                                          （选择所需要的尺寸标注）
为标注文字指定新位置或 [左对齐(L)/右对齐(R)/居中(C)/默认(H)/角度(A)]:
```

其中，上述命令行中各选项的含义介绍如下。

◎ 为标注文字指定新位置：移动光标，更新标注文字的位置。

◎ 左对齐：沿尺寸线左对正标注文字，如图 7-65 所示。

◎ 右对齐：沿尺寸线右对正标注文字，如图 7-66 所示。

◎ 居中：将标注文字放在尺寸线的中间。

◎ 默认：将标注文字移回默认位置。

◎ 角度：修改标注文字的角度。文字的圆心并没有改变，如图 7-67 所示。

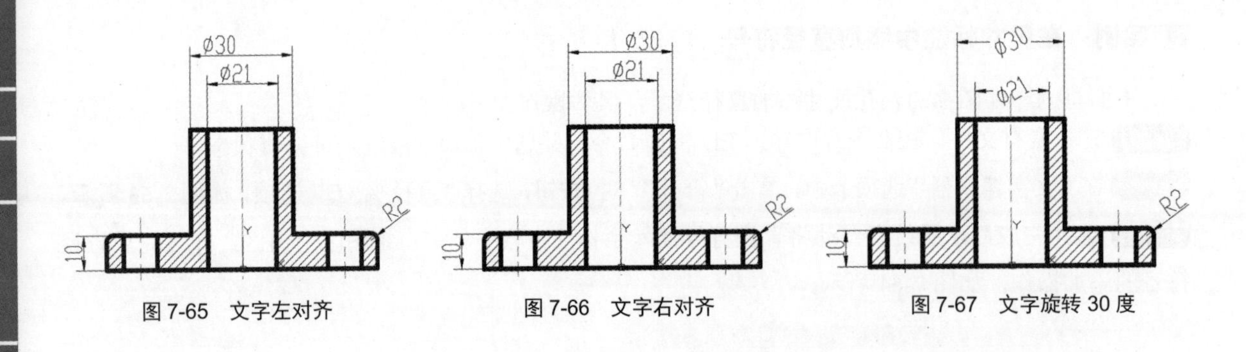

图 7-65　文字左对齐　　　图 7-66　文字右对齐　　　图 7-67　文字旋转 30 度

■ 7.6.3　替代标注

当少数尺寸标注与其他大多数尺寸标注在样式上有差别时，若不想创建新的标注样式，可以使用标注样式替代。

在“标注样式管理器”对话框中，单击“替代”按钮，打开“替代当前样式”对话框，如图 7-68 所示。从中可对所需的参数进行设置，然后单击“确定”按钮即可。返回到上一层对话框，在“样式”列表中显示了“样式替代”，如图 7-69 所示。

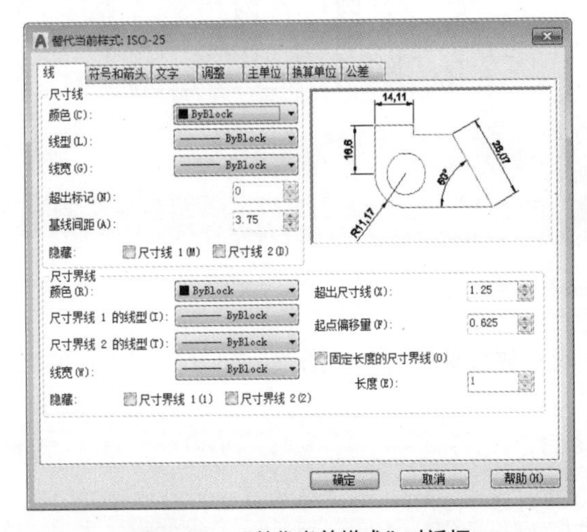

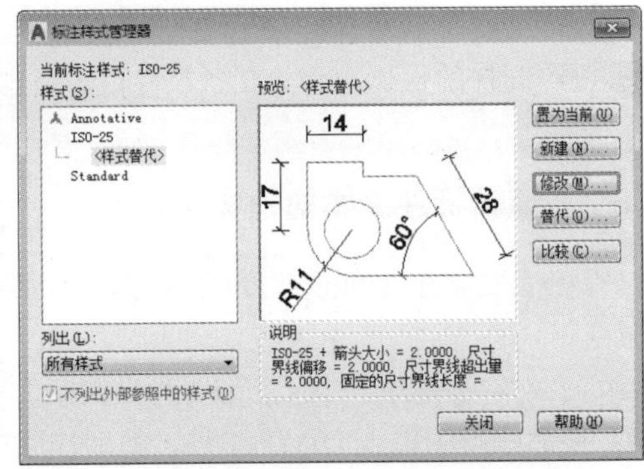

图 7-68　“替代当前样式”对话框　　　图 7-69　“样式替代”选项

知识点拨

在标注时，用户可以使用更新标注功能，更新当前标注样式。在“注释”选项卡的“标注”面板中单击“更新”按钮即可。

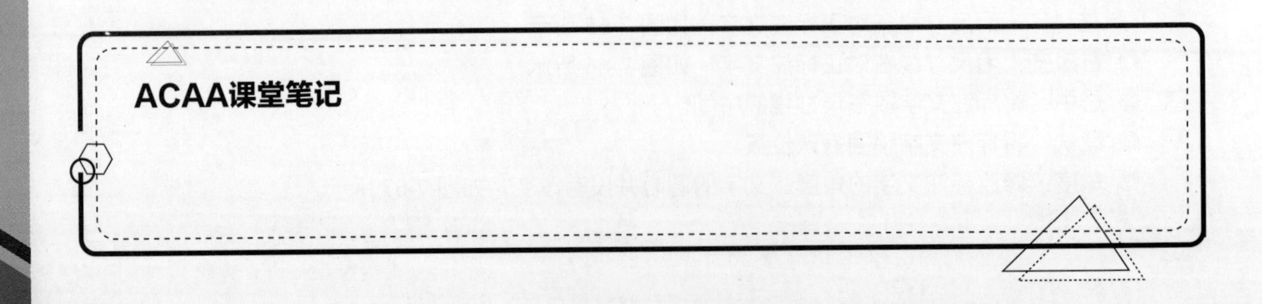

课堂实战：为居室顶棚图添加尺寸与材料说明

下面将以居室顶棚设计图为例，来为其添加尺寸及注释材料内容。其中所运用到的命令有设置标注样式、线性标注、连续标注、设置多重引线样式、添加引线标注等。

Step01 打开素材文件，执行“格式”|“标注样式”命令，打开“标注样式管理器”对话框，如图 7-70 所示。

Step02 在该对话框中单击“修改”按钮，打开“修改标注样式”对话框，切换到“符号和箭头”选项卡，将“箭头样式”设为“建筑标记”，将“箭头大小”设为 100，如图 7-71 所示。

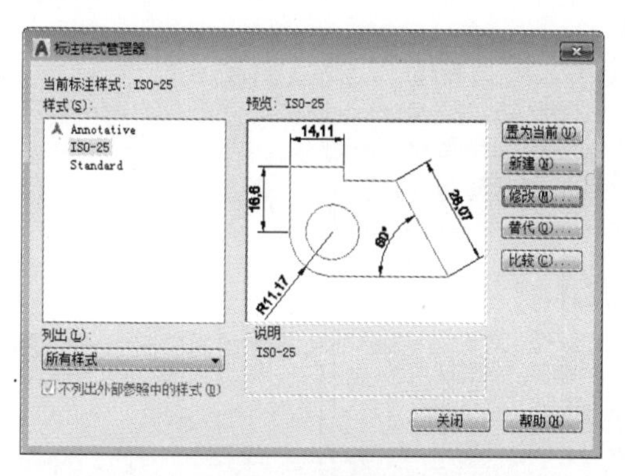

图 7-70　“标注样式管理器”对话框

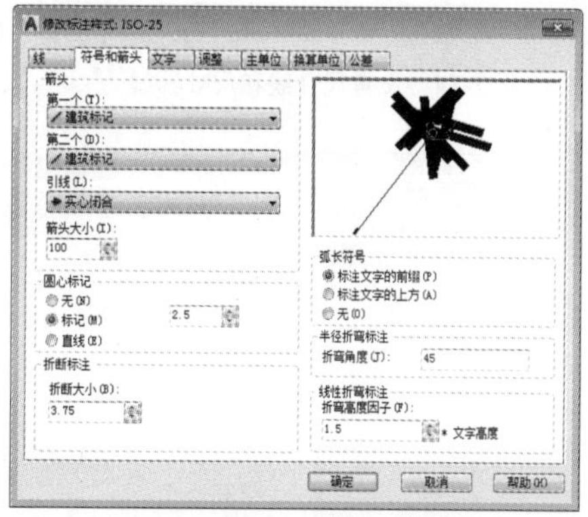

图 7-71　设置箭头样式和大小

Step03 切换到“文字”选项卡，将“文字高度”设为 200，如图 7-72 所示。

Step04 切换到“主单位”选项卡，将“精度”设为 0，如图 7-73 所示。

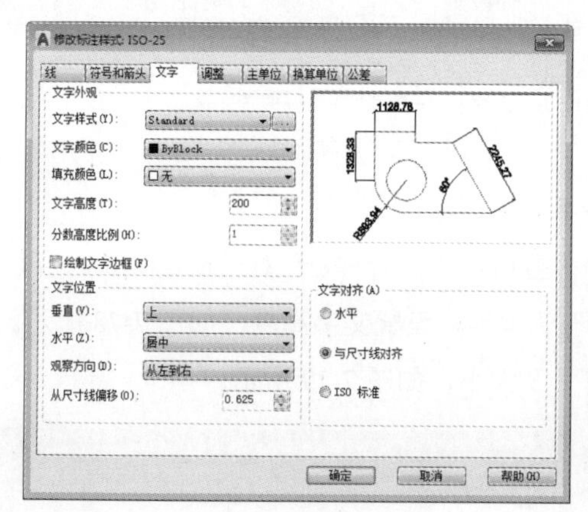

图 7-72　设置文字高度

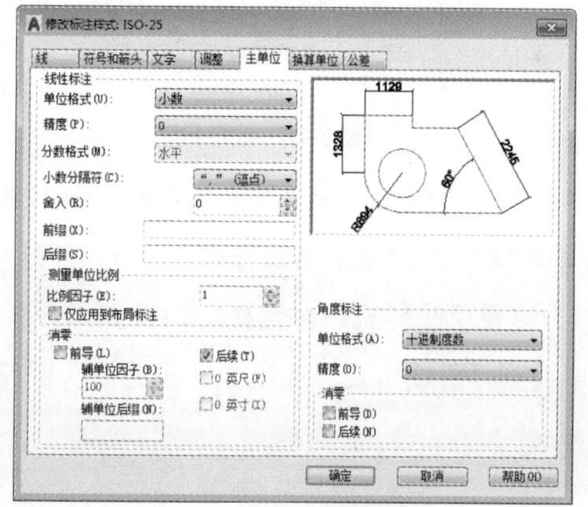

图 7-73　设置精度

Step05 切换到“线”选项卡，设置尺寸线和尺寸界线的颜色，并设置“超出尺寸线”参数以及“固定长度的尺寸界线”参数，如图 7-74 所示。

Step06 设置完成后，单击“确定”按钮，返回到上一层对话框，单击“置为当前”按钮，将当前样式设为当前样式，如图 7-75 所示。

Step07 执行“线性”命令，捕捉标注起点及端点进行标注，如图 7-76 所示。

Step08 执行“连续”命令，捕捉下一个标注点，继续标注，直到结束，按 Esc 键完成第一道尺寸线的标注操作，如图 7-77 所示。

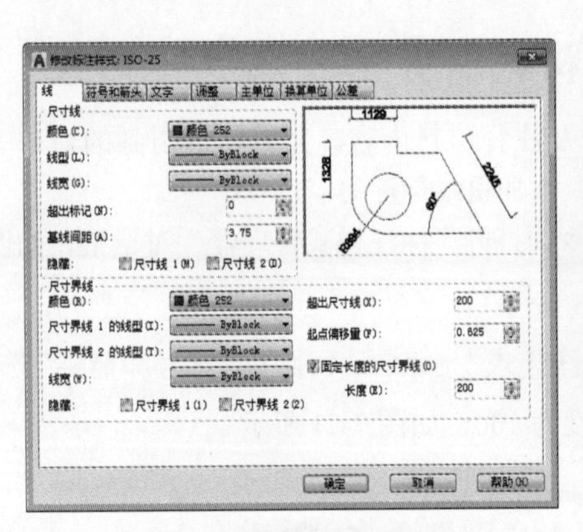

图 7-74　设置尺寸线和尺寸界线

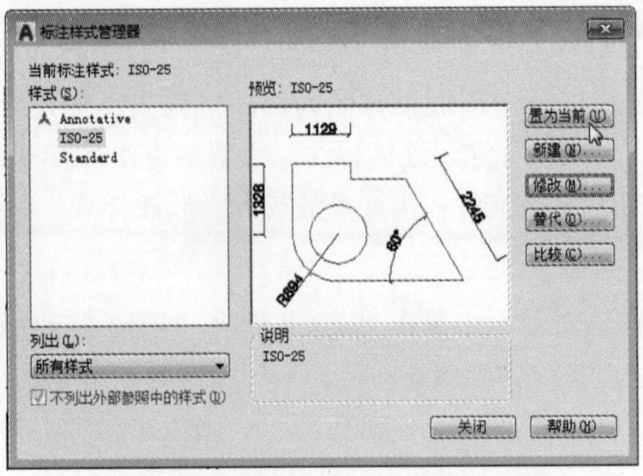

图 7-75　设置为当前标注样式

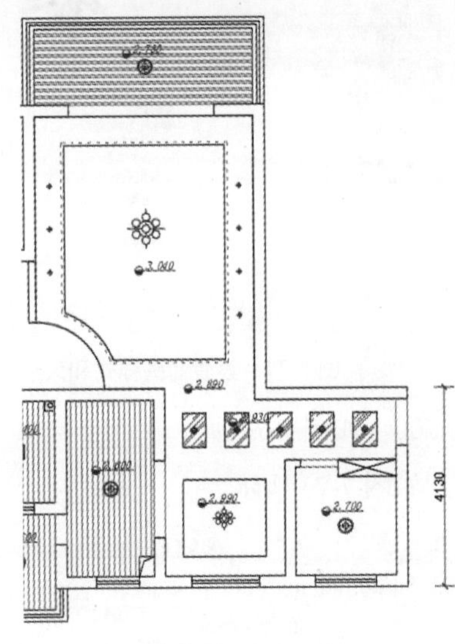

图 7-76　线性标注

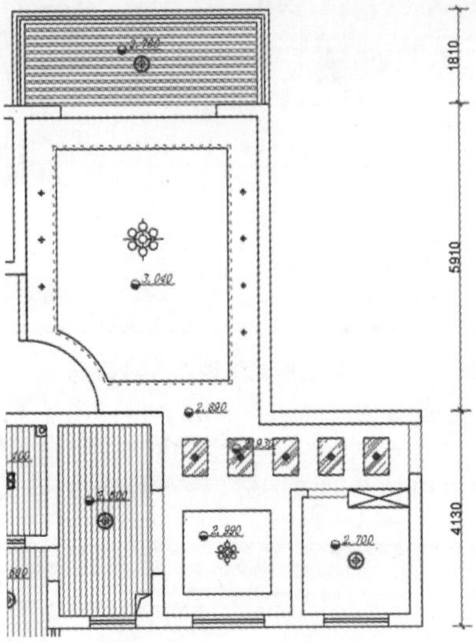

图 7-77　连续标注

Step09 继续执行“线性”和“连续”命令，标注图纸其他区域。

Step10 执行“格式”|“多重引线样式”命令，打开“多重引线样式管理器”对话框，单击“修改”按钮，打开“修改多重引线样式”对话框，切换到“内容”选项卡，设置文字高度，如图 7-78 所示。

Step11 切换到“引线格式”选项卡，设置箭头的符号及大小，如图 7-79 所示。

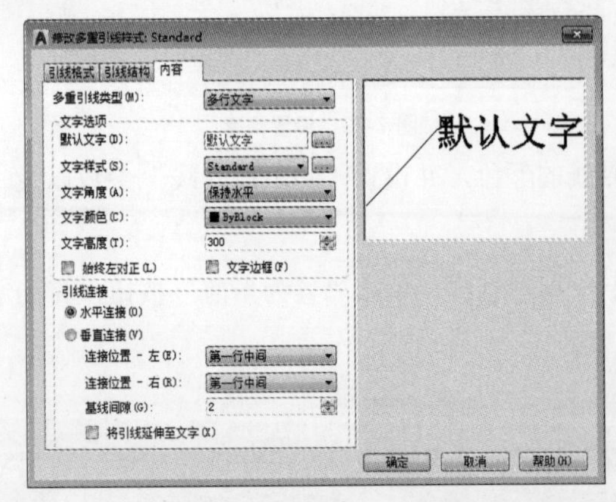

图 7-78　设置引线文字样式

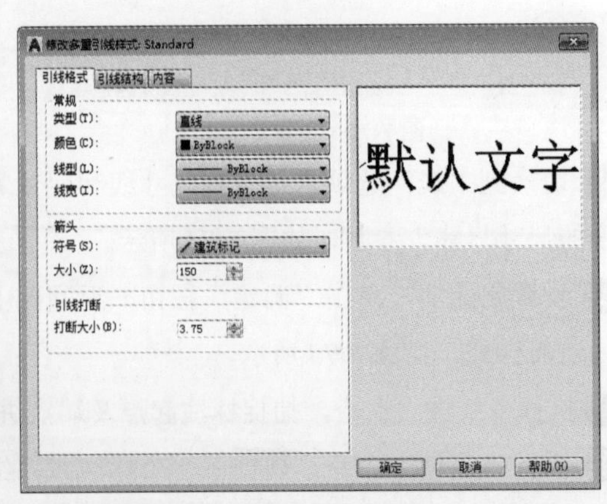

图 7-79　设置引线箭头符号及大小

Step12 单击“确定”按钮，返回到上一层对话框，单击“置为当前”按钮，将其引线样式设为当前使用样式。执行“多重引线”命令，在绘图区中指定引线起点及端点，并输入文字内容，如图 7-80 所示。

Step13 文字输入完成后，单击绘图区空白处即可完成引线标注操作。执行“复制”命令，将引线进行复制，双击引线内容，更换新内容，如图 7-81 所示。

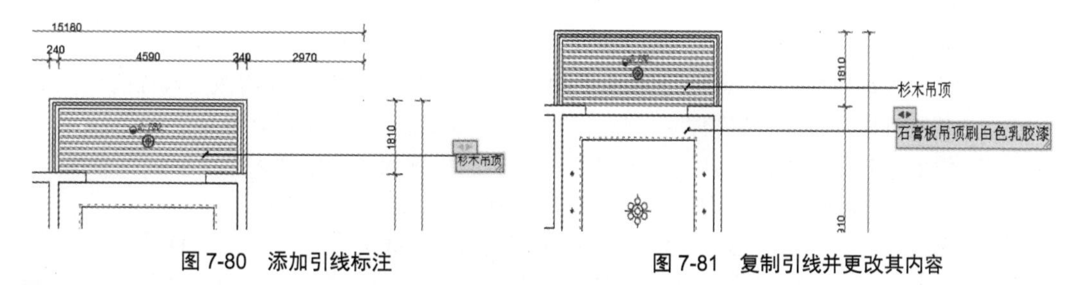

图 7-80　添加引线标注　　　图 7-81　复制引线并更改其内容

Step14 按照同样的操作，完成其他引线内容的插入，如图 7-82 所示。至此，居室顶棚尺寸及材料注释已全部添加完毕。

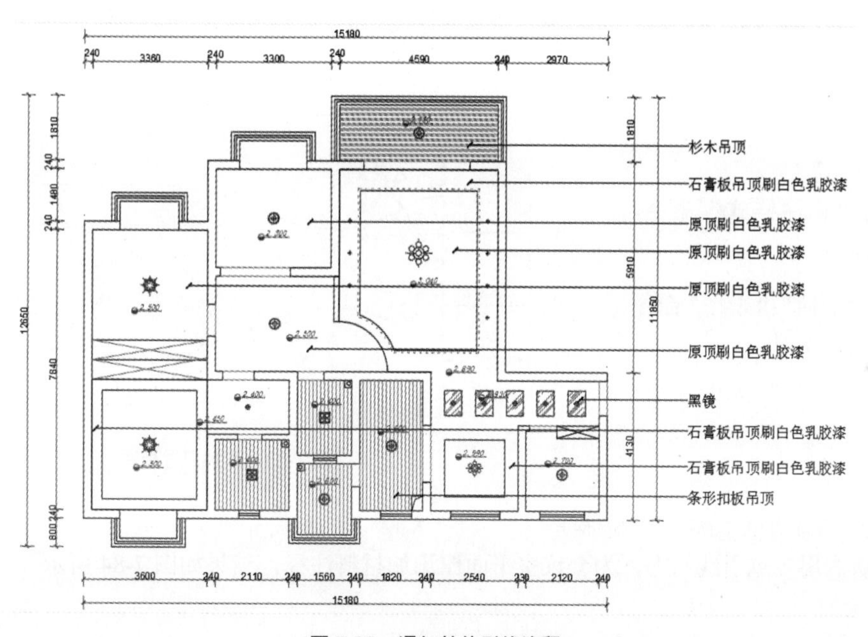

图 7-82　添加其他引线注释

课后作业

为了让用户能够更好地掌握本章所学的知识内容，下面将安排一些 Autodesk 认证考试的参考试题，让用户可以对所学的知识进行巩固和练习。

一、填空题

（1）默认情况下，尺寸标注的样式是要进行必要设置的，这些设置可以在“______”对话框中进行操作。

（2）一个完整的尺寸标注要具有______、______、______和______4 个要素。

（3）使用编辑标注命令可以改变尺寸文本，在命令行中输入______快捷命令并按回车键即可。

二、选择题

（1）若尺寸的公差是 20±0.034，则应该在“公差”页面中，显示公差的（　）设置。

A. 对称　　B. 基本尺寸　　C. 极限尺寸　　D. 极限偏差

（2）创建一个标注样式，此标注样式的基准标注为（　）。

A. ISO-25　　B. 当前标注样式

C. 应用最多的标注样式　　D. 命名最靠前的标注样式

（3）在标注样式设置中，将“调整”选项卡下的“使用全局比例”值增大，将改变尺寸的（　）内容。

A. 使所有标注样式设置增大　　B. 使标注的测量值增大

C. 使全图的箭头增大　　D. 使尺寸文字增大

（4）使用“快速标注”命令标注圆或圆弧时，不能自动标注（　）选项。

A. 基线　　B. 半径　　C. 基线　　D. 圆心

三、操作题

（1）为机械零件图添加尺寸标注。

本实例将利用相关标注命令，为机械零件图进行尺寸标注，结果如图 7-83 所示。

操作提示：

Step01 执行“标注样式”命令，设定标注的样式。

Step02 执行“线性”“半径”命令，为零件图添加尺寸标注。

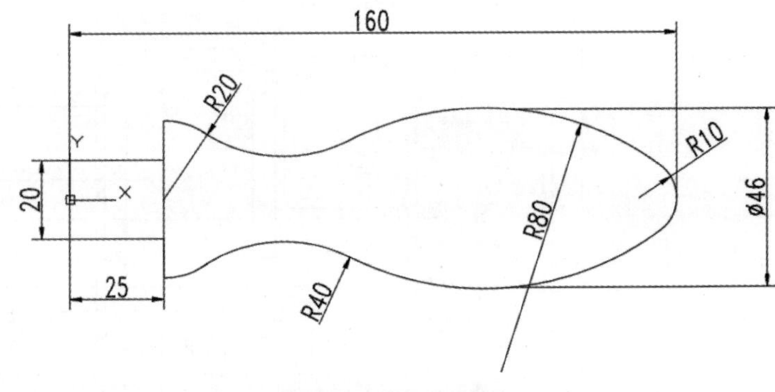

图 7-83　添加尺寸标注

（2）为会议室平面图添加引线标注。

本实例将利用多重引线命令，为会议室平面图添加材料注释，结果如图 7-84 所示。

操作提示：

Step01 执行“引线样式”命令，设置引线样式。

Step02 执行“多重引线”命令，为会议室平面图添加材质注释。

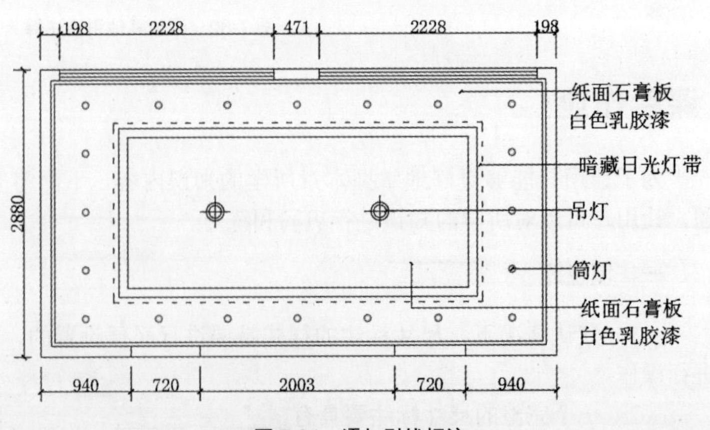

图 7-84　添加引线标注

第8章 绘制基本三维实体

内容导读

AutoCAD 软件不仅能够绘制出精美的二维图形外，还能够绘制出简单的三维实体模型。用 AutoCAD 三维功能创建的实体模型，其效果不亚于专业三维软件制作的效果。本章将向读者简单介绍一些三维绘图的基本知识，例如三维视图的切换、三维坐标、视觉样式的使用以及简单三维实体的绘制。

AutoCAD 2020

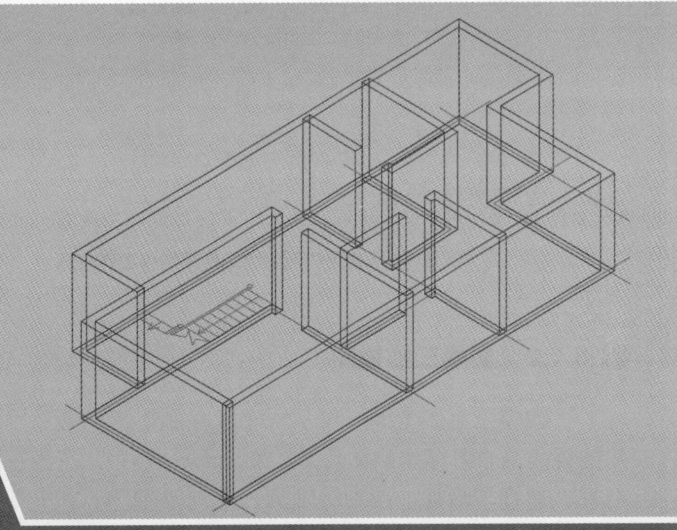

学习目标

» 了解三维绘图的基础知识

» 绘制简单的三维实体

» 将二维图形生成三维实体

» 布尔运算

8.1 三维绘图基础

在绘制三维模型之前，用户需要对 AutoCAD 三维工作空间有个大致的了解，如三维视图的切换、三维坐标的设置、视图样式的设置等。下面将对三维工作空间环境进行简单的介绍。

■ 8.1.1 切换三维工作空间

默认情况下，首次启动 AutoCAD 软件后，系统会以二维空间显示，也就是“草图与注释”工作空间。在此空间中，用户只能绘制二维图形。若想绘制三维模型，需要切换至“三维基础”或“三维建模”工作空间才可。那么用户可以通过以下方法切换工作空间。

◎ 在菜单栏中执行“工具”|“工作空间”|“三维建模”命令，即可切换至“三维建模”工作空间。

◎ 单击快速访问工具栏中的“工作空间”下拉按钮，从中选择“三维建模”选项，即可切换至“三维建模”工作空间，如图 8-1 所示。

◎ 单击状态栏中的“切换工作空间”按钮，在弹出的下拉菜单中选择“三维建模”选项，即可切换至“三维建模”工作空间，如图 8-2 所示。

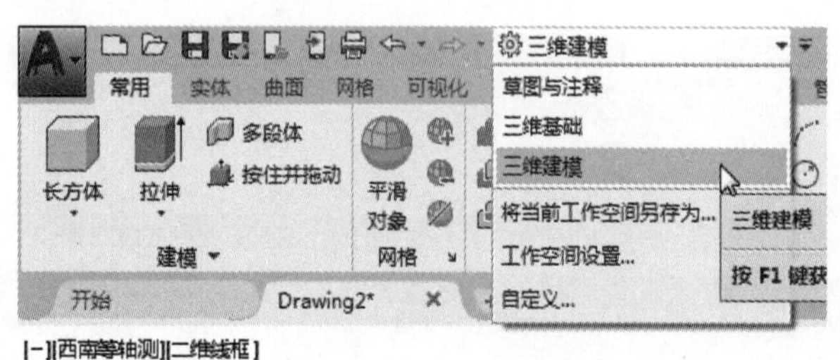

图 8-1 使用快速访问工具栏切换工作空间

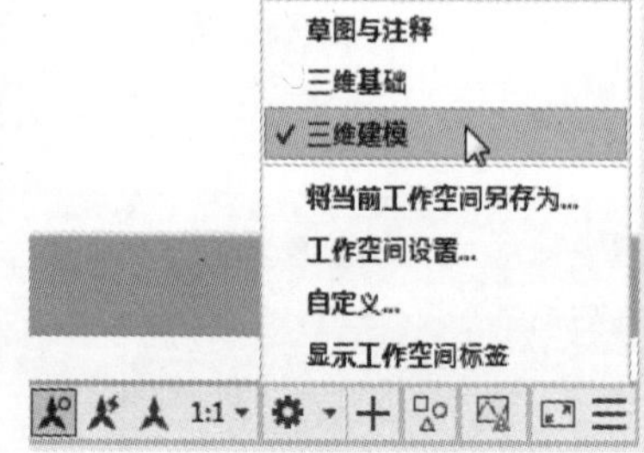

图 8-2 使用状态栏切换工作空间

■ 8.1.2 切换三维视图

三维模型有多个面，仅从一个视角是不能够观察到模型的全貌。因此，用户应根据情况选择相应的视角来查看模型整体效果。在 AutoCAD 中，三维视图模式有 10 种，分别为三俯视、仰视、左视、右视、前视、后视、西南等轴测、东南等轴测、东北等轴测和西北等轴测。用户可以通过以下方法切换三维视图。

◎ 在菜单栏中执行“视图”|“三维视图”子命令。

◎ 在“常用”选项卡的“视图”面板中单击“未保存的视图”下拉按钮，从中选择相应的视图选项，如图 8-3 所示。

◎ 在“可视化”选项卡的“命名视图”面板中单击“三维导航”下拉按钮，从中选择相应的视图选项。

◎ 在绘图窗口左上角单击“视图控件”图标，在打开的列表中选择相应的视图选项，如图 8-4 所示。

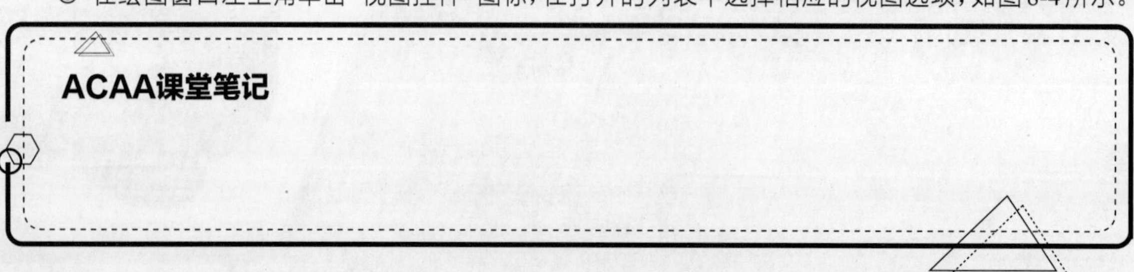

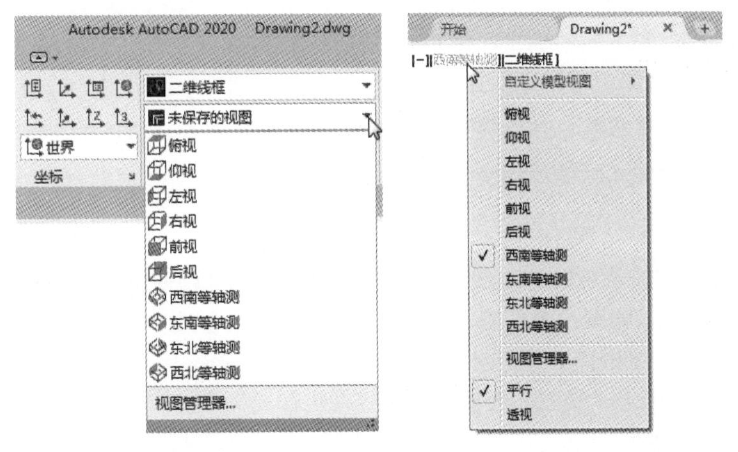

图 8-3 “未保存的视图”下拉列表　　图 8-4 “视图控件”快捷菜单

8.1.3 设置三维坐标系

三维坐标分为世界坐标系和用户坐标系两种。其中世界坐标系为系统默认坐标系，它的坐标原点和方向为固定不变的。用户坐标系则可根据绘图需求，改变坐标原点和方向，使用起来较为灵活。

在建模过程中，用户会经常需要调整三维坐标。使用 UCS 命令可创建用户坐标系。通过以下方法调用 UCS 命令。

◎ 在菜单栏中执行“工具”|“新建 UCS”子命令。

◎ 在“常用”选项卡的“坐标”面板中单击相关新建 UCS 按钮。

◎ 在命令行中输入命令 UCS，然后按回车键。

执行以上任意一种操作后，在绘图区中指定好坐标原点，然后分别指定 X 轴和 Y 轴方向上的一点即可，命令行提示内容如下：

```
命令: UCS
当前 UCS 名称: *俯视*
指定 UCS 的原点或 [面(F)/命名(NA)/对象(OB)/上一个(P)/视图(V)/世界(W)/X/Y/Z/Z 轴(ZA)] <世界>: （指定坐标原点）
指定 X 轴上的点或 <接受>: <正交 开>                                    （指定X轴方向）
指定 XY 平面上的点或 <接受>:                                          （指定Y轴方向）
```

三维坐标分别用红、绿、蓝三种颜色来区分 X 轴、Y 轴和 Z 轴。无论三维坐标如何变换，在创建模型时，一律是在 XY 平面上创建的。所以在调整三维坐标时，用户只需要确定好 X 轴和 Y 轴方向即可，如图 8-5、图 8-6、图 8-7 所示。

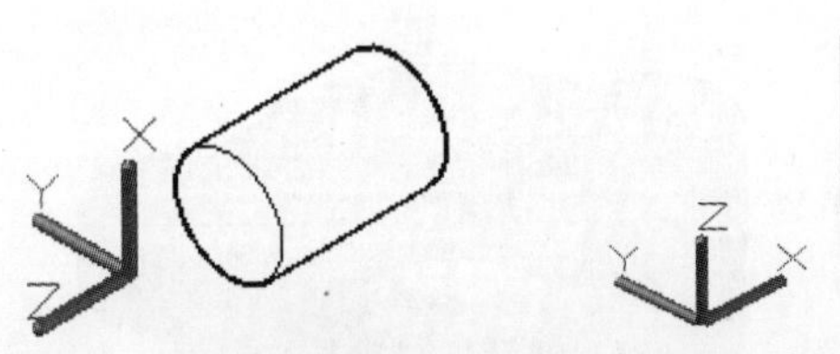

图 8-5 XY 轴方向第 1 种状态

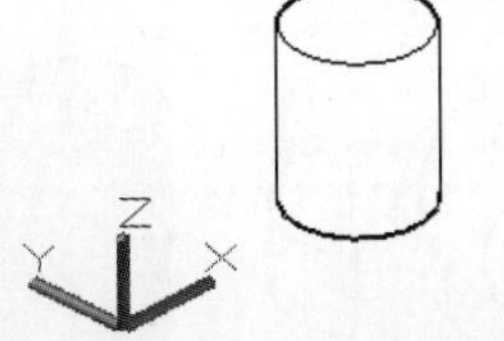

图 8-6 XY 轴方向第 2 种状态

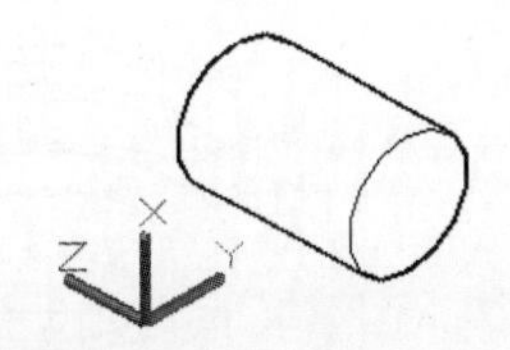

图 8-7 XY 轴方向第 3 种状态

从以上三张图的显示状态来说，不同方向的 XY 轴，其绘制的模型方向也大不相同。在调整三维坐标后，如果想要快速恢复到默认坐标，只需在命令行中输入 UCS 命令后，按两次回车键。

知识点拨

动态 UCS 功能可以在创建对象时使 UCS 的将 XY 平面自动与实体模型上的平面临时对齐。在状态栏中单击“开 / 关动态 UCS”按钮，可将 UCS 捕捉到活动实体平面。

8.1.4 设置视觉样式

绘制三维模型时，默认状况下是以线框方式显示的。用户可以使用多种不同的视图样式来观察三维模型，如概念、真实、隐藏、着色等。通过以下方法可执行视觉样式命令。

◎ 在菜单栏中执行“视图”|“视觉样式”子命令。

◎ 在“常用”选项卡的“视图”面板中单击“视觉样式”下拉按钮，从中选择相应的视觉样式选项，如图 8-8 所示。

◎ 在“可视化”选项卡的“视觉样式”面板中单击“视觉样式”下拉按钮，从中选择相应的视觉样式选项。

◎ 在绘图窗口中单击“视图样式”图标，在打开的下拉菜单中选择相应的视图样式选项，如图 8-9 所示。

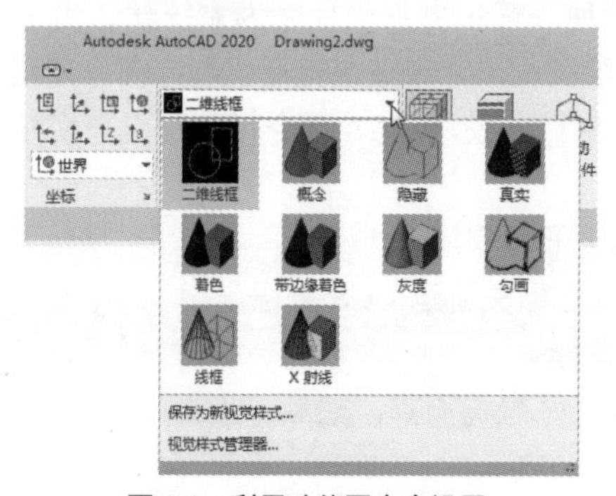

图 8-8 利用功能区命令设置

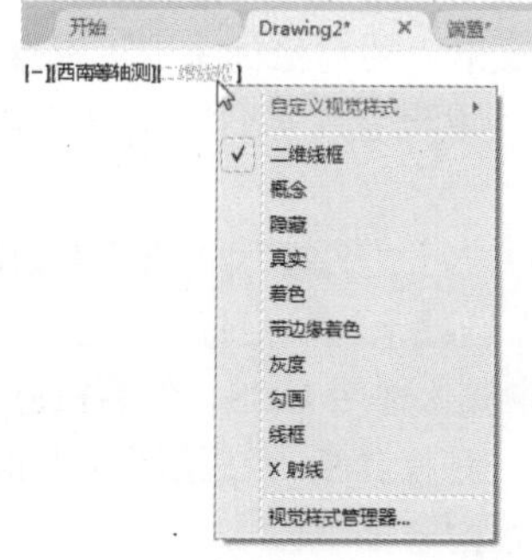

图 8-9 利用视图控件功能设置

下面将分别对各种视觉样式进行简单说明。

1. 二维线框样式

二维线框视觉样式使用表现实体边界的直线和曲线来显示三维对象。在该模式中，光栅和嵌入对象、线型及线宽均是可见的，并且线与线之间都是重复叠加的，如图 8-10 所示。

2. 概念样式

概念视觉样式显示着色后的多边形平面间的对象，并使对象的边平滑化。该视觉样式缺乏真实感，但可以方便用户查看模型的细节，如图 8-11 所示。

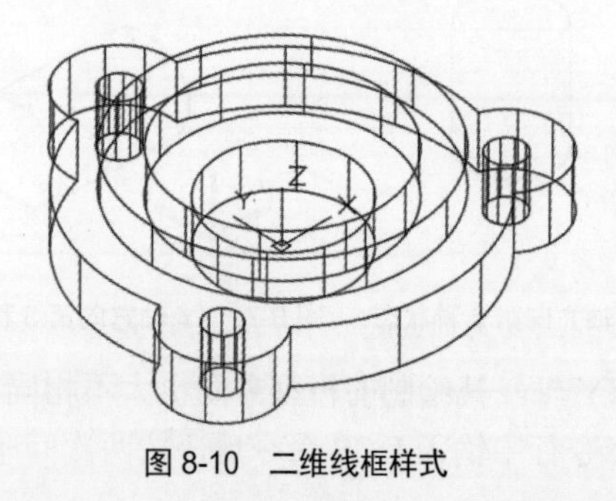

图 8-10 二维线框样式

图 8-11 概念样式

3. 真实样式

真实视觉样式显示着色后的多边形平面间的对象，对可见的表面提供平滑的颜色过渡，其表达效果进一步提高，同时显示已经附着到对象上的材质效果，如图 8-12 所示。

4. 隐藏样式

隐藏视觉样式与概念视觉样式相似，但是概念样式是以灰度显示，并略带有阴影光线；而隐藏样式则以白色显示，如图 8-13 所示。

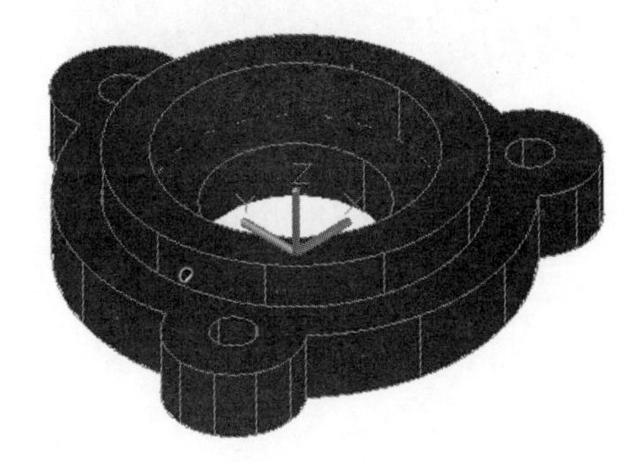

图 8-12　真实样式

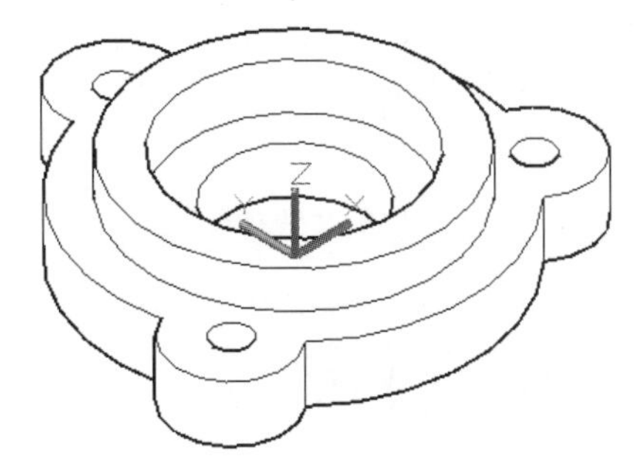

图 8-13　隐藏样式

5. 着色样式

着色视觉样式可使实体产生平滑的着色模型。

6. 带边缘着色样式

带边缘着色视觉样式可以使用平滑着色和可见边显示对象。

7. 灰度样式

灰度视觉样式使用平滑着色和单色灰度显示对象，如图 8-14 所示。

8. 勾画样式

勾画视觉样式使用线延伸和抖动边修改器显示手绘效果的对象，如图 8-15 所示。

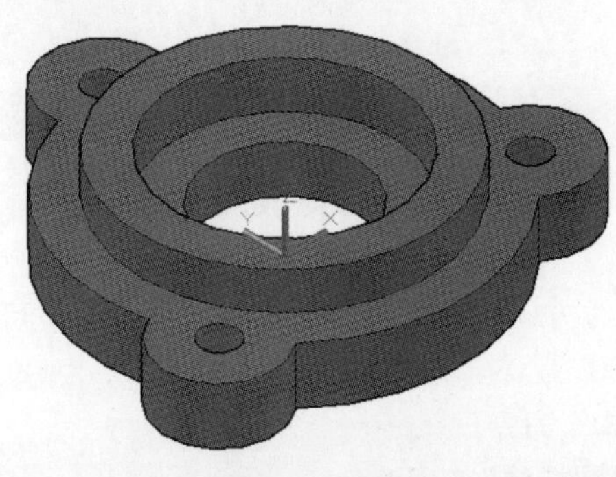

图 8-14　灰度样式

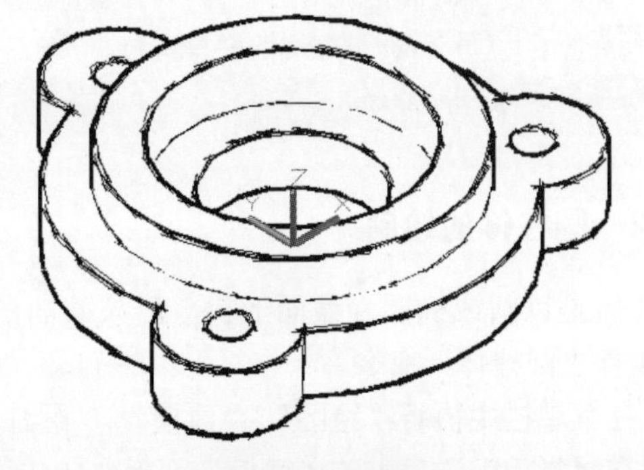

图 8-15　勾画样式

9. 线框样式

线框视觉样式通过使用直线和曲线表示边界的方式显示对象，如图 8-16 所示。

10. X 射线样式

X 射线视觉样式可更改面的不透明度，使整个场景变成部分透明，如图 8-17 所示。

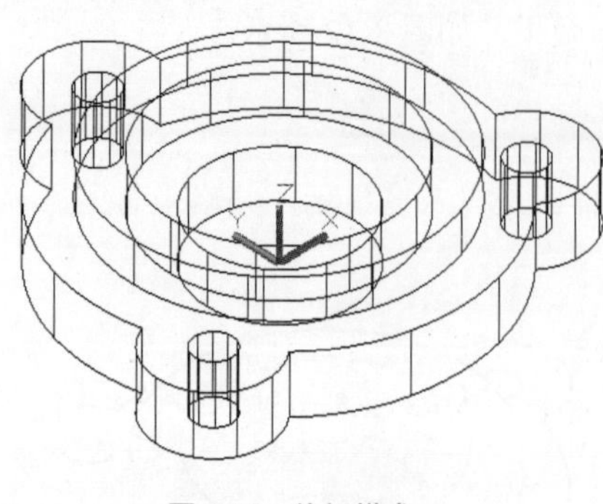

图 8-16　线框样式

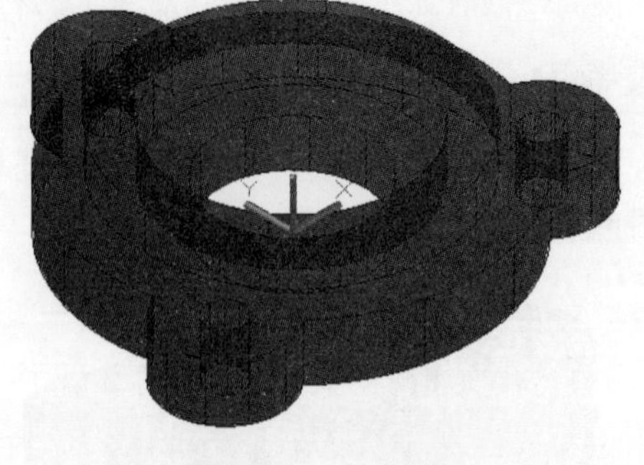

图 8-17　X 射线样式

绘制三维基本体

三维基本体包含长方体、球体、圆柱体、圆锥体和圆环体等。这些基本体是三维建模的基础。下面将向用户介绍这些基本体的绘制方法。

8.2.1　长方体的绘制

长方体是最基本的实体对象，用户可以通过以下方法执行“长方体”命令。

- ◎ 在菜单栏中执行“绘图”|“建模”|“长方体”命令。
- ◎ 在“常用”选项卡的“建模”面板中单击“长方体”按钮。
- ◎ 在“实体”选项卡的“图元”面板中单击“长方体”按钮。
- ◎ 在命令行中输入命令 BOX，然后按回车键。

执行“长方体”命令后，根据命令行中的提示，先创建底面长方形，然后再指定长方体的高度值即可。命令行提示内容如下：

```
命令: _box
指定第一个角点或 [中心(C)]:                          （指定底面矩形一个角点）
指定其他角点或 [立方体(C)/长度(L)]: @600,400          （输入长方形的长、宽值，按回车键）
指定高度或 [两点(2P)] <600.0000>: 300                （指定长方体的高度，按回车键）
```

8.2.2　圆柱体的绘制

圆柱体是以圆或椭圆为截面形状，沿该截面法线方向拉伸所形成的实体特征。用户可以通过以下方法执行“圆柱体”命令。

- ◎ 在菜单栏中执行“绘图”|“建模”|“圆柱体”命令。
- ◎ 在“常用”选项卡的“建模”面板中单击“圆柱体”按钮。
- ◎ 在“实体”选项卡的“图元”面板中单击“圆柱体”按钮。
- ◎ 在命令行中输入命令 CYLINDER，然后按回车键。

执行“圆柱体”命令后，根据命令行中的提示，先指定底面圆的圆心，输入底面半径 / 直径值，按回车键，再指定圆柱体高度值即可。

命令行提示内容如下：

```
命令: _cylinder
指定底面的中心点或 [三点(3P)/两点(2P)/切点、切点、半径(T)/椭圆(E)]:  （指定底面圆心）
指定底面半径或 [直径(D)] <1.9659>: 300                                （指定底面半径）
指定高度或 [两点(2P)/轴端点(A)] <-300.0000>: 600                      （指定高度，按回车键）
```

8.2.3　楔体的绘制

楔体可以看做是以矩形为底面，其一边沿法线方向拉伸所形成的具有楔状特征的实体，也就是 1/2 长方体。其表面总是平行于当前的 UCS，其斜面沿 Z 轴倾斜。用户可以通过以下方法执行“楔体”命令。

◎ 在菜单栏中执行“绘图”|“建模”|“楔体”命令。

◎ 在“常用”选项卡的“建模”面板中单击“楔体”按钮。

◎ 在“实体”选项卡的“图元”面板中单击“楔体”按钮。

◎ 在命令行中输入命令 WEDGE，然后按回车键。

执行“楔体”命令后，根据命令行中的提示，先创建底面四边形，按回车键，指定其高度值即可创建楔体。

命令行提示内容如下：

```
命令: _wedge
指定第一个角点或 [中心(C)]:                          （指定底面四边形一个角点）
指定其他角点或 [立方体(C)/长度(L)]: @600,300         （输入四边形的长、宽值）
指定高度或 [两点(2P)] <600.0000>: 200                （输入楔体高度值，按回车键）
```

8.2.4　球体的绘制

球体是到一个点即球心的距离相等的所有点的集合所形成的实体。用户可以通过以下方法执行“球体”命令。

◎ 在菜单栏中执行“绘图”|“建模”|“球体”命令。

◎ 在“常用”选项卡的“建模”面板中单击“球体”按钮。

◎ 在“实体”选项卡的“图元”面板中单击“球体”按钮。

◎ 在命令行中输入命令 SPHERE，然后按回车键。

执行“球体”命令后，根据命令行中的提示，指定球体的中心点，并输入球体半径值即可。

命令行提示如下：

```
命令: _sphere
指定中心点或 [三点(3P)/两点(2P)/切点、切点、半径(T)]:   （指定球体的中心点）
指定半径或 [直径(D)] <218.1854>: 300                    （指定球体半径值，按回车键）
```

ACAA课堂笔记

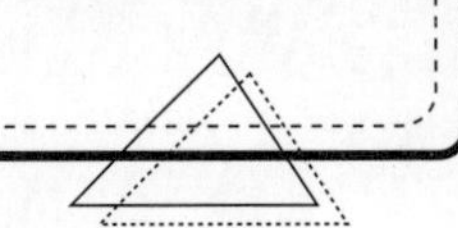

8.2.5　圆环体的绘制

圆环体可以看作是绕圆轮廓线与其共面的直线旋转所形成的实体特征。用户可以通过以下方法执行“圆环体”命令。

◎ 在菜单栏中执行“绘图”|“建模”|“圆环体”命令。

◎ 在“常用”选项卡的“建模”面板中单击“圆环体”按钮。

◎ 在“视图”选项卡的“图元”面板中单击“圆环体”按钮。

◎ 在命令行中输入命令 TORUS，然后按回车键。

执行“圆环体”命令后，根据命令行中的提示，先指定圆环中心点，然后指定圆环的半径，最后指定圆管半径值即可，如图 8-18、图 8-19 所示。

命令行提示内容如下：

```
命令:torus
指定中心点或 [三点(3P)/两点(2P)/切点、切点、半径(T)]:          （指定圆心）
指定半径或 [直径(D)] <80.0000>:200                            （指定半径）
指定圆管半径或 [两点(2P)/直径(D)]:15                           （指定截面半径）
```

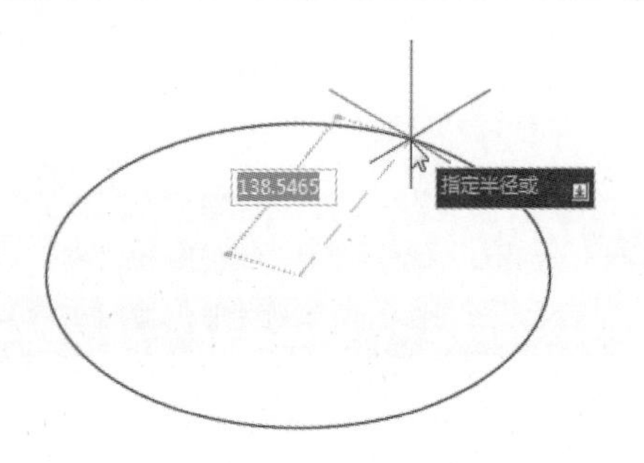

图 8-18　指定圆管半径

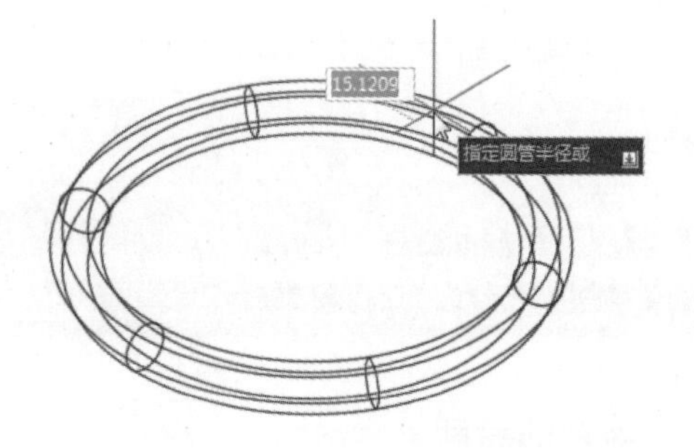

图 8-19　指定圆环截面半径

8.2.6　棱锥体的绘制

棱锥体可以看作是以一个多边形面为底面，其余各面有一个公共顶点的具有三角形特征的面所构成的实体。用户可以通过以下方法执行“棱锥体”命令。

◎ 在菜单栏中执行“绘图”|“建模”|“棱锥体”命令。

◎ 在“常用”选项卡的“建模”面板中单击“棱锥体”按钮。

◎ 在“实体”选项卡的“图元”面板中单击“棱锥体”按钮。

◎ 在命令行中输入命令 PYRAMID，然后按回车键。

执行“棱锥体”命令后，根据命令行中的提示，先指定棱锥体中心点创建棱锥体底面图形，按回车键，再指定棱锥体高度值即可。

命令行提示内容如下：

```
命令: _pyramid
4 个侧面 外切
指定底面的中心点或 [边(E)/侧面(S)]:                                  （指定底面图形中心点）
指定底面半径或 [内接(I)] <200.0000>: 100                              （输入底面半径值，按回车键）
指定高度或 [两点(2P)/轴端点(A)/顶面半径(T)] <200.0000>: 300           （指定棱锥体高度值，按回车键）
```

8.2.7　多段体的绘制

在默认情况下，多段体始终带有一个矩形轮廓，可以指定轮廓高度和宽度。用户可以通过以下方法执行“多段体”命令。

◎ 在菜单栏中执行“绘图”|“建模”|“多段体”命令。

◎ 在“常用”选项卡的“建模”面板中单击“多段体”按钮。

◎ 在“实体”选项卡的“图元”面板中单击“多段体”按钮。

◎ 在命令行中输入命令 POLYSOLID，然后按回车键。

执行“多段体”命令后，根据命令行中的提示，先设置多段体的高度、宽度以及对正参数，然后指定多段体起点及端点即可。

命令行提示内容如下：

```
命令: _Polysolid 高度 = 80.0000, 宽度 = 5.0000, 对正 = 居中
指定起点或 [对象(O)/高度(H)/宽度(W)/对正(J)] <对象>:          （设置多段体的高度、宽度等参数）
指定下一个点或 [圆弧(A)/放弃(U)]:
指定下一个点或 [圆弧(A)/放弃(U)]:
```

实例：绘制三维墙体

下面将利用多段体命令沿着二维户型图，绘制三维墙体模型。具体的操作方法如下。

Step01 打开素材文件，将当前工作空间设为“三维建模”工作空间。将视图切换为“西南等轴测”视图，如图 8-20 所示。

Step02 执行“多段体”命令，根据命令行提示，将多段体的宽度设为 240，高度设为 2800，对正为居中，并捕捉二维墙体中轴线起点和端点，绘制墙体，如图 8-21 所示。

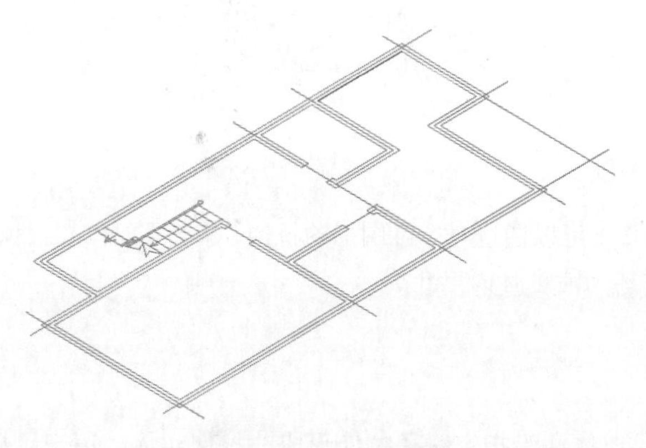

图 8-20　切换视图模式

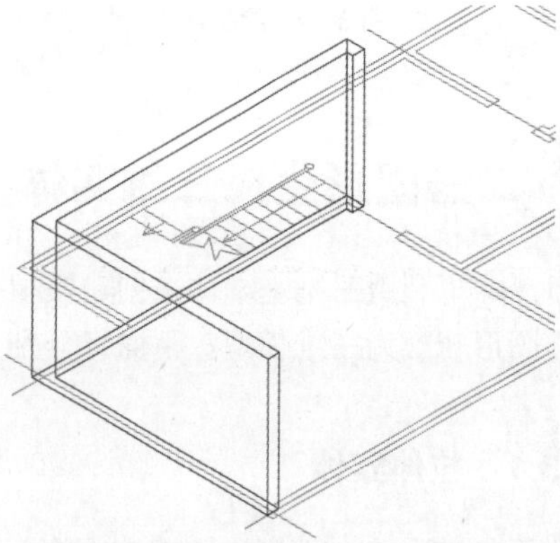

图 8-21　设置并绘制多段体

命令行提示如下：

```
命令: _Polysolid 高度 = 80.0000, 宽度 = 5.0000, 对正 = 居中
指定起点或 [对象(O)/高度(H)/宽度(W)/对正(J)] <对象>: h          （选择“高度”）
指定高度 <80.0000>: 2800                                      （输入高度值，按回车键）
高度 = 2800.0000, 宽度 = 5.0000, 对正 = 居中
指定起点或 [对象(O)/高度(H)/宽度(W)/对正(J)] <对象>: w          （选择“宽度”）
```

```
指定宽度 <5.0000>: 240                                        （输入宽度值，按回车键）
高度 = 2800.0000, 宽度 = 240.0000, 对正 = 居中
指定起点或 [对象(O)/高度(H)/宽度(W)/对正(J)] <对象>: j          （选择“对正”）
输入对正方式 [左对正(L)/居中(C)/右对正(R)] <居中>:               （按回车键）
高度 = 2800.0000, 宽度 = 240.0000, 对正 = 居中
指定起点或 [对象(O)/高度(H)/宽度(W)/对正(J)] <对象>:             （捕捉中轴线起点）
指定下一个点或 [圆弧(A)/放弃(U)]:                               （捕捉中轴线下一个点）
指定下一个点或 [圆弧(A)/放弃(U)]:                               （捕捉中轴线端点，按回车键，完成绘制）
```

Step03 按回车键继续捕捉墙体中轴线的起点和端点，沿着二维户型图，完成其他三维墙体的绘制，如图 8-22 所示。

Step04 将视图样式设置为隐藏样式，查看最终绘制效果，如图 8-23 所示。

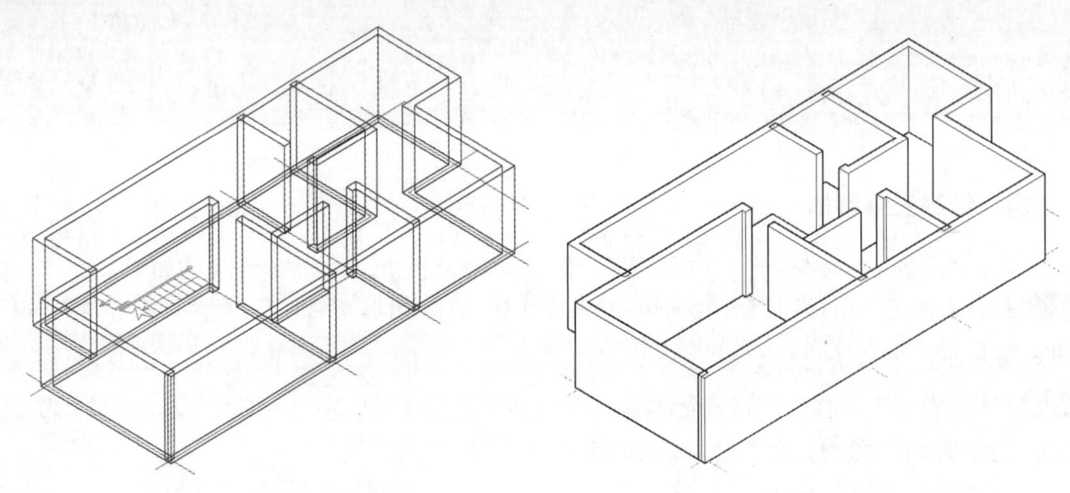

图 8-22　绘制其他三维墙体　　　　图 8-23　切换为“隐藏”视图样式

8.3 二维图形生成三维实体

用户除了利用三维基本体来创建模型外，还可以通过对二维图形的拉伸、旋转、放样和扫掠命令，将二维图形转换为三维模型。下面将分别对其功能进行简单介绍。

8.3.1 拉伸实体

使用拉伸命令，可以绘制各种柱体、台形体和沿指定路径拉伸形成的拉伸实体。用户可以通过以下方法执行“拉伸”命令。

◎ 在菜单栏中执行“绘图”|“建模”|“拉伸”命令。

◎ 在“常用”选项卡的“建模”面板中单击“拉伸”按钮。

◎ 在“实体”选项卡的“实体”面板中单击“拉伸”按钮。

◎ 在命令行中输入命令 EXTRUDE，然后按回车键。

执行“拉伸”命令后，根据命令行中的提示，先选择要拉伸的图形，按回车键，然后输入拉伸的高度值，再按回车键即可拉伸图形，如图 8-24、图 8-25、图 8-26 所示。

命令行提示内容如下。

```
命令: _extrude
当前线框密度: ISOLINES=4，闭合轮廓创建模式 = 实体
选择要拉伸的对象或 [模式(MO)]: _MO 闭合轮廓创建模式 [实体(SO)/曲面(SU)] <实体>: _SO
选择要拉伸的对象或 [模式(MO)]: 找到 1 个                          (选择闭合的图形)
选择要拉伸的对象或 [模式(MO)]:                                    (按回车键)
指定拉伸的高度或 [方向(D)/路径(P)/倾斜角(T)/表达式(E)]:300          (指定高度)
```

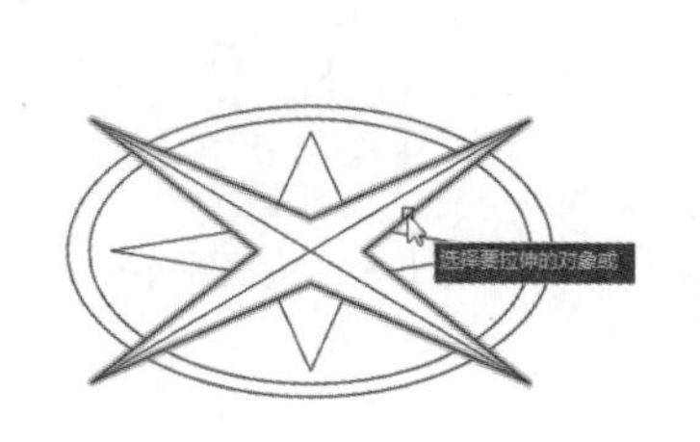

图 8-24　选择拉伸对象

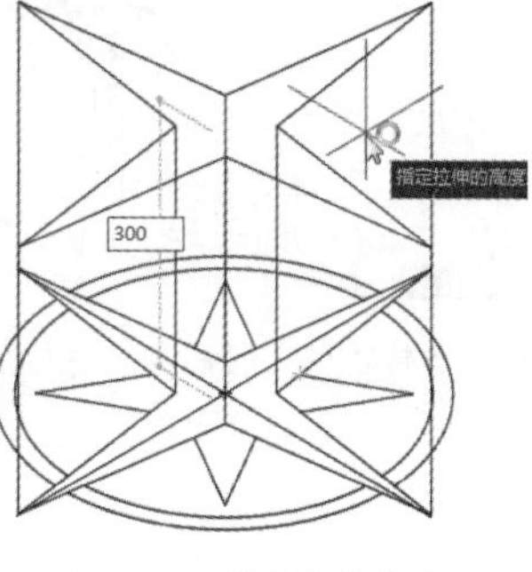

图 8-25　指定拉伸高度

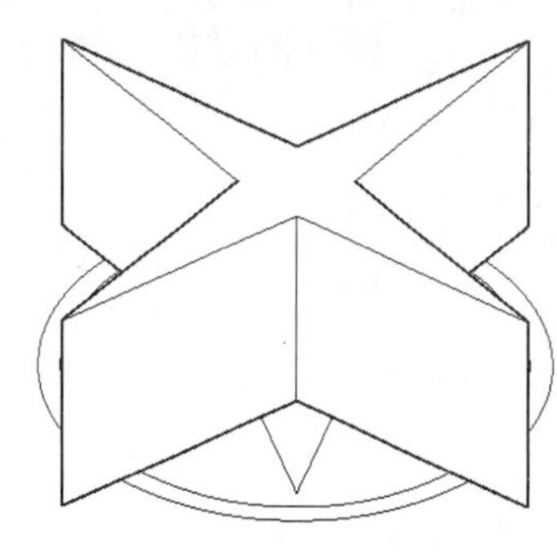

图 8-26　隐藏视觉样式效果

注意事项

拉伸的图形必须是一个闭合的多边形图形，或者是一块面域，否则将无法拉伸。

8.3.2　旋转实体

使用旋转命令，可将二维闭合的图形以中心轴为旋转中心进行旋转，从而形成三维实体模型。用户可以通过以下方法执行“旋转”命令。

◎ 在菜单栏中执行“绘图”|“建模”|“旋转”命令。

◎ 在“常用”选项卡的“建模”面板中单击“旋转”按钮。

◎ 在“实体”选项卡的“实体”面板中单击“旋转”按钮。

◎ 在命令行中输入命令 REVOLVE，然后按回车键。

执行“旋转”命令后，根据命令行中的提示，选择要旋转的图形，按回车键，指定旋转轴的起点和端点，再次按回车键，输入旋转角度即可旋转拉伸图形，如图 8-27、图 8-28、图 8-29、图 8-30 所示。

命令行提示内容如下：

```
命令: _revolve
当前线框密度: ISOLINES=4，闭合轮廓创建模式 = 实体
选择要旋转的对象或 [模式(MO)]: _MO 闭合轮廓创建模式 [实体(SO)/曲面(SU)] <实体>: _SO
选择要旋转的对象或 [模式(MO)]: 找到 1 个                          (选择闭合的图形)
选择要旋转的对象或 [模式(MO)]:                                    (按回车键)
指定轴起点或根据以下选项之一定义轴 [对象(O)/X/Y/Z] <对象>:           (指定旋转轴起点)
指定轴端点:                                                      (指定旋转轴端点)
指定旋转角度或 [起点角度(ST)/反转(R)/表达式(EX)] <360>:             (按回车键，输入旋转角度)
```

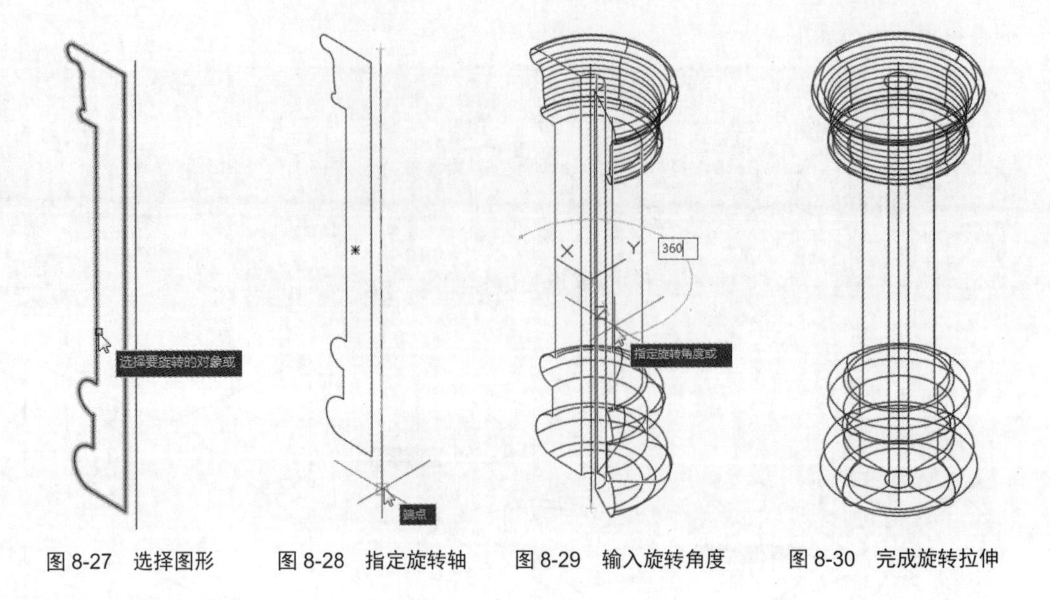

图 8-27　选择图形　　图 8-28　指定旋转轴　　图 8-29　输入旋转角度　　图 8-30　完成旋转拉伸

■ 8.3.3　放样实体

放样命令用于在横截面之间的空间内绘制实体或曲面。使用放样命令时，至少必须指定两个横截面。用户可以通过以下方法执行“放样”命令。

◎ 在菜单栏中执行“绘图”|“建模”|“放样”命令。

◎ 在“常用”选项卡的“建模”面板中单击“放样”按钮。

◎ 在“实体”选项卡的“实体”面板中单击“放样”按钮。

◎ 在命令行中输入命令 LOFT，然后按回车键。

执行“放样”命令后，根据命令行的提示，可按放样次序选择横截面，然后选择“仅横截面”选项，即可完成放样实体，如图 8-31、图 8-32 所示。

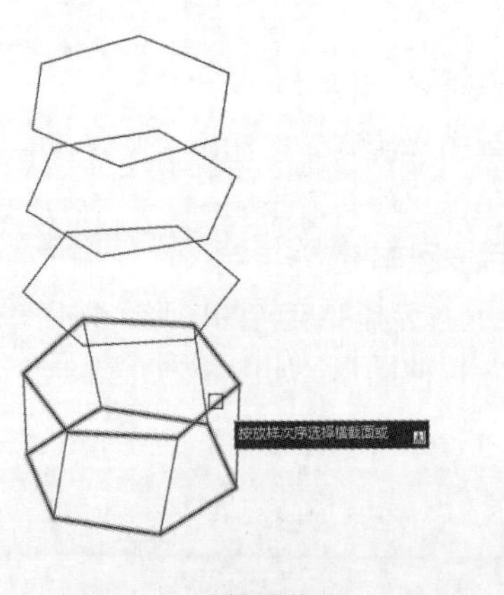

图 8-31　选择横截面

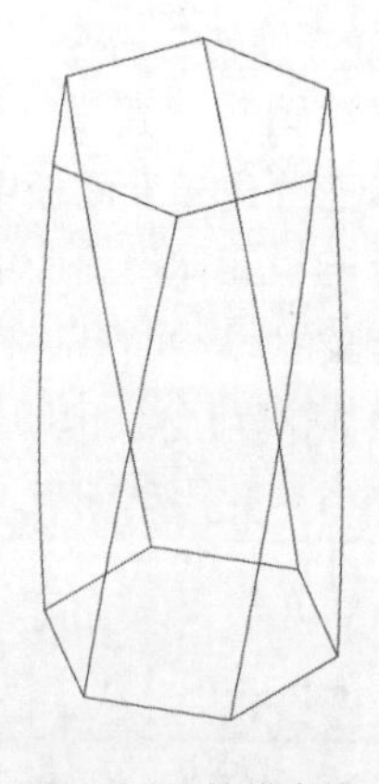
图 8-32　放样实体

命令行提示内容如下：

```
命令: _loft
当前线框密度: ISOLINES=4，闭合轮廓创建模式 = 实体
按放样次序选择横截面或 [点(PO)/合并多条边(J)/模式(MO)]: _MO 闭合轮廓创建模式 [实体(SO)/曲面(SU)] <实体>: _SO　　（按次序选择所有横截面）
```

按放样次序选择横截面或 [点(PO)/合并多条边(J)/模式(MO)]: 找到 1 个
按放样次序选择横截面或 [点(PO)/合并多条边(J)/模式(MO)]: 找到 1 个，总计 5 个
按放样次序选择横截面或 [点(PO)/合并多条边(J)/模式(MO)]:
选中了 5 个横截面
输入选项 [导向(G)/路径(P)/仅横截面(C)/设置(S)] <仅横截面>:　　　　（按回车键，完成操作）

■ 8.3.4 扫掠实体

扫掠命令用于沿指定路径以指定轮廓的形状绘制实体或曲面。用户可以通过以下方法执行“扫琼”命令。

◎ 在菜单栏中执行“绘图”|“建模”|“扫掠”命令。

◎ 在“常用”选项卡的“建模”面板中单击“扫掠”按钮。

◎ 在“实体”选项卡的“实体”面板中单击“扫掠”按钮。

◎ 在命令行中输入命令 SWEEP，然后按回车键。

执行“扫掠”命令后，根据命令行的提示信息，选择要扫掠的图形横截面和扫掠路径，按回车键即可创建扫掠实体，如图 8-33、图 8-34、图 8-35 所示。

命令行提示如下：

命令: _sweep
当前线框密度: ISOLINES=4，闭合轮廓创建模式 = 实体
选择要扫掠的对象或 [模式(MO)]: _MO 闭合轮廓创建模式 [实体(SO)/曲面(SU)] <实体>: _SO
选择要扫掠的对象或 [模式(MO)]: 找到 1 个　　　　（选择要扫掠的横截面，按回车键）
选择要扫掠的对象或 [模式(MO)]:
选择扫掠路径或 [对齐(A)/基点(B)/比例(S)/扭曲(T)]:　　　　（选择扫掠路径）

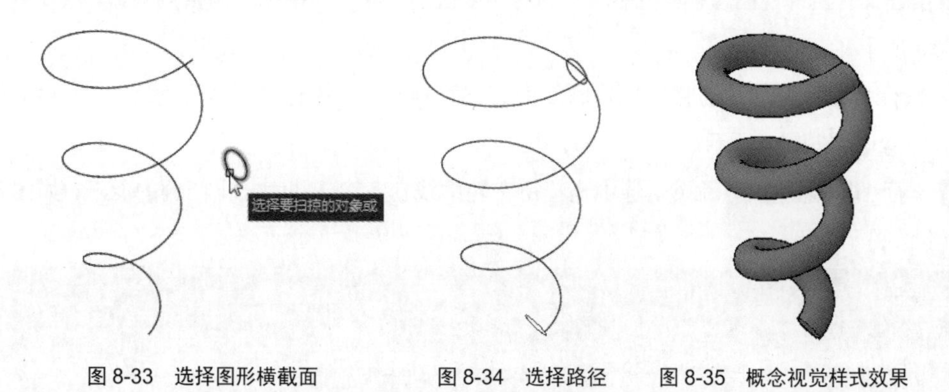

图 8-33　选择图形横截面　　图 8-34　选择路径　　图 8-35　概念视觉样式效果

■ 8.3.5 按住并拖动

按住并拖动命令通过选中有限区域，然后按住该区域并输入拉伸值或拖动边界区域将选择的边界区域进行拉伸。用户可以通过以下方法执行“按住并拖动”命令。

◎ 在“常用”选项卡的“建模”面板中单击“按住并拖动”按钮。

◎ 在“实体”选项卡的“实体”面板中单击“按住并拖动”按钮。

◎ 在命令行中输入命令 PRESSPULL，然后按回车键。

执行“按住并拖动”命令后，根据命令行的提示，选择对象或边界区域，然后指定拉伸高度，按回车键即可完成，如图 8-36、图 8-37 所示。

命令行提示内容如下：

```
命令: _presspull
选择对象或边界区域:                              （选择要拖动的面或面域）
指定拉伸高度或 [多个(M)]: 200                    （移动鼠标，输入拉伸高度值）
指定拉伸高度或 [多个(M)]:                        （按回车键）
已创建 1 个拉伸
选择对象或边界区域:                              （按Esc键取消操作）
```

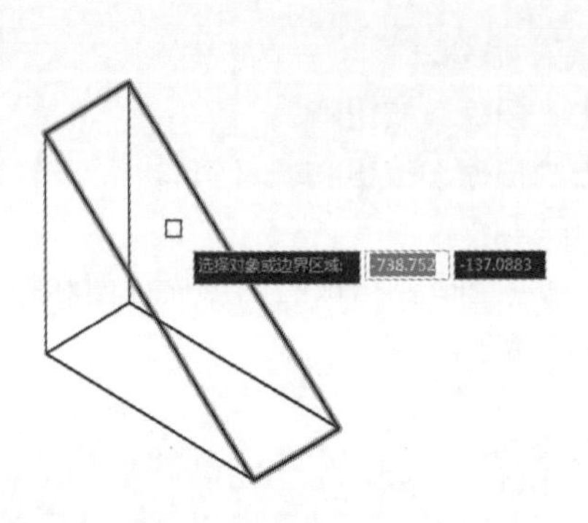

图 8-36　选择边界区域

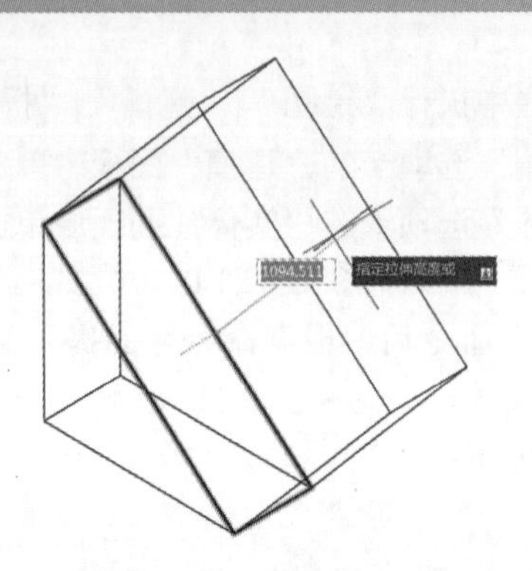

图 8-37　指定拉伸高度

■ 实例：绘制座椅模型

下面将利用拉伸和扫掠命令，来绘制座椅实体模型。

Step01 新建文件，将视图切换到左视图，执行“多段线”命令，将线型调整为圆弧，绘制座椅轮廓线，如图 8-38 所示。

Step02 执行“偏移”命令，将座椅轮廓线向右偏移 40mm。执行“弧线”命令，绘制两条弧线，连接座椅轮廓，如图 8-39 所示。

Step03 执行“编辑多段线”命令，选中座椅所有轮廓线，将其合并为一个闭合的面域，如图 8-40 所示。

命令行提示如下：

```
命令: _pedit
选择多段线或 [多条(M)]:                          （选中一条轮廓线）
输入选项 [闭合(C)/合并(J)/宽度(W)/编辑顶点(E)/拟合(F)/样条曲线(S)/非曲线化(D)/线型生成(L)/反转(R)/放弃(U)]: J
                                                 （选择“合并”选项）
选择对象: 找到 1 个                              （依次选择其他3条轮廓线，按回车键）
选择对象: 找到 1 个，总计 2 个
选择对象: 找到 1 个，总计 3 个
选择对象: 找到 1 个，总计 4 个
选择对象:
多段线已增加 4 条线段
输入选项 [打开(O)/合并(J)/宽度(W)/编辑顶点(E)/拟合(F)/样条曲线(S)/非曲线化(D)/线型生成(L)/反转(R)/放弃(U)]:
                                                 （再次按回车键，完成合并操作）
```

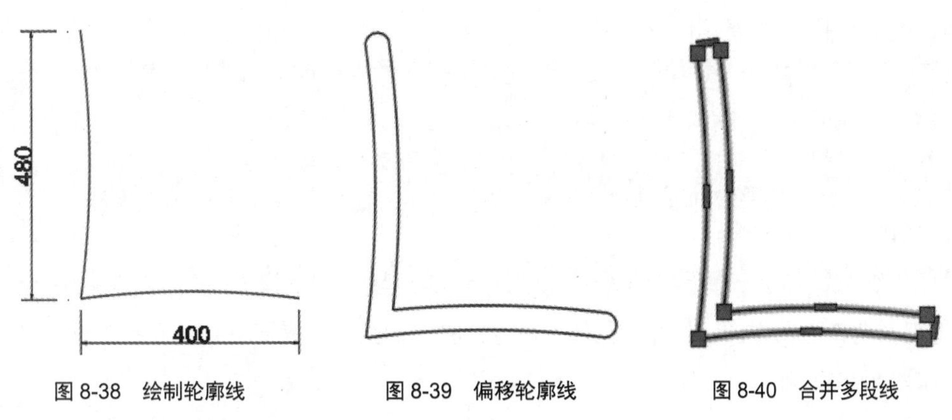

图 8-38　绘制轮廓线　　图 8-39　偏移轮廓线　　图 8-40　合并多段线

Step04 将当前视图设为西南等轴测视图，执行“拉伸”命令，将合并的轮廓线进行拉伸，拉伸距离为 450mm，如图 8-41 所示。

命令行提示如下：

```
命令: _extrude
当前线框密度: ISOLINES=4，闭合轮廓创建模式 = 实体
选择要拉伸的对象或 [模式(MO)]: _MO 闭合轮廓创建模式 [实体(SO)/曲面(SU)] <实体>: _SO
选择要拉伸的对象或 [模式(MO)]: 指定对角点: 找到 1 个          （选择轮廓线，按回车键）
选择要拉伸的对象或 [模式(MO)]:
指定拉伸的高度或 [方向(D)/路径(P)/倾斜角(T)/表达式(E)] <200.0000>: 450
                                    （向右移动光标，输入拉伸距离，按回车键）
```

Step05 将视图切换到左视图，再次执行“多段线”命令，绘制扶手轮廓线，如图 8-42 所示。

Step06 执行“倒圆角”命令，将扶手进行倒圆角，圆角半径为 100mm 和 50mm，结果如图 8-43 所示。

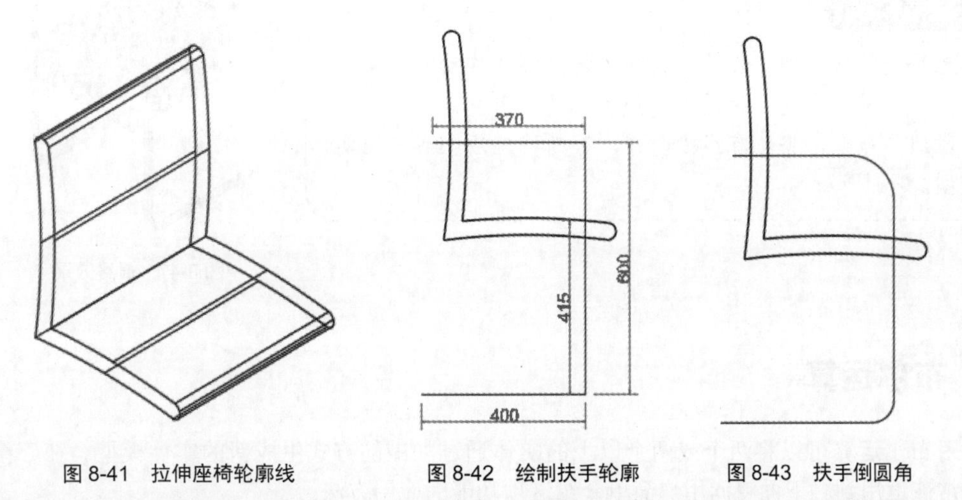

图 8-41　拉伸座椅轮廓线　　图 8-42　绘制扶手轮廓　　图 8-43　扶手倒圆角

Step07 将视图切换为西南等轴测图，在命令行中输入 UCS 命令，以扶手起点为坐标原点，分别调整 X、Y 轴的方向，结果如图 8-44 所示。

Step08 执行“圆”命令，以坐标原点为圆心，绘制半径为 10mm 的圆。执行“扫掠”命令，先选中小圆形，按回车键，然后再选中扶手轮廓线，将其拉伸为实体，结果如图 8-45 所示。

命令行提示如下：

```
命令: _sweep
当前线框密度: ISOLINES=4，闭合轮廓创建模式 = 实体
选择要扫掠的对象或 [模式(MO)]: _MO 闭合轮廓创建模式 [实体(SO)/曲面(SU)] <实体>: _SO
选择要扫掠的对象或 [模式(MO)]: 找到 1 个                    （选择圆形，按回车键）
选择要扫掠的对象或 [模式(MO)]:
选择扫掠路径或 [对齐(A)/基点(B)/比例(S)/扭曲(T)]:            （选择扶手轮廓）
```

Step09 将视图切换为俯视图，执行“镜像”命令，将左侧扶手以座椅中心线为镜像线，将其进行镜像操作，如图 8-46 所示。

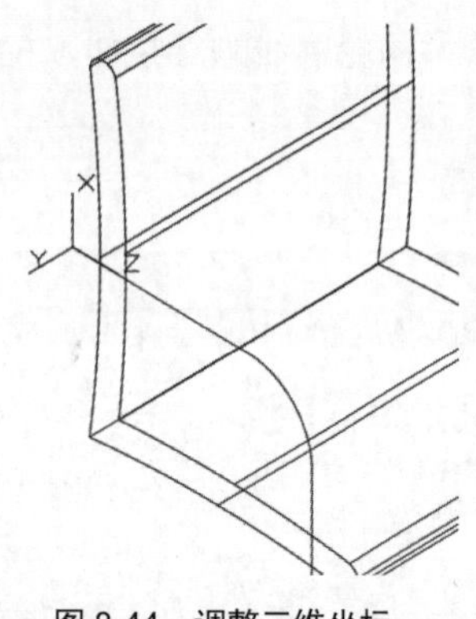

图 8-44 调整三维坐标

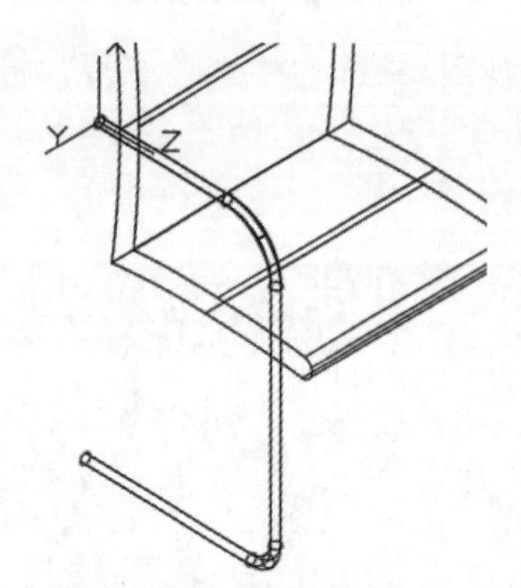

图 8-45 拉伸扶手轮廓

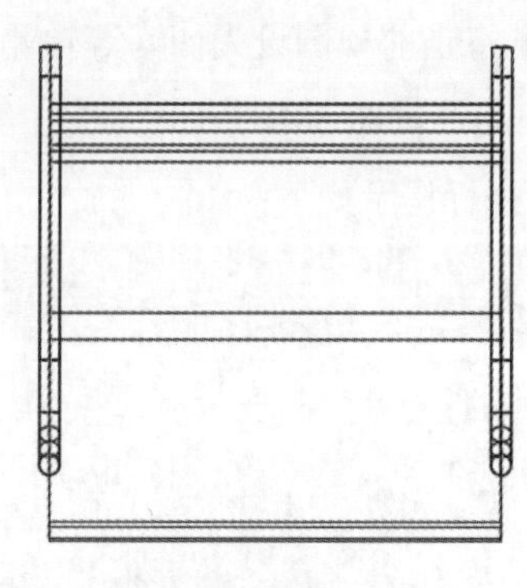

图 8-46 镜像扶手

Step10 将视图切换为西南等轴测图，将视觉样式设为“概念”样式，查看最终制作效果，如图 8-47 所示。

注意事项

无论是执行拉伸、旋转、放样还是按住并拖动命令，其操作的对象必须是封闭的图形。如果不是，用户需使用“编辑多段线”命令，将所有线段合并，否则将无法生成三维实体模型。

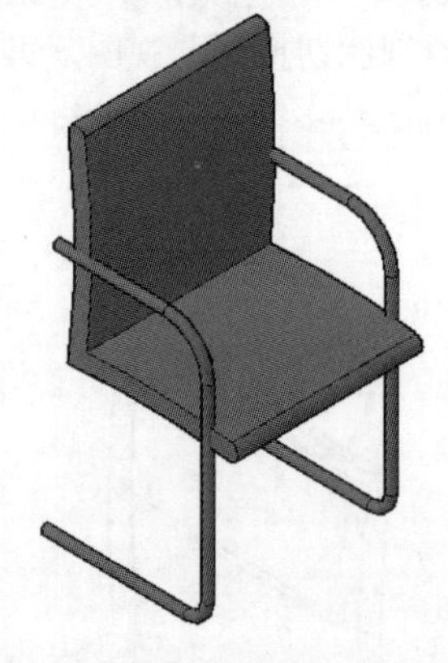

图 8-47 最终效果

8.4 布尔运算

利用布尔运算可以将两个或两个以上的实体通过加减的方式生成新的实体模型。在三维建模中该功能常被运用到。下面将向用户简单介绍这项功能的应用方法。

8.4.1 并集操作

并集命令就是将两个或多个实体对象合并成一个新的复合实体，新实体由各个组成对象的所有部分组成，没有相重合的部分。用户可以通过以下方法执行“并集”命令。

◎ 在菜单栏中执行“修改”|“实体编辑”|“并集”命令。

◎ 在“常用”选项卡的“实体编辑”面板中单击“并集”按钮。

◎ 在“实体”选项卡的“布尔值”面板中单击“并集”按钮。

◎ 在命令行中输入命令 UNION，然后按回车键。

执行“并集”命令后，选中所有需要合并的实体，按回车键即可完成操作，如图 8-48、图 8-49 所示。

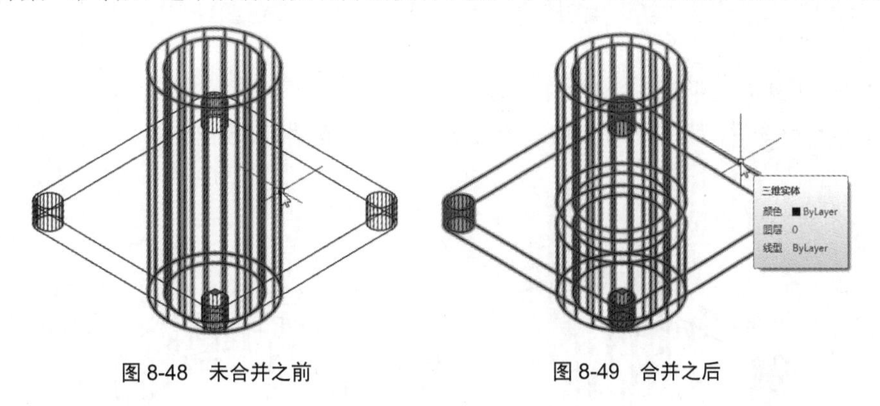

图 8-48　未合并之前　　　　图 8-49　合并之后

8.4.2　差集操作

差集命令是从一个或多个实体中减去其中之一或若干部分，得到一个新的实体。用户可以通过以下方法执行“差集”命令。

◎ 在菜单栏中执行“修改”|“实体编辑”|“差集”命令。

◎ 在“常用”选项卡的“实体编辑”面板中单击“差集”按钮。

◎ 在“实体”选项卡的“布尔值”面板中单击“差集”按钮。

◎ 在命令行中输入命令 SUBTRACT，然后按回车键。

执行“差集”命令后，选择对象，然后选择要从中减去的实体、曲面和面域，按回车键即可得到差集效果，如图 8-50、图 8-51 所示。

命令行提示内容如下：

```
命令: _subtract 选择要从中减去的实体、曲面和面域...
选择对象: 指定对角点: 找到 1 个                （选择所需实体模型，按回车键）
选择对象: 选择要减去的实体、曲面和面域...
选择对象: 找到 1 个                            （选择要减去的实体模型，按回车键）
选择对象:
```

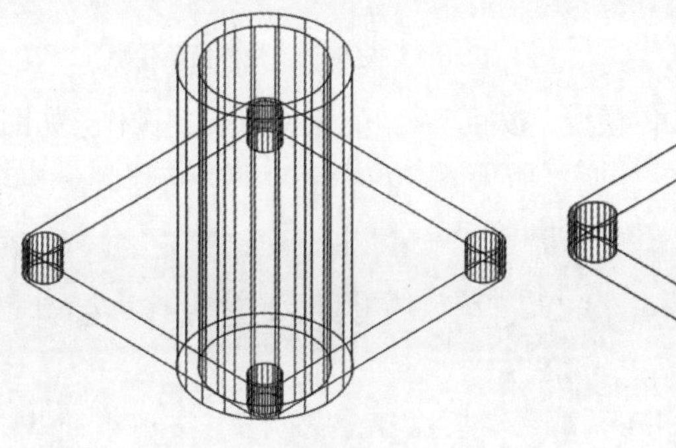

图 8-50　执行操作前

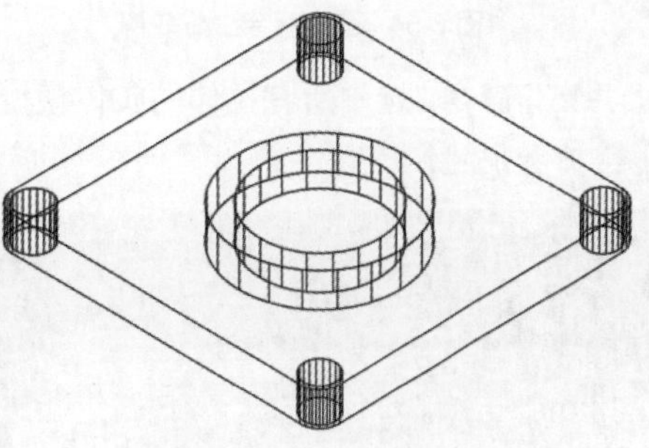

图 8-51　执行操作后

8.4.3 交集操作

交集命令可以从两个以上重叠实体的公共部分创建复合实体。用户可以通过以下方法执行“交集”命令。

◎ 在菜单栏中执行“修改”|“实体编辑”|“交集”命令。

◎ 在“常用”选项卡的“实体编辑”面板中单击“交集”按钮。

◎ 在“实体”选项卡的“布尔值”面板中单击“交集”按钮。

◎ 在命令行中输入命令 INTERSECT，然后按回车键。

执行“交集”命令后，选中所有实体，按回车键即可完成操作，如图 8-52、图 8-53 所示。

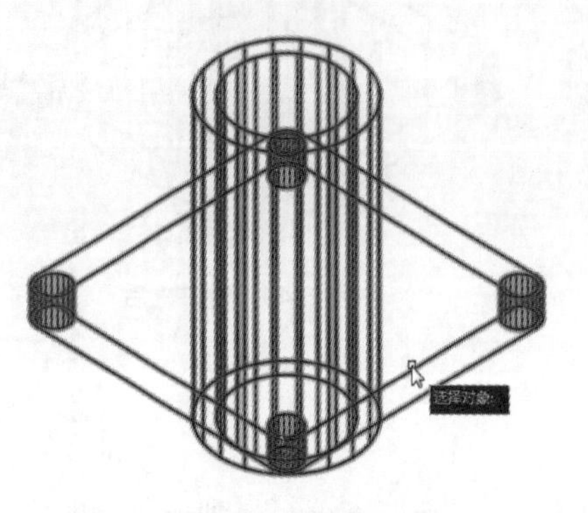

图 8-52　选择所有模型

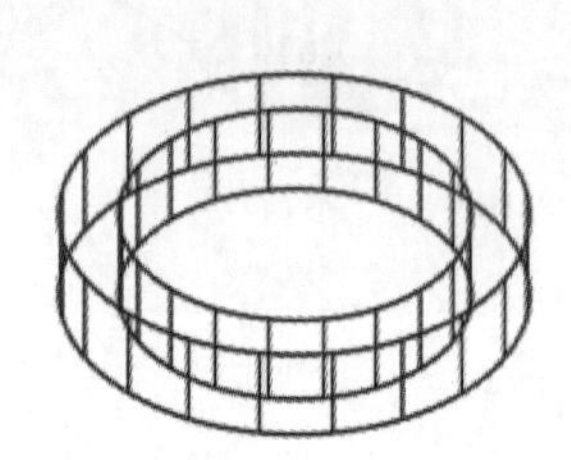

图 8-53　交集效果

实例：绘制扳手三维模型

下面将运用拉伸、并集、差集等命令，来绘制扳手三维模型。具体操作步骤如下。

Step01 将视图切换为俯视图。执行“圆”“矩形”“镜像”命令，绘制扳手二维轮廓图形，如图 8-54 所示。

Step02 将视图切换为西南等轴测图，执行“拉伸”命令，将圆形、矩形向上拉伸 12mm，如图 8-55 所示。

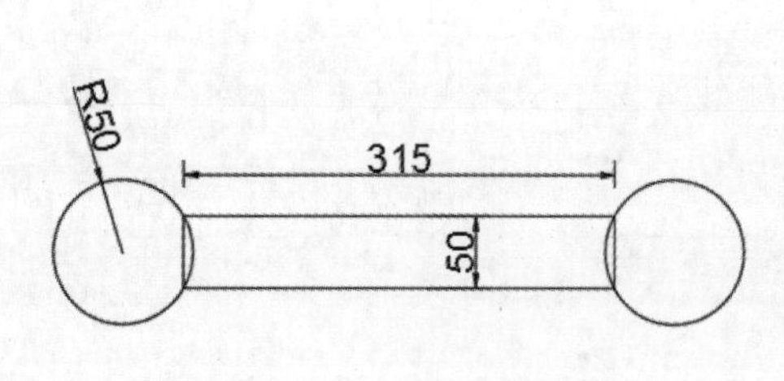

图 8-54　绘制扳手二维轮廓

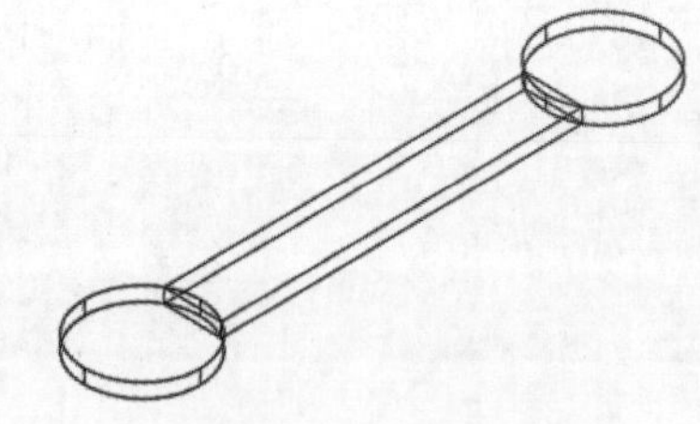

图 8-55　拉伸扳手轮廓

Step03 执行“并集”命令，选中所有拉伸的实体模型，按回车键，将其进行合并操作，如图 8-56 所示。

命令行提示内容如下：

```
命令: _union
选择对象: 找到 1 个                         （选中所有实体模型，按回车键完成操作）
选择对象: 找到 1 个，总计 2 个
选择对象: 找到 1 个，总计 3 个
选择对象:
```

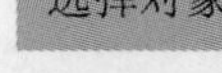

Step04 执行“多边形”命令，绘制一个外接圆半径为20mm的正六边形。执行“拉伸”命令，将正五边形向上拉伸20mm，生成六边体模型，如图8-57所示。

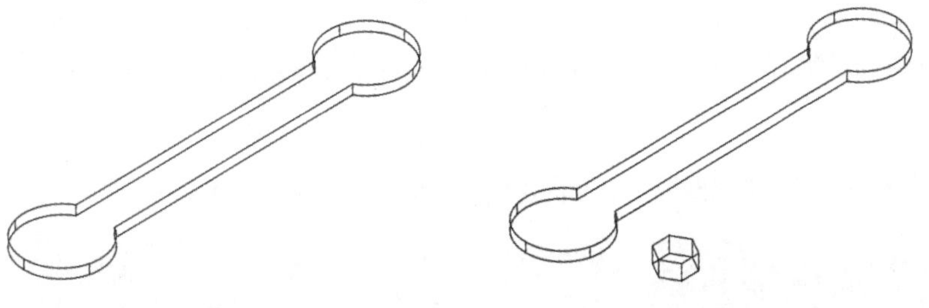

图8-56　合并实体模型　　　　图8-57　绘制正多边体模型

Step05 切换视图至俯视图，将多边体模型移至扳手左侧中心位置，同时执行“复制”命令，将多边体进行复制，并移至扳手右侧合适位置，如图8-58所示。

Step06 切换到左视图，将两个多边体模型向下移动至合适的位置，如图8-59所示。

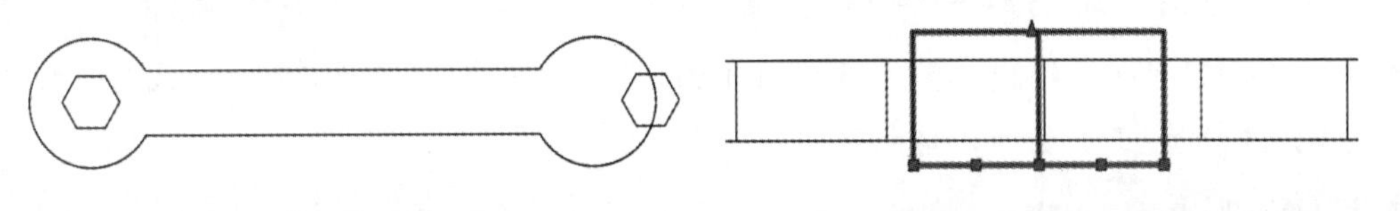

图8-58　移动并复制多边体　　　　图8-59　再次移动多边体

Step07 将视图切换到西南等轴测视图。执行“差集”命令，将两个多边体从扳手模型中减去，完成扳手模型的绘制操作，结果如图8-60所示。

命令行提示内容如下：

```
命令: _subtract 选择要从中减去的实体、曲面和面域...
选择对象: 找到 1 个　　（选中扳手模型，按回车键）
选择对象: 选择要减去的实体、曲面和面域...
选择对象:找到1个　　　（选中两个多边体模型，按回车键）
选择对象: 找到 1 个，总计 2 个
选择对象:
```

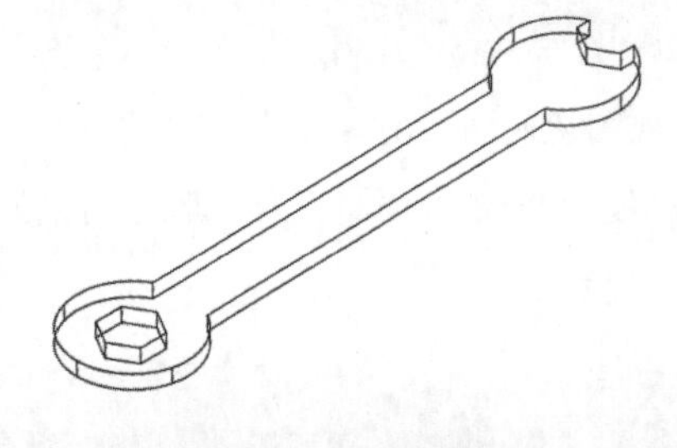

图8-60　扳手最终效果

课堂实战：绘制螺丝三维模型

下面将根据本章所学的知识内容，来绘制螺丝零件模型。在绘制的过程中主要会用到拉伸、扫掠、并集、差集等三维命令。

Step01 新建空白文件，在快速访问工具栏中将“草图与注释”工作空间切换为“三维建模”工作空间，如图 8-61 所示。

Step02 单击绘图区左上角视图控件，将其设为俯视图，如图 8-62 所示。

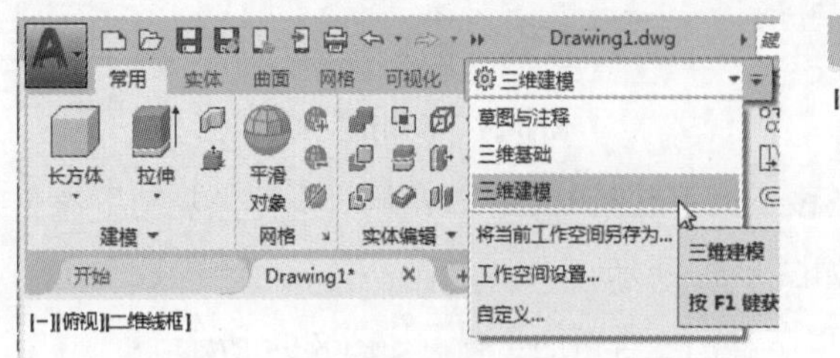

图 8-61　切换为“三维建模工作”空间

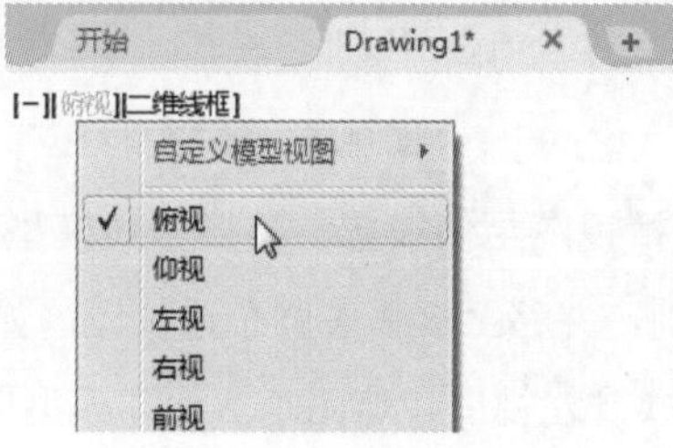

图 8-62　切换至俯视图

Step03 执行“直线”命令，绘制一条长 26mm 的直线。执行“多边形”命令，捕捉直线的中点和端点，绘制外切于圆的正六边形，如图 8-63 所示。

命令行提示如下：

```
命令: _polygon 输入侧面数 <4>: 6                    （输入多边形边数，按回车键）
指定正多边形的中心点或 [边(E)]:                     （捕捉直线中点）
输入选项 [内接于圆(I)/外切于圆(C)] <I>: C           （选择“外切于圆”）
指定圆的半径:                                      （捕捉直线右侧端点）
```

Step04 将视图切换到西南等轴测视图。执行“拉伸”命令，根据命令行的提示，选择正六边形，按回车键，设置拉伸高度为 9mm，拉伸正六边形，结果如图 8-64 所示。

命令行提示如下：

```
命令: _extrude
当前线框密度: ISOLINES=4，闭合轮廓创建模式 = 实体
选择要拉伸的对象或 [模式(MO)]: _MO 闭合轮廓创建模式 [实体(SO)/曲面(SU)] <实体>: _SO
选择要拉伸的对象或 [模式(MO)]: 找到 1 个                        （选择正六边形，按回车键）
选择要拉伸的对象或 [模式(MO)]:
指定拉伸的高度或 [方向(D)/路径(P)/倾斜角(T)/表达式(E)]: 9        （输入拉伸高度）
```

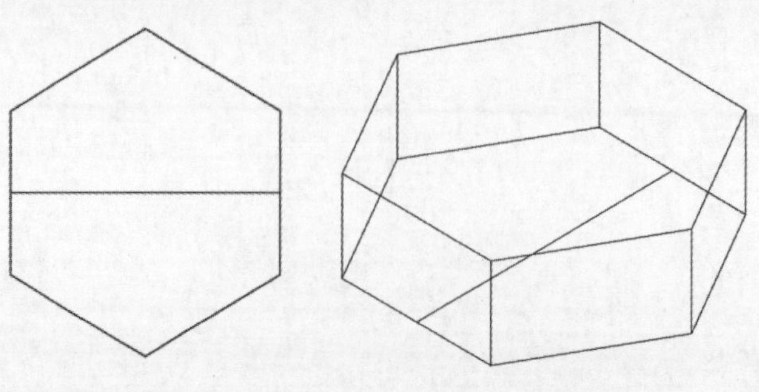

图 8-63　绘制正六边形　　　图 8-64　拉伸正六边形

Step05 执行“圆柱体”命令，捕捉直线的中点，绘制底面半径为 6mm，高为 15mm 的圆柱体，如图 8-65 所示。

命令行提示如下：

```
命令: _cylinder
指定底面的中心点或 [三点(3P)/两点(2P)/切点、切点、半径(T)/椭圆(E)]:  （捕捉直线中点）
指定底面半径或 [直径(D)]: 6                                        （输入底面半径数值，按回车键）
指定高度或 [两点(2P)/轴端点(A)] <9.0000>: 15                        （输入圆柱体高度值）
```

Step06 切换到左视图，执行“移动”命令，将圆柱体向上移动 9mm，如图 8-66 所示。

命令行提示如下：

```
命令: _move
选择对象: 找到 1 个                                  （选择圆柱体，按回车键）
选择对象:
指定基点或 [位移(D)] <位移>:                          （选择圆柱体底面中点）
指定第二个点或 <使用第一个点作为位移>: 9              （向上移动鼠标，并输入移动距离，按回车键）
```

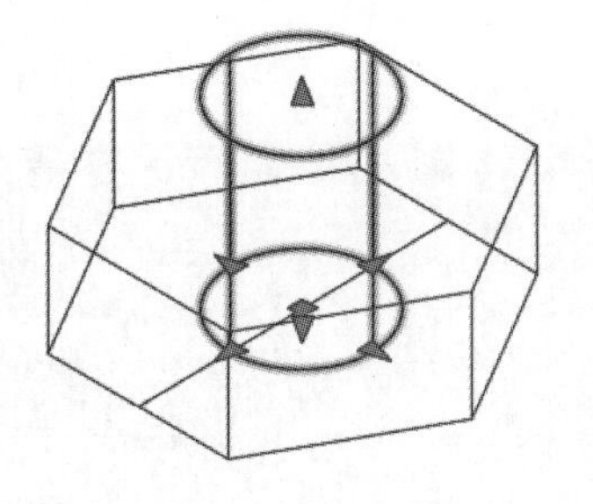

图 8-65　绘制圆柱体

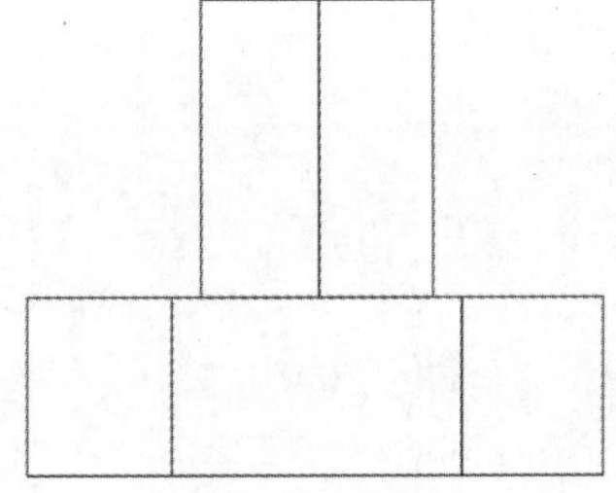

图 8-66　移动圆柱体

Step07 切换到西南等轴测视图。在命令行中输入 UCS，指定坐标原点、X 轴方向的点、Y 轴方向的点，即可恢复三维坐标，如图 8-67、图 8-68 所示。

命令行提示如下：

```
命令: UCS
当前 UCS 名称: *没有名称*
指定 UCS 的原点或 [面(F)/命名(NA)/对象(OB)/上一个(P)/视图(V)/世界(W)/X/Y/Z/Z 轴(ZA)] <世界>: （指定任意点为坐标原点）
指定 X 轴上的点或 <接受>:                    （向右上方移动鼠标，指定X轴方向）
指定 XY 平面上的点或 <接受>:                 （向左上方移动鼠标，指定Y轴方向）
```

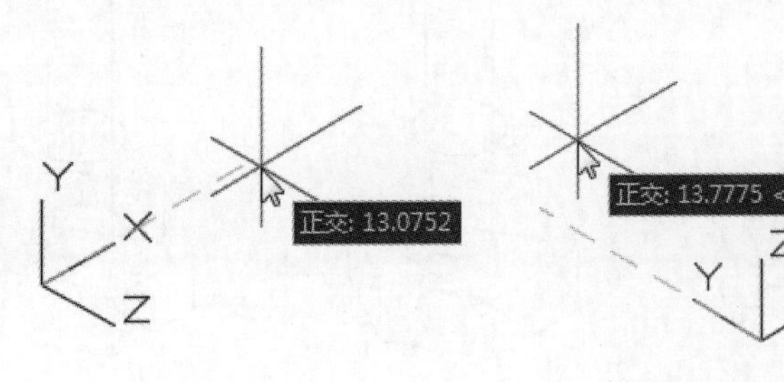

图 8-67　指定 X 轴　　　　图 8-68　指定 Y 轴

注意事项

当二维视图切换至三维视图后，用户一定要留意当前的坐标是否符合绘制需求。如果不符合，则需要先调整一下坐标，然后再进行下一步绘制操作，否则会直接影响到绘制结果。

Step08 执行“复制”命令，将圆柱体向上进行复制，如图 8-69 所示。

Step09 执行“按住并拖动”命令，将复制后的圆柱体顶面向上拉伸 25mm，如图 8-70 所示。

命令行提示如下：

```
命令: _presspull
选择对象或边界区域:                                    （选中复制的圆柱体顶面，按回车键）
指定拉伸高度或 [多个(M)]:
指定拉伸高度或 [多个(M)]:25                            （向上移动鼠标，输入拉伸值，按回车键）
已创建 1 个拉伸
选择对象或边界区域:                                    （按Esc键撤销操作）
```

Step10 执行“螺旋”命令，捕捉拉伸圆柱体顶面圆心点，绘制上、下半径都为 6mm，圈数为 20，高度为 40mm 的螺旋线，如图 8-71 所示。

命令行提示如下：

```
命令: _Helix
圈数 = 3.0000    扭曲=CCW
指定底面的中心点:                                                  （捕捉拉伸的圆柱体顶面圆心点）
指定底面半径或 [直径(D)] <1.0000>: 6                               （输入底面、顶面半径值，按回车键）
指定顶面半径或 [直径(D)] <6.0000>:                                 （按回车键）
指定螺旋高度或 [轴端点(A)/圈数(T)/圈高(H)/扭曲(W)] <1.0000>: t     （选择“圈数”）
输入圈数 <3.0000>: 20                                              （输入圈数值）
指定螺旋高度或 [轴端点(A)/圈数(T)/圈高(H)/扭曲(W)] <1.0000>: 40    （输入螺旋线高度值）
```

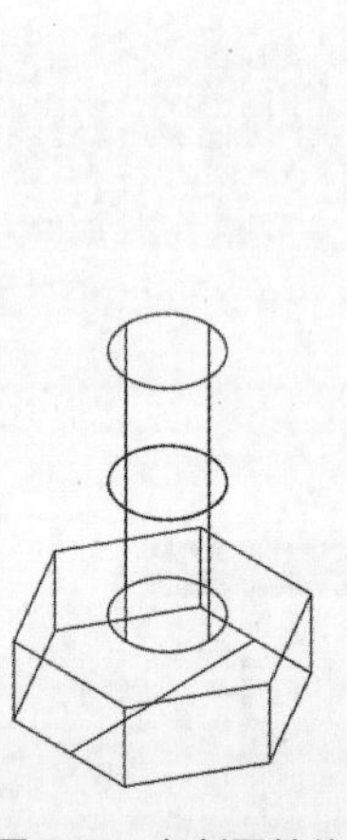

图 8-69　复制圆柱体

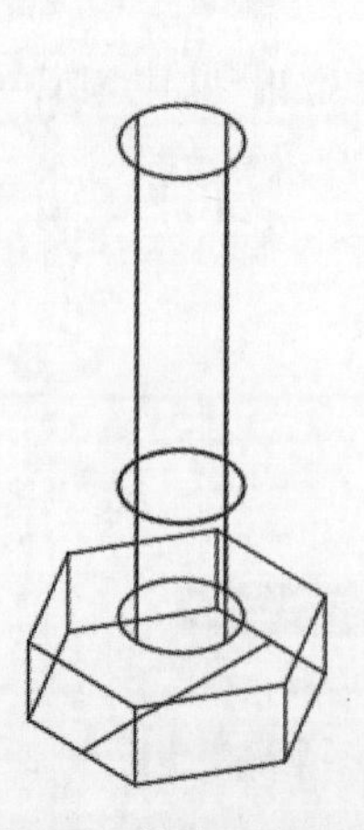

图 8-70　拉伸圆柱体顶面

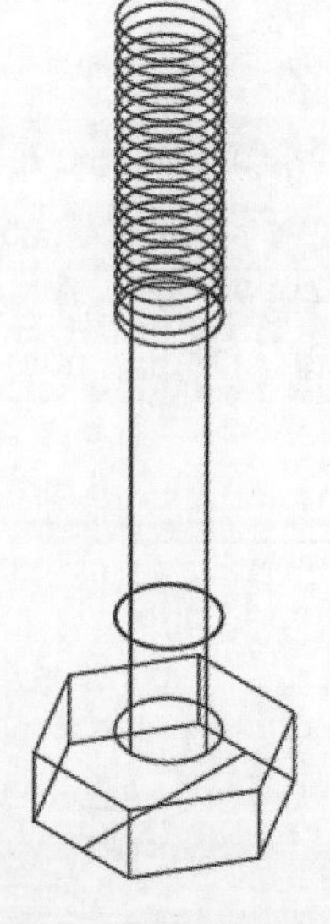

图 8-71　绘制螺旋线

Step11 调整三维坐标。在命令行中输入 UCS 命令，重新指定 X、Y 轴方向，如图 8-72 所示。

命令行提示如下：

```
命令: UCS
当前 UCS 名称: *没有名称*
指定 UCS 的原点或 [面(F)/命名(NA)/对象(OB)/上一个(P)/视图(V)/世界(W)/X/Y/Z/Z 轴(ZA)] <世界>:
                                                  （捕捉螺旋线的端点为坐标原点）
指定 X 轴上的点或 <接受>:                            （向左上方移动光标，指定X轴）
指定 XY 平面上的点或 <接受>:                         （垂直向上移动光标，指定Y轴）
```

Step12 执行“圆”命令，以坐标原点为圆心，绘制半径为 0.8mm 的圆，如图 8-73 所示。再次在命令行中输入 UCS 命令，恢复西南等轴测视图默认坐标。

Step13 执行“扫掠”命令，根据命令行的提示，绘制出螺旋体模型。用户可以将视图样式切换到“隐藏”来查看绘制效果，效果如图 8-74 所示。

命令行提示如下：

```
命令: _sweep
当前线框密度: ISOLINES=4，闭合轮廓创建模式 = 实体
选择要扫掠的对象或 [模式(MO)]: _MO 闭合轮廓创建模式 [实体(SO)/曲面(SU)] <实体>: _SO
选择要扫掠的对象或 [模式(MO)]: 找到 1 个
选择要扫掠的对象或 [模式(MO)]:                        （选择圆形）
选择扫掠路径或 [对齐(A)/基点(B)/比例(S)/扭曲(T)]:        （选择螺旋线）
```

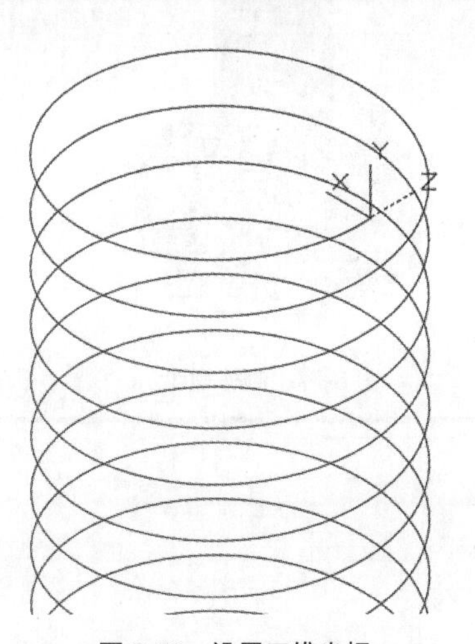

图 8-72　设置三维坐标

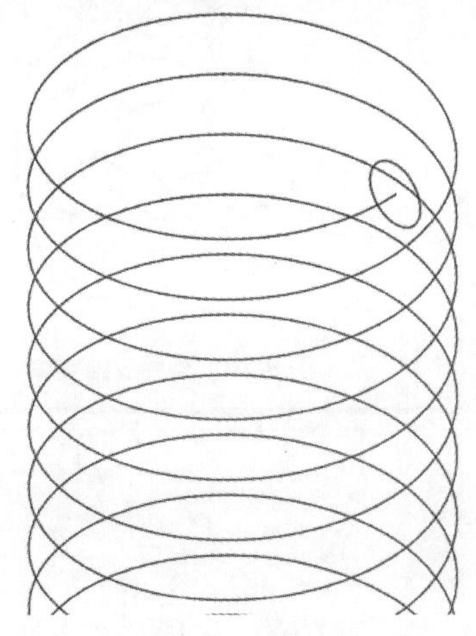
图 8-73　绘制圆形

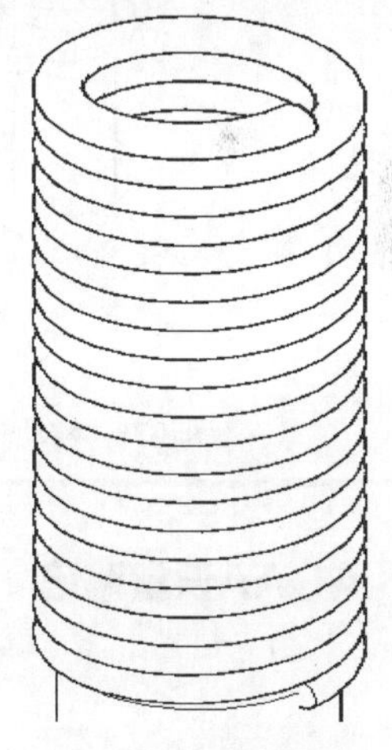
图 8-74　绘制螺旋体

ACAA课堂笔记

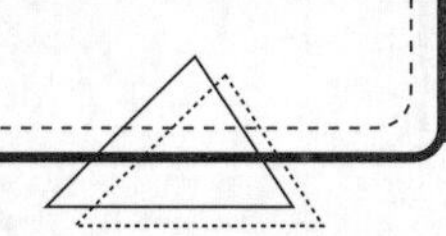

Step14 将视图样式切换到“二维线框”样式。选中螺旋体，将其向下移动 40mm，与上方的圆柱体重合，如图 8-75 所示。

Step15 执行“并集”命令，将除螺旋体之外的所有三维模型进行合并，使其成为一个整体，如图 8-76 所示。

Step16 执行“差集”命令，根据命令行提示，将螺旋体从合并的模型中减去，制作出螺纹。将视图样式设为“灰度”样式，查看效果。至此，螺丝三维模型制作完毕，最终结果如图 8-77 所示。

命令行提示如下：

```
命令: _subtract 选择要从中减去的实体、曲面和面域...          （选择合并的实体模型，按回车键）
选择对象: 找到 1 个
选择对象: 选择要减去的实体、曲面和面域...                    （选择螺旋体模型，按回车键）
选择对象: 找到 1 个
选择对象:
```

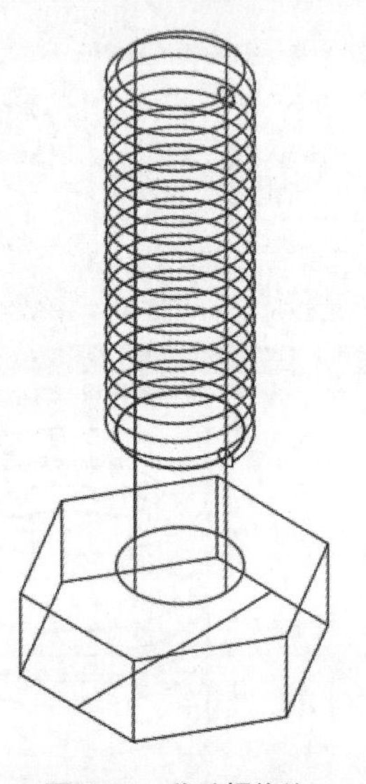

图 8-75 移动螺旋体

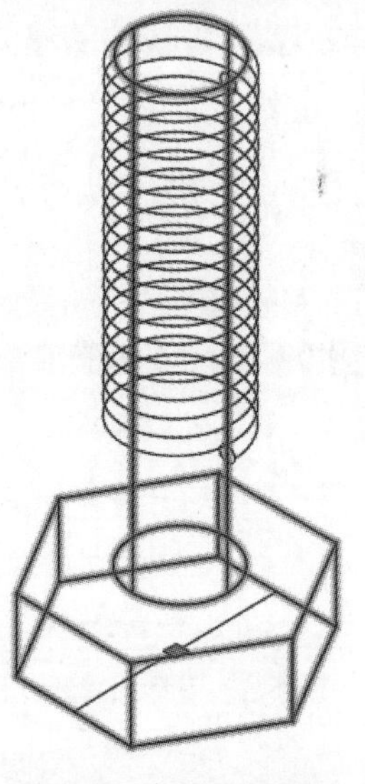

图 8-76 合并三维实体

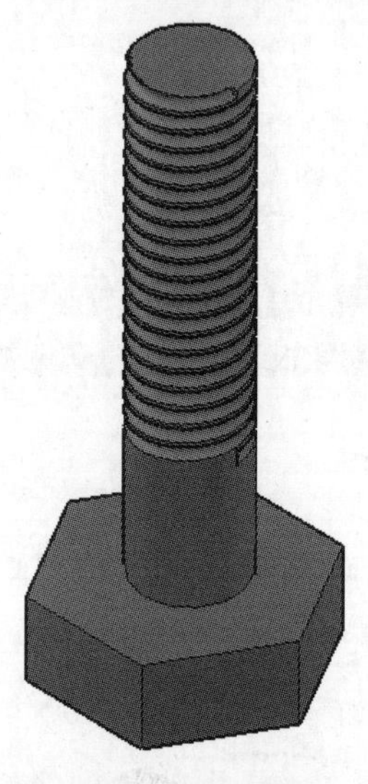

图 8-77 制作螺纹

ACAA课堂笔记

课后作业

为了让用户能够更好地掌握本章所学的知识内容，下面将安排一些 Autodesk 认证考试的参考试题，让用户可以对所学的知识进行巩固和练习。

一、填空题

（1）在建模过程中，用户会经常调整三维坐标来绘制。在命令行中输入______命令可创建用户坐标系。

（2）在默认情况下，______始终带有一个矩形轮廓，可以指定轮廓高度和宽度。

（3）______视觉样式显示着色后的多边形平面间的对象，并使对象的边平滑化。

二、选择题

（1）在以下哪一项功能区中能够将二维工作空间切换到三维建模工作空间？（ ）

A. 标题栏　B. 快速访问工具栏　C. 命令行　D. 状态栏

（2）使用以下哪一项命令，可将二维闭合图形以中心轴为中心，将二维图形拉伸成三维实体？（ ）

A. 拉伸　B. 放样　C. 扫掠　D. 旋转

（3）在进行多段体操作时，输入以下哪一项命令可设置多段体的高度值？（ ）

A. H　B. O　C. S　D. J

（4）从两个或多个实体或面域的交集创建复合实体或面域，并删除交集以外的部分，应选用以下哪一项命令？（ ）

A. 差集　B. 并集　C. 交集　D. 干涉

三、操作题

（1）制作酒杯模型。

本实例将利用三维旋转命令，将酒杯截面图形旋转拉伸成三维实体模型，结果如图 8-78 所示。

图 8-78　制作酒杯模型

操作提示：

Step01 切换到左视图，绘制酒杯截面图形。

Step02 执行“旋转”命令，将酒杯截面拉伸成三维实体模型。

（2）绘制拨叉架三维模型。

本实例将利用本章所学的三维命令绘制拨叉架模型，如图 8-79 所示。

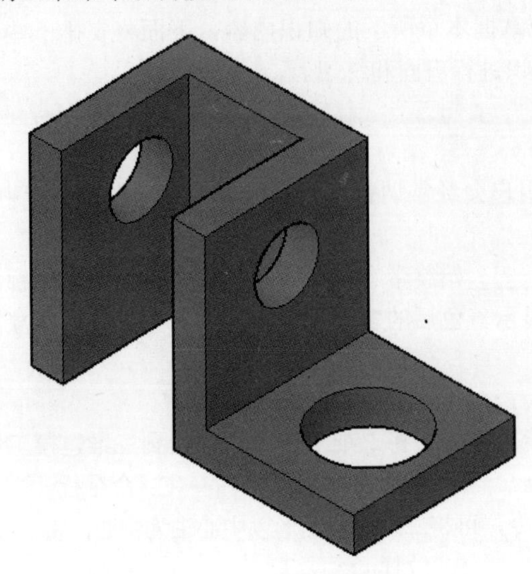

图 8-79 拨叉架三维模型

操作提示：

Step01 执行“直线”“偏移”“修剪”等二维命令，绘制拨叉架平面图。

Step02 执行拉伸命令，拉伸二维图形。

Step03 执行“圆柱体”命令，绘制圆柱。执行“差集”命令，将圆柱从拉伸的三维实体中减去。

第9章 绘制复合三维实体

内容导读

上一章介绍了三维基本体的创建。本章将向用户介绍复合模型的创建与编辑操作，其中包括在三维空间中移动、复制、镜像、对齐以及阵列三维对象等。熟练运用这些三维编辑命令，可以快速绘制出更复杂的三维模型。

学习目标

- 三维模型的编辑
- 三维实体边的编辑
- 三维实体面的编辑
- 剖切、抽壳功能的操作

9.1 编辑三维模型

三维基本体创建后，一般都需要对其进行必要的编辑或组合，才能够达到想要的效果。本小节将介绍一些常用的模型编辑命令，如三维移动、三维旋转、三维对齐、三维镜像、三维阵列等。

9.1.1 移动三维对象

三维移动可将实体在三维空间中移动。在移动时，指定一个基点，然后指定一个目标空间点即可。用户可以通过以下方法执行“三维移动”命令。

◎ 在菜单栏中执行“修改”|“三维操作”|“三维移动”命令。

◎ 在“常用”选项卡的“修改”面板中单击“三维移动”按钮。

◎ 在命令行中输入命令 3DMOVE，然后按回车键。

执行“三维移动”命令后，先选中要移动的模型，按回车键，指定移动基点，然后捕捉新的目标点即可，如图 9-1、图 9-2 所示。

命令行提示内容如下：

```
命令: _3dmove
选择对象: 找到 1 个                                  （选中所需模型，按回车键）
选择对象:
指定基点或 [位移(D)] <位移>:                          （指定移动基点）
INTERSECT 所选对象太多
指定第二个点或 <使用第一个点作为位移>:                 （指定新目标点）
正在恢复执行 3DMOVE 命令。
指定第二个点或 <使用第一个点作为位移>: 正在重生成模型。
```

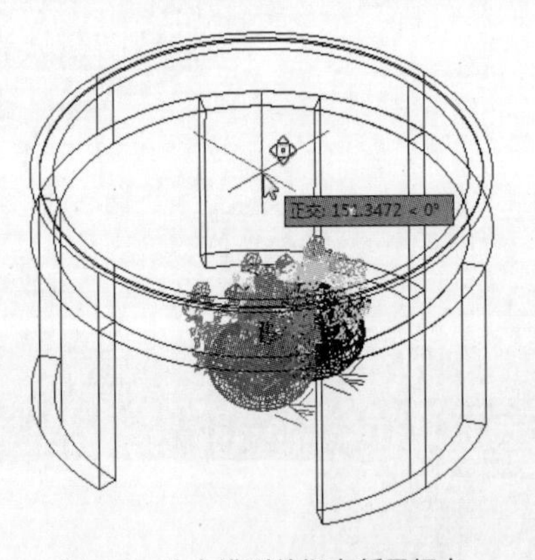

图 9-1 选中模型并指定新目标点

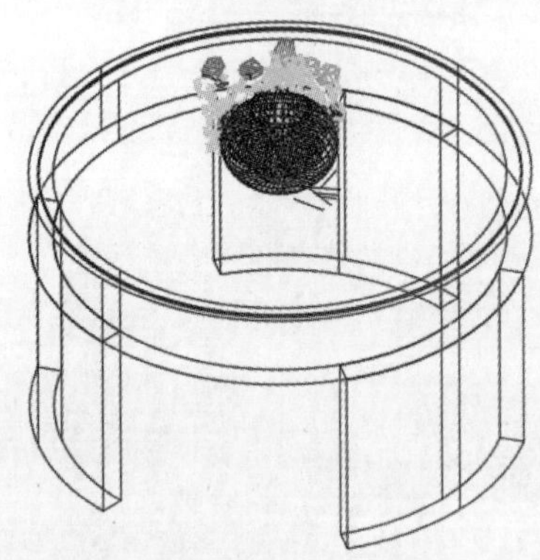

图 9-2 三维移动效果

9.1.2 旋转三维对象

三维旋转命令可以将选择的对象按照指定的角度绕三维空间定义的任何轴（X 轴、Y 轴、Z 轴）进行旋转。用户可以通过以下方法执行“三维旋转”命令。

◎ 在菜单栏中执行“修改”|“三维操作”|“三维旋转”命令。

◎ 在“常用”选项卡的“修改”面板中单击“三维旋转”按钮。

◎ 在命令行中输入命令 3DROTATE，然后按回车键。

执行“三维旋转”命令后，根据命令行的提示指定基点，拾取旋转轴，然后指定角的起点或输入角度值，按回车键即可完成旋转操作，如图 9-3、图 9-4、图 9-5 所示。

命令行提示内容如下：

```
命令: _3drotate
UCS 当前的正角方向: ANGDIR=逆时针  ANGBASE=0.00
选择对象: 找到 1 个                                    (选择所需模型，按回车键)
选择对象:
指定基点:                                              (指定旋转基点)
拾取旋转轴:                                            (选择旋转轴)
指定角的起点或键入角度: 90                             (输入旋转角度)
```

图 9-3　指定旋转基点

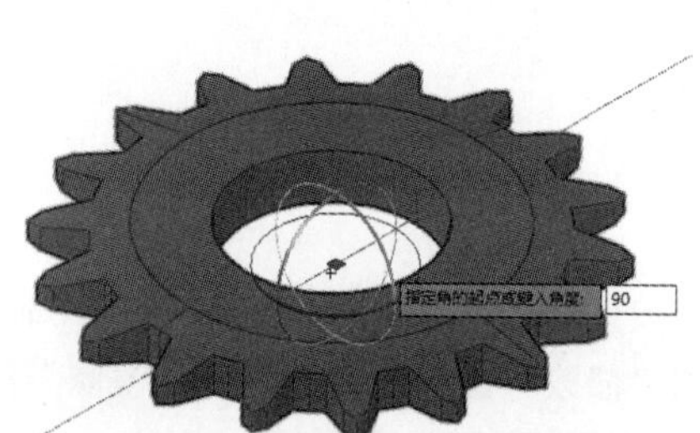

图 9-4　选择旋转轴并指定旋转角度

图 9-5　旋转效果

9.1.3　对齐三维对象

三维对齐命令，可将源对象与目标对象对齐。用户可以通过以下方法执行“三维对齐”命令。

◎ 在菜单栏中执行“修改”|“三维操作”|“三维对齐”命令。

◎ 在“常用”选项卡的“修改”面板中单击“三维对齐”按钮。

◎ 在命令行中输入命令 3DALIGN，然后按回车键。

执行“三维对齐”命令后，选中棱锥体，依次指定点 A、点 B、点 C，然后再依次指定目标点 1、2、3，即可按要求将两实体对齐，如图 9-6、图 9-7 所示。

命令行提示内容如下：

```
命令: _3dalign
选择对象: 找到 1 个
选择对象:
 指定源平面和方向 ...
指定基点或 [复制(C)]: <打开对象捕捉>                  (指定源平面上第一点)
指定第二个点或 [继续(C)] <C>:                          (指定源平面上第二点)
指定第三个点或 [继续(C)] <C>:                          (指定源平面上第三点)
 指定目标平面和方向 ...
指定第一个目标点:                                      (指定目标平面上与源平面重合的点)
指定第二个目标点或 [退出(X)] <X>:
指定第三个目标点或 [退出(X)] <X>:
```

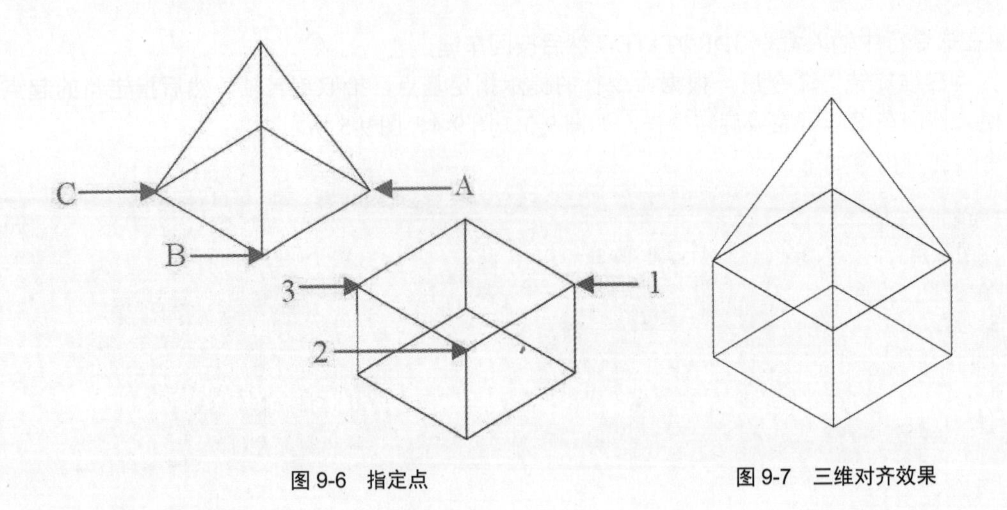

图 9-6　指定点　　　　图 9-7　三维对齐效果

■ 9.1.4　镜像三维对象

"三维镜像"命令可以用于绘制以镜像平面为对称面的三维对象。用户可以通过以下方法执行"三维镜像"命令。

◎ 在菜单栏中执行"修改"|"三维操作"|"三维镜像"命令。

◎ 在"常用"选项卡的"修改"面板中单击"三维镜像"按钮。

◎ 在命令行中输入命令 MIRROR3D，然后按回车键。

执行"三维镜像"命令后，根据命令行的提示，选取镜像对象，按回车键，然后在实体上指定三个点，将实体镜像，如图 9-8、图 9-9、图 9-10 所示。

命令行提示内容如下：

```
命令: _mirror3d
选择对象: 指定对角点: 找到 1 个                                   (选择要镜像的模型，按回车键)
选择对象:
指定镜像平面 (三点) 的第一个点或
 [对象(O)/最近的(L)/Z 轴(Z)/视图(V)/XY 平面(XY)/YZ 平面(YZ)/ZX 平面(ZX)/三点(3)] <三点>: xy (选择镜像平面)
指定 XY 平面上的点 <0,0,0>:                                      (指定镜像中心点)
是否删除源对象？[是(Y)/否(N)] <否>:                               (按回车键完成操作)
```

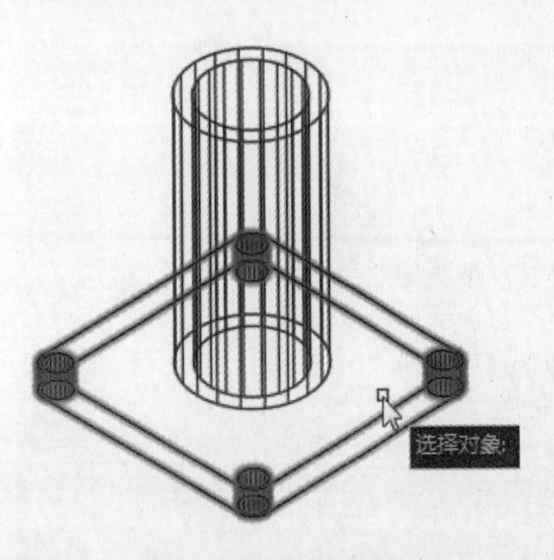

图 9-8　选择所需模型

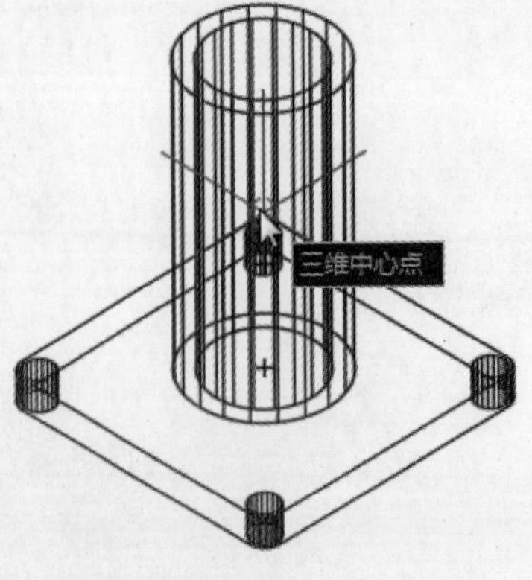

图 9-9　选择镜像平面和镜像中点

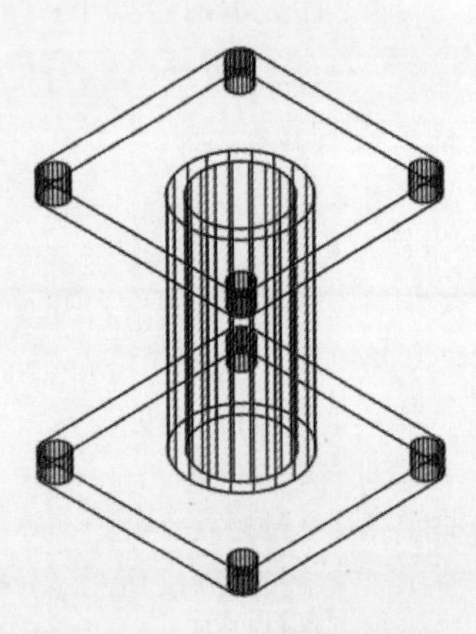

图 9-10　完成镜像

■ 实例：镜像复制休闲座椅

下面以创建休闲座椅模型为例，介绍镜像三维对象的方法。

Step01 打开素材文件，执行“三维镜像”命令，根据提示选择座椅模型，如图 9-11 所示。

Step02 按回车键，指定最右侧坐凳上的第 1 点，如图 9-12 所示。

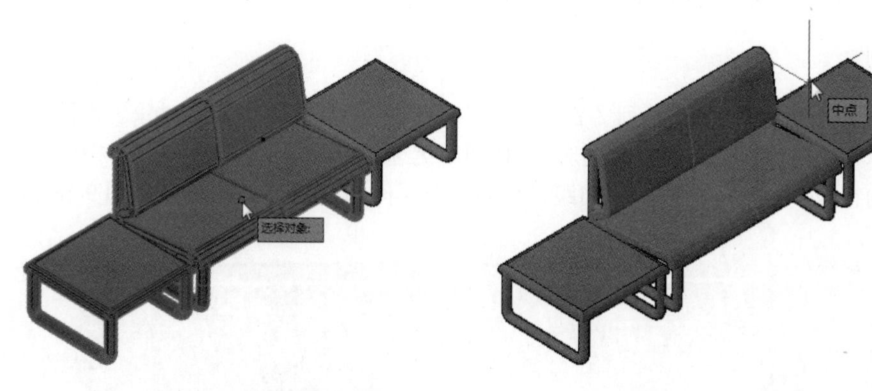

图 9-11　选择镜像的模型　　图 9-12　指定镜像第 1 点

Step03 指定坐凳第 2 点，如图 9-13 所示。

Step04 向下移动光标，继续指定第 3 点，如图 9-14 所示。

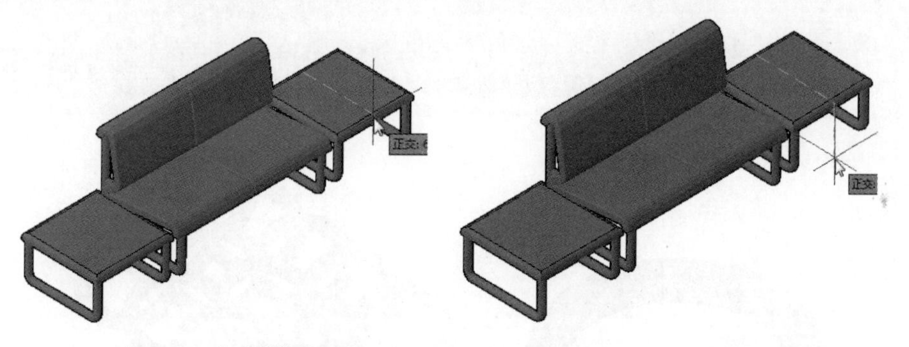

图 9-13　指定镜像第 2 点　　图 9-14　指定镜像第 3 点

Step05 三个镜像点指定结束后，系统会提示是否删除源对象，这里保持默认即可，保留源对象，如图 9-15 所示。

Step06 按回车键后完成三维镜像操作，效果如图 9-16 所示。

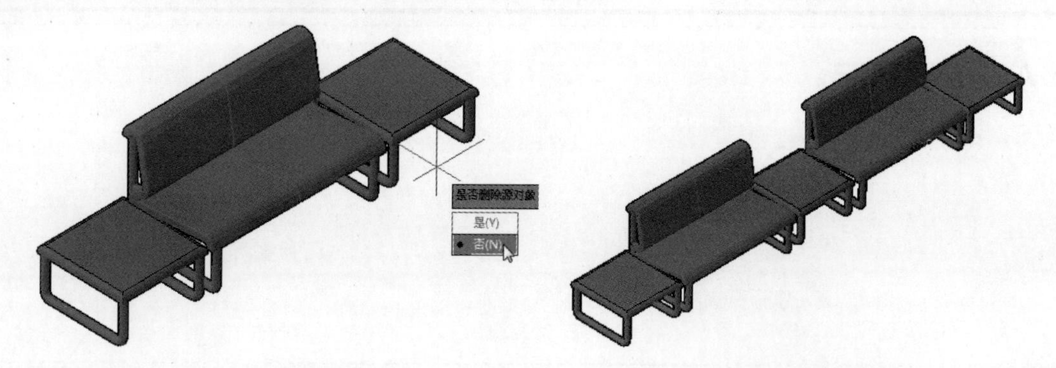

图 9-15　确认提示信息　　图 9-16　完成镜像操作

■ 9.1.5 阵列三维对象

三维阵列命令可以在三维空间绘制对象的矩形阵列或环形阵列。用户可以通过以下方法执行“三维阵列”命令。

◎ 在菜单栏中执行“修改”|“三维操作”|“三维阵列”命令。

◎ 在命令行中输入命令 3DARRAY，然后按回车键。

1. 矩形阵列

三维矩形阵列是在行（X 轴）、列（Y 轴）和层（Z 轴）矩形阵列中复制对象。执行“三维阵列”命令后，根据命令行的提示，选择要阵列的对象，按回车键选择“矩形阵列”类型，然后根据命令行提示，依次指定阵列的行数、列数、层数、行间距、列间距及层间距，效果如图 9-17、图 9-18 所示。命令行提示内容如下：

```
命令: 3darray
选择对象: 指定对角点: 找到 1 个                    （选择所需模型，按回车键）
选择对象:
输入阵列类型 [矩形(R)/环形(P)] <矩形>:              （默认为“矩形”，按回车键）
输入行数 (---) <1>:3                               （输入阵列的行数）
输入列数 (|||) <1>:5                               （输入阵列的列数）
输入层数 (...) <1>:1                               （输入阵列的层数）
指定行间距 (---):50                                （输入行间距值）
指定列间距 (|||):50                                （输入列间距值）
指定层间距 (...):                                  （输入层间距值）
```

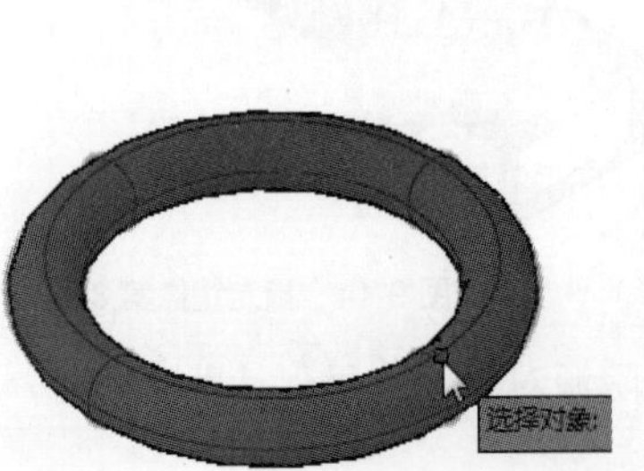

图 9-17　选择要阵列的实体对象

图 9-18　矩形阵列效果

ACAA课堂笔记

2. 环形阵列

三维环形阵列是围绕旋转轴按逆时针或顺时针方向来阵列复制选择对象。执行“三维阵列”命令，选择要阵列的对象，按回车键选择“环形阵列”类型，然后根据命令行提示，指定阵列的项目个数和填充角度，确认是否要进行自身旋转，指定阵列的中心点及旋转轴上的第二点，即可完成环形阵列操作，如图 9-19、图 9-20、图 9-21 所示。

命令行提示内容如下：

```
命令: _3darray
选择对象: 找到 1 个                                    (选择所需模型，按回车键)
选择对象:
输入阵列类型 [矩形(R)/环形(P)] <矩形>:p                (选择“环形”选项)
输入阵列中的项目数目: 10                               (输入阵列数值)
指定要填充的角度 (+=逆时针, -=顺时针) <360>:           (输入旋转阵列角度值，默认360，按回车键)
旋转阵列对象？ [是(Y)/否(N)] <Y>:                      (按回车键)
指定阵列的中心点:                                      (捕捉旋转轴的起点和端点)
指定旋转轴上的第二点:
```

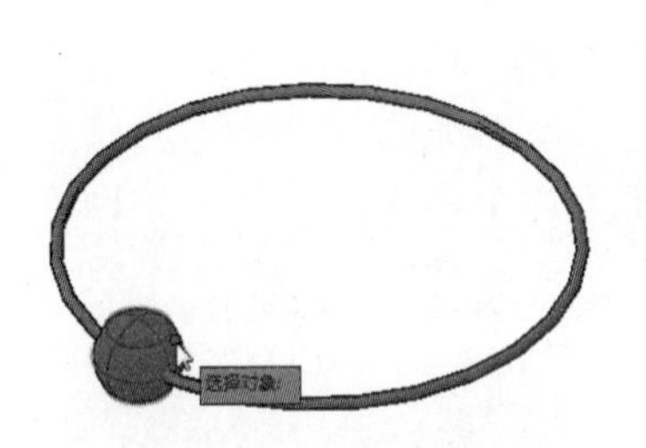

图 9-19　选择阵列模型

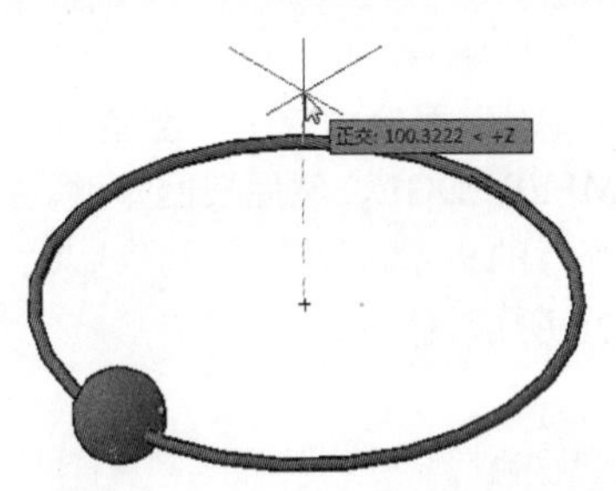

图 9-20　指定阵列轴起点和端点

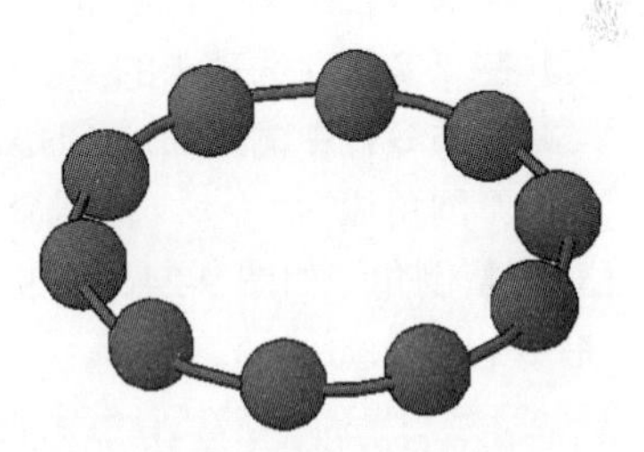
图 9-21　完成环形阵列

9.1.6　三维对象倒圆角

“圆角边”命令是为实体边建立圆角。用户可以通过以下方法执行“圆角边”命令。

◎ 在菜单栏中执行“修改”|“实体编辑”|“圆角边”命令。

◎ 在“实体”选项卡的“实体编辑”面板中单击“圆角边”按钮。

◎ 在命令行中输入命令 FILLETEDGE，然后按回车键。

执行“圆角边”命令后，根据命令行的提示，选择需要编辑的边后，选择“半径”选项，输入半径值，按回车键，即可对实体倒圆角，如图 9-22、图 9-23 所示。

命令行提示内容如下：

```
命令: _FILLETEDGE
半径 = 1.0000
选择边或 [链(C)/环(L)/半径(R)]: r                      (选择“半径”)
输入圆角半径或 [表达式(E)] <1.0000>: 5                 (输入圆角半径值)
选择边或 [链(C)/环(L)/半径(R)]:                        (选择所需的边，按回车键)
选择边或 [链(C)/环(L)/半径(R)]:
已选定 1 个边用于圆角。
按 Enter 键接受圆角或 [半径(R)]:                       (按回车键完成操作)
```

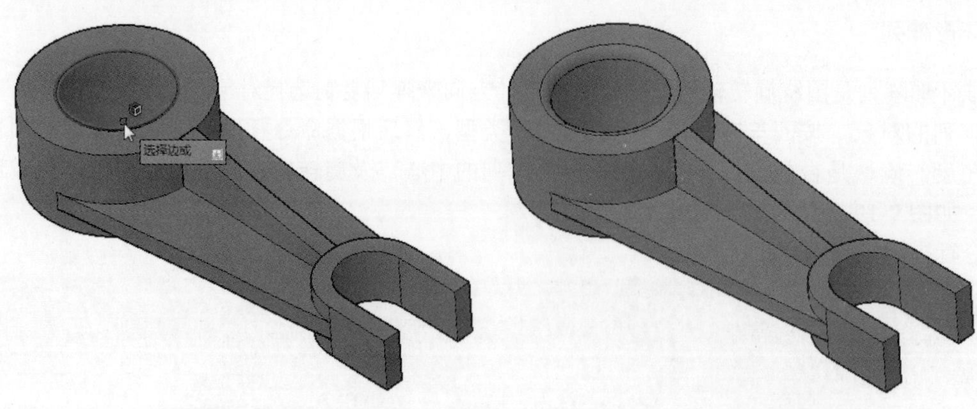

图 9-22　选择边　　　　图 9-23　倒圆角效果

■ 9.1.7　三维对象倒角

使用“倒角边”命令，可以对三维实体以一定距离进行倒角，即在一条边中再创建一个面。用户可以通过以下方法执行“倒角边”命令。

◎ 在菜单栏中执行“修改”|“实体编辑”|“倒角边”命令。

◎ 在“实体”选项卡的“实体编辑”面板中单击“倒角边”按钮。

◎ 在命令行中输入命令 CHAMFEREDGE，然后按回车键。

执行“倒角边”命令后，根据命令行的提示，选择“距离”选项，指定两个距离后，选择所需倒角边，即可对模型倒角，如图 9-24、图 9-25 所示。

命令行提示如下：

```
命令: _CHAMFEREDGE 距离 1 = 20.0000，距离 2 = 20.0000
选择一条边或 [环(L)/距离(D)]: d                          （选择“距离”）
指定距离 1 或 [表达式(E)] <20.0000>: 1                   （设置第1个倒角距离）
指定距离 2 或 [表达式(E)] <20.0000>: 1                   （设置第2个倒角距离）
选择一条边或 [环(L)/距离(D)]:                            （选择倒角边）
选择同一个面上的其他边或 [环(L)/距离(D)]:                （按回车键完成操作）
按 Enter 键接受倒角或 [距离(D)]:
```

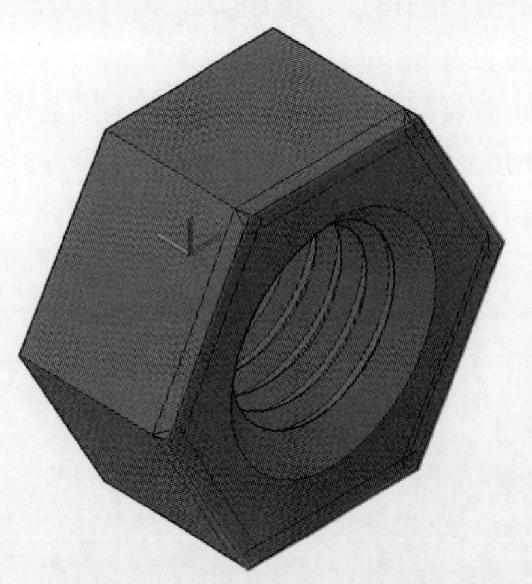

图 9-24　设置倒角距离并选择倒角边

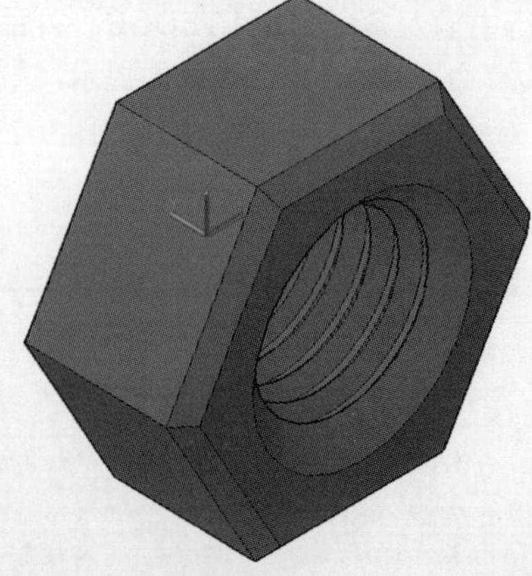

图 9-25　倒角效果

9.2 更改三维模型形状

绘制三维模型时，用户还可以对模型自身形状，如实体边、实体面、实体横截面等进行编辑操作。下面将分别对其功能进行介绍。

9.2.1 编辑三维实体边

用户可以复制三维实体对象的各个边或改变其颜色。所有三维实体的边都可复制为直线、圆弧、圆、椭圆或样条曲线对象。

1. 提取边

该命令可从三维实体、曲面、网格、面域或子对象的边创建线框几何图形，也可以按住 Ctrl 键选择提取单个边和面。用户可以通过以下方式执行“提取边”命令：

◎ 在菜单栏中执行“修改”|“三维操作”|“提取边”命令。

◎ 在“常用”选项卡“实体编辑”面板中单击“提取边”按钮。

◎ 在“实体”选项卡“实体编辑”面板中单击“提取边”按钮。

◎ 在命令行输入命令 XEDGES 并按回车键。

执行“提取边”命令，选择模型上需要提取的边，按回车键即可完成操作，如图9-26、图9-27所示。

图 9-26 选择实体对象

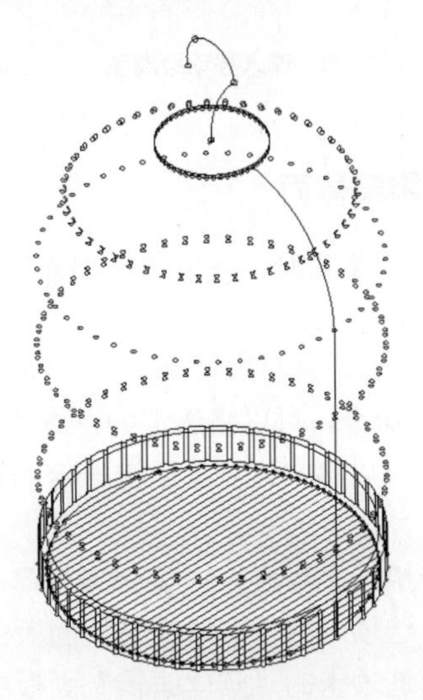

图 9-27 提取边效果

2. 着色边

若要为实体边改变颜色，可以从“选择颜色”对话框中选取颜色。边的颜色设置将替代实体对象所在图层的颜色设置。用户可以通过以下方法执行“着色边”命令。

◎ 在菜单栏中执行“修改”|“实体编辑”|“着色边”命令。

◎ 在“常用”选项卡的“实体编辑”面板中单击“着色边”按钮。

◎ 在命令行中输入命令 SOLIDEDIT 并按回车键，然后依次选择“边”“着色”选项。

执行“着色边”命令后，根据命令行的提示，选取需要着色的边，按回车键然后在打开的“选择颜色”对话框中选取所需颜色，单击“确定”按钮即可。

3. 复制边

该命令可将现有的实体模型上单个或多个边偏移到其他位置，从而利用这些边线创建出新的图形对象。用户可以通过以下方法执行“复制边”命令。

◎ 在菜单栏中执行“修改”|“实体编辑”|“复制边”命令。

◎ 在“常用”选项卡的“实体编辑”面板中单击“复制边”按钮。

◎ 在命令行中输入命令 SOLIDEDIT 并按回车键，然后依次选择“边”“复制”选项。

执行上述命令后，根据命令行的提示，选取边并按回车键，然后指定基点与第二点，即可将复制的边放置指定的位置，如图 9-28、图 9-29 所示。

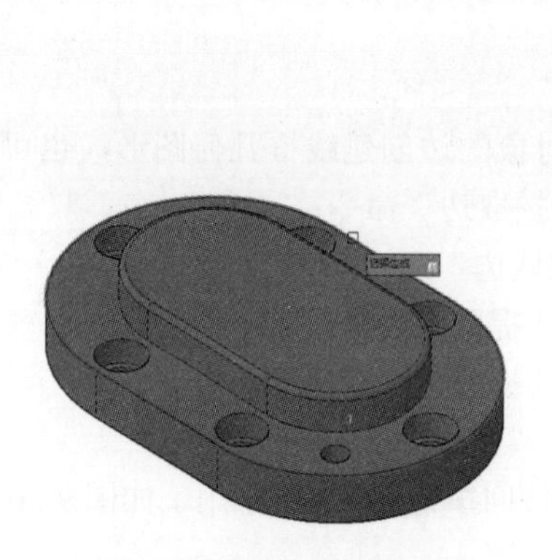

图 9-28 输入移动距离值

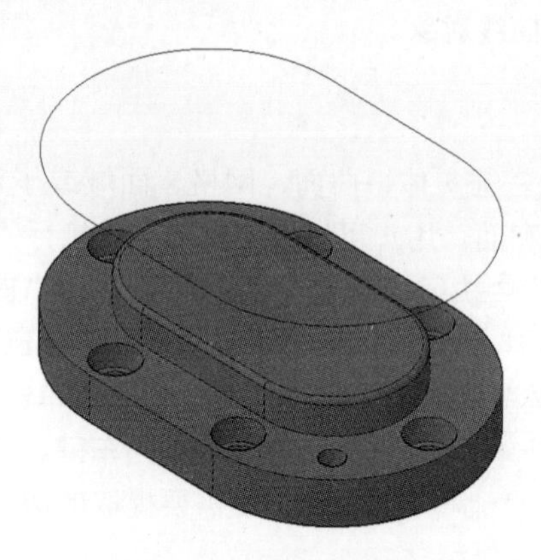

图 9-29 实体边复制效果

9.2.2 编辑三维实体面

在对三维实体进行编辑时，能够通过表面拉伸、移动、旋转等命令改变实体模型的尺寸和形状。

1. 拉伸面

使用“拉伸面”命令，可以将选定的三维实体对象表面拉伸到指定高度，或使该表面沿一条路径进行拉伸。此外，还可以将实体对象面按一定的角度进行拉伸。用户可以通过以下方法执行“拉伸面”命令。

◎ 在菜单栏中执行“修改”|“实体编辑”|“拉伸面”命令。

◎ 在“常用”选项卡的“实体编辑”面板中单击“拉伸面”按钮。

◎ 在“实体”选项卡的“实体编辑”面板中单击“拉伸面”按钮。

◎ 在命令行中输入命令 SOLIDEDIT 并按回车键，然后依次选择“面”“拉伸”选项。

执行“拉伸面”命令后，根据命令行的提示，选择要拉伸的实体面并按回车键，然后指定拉伸高度、倾斜角度，按两次回车键即可对实体面进行拉伸，如图 9-30、图 9-31、图 9-32 所示。

命令行提示如下：

```
命令: _solidedit
实体编辑自动检查: SOLIDCHECK=1
输入实体编辑选项 [面(F)/边(E)/体(B)/放弃(U)/退出(X)] <退出>: _face
输入面编辑选项
[拉伸(E)/移动(M)/旋转(R)/偏移(O)/倾斜(T)/删除(D)/复制(C)/颜色(L)/材质(A)/放弃(U)/退出(X)] <退出>: _extrude
```

选择面或 [放弃(U)/删除(R)]: 找到一个面。　　（选择要拉伸的面，按回车键）
选择面或 [放弃(U)/删除(R)/全部(ALL)]:
指定拉伸高度或 [路径(P)]: 指定第二点: <正交 开> 20　　（移动鼠标，输入拉伸高度值，按回车键）
指定拉伸的倾斜角度 <0>:　　（设置拉伸倾斜角度，默认为0，按回车键）
已开始实体校验。　　（连续按两次回车键，完成操作）
已完成实体校验。

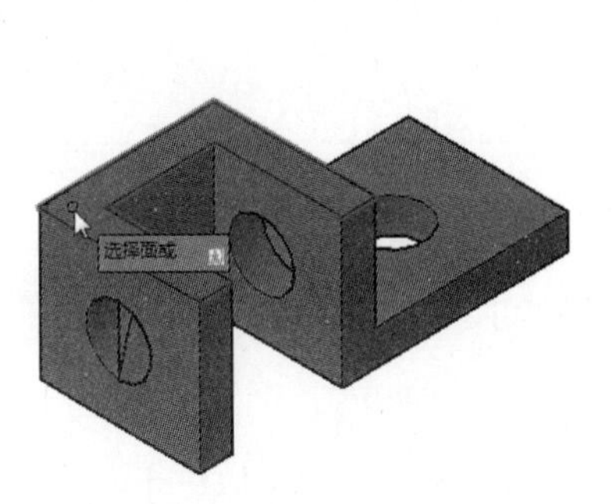

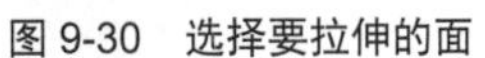
图 9-30　选择要拉伸的面

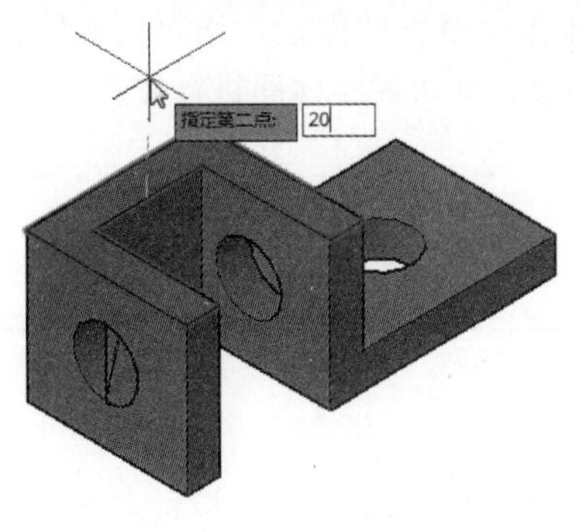

图 9-31　设置拉伸高度

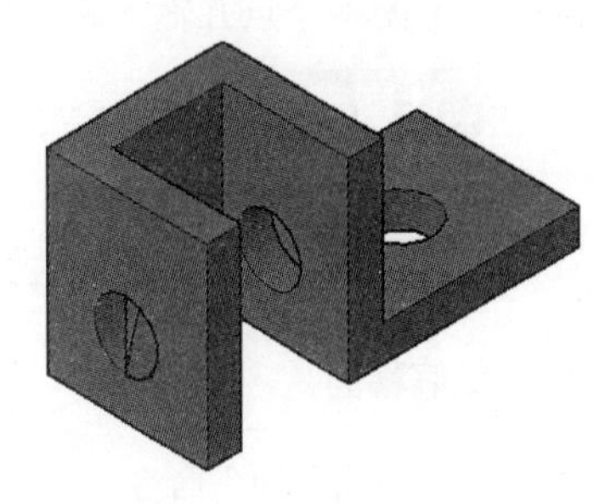
图 9-32　完成拉伸面操作

知识点拨

在三维制图中，“拉伸”和“拉伸面”这两个命令有很大的区别。“拉伸”命令是将二维图形拉伸成三维模型，而“拉伸面”命令只能对三维模型某个面进行拉伸操作。

2. 移动面

使用“移动面”命令，可以沿着指定的高度或距离移动三维实体的选定面，用户可一次移动一个或多个面。该操作只是对面的位置进行调整，并不能更改面的方向。用户可以通过以下方法执行“移动面”命令。

◎ 在菜单栏中执行“修改”|“实体编辑”|“移动面”命令。

◎ 在“常用”选项卡的“实体编辑”面板中单击“移动面”按钮。

◎ 在命令行中输入命令 SOLIDEDIT 并按回车键，然后依次选择“面”“移动”选项。

执行“移动面”命令后，根据命令行的提示，选择要移动的实体面并按回车键，然后指定基点和位移的第二点，即可对实体面进行移动，如图 9-33、图 9-34 所示。

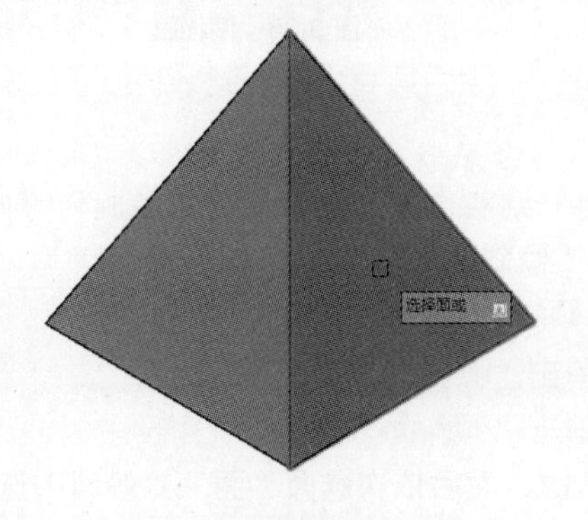

图 9-33　选择要移动的面

图 9-34　移动面

3. 旋转面

使用“旋转面”命令，可以从当前位置起使对象绕选定的轴旋转指定的角度。用户可以通过以下方法执行“旋转面”命令。

◎ 在菜单栏中执行“修改”|“实体编辑”|“旋转面”命令。

◎ 在“常用”选项卡的“实体编辑”面板中单击“旋转面”按钮。

◎ 在命令行中输入命令 SOLIDEDIT 并按回车键，然后依次选择“面”“旋转”选项。

执行“旋转面”命令后，根据命令行的提示，选择要旋转的实体面并按回车键，然后依次指定旋转轴上的两个点并输入旋转角度，即可对实体面进行旋转。

注意事项

在进行实体面旋转时，若不小心多选了面，可在命令行中输入 R 命令并按回车键将其删除。

4. 偏移面

使用“偏移面”命令，可以按指定的距离或通过指定点均匀地偏移面。正值增大实体尺寸或体积，负值减小实体尺寸或体积。用户可以通过以下方法执行“偏移面”命令。

◎ 在菜单栏中执行“修改”|“实体编辑”|“偏移面”命令。

◎ 在“常用”选项卡的“实体编辑”面板中单击“偏移面”按钮。

◎ 在“实体”选项卡的“实体编辑”面板中单击“偏移面”按钮。

◎ 在命令行中输入命令 SOLIDEDIT 并按回车键，然后依次选择“面”“偏移”选项。

执行“偏移面”命令后，根据命令行的提示，选择要偏移的实体面并按回车键，然后指定偏移距离，即可对实体面进行偏移，如图 9-35、图 9-36 所示。

图 9-35 指定偏移距离

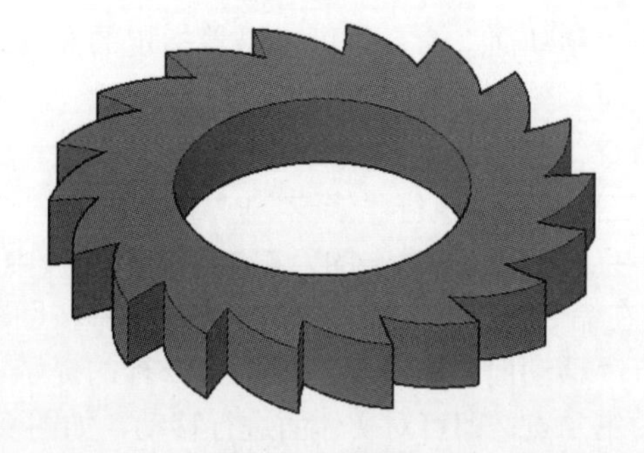

图 9-36 偏移面

5. 倾斜面

使用“偏移面”命令，可以按指定的角度倾斜三维实体上的面。倾斜角的旋转方向由基点和第二点的选择顺序决定。用户可以通过以下方法执行“倾斜面”命令。

◎ 在菜单栏中执行“修改”|“实体编辑”|“倾斜面”命令。

◎ 在“常用”选项卡的“实体编辑”面板中单击“倾斜面”按钮。

◎ 在“实体”选项卡的“实体编辑”面板中单击“倾斜面”按钮。

◎ 在命令行中输入命令 SOLIDEDIT 并按回车键，然后依次选择“面”“倾斜”选项。

执行“倾斜面”命令后，根据命令行的提示，选择要倾斜的实体面并按回车键，然后依次指定倾斜轴上的两个点并输入倾斜角度，即可对实体面进行倾斜。

6. 复制面

使用“复制面”命令，可以将实体中指定的三维面复制出来成为面域或体。用户可以通过以下方法执行“复制面”命令。

◎ 在菜单栏中执行“修改”|“实体编辑”|“复制面”命令。

◎ 在“常用”选项卡的“实体编辑”面板中单击“复制面”按钮。

◎ 在命令行中输入命令 SOLIDEDIT 并按回车键，然后依次选择“面”“复制”选项。

执行“复制面”命令后，根据命令行的提示，选择要复制的实体面并按回车键，然后依次指定基点和位移的第二点，即可对实体面进行复制，如图 9-37、图 9-38 所示。

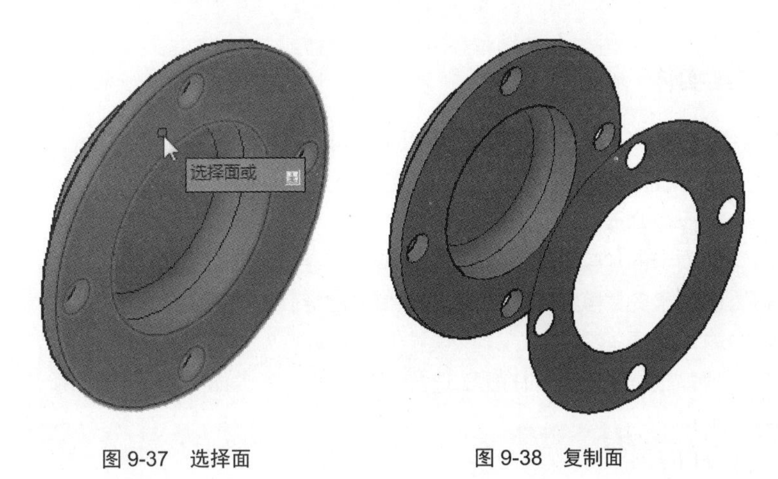

图 9-37　选择面　　　图 9-38　复制面

7. 着色面

在创建和编辑实体模型过程中，为了更方便地观察实体或选取实体各部分，可以使用“着色面”命令修改单个或多个实体面的颜色，以取代该实体面所在图层的颜色。用户可以通过以下方法执行“着色面”命令。

◎ 在菜单栏中执行“修改”|“实体编辑”|“着色面”命令。

◎ 在“常用”选项卡的“实体编辑”面板中单击“着色面”按钮。

◎ 在命令行中输入命令 SOLIDEDIT 并按回车键，然后依次选择“面”“颜色”选项。

执行“着色面”命令后，根据命令行的提示，选择要着色的实体面并按回车键，然后在打开的“选择颜色”对话框中选择需要的颜色，单击“确定”按钮，即可对实体面进行着色。

8. 删除面

使用“删除面”命令，可以删除三维实体上的面，包括圆角或倒角。用户可以使用以下方法执行“删除面”命令。

◎ 在菜单栏中执行“修改”|“实体编辑”|“删除面”命令。

◎ 在“常用”选项卡的“实体编辑”面板中单击“删除面”按钮。

◎ 在命令行中输入命令 SOLIDEDIT 并按回车键，然后依次选择“面”“删除”选项。

执行“删除面”命令后，根据命令行的提示，选择要删除的实体面，然后按回车键，即可将所选的面删除，如图 9-39、图 9-40 所示。

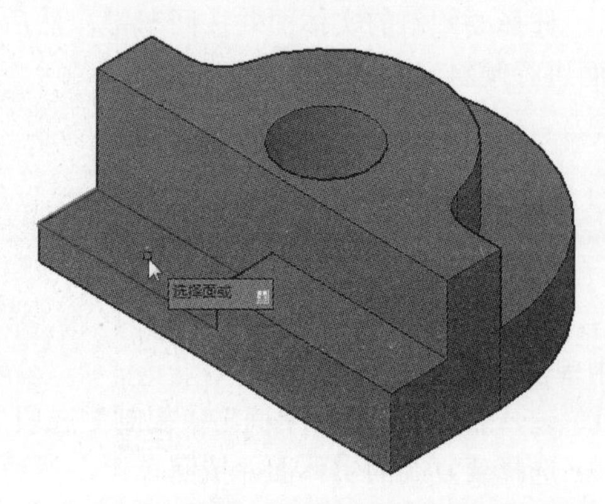

图 9-39　选择面

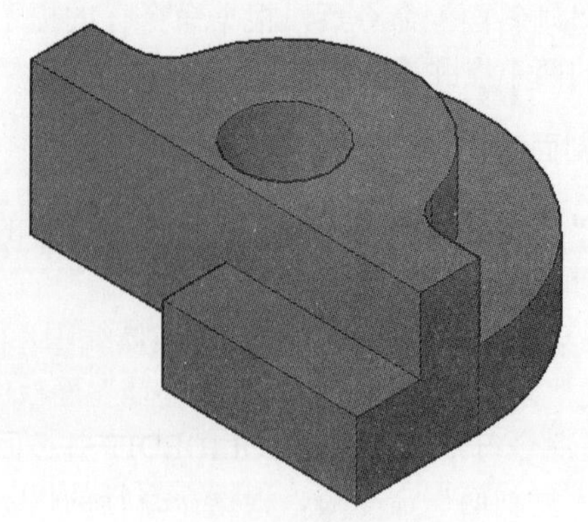

图 9-40　删除面

■ 9.2.3　剖切三维实体

该命令通过剖切现有实体创建新实体，可以通过多种方式定义剪切平面，包括指定点、选择曲面或平面对象。用户可以通过以下方法执行“剖切”命令。

◎ 在菜单栏中执行“修改”|“三维操作”|“剖切”命令。

◎ 在“常用”选项卡的“实体编辑”面板中单击“剖切”按钮。

◎ 在“实体”选项卡的“实体编辑”面板中单击“剖切”按钮。

◎ 在命令行中输入快捷命令 SLICE，然后按回车键。

执行“剖切”命令后，根据命令行的提示，选择对象，然后在实体上依次指定两点，即可将模型剖切，如图 9-41、图 9-42 所示。

命令行提示内容如下：

```
命令: _slice
选择要剖切的对象: 找到 1 个                                   （选择剖切模型，按回车键）
选择要剖切的对象:
指定切面的起点或 [平面对象(O)/曲面(S)/z 轴(Z)/视图(V)/xy(XY)/yz(YZ)/zx(ZX)/三点(3)] <三点>:
指定平面上的第二个点:                                         （指定剖切面的起点和端点）
正在检查 1035 个交点...
在所需的侧面上指定点或 [保留两个侧面(B)] <保留两个侧面>:        （指定需保留面的任意一点）
```

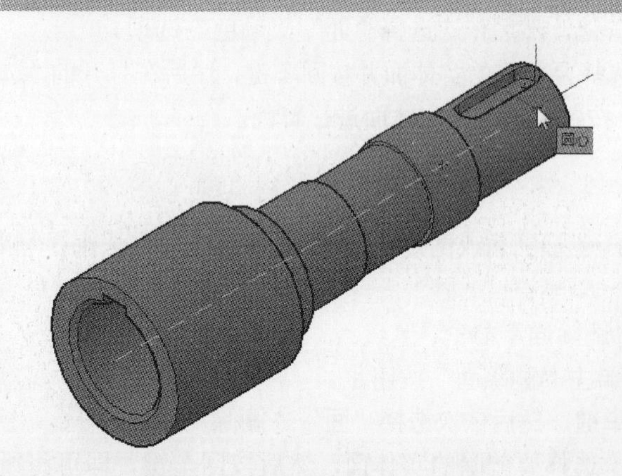

图 9-41　指定剖切面的起点和端点

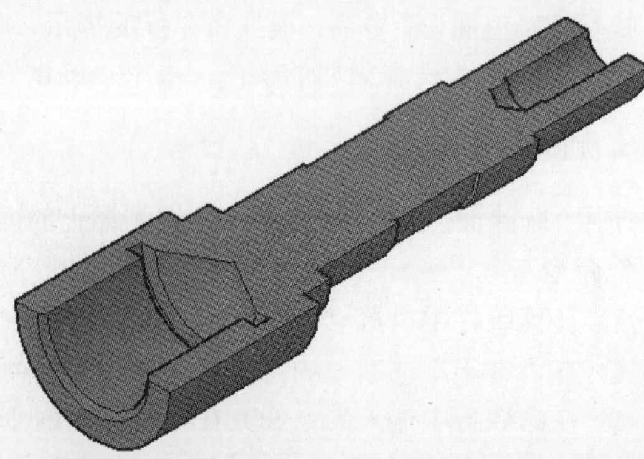

图 9-42　完成剖切

9.2.4　抽壳三维实体

该命令可以将三维实体转换为中空薄壁或壳体。将实体对象转换为壳体时，可以通过将现有面朝其原始位置的内部或外部偏移来创建新面。用户可以通过以下方法执行“抽壳”命令。

◎ 在菜单栏中执行“修改”|“实体编辑”|“抽壳”命令。

◎ 在“常用”选项卡的“实体编辑”面板中单击“抽壳”按钮。

◎ 在“实体”选项卡的“实体编辑”面板中单击“抽壳”按钮。

执行“抽壳”命令后，根据命令行的提示，选择抽壳对象，然后选择删除面并按回车键，输入偏移距离值即可实现抽壳效果，如图 9-43、图 9-44 所示。

命令行提示内容如下：

```
命令: _solidedit
实体编辑自动检查: SOLIDCHECK=1
输入实体编辑选项 [面(F)/边(E)/体(B)/放弃(U)/退出(X)] <退出>: _body
输入体编辑选项
[压印(I)/分割实体(P)/抽壳(S)/清除(L)/检查(C)/放弃(U)/退出(X)] <退出>: _shell
选择三维实体:                                        (选择所需三维模型)
删除面或 [放弃(U)/添加(A)/全部(ALL)]: 找到一个面，已删除 1 个。
删除面或 [放弃(U)/添加(A)/全部(ALL)]:                  (选择要删除的面)
输入抽壳偏移距离: 20                                  (输入壳体厚度值，按回车键)
已开始实体校验。
已完成实体校验。
```

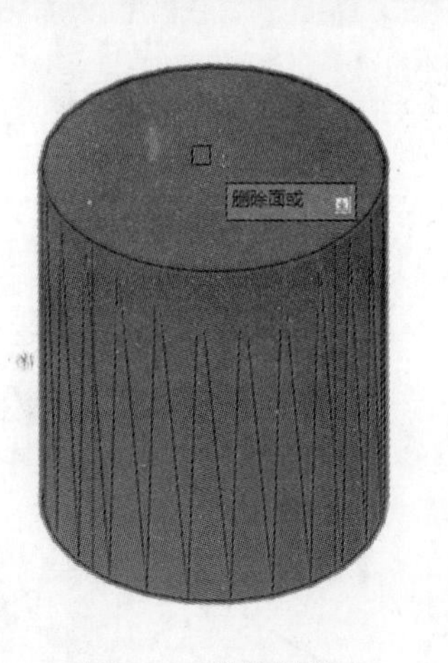

图 9-43　选择删除面

图 9-44　抽壳效果

实例：绘制抽屉三维模型

下面将利用抽壳命令，来绘制抽屉模型。具体操作步骤如下。

Step01 执行“长方体”命令，绘制长 400mm、宽 400mm、高 150mm 的长方体，作为抽屉实体模型，如图 9-45 所示。

Step02 再次执行“长方体”命令，绘制长 440mm、宽 20mm、高 200mm 的长方体，作为抽屉面板，调整一下面板的位置，如图 9-46 所示。

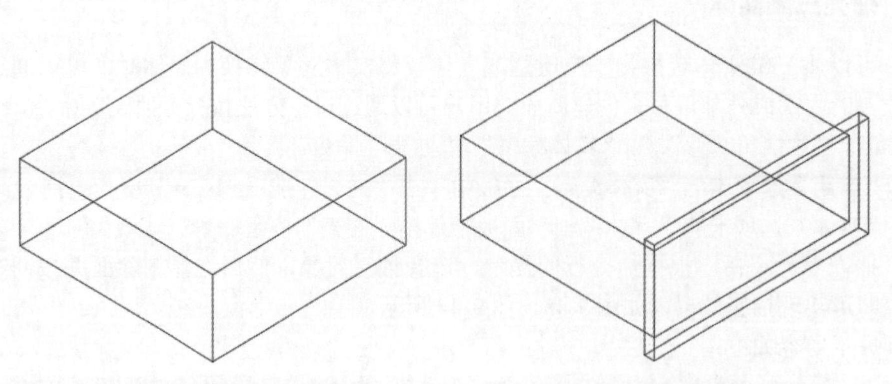

图 9-45　绘制抽屉实体模型　　　　图 9-46　绘制抽屉面板

Step03 执行“球体”命令，绘制半径为10mm的球体，作为抽屉拉手，放置于面板中心位置，如图9-47所示。

Step04 执行“抽壳”命令，将抽屉进行抽壳操作，抽壳偏移距离为20mm，将视觉样式设为“隐藏”样式，查看结果，如图9-48所示。

命令行提示内容如下：

```
命令: _solidedit
实体编辑自动检查: SOLIDCHECK=1
输入实体编辑选项 [面(F)/边(E)/体(B)/放弃(U)/退出(X)] <退出>: _body
输入体编辑选项
[压印(I)/分割实体(P)/抽壳(S)/清除(L)/检查(C)/放弃(U)/退出(X)] <退出>: _shell
选择三维实体:                                          (选择抽屉模型)
删除面或 [放弃(U)/添加(A)/全部(ALL)]:                   (选择模型顶面，按回车键)
删除面或 [放弃(U)/添加(A)/全部(ALL)]: 找到一个面，已删除 1 个。
删除面或 [放弃(U)/添加(A)/全部(ALL)]:
输入抽壳偏移距离: 20                                   (输入偏移距离值，按两次回车键完成)
已开始实体校验。
已完成实体校验。
```

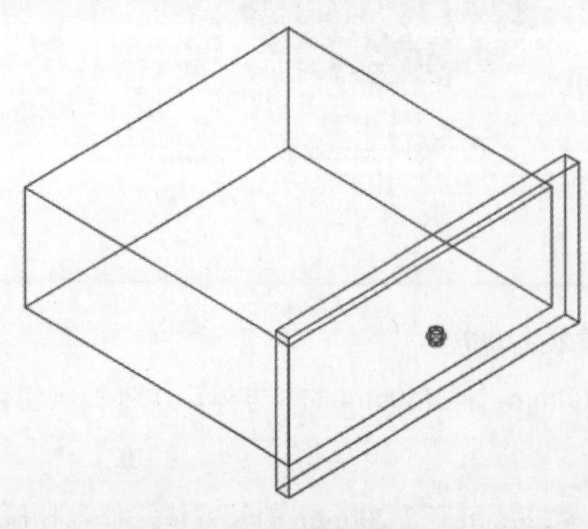

图 9-47　绘制抽屉拉手

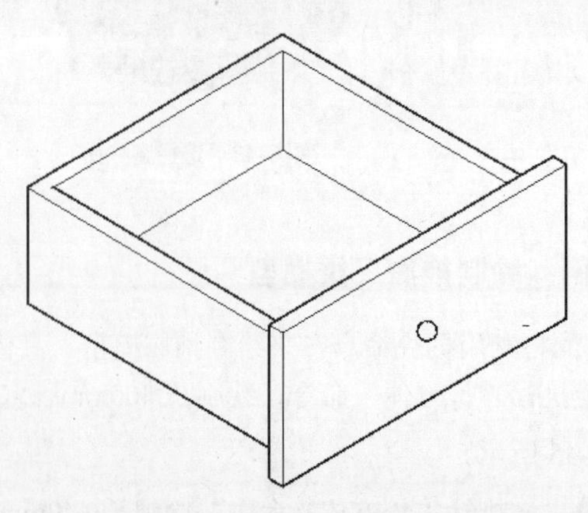

图 9-48　对抽屉进行抽壳操作

课堂实战：创建户外垃圾桶模型

下面将根据本章所学的知识内容，来绘制户外垃圾桶模型。在绘制的过程中主要用到抽壳、拉伸、三维阵列、差集等三维命令。

Step01 切换至西南等轴测视图。执行“长方体”命令，绘制长100mm、宽100mm、高1000mm的长方体，作为垃圾桶立柱，如图9-49所示。

Step02 继续执行“长方体”命令，绘制一个长480mm、宽10mm、高10mm的小长方体，将其放置于立柱合适位置。同时执行“复制”命令，复制小长方体，完成支架模型的绘制。将视觉样式设为“概念”样式，查看效果，如图9-50所示。

注意事项

用户在调整位置时，需要来回切换各个视图来查看调整效果，从而做到准确无误。

Step03 执行“圆柱体”命令，绘制底面半径为200mm、高600mm的圆柱体，并将其放置于模型合适位置。同时，调整支架模型的位置，如图9-51所示。

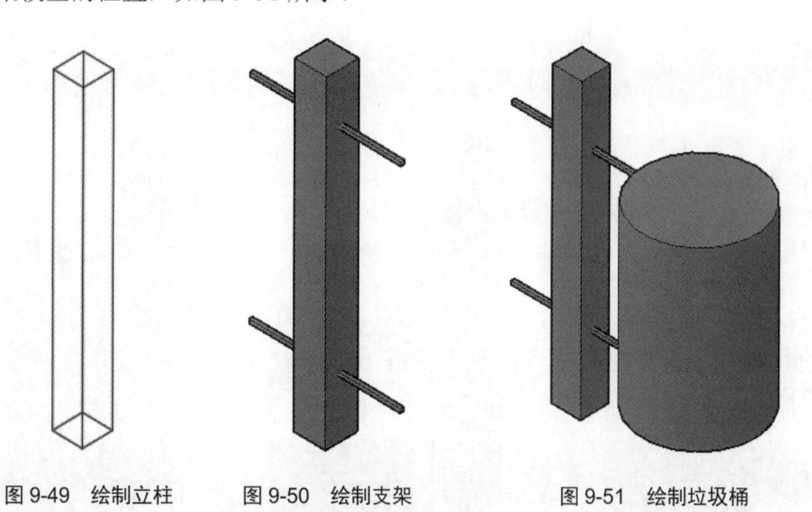

图9-49 绘制立柱　　图9-50 绘制支架　　图9-51 绘制垃圾桶

Step04 执行“抽壳”命令，对垃圾桶模型进行抽壳，抽壳距离为20mm，如图9-52所示。

命令行提示内容如下：

```
命令: _solidedit
实体编辑自动检查: SOLIDCHECK=1
输入实体编辑选项 [面(F)/边(E)/体(B)/放弃(U)/退出(X)] <退出>: _body
输入体编辑选项
[压印(I)/分割实体(P)/抽壳(S)/清除(L)/检查(C)/放弃(U)/退出(X)] <退出>: _shell
选择三维实体:                                        （选择垃圾桶模型）
删除面或 [放弃(U)/添加(A)/全部(ALL)]: 找到一个面，已删除 1 个。
删除面或 [放弃(U)/添加(A)/全部(ALL)]:                  （选择垃圾桶顶面，按回车键）
输入抽壳偏移距离: 20                                  （输入偏移距离值，按回车键）
已开始实体校验。
```

```
已完成实体校验。
输入体编辑选项
[压印(I)/分割实体(P)/抽壳(S)/清除(L)/检查(C)/放弃(U)/退出(X)] <退出>:     （按Esc键取消操作）
```

Step05 执行“长方体”命令，绘制长 100mm、宽 25mm、高 550mm 的长方体，将其放置于垃圾桶合适位置，如图 9-53 所示。

Step06 执行“三维阵列”命令，将刚绘制的长方体以垃圾桶的中心线为阵列中心，将其进行环形阵列，如图 9-54 所示。

命令行提示内容如下：

```
命令: _3darray
选择对象: 找到 1 个                                    （选择长方体，按回车键）
选择对象:
输入阵列类型 [矩形(R)/环形(P)] <矩形>:p                  （选择“环形”）
输入阵列中的项目数目: 20                                （输入阵列数）
指定要填充的角度 (+=逆时针, -=顺时针) <360>:              （按回车键，默认360度）
旋转阵列对象？ [是(Y)/否(N)] <Y>:                       （按回车键）
指定阵列的中心点:                                      （捕捉垃圾桶顶面中心点）
指定旋转轴上的第二点:                                  （捕捉垃圾桶底面中心点）
```

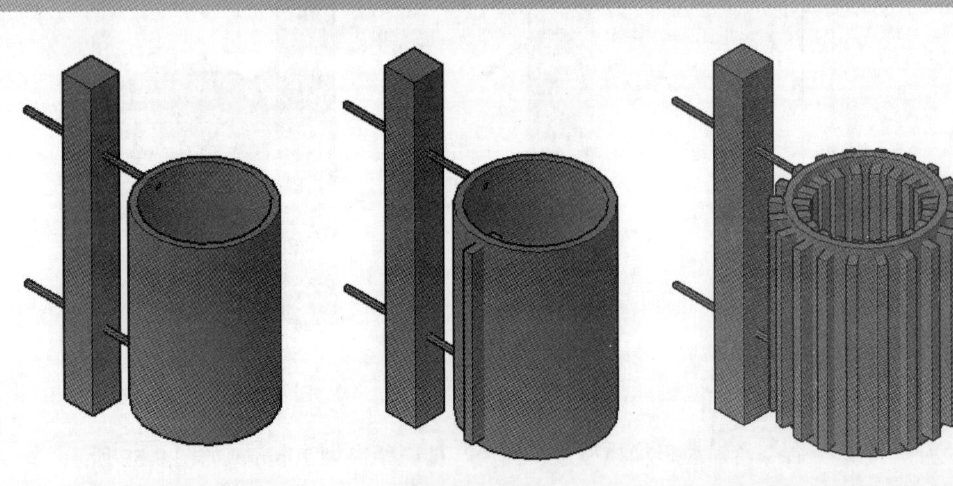

图 9-52　垃圾桶抽壳　　图 9-53　绘制长方体　　图 9-54　环形阵列长方体

Step07 执行“差集”命令，将阵列的长方体从垃圾桶模型中减去，如图 9-55 所示。

命令行提示如下：

```
命令: _subtract 选择要从中减去的实体、曲面和面域...
选择对象: 找到 1 个                                    （选择垃圾桶模型，按回车键）
选择对象:
选择要减去的实体、曲面和面域...
选择对象: 找到 1 个                                    （选择阵列的20个长方体，按回车键）
选择对象: 找到 1 个，总计 2 个
选择对象: 找到 1 个，总计 20 个
选择对象:
```

Step08 执行“圆柱体”命令，捕捉垃圾桶底面圆心为圆柱底面圆心，绘制底面半径为 150mm、高 620mm 的圆柱，作为垃圾桶内胆模型，如图 9-56 所示。

Step09 执行“抽壳”命令，对刚绘制的圆柱体进行抽壳操作，抽壳偏移距离为 20mm，如图 9-57 所示。

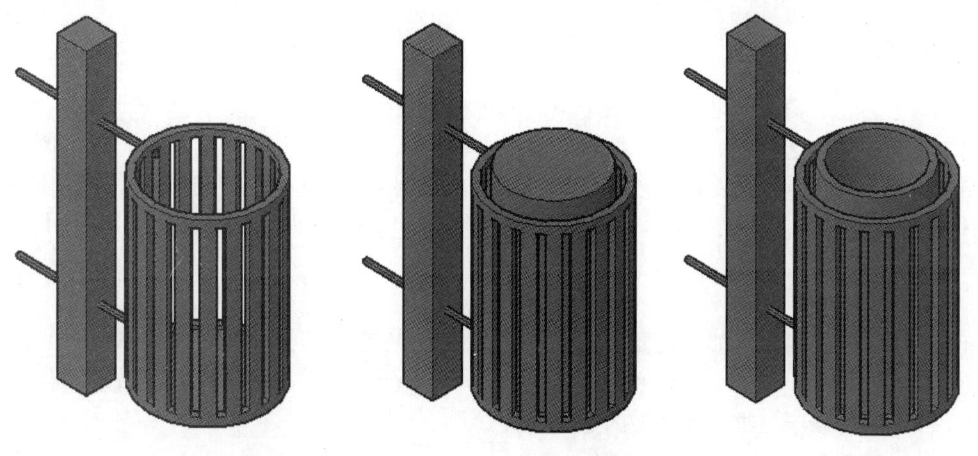

图 9-55　执行差集操作　　图 9-56　绘制垃圾桶内胆模型　　图 9-57　对内胆抽壳

Step10 执行“三维镜像”命令，将垃圾桶及内胆模型以 ZX 平面进行镜像复制，如图 9-58 所示。

命令行提示内容如下：

```
命令: _mirror3d
选择对象: 找到 1 个
选择对象: 找到 1 个，总计 2 个                    （选择垃圾桶及内胆模型，按回车键）
选择对象:
指定镜像平面 (三点) 的第一个点或
[对象(O)/最近的(L)/Z 轴(Z)/视图(V)/XY 平面(XY)/YZ 平面(YZ)/ZX 平面(ZX)/三点(3)] <三点>: zx （选择镜像平面）
指定 ZX 平面上的点 <0,0,0>:                        （捕捉立柱顶面边线中点）
是否删除源对象？[是(Y)/否(N)] <否>:                 （按回车键）
```

Step11 执行“球体”命令，绘制半径为 150mm 的球体，并将其放置立柱上方，作为灯罩模型，如图 9-59 所示。至此，户外垃圾桶模型绘制完毕。

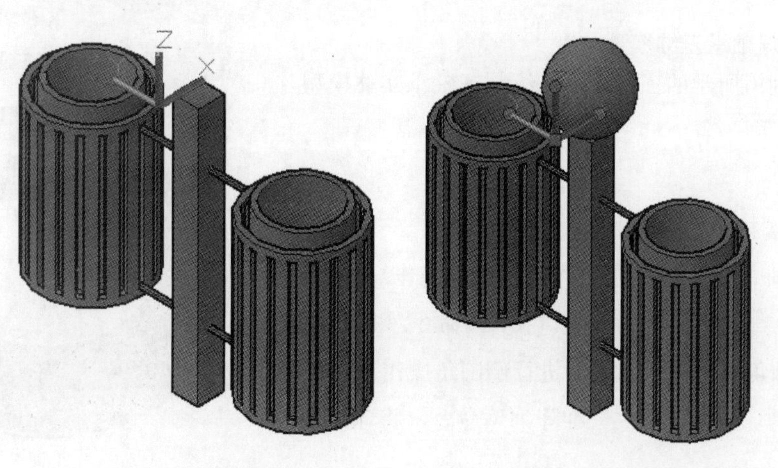

图 9-58　镜像复制　　图 9-59　添加灯罩

课后作业

为了让用户能够更好地掌握本章所学的知识内容，下面将安排一些 Autodesk 认证考试的参考试题，让用户可以对所学的知识进行巩固和练习。

一、填空题

（1）“______”命令可将模型以某个平面为对称面进行对象复制。

（2）在“实体”选项卡的“实体编辑”面板中单击“______”按钮，可以进行三维倒角操作。

（3）使用“______”命令，可以将选定的三维实体对象表面拉伸到指定高度，或使该表面沿一条线进行拉伸。此外，还可以将实体对象面按一定的______进行拉伸。

二、选择题

（1）旋转三维模型时，如果需要将模型绕 X 轴旋转 90 度，那么 X 轴的颜色是（　）。

A. 红色　　B. 绿色　　C. 蓝色　　D. 黄色

（2）下列命令属于三维实体编辑的是（　）。

A. 剖切　　B. 抽壳　　C. 三维镜像　　D. 以上都是

（3）执行三维阵列命令后，在命令行中输入哪一个字母，可以启动环形阵列命令？（　）

A. R　　B. P　　C. O　　D. A

（4）下面哪一项命令，可将实体对象转换为壳体？（　）

A. 差集　　B. 抽壳　　C. 剖切　　D. 分割

三、操作题

（1）制作三通管模型。

本实例将利用所学的三维命令，绘制三通管实体模型，结果如图 9-60 所示。

图 9-60　绘制三通管模型

操作提示：

Step01 执行“圆柱体”“差集”和“并集”命令绘制模型。

Step02 执行“圆角边”命令，将模型进行倒圆角操作。

（2）绘制球轴承三维模型。

本实例将利用所学的三维命令，绘制球轴承实体模型，结果如图 9-61 所示。

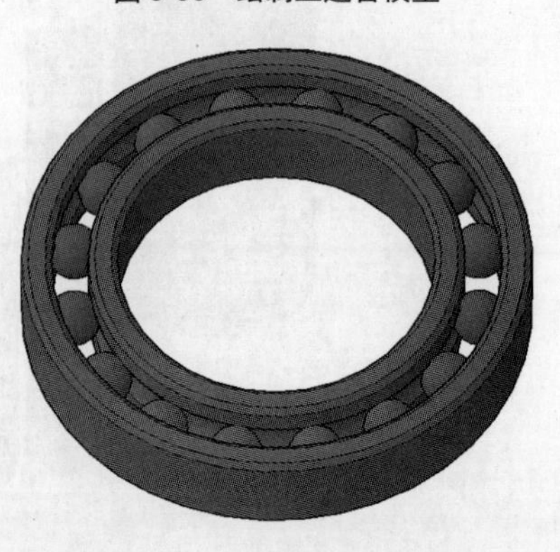

图 9-61　绘制球轴承三维模型

操作提示：

Step01 执行“圆柱体”绘制轴承模型。

Step02 执行“抽壳”命令，对圆柱体进行抽壳操作。执行“圆环”命令，绘制二维圆环图形。执行“拉伸”命令，将其拉伸。

Step03 执行“圆角边”命令，对模型进行倒圆角操作。执行“球体”命令，绘制球体。执行“三维阵列”命令，将球体进行环形阵列。

第10章 输出与打印图形

内容导读

图纸绘制完成后，为了方便查看预览，可以将图纸进行输出或打印。在AutoCAD软件中，读者可以将图纸输出成其他的格式，例如JPG格式、PDF格式等。本章将介绍如何在AutoCAD中进行图纸的输入与输出，以及打印设置等操作。

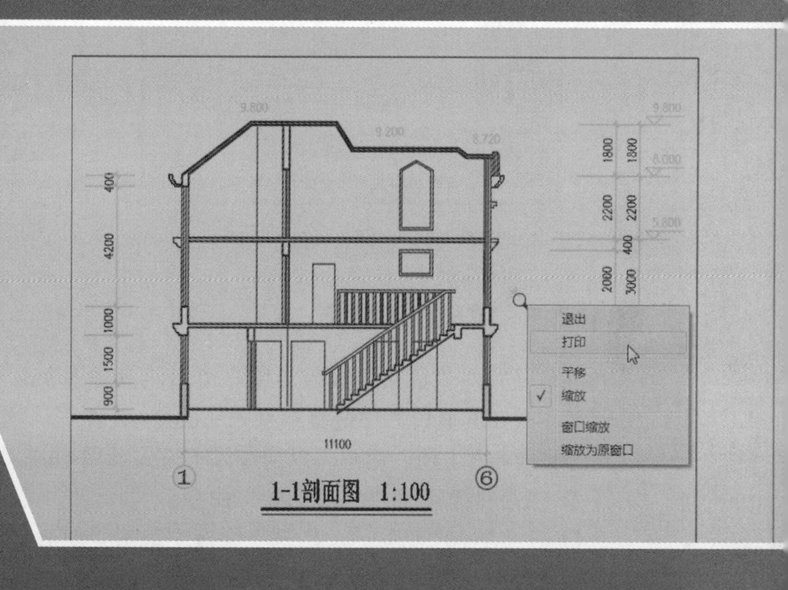

AutoCAD 2020

学习目标

- 图形的输入与输出
- 模型空间与图纸空间
- 打印页面设置

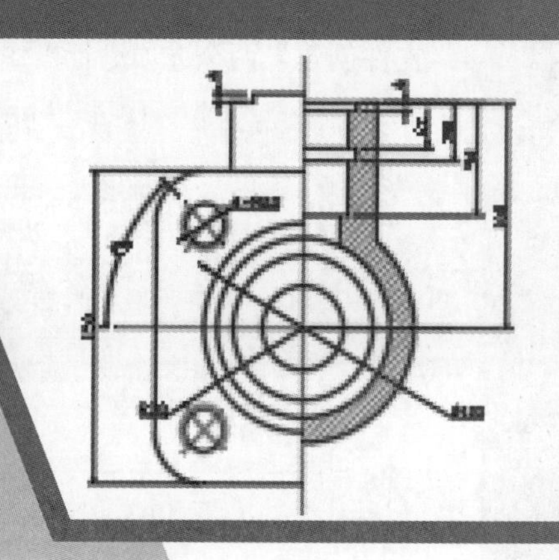

10.1 图形的输入与输出

在实际工作中，用户可以通过 AutoCAD 软件将图形与其他软件进行相互转换。下面将介绍图形的输入与输出操作方法，其中包括输入、输出图形等内容。

■ 10.1.1 输入图形

在 AutoCAD 中，可以将各种格式的文件输入到当前图形中。用户可以通过以下方式输入图纸。

◎ 在菜单栏中执行“文件”|“输入”命令。

◎ 在“插入”选项卡“输入”面板中单击“输入”按钮。

◎ 在命令行输入命令 IMPORT 并按回车键。

执行以上任意一种操作，即可打开“输入文件”对话框，如图 10-1 所示。从中选择相应的文件，单击“打开”按钮即可将文件插入。在“文件类型”下拉列表中，可以选择输入文件的类型，如图 10-2 所示。

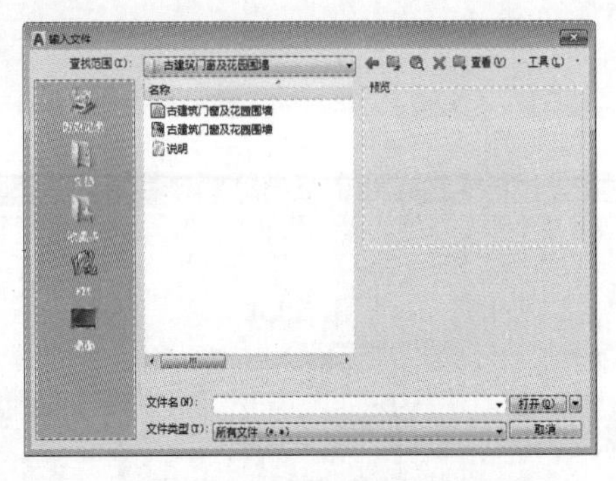

图 10-1 “输入文件”对话框

图 10-2 输入文件类型

■ 10.1.2 插入 OLE 对象

OLE 是指对象链接与嵌入。用户可以将其他 Windows 应用程序的对象链接或嵌入到 AutoCAD 图形中，或在其他程序中链接或嵌入 AutoCAD 图形。插入 OLE 文件可以避免图片丢失等问题，所以使用起来非常方便。用户可以通过以下方式调用 OLE 对象命令。

◎ 执行“插入”|“OLE 对象”命令。

◎ 在“插入”选项卡“数据”面板中单击“OLE 对象”按钮。

◎ 在命令行输入命令 INSERTOBJ 并按回车键。

执行以上任意一项操作，即可打开“插入对象”对话框，在此用户可以根据需要选择“新建”或“由文件创建”两个选项进行操作，如图 10-3、图 10-4 所示。

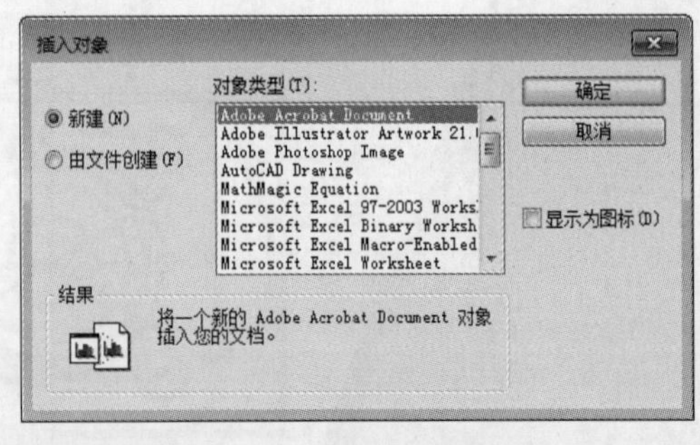

图 10-3 “新建”选项界面

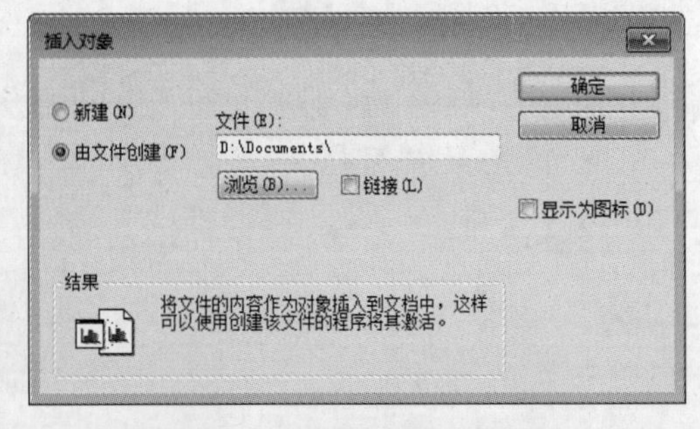

图 10-4 “由文件创建”选项界面

1. 新建

选中“新建”单选按钮后，在“对象类型”列表中，选择需要导入的应用程序，单击“确定”按钮，系统会启动其应用程序，用户可在该程序中进行输入编辑操作。完成后关闭应用程序，此时在 AutoCAD 绘图区中就会显示相应的内容。

2. 由文件创建

选中“由文件创建”单选按钮后，单击“浏览”按钮，在打开的“浏览”对话框中，用户可以直接选择现有的文件，单击“打开”按钮，返回到上一层对话框，单击“确定”按钮即可导入。

■ 实例：在 AutoCAD 中插入设计资料文档

下面将以插入古建大门 Word 文档为例，来介绍如何将其他文档导入到 AutoCAD 软件中。

Step01 打开素材文件，在“插入”选项卡的“数据”面板中单击“OLE 对象”按钮，打开“插入对象”对话框，选中“由文件创建”单选按钮，并单击“浏览”按钮，如图 10-5 所示。

Step02 打开“浏览”对话框，在此选择要插入的文档，这里选择“古建大门”Word 文档，单击“打开”按钮，如图 10-6 所示。

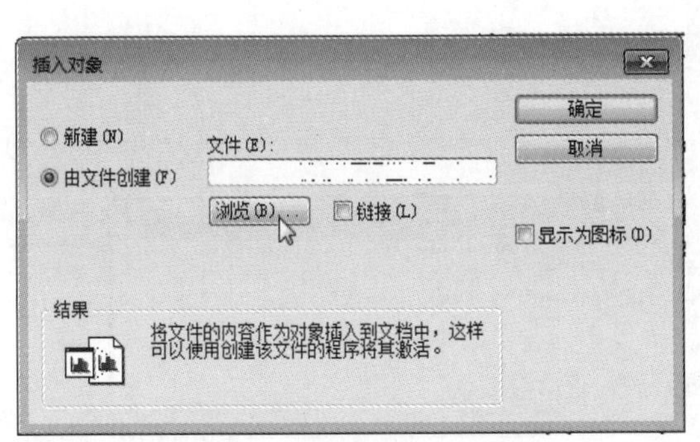

图 10-5 “由文件创建”选项界面

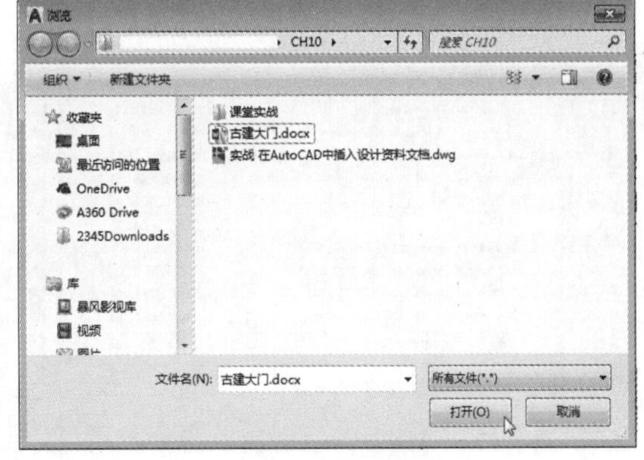

图 10-6 选择文档

Step03 返回到“插入对象”对话框，可以看到文件路径已经发生改变，如图 10-7 所示。

Step04 单击“确定”按钮完成插入操作，即可看到已经将 Word 文档中的内容插入至绘图区中，如图 10-8 所示。

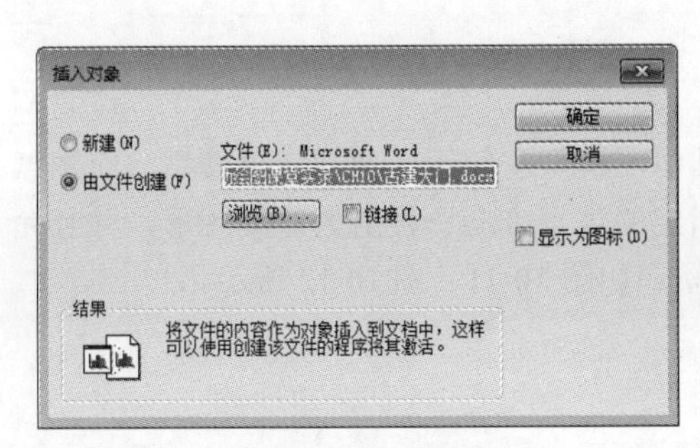

图 10-7 确认路径

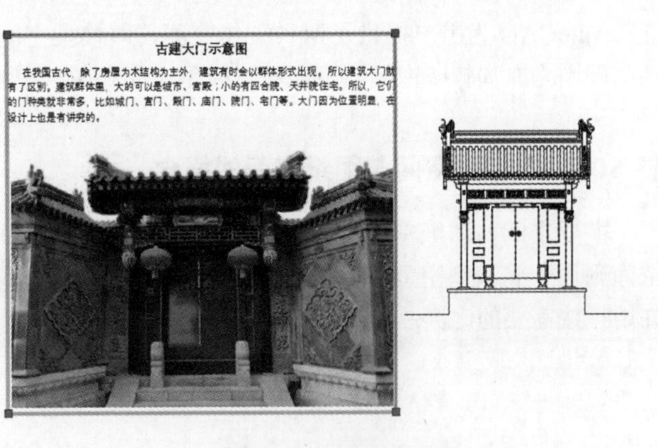

图 10-8 完成插入操作

知识点拨

在“插入对象”对话框中，若勾选“链接”复选框，当原文档发生变化后，插入的文档也会随之发生改变。

■ 10.1.3 输出图形

将 AutoCAD 图形对象保存为其他文件格式以供其他软件调用，只需将图形以指定的文件格式输出即可。用户可通过以下方式输出图形。

◎ 在菜单栏中执行“文件”|“输出”命令。

◎ 在“输出”选项卡“输出为 DWF/PDF”面板中单击“输出”按钮。

◎ 在命令行输入命令 EXPORT 并按回车键。

执行以上任意一项操作都可以打开“输出数据”对话框，如图 10-9 所示。在“文件类型”下拉列表中，可以选择需要导出文件的类型，如图 10-10 所示。

图 10-9 “输出数据”对话框

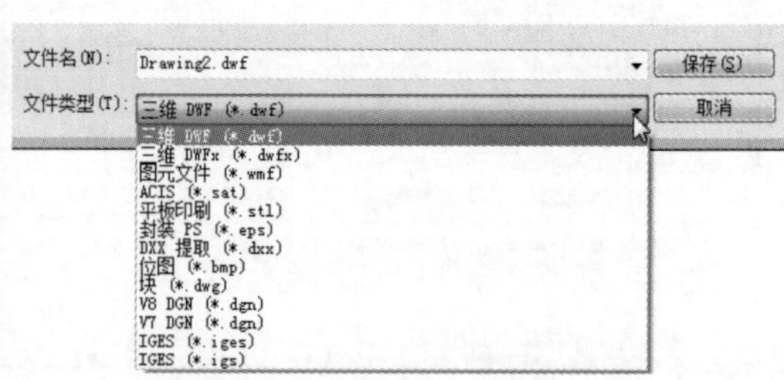

图 10-10 输出文件类型

10.2 模型空间与图纸空间

AutoCAD 为用户提供了两种工作空间，即模型空间和图纸空间。通常模型空间为作图空间，图纸空间则为布局打印空间。下面将对模型空间和图纸空间进行详细介绍。

■ 10.2.1 模型空间与图纸空间的概念

模型空间与图纸空间是两种不同的屏幕工作空间。其中，模型空间用于建立对象模型，而图纸空间则用于将模型空间中生成的三维或二维对象按用户指定的观察方向正投射为二维图形，并且允许用户按需要的比例，将图纸摆放在图形界限内的任何位置，如图 10-11、图 10-12 所示。

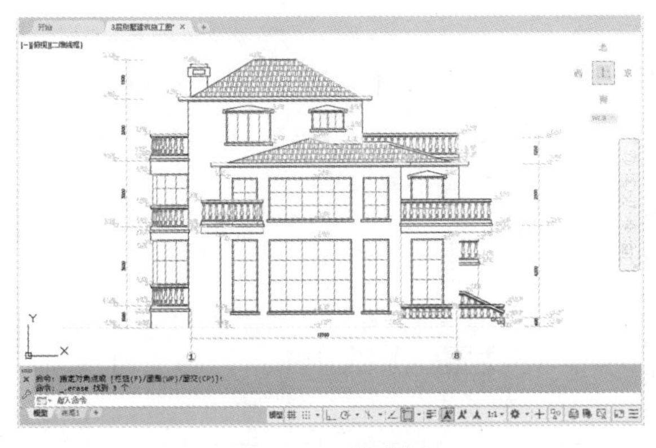

图 10-11　模型空间

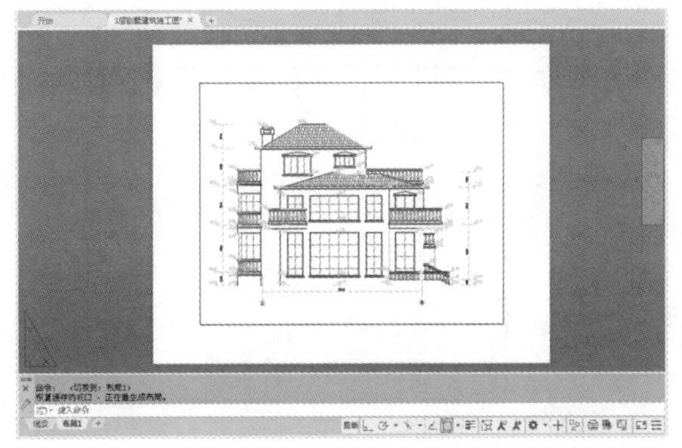

图 10-12　图纸空间

■ 10.2.2　模型空间与图纸空间的切换

下面将为用户介绍模型空间与图纸空间的切换方法。

1. 从模型空间向图纸的空间切换

◎ 将光标放置在文件选项卡上，然后选择“布局 1”或“布局 2”选项，如图 10-13 所示。

◎ 单击绘图窗口左下角的“布局 1”或“布局 2”选项卡，如图 10-14 所示。

◎ 单击状态栏中的“模型”按钮模型，该按钮会变为“图纸”按钮图纸。

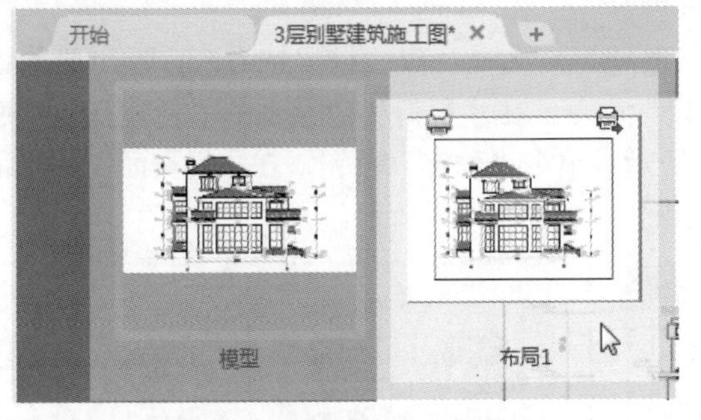

图 10-13　利用文件选项标签切换

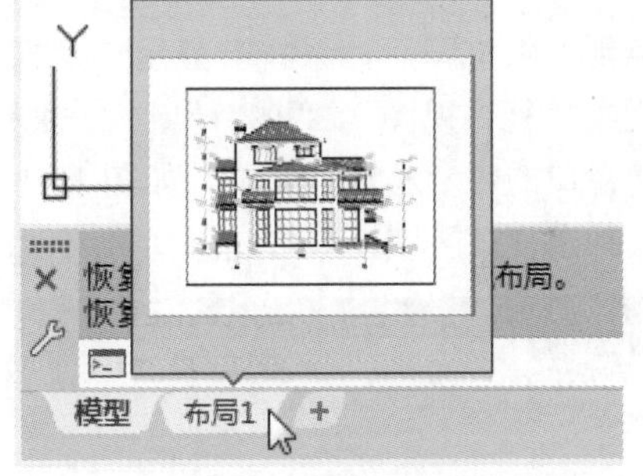

图 10-14　利用状态栏标签切换

2. 从图纸空间向模型空间切换

◎ 将光标放置在文件选项卡上，然后选择“模型”选项。

◎ 单击绘图窗口左下角的“模型”标签。

◎ 单击状态栏中的“图纸”按钮图纸，该按钮变为“模型”按钮模型。

◎ 在命令行中输入命令 MSPACE 按回车键，可以将布局中最近使用的视口置为当前活动视口，在模型空间工作。

◎ 在视口的边界内部双击鼠标左键，激活该活动视口，此时视口边框会加粗显示，进入模型空间，如图 10-15 所示的是激活视口状态。双击视口外任意处，可锁定视口，如图 10-16 所示的是锁定视口状态。

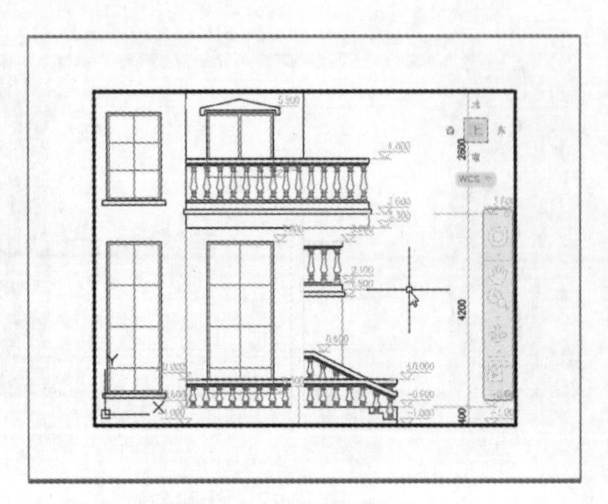

图 10-15　激活视口

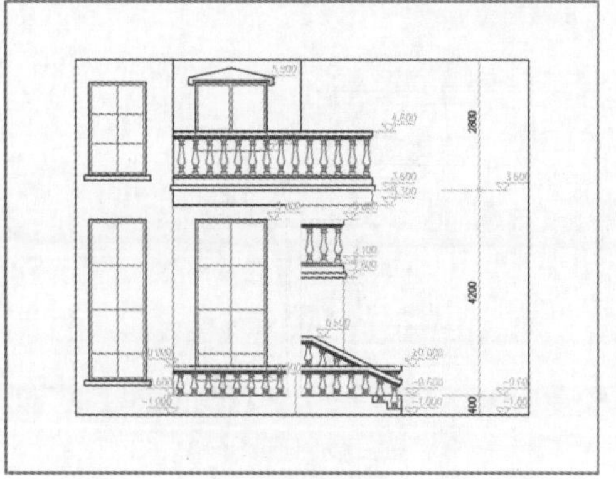

图 10-16　锁定视口

10.3 管理布局视口

布局则是模拟一张图纸并提供预置的打印设置。用户可以根据需要在布局空间创建视口，视图中的图形则是打印时所见到的图形。默认情况下，系统将自动创建一个浮动视口，若用户需要查看模型的不同视图，可以创建多个视口进行查看。

10.3.1　创建视口

切换到图纸空间后，系统会显示一个默认的视口。选择视口边框，按 Delete 键可删除该视口。在菜单栏中执行“视图”|“视口”|“命名视口”命令，在“视口”对话框的“新建视口”选项卡中选择创建视口的数量及排列方式，如图 10-17 所示。单击“确定”按钮，在布局页面中使用鼠标拖曳的方法绘制出视口区域，即可完成视口的创建操作，如图 10-18 所示。

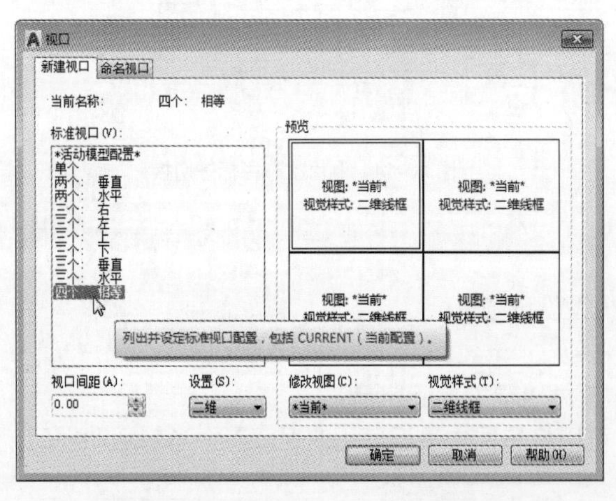

图 10-17　选择创建视口数量及排列方式

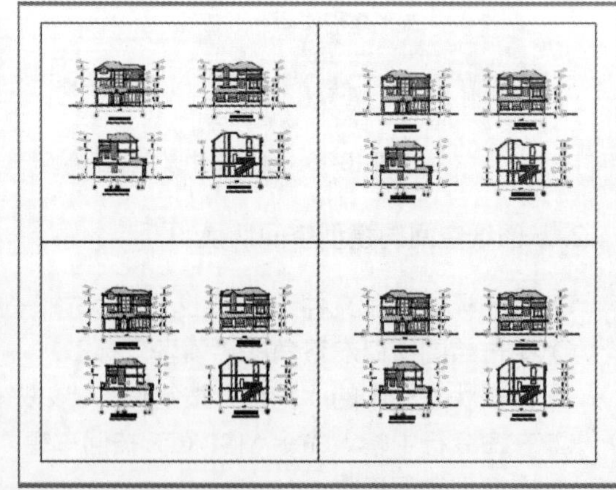

图 10-18　创建视口

知识点拨

用户还可以使用功能区中的命令进行创建。切换到“布局 1”视图界面后，在“布局”选项卡的“布局视口”面板中单击“矩形”按钮，可以创建一个矩形视口。除此之外，还可以创建多边形、对象等视口。

10.3.2　管理视口

创建视口后，如果对创建的视口不满意，可以根据需要调整布局视口。

1. 更改视口大小和位置

如果创建的视口不符合用户的需求，用户可以利用视口边框的夹点来更改视口的大小和位置，如图 10-19、图 10-20 所示。

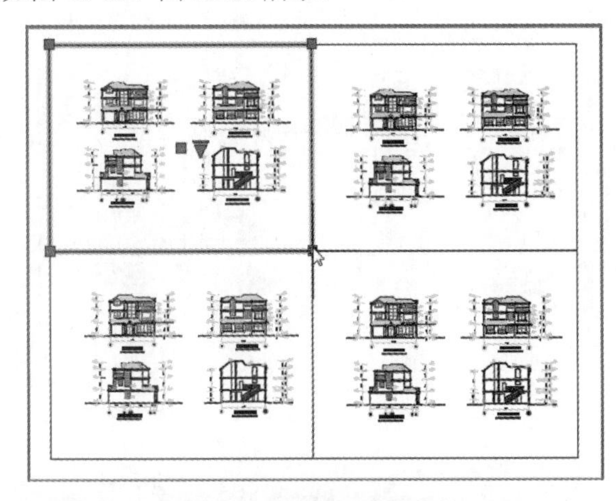

图 10-19　选中视口边框夹点

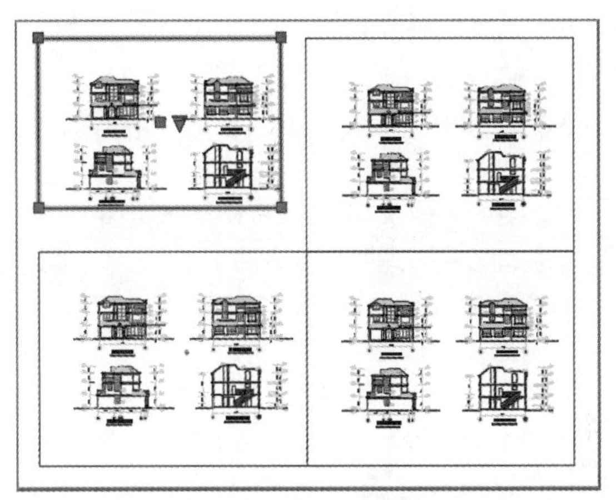

图 10-20　更改视口大小

2. 删除和复制布局视口

用户可通过 Ctrl+C 和 Ctrl+V 组合键进行视口的复制粘贴，按 Delete 键即可删除视口。也可通过单击鼠标右键，在弹出的快捷菜单进行该操作。

3. 调整视口中的图形显示大小

在“布局”页面中可以调整图形显示大小。双击视口即可激活视口，使其窗口边框变为加粗显示，滚动鼠标中键，可调整图形显示的大小，如图 10-21 所示。

知识点拨

激活视口后，用户除了可调整图形的大小外，还可以对图形进行修改，其操作与在模型空间中是相同的。图形修改完成后，其他视口中的图形会随之发生相应的改变。

图 10-21　调整视图显示大小

ACAA课堂笔记

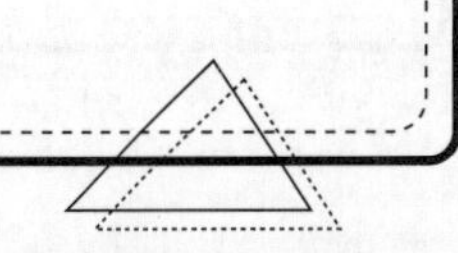

设置打印参数

页面设置可以对新建布局或已建好的布局进行图纸大小和绘图设备的设置。页面设置是打印设备及其他影响最终输出外观和格式的设置集合，用户可以修改这些设置并将其应用到其他布局中。

在 AutoCAD 中，用户可以通过以下方法打开“页面设置管理器”对话框，如图 10-22 所示。

◎ 在菜单栏中执行“文件”|“页面设置管理器”命令。

◎ 在“输出”选项卡的“打印”面板中单击“页面设置管理器”按钮。

◎ 在命令行中输入命令 PAGESETUP，然后按回车键。

在“页面设置管理器”对话框中，单击“修改”按钮，即可打开“页面设置－模型”对话框，如图 10-23 所示。

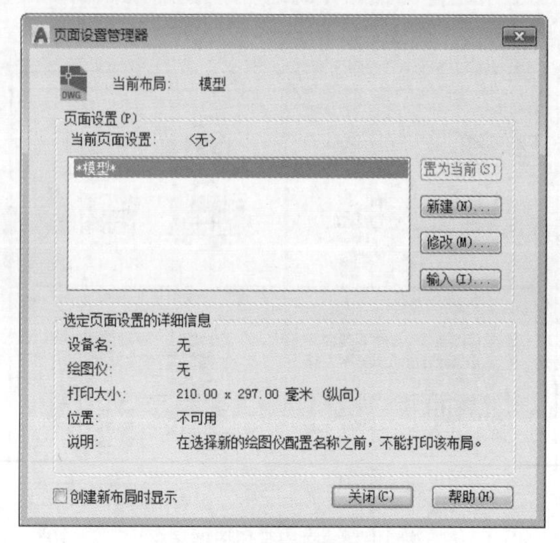

图 10-22　“页面设置管理器”对话框

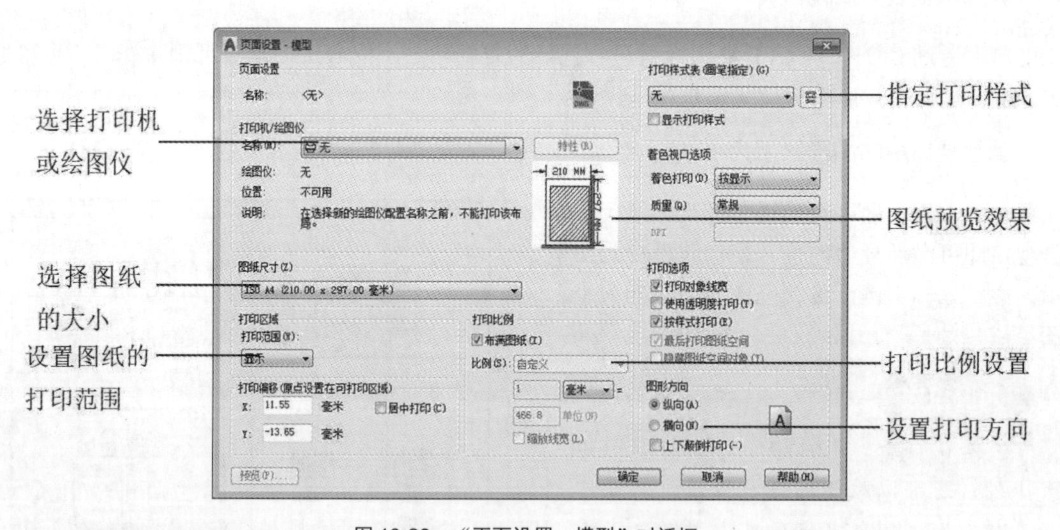

图 10-23　“页面设置－模型”对话框

10.4.1 修改打印环境

在“页面设置”对话框的“打印机 / 绘图仪”选项组中，用户可以修改和配置打印设备；在右侧的“打印样式表”选项组中，可以设置图形使用的打印样式。

单击“打印机 / 绘图仪”选项组右侧的“特性”按钮，系统会弹出“绘图仪配置编辑器”对话框，从中可以更改 PC3 文件的打印机端口和输出设置，包括介质、图形、自定义特性等。此外，还可以将这些配置选项从一个 PC3 文件拖到另一个 PC3 文件。

“绘图仪配置编辑器”对话框中有“常规”“端口”和“设备和文档设置”选项卡，如图 10-24 所示。

- ◎ “常规”选项卡：包含有关打印机配置（PC3）文件的基本信息。可在说明区域添加或更改信息。该选项卡中的其余内容是只读的。
- ◎ “端口”选项卡：更改配置的打印机与用户计算机或网络系统之间的通信设置。可以指定通过端口打印、打印到文件或使用后台打印。
- ◎ “设备和文档设置”选项卡：控制 PC3 文件中的许多设置，如指定纸张的来源、尺寸、类型和去向，控制笔式绘图仪中指定的绘图笔等。单击任意节点的图标，可以查看和更改指定设置。如果更改了设置，所作更改将出现在设置旁边的尖括号中。更改了值的节点图标上方也将显示检查标记。

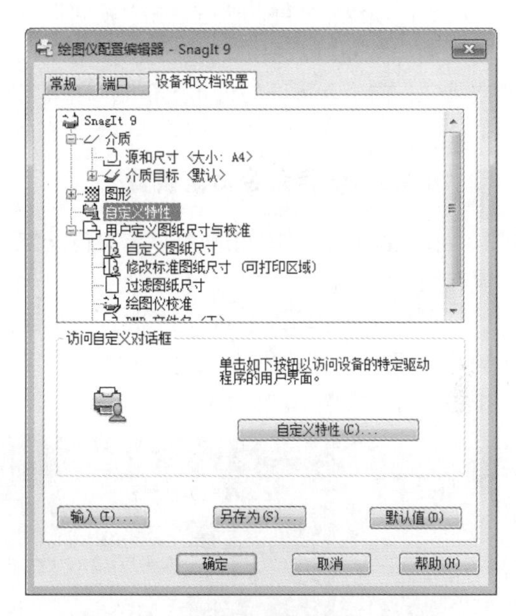

图 10-24 “绘图仪配置编辑器”对话框

10.4.2 创建打印布局

在“页面设置”对话框中，还可以设置打印图形时的打印区域、打印比例等内容。其中各主要选项作用介绍如下。

1. 图纸尺寸

该选项组用于确定打印输出图形时的图纸尺寸，用户可以在“图纸尺寸”下拉列表中选择图纸尺寸。下拉列表中可用的图纸尺寸由当前配置的打印设备确定。

2. 打印区域

进行打印之前，可以指定打印区域，确定打印内容。在创建新布局时，默认的打印区域为“布局”，即打印图纸尺寸边界内的所有对象；选择“显示”选项，将在打印图形区域中显示所有对象；选择“范围”选项，将打印图形中所有可见对象；选择“视图”选项，可打印保存的视图；选择“窗口”选项，可以定义要打印的区域。

3. 打印偏移

该选项组用于确定图纸上的实际打印区域相对于图纸左下角点的偏移量。在布局中，可打印区域的左下角点位于由虚线框确定的页边距的左下角点，即（0,0）。

4. 打印比例

该选项组用于确定图形的打印比例。用户可通过“比例”下拉列表确定图形的打印比例，也可以通过文本框自定义图形的打印比例。在布局打印时，模型空间的对象将以其布局视口的比例显示。

5. 图形方向

该选项组中，可以通过单击“横向”或“纵向”单选按钮设置图形在图纸上的打印方向。选中“横向”单选按钮时，图纸的长边是水平的；选中“纵向”单选按钮时，图纸的短边是水平的。在横向或纵向方向上，可以勾选“上下颠倒打印”复选框，控制首先打印图形的顶部还是底部。

■ 10.4.3 保存命令页面设置

在 AutoCAD 中，用户可以将自己绘制的图形保存为样板图形，所有的几何图形和布局设置都可保存为 DWT 文件。

在命令行中输入 LAYOUT 并按回车键，然后根据命令行的提示，选择“另存为”选项，按回车键，即可打开“创建图形文件”对话框。在该对话框中输入要保存的布局样板名称，然后单击“保存”按钮即可，如图 10-25 所示。

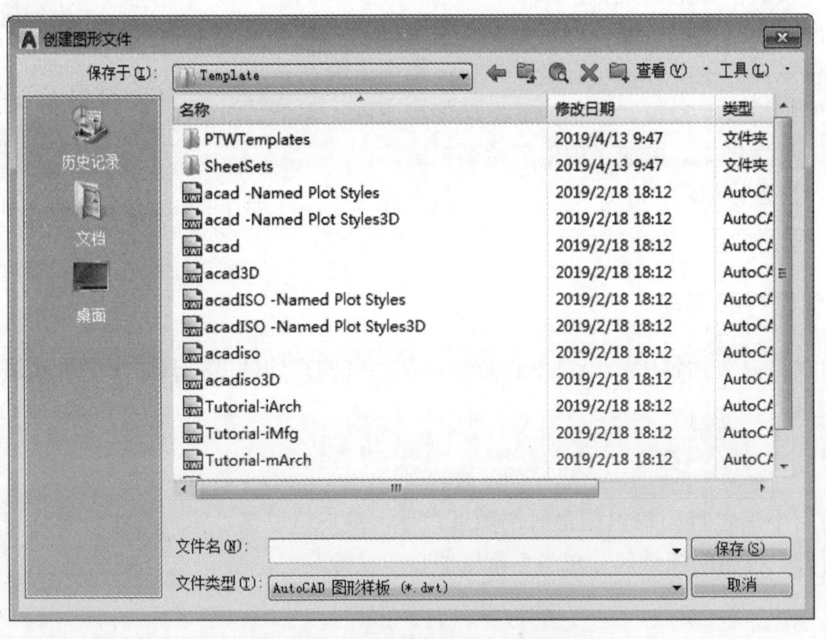

图 10-25 “创建图形文件”对话框

■ 10.4.4 输入已保存的页面设置

要使用现有的布局样板建立新布局，可执行“插入”|“布局”|“来自样板的布局”命令，在“从文件选择样板”对话框中，选择合适的图形文件，然后单击“打开”按钮，如图 10-26 所示。系统将会打开“插入布局”对话框，在“布局名称”列表框中显示了当前所选布局模板的名称，单击“确定”按钮即可插入该布局，如图 10-27 所示。单击状态栏中的布局名称选项卡，便可看见刚插入的布局。

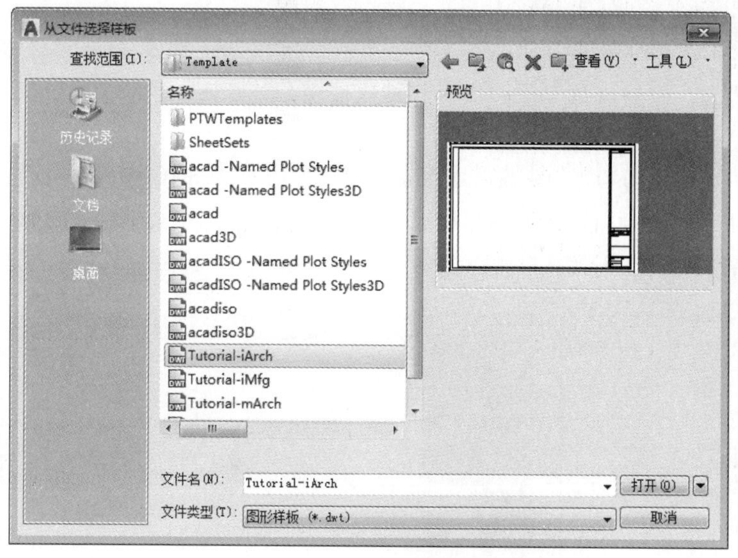

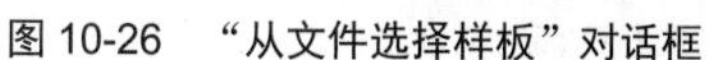
图 10-26 “从文件选择样板”对话框

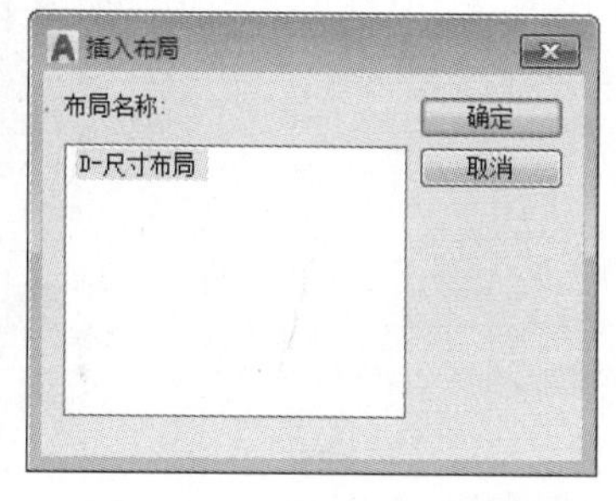

图 10-27 “插入布局”对话框

10.4.5 使用布局样板

布局样板是从 DWG 或 DWT 文件中输入的布局，可以利用现有样板中的信息创建新的布局。AutoCAD 提供了若干个布局样板，以供设计新布局环境时使用。

使用布局样板创建新布局时，新布局将使用现有样板中的图纸空间、几何图形及其页面设置，并在图纸空间中显示布局几何图形和视口对象。用户可以保留从样板中输入的几何图形，也可以删除这些几何图形，在这个过程中不输入任何模型空间图形。

10.5 打印图形

打印参数设置完成后，接下来可以打印图形了。执行“文件”|“打印预览”命令，系统将会打开如图 10-28 所示的图形预览。利用顶部工具栏中的相应按钮，可对图形执行打印、平移、缩放、窗口缩放、关闭等操作。同时，用户还可单击鼠标右键，在快捷菜单中选择相应的操作，如图 10-29 所示。

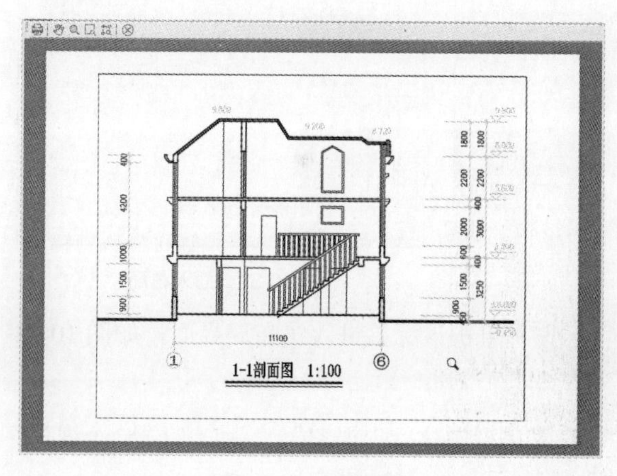

图 10-28 打印预览

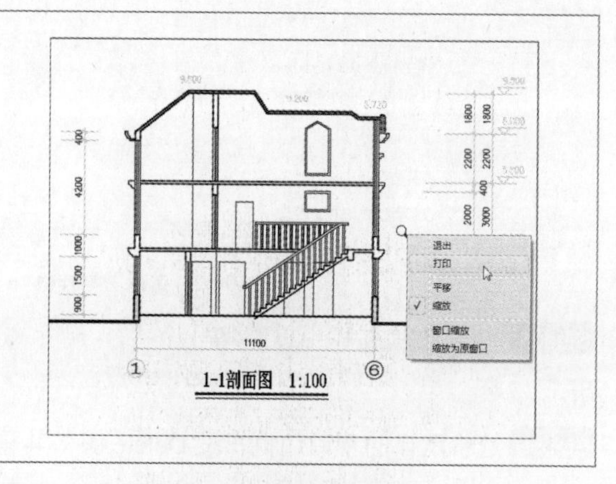

图 10-29 右键打印选项

课堂实战：输出阀体零件图纸

下面将根据本章所学的知识内容，来对阀体零件图纸进行输出操作，其中所运用到的命令有打印设置、视口创建、图纸输出等。

Step01 打开素材文件，在状态栏中单击“布局 1”标签，进入布局视口界面，如图 10-30 所示。

Step02 选中布局界面中的视口边框，按 Delete 键将其删除。右击“布局 1”标签，在打开的快捷菜单中选择“从样板”选项，如图 10-31 所示。

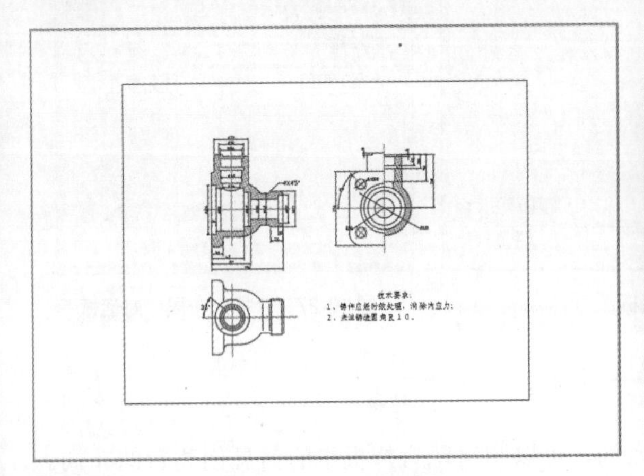

图 10-30 进入布局界面

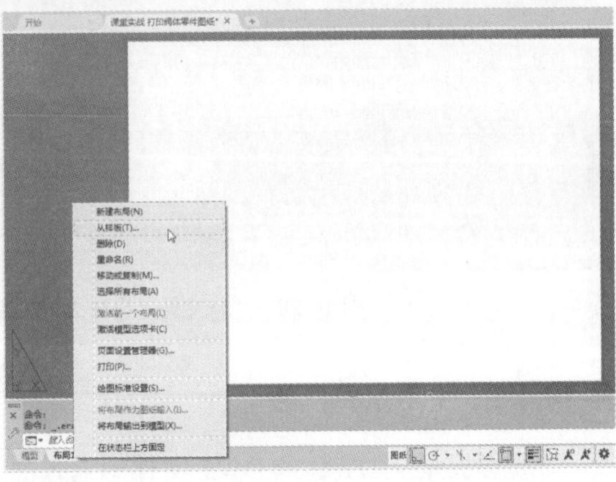

图 10-31 删除视口并选择“从样板”选项

Step03 在“从文件选择样板”对话框中选择合适的样板，单击“打开”按钮，如图 10-32 所示。

Step04 在“插入布局”对话框中，选择布局名称，单击“确定”按钮，如图 10-33 所示。

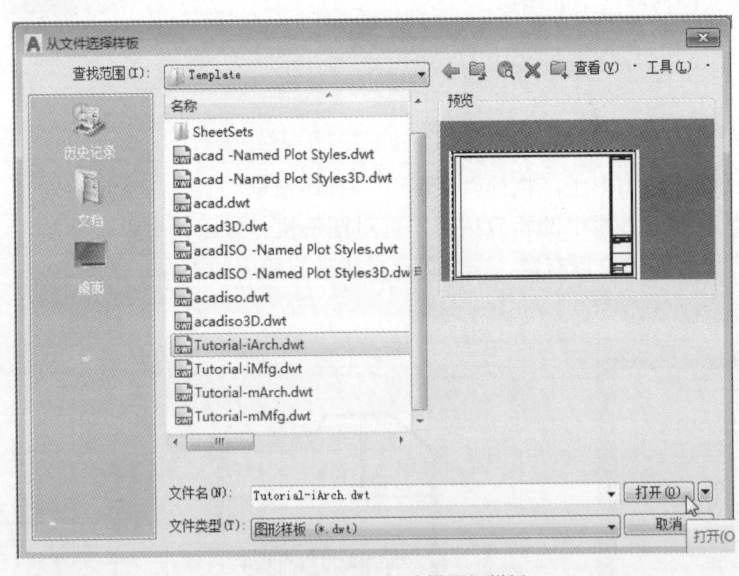

图 10-32 选择图框样板

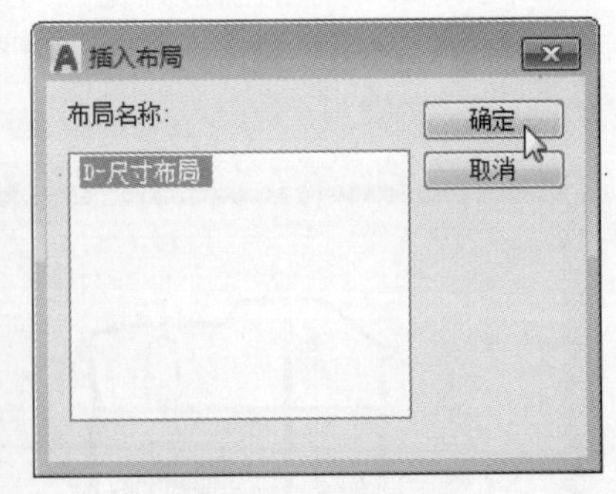

图 10-33 插入布局

Step05 此时在状态栏中以新增一个“D- 尺寸布局”标签。单击该标签进入该布局界面，如图 10-34 所示。

Step06 选中默认的视口边框，按 Delete 键将其删除。在菜单栏中执行“视图”|“视口”|“一个视口”选项，使用鼠标拖曳的方法，在该布局中创建视口，如图 10-35 所示。

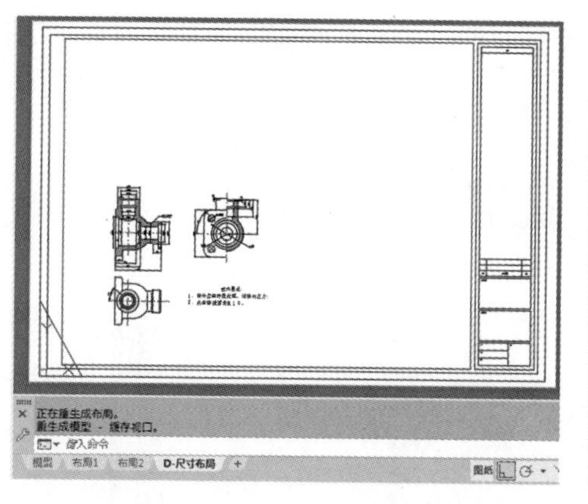

图 10-34 创建“D- 尺寸布局”标签

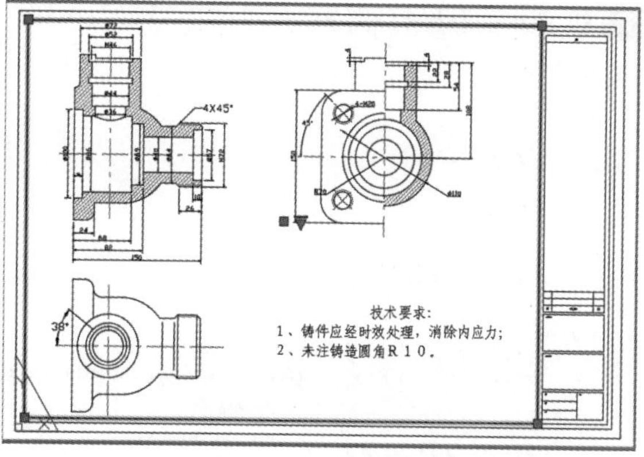

图 10-35 创建新视口

Step07 双击创建的视口，进入可编辑状态，单击右侧小工具栏中的“实时缩放”图标按钮，适当调整图纸显示的大小，如图 10-36 所示。

Step08 调整完毕后，单击视口外任意点，锁定当前视口。执行“多行文字”命令，在图框中添加图纸名称，并设置字体的大小，如图 10-37 所示。

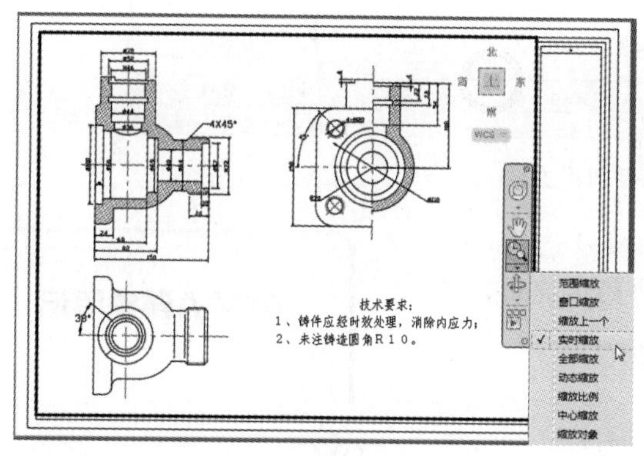

图 10-36 调整图纸显示大小

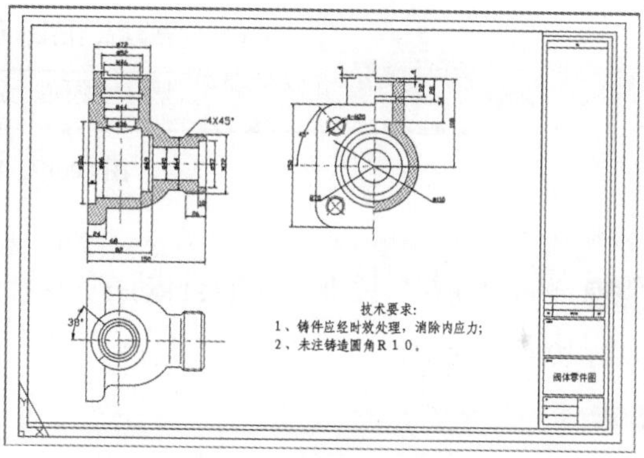

图 10-37 输入图纸名称

Step09 执行“打印”命令，打开“打印”对话框，将“打印机 / 绘图仪”的名称设为“DWG To PDF.pc3”选项，并设置好“图纸尺寸”“打印范围”“居中打印”和“布满图纸”选项，如图 10-38 所示。

Step10 单击“预览”按钮，即可预览打印效果，如图 10-39 所示。

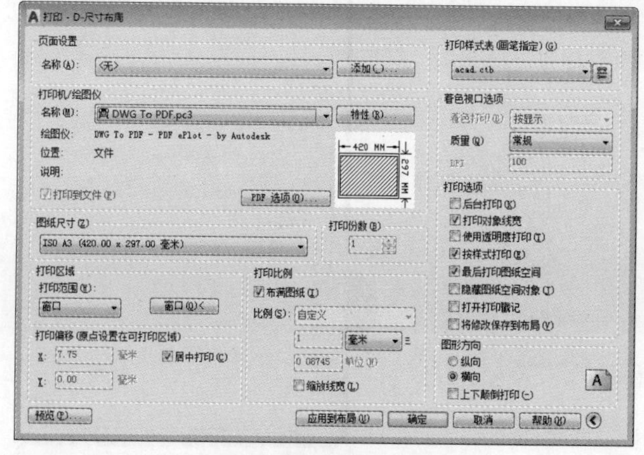

图 10-38 设置打印参数

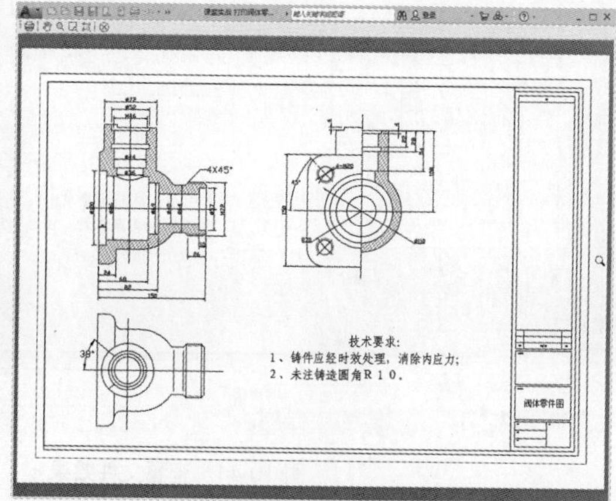

图 10-39 预览打印效果

Step11 按 Esc 键退出打印预览。单击“确定”按钮，在打开的“浏览打印文件”对话框中，选择文件的保存路径及文件名，如图 10-40 所示。

图 10-40　保存 PDF 文件

Step12 单击“保存”按钮，系统会自动打开保存的 PDF 文件，结果如图 10-41 所示。

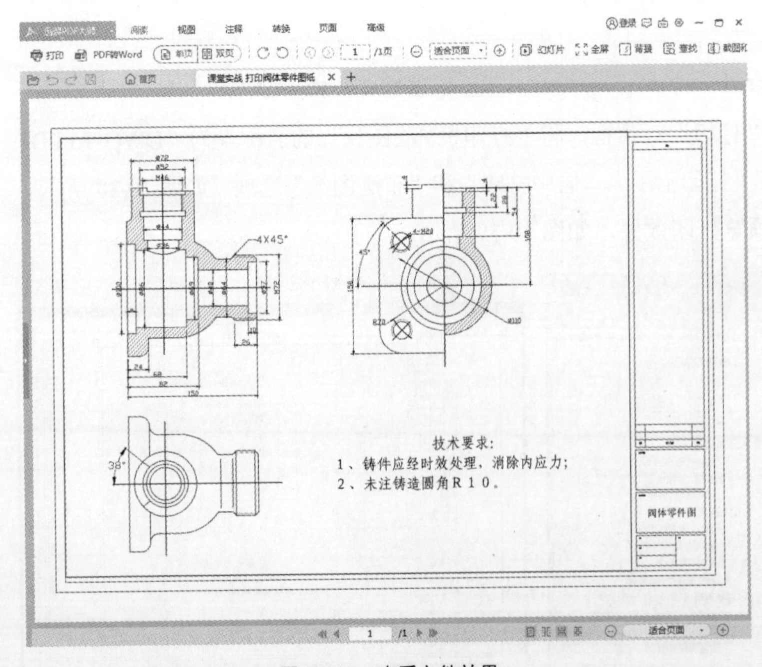

图 10-41　查看文件效果

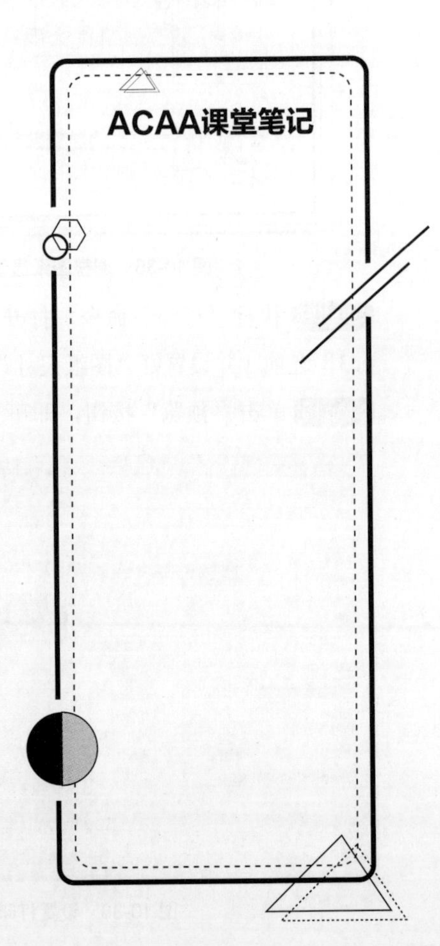

课后作业

为了让用户更好地掌握本章所学的知识内容，下面将安排一些 Autodesk 认证考试的参考试题，让用户可以对所学的知识进行巩固和练习。

一、填空题

（1）将其他 Windows 应用程序的对象链接或嵌入到 AutoCAD 图形中，或在其他程序中链接或嵌入 AutoCAD 图形，可使用______命令进行操作。

（2）AutoCAD 为用户提供了两种工作空间，即______和______。通常模型空间为______，图纸空间则为______。

（3）添加视口后，______可激活该视口，______可锁定视口。

二、选择题

（1）除了在控制面板中添加打印机外，在 AutoCAD 中还可以在哪里添加打印机？（ ）

A. 页面设置管理器　　B. 绘图仪管理器　　C. 打印样式管理器　　D. 打印预览

（2）将当前图形生成 4 个视口，在一个视口中新画一个圆并将全图平移，其他视口的结果是（ ）。

A. 其他视口生成圆也同步平移　　B. 其他视口生成圆但不平移

C. 其他视口不生成圆也不平移　　D. 其他视口不生成圆但同步平移

（3）如果从模型空间打印一张图纸，打印比例为 1∶2，那么想在图纸中得到 5mm 高的字体，应在图形中设置的字高为（ ）。

A. 5mm　　B. 2.5mm　　C. 2mm　　D. 10mm

（4）如果要合并两个视口，必须（ ）。

A. 是模型空间视口并且共享长度相同的公共边　　B. 在“布局”空间合并

C. 在“模型”空间合并　　D. 一样大小

三、操作题

（1）创建布局视口。

本实例将利用视口命令，在图纸空间中创建三个视口，并调整好视图显示状态，结果如图 10-42 所示。

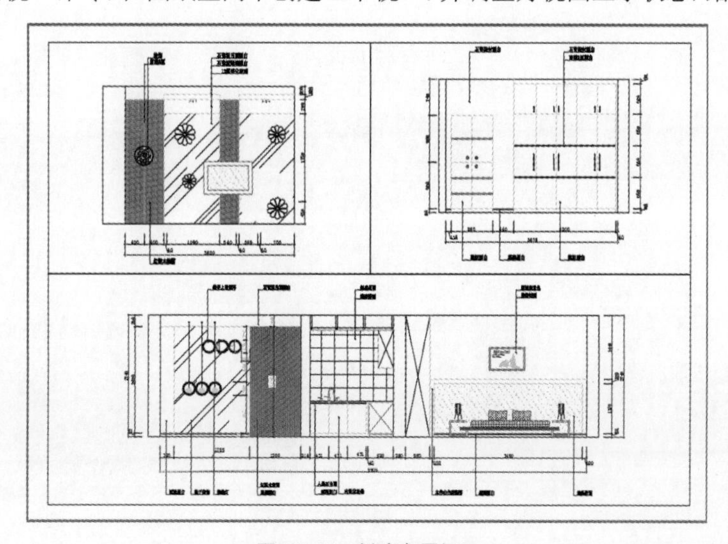

图 10-42　创建布局视口

操作提示：

Step01 执行“新建视口”命令，创建 3 个视口。

Step02 激活视口，调整视图显示状态。

（2）将幕墙节点图输出为 PDF 格式。

本实例通过设置“打印”对话框中的相关参数，将幕墙节点图转换成 PDF 格式的文件，结果如图 10-43 所示。

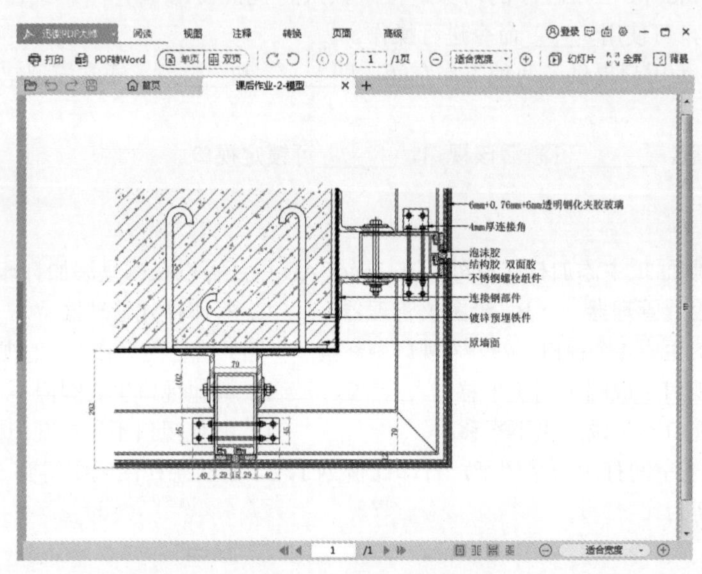

图 10-43　输出为 PDF 格式

操作提示：

Step01 执行“打印”命令，设置打印参数。

Step02 设置完成后，系统自动打开保存好的 PDF 文档。

第11章 绘制机械零件三视图

内容导读

对于绘制机械零件图纸来说，AutoCAD 软件是最合适不过了。零件图最基本的要求就是尺寸数据要精准，而 AutoCAD 软件也恰恰符合这一方面的需求。在前面章节中也涉及了一些零件图的绘制操作，但只是蜻蜓点水式地介绍了一下。本章将以常见的零件图为例，着重介绍机械三视图的绘制方法与技巧。

学习目标

- 绘制机件三视图
- 绘制螺母三视图
- 绘制泵盖三视图
- 绘制底座三视图

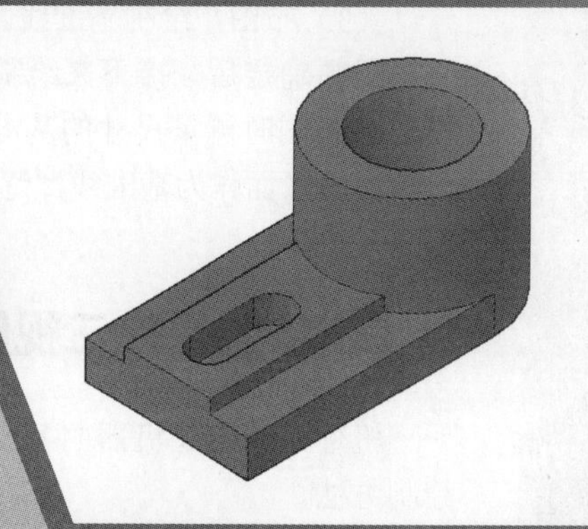

11.1 机械三视图的绘制原则

学机械制图，一定先要了解并掌握三视图的概念。三视图就是采用投影方式得到对象的轮廓图，使观察者从上面、左面和正面三个不同角度来观察对象各个面的造型。下面将向用户介绍一下机械三视图的绘制规则。

1. 三视图投影原理

三视图主要以主视图、左视图和俯视图三个基本视图构成。在这三个视图中，主视图反映了对象的长度和高度，同时也反映上下、左右的位置关系；俯视图反映了对象的长度和宽度，同时也反映了对象左右、前后的位置关系；左视图反映了对象的高度和宽度，同时反映出对象上下、前后的位置关系。由此可得到三视图之间的彼此对应的关系，如图 11-1 所示。其投影规律如下：

- ◎ 主视图、俯视图为长对正；
- ◎ 主视图、左视图为高平齐；
- ◎ 俯视图、左视图为宽相等。

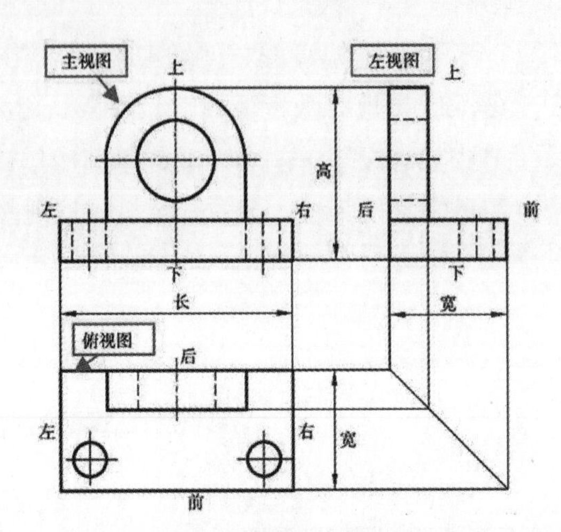

图 11-1 三视图之间的关系

2. 三视图绘制原则

在绘制三视图前，先要对物体对象进行观察分析，将它分解为若干个个体，并判断这些个体间相接的表面是否处于共面、相切和相交的特殊位置，然后再逐个绘制出其三视图。在绘制三视图时，用户需要遵循以下几点原则。

（1）选定主视图。

在三视图中，主视图是最主要的视图。在绘制时需要确定放置位置，其位置以自然平稳为原则，使对象表面相对于投影面尽可能多地处于平行或垂直的位置。同时选择最能反映对象形体特征的面作为主视图投影方向。

（2）选定比例，定图幅。

在绘图时，尽量选用 1∶1 的比例绘制。这样既便于直接估量对象的大小，也便于绘图。按选定的比例，根据组合体长、宽、高预测出三个视图所占的面积，并在视图之间留出标注尺寸的位置和适当的间距，据此选用合适的标准图幅。

（3）布图，绘制基准线。

图幅确定后，接下来绘制出各视图的基准线，每个视图在图纸上的具体位置也就确定了。基准线是指绘图时测量尺寸的基准，每个视图需要确定两个方向的基准线。一般常用对称中心线、轴线和较大的平面作为基准线，逐个绘制出对象的三视图。

11.2 绘制机件三视图

机件用于装配机器的各个零件。下面将以绘制底座正视图、左视图、俯视图为例来介绍机件的绘制方法。

■ 11.2.1　绘制机件正视图

绘制机件正视图的具体操作步骤如下。

Step01 新建空白文档，将其保存为“机件三视图”文件。新建“粗实线”“细实线”和“中心线”等图层，设置图层颜色、线性及线宽，将“粗实线”图层置为当前层，如图 11-2 所示。

Step02 执行“标注样式”命令，在打开的“标注样式管理器”对话框中，新建“尺寸标注”样式，如图 11-3 所示。将“主单位”选项卡中的“精度”设为 0，将“文字”选项卡中的“文字高度”设为 2，将“符号和箭头”选项卡中的“箭头大小”设为 1，将“线”选项卡中的“超出尺寸线”设为 1，将“起点偏移量”设为 1.5。

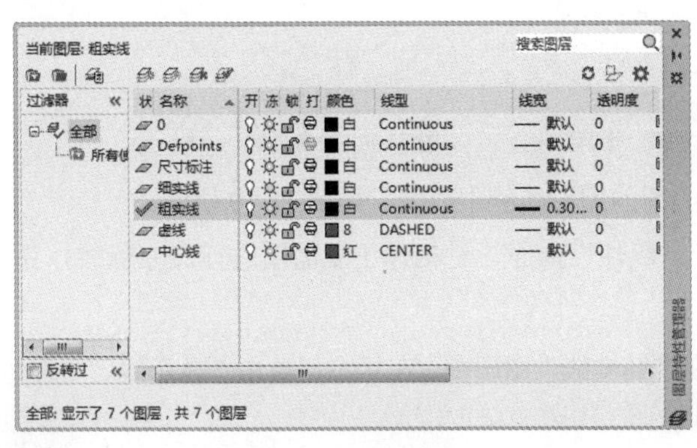

图 11-2　新建图层

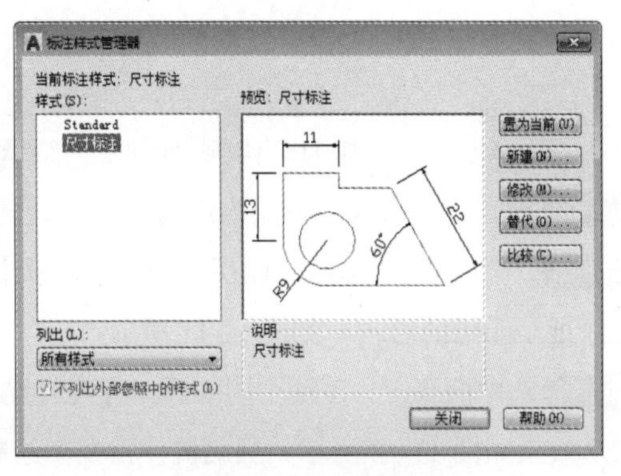

图 11-3　新建标注样式

Step03 执行“矩形”命令，绘制一个长 20mm、宽 48mm 的矩形图形，如图 11-4 所示。

Step04 执行“偏移”命令，将线段向内进行偏移，尺寸如图 11-5 所示。

Step05 执行“修剪”命令，修剪掉多余的线段，如图 11-6 所示。

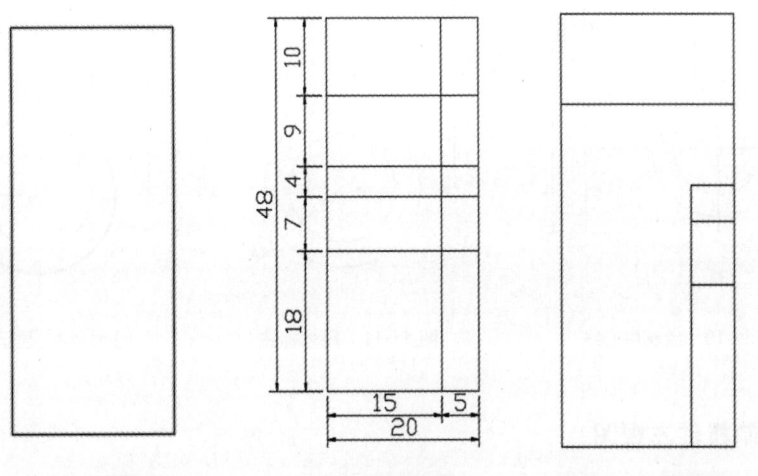

图 11-4　绘制矩形　　图 11-5　偏移直线　　图 11-6　修剪图形

Step06 捕捉矩形长边的中点，执行“圆”命令，绘制两组同心圆，直径分别为 15mm、20mm 和 19mm、28mm，如图 11-7 所示。

Step07 执行“修剪”命令，修剪掉多余的线段，如图 11-8 所示。

Step08 选择内部结构线段，设置为“虚线”图层，如图 11-9 所示。

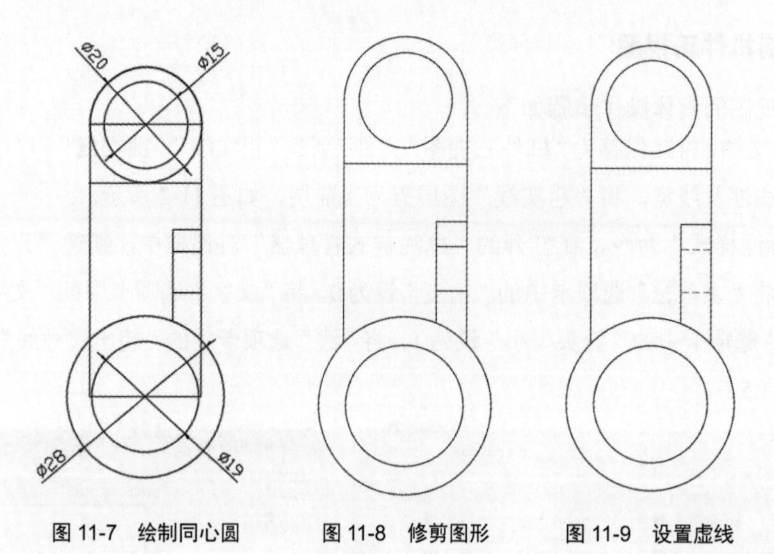

图 11-7　绘制同心圆　　图 11-8　修剪图形　　图 11-9　设置虚线

Step09 设置“中心线”图层为当前层，捕捉同心圆的圆心绘制中心线，如图 11-10 所示。

Step10 设置“尺寸标注”图层为当前层，执行“线性”命令，对机件正立面图进行尺寸标注，完成机件正立面图的绘制，如图 11-11 所示。

Step11 选中两个上、下两个同心圆，将其放置在“细实线”图层中。在状态栏单击“显示线宽”按钮，图形效果如图 11-12 所示。至此机件正视图绘制完毕。

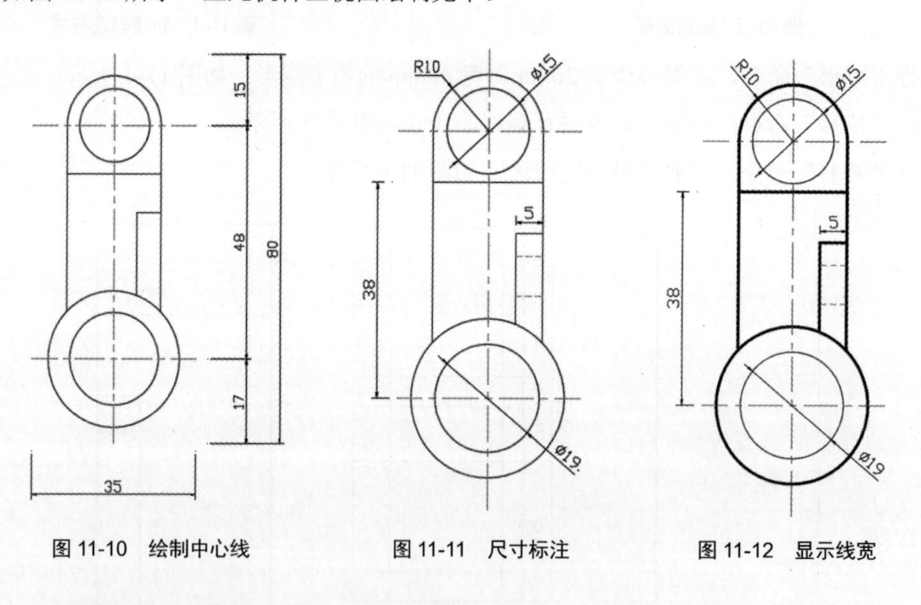

图 11-10　绘制中心线　　图 11-11　尺寸标注　　图 11-12　显示线宽

■ 11.2.2　绘制机件左视图

接下来将绘制机件左视图，具体操作步骤如下。

Step01 执行“矩形”命令，绘制一个长 39mm、宽 71mm 的矩形图形，如图 11-13 所示。

Step02 执行“偏移”命令，对线段向内进行偏移，尺寸如图 11-14 所示。

Step03 执行“修剪”命令，修剪掉多余的线段。执行“圆角”命令，将修剪的线段进行倒圆角处理，圆角半径为 8mm，如图 11-15 所示。

图 11-13　绘制矩形

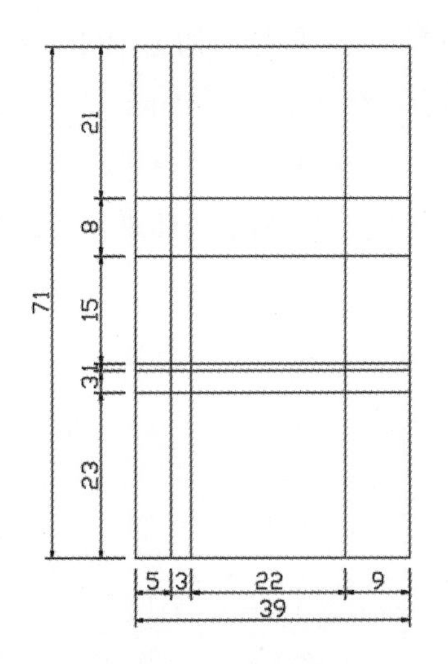

图 11-14　偏移直线

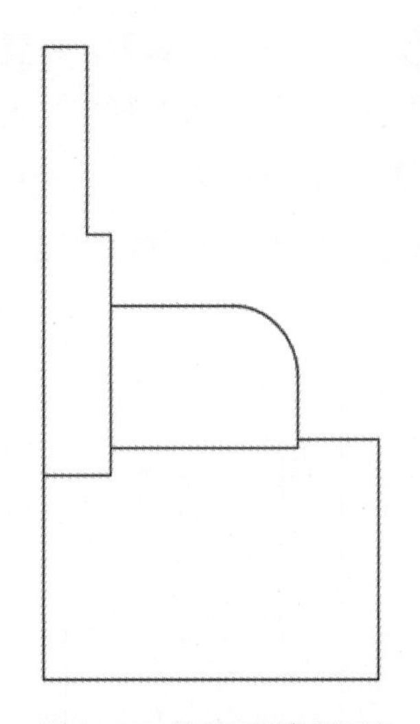

图 11-15　修剪图形并倒圆角

Step04 执行“偏移”命令，绘制机件的结构图形，如图 11-16 所示。

Step05 执行“圆”命令，以偏移线段的交点为圆心，绘制直径为 7mm 的圆形，然后删除偏移的直线，如图 11-17 所示。

Step06 执行“偏移”命令，将线段向内进行偏移，绘制机件图形的内部结构，如图 11-18 所示。

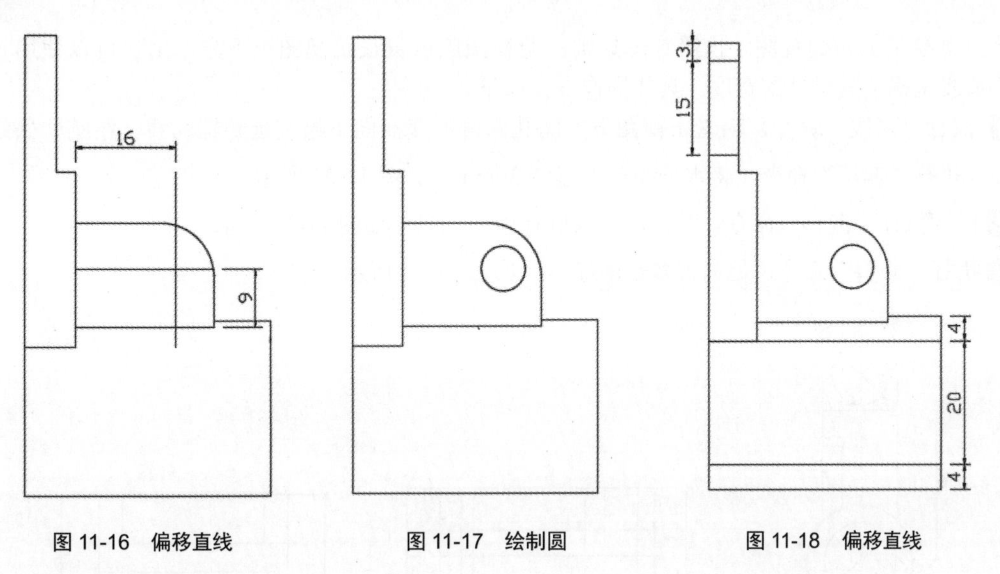

图 11-16　偏移直线　　图 11-17　绘制圆　　图 11-18　偏移直线

Step07 选择内部结构线段，设置为“虚线”图层，如图 11-19 所示。

Step08 设置“中心线”图层为当前层，绘制一条长 45mm 的中心线，如图 11-20 所示。

Step09 设置“尺寸标注”图层为当前层，执行“线性”命令，对左视图进行尺寸标注。将圆形轮廓添加至“细实线”图层中，单击“显示线宽”按钮，显示效果如图 11-21 所示。至此，机件左视图绘制完毕。

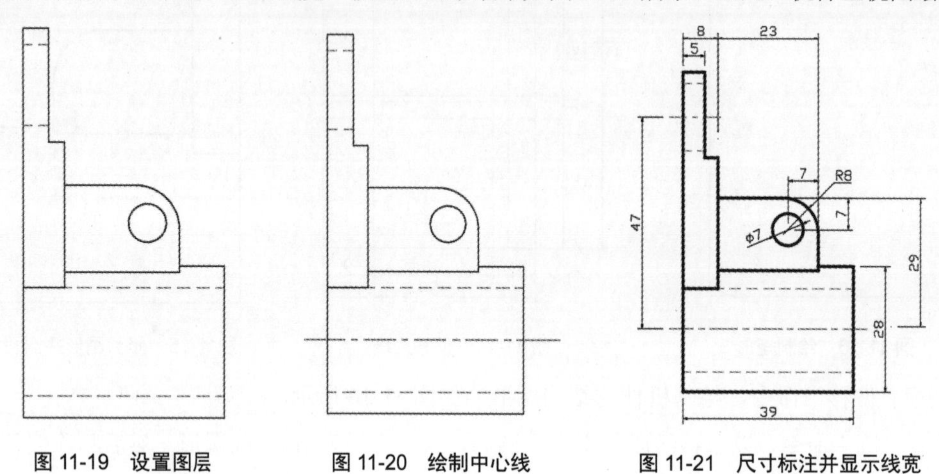

图 11-19　设置图层　　图 11-20　绘制中心线　　图 11-21　尺寸标注并显示线宽

11.2.3　绘制机件俯视图

下面将绘制机件俯视图。按照制图规则，俯视图应放置在正视图正下方，用户可以使用正视图中的延长线来确定其机件的宽度。具体操作步骤如下。

Step01 执行“直线”命令，沿着正视图下方圆孔两侧的交点向下绘制延长辅助线。绘制一条线作为水平线，执行“偏移”命令，将水平线向上偏移 39mm，如图 11-22 所示。

Step02 再次执行“偏移”命令，对线段向内进行偏移，尺寸如图 11-23 所示。

Step03 执行“修剪”命令，修剪掉多余的线段，如图 11-24 所示。

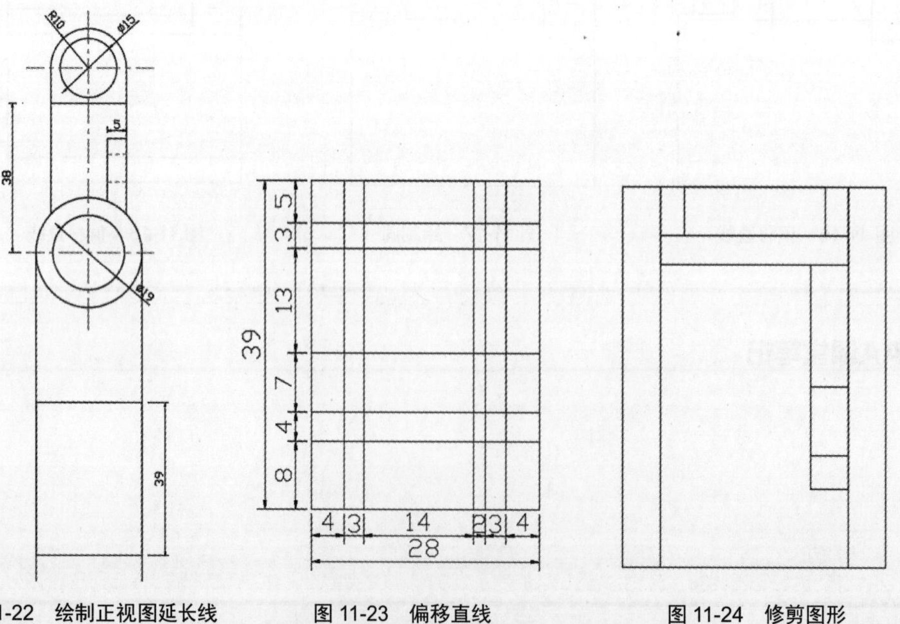

图 11-22　绘制正视图延长线　　图 11-23　偏移直线　　图 11-24　修剪图形

Step04 选择内部结构线段，设置为“虚线”图层，如图 11-25 所示。

Step05 设置“中心线”图层为当前层，绘制一条长 45mm 的中心线，放置在图形的正中，如图 11-26 所示。

Step06 设置“尺寸标注”图层为当前层，执行“线性”命令，对机件俯视图进行尺寸标注。在状态栏单击“显示线宽”按钮，效果显示如图 11-27 所示。至此机件俯视图的绘制完毕。

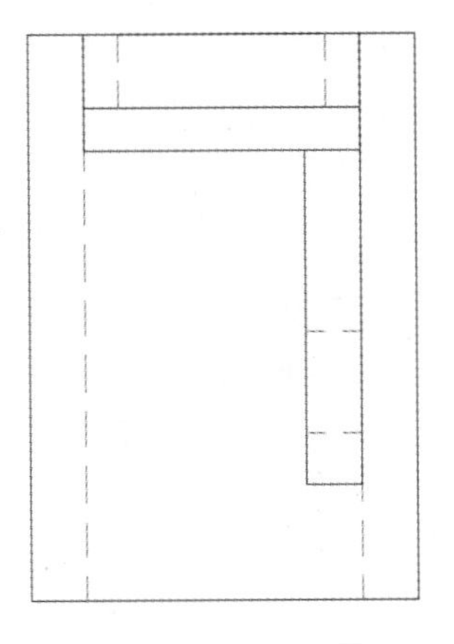

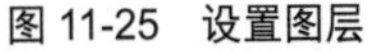

图 11-25 设置图层

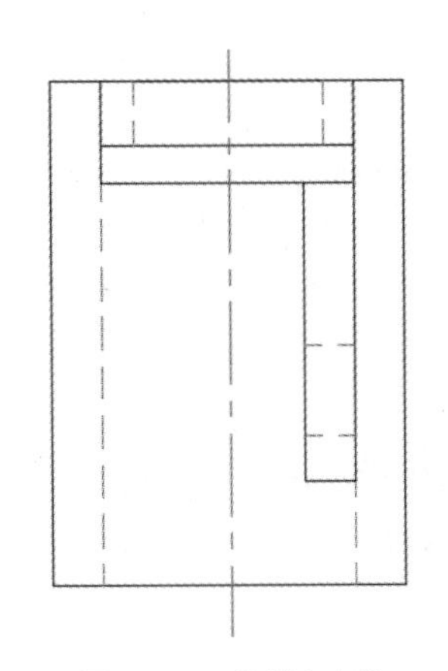

图 11-26 绘制中心线

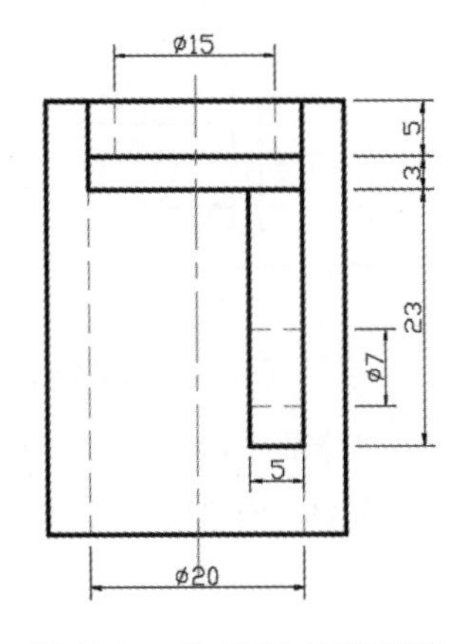

图 11-27 尺寸标注并显示线宽

11.3 绘制螺母三视图

在机械制图中，螺母零件图很常见。螺母是将机械设备紧密连接起来的零件，通过内侧的螺纹，同等规格的螺母和螺丝才能连接在一起。下面将以绘制螺母正视图、侧视图、俯视图为例来介绍机件的绘制方法。

11.3.1 绘制螺母正视图

绘制螺母正视图的具体操作步骤如下。

Step01 新建空白文档，将其保存为“螺母三视图”文件，新建“粗实线”“细实线”“虚线”“中心线”等图层，设置图层颜色、线性及线宽。设置“粗实线”图层为当前层，如图 11-28 所示。

Step02 执行“矩形”命令，绘制一个长 20mm、宽 7mm 的矩形图形，如图 11-29 所示。

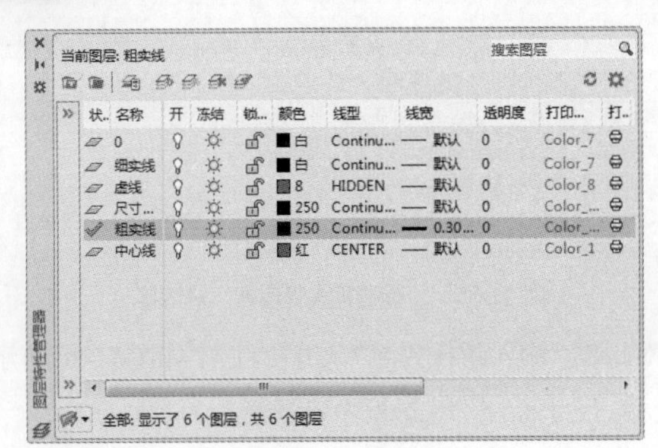

图 11-28 新建图层

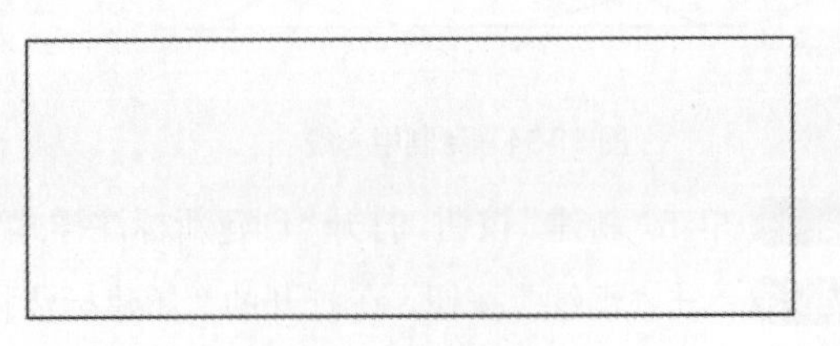

图 11-29 绘制矩形

Step03 执行“分解”命令，将矩形进行分解。执行“偏移”命令，将线段向内进行偏移，尺寸如图11-30所示。

Step04 执行“圆弧”命令，绘制圆弧，如图11-31所示。

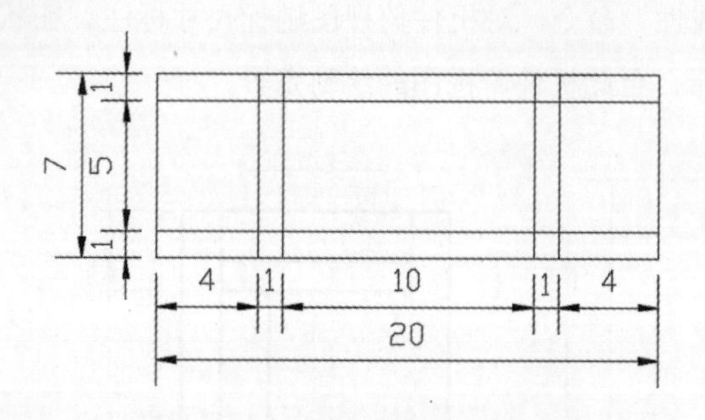

图11-30 偏移直线

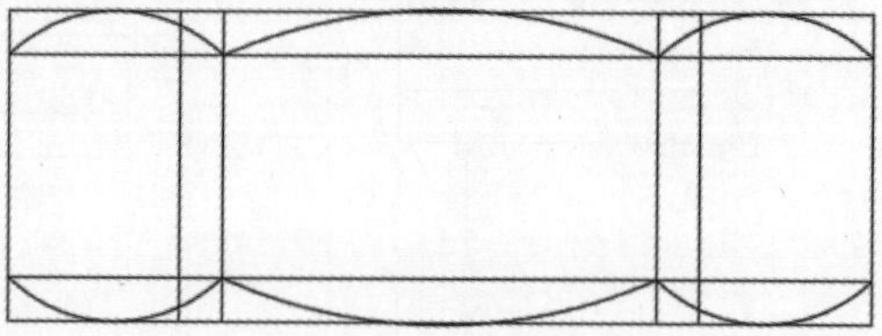

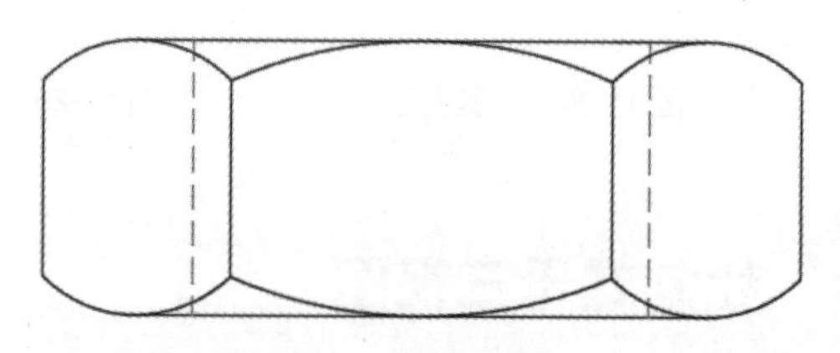

图11-31 绘制圆弧

Step05 执行“修剪”命令，修剪掉多余的线段，如图11-32所示。

Step06 选择内部结构线段，设置为“虚线”图层，如图11-33所示。

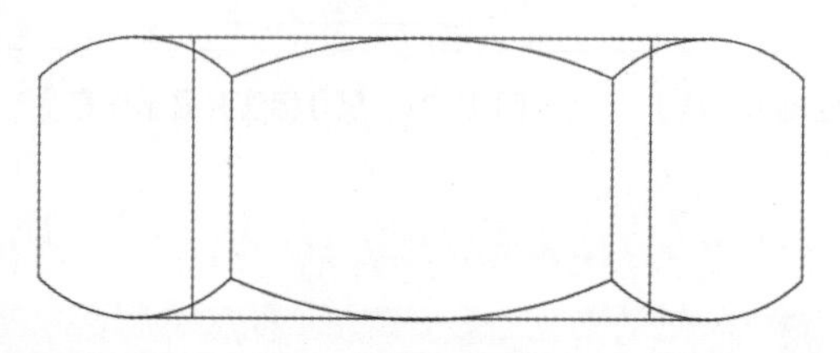

图11-32 修剪图形

图11-33 设置图层

Step07 设置“中心线”图层为当前层，绘制一条长10mm的中心线，放置在图形的正中，如图11-34所示。

Step08 执行“标注样式”命令，打开“标注样式管理器”对话框，如图11-35所示。

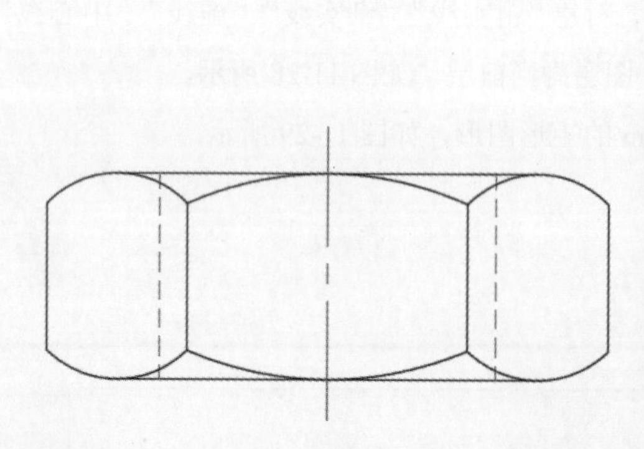

图11-34 绘制中心线

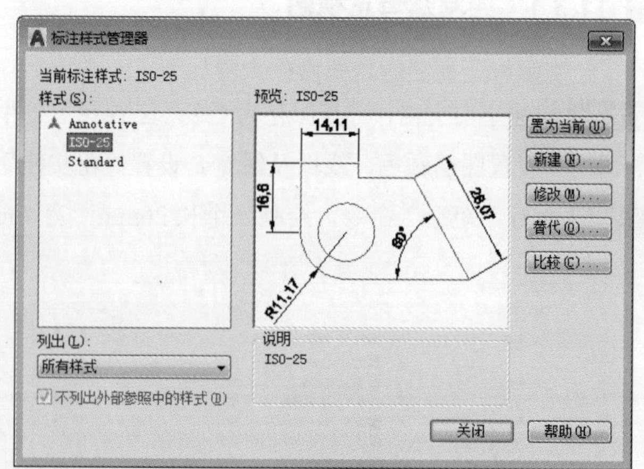

图11-35 “标注样式管理器”对话框

Step09 单击“新建”按钮，打开“创建新标注样式”对话框，输入新样式名“尺寸标注”，如图11-36所示。

Step10 单击“继续”按钮，在打开的“新建标注样式：尺寸标注”对话框中设置箭头为实心闭合，“箭头大小”为1，“文字高度”为1.5，其余设置默认，如图11-37所示。

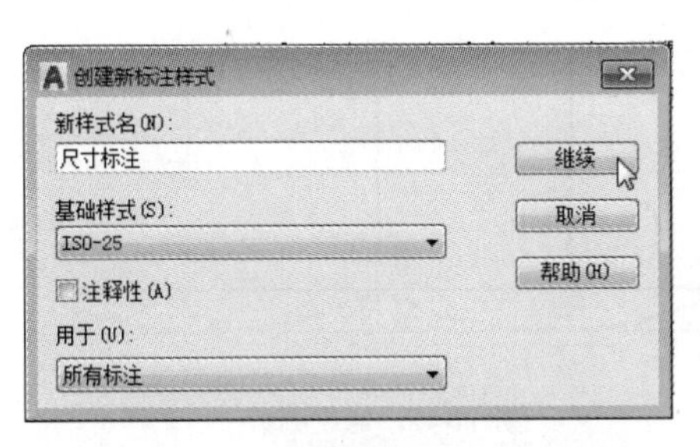

图 11-36 “创建新标注样式”对话框

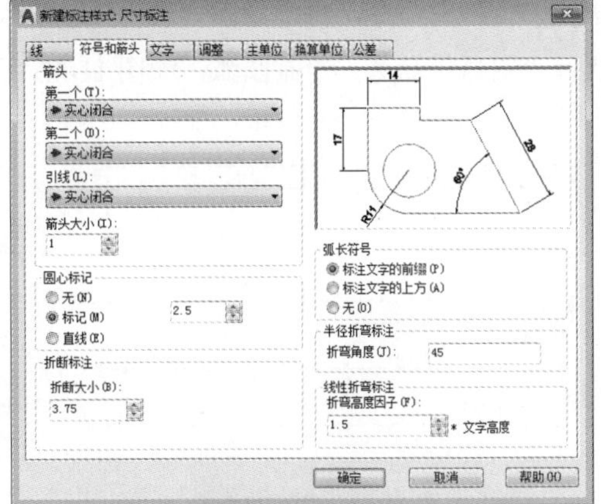

图 11-37 设置参数

Step11 单击“确定”按钮，返回“标注样式管理器”对话框，并单击“置为当前”按钮，关闭对话框，如图 11-38 所示。

Step12 设置“尺寸标注”图层为当前层，执行“线性”命令，对螺母正视图进行尺寸标注，如图 11-39 所示。至此完成螺母正视图的绘制。

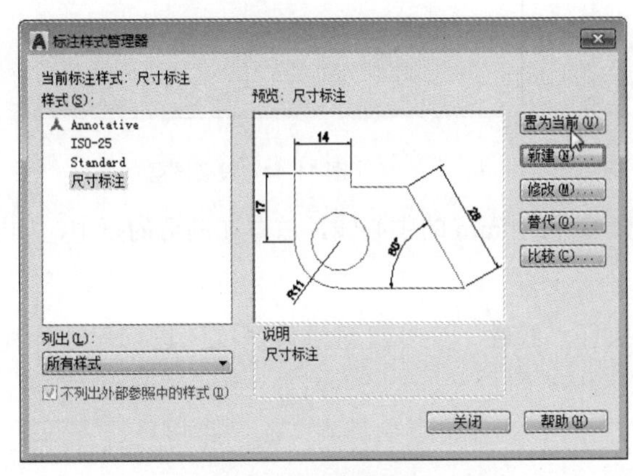

图 11-38 置为当前

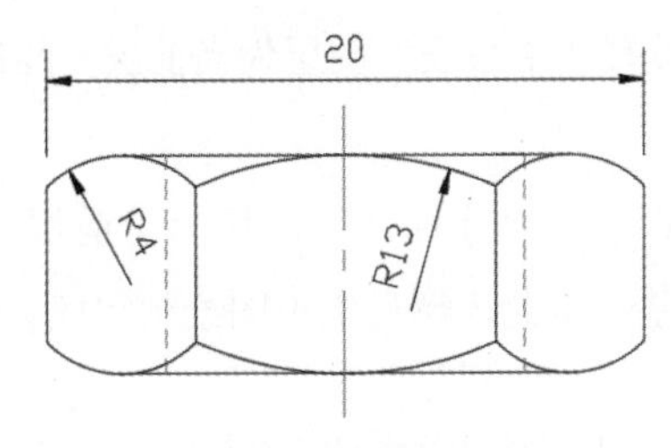

图 11-39 尺寸标注

■ 11.3.2 绘制螺母侧视图

绘制螺母侧视图的具体操作步骤如下。

Step01 执行“直线”命令，沿着正视图向右绘制延长线，同时绘制两条垂直线段，其距离为 18mm，如图 11-40 所示。

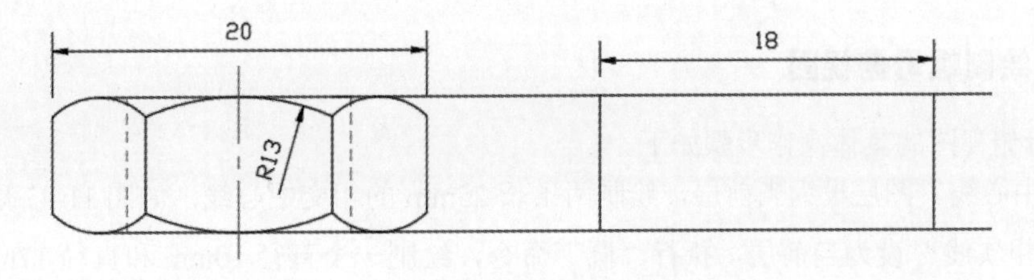

图 11-40 绘制视图延长线

Step02 执行“偏移”命令，将线段向内进行偏移，尺寸如图 11-41 所示。

Step03 执行“圆弧”命令，绘制圆弧，如图 11-42 所示。

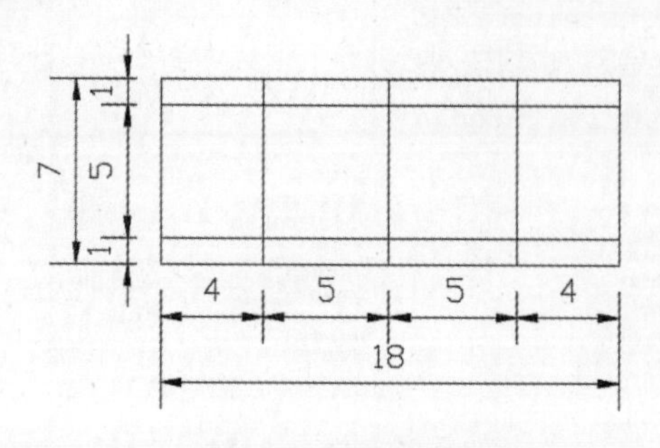

图 11-41 偏移直线

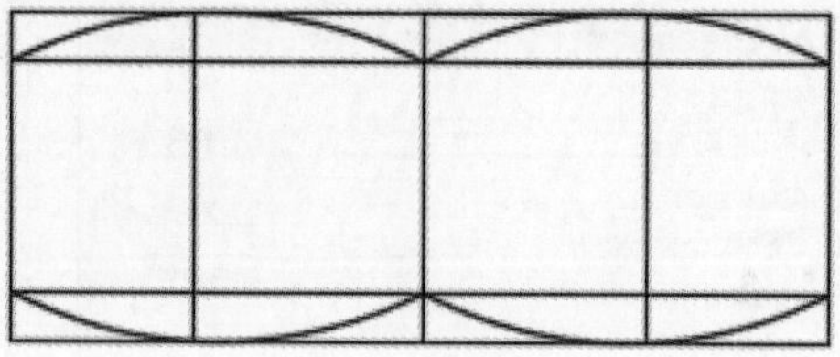

图 11-42 绘制圆弧

Step04 执行“修剪”命令，修剪掉多余的线段，如图 11-43 所示。

Step05 选择内部结构线段，设置为“虚线”图层，如图 11-44 所示。

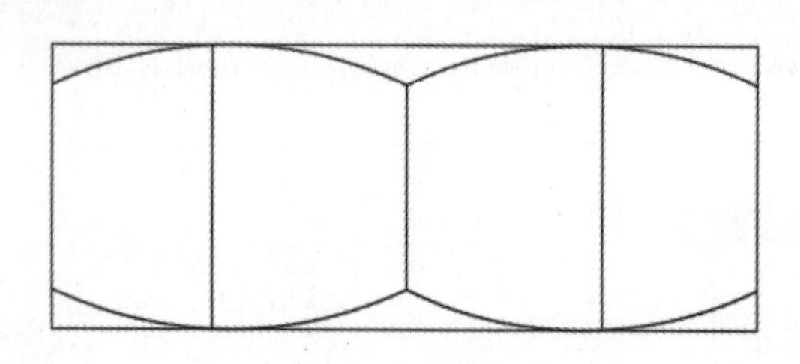

图 11-43 修剪图形

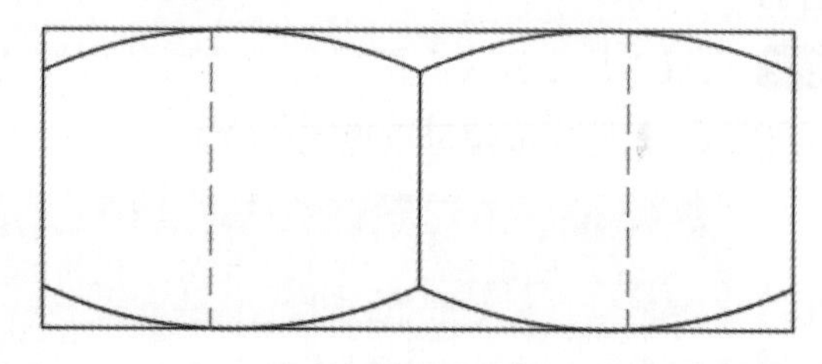

图 11-44 设置图层

Step06 设置“中心线”图层为当前层，绘制一条长 10mm 的中心线，放置在图形的正中，如图 11-45 所示。

Step07 设置“尺寸标注”图层为当前层，执行“线性”命令，对螺母侧视图进行尺寸标注，如图 11-46 所示。至此，螺母侧视图绘制完成。

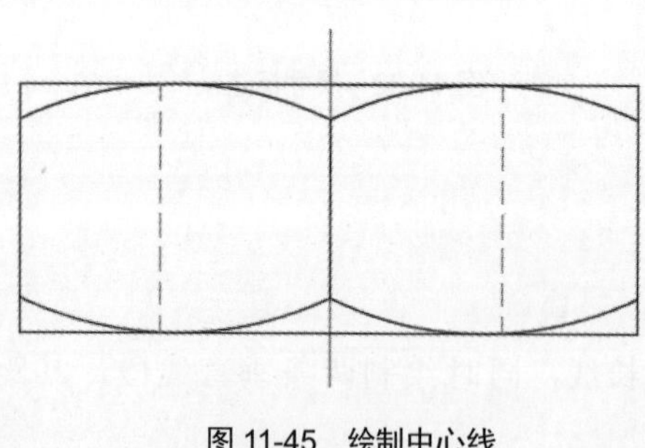

图 11-45 绘制中心线

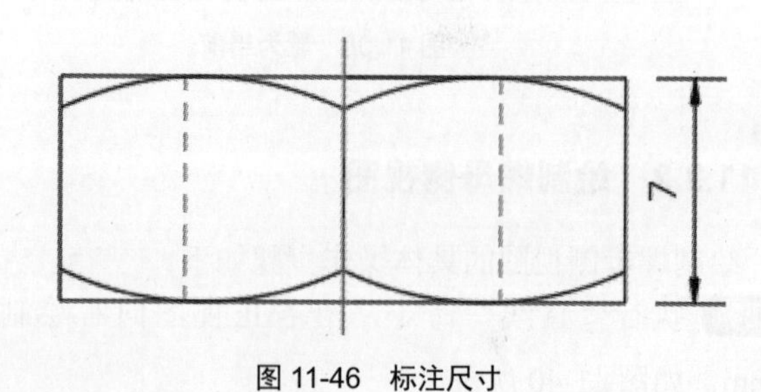

图 11-46 标注尺寸

11.3.3 绘制螺母俯视图

绘制螺母俯视图的具体操作步骤如下。

Step01 将“中心线”图层设为当前层，绘制两条长 25mm 的相交中心线，如图 11-47 所示。

Step02 将“粗实线”设为当前层，执行“圆”命令，绘制一个直径 10mm 和直径 17mm 的同心圆，如图 11-48 所示。

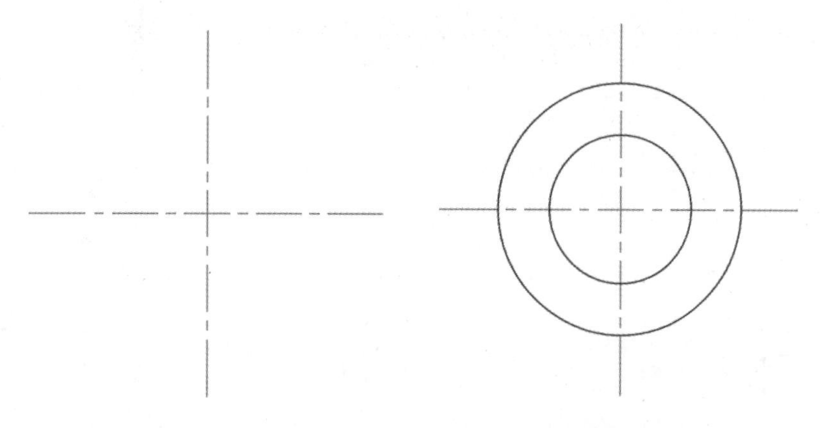

图 11-47　绘制中心线　　　　图 11-48　绘制同心圆

Step03 执行“多边形”命令，以中心线的交点为中心，捕捉中心线与大圆形的交点，绘制一个外接圆的正六边形，如图 11-49 所示。

Step04 设置“尺寸标注”图层为当前层，执行“对齐”“半径”命令，对螺母俯视图进行尺寸标注，单击“显示线宽”按钮，加粗螺母轮廓线，如图 11-50 所示。至此，完成螺母俯视图的绘制。

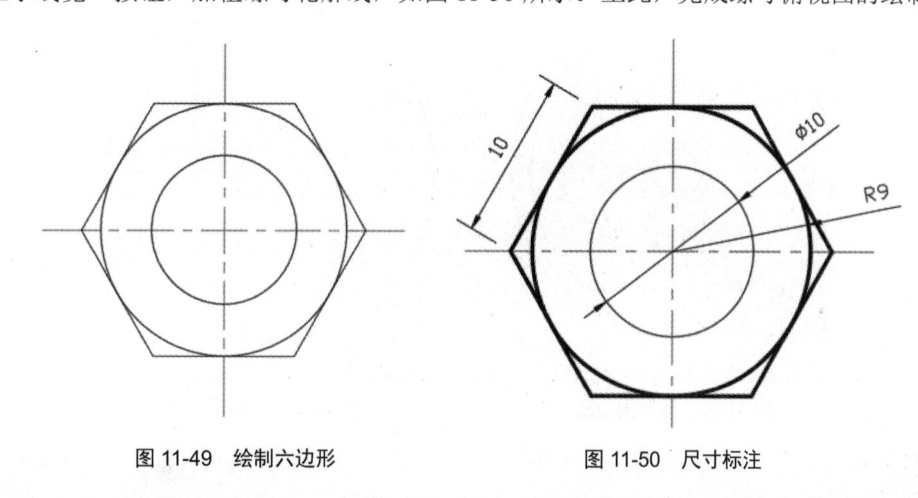

图 11-49　绘制六边形　　　　图 11-50　尺寸标注

11.4 绘制泵盖三视图

由于泵盖为圆弧造型，所以在绘制其三视图时，只需绘制俯视图以及剖视图即可。下面就以圆形泵盖为例介绍其绘制步骤。

■ 11.4.1　绘制泵盖俯视图

绘制泵盖俯视图的具体操作步骤如下。

Step01 新建空白文档，将其保存为“泵盖三视图”文件，新建“粗实线”“虚线”和“中心线”等图层，设置图层颜色、线性及线宽，如图 11-51 所示。

Step02 设置“中心线”图层为当前层，执行“直线”命令，绘制两条相交的中心线，如图 11-52 所示。

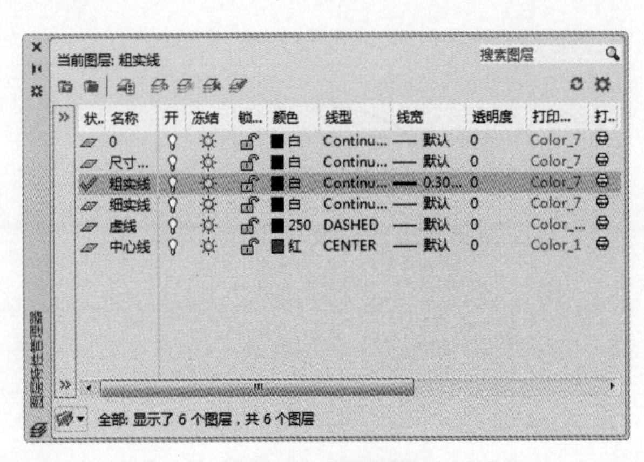

图 11-51 新建图层

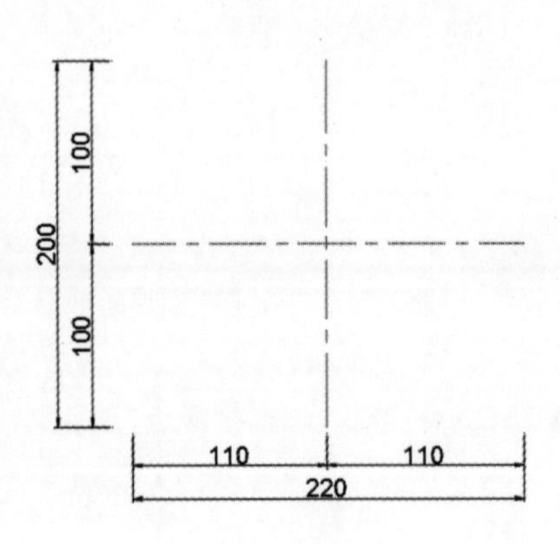

图 11-52 绘制中心线

Step03 设置“中心线”图层为当前层，执行“圆”命令，依次绘制半径为 13mm、17mm、22mm、42mm、47.5mm 的同心圆，如图 11-53 所示。

Step04 继续执行当前命令，绘制半径为 4mm、7mm、12mm 的同心圆，如图 11-54 所示。

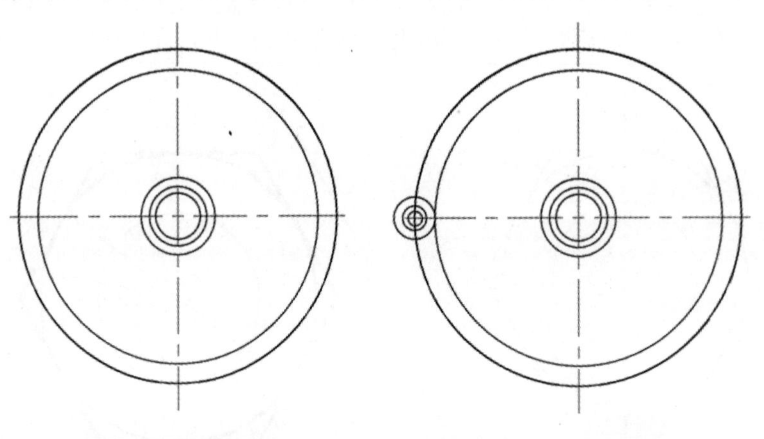

图 11-53 绘制同心圆　　图 11-54 绘制同心圆

Step05 执行“环形阵列”命令，设置“项目数”为 6，“介于”为 60，“填充”为 360，如图 11-55 所示。

Step06 执行“修剪”命令，修剪掉多余的线段，如图 11-56 所示。

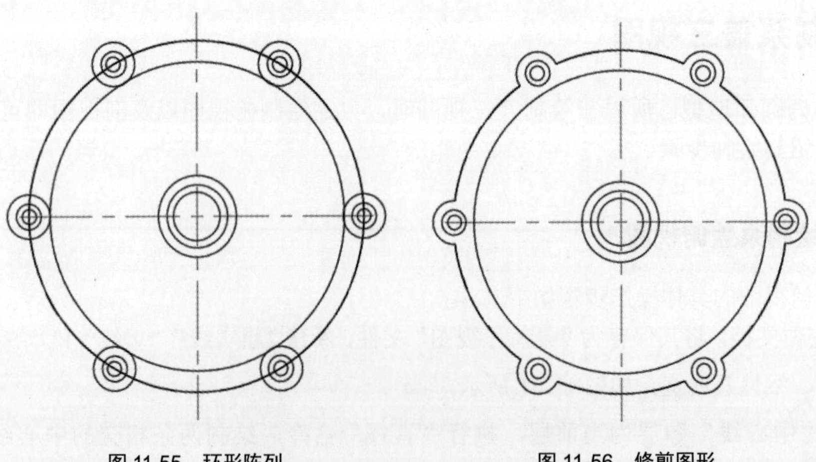

图 11-55 环形阵列　　图 11-56 修剪图形

Step07 关闭“中心线”图层，以同心圆的圆心为中点绘制长 50mm 和 160mm 的两条相交直线，如图 11-57 所示。

Step08 执行“偏移”命令，将线段向内进行偏移，尺寸如图 11-58 所示。

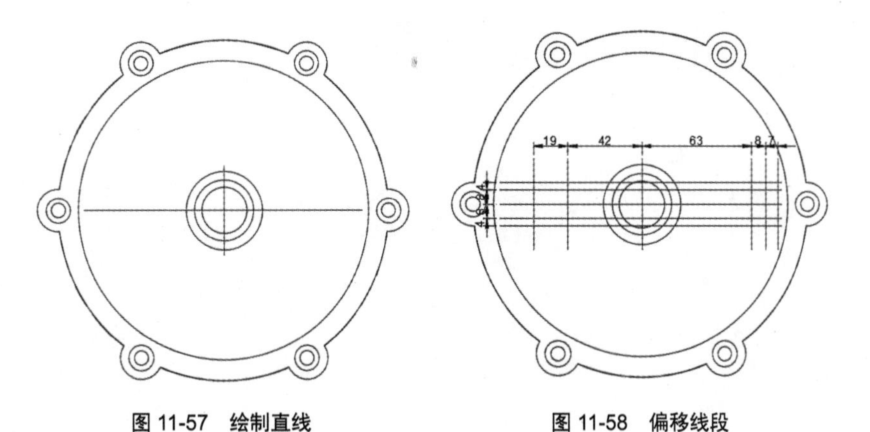

图 11-57 绘制直线　　图 11-58 偏移线段

Step09 执行“修剪”命令，修剪掉多余的线段，如图 11-59 所示。

Step10 执行“圆”命令，绘制半径为 8mm、12mm 的同心圆，如图 11-60 所示。

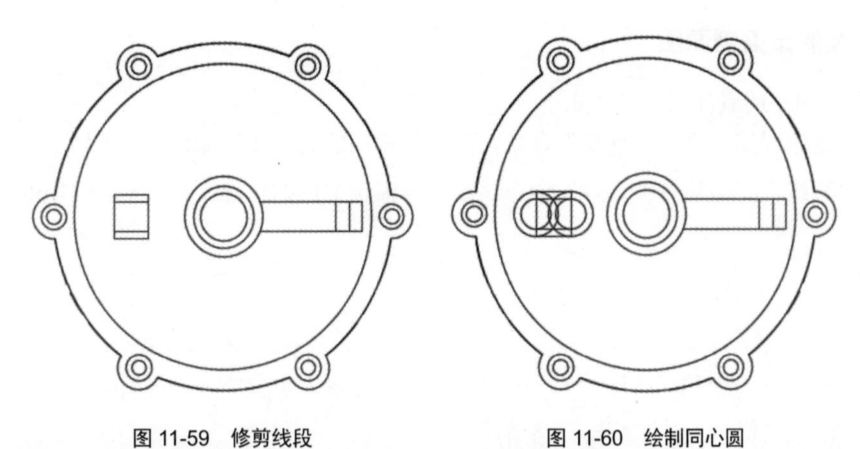

图 11-59 修剪线段　　图 11-60 绘制同心圆

Step11 执行“修剪”命令，修剪掉多余的线段，如图 11-61 所示。

Step12 选择内部结构线图层，设置为“虚线”图层，如图 11-62 所示。

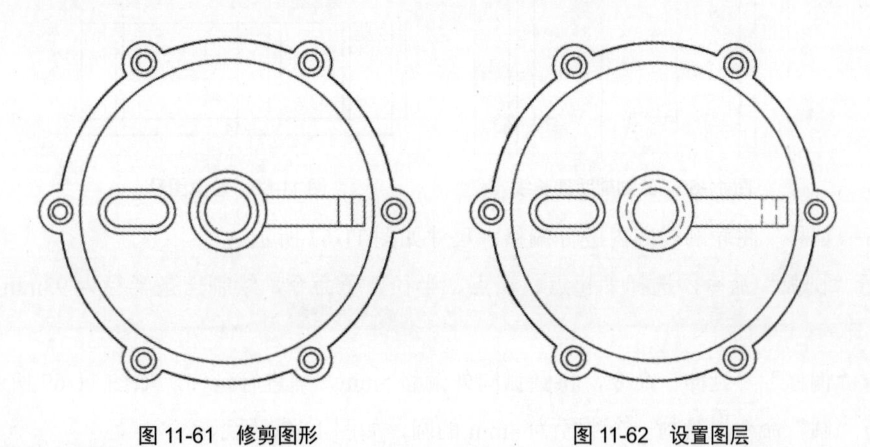

图 11-61 修剪图形　　图 11-62 设置图层

Step13 执行“标注样式”命令，新建“尺寸样式”，设置“箭头”为实心闭合，“箭头大小”为5，“文字高度”为5，主单位“精度”为0，“超出尺寸线”及“起点偏移量”都为2，其余设置默认，效果如图 11-63 所示。

Step14 执行“线性”命令，对泵盖的俯视图进行尺寸标注，如图 11-64 所示。

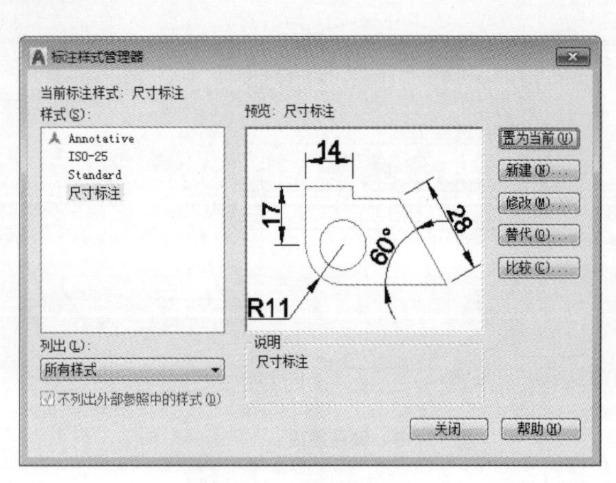

图 11-63 设置标注样式

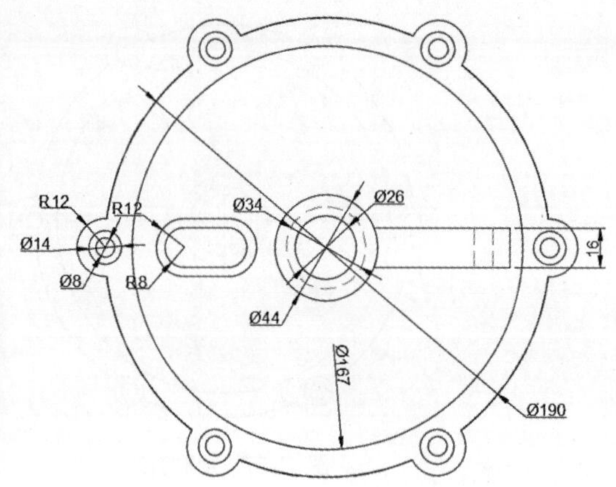

图 11-64 标注尺寸

■ 11.4.2 绘制泵盖剖面图

绘制泵盖剖面图的具体操作步骤如下。

Step01 复制泵盖俯视图，执行“直线”命令，延长俯视图的轮廓线，如图 11-65 所示。

Step02 执行“直线”“偏移”“修剪”命令，绘制泵盖剖面图的轮廓图形，如图 11-66 所示。

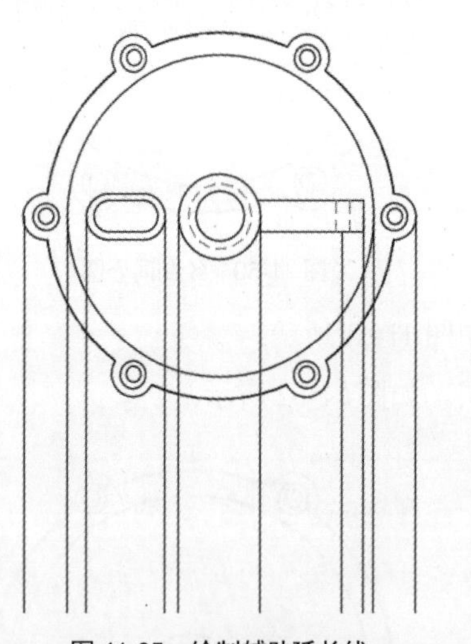

图 11-65 绘制辅助延长线

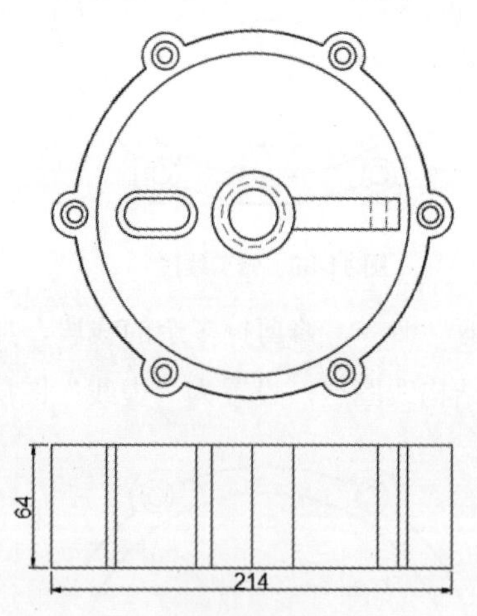

图 11-66 轮廓图形

Step03 执行“偏移”将轮廓线向内进行偏移，尺寸如图 11-67 所示。

Step04 执行“圆弧”命令，选择“起点、端点、半径”子命令，绘制一条半径为 93mm 的圆弧，如图 11-68 所示。

Step05 执行“偏移”“延伸”命令，将圆弧向外偏移 5mm，并进行延伸，如图 11-69 所示。

Step06 执行“圆”命令，绘制一个半径为 4mm 的圆，如图 11-70 所示。

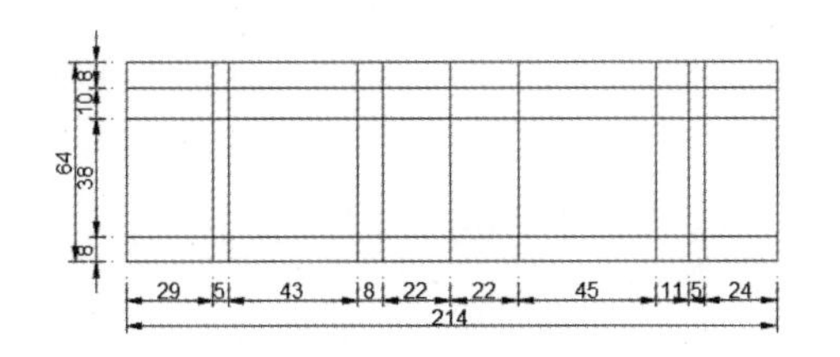

图 11-67 偏移图形

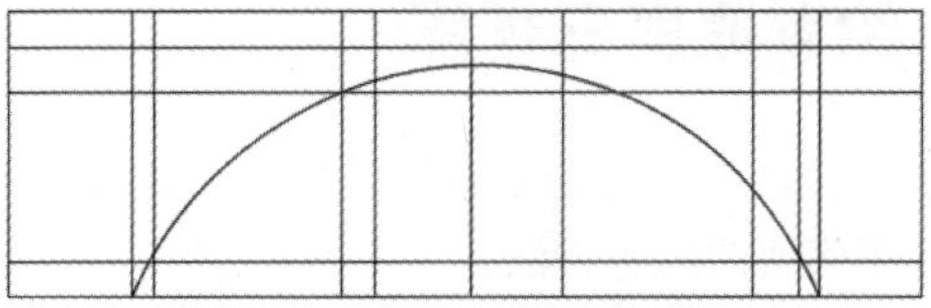

图 11-68 绘制圆弧

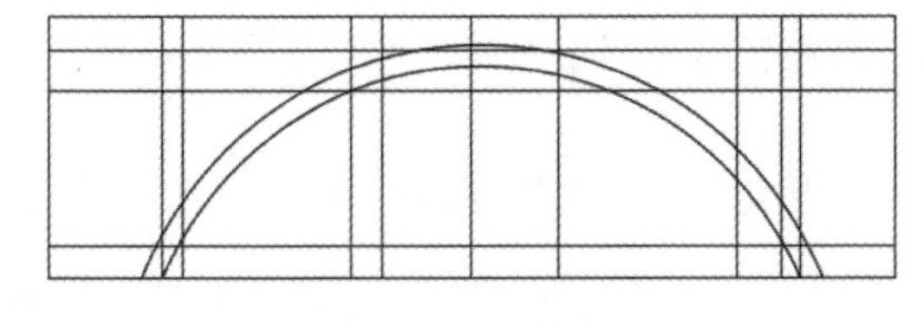

图 11-69 偏移图形

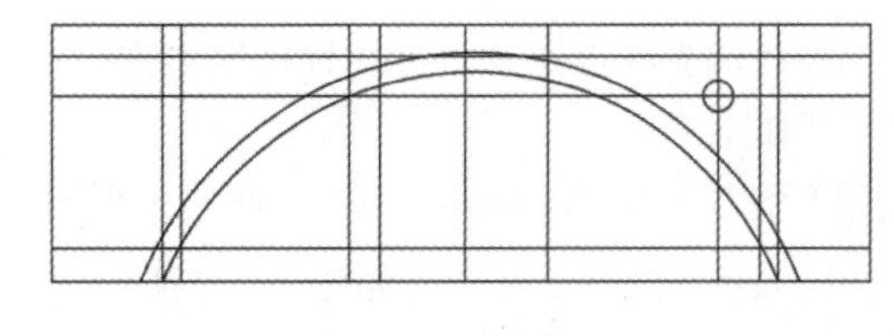

图 11-70 绘制圆

Step07 执行“修剪”命令，修剪掉多余的线段，如图 11-71 所示。

Step08 执行“矩形”命令，绘制矩形图形，放置在图中合适位置，如图 11-72 所示。

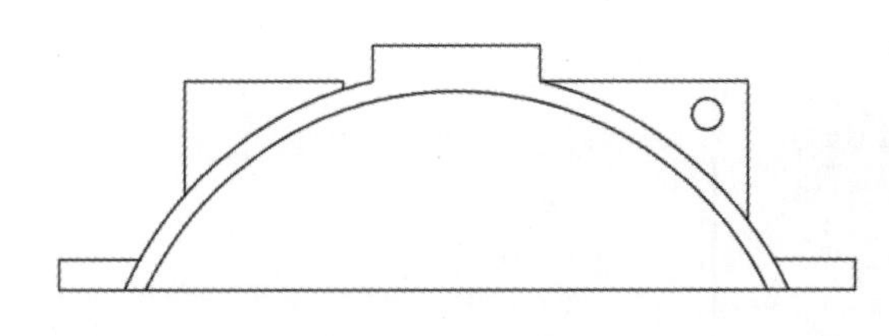

图 11-71 修剪图形

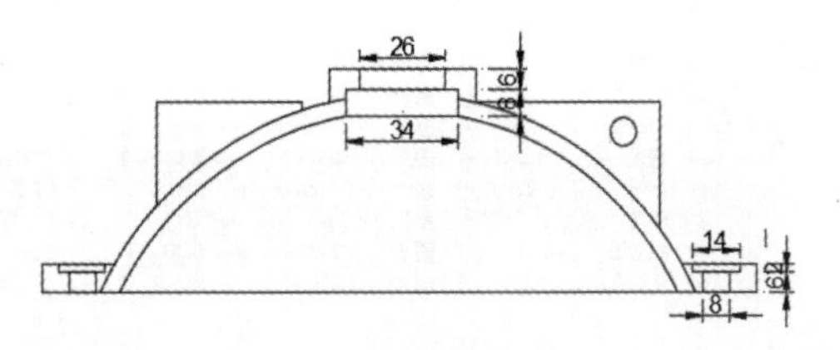

图 11-72 绘制矩形

Step09 执行“偏移”命令，将线段向内进行偏移 4mm，如图 11-73 所示。

Step10 执行“修剪”“延伸”命令，修剪掉多余的线段，如图 11-74 所示。

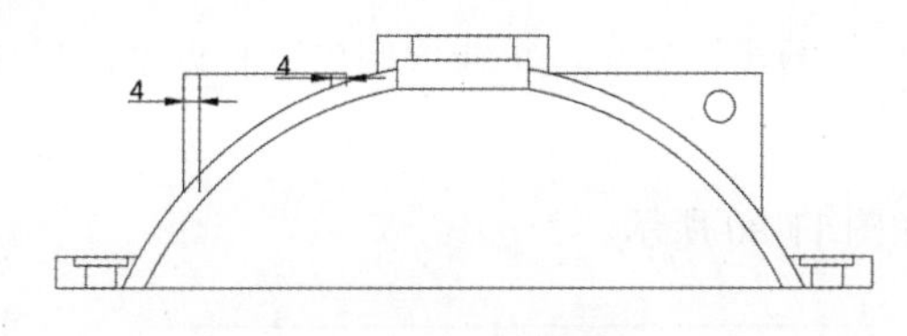

图 11-73 偏移线段

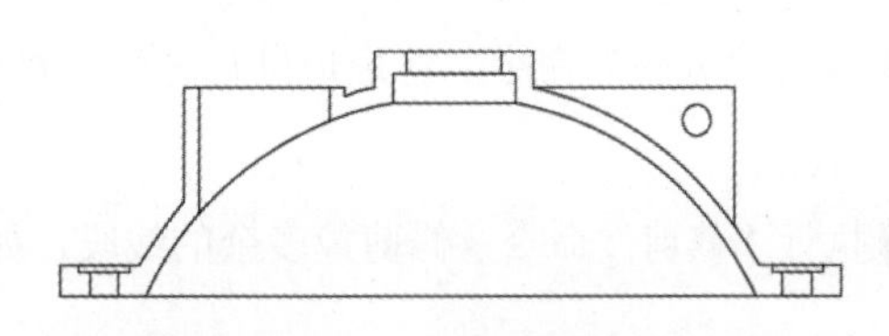

图 11-74 修剪图形

Step11 执行“图案填充”命令，设置图案名 ANSI31，其余为默认，对泵盖的剖面图进行图案填充，如图 11-75 所示。

Step12 执行“线性”命令，对泵盖的剖面图进行尺寸标注。单击“显示线宽”按钮，将轮廓线加粗显示，结果如图 11-76 所示。至此泵盖剖面图绘制完成。

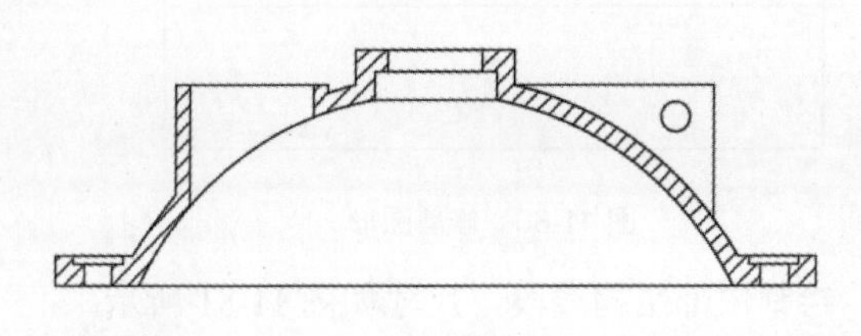

图 11-75 图案填充

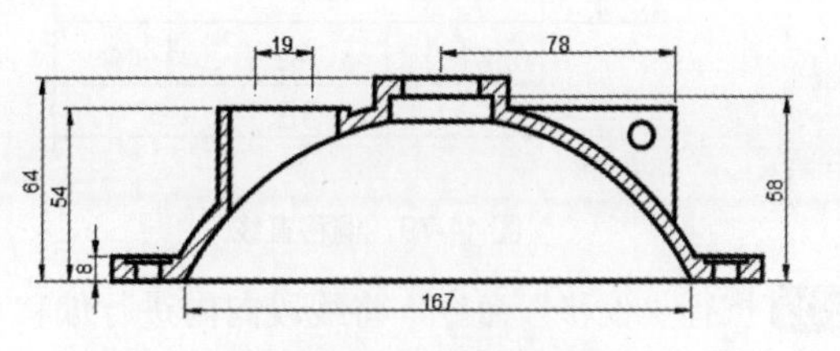

图 11-76 标注尺寸

绘制底座三视图

底座是机器或设备的底承块，作为它的支承部件。下面将以绘制底座正视图、侧视图、俯视图为例来介绍底座的绘制方法。

11.5.1 绘制底座正视图

绘图前应先分析图形，设计好绘图顺序，以便合理布置图形。下面将绘制底座正立面图，具体操作步骤如下。

Step01 新建空白文档，将其保存为“底座三视图”文件，新建“粗实线”“标注”和“中心线”等图层，设置图层颜色、线性及线宽，如图 11-77 所示。

Step02 设置“粗实线”图层为当前层，执行“矩形”命令，绘制一个长 38mm、宽 30mm 的矩形图形，如图 11-78 所示。

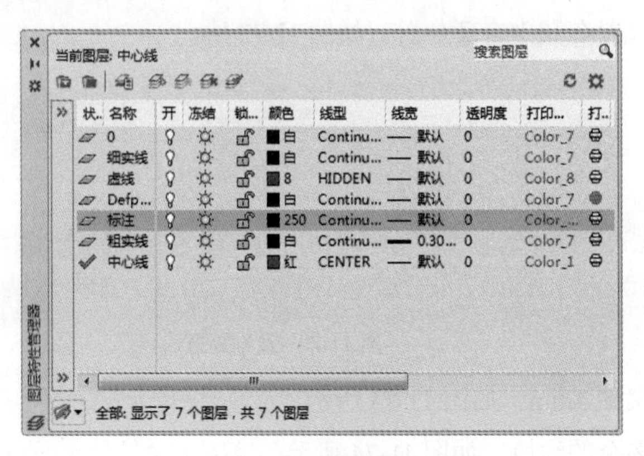

图 11-77 新建图层

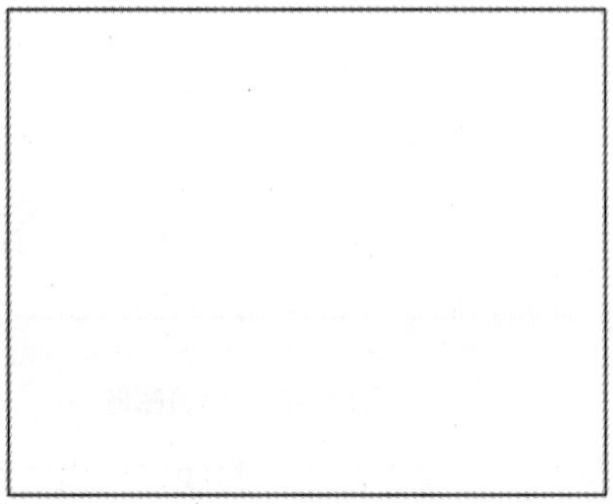

图 11-78 绘制矩形

Step03 执行“分解”命令，将矩形进行分解。执行“偏移”命令，将线段向内进行偏移，尺寸如图 11-79 所示。

Step04 执行“修剪”命令，修剪掉多余的线段，如图 11-80 所示。

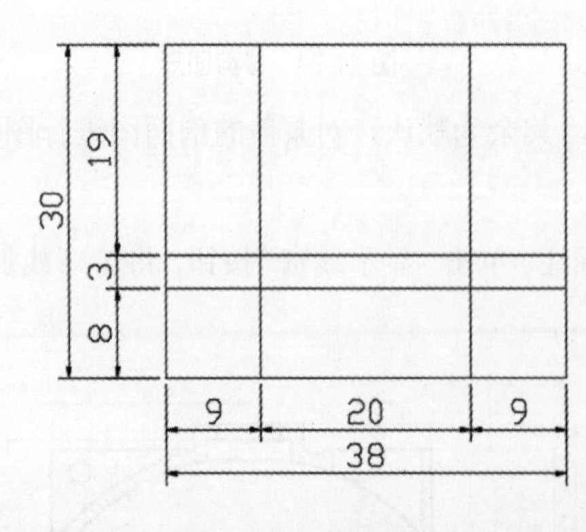

图 11-79 偏移直线

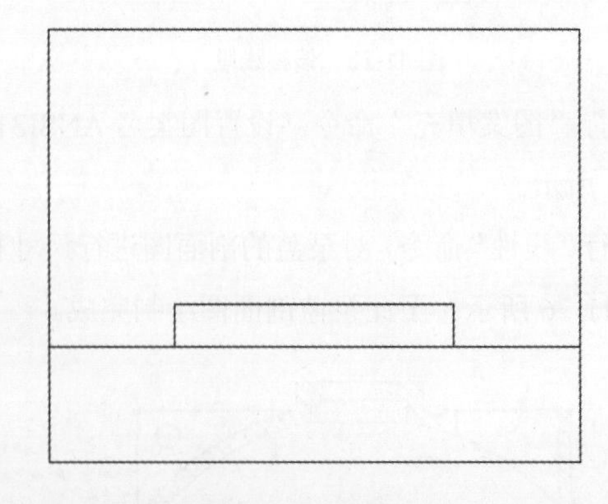

图 11-80 修剪图形

Step05 执行“偏移”命令，将线段向内进行偏移，绘制内部结构线段，尺寸如图 11-81 所示。

Step06 执行“修剪”命令，修剪掉多余的线段，如图 11-82 所示。

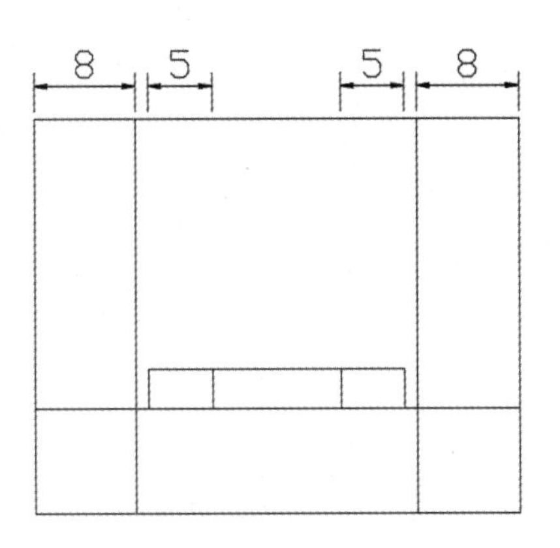

图 11-81 偏移直线

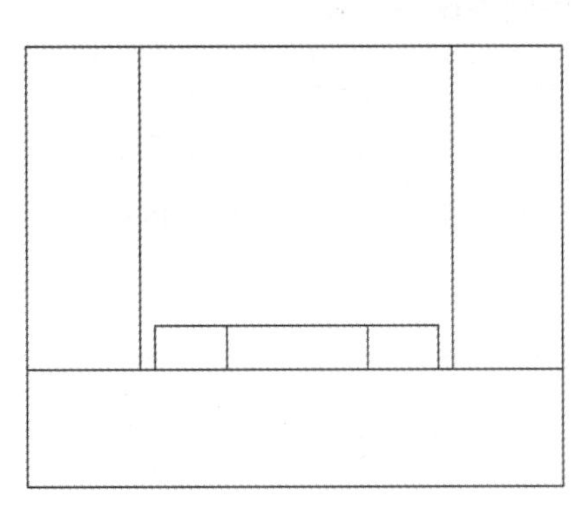

图 11-82 修剪图形

Step07 选择内部结构线段，设置为“虚线”图层，如图 11-83 所示。

Step08 设置“中心线”图层为当前层，执行“直线”命令，绘制一条长 35mm 的中心线，放置在图形正中，如图 11-84 所示。

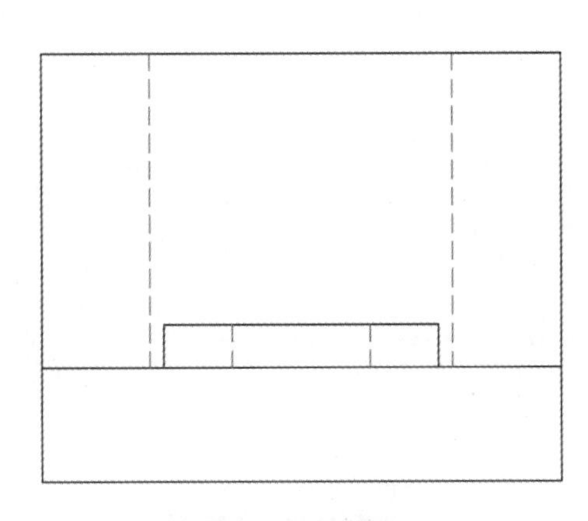

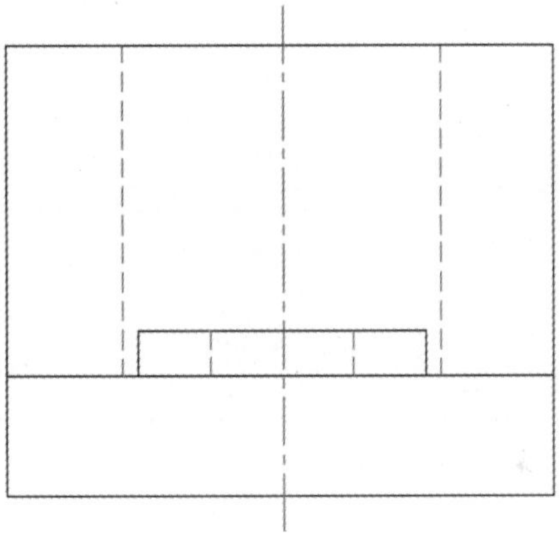

图 11-83 设置图层

图 11-84 绘制中心线

Step09 执行“标注样式”命令，新建“尺寸标注”样式，设置“箭头”为实心闭合，“箭头大小”为 1，“文字高度”为 2，主单位“精度”为 0，其余设置默认，效果如图 11-85 所示。

Step10 执行“线性”命令，对底座正立面图进行尺寸标注，完成底座正视图的绘制，如图 11-86 所示。

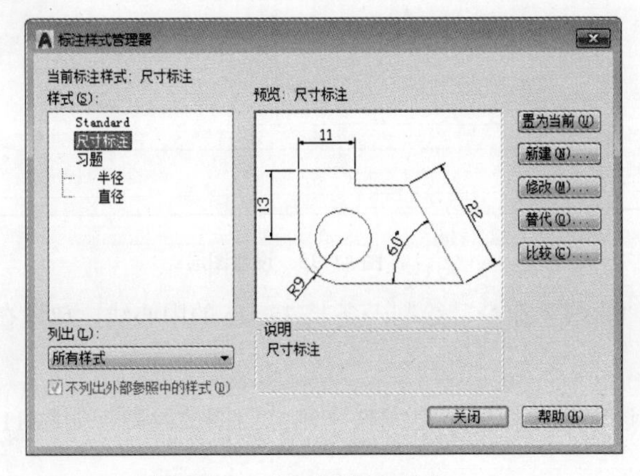

图 11-85 “尺寸标注”样式

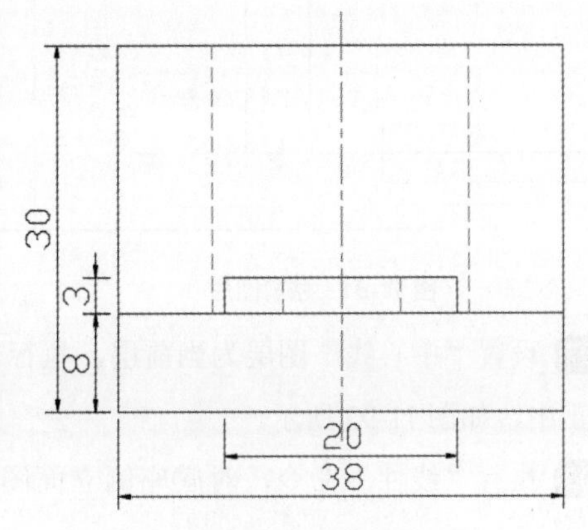

图 11-86 尺寸标注

■ 11.5.2 绘制底座侧视图

绘制底座侧视图的具体操作步骤如下。

Step01 执行“矩形”命令，绘制一个长 75mm、宽 30mm 的矩形图形，如图 11-87 所示。

Step02 执行“偏移”命令，对线段进行偏移，尺寸如图 11-88 所示。

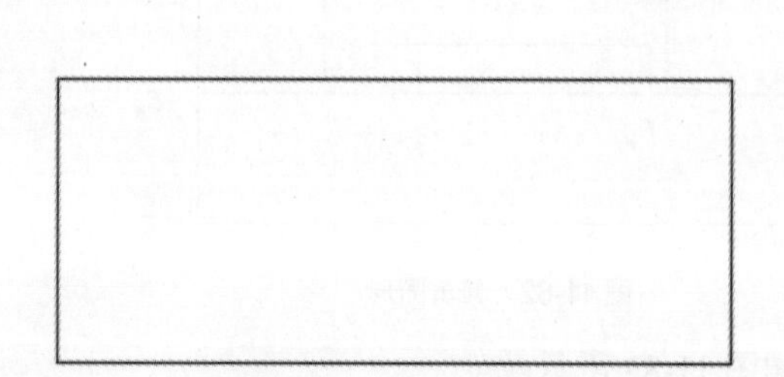

图 11-87 绘制矩形

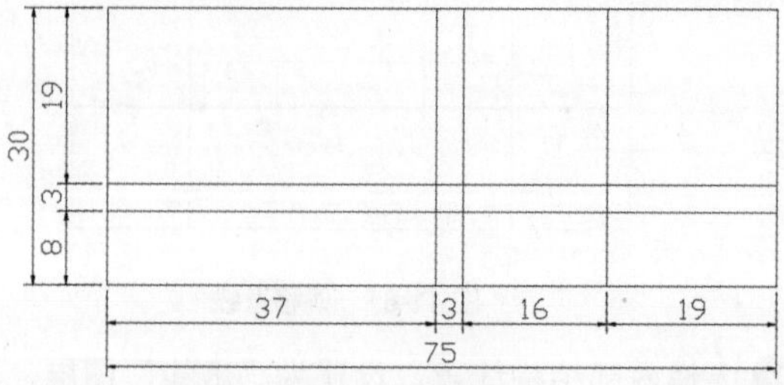

图 11-88 偏移直线

Step03 执行“修剪”命令，修剪掉多余的线段，如图 11-89 所示。

Step04 执行“偏移”命令，绘制内部结构线段，尺寸如图 11-90 所示。

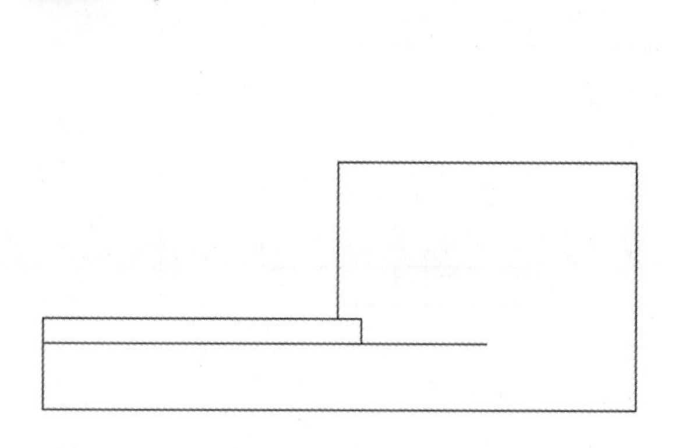

图 11-89 修剪图形

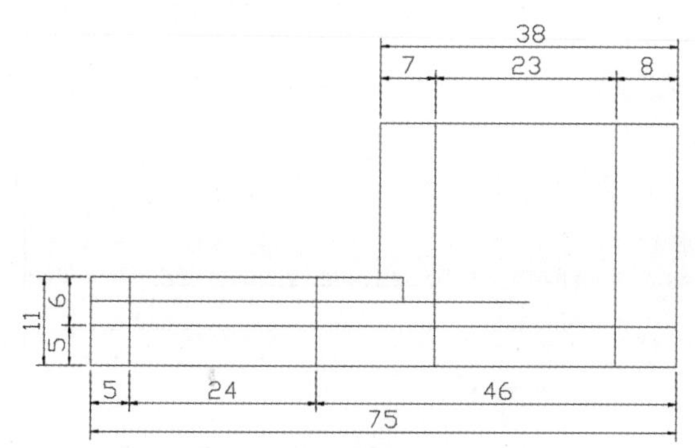

图 11-90 偏移直线

Step05 执行“修剪”命令，修剪掉多余的线段，如图 11-91 所示。

Step06 选择内部结构线段，设置为“虚线”图层，如图 11-92 所示。

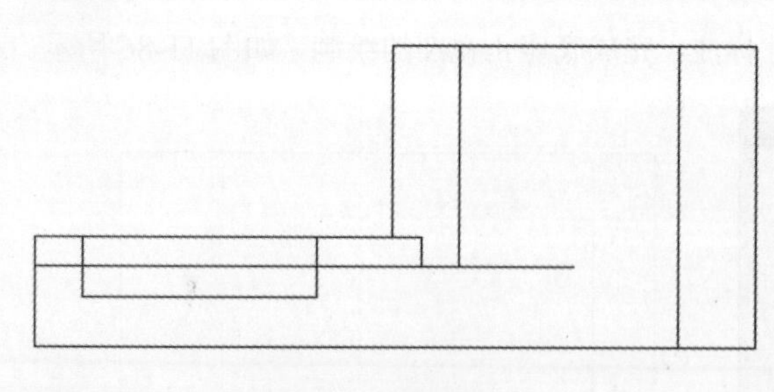

图 11-91 修剪图形

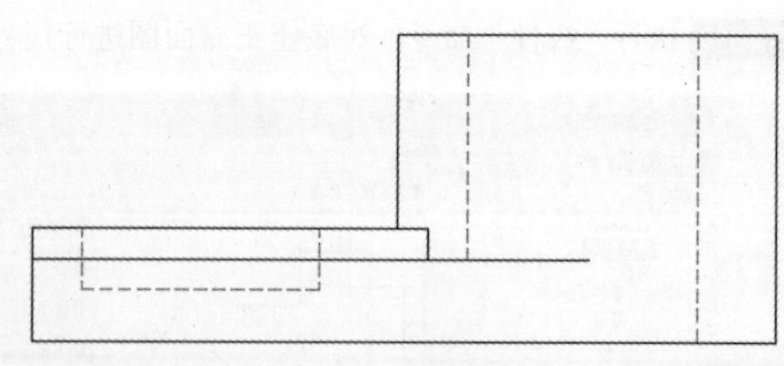

图 11-92 设置图层

Step07 设置“中心线”图层为当前层，执行“直线”命令，绘制一条长 35mm 的中心线，放置在虚线的正中，如图 11-93 所示。

Step08 执行“线性”命令，对底座侧立面图进行尺寸标注，完成底座侧立面图的绘制，如图 11-94 所示。

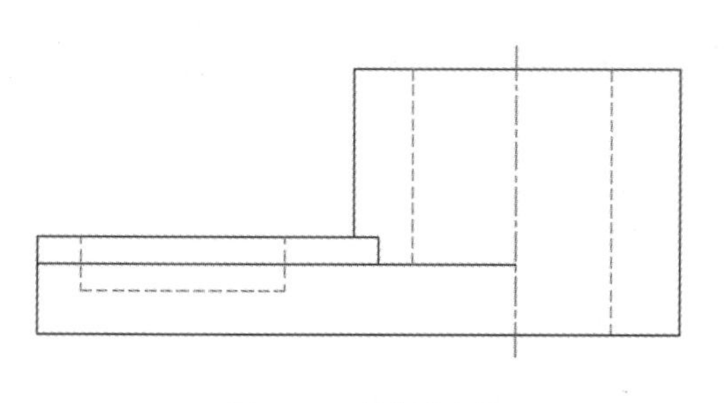

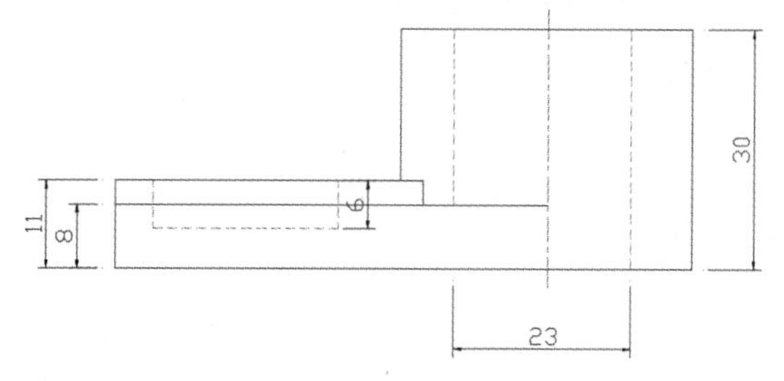

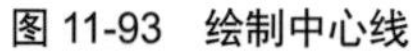

图 11-93　绘制中心线　　　　图 11-94　尺寸标注

■ 11.5.3　绘制底座俯视图

绘制底座俯视图的具体操作步骤如下。

Step01 设置“中心线”图层为当前层，执行“直线”命令，绘制两条长 45mm、85mm 的相交线段，尺寸如图 11-95 所示。

Step02 执行“修改”|“偏移”命令，偏移中心线为 32mm 和 47mm，如图 11-96 所示。

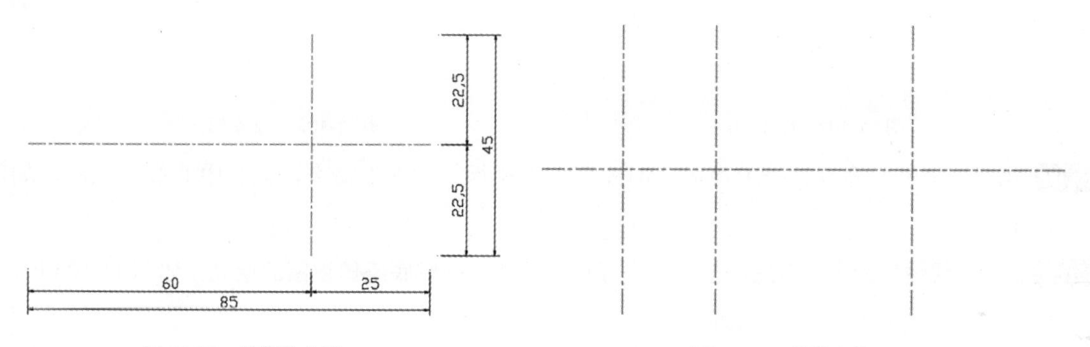

图 11-95　绘制中心线　　　　图 11-96　偏移直线

Step03 设置“粗实线”图层为当前层，执行“圆”命令，在相交的中心线上绘制两个直径为 32mm 和 38mm 的同心圆，如图 11-97 所示。

Step04 执行“直线”命令，绘制直线，尺寸如图 11-98 所示。

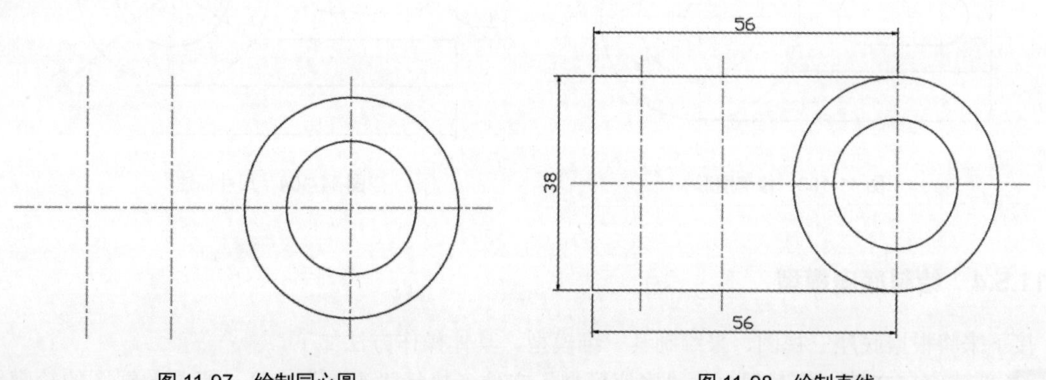

图 11-97　绘制同心圆　　　　图 11-98　绘制直线

Step05 执行“偏移”命令，将线段向内进行偏移，尺寸如图 11-99 所示。

Step06 执行“修剪”命令，修剪掉多余的线段，如图 11-100 所示。

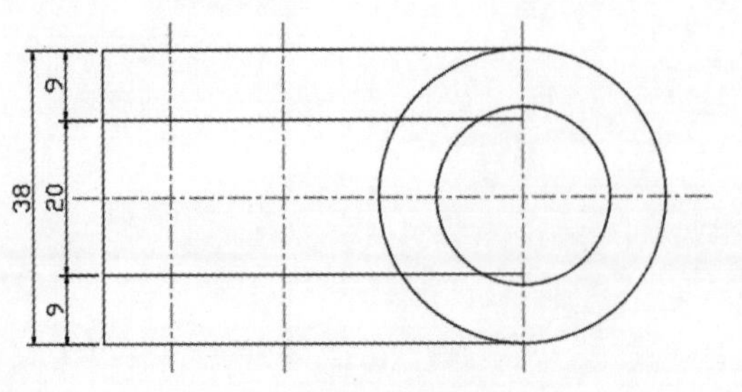

图 11-99　偏移直线

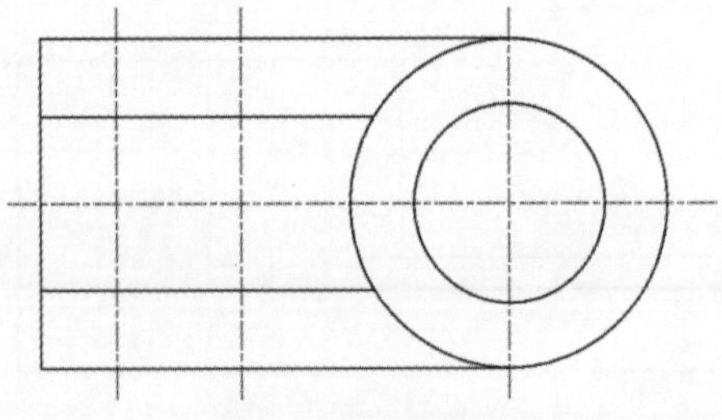

图 11-100　修剪图形

Step07 在其余中心线的交点，执行“圆”命令，绘制两个直径为 10mm 的圆图形，如图 11-101 所示。

Step08 执行“偏移”命令，对线段进行偏移，尺寸如图 11-102 所示。

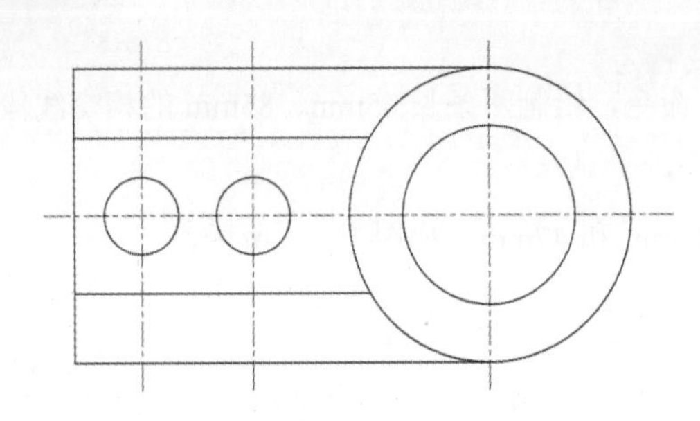

图 11-101　绘制圆

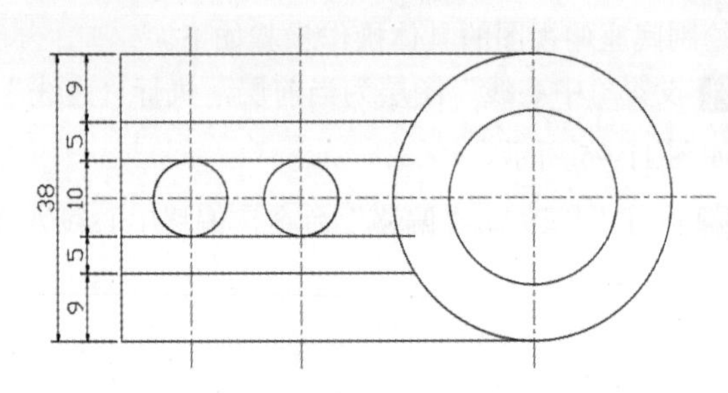

图 11-102　偏移直线

Step09 执行“修剪”命令，修剪掉多余的线段，再执行“拉伸”命令，调整中心线的长度，如图 11-103 所示。

Step10 执行“线性”命令，对底座俯视图进行尺寸标注，完成底座俯视图的绘制，如图 11-104 所示。单击“显示线宽”按钮，加粗底座轮廓线。

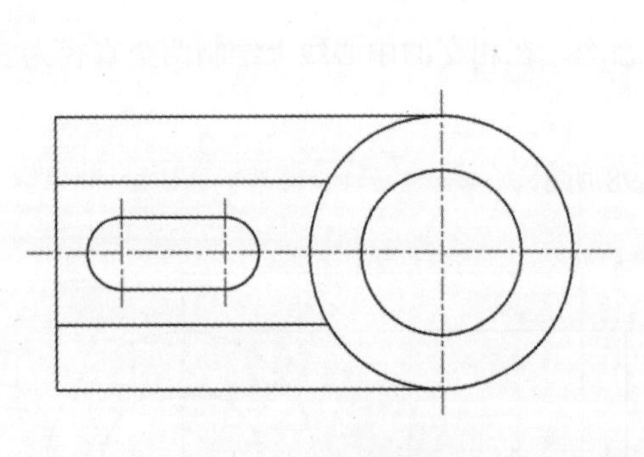

图 11-103　修剪图形

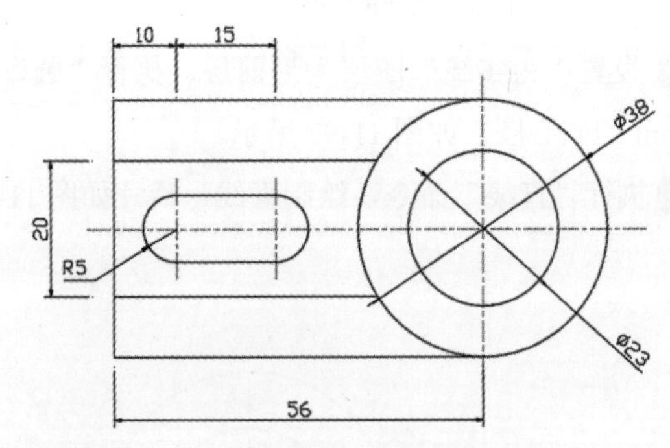

图 11-104　尺寸标注

■ 11.5.4　绘制底座模型

接下来将根据底座三视图，来绘制其三维模型。具体操作方法如下。

Step01 新建空白文档，将其保存为“底座模型”文件，执行“复制”命令，复制俯视图的轮廓线，如图 11-105 所示。

Step02 将视图转换为西南等轴测，如图 11-106 所示。将视觉样式转换为“概念”模式。

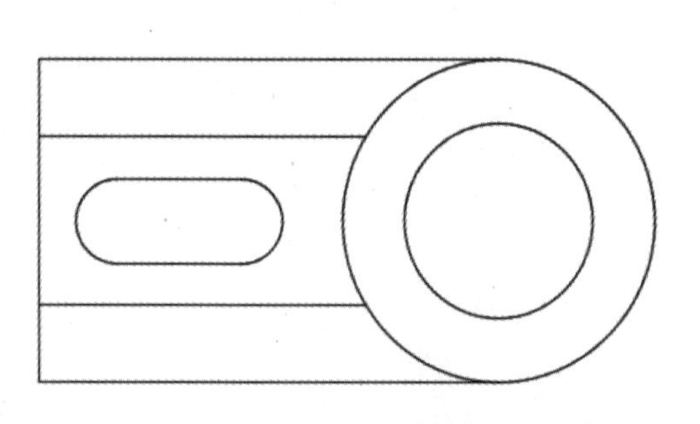

图 11-105　复制图形

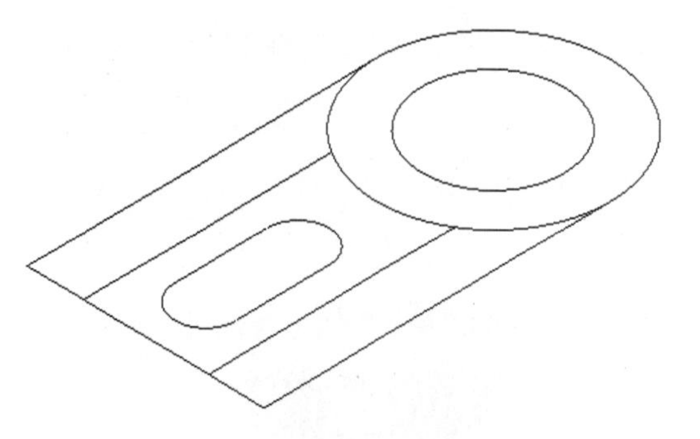

图 11-106　切换视图

Step03 执行“拉伸”命令，将图形中的同心圆沿 Z 轴方向拉伸 30mm，如图 11-107 所示。

Step04 执行“多线段”命令，捕捉绘制多段线图形，如图 11-108 所示。

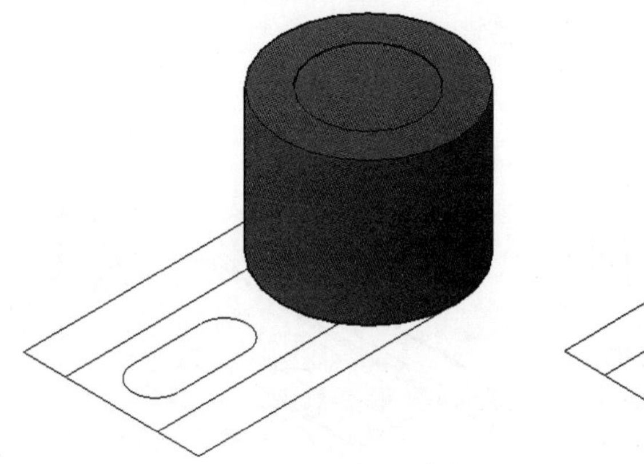

图 11-107　拉伸图形

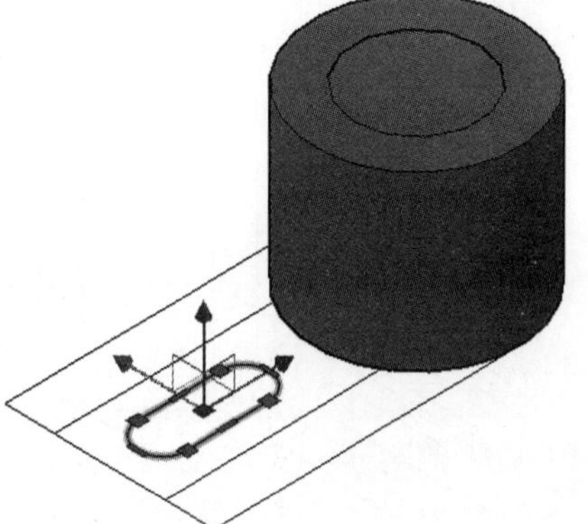

图 11-108　绘制多线段

Step05 执行“拉伸”命令，将多段线沿 Z 轴向上拉伸 6mm，如图 11-109 所示。

Step06 执行“长方体”命令，捕捉绘制长方体图形，高度为 3mm，如图 11-110 所示。

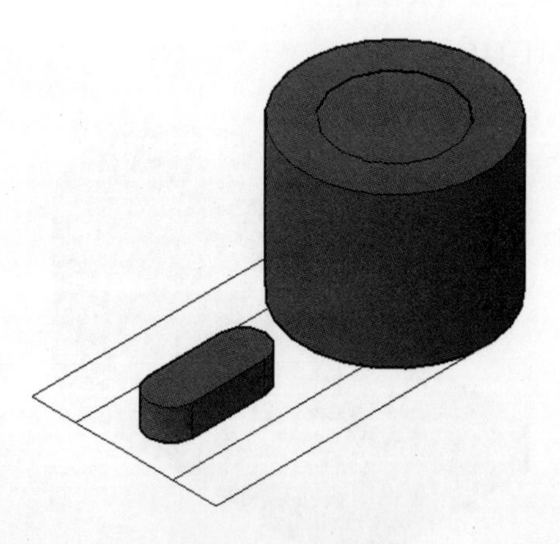

图 11-109　拉伸图形

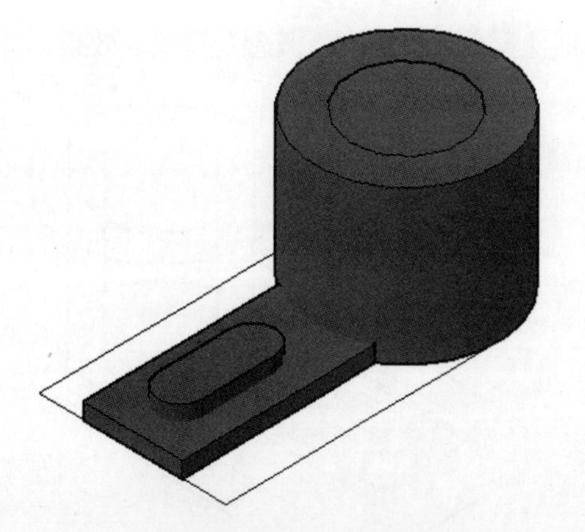

图 11-110　拉伸图形

Step07 继续执行当前命令，捕捉绘制长方体图形，高度为 8mm，如图 11-111 所示。

Step08 将视觉样式切换为“二维线框”模式，如图 11-112 所示。

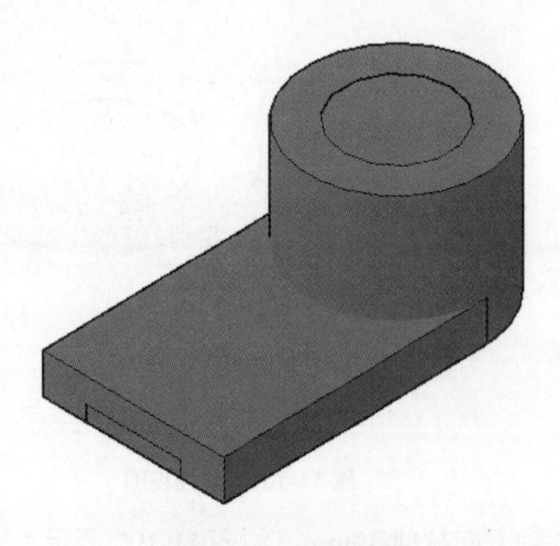

图 11-111　拉伸图形

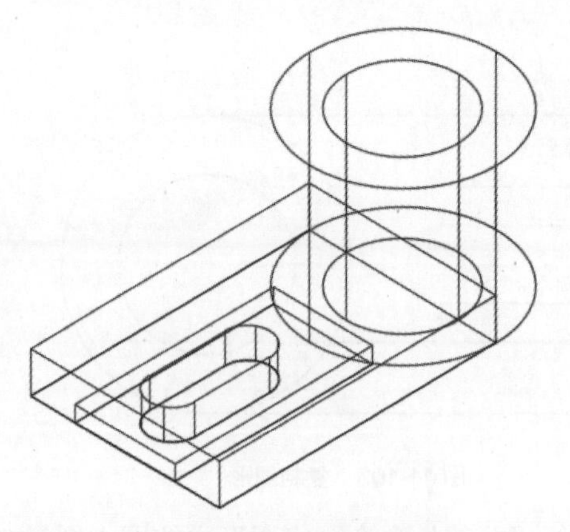

图 11-112　切换视觉样式

Step09 执行“移动”命令，将图形模块移动到合适位置，如图 11-113 所示。

Step10 执行“并集”命令，将大圆柱体和两个长方体进行合并，如图 11-114 所示。

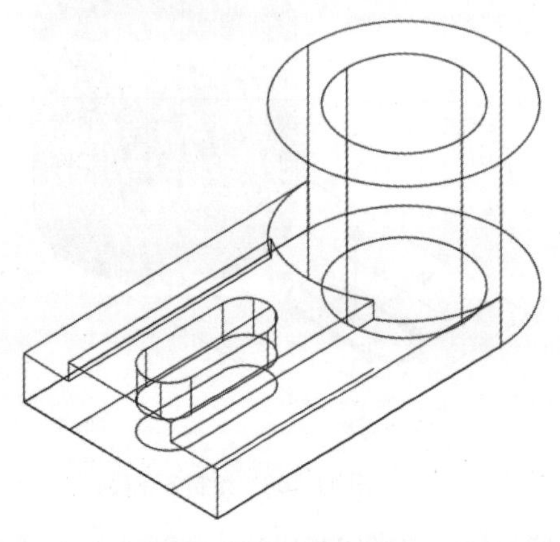

图 11-113　移动图形

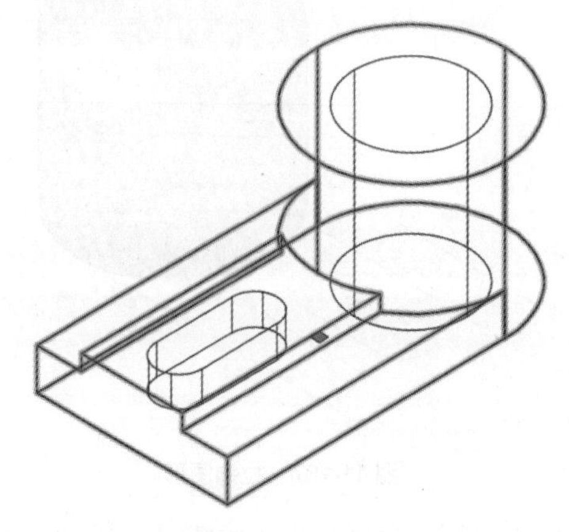

图 11-114　合并图形

Step11 执行“差集”命令，将剩下的实体从模型中减去，完成模型的制作，如图 11-115 所示。

Step12 将视觉样式切换为“概念”模式，效果如图 11-116 所示。

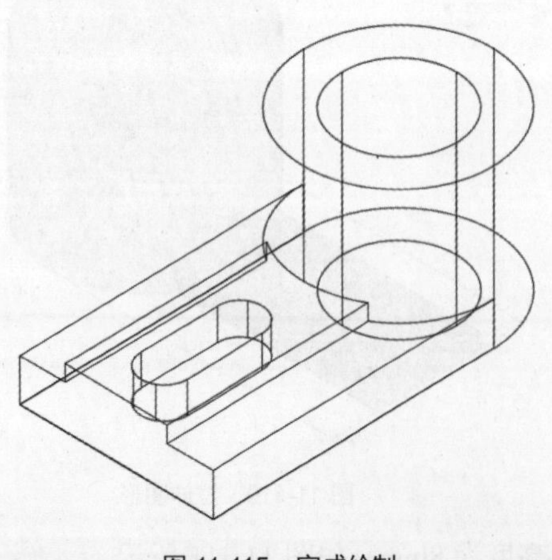

图 11-115　完成绘制

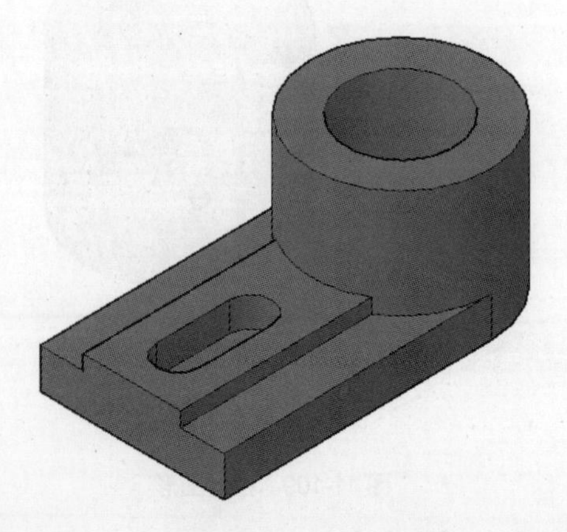

图 11-116　切换视觉样式

绘制三居室装潢施工图

内容导读

施工图是设计者表达设计理念的重要手段，是室内设计中不可缺少的环节。施工人员需要根据施工图进行施工，所以它也是施工的重要依据。本章结合前面所学基础知识绘制一套三居室装潢施工图，其中包括平面图、立面图以及结构详图。通过本章的学习，读者可以掌握一些室内施工图的基本绘制方法，了解部分施工工艺。

AutoCAD 2020

学习目标

- 了解住宅空间设计原则
- 三居室平面类图纸的绘制
- 三居室立面图纸的绘制
- 三居室剖面详图的绘制

12.1 住宅空间设计原则

住宅设计要在整体构思的基础上满足人们使用功能和精神功能的需求，做到布局合理、重点突出、充分利用空间，在色彩和材质的运用上要注意与整体的风格和形式相统一。从整体空间来看，在设计时应遵循以下几点设计原则。

1. 以人为本，以业主需求为设计出发点

设计者在设计前，需要了解业主家庭结构、民族和地区传统、宗教信仰、职业特点、工作性质、生活方式和习惯等情况，再结合设计者的创意理念，综合考虑设计方案。

2. 依据使用功能，进行合理布局

住宅使用功能大致分为50多种，其中包含家庭团聚、会客、休息、饮食、视听、娱乐、学习工作等。这些功能大体可将室内空间分为静区和动区，同时也具备外向性和私密性的不同特点，如将卧室和书房尽量安排在住宅最里面，不易被打扰；而会客室及餐厅可紧靠门厅，方便人们活动。所以设计者需综合考虑这些空间的使用功能，合理布局静、动两大区域，加强居住空间的舒适性。

3. 风格、色彩、材质三者协调统一

设计风格决定了室内色彩搭配及材质的运用。所以设计者应先决定室内风格，然后再根据风格选择室内家具和陈设的色彩和材质。这三者相互协调统一，才会营造出美好的视觉感受，如图 12-1、图 12-2 所示。

图 12-1　日式风格设计欣赏

图 12-2　简约风格设计欣赏

12.2 绘制三居室平面类图纸

平面图是施工图纸中必不可少的一项内容，它能够反映出在当前户型中各空间布局以及家具摆放是否合理。同时，业主还能从中了解到各空间的功能和用途。

■ 12.2.1　绘制原始户型图

所有平面图都是在原始户型图的基础上进行加工深化的。所以在绘制原始户型图时，其尺寸数据要尽量准确，不能有大的误差，否则会影响设计效果。下面介绍原始户型图的绘制方法。

Step01 打开“图层特性管理器”选项板，单击“新建图层”按钮，创建“轴线”图层，如图 12-3 所示。

Step02 单击“新建图层”按钮，创建“墙体”和“窗户”图层，并将“轴线”置为当前图层，如图 12-4 所示。

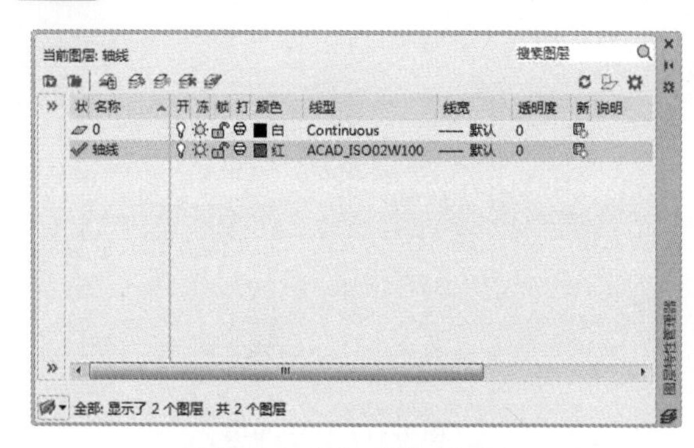

图 12-3 创建“轴线”图层

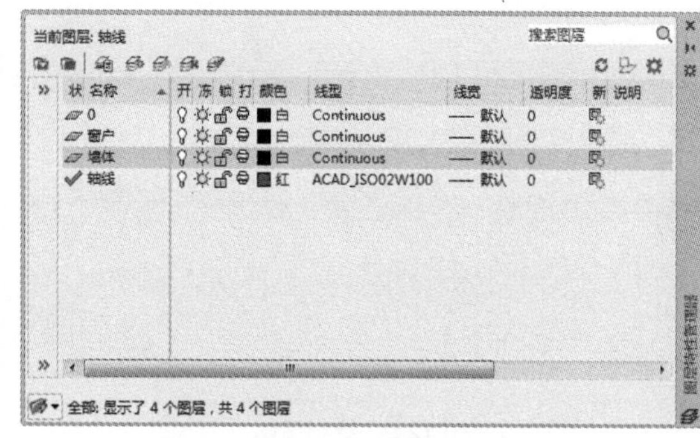

图 12-4 创建“墙体”和“窗户”图层

Step03 执行“直线”命令，绘制轴线。执行“偏移”命令，偏移轴线，如图 12-5 所示。

Step04 选择“轴线”图层，打开“特性”选项板，设置“线型比例”为 10，效果如图 12-6 所示。

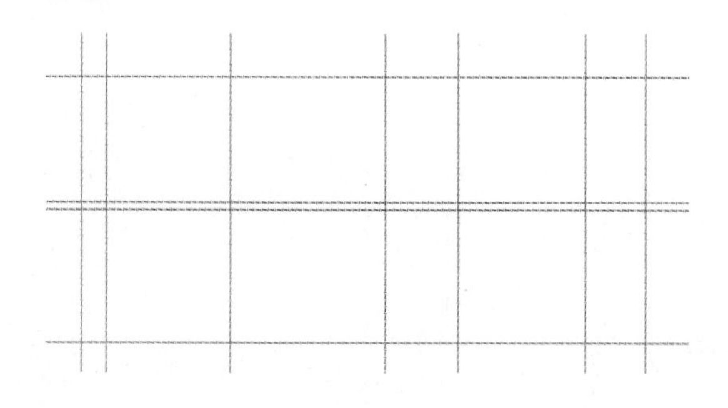

图 12-5 绘制轴线

图 12-6 修改线型

Step05 将“墙体”层设为当前层。新建多线样式，设置样式名称为 WALL，设置封口，勾选“起点”“端点”复选框，如图 12-7 所示。

Step06 继续新建多线样式，设置样式名为 WINDOW，在打开对话框的“图元”选项组中，单击“添加”按钮，添加偏移参数值，如图 12-8 所示。

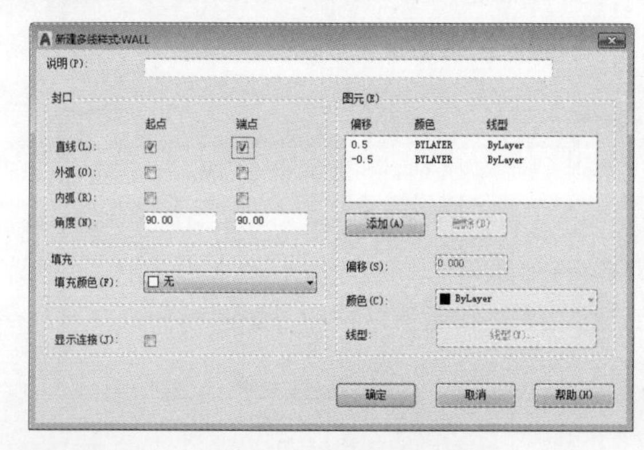

图 12-7 创建多线样式

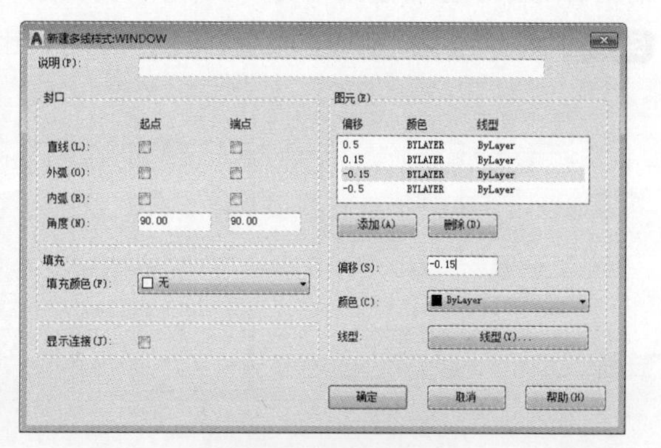

图 12-8 设置多线样式

Step07 选择多线样式 WALL，置为当前。执行“多线”命令，设置对正为“无”，比例为 240，捕捉轴线绘制墙体，效果如图 12-9 所示。

Step08 执行“多线”命令，设置对正为“无”，比例为120，样式为WALL，捕捉绘制单墙，效果如图12-10所示。

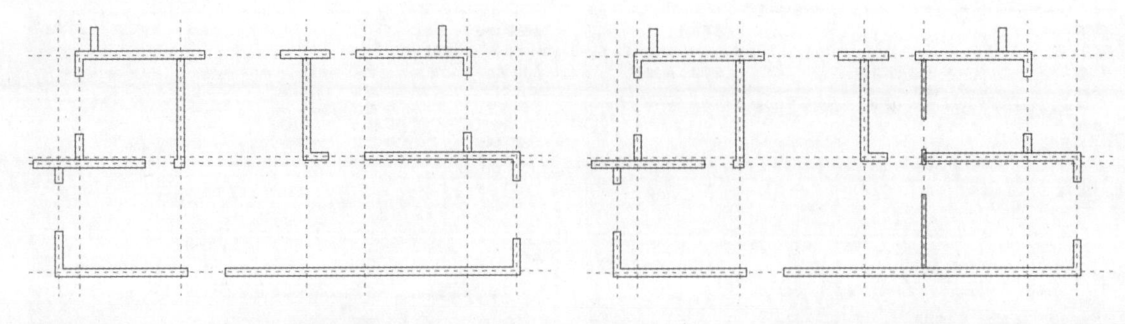

图12-9 绘制墙体　　　　图12-10 绘制单墙

Step09 双击多线，打开“多线编辑工具”对话框，选择“T形打开”工具，修剪墙体，如图12-11、图12-12所示。

图12-11 多线编辑工具

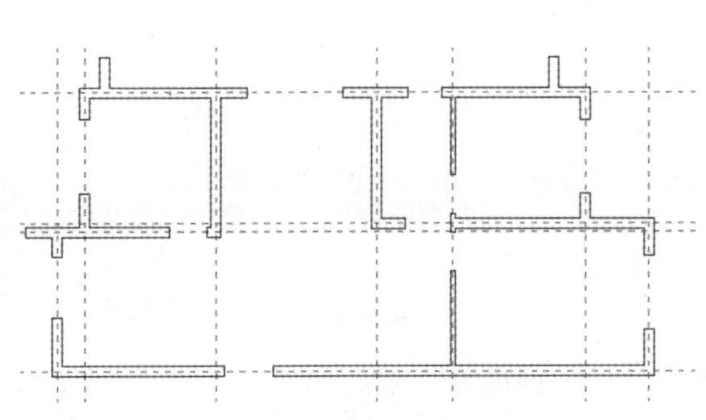

图12-12 编辑多线效果

Step10 选择样式WINDOW，将其置为当前。执行“多线”命令，设置对正为“无”，比例为240，捕捉墙体绘制窗户。执行“复制”命令，复制窗户，单击节点调整窗户尺寸，效果如图12-13所示。

Step11 执行“多线”命令，设置对正为“下”，比例为240，绘制拐角窗户，效果如图12-14所示。

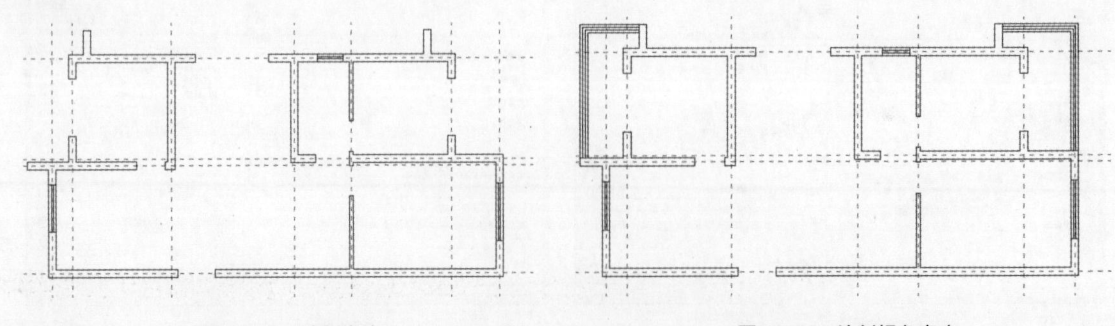

图12-13 绘制窗户　　　　图12-14 绘制拐角窗户

Step12 执行“矩形”命令，绘制矩形柱子。执行“图案填充”命令，填充柱子，执行“复制”命令。复制柱子，如图12-15所示。

Step13 执行“多线”命令，捕捉轴线，绘制连接柱子直线，如图 12-16 所示。

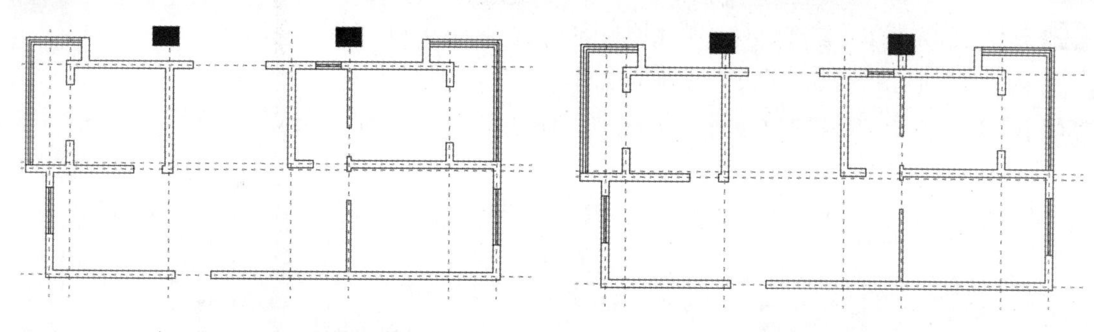

图 12-15 绘制柱子　　图 12-16 连接直线

Step14 执行“多线”命令，设置对正为“下”，比例为 240，绘制连接柱子窗户，如图 12-17 所示。

Step15 打开图层特性管理器，关闭“轴线”图层，如图 12-18 所示。

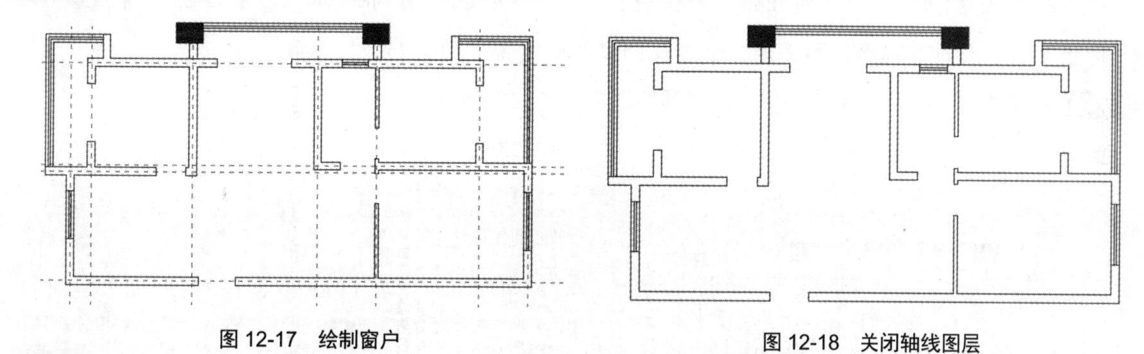

图 12-17 绘制窗户　　图 12-18 关闭轴线图层

Step16 执行“矩形”“复制”命令，绘制矩形推拉门，如图 12-19 所示。

Step17 执行“直线”命令，绘制横梁，再设置线型与比例，如图 12-20 所示。

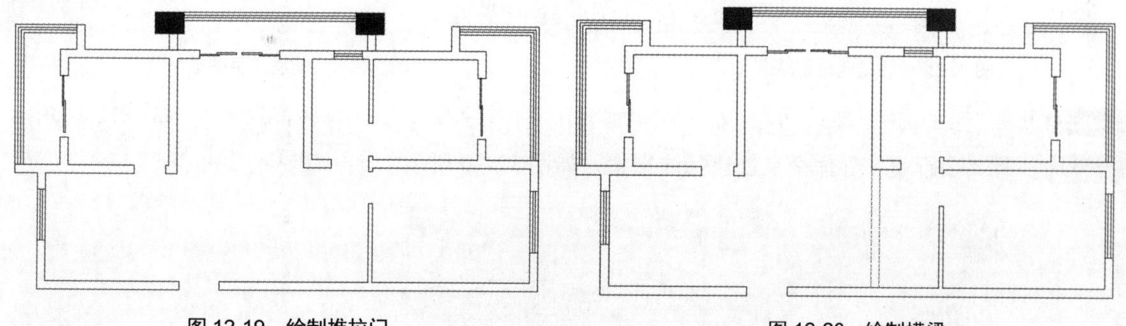

图 12-19 绘制推拉门　　图 12-20 绘制横梁

Step18 再绘制其他区域的梁，如图 12-21 所示。

Step19 执行“圆”命令，绘制卫生间下水管，如图 12-22 所示。

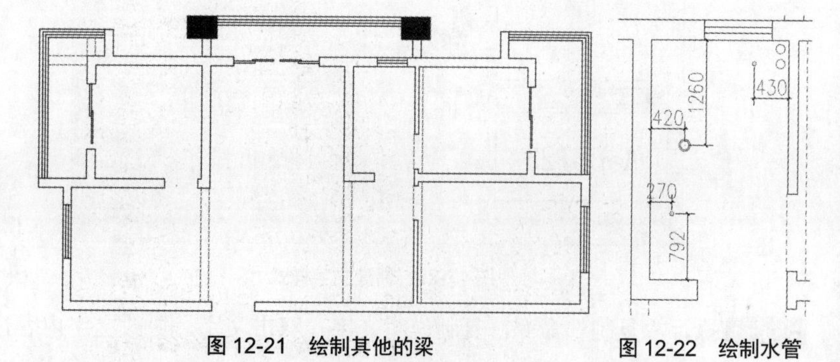

图 12-21 绘制其他的梁　　图 12-22 绘制水管

Step20 执行“矩形”命令，绘制电箱。执行“直线”命令，绘制电箱符号，如图 12-23 所示。

Step21 执行“图案填充”命令，设置填充图案 SOLID，填充电箱，如图 12-24 所示。

Step22 执行“矩形”“直线”命令，绘制弱电箱，如图 12-25 所示。

Step23 执行“矩形”“直线”“偏移”命令，绘制烟道，如图 12-26 所示。

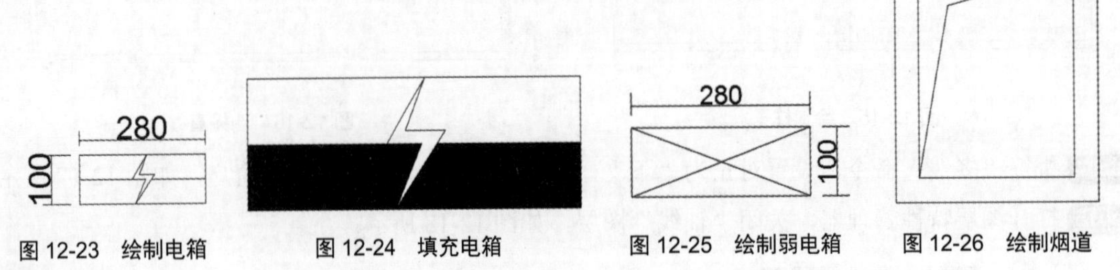

图 12-23 绘制电箱　　图 12-24 填充电箱　　图 12-25 绘制弱电箱　　图 12-26 绘制烟道

Step24 执行“移动”命令，将电箱、烟道移动到相应位置，如图 12-27 所示。

Step25 新建“W- 文字”图层，设置图层颜色，如图 12-28 所示。

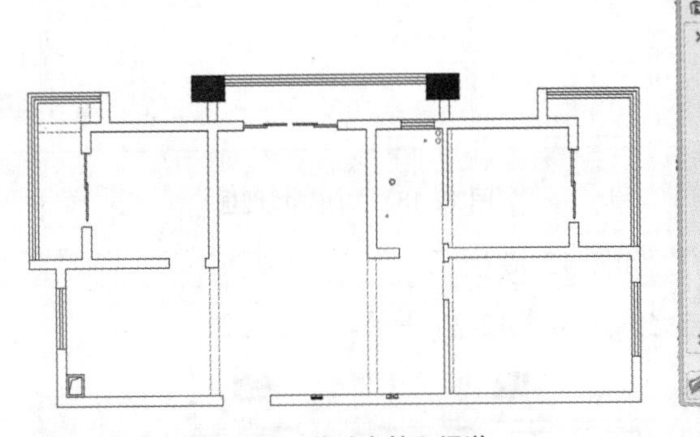

图 12-27 移动电箱和烟道

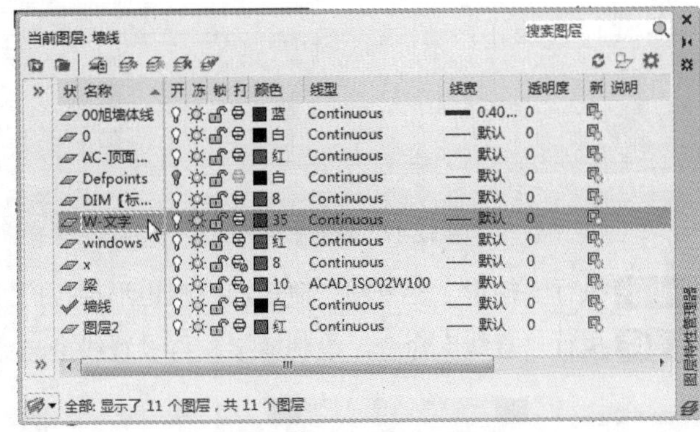

图 12-28 新建文字图层

Step26 新建“文字说明”样式，设置文字字体为“宋体”，文字高度为 110，并置为当前，如图 12-29 所示。

Step27 执行“多行文字”命令，创建标注文字，如图 12-30 所示。

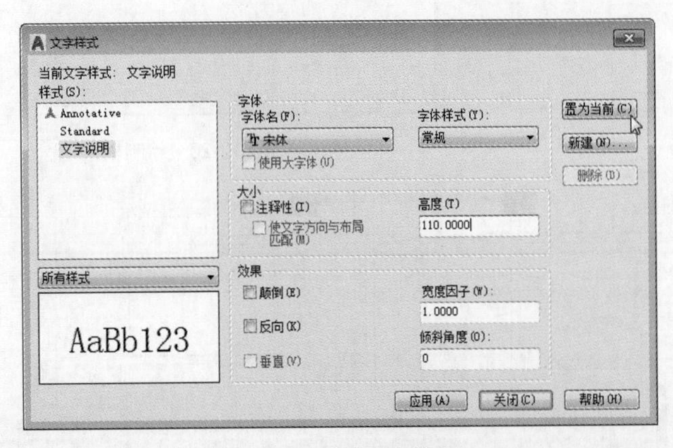

图 12-29 新建文字样式

图 12-30 创建标注文字

Step28 执行“复制”命令，复制说明文字。双击文字，更改文字内容，如图 12-31 所示。

Step29 执行“直线”命令，绘制标高符号。执行“图案填充”命令，填充标高符号，如图 12-32 所示。

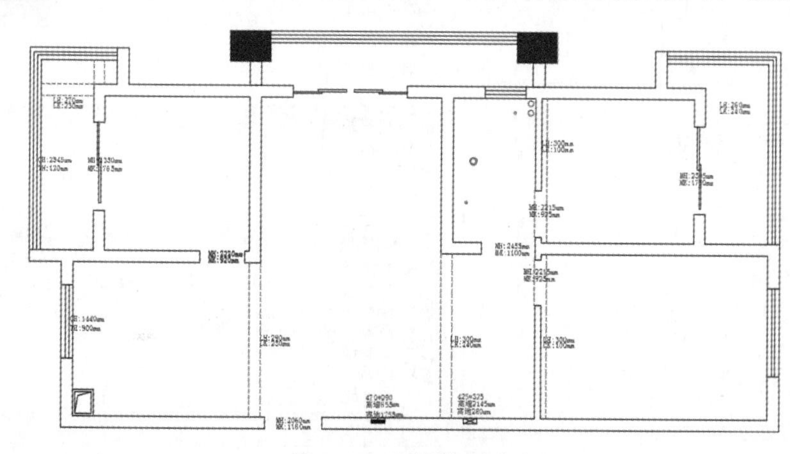

图 12-31　复制并更改文字

图 12-32　绘制标高符号

Step30 执行“多行文字”命令，绘制标高文字，如图 12-33 所示。

Step31 执行“复制”命令，复制标高符号和文字。双击文字，更改文字内容，如图 12-34 所示。

层高：+2750mm

图 12-33　绘制标高文字

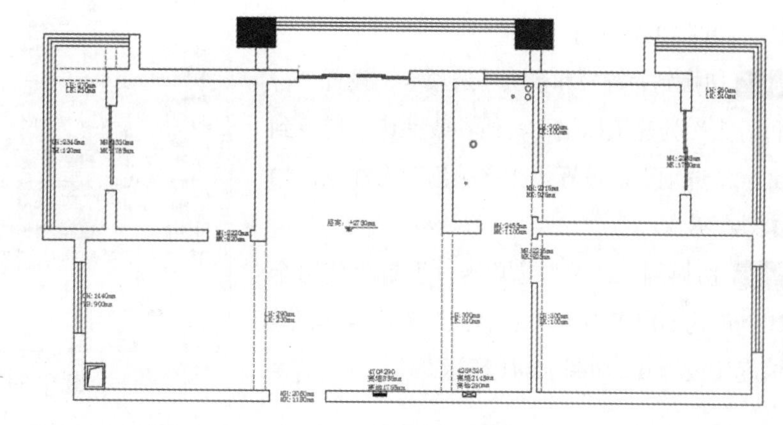

图 12-34　复制标高符号

Step32 执行“矩形”命令，绘制 420mm×297mm 矩形。执行“偏移”命令，将矩形向内偏移 5mm，如图 12-35 所示。

Step33 执行“拉伸”命令，选择内侧矩形左侧节点，向右拉伸 20mm，如图 12-36 所示。

图 12-35　绘制图框

图 12-36　调整图框

Step34 执行“移动”命令，将墙体移动至矩形图框中心，如图 12-37 所示。

Step35 执行“标注样式”命令，打开“标注样式管理器”对话框，单击“新建”按钮，新建“平面标注”样式，如图 12-38 所示。

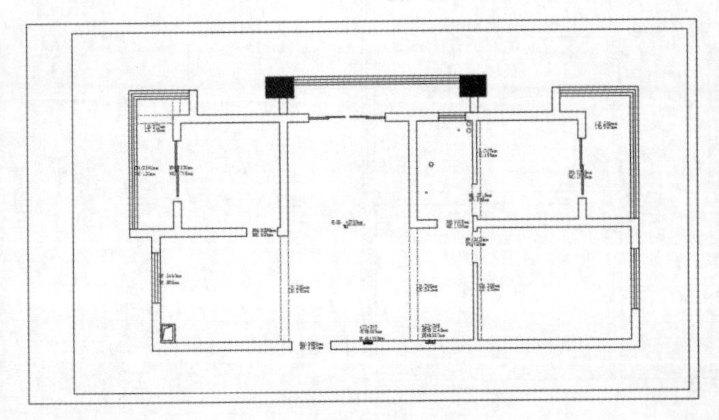

图 12-37　移动图形

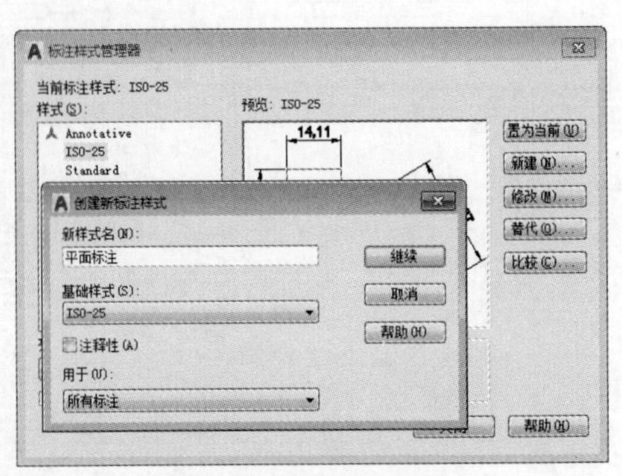

图 12-38　新建标注样式

Step36 在“线”选项卡中，勾选“固定长度的尺寸界线”复选框，“长度”设为 8，其他参数默认，如图 12-39 所示。

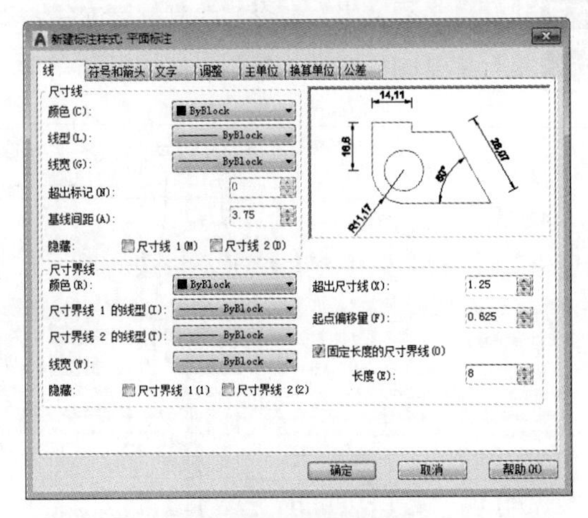

图 12-39　设置线参数

Step37 切换到“符号和箭头”选项卡，设置“符号和箭头”为建筑标记，其他参数默认。切换到“文字”选项卡，设置“文字颜色”为红色，如图 12-40 所示。

Step38 切换到“调整”选项卡，设置“使用全局比例”为 50。切换到“主单位”选项卡，将其“精度”设为 0，如图 12-41 所示。

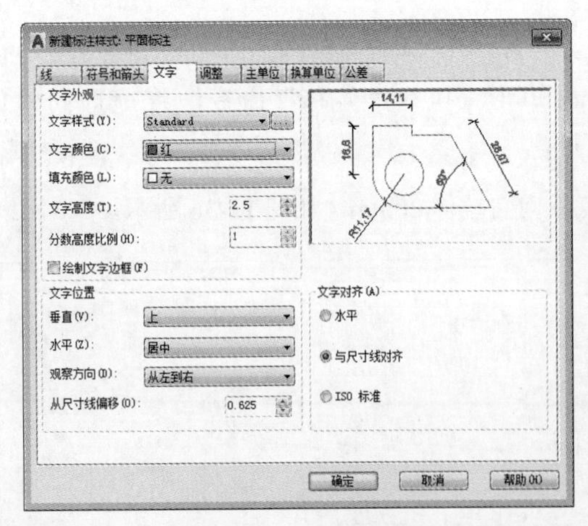

图 12-40　设置颜色文字

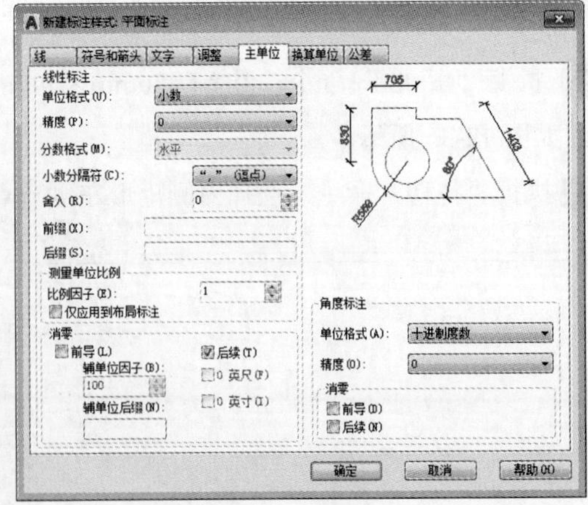

图 12-41　调整单位

Step39 执行“构造线”命令，绘制标注参考线；执行“偏移”命令，偏移构造线，如图 12-42 所示。

Step40 执行“线性标注”“连续”命令，标注墙体尺寸。执行“删除”命令，删除构造线，如图 12-43 所示。

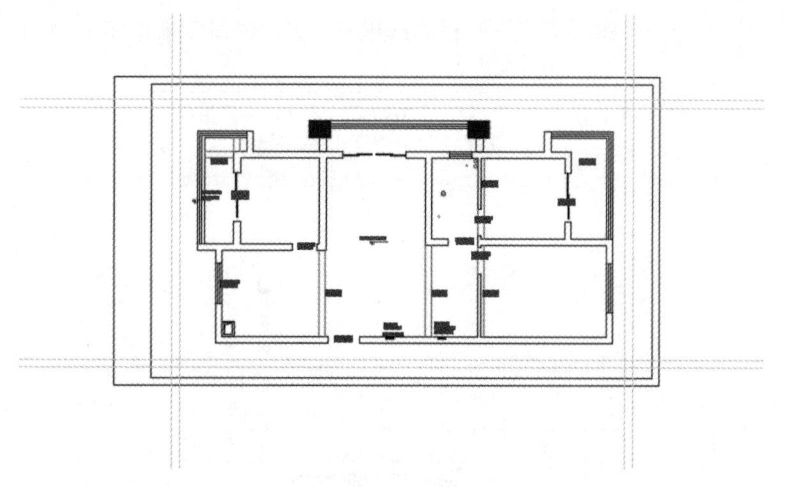

图 12-42 绘制构造线

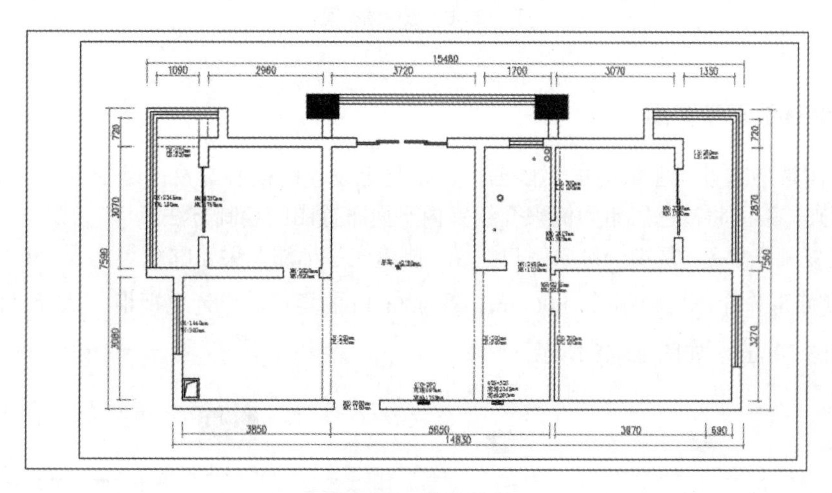

图 12-43 标注尺寸

Step41 执行“圆”“直线”命令，绘制圆形图例符号。执行“多行文字”命令，标注图例文字，如图 12-44 所示。

Step42 执行“多行文字”命令，标注图例文字。执行“复制”命令，复制文字。双击文字，更改文字内容，如图 12-45 所示。

图 12-44 绘制图例符号　　图 12-45 更改图例文字

Step43 执行“移动”命令，将图例文字说明移动到相应位置，最终效果如图 12-46 所示。

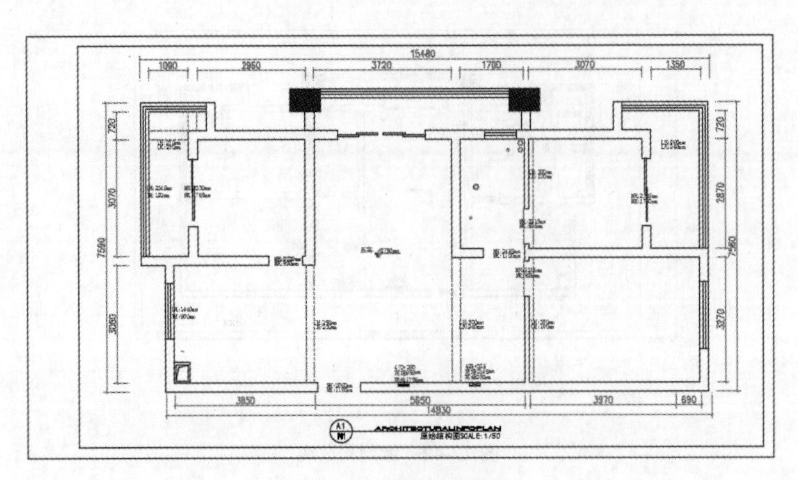

图 12-46　原始结构图

12.2.2　绘制平面布置图

平面布置图是所有设计图纸的重要依据，也是整个设计的核心。设计是否合理，从平面布置图中就能够看出来。下面将以三居室为例来介绍室内平面布置图的绘制方法。

Step01 执行“复制”命令，复制一份原始户型图。删除文字标注及梁轮廓线等元素，如图 12-47 所示。

Step02 执行“矩形”命令，绘制长 1800mm、宽 400mm 的矩形，作为电视柜。执行“偏移”命令，将矩形向内偏移 20mm，如图 12-48 所示。

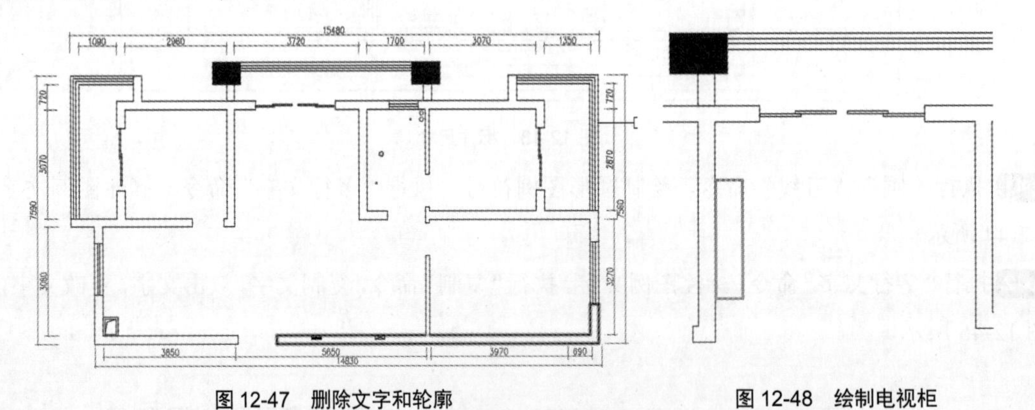

图 12-47　删除文字和轮廓　　图 12-48　绘制电视柜

Step03 执行“插入”命令，插入电视机平面图块至电视柜中，如图 12-49 所示。

Step04 再执行“插入”命令，插入沙发平面图块至客厅中，如图 12-50 所示。

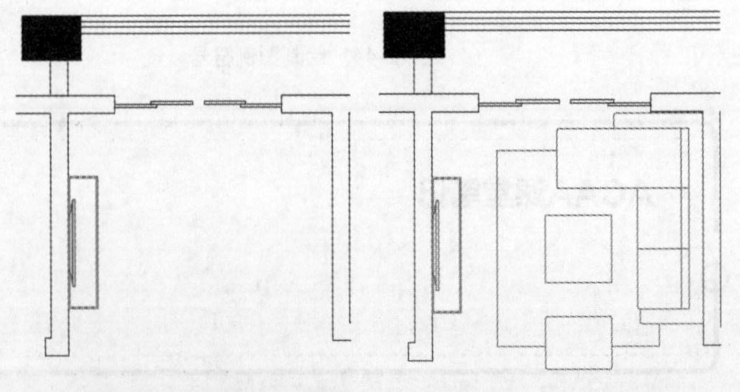

图 12-49　插入电视机图块　　图 12-50　插入沙发图块

Step05 执行“直线”“偏移”命令，绘制储藏室隔墙。执行“圆角”“修剪”命令，修剪墙体，如图 12-51 所示。

Step06 执行“直线”命令，绘制装饰柜平面；执行“特性”命令，选择线型 ACADISO03W100，如图 12-52 所示。

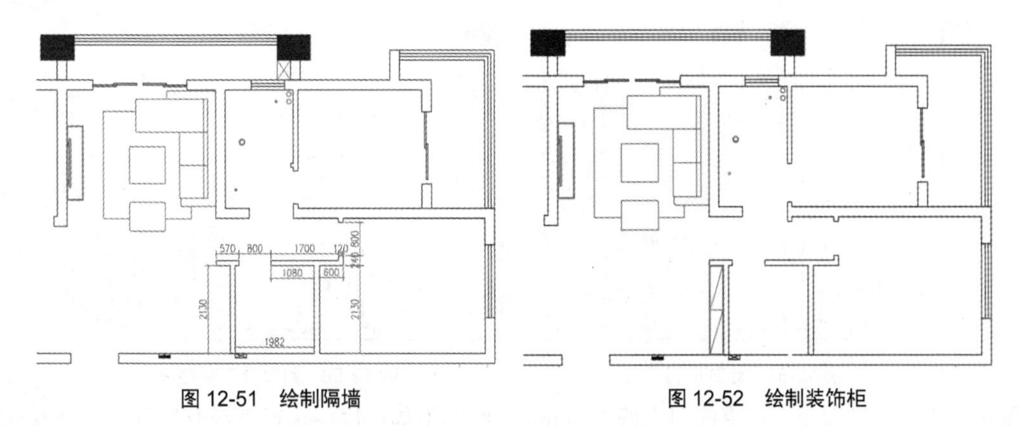

图 12-51　绘制隔墙　　　　图 12-52　绘制装饰柜

Step07 执行“插入”命令，插入餐桌平面图块至门厅区域。执行“移动”“旋转”命令，调整餐桌位置，如图 12-53 所示。

Step08 执行“直线”“矩形”命令，绘制卧室衣柜平面；执行“偏移”命令，绘制衣柜厚度，如图 12-54 所示。

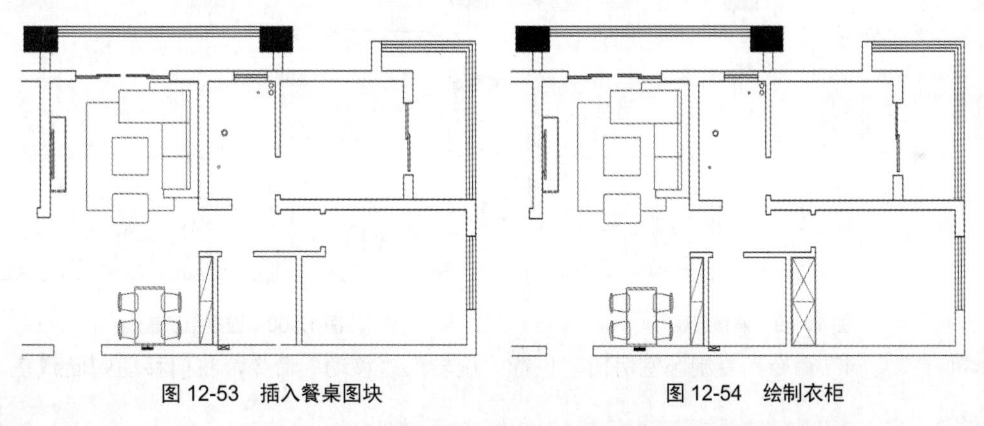

图 12-53　插入餐桌图块　　　　图 12-54　绘制衣柜

Step09 执行“插入”命令，插入双人床图块，并调整双人床位置，如图 12-55 所示。

Step10 执行“矩形”命令，绘制矩形书桌；执行“插入”命令，插入书桌、电视图块，如图 12-56 所示。

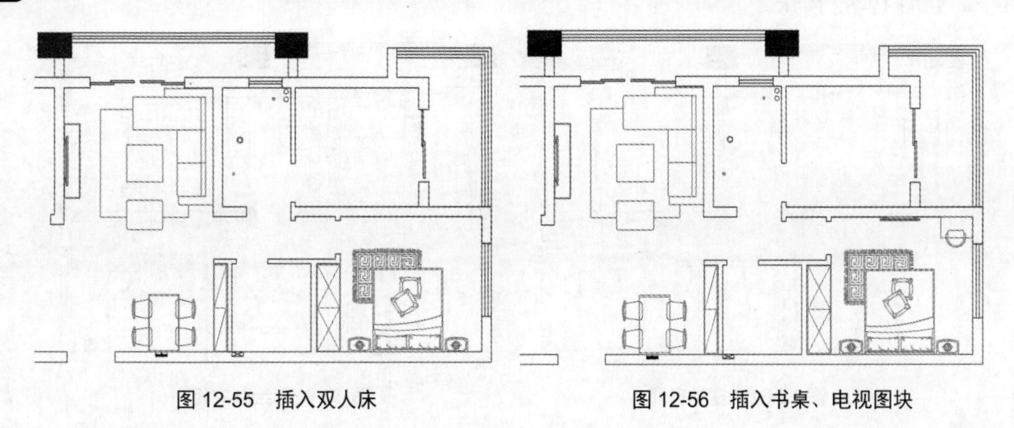

图 12-55　插入双人床　　　　图 12-56　插入书桌、电视图块

Step11 执行“矩形”命令，绘制门扇平面。执行“圆弧”命令，选择“起点、端点、角度”模式，绘制房门弧形，如图 12-57 所示。

Step12 执行“偏移”命令，将直线向内偏移 600mm，绘制更衣室柜体。执行“修剪”命令，修剪直线，如图 12-58 所示。

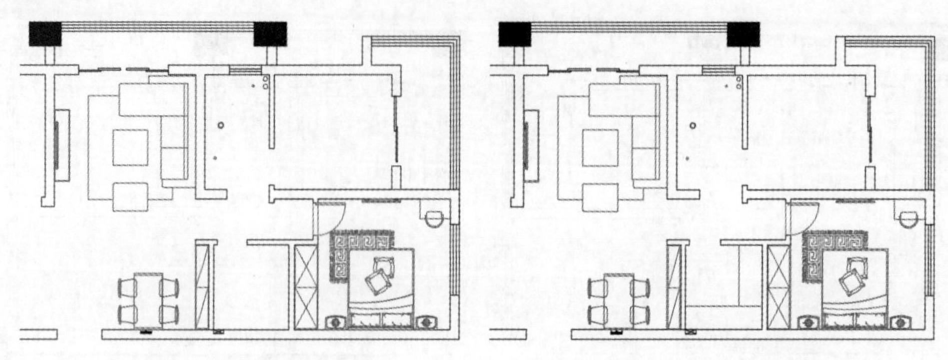

图 12-57 绘制房门　　图 12-58 绘制更衣室柜体

Step13 执行“偏移”命令，将直线向内偏移 20mm，绘制柜体厚度。执行“修剪”命令，修剪直线，如图 12-59 所示。

Step14 执行“直线”命令，连接直线绘制柜体。执行“特性”命令，更改直线颜色为“8 号”色，如图 12-60 所示。

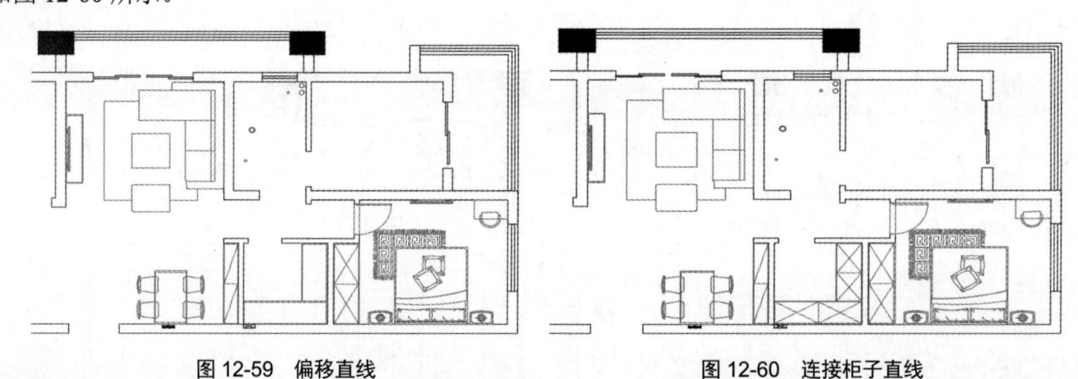

图 12-59 偏移直线　　图 12-60 连接柜子直线

Step15 执行“复制”命令，复制卧室房门。执行“旋转”“移动”命令，将门移动到储藏室，如图 12-61 所示。

Step16 执行“矩形”命令，绘制衣柜平面。执行“偏移”命令，绘制衣柜厚度。执行“直线”命令，连接柜子，如图 12-62 所示。

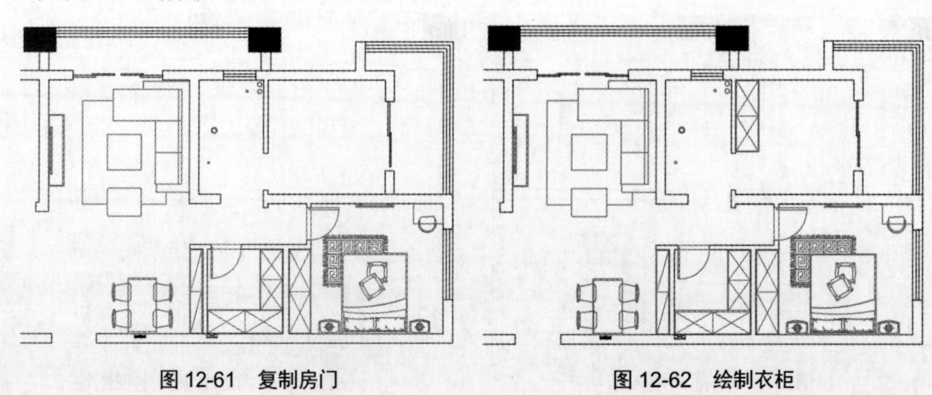

图 12-61 复制房门　　图 12-62 绘制衣柜

Step17 执行“插入”命令，插入双人床图块。删除右边床头柜，执行“移动”命令，调整双人床位置，如图 12-63 所示。

Step18 执行“矩形”命令，绘制 800mm×40mm 门。执行“圆”命令，绘制半径为 800mm 的圆。执行“修剪”命令，修剪圆形，如图 12-64 所示。

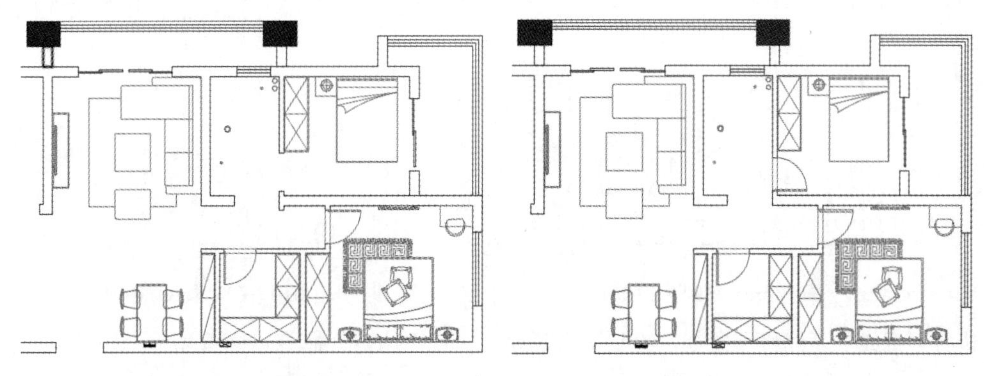

图 12-63　插入双人床　　　　图 12-64　绘制房门

Step19 执行“直线”“偏移”命令，绘制卫生间隔墙。执行“修剪”命令，绘制门洞，如图 12-65 所示。

Step20 执行“矩形”命令，绘制 700mm×40mm 门。执行“圆”命令，绘制半径为 800mm 的圆。执行“修剪”命令，修剪圆形，如图 12-66 所示。

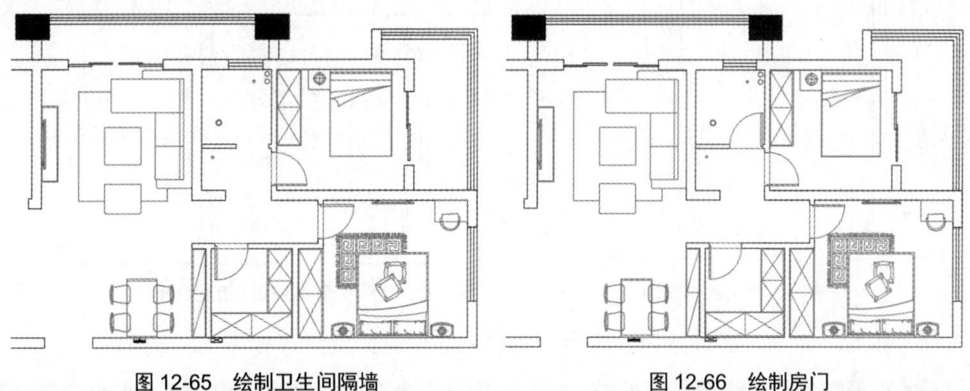

图 12-65　绘制卫生间隔墙　　　　图 12-66　绘制房门

Step21 执行“直线”命令，绘制洗手台面。执行“插入”命令，插入洗手盆、马桶图块，调整好其位置，如图 12-67 所示。

Step22 执行“直线”“偏移”命令，绘制淋浴挡水条。执行“矩形”命令，绘制封管道，如图 12-68 所示。

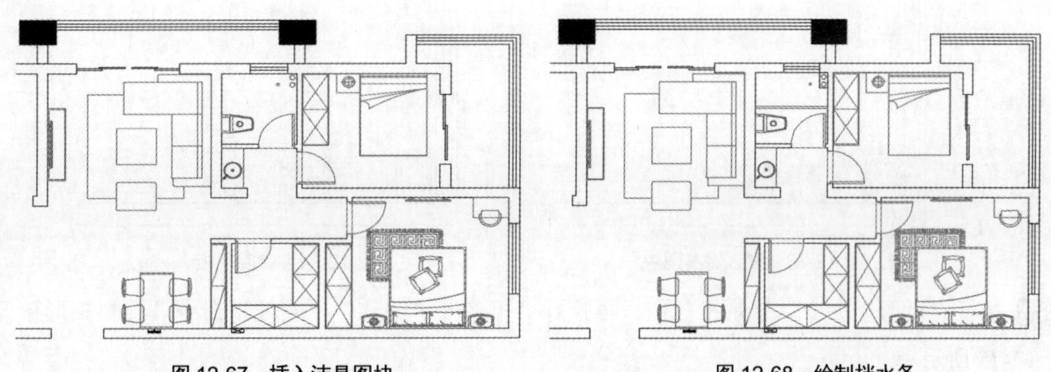

图 12-67　插入洁具图块　　　　图 12-68　绘制挡水条

Step23 执行“多段线”命令，设置线宽50mm，绘制淋浴杆。执行“圆”命令，绘制淋浴喷头，如图12-69所示。

Step24 执行“插入”命令，插入休闲椅图块，并调整其位置，如图12-70所示。

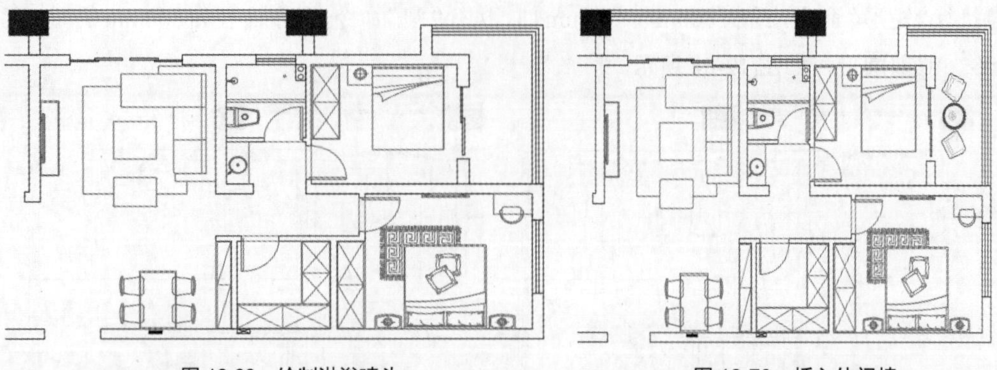

图12-69　绘制淋浴喷头　　图12-70　插入休闲椅

Step25 执行“直线”“偏移”命令，绘制厨房隔墙。执行“修剪”命令，修剪墙体，如图12-71所示。

Step26 执行“偏移”命令，设置偏移距离600mm，绘制橱柜平面。执行“修剪”命令，修剪橱柜台面。执行“特性匹配”命令，调整台面直线颜色，如图12-72所示。

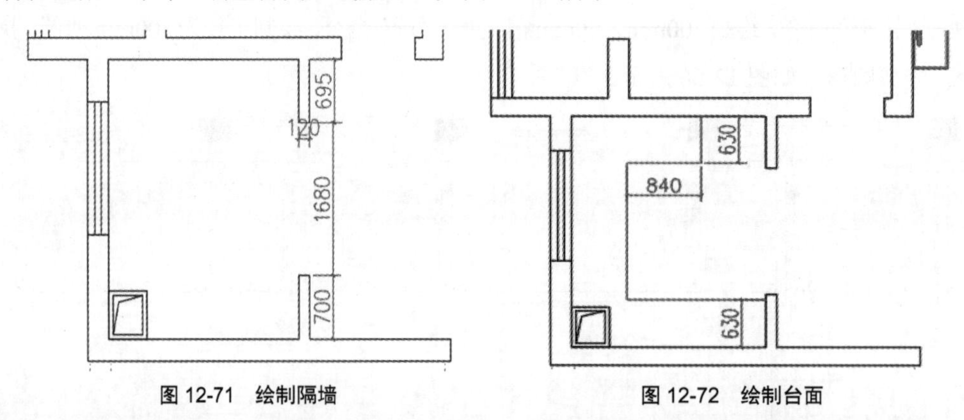

图12-71　绘制隔墙　　图12-72　绘制台面

Step27 执行“插入”命令，插入冰箱、灶台等图块，并调整好位置，如图12-73所示。

Step28 执行“矩形”命令，绘制吊柜外框。执行“偏移”命令，将矩形向内偏移20mm。执行“直线”命令，连接直线，如图12-74所示。

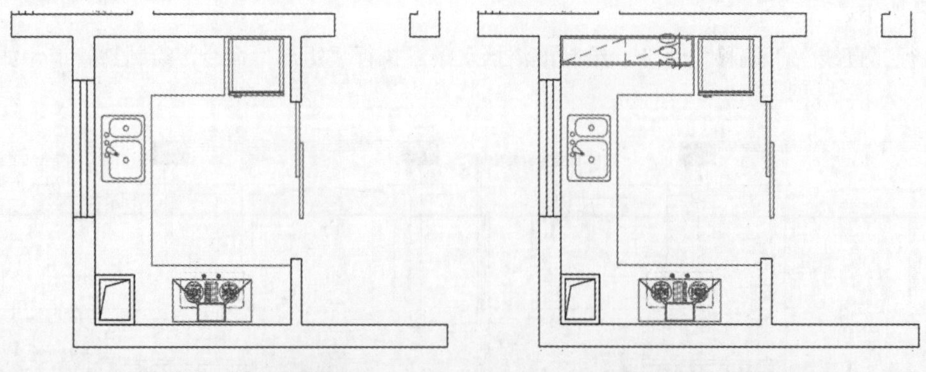

图12-73　插入厨具图块　　图12-74　绘制吊柜

Step29 执行“矩形”命令，绘制推拉门。再执行“矩形”“偏移”“直线”命令，绘制矩形鞋柜，如图12-75所示。

Step30 执行“插入”命令，插入植物图块至鞋柜上，如图 12-76 所示。

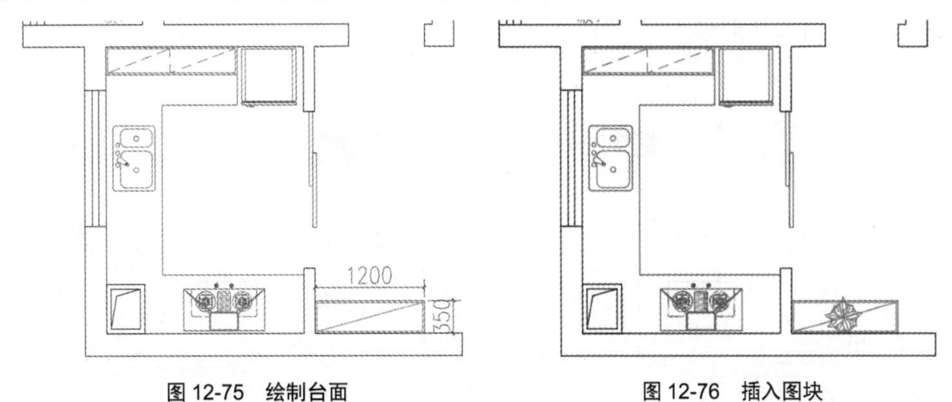

图 12-75　绘制台面　　　　图 12-76　插入图块

Step31 执行“直线”命令，绘制书柜平面。执行“偏移”“修剪”命令，修剪书柜造型，如图 12-77 所示。

Step32 执行“插入”命令，插入书桌图块，并调整好位置，如图 12-78 所示。

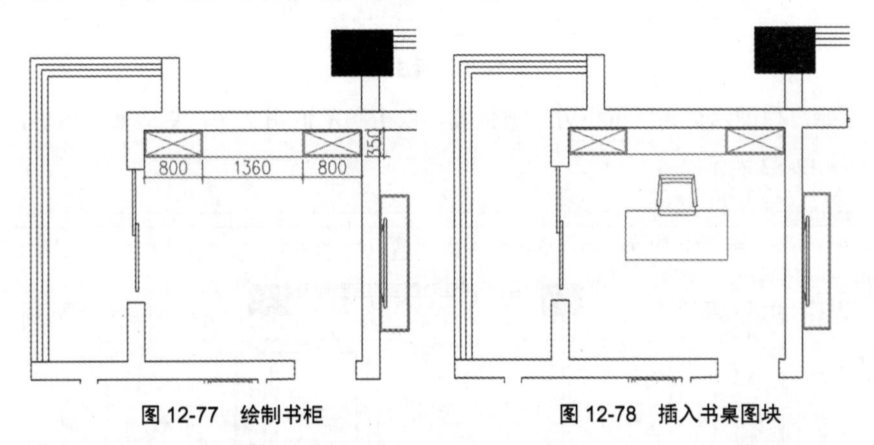

图 12-77　绘制书柜　　　　图 12-78　插入书桌图块

Step33 执行“复制”命令，复制卧室门。执行“移动”“旋转”命令，将门移动至书房，如图 12-79 所示。

Step34 执行“插入”命令，插入植物图块，调整其大小后，放置于阳台，如图 12-80 所示。

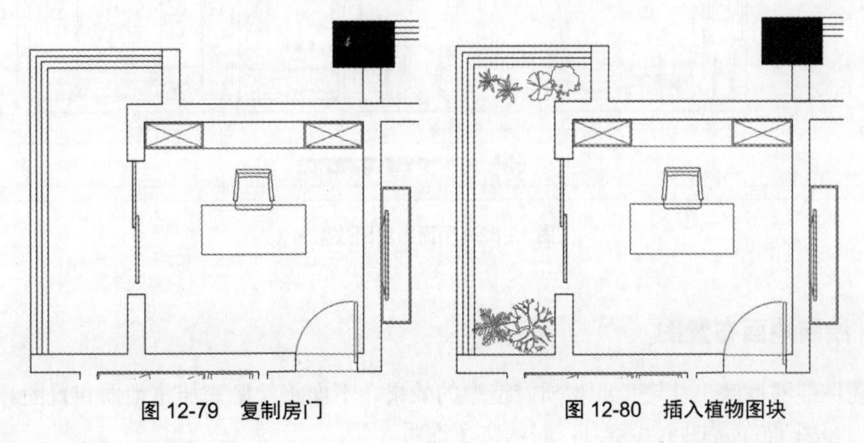

图 12-79　复制房门　　　　图 12-80　插入植物图块

Step35 将“W- 文字”层设为当前层。执行“文字样式”命令，新建“文字标注”样式，调整文字字体为“宋体”，设置文字大小为 200。

Step36 执行“多行文字”命令，标注文字说明。执行“复制”命令，复制文字到各个空间。双击文字，更改文字内容，如图 12-81 所示。

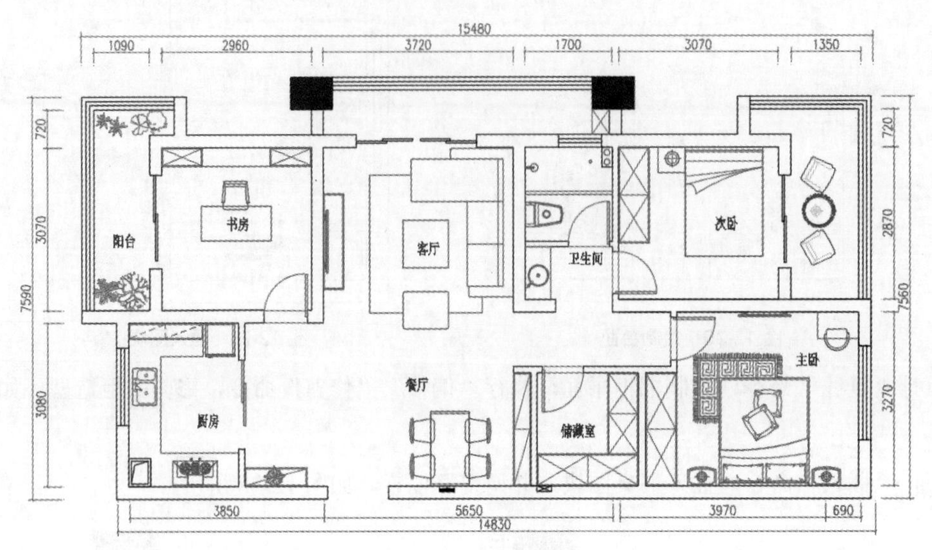

图 12-81　标注文字

Step37 复制原始户型图示至该图纸下方合适位置，双击图示说明文字，更改文字内容，平面布置图绘制完成，如图 12-82 所示。

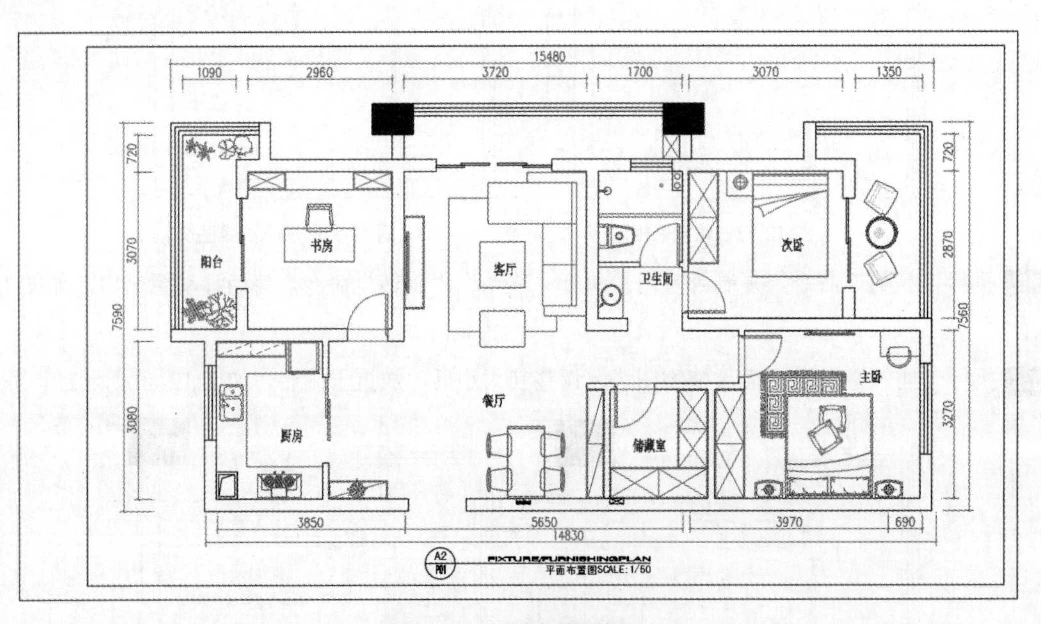

图 12-82　平面布置图效果

■ 12.2.3　绘制地面布置图

地面布置图能够反映出住宅地面材质及造型的效果，下面将绘制三居室地面布置图。

Step01 复制一份平面布置图至其下方，删除文字说明。

Step02 执行“直线”命令，绘制连接墙体过门石轮廓，如图 12-83 所示。

Step03 执行“图案填充”命令，填充地砖。拾取填充范围，选择填充图案类型“用户定义”，选择“双向”，“填充间距”为800，如图12-84所示。

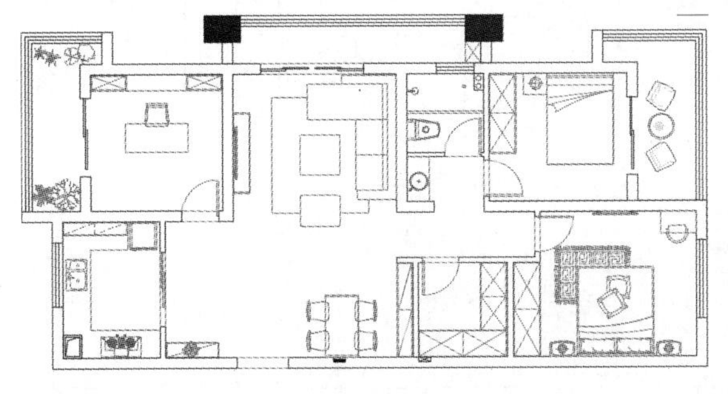

图 12-83 绘制过门石

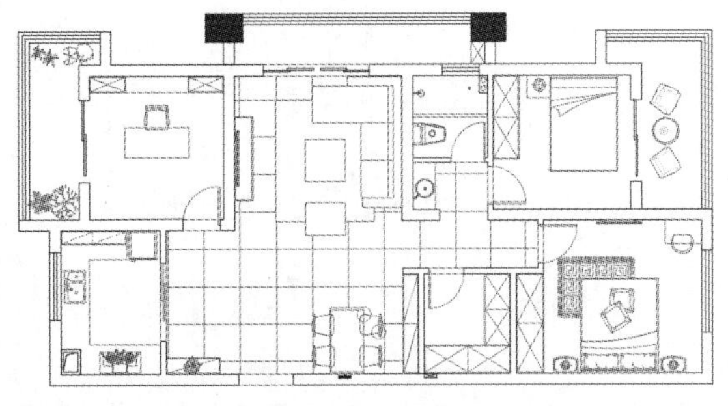

图 12-84 填充地砖

Step04 执行“图案填充”命令，填充卫生间和厨房地面。拾取填充范围，选择填充图案类型“用户定义”，选择“双向”，“填充间距”为300，如图12-85所示。

Step05 执行“图案填充”命令，填充实木地板。拾取填充范围，选择填充图案类型“预定义”，设置填充“图案”为DOLMIT，设置填充“比例”为15，如图12-86所示。

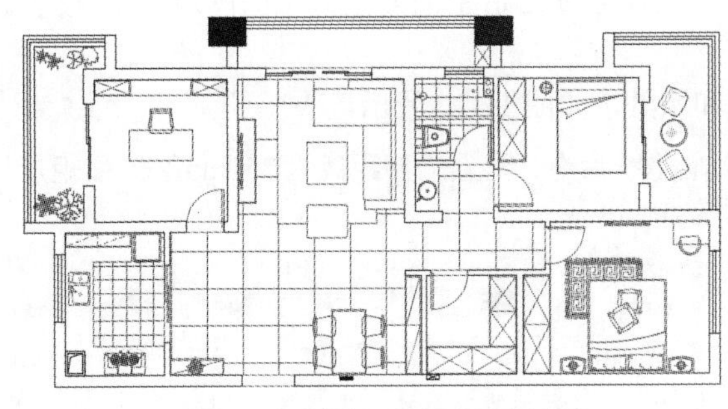

图 12-85 填充卫生间和厨房地面

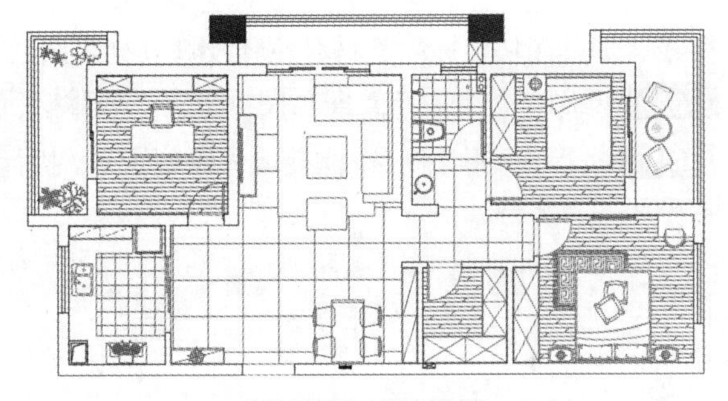

图 12-86 填充地板

Step06 执行“图案填充”命令，填充阳台地面。拾取填充范围，选择填充图案类型“用户定义”，选择“双向”，“填充间距”为300，如图12-87所示。

Step07 执行“图案填充”命令，填充过门石地面。拾取填充范围，选择填充图案类型“预定义”，设置填充“图案”为AR-CONC，设置填充“比例”为1，如图12-88所示。

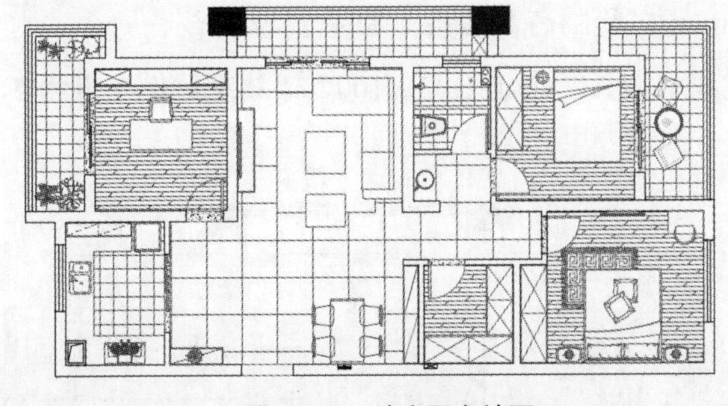

图 12-87 填充阳台地面

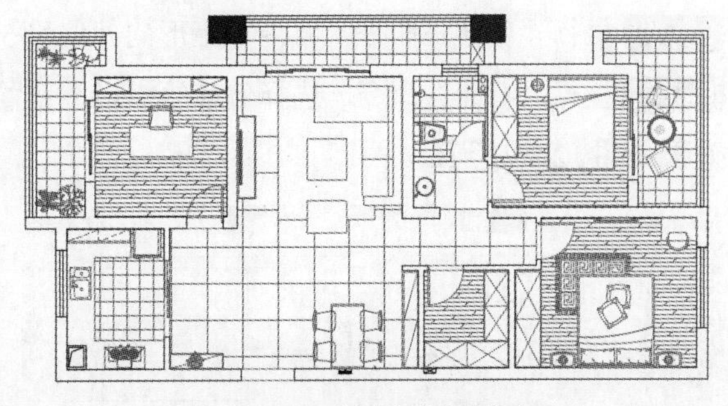

图 12-88 填充过门石地面

Step08 执行“多行文字”命令，并使用背景遮罩功能，添加地面材料说明。执行“复制”命令，复制文字说明。双击文字，更改文字内容，如图12-89所示。

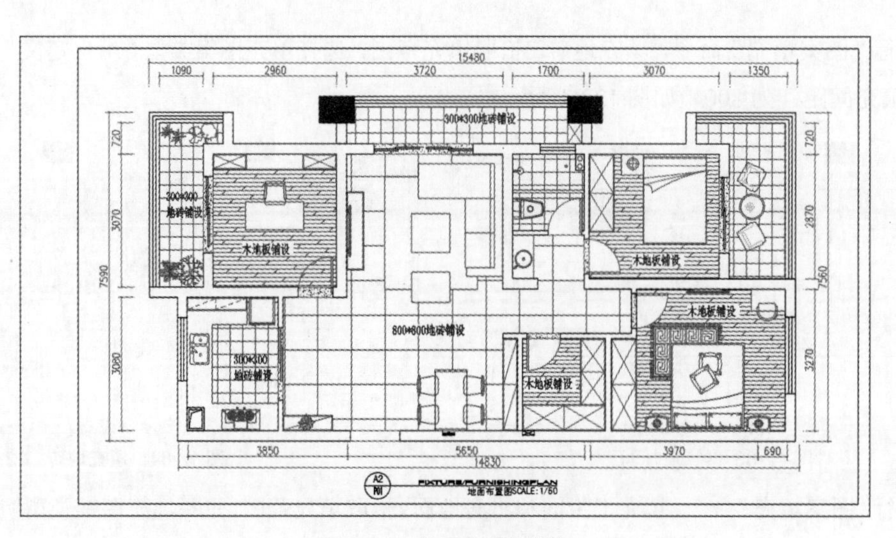

图 12-89　地面布置图效果

■ 12.2.4　绘制顶面布置图

顶棚图是施工图纸中的重要图纸之一，它能够反映住宅顶面造型的效果。顶面图通常由顶面造型线、灯具图块、标高、材料注释及灯具列表组成。

Step01 复制一份平面布置图至图纸下方，删除文字和家具，如图 12-90 所示。

Step02 执行“矩形”命令，捕捉墙体绘制矩形。执行“偏移”命令，设置偏移距离为 350mm，偏移矩形，如图 12-91 所示。

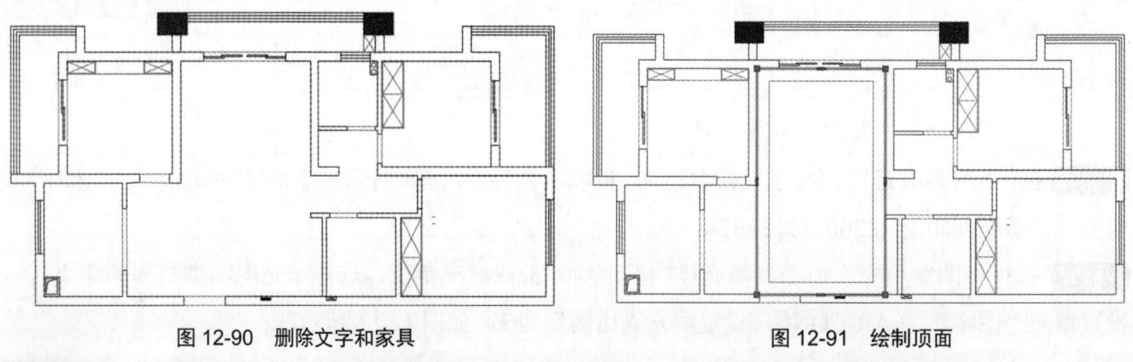
图 12-90　删除文字和家具　　图 12-91　绘制顶面

Step03 执行“偏移”命令，将内部矩形向外偏移 50mm，绘制石膏线条，如图 12-92 所示。

Step04 执行“特性”命令，选择偏移的矩形，设置线型为 ACAD-ISO03W100，“线型比例”设为 5，效果如图 12-93 所示。

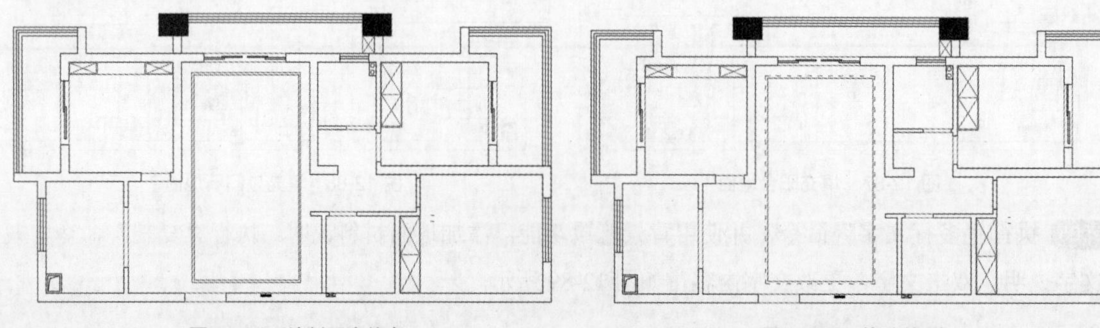
图 12-92　绘制石膏线条　　图 12-93　修改线型

Step05 执行“矩形”命令，绘制顶面吊顶，如图 12-94 所示。

Step06 执行“插入”命令，为客厅位置插入吊灯图块，移动到如图 12-95 所示的设置。

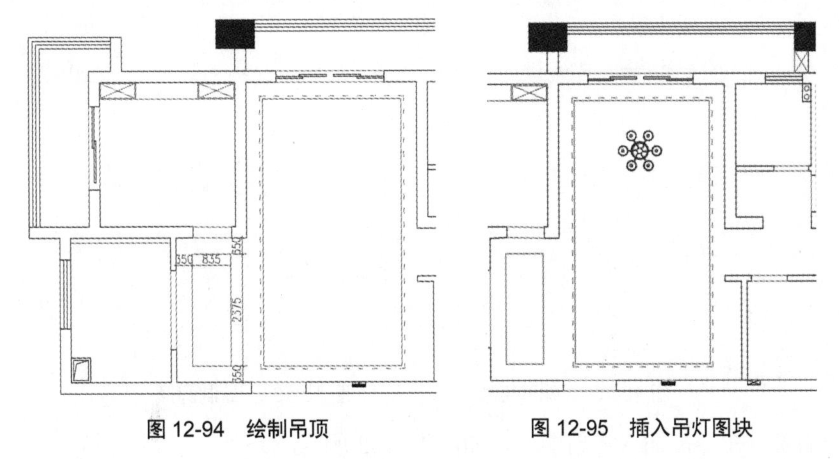

图 12-94　绘制吊顶　　图 12-95　插入吊灯图块

Step07 执行“插入”命令，插入其他灯具图块，将吸顶灯、筒灯等放置到合适的位置，如图 12-96 所示。

Step08 执行“矩形”命令，捕捉书房四角绘制矩形。执行“偏移”命令，依次将矩形向内偏移 30mm、50mm，绘制石膏线条，如图 12-97 所示。

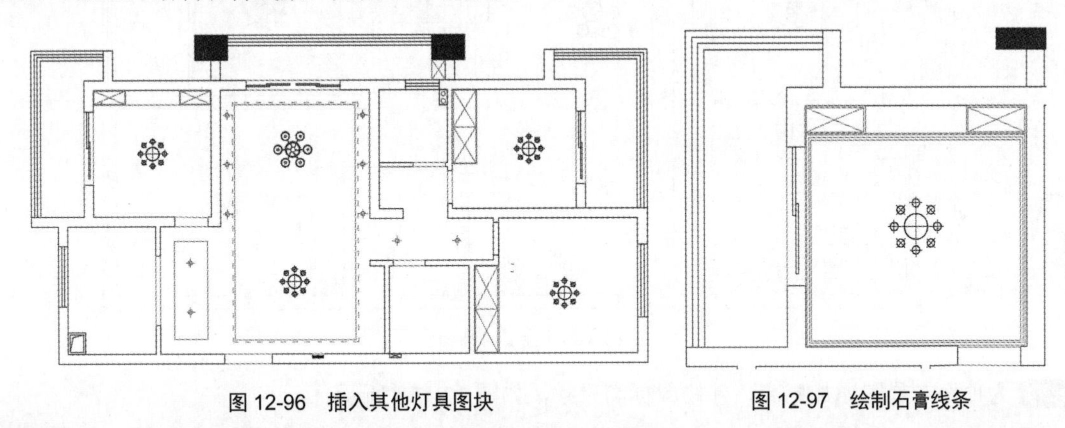

图 12-96　插入其他灯具图块　　图 12-97　绘制石膏线条

Step09 执行“图案填充”命令，选择填充图案类型“用户定义”，选择“双向”，“填充间距”设为 300，填充卫生间及厨房区域，如图 12-98 所示。

Step10 执行“矩形”命令，绘制长宽都为 300mm、圆角半径为 20mm 的矩形，如图 12-99 所示。

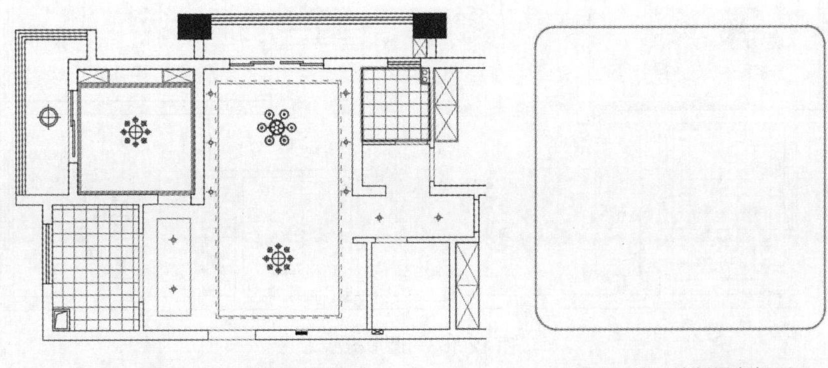

图 12-98　填充厨房顶面　　图 12-99　绘制圆角矩形

Step11 执行“偏移”命令，设置偏移距离为20mm，向内偏移矩形，如图12-100所示。

Step12 执行“圆”“偏移”命令，绘制灯泡。执行“直线”命令，设置极轴增量角45°，绘制斜线，如图12-101所示。

图12-100 偏移矩形

图12-101 绘制圆形

Step13 执行“插入”命令，插入浴霸图块，如图12-102所示。

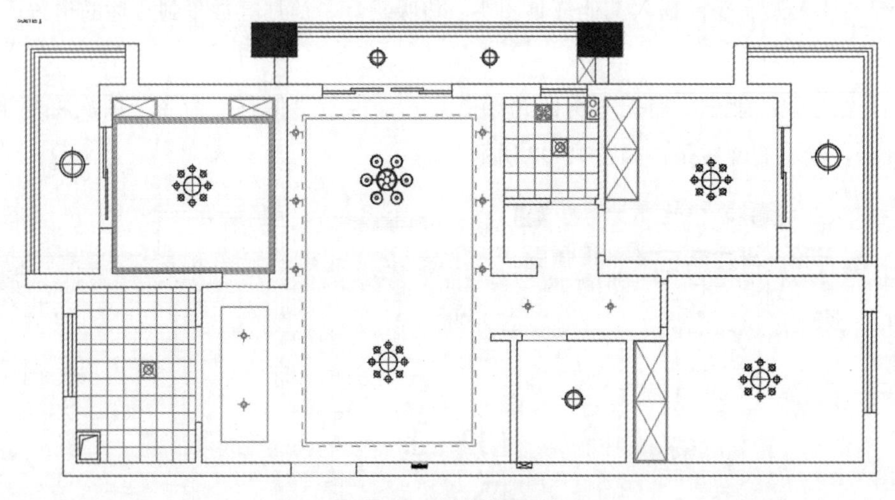

图12-102 插入浴霸图块

Step14 为顶面布置图添加标高，并修改标高尺寸，如图12-103所示。

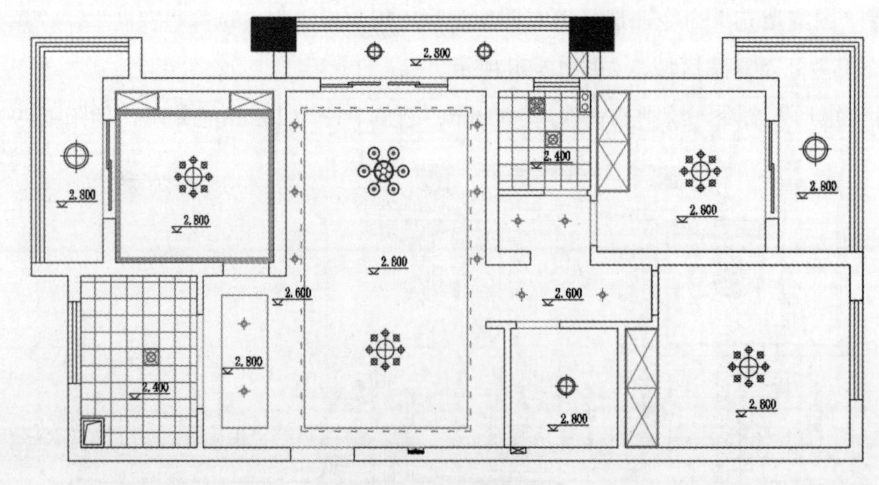

图12-103 添加标高

Step15 执行“多行文字”命令，绘制顶面吊顶文字说明。复制文字，更改文字内容，如图 12-104 所示。

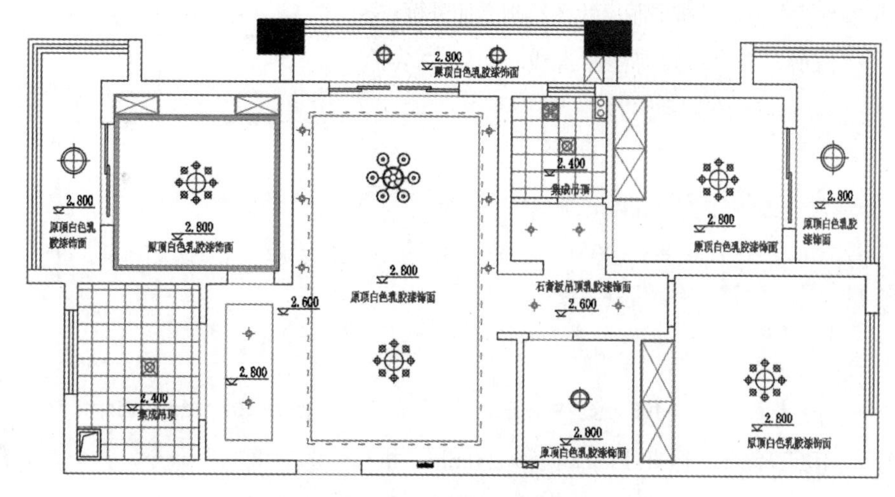

图 12-104　添加文字说明

Step16 双击图例说明文字，更改文字内容，顶面效果图绘制完成，如图 12-105 所示。

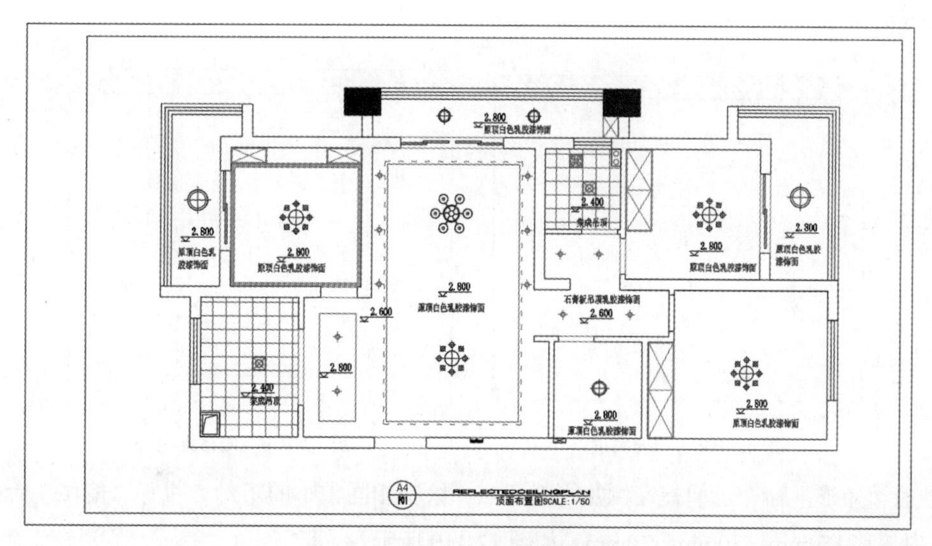

图 12-105　顶面布置效果图

12.3 绘制三居室立面图

立面图主要反映墙面的装饰造型、饰面处理以及剖切吊顶顶棚的断面形状、投影到的灯具等内容。施工人员会结合平、立面图纸来分析并开展施工作业。一般情况下，设计者只需绘制有设计造型的立面图即可。

■ 12.3.1　绘制客厅立面图

客厅是家居设计中的设计亮点，主要体现在电视背景墙。下面就结合平面图纸中的尺寸布置绘制客厅立面图，步骤如下。

Step01 复制平面布置图，执行“旋转”“修剪”命令，修剪图形，如图 12-106 所示。

Step02 执行“直线”命令，根据平面尺寸图绘制立面外框，执行“偏移”“修剪”命令，修剪立面直线，如图 12-107 所示。

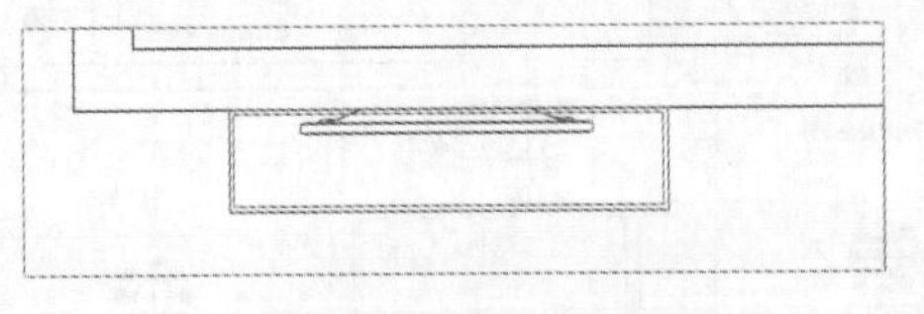

图 12-106　修剪平面图

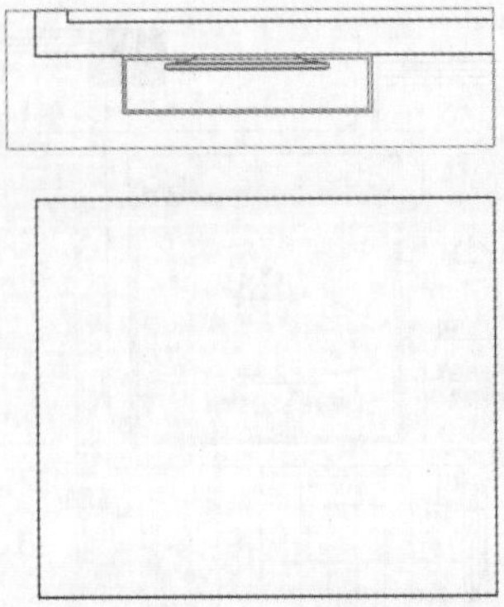

图 12-107　绘制立面外框

Step03 执行“偏移”命令，将直线向下偏移 200mm。执行“图案填充”命令，拾取填充范围，选择填充“图案”为 ANSI31，设置填充“比例”为 20，如图 12-108 所示。

Step04 执行“偏移”命令，将左右两边直线分别向内偏移 700mm。执行“修剪”命令，修剪直线，如图 12-109 所示。

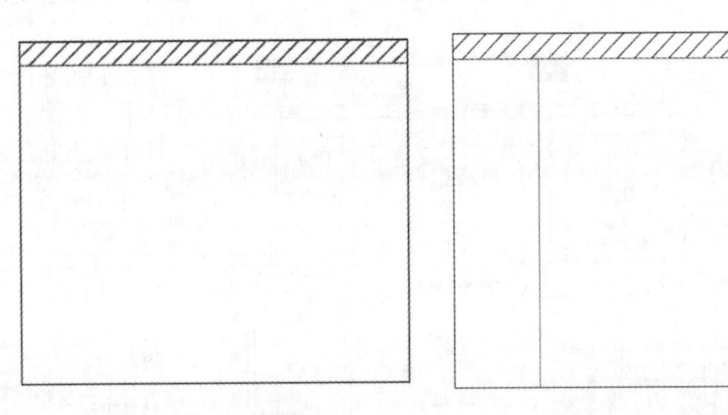

图 12-108　填充吊顶层

图 12-109　偏移直线

Step05 执行“矩形”命令，捕捉左侧矩形对角点，绘制相同大小的矩形。执行“偏移”命令，将矩形依次向内偏移 150mm、30mm、20mm，如图 12-110 所示。

Step06 选择中间矩形，执行“特性”命令，更改矩形颜色为“8 号”灰色，如图 12-111 所示。

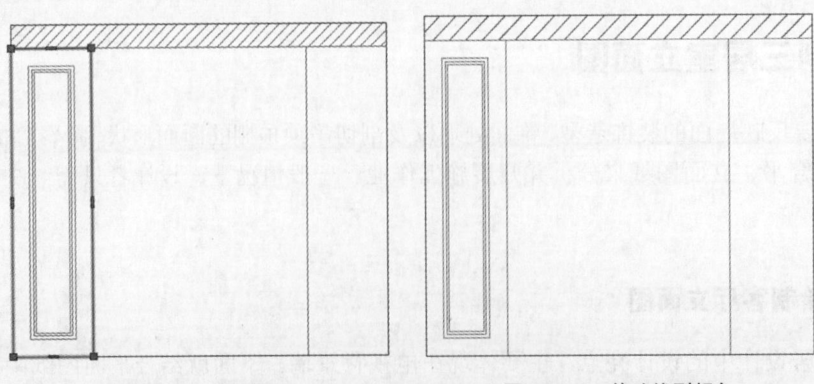

图 12-110　偏移矩形

图 12-111　修改线型颜色

Step07 执行“图案填充”命令，拾取填充范围，选择填充图案 CROSS，设置填充“比例”为 10，填充左侧矩形区域，如图 12-112 所示。

Step08 执行“插入”命令，插入壁灯立面图块，如图 12-113 所示。

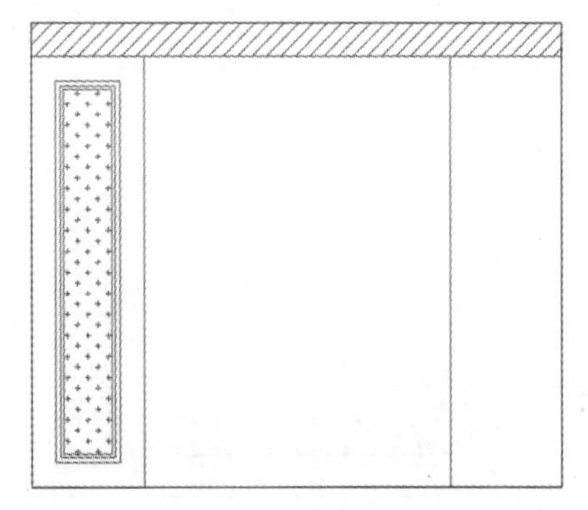

图 12-112　填充图案

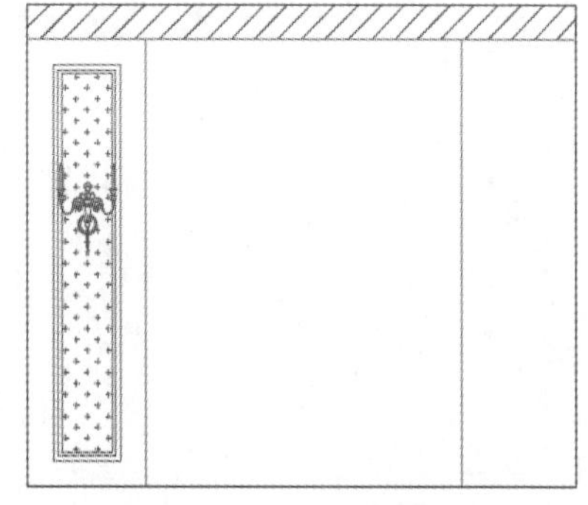

图 12-113　插入壁灯

Step09 执行“镜像”命令，以立面造型中心为镜像点，将左侧造型进行镜像复制，如图 12-114 所示。

Step10 执行“格式”|“点样式”命令，打开“点样式”对话框，选择点样式。执行“定数等分”命令，选择直线，设置等分数量为 6，如图 12-115 所示。

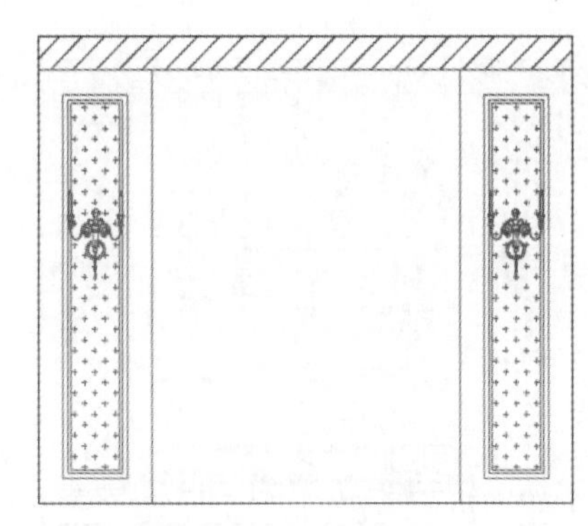

图 12-114　镜像复制

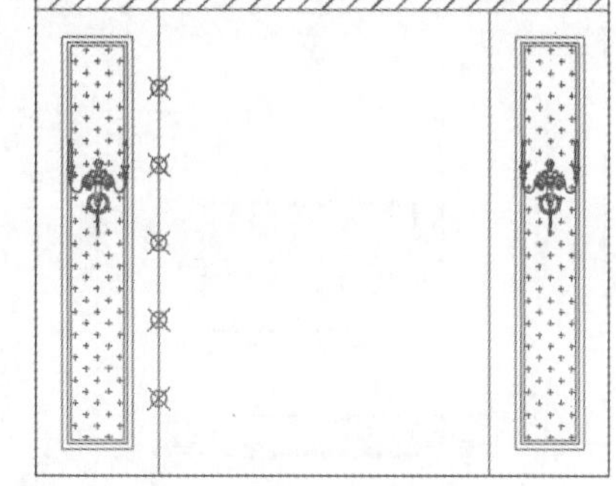

图 12-115　等分直线

Step11 执行“直线”命令，连接等分点依次绘制直线，如图 12-116 所示。

Step12 执行“直线”命令，选择直线中心点向下绘制直线。执行“偏移”命令，将直线分别向两边偏移 500mm。执行“延伸”命令，将偏移线向下延伸一层。然后执行“修剪”命令，减去上一层的竖线，如图 12-117 所示。

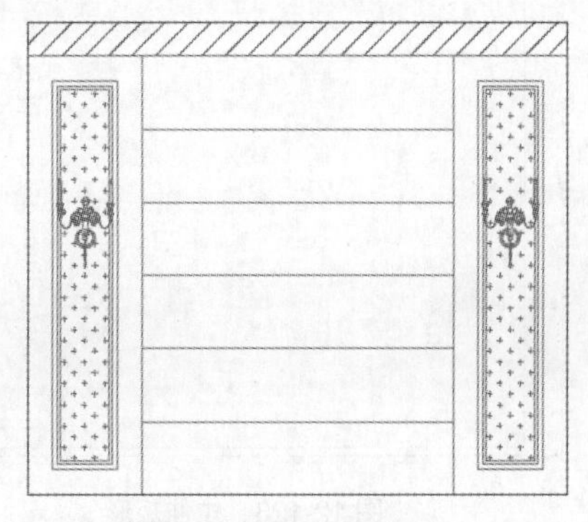

图 12-116　绘制直线

图 12-117　偏移直线

Step13 执行“复制”命令，选择竖向直线，并依次向下复制直线，如图 12-118 所示。

Step14 执行“插入”命令，插入电视柜图块，调整好电视柜的大小，并将其放置在背景墙中心位置，如图 12-119 所示。

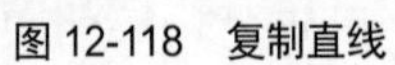

图 12-118　复制直线

图 12-119　插入电视柜

Step15 插入电视机图块，执行“修剪”命令，修剪填充图案和直线，如图 12-120 所示。

Step16 执行“图案填充”命令，拾取填充范围，选择填充图案 AR-CONC，设置填充“比例”为 1，填充背景墙，如图 12-121 所示。

图 12-120　插入电视机

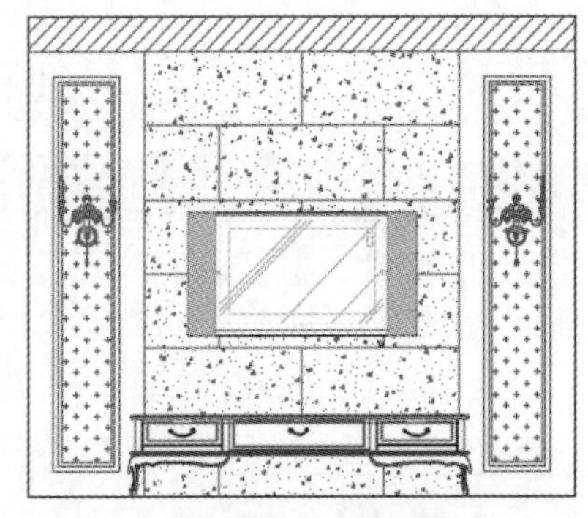

图 12-121　填充背景墙

Step17 执行“矩形”命令，绘制 420mm×297mm 矩形。执行“偏移”命令，将矩形向内偏移 5mm，如图 12-122 所示。

Step18 执行“拉伸”命令，将内部矩形左边向内拉伸 20mm，如图 12-123 所示。

图 12-122　绘制矩形框

图 12-123　拉伸矩形

Step19 执行“缩放”命令，将矩形放大。执行“移动”命令，将图形移至图框中，如图 12-124 所示。

Step20 打开“标注样式管理器”对话框，新建“立面标注”样式，如图 12-125 所示。

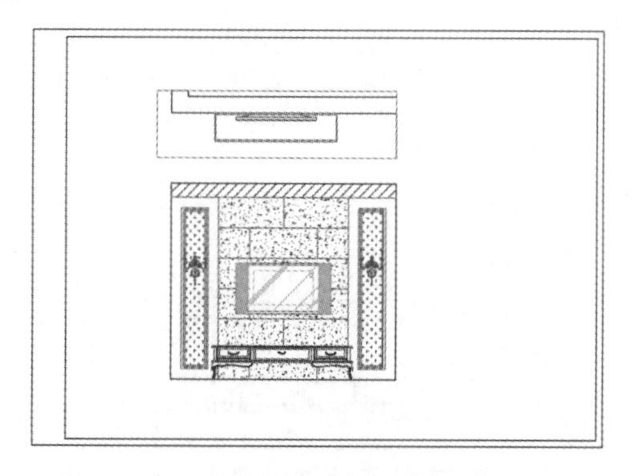

图 12-124　放大图框

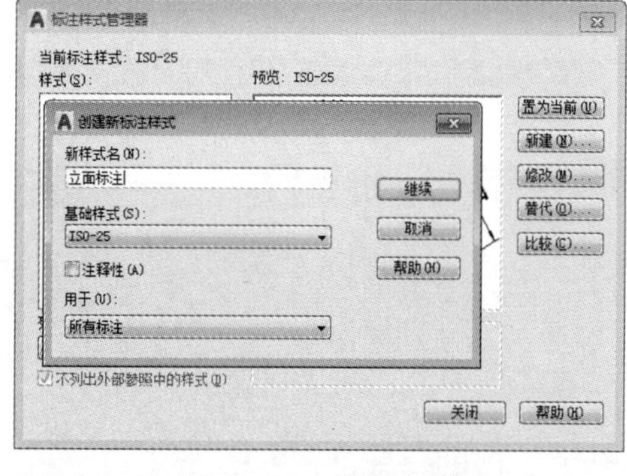

图 12-125　新建标注样式

Step21 设置“线”参数，勾选“固定长度的尺寸界线”复选框，将“长度”设为 8，如图 12-126 所示。

Step22 设置“符号和箭头”参数，选择“第一个”“第二个”为建筑标记，如图 12-127 所示。

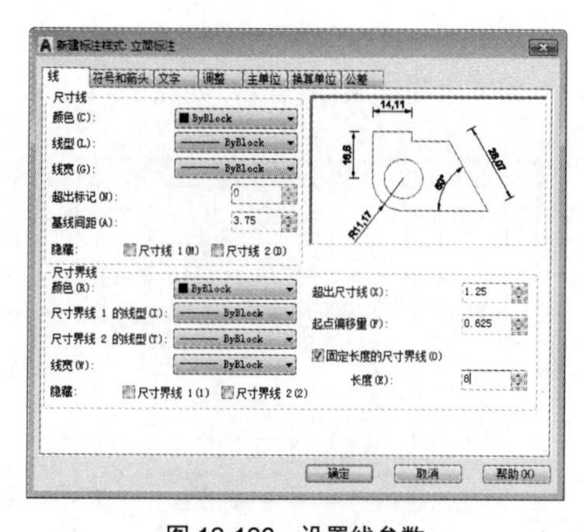

图 12-126　设置线参数

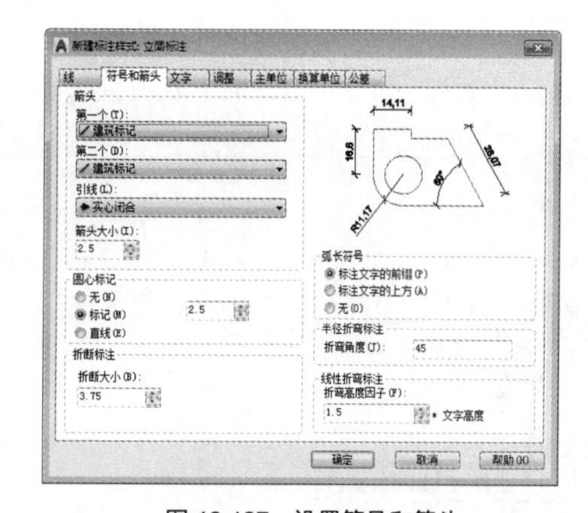

图 12-127　设置符号和箭头

Step23 保存“文字”默认参数。设置“调整”参数，将“使用全局比例”设为 20，其他参数保持默认，如图 12-128 所示。

Step24 设置“主单位”参数，设置“精度”为 0，其他参数保持默认，如图 12-129 所示。

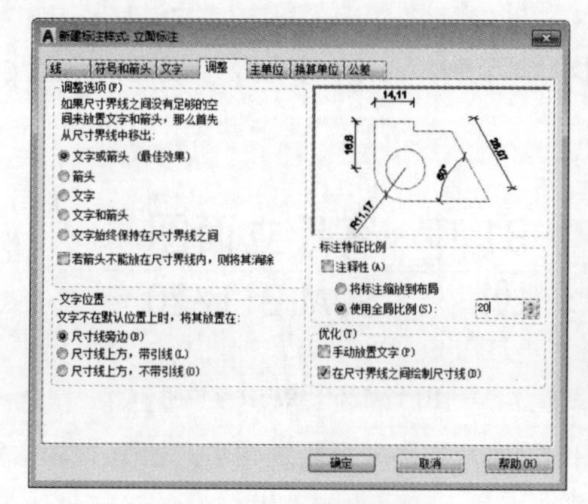

图 12-128　设置全局比例

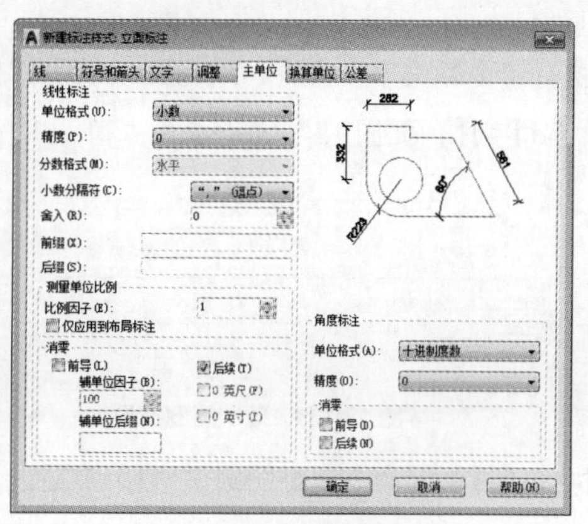

图 12-129　设置主单位

Step25 选择标注样式“立面标注”，将其置为当前标注样式，如图 12-130 所示。

Step26 执行“线性”“连续”标注命令，标注立面尺寸，如图 12-131 所示。

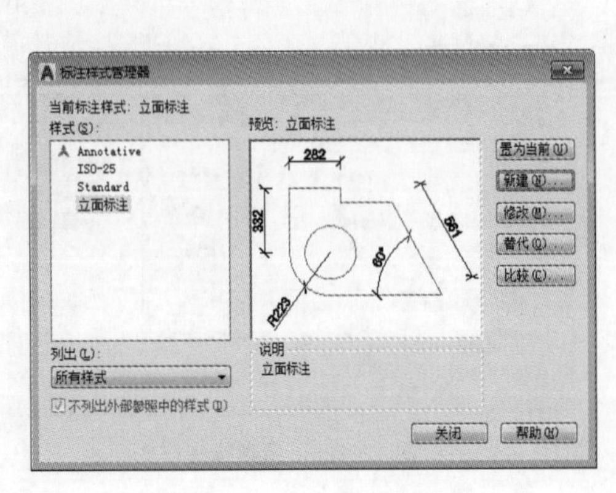

图 12-130　置为当前

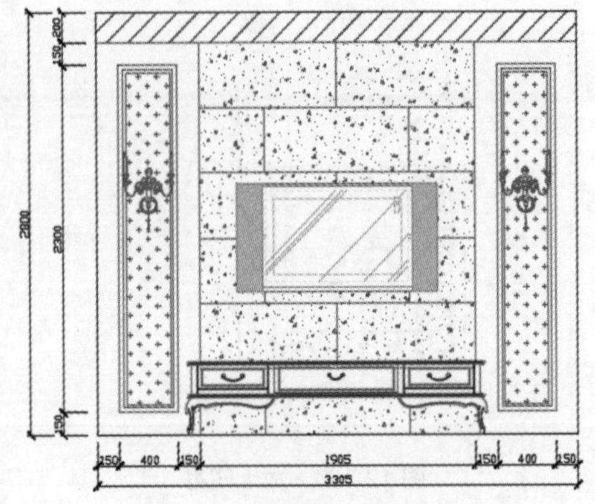

图 12-131　标注尺寸

Step27 执行 LE 引线命令，绘制引线标注。双击文字，更改文字大小和字体，标注材料名称，如图 12-132 所示。

Step28 执行“复制”命令，依次向下复制引线说明，双击文字更改文字内容，如图 12-133 所示。

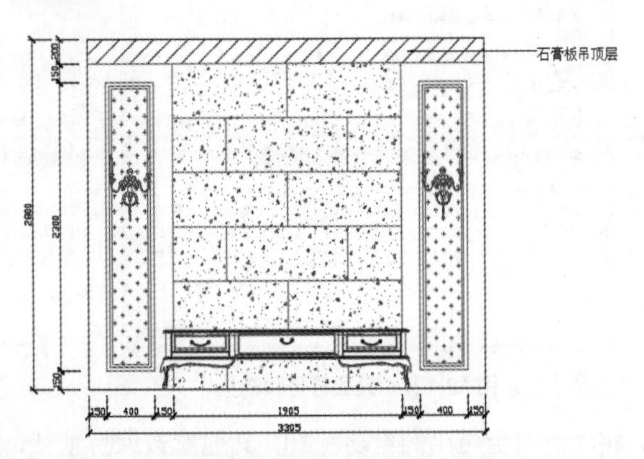

图 12-132　引线标注

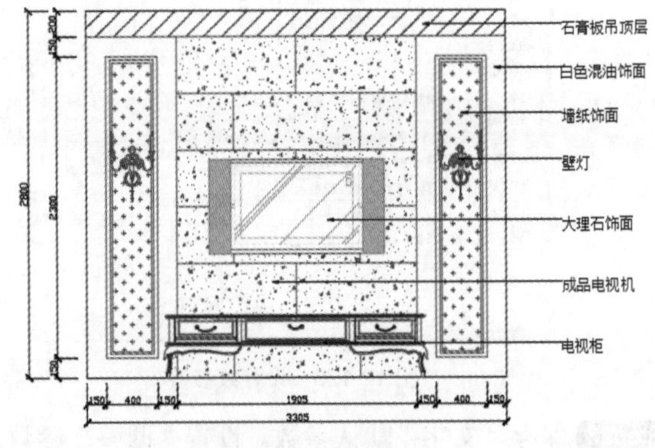

图 12-133　引线标注

Step29 执行“圆”命令，绘制图例符号。执行“直线”命令，捕捉圆形象限点，绘制直线，如图 12-134 所示。

Step30 执行“多行文字”命令，绘制文字说明。执行“复制”命令，复制文字说明。双击文字，更改文字大小和字体，如图 12-135 所示。

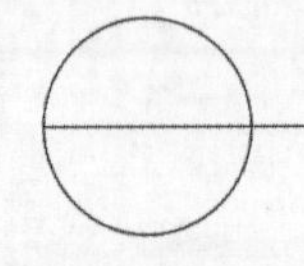

图 12-134　绘制图例符号

B1　客厅立面图

L01　SCALE:1/20

图 12-135　绘制文字说明

Step31 执行“移动”命令，将图例说明移到立面图中。客厅立面效果绘制完毕，如图 12-136 所示。

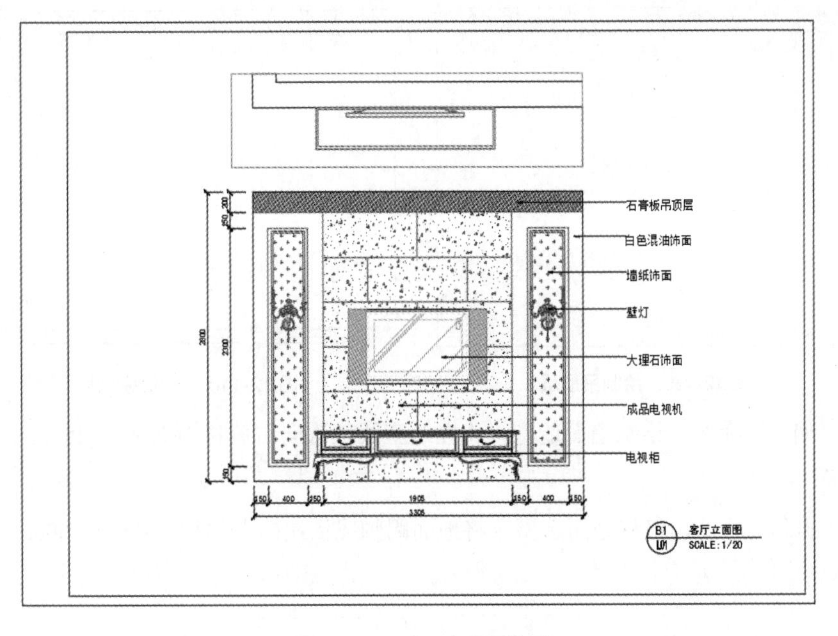

图 12-136　客厅立面图效果

■ 12.3.2　绘制卧室立面图

下面根据平面图绘制卧室立面图，步骤如下。

Step01 复制卧室平面布置图，执行“旋转”“修剪”命令修剪图形，如图 12-137 所示。

Step02 执行“直线”命令，根据平面尺寸图绘制立面外框。执行“偏移”“修剪”命令，修剪立面直线，如图 12-138 所示。

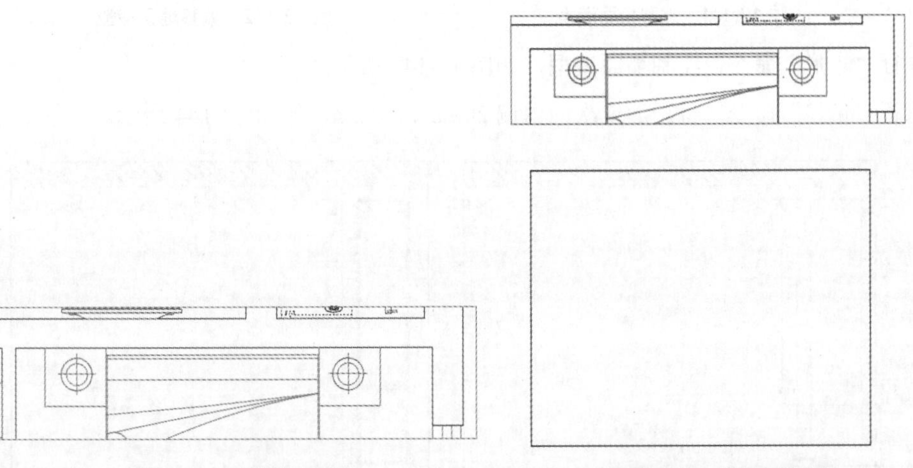

图 12-137　修剪平面　　图 12-138　绘制立面外框

Step03 执行“偏移”命令，将直线向下偏移 200mm。执行“图案填充”命令，拾取填充范围，选择填充图案 ANSI31，设置填充“比例”为 20，如图 12-139 所示。

Step04 执行“偏移”命令，绘制踢脚线，将地面直线依次向上偏移 50mm、30mm、50mm，如图 12-140 所示。

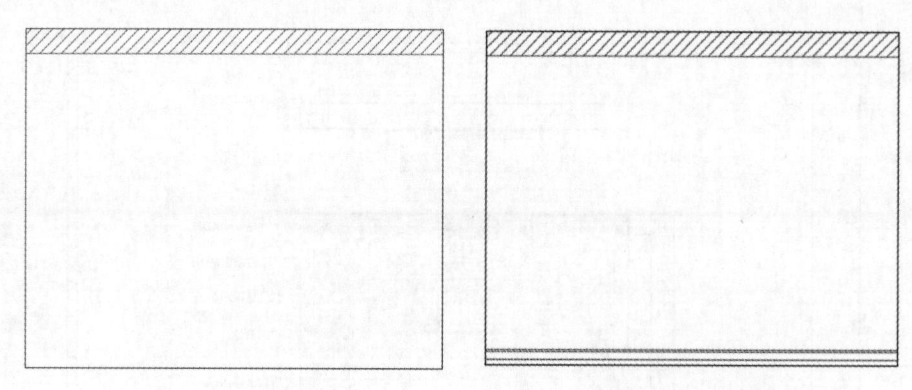

图 12-139　绘制吊顶层　　图 12-140　偏移踢脚线

Step05 执行“偏移”命令，绘制墙面造型，将左边直线依次向右偏移 160mm、450mm、120mm，如图 12-141 所示。

Step06 执行“偏移”命令，偏移地面造型，将地面踢脚线依次向上偏移 120mm、500mm、1560mm，如图 12-142 所示。

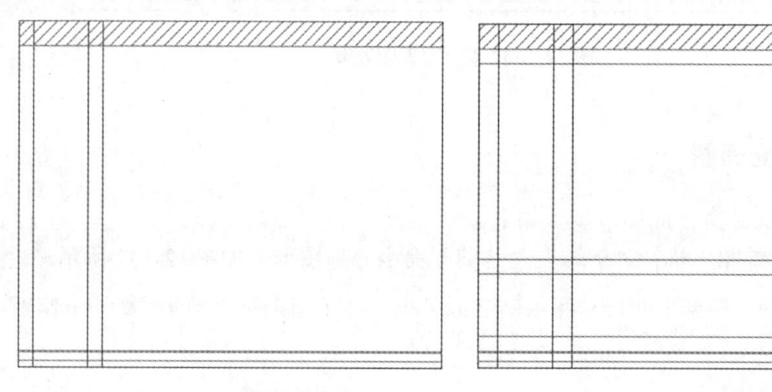

图 12-141　偏移墙面造型　　图 12-142　偏移地面造型

Step07 执行“矩形”命令，绘制墙面造型，如图 12-143 所示。

Step08 执行“偏移”命令，将矩形依次向内偏 20mm、10mm，如图 12-144 所示。

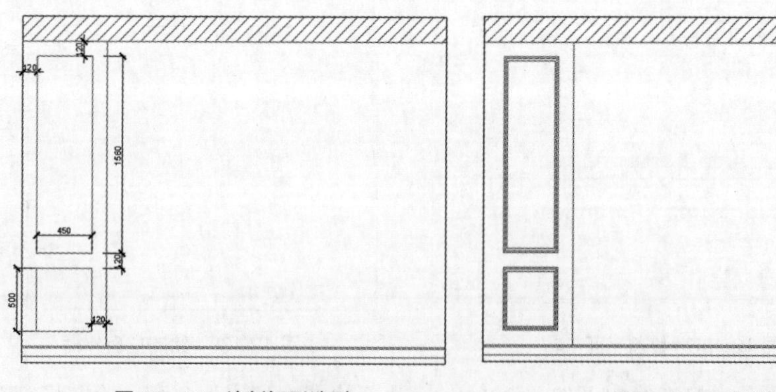

图 12-143　绘制矩形造型　　图 12-144　偏移矩形

Step09 选择中间矩形，执行“特性”命令，更改矩形颜色为“8 号”灰色，如图 12-145 所示。

Step10 执行“图案填充”命令，填充墙面造型，选择填充图案 ANSI35，设置填充“角度”为 45，填充“比例”为 10，如图 12-146 所示。

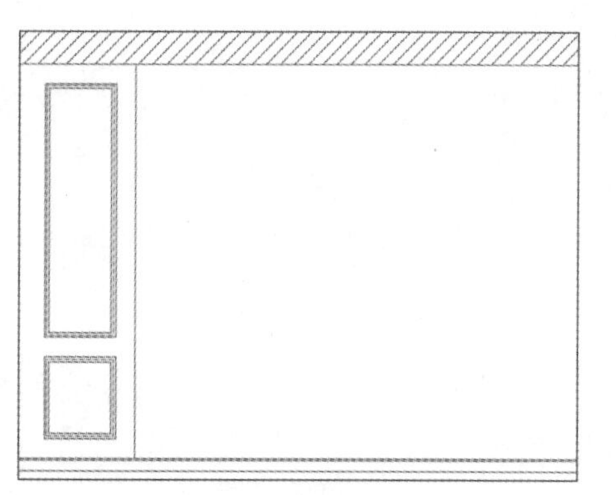

图 12-145　修改矩形颜色

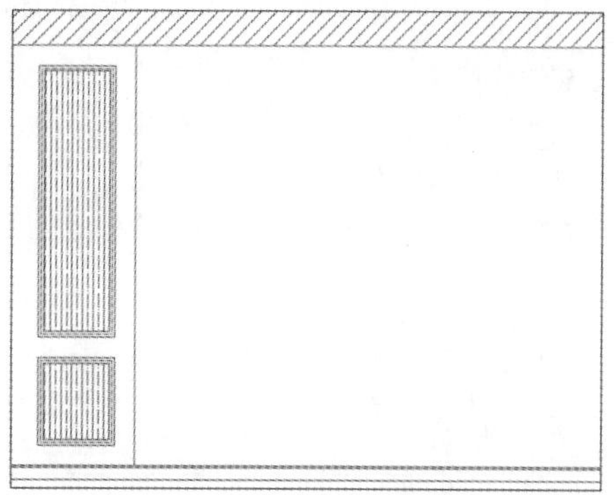

图 12-146　填充墙纸

Step11 执行“镜像”命令，选择墙面造型，以背景墙中心点为基点，镜像复制造型，如图 12-147 所示。

Step12 执行“矩形”命令，捕捉造型角点绘制矩形。执行“偏移”命令，将矩形依次向内偏移 20mm 和 300mm，如图 12-148 所示。

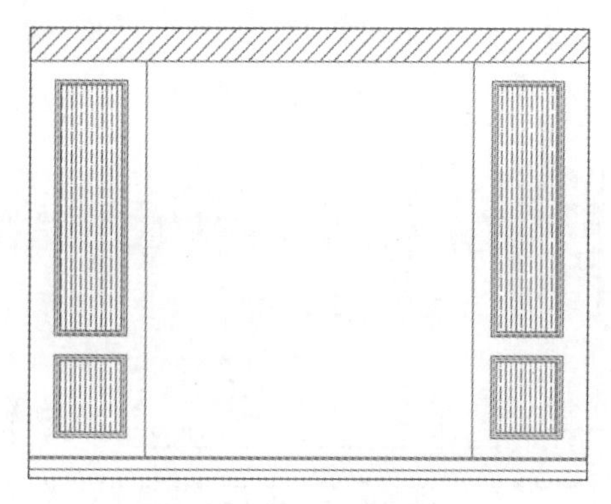

图 12-147　镜像复制造型

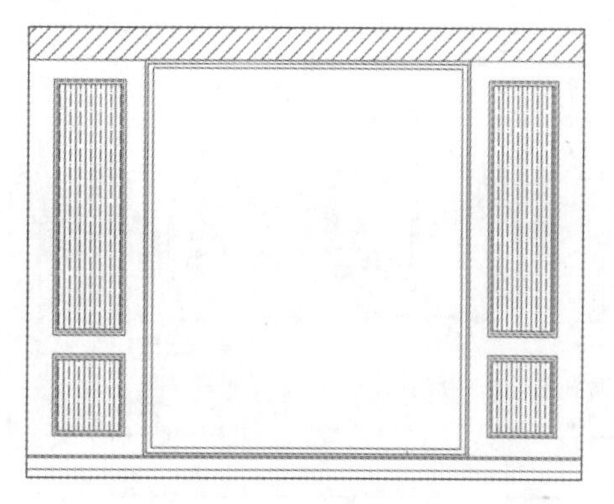

图 12-148　偏移矩形

Step13 执行“图案填充”命令，填充背景墙造型，选择图案类型“用户定义”，设置填充“角度”为 45，选择“双向”，设置“间距”为 400，如图 12-149 所示。

Step14 执行“插入”命令，插入双人床图块至背景墙中心位置，如图 12-150 所示。

图 12-149　填充背景墙

图 12-150　插入双人床图块

Step15 执行“修剪”命令，修剪背景墙造型和双人床交叉部分，如图 12-151 所示。

Step16 执行“插入”命令，插入装饰画模型。执行“修剪”命令，修剪造型，如图 12-152 所示。

图 12-151　修剪图案

图 12-152　插入装饰画

Step17 执行“线性”“连续”标注命令，标注立面尺寸，如图 12-153 所示。

Step18 执行 LE（引线）命令，绘制引线标注。执行“复制”命令，依次向下复制引线说明。双击文字，更改文字内容，如图 12-154 所示。

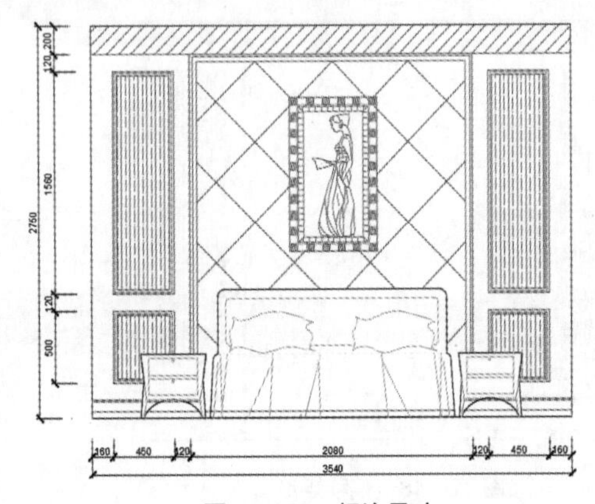

图 12-153　标注尺寸

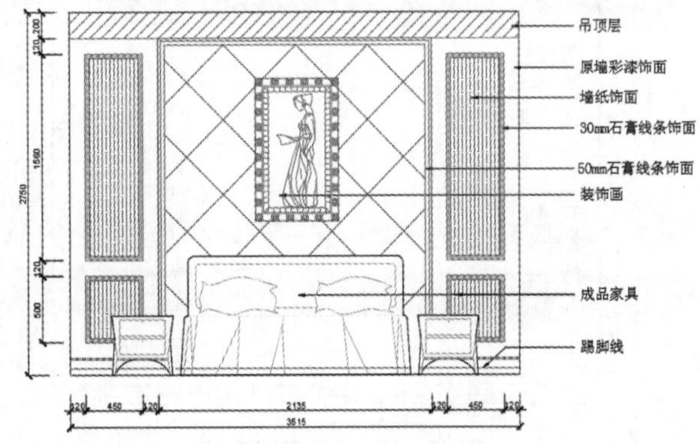

图 12-154　修改引线说明

Step19 执行“复制”命令，复制立面图框和图示内容。执行“移动”命令，将立面图移动到相应位置。双击图示文字，修改其内容，如图 12-155 所示。

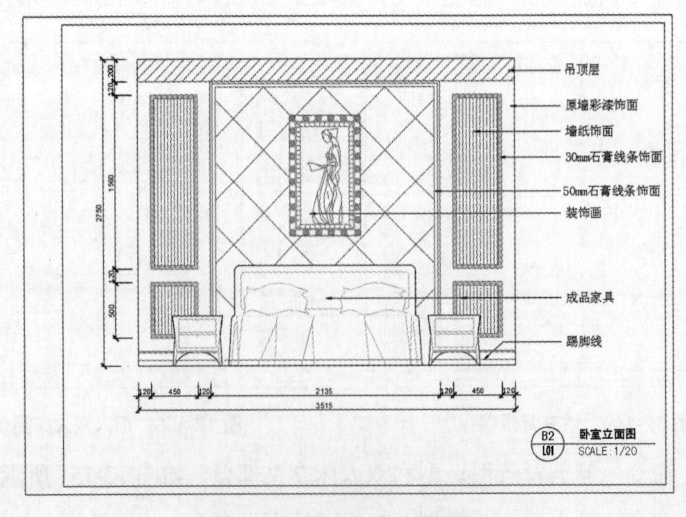

图 12-155　卧室立面效果图

12.4 绘制三居室剖面详图

剖面图主要表现一些施工工艺，施工人员可按照图纸尺寸进行相应的操作。下面将以客厅吊顶、电视背景墙造型剖面为例，来介绍施工详图的绘制方法。

12.4.1 绘制客厅吊顶剖面图

首先介绍客厅区域吊顶剖面图形的绘制，步骤如下。

Step01 执行“圆”命令，绘制剖切符号。执行“直线”命令，绘制剖切直线，如图 12-156 所示。

Step02 执行“多行文字”命令，绘制文字说明。执行“多段线”命令，设置线宽为 5mm，绘制剖切符号，如图 12-157 所示。

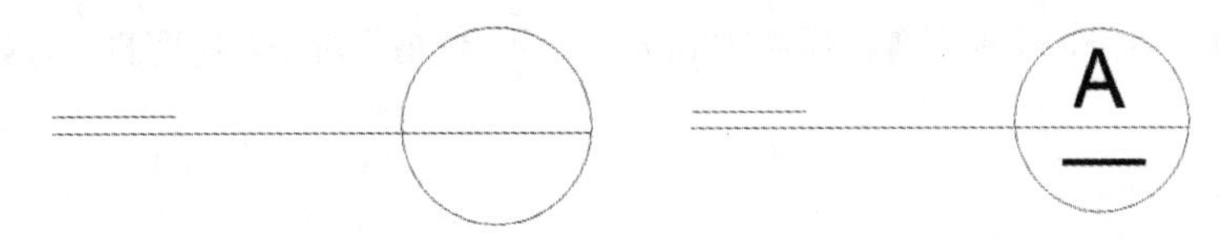

图 12-156　绘制剖切符号　　图 12-157　绘制标注文字

Step03 执行“移动”命令，选择剖切符号，将符号移动到如图 12-158 所示位置。

Step04 执行“直线”“偏移”命令，绘制墙体剖面。执行“倒角”命令，修剪直角，如图 12-159 所示。

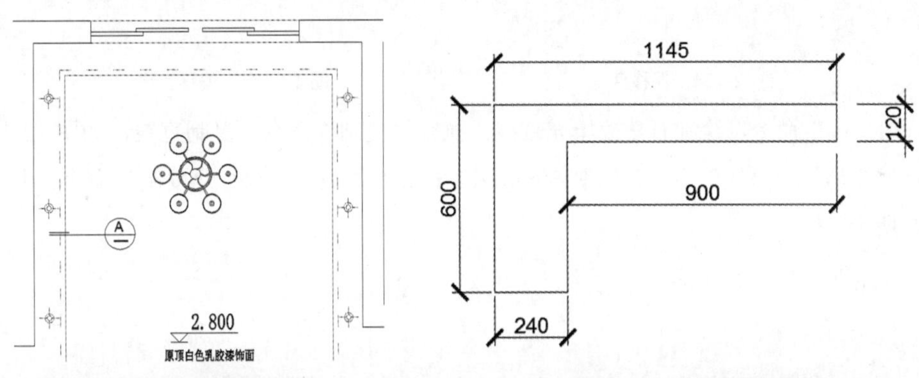

图 12-158　移动剖面符号　　图 12-159　绘制墙体剖面

Step05 执行“图案填充”命令，拾取填充范围，选择填充图案 ANSI31，设置填充比例 10，填充墙体，如图 12-160 所示。

Step06 执行“图案填充”命令，拾取填充范围，选择填充图案 AR-CONC，设置填充“比例”为 1，如图 12-161 所示。

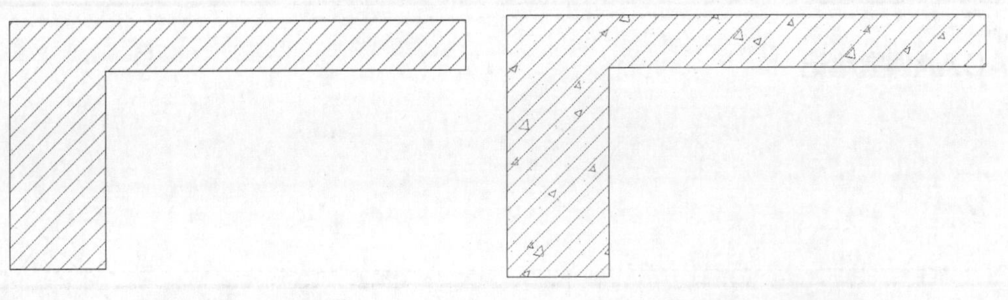

图 12-160　填充墙体　　图 12-161　填充墙体

Step07 执行“删除”命令，删除墙体外框，如图 12-162 所示。

Step08 执行“直线”“偏移”命令，绘制顶面剖面。执行“修剪”命令，修剪剖面造型，如图 12-163 所示。

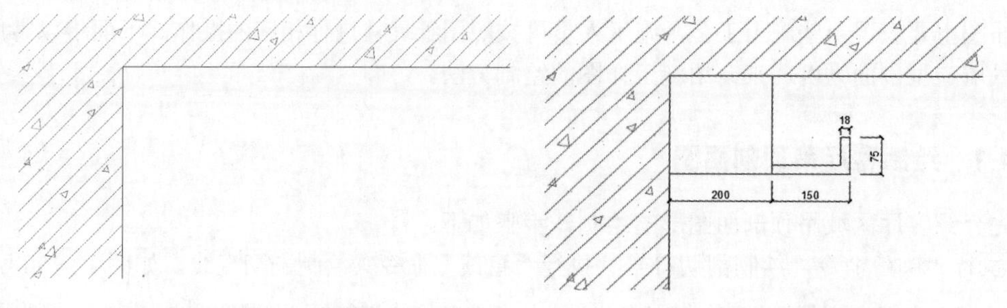

图 12-162　删除墙体　　图 12-163　绘制吊顶剖面

Step09 执行“偏移”命令，偏移顶面乳胶漆厚度 3mm。执行“修剪”命令，修剪直线，如图 12-164 所示。

Step10 执行“偏移”命令，绘制石膏板厚度 18mm。执行“修剪”命令，修剪直线，如图 12-165 所示。

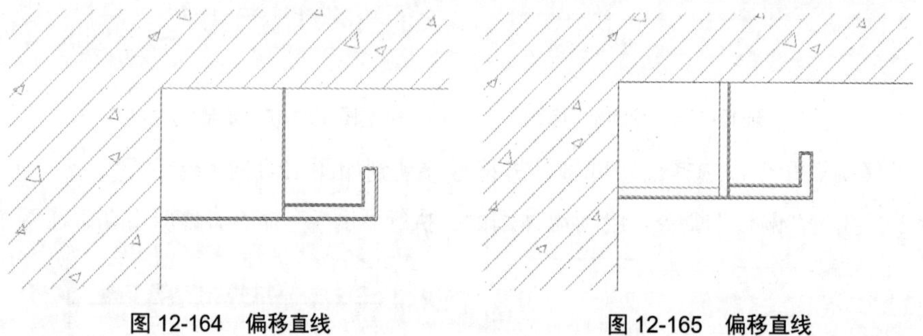

图 12-164　偏移直线　　图 12-165　偏移直线

Step11 执行“直线”命令，绘制石膏板填充直线。执行“复制”命令，复制直线，如图 12-166 所示。

Step12 执行“矩形”“直线”命令，绘制 30mm×30mm 龙骨截面。执行“复制”命令，复制截面，如图 12-167 所示。

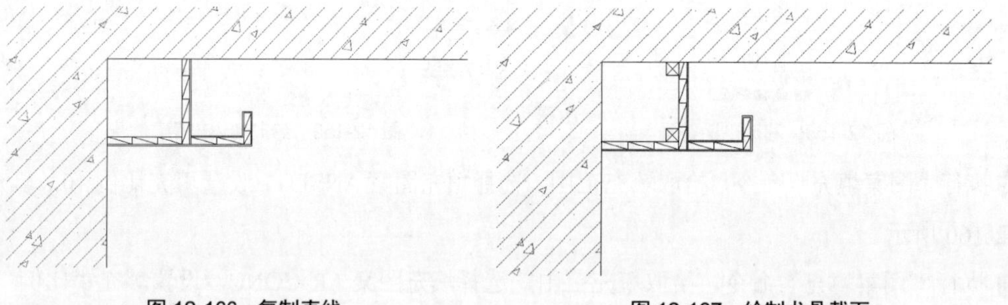

图 12-166　复制直线　　图 12-167　绘制龙骨截面

Step13 执行“直线”命令，连接龙骨，绘制龙骨横面，如图 12-168 所示。

Step14 执行“矩形”命令，绘制 40mm×20mm 矩形，绘制灯带截面底座，如图 12-169 所示。

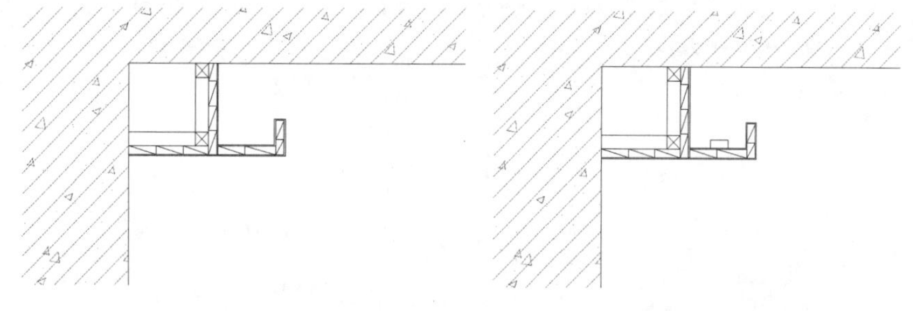

图 12-168　连接直线　　　　图 12-169　绘制矩形

Step15 执行“圆”“偏移”命令，绘制半径为 15mm 的灯带截面。执行“直线”命令，绘制灯具符号，如图 12-170 所示。

Step16 执行“标注样式管理器”命令，新建标注样式 J-10，如图 12-171 所示。

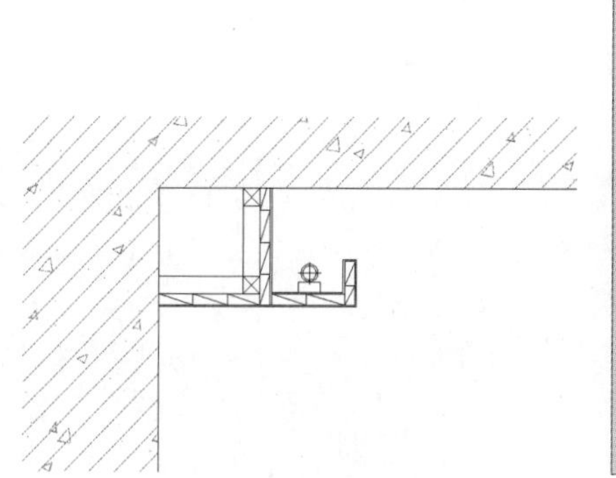

图 12-170　绘制灯具

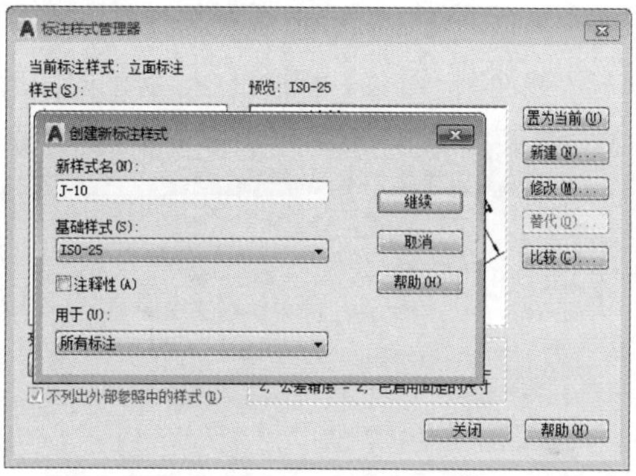

图 12-171　新建标注样式

Step17 设置“线”参数，勾选“固定长度的尺寸界线”复选框，将“长度”设为 8，其他参数保存默认，如图 12-172 所示。

Step18 设置“符号和箭头”参数，选择“第一个”“第二个”为建筑标记，设置“引线”为“点”，其他参数保持默认，如图 12-173 所示。

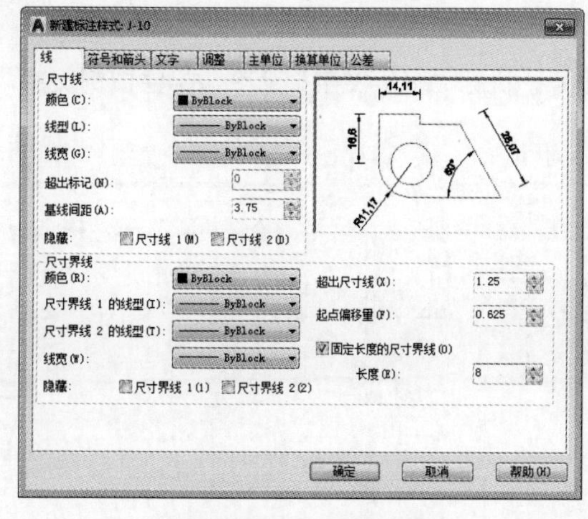

图 12-172　设置线参数

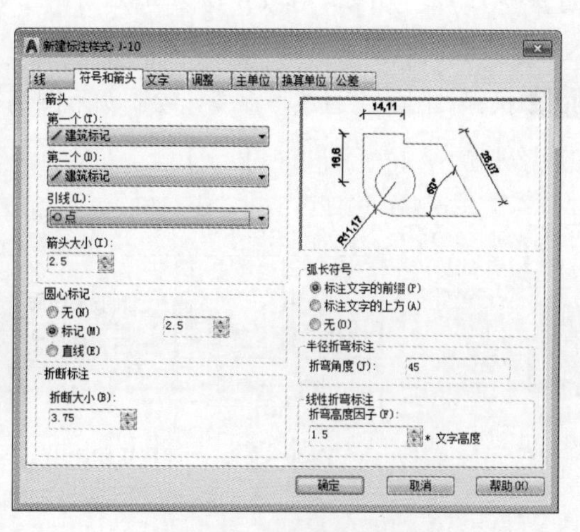

图 12-173　设置符号和箭头

Step19 设置“文字高度”为3，其他参数保持默认，如图12-174所示。

Step20 设置“调整”参数，将“使用全局比例”设为5，其他参数保持默认，如图12-175所示。

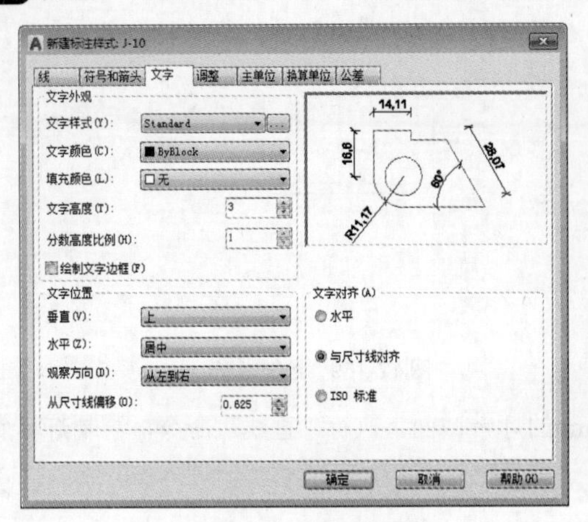

图 12-174 设置文字高度

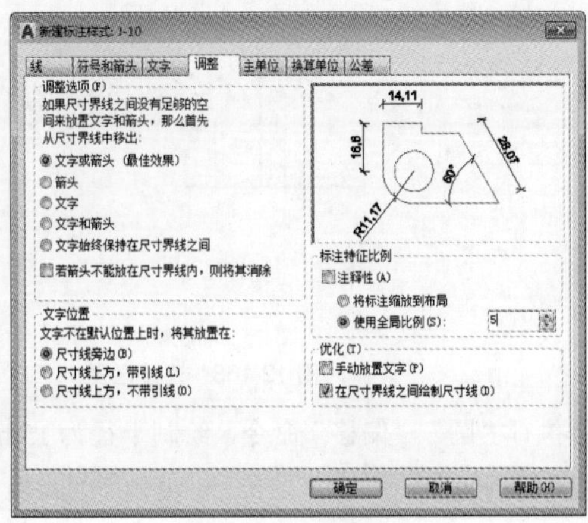

图 12-175 调整全局比例

Step21 设置主单位“精度”为0，其他参数保持默认，将J-10样式置为当前样式，如图12-176所示。

Step22 执行“线性”“连续”标注命令，标注立面尺寸，如图12-177所示。

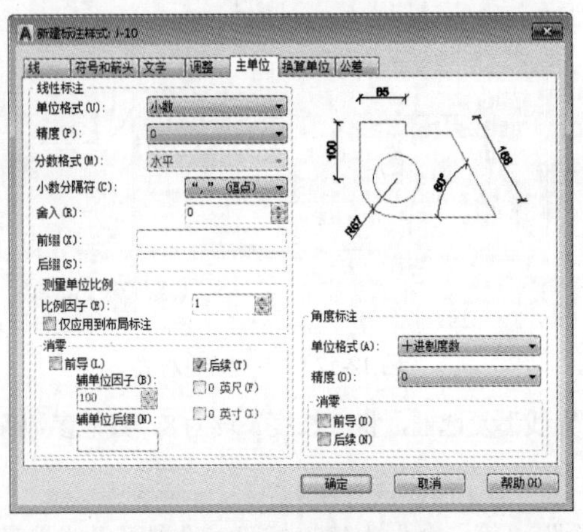

图 12-176 设置全局比例

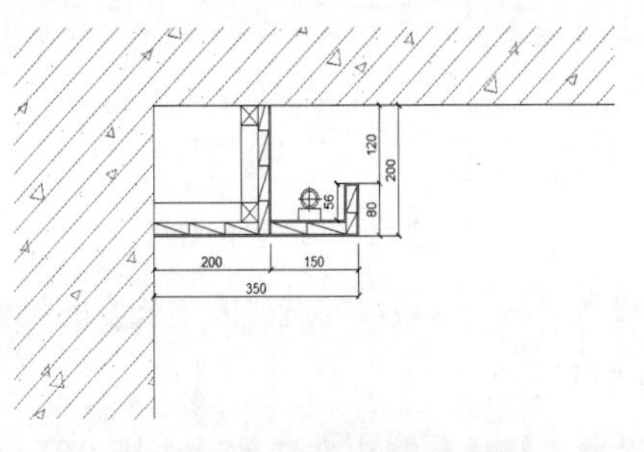

图 12-177 标注尺寸

Step23 执行LE（引线）命令，绘制引线标注。执行“复制”命令，依次复制引线说明。双击文字，更改文字内容，如图12-178所示。

Step24 执行“圆”“直线”命令，绘制圆形图例符号。执行“多行文字”命令，标注图例文字，如图12-179所示。

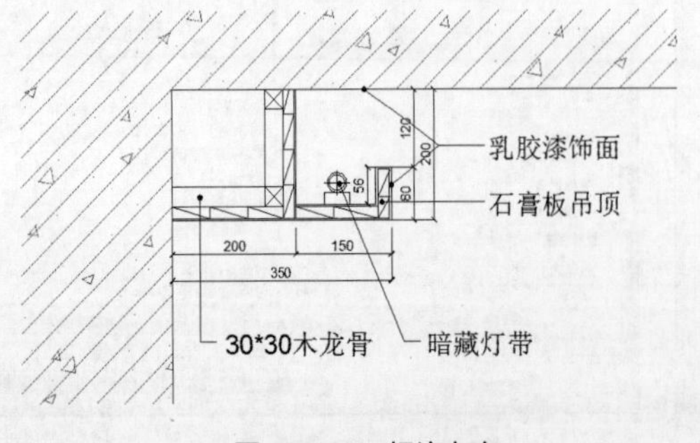

图 12-178 标注文字

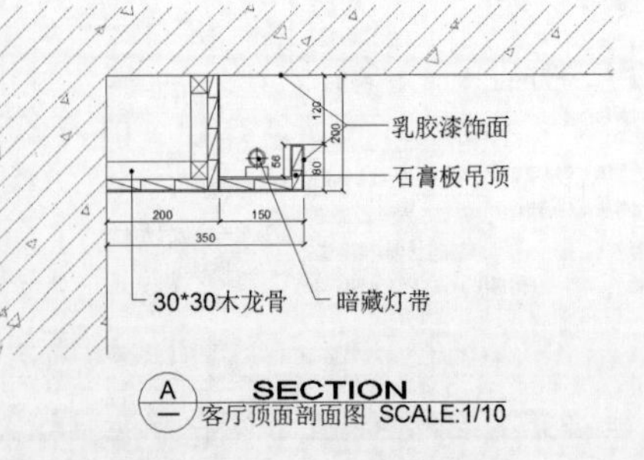

图 12-179 绘制图例说明

12.4.2　绘制背景墙造型剖面图

电视背景墙造型剖面图的绘制步骤介绍如下。

Step01 执行“复制”命令，复制顶面剖切符号。执行“镜像”命令，调整剖切方向，如图 12-180 所示。

Step02 执行“直线”命令，绘制墙体剖面。执行“多段线”命令，绘制剖切符号，如图 12-181 所示。

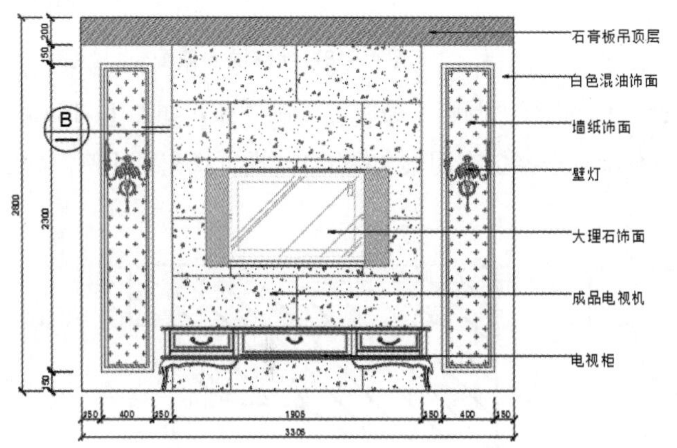

图 12-180　复制剖面符号

图 12-181　绘制墙体剖面

Step03 执行“图案填充”命令，拾取填充范围，选择填充图案 ANSI31，设置填充“比例”为 10，填充墙体，如图 12-182 所示。

Step04 执行“图案填充”命令，拾取填充范围，选择填充图案 AR-CONC，设置填充“比例”为 1，如图 12-183 所示。

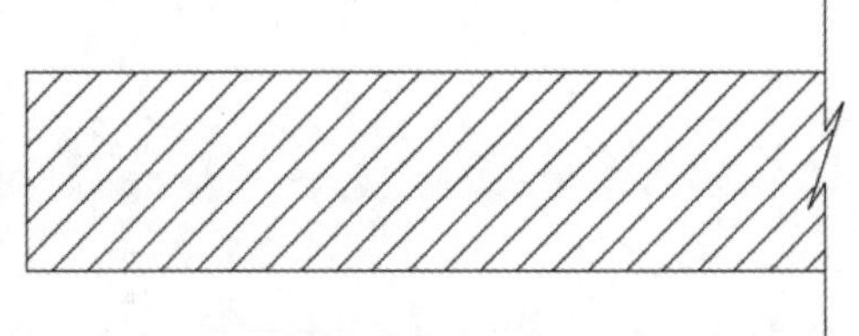

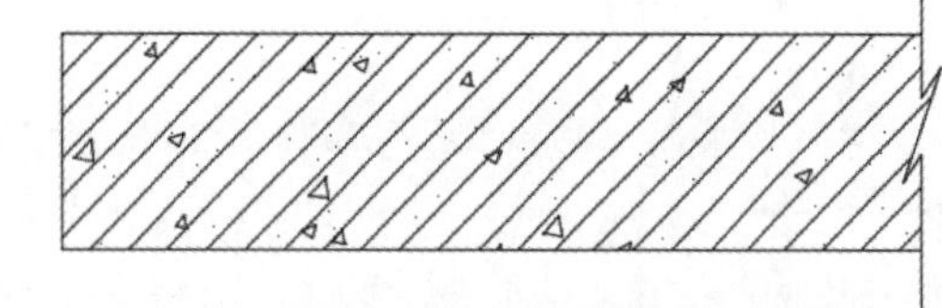

图 12-182　填充墙体

图 12-183　继续填充墙体

Step05 执行“偏移”命令，偏移造型厚度。执行“修剪”命令，修剪直线，如图 12-184 所示。

Step06 执行“直线”“偏移”命令，绘制造型剖面。执行“修剪”命令，修剪直线，如图 12-185 所示。

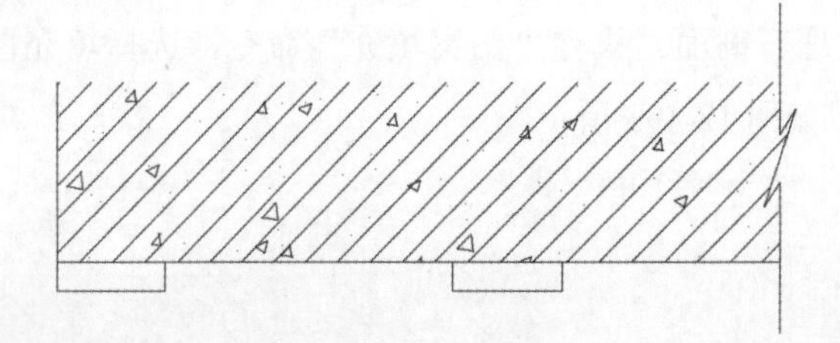

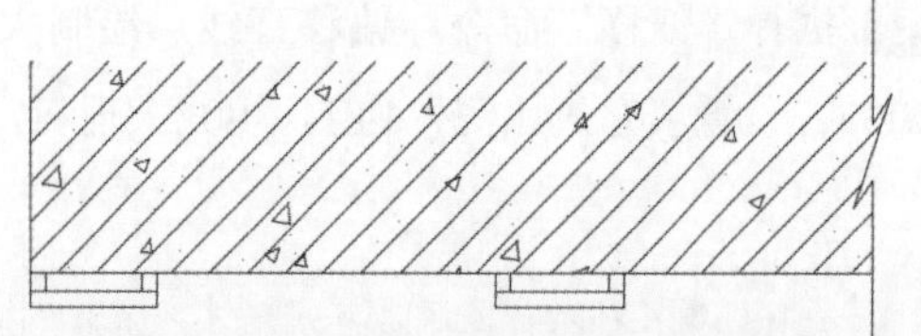

图 12-184　偏移厚度

图 12-185　绘制吊顶剖面

Step07 执行“直线”命令，绘制奥松板填充直线。执行“复制”命令，复制直线，如图 12-186 所示。

Step08 执行“矩形”“直线”命令，绘制龙骨截面。执行“复制”命令，复制截面，如图 12-187 所示。

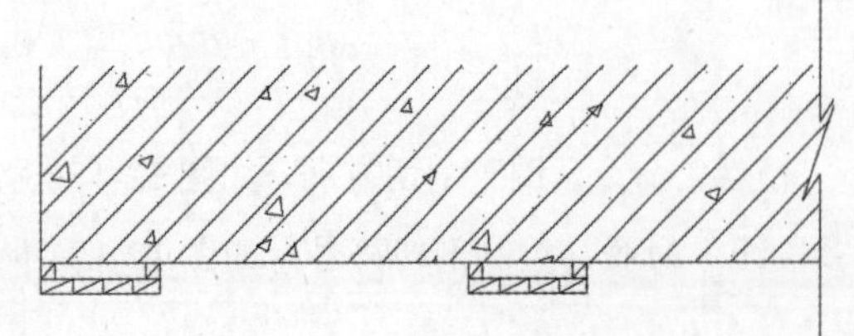

图 12-186　绘制奥松板剖面

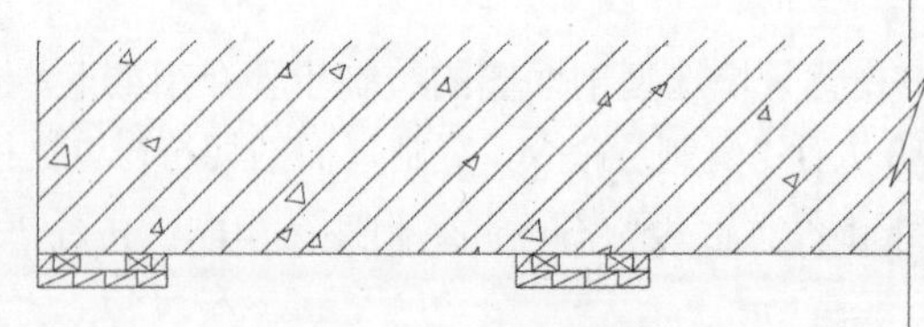

图 12-187　绘制龙骨截面

Step09 执行“直线”命令，绘制线条剖面造型。执行“圆弧”命令，绘制圆弧，如图 12-188 所示。

Step10 执行“图案填充”命令，拾取填充范围，选择填充图案 ANSI31，设置填充“比例”为 1，填充线条剖面，如图 12-189 所示。

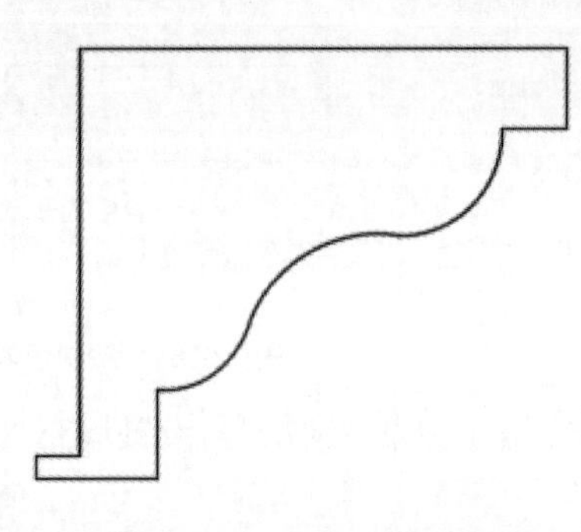

图 12-188　绘制线条剖面

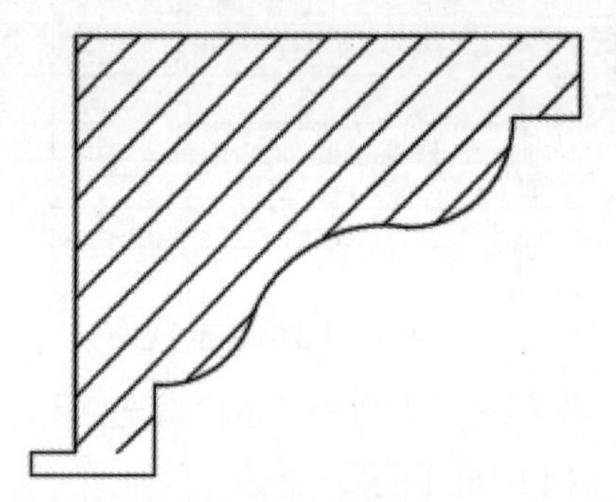

图 12-189　填充剖面

Step11 执行“镜像”命令，镜像复制线条剖面，如图 12-190 所示。

Step12 执行“直线”命令，捕捉顶点，连接线条，如图 12-191 所示。

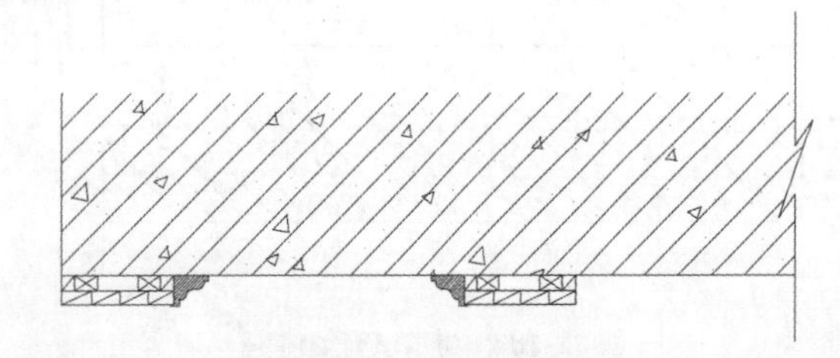

图 12-190　镜像复制剖面

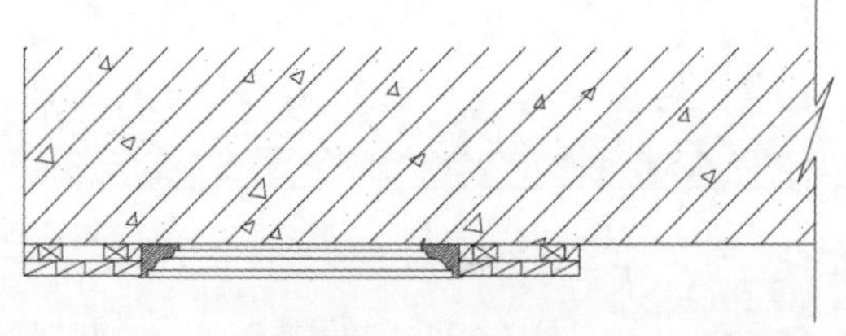

图 12-191　连接线条

Step13 执行“偏移”命令，偏移直线，绘制大理石粘贴层。执行“图案填充”命令，选择填充图案 AR-SAND，设置填充“比例”为 1，填充大理石粘贴层，如图 12-192 所示。

Step14 执行“偏移”命令，偏移直线，绘制大理石剖面。执行“图案填充”命令，选择填充图案 AN-SI35，设置填充“比例”为 1，填充大理石，如图 12-193 所示。

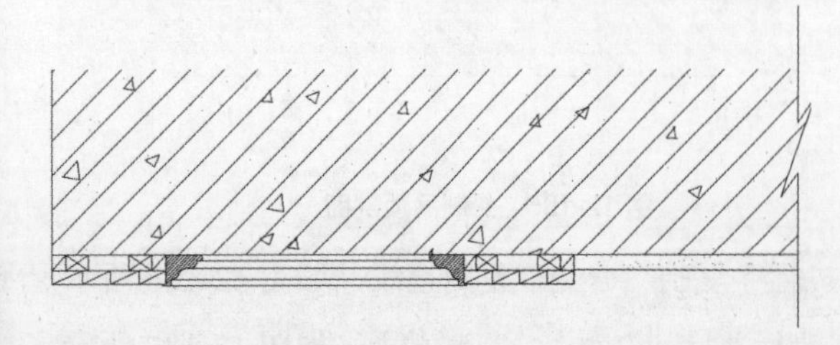

图 12-192　填充图案

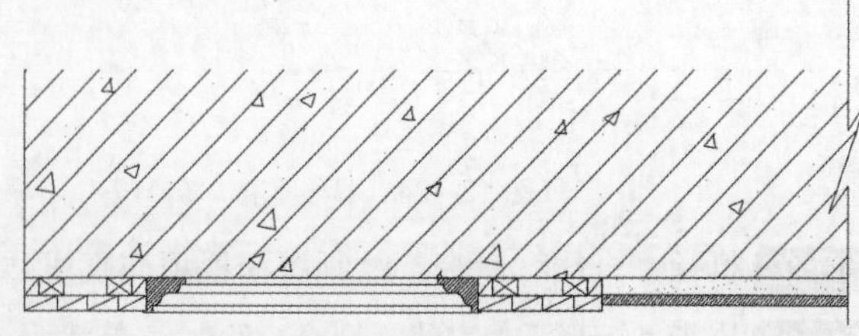

图 12-193　填充图案

Step15 执行 LE（引线）命令，绘制引线标注。执行“多行文字”命令，绘制文字说明，如图 12-194 所示。

Step16 执行“复制”命令，依次复制引线说明。双击文字，更改文字内容，如图 12-195 所示。

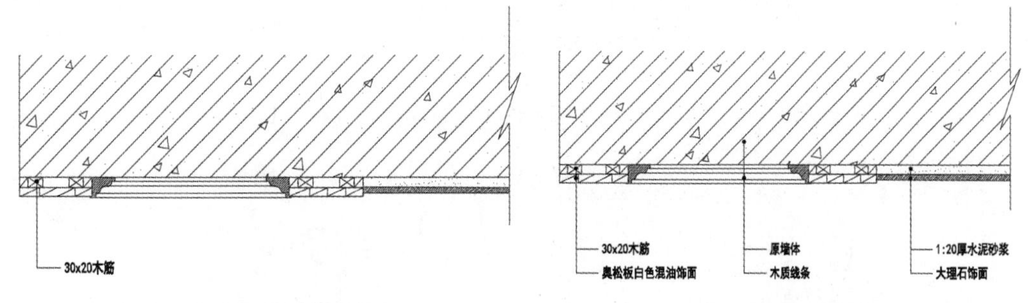

图 12-194　标注材料名称　　　　图 12-195　复制文字

Step17 执行“线性”“连续”标注命令，标注剖面尺寸，如图 12-196 所示。

Step18 执行“复制”命令，复制图例说明。双击文字，更改文字内容，如图 12-197 所示。

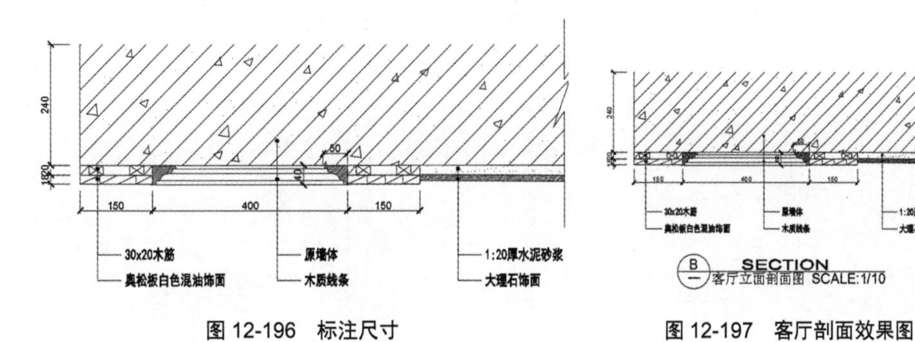

图 12-196　标注尺寸　　　　图 12-197　客厅剖面效果图

第13章 绘制别墅室内施工图

内容导读

本章将以别墅室内设计图纸为例，向读者介绍 AutuCAD 软件在室内设计中的应用。别墅设计与一般普通住宅设计有着明显的区别。在进行具体设计时，需要遵循一些设计原则，以免后期产生不必要的麻烦。除此之外，还需掌握一定的绘图技巧，如平面图、立面图及剖面图的绘制等，这些图纸是室内设计中必不可少的。

学习目标

- 了解别墅的设计原则
- 绘制平面类图纸
- 绘制立面类图纸
- 绘制剖面类图纸

13.1 别墅空间设计原则

别墅属于高档住宅，其建筑面积比一般普通住宅要大很多。居室空间大，其设计难度指数也会提高。所以在对别墅空间进行设计时，通常需注意以下几个设计要点。

1. 把握好整体风格和氛围

别墅设计不是体现在贴金镶银的表面，而在于设计者对整体风格、氛围的把握程度，以及考究的细节处理，如图 13-1、图 13-2 所示。这需要设计者有丰富的阅历和深厚的专业背景及艺术修养。所以对于新手设计师来说，不建议用别墅户型练手。

图 13-1　别墅楼梯间设计实景欣赏

图 13-2　别墅餐厅间设计实景欣赏

2. 注重空间功能的划分

别墅设计需注重空间的功能分区、各功能区间的流动性，更要注重空间相互间的私密性。例如，休息房与公共活动区不能在同一空间中，尽量保证各区间不受干扰。各活动区相互独立、安全、私密，又能很好地交融、互动，将别墅的价值和空间发挥到最大。

3. 引用智能家居模式

别墅空间大，所以在设计时，需要适当考虑引用智能家居模式，例如安防系统、空调系统、家庭局域网系统、智能照明等。利用当今高科技的优势，让居住者享受到生活的舒适与便捷。

13.2 绘制别墅平面图

别墅平面图的绘制与其他一般住宅的绘制方法相似，都需按照现场测量的尺寸，绘制出原始户型图，然后再在户型图上进行加工。本小节将介绍别墅平面图的绘制方法。

13.2.1　绘制一层原始户型图

本案例所绘制的别墅共有 3 层，下面介绍一层原始户型图的绘制。绘制原始户型图时，注意要正确标识出原始结构，例如水管、地漏、排污管、空调洞口、烟道位置等。

Step01 打开“图层特性管理器”选项板，新建“轴线”“墙体”“门窗”“固定家具”“移动家具”

等图层，并设置图层特性，如图 13-3 所示。

Step02 将“轴线”图层置为当前层。执行“直线”和“偏移”命令，绘制轴线网，如图 13-4 所示。

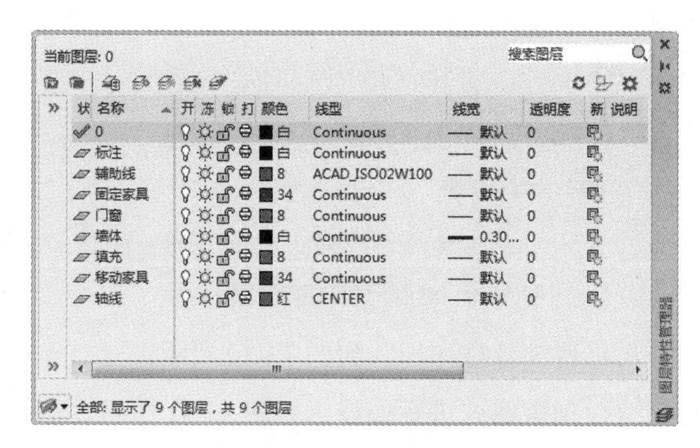

图 13-3　创建图层

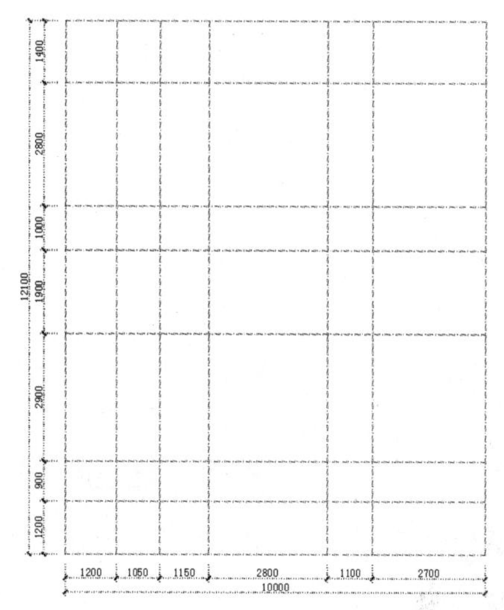

图 13-4　绘制轴线网

Step03 将“墙体”图层置为当前层，执行“多线”命令，设置比例为 200、对正方式为“无”，捕捉轴线绘制主要墙体轮廓，如图 13-5 所示。

Step04 执行“多线”命令，设置比例为 120、对正方式为“无”，捕捉轴线绘制其余墙体轮廓，如图 13-6 所示。

Step05 执行“矩形”和“图案填充”命令，绘制 350mm×350mm 的矩形，并选择 ANSI31 图案进行填充，作为墙柱，如图 13-7 所示。

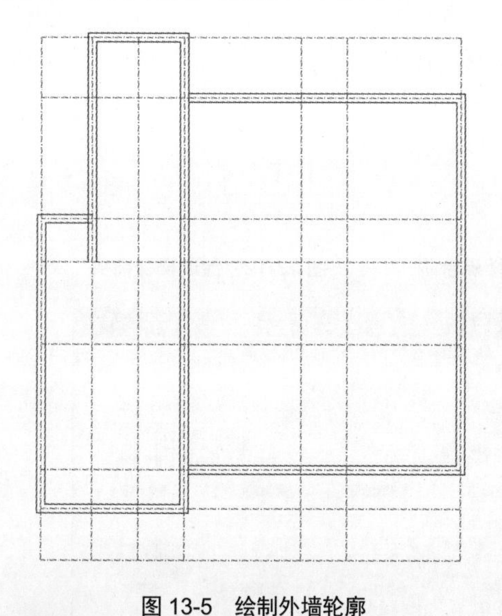

图 13-5　绘制外墙轮廓

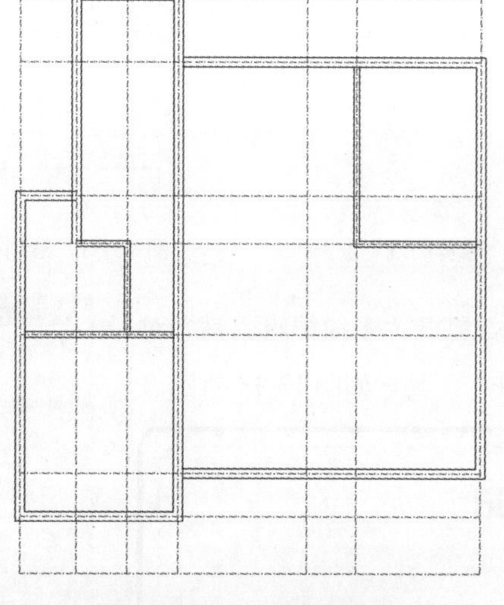

图 13-6　绘制内墙轮廓

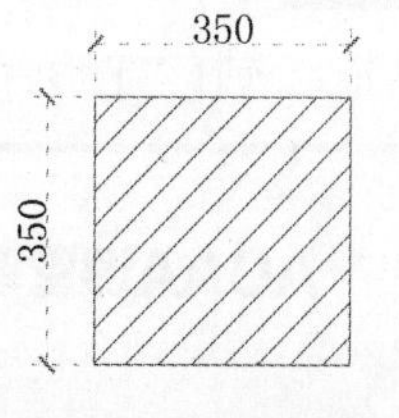

图 13-7　绘制墙柱

Step06 复制柱子至墙体其他的位置，如图 13-8 所示。

Step07 执行“直线”和“偏移”命令，绘制出门洞和窗洞位置，如图 13-9 所示。

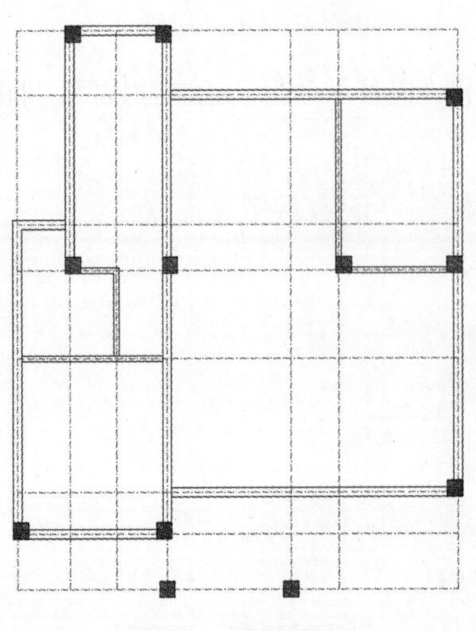

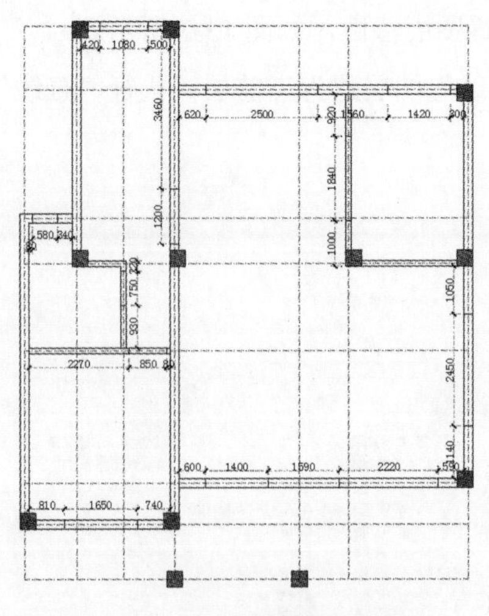

图 13-8　复制墙柱　　　　图 13-9　绘制门洞和窗洞位置

Step08 执行“修剪”命令，修剪出门洞和窗洞，再修剪部分柱图形，如图 13-10 所示。

Step09 执行“直线”和“偏移”命令，在楼梯位置绘制直线并进行偏移，如图 13-11 所示。

Step10 执行“修剪”命令，修剪多余的线条，再执行“多段线”命令，绘制方向箭头，如图 13-12 所示。

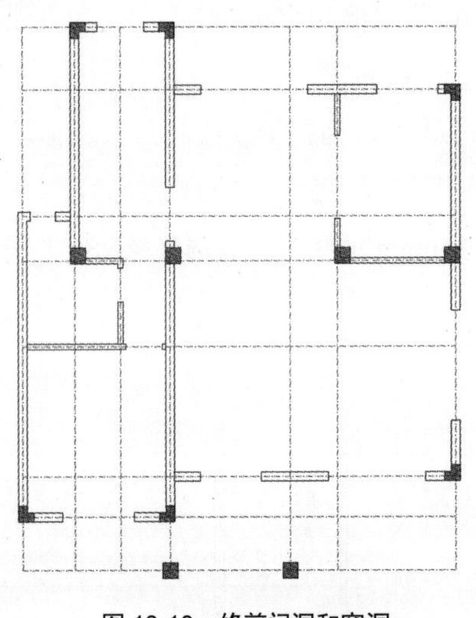

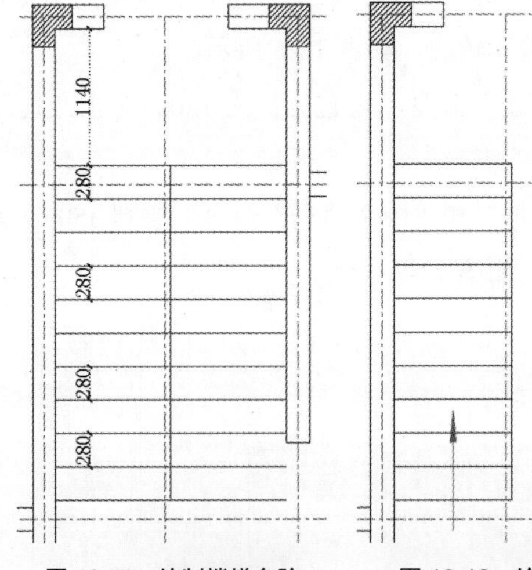

图 13-10　修剪门洞和窗洞　　　　图 13-11　绘制楼梯台阶　　　　图 13-12　绘制楼梯箭头

Step11 双击多线图形，打开“多线编辑工具”对话框，选择“T 形合并”工具，如图 13-13 所示。

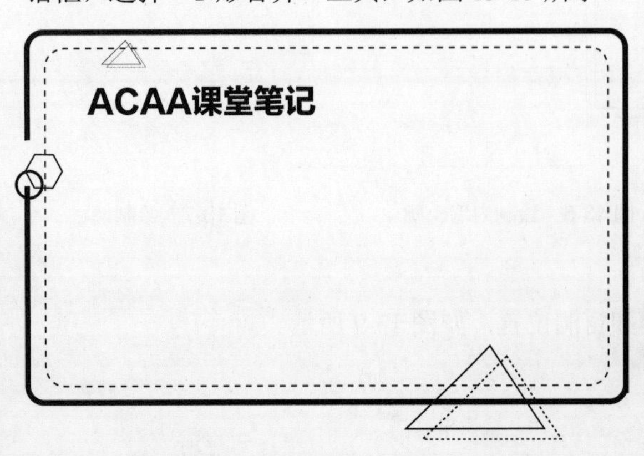

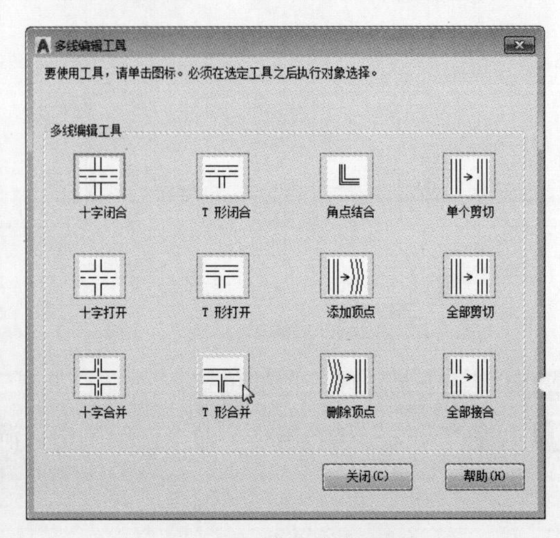

图 13-13　选择多线编辑工具

Step12 编辑墙体轮廓，使其相互连接，如图 13-14 所示。

Step13 将“门窗”图层置为当前层，执行“直线”和“偏移”命令，绘制窗户图形，如图 13-15 所示。

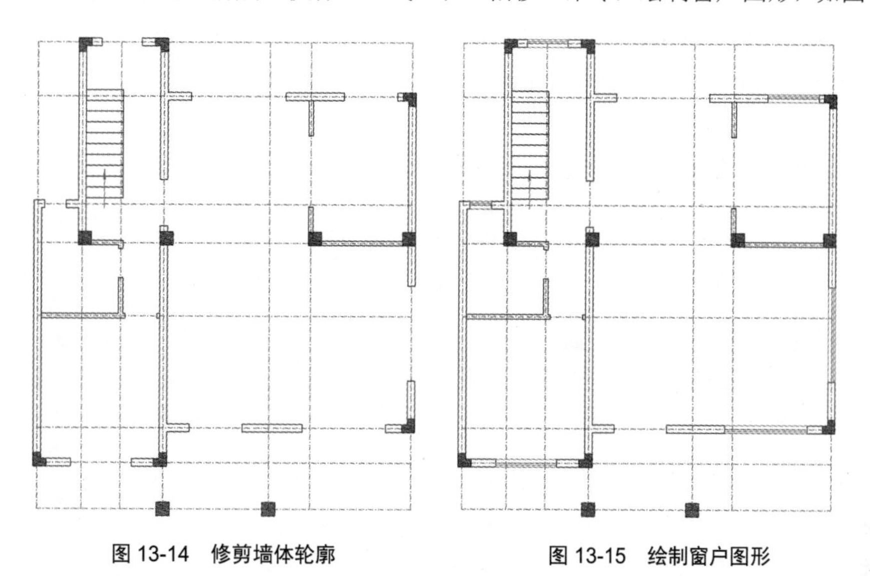

图 13-14　修剪墙体轮廓　　　　图 13-15　绘制窗户图形

Step14 执行“矩形”和“直线”命令，绘制通风管道，如图 13-16 所示。

Step15 关闭“轴线”图层。执行“直线”和“修剪”命令，绘制台阶及栏杆图形，如图 13-17 所示。

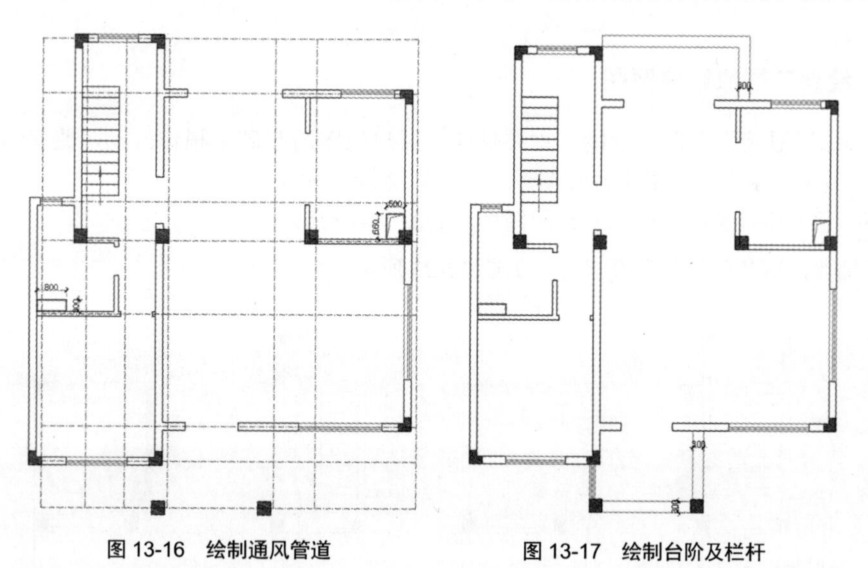

图 13-16　绘制通风管道　　　　图 13-17　绘制台阶及栏杆

Step16 执行“矩形”“多段线”“圆弧”命令，绘制平开门造型，如图 13-18 所示。

Step17 镜像复制门图形，放置到入户门处，如图 13-19 所示。

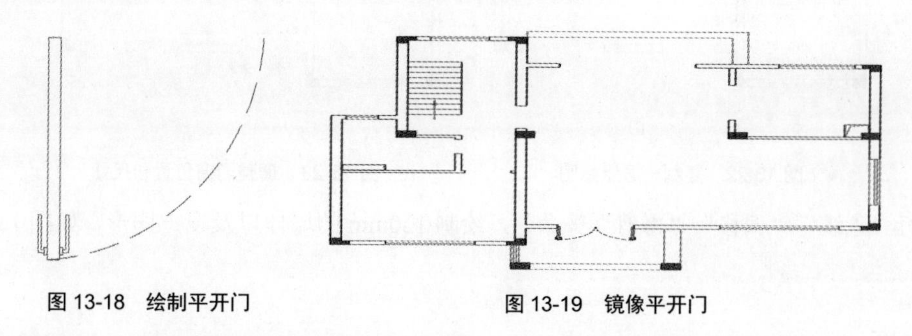

图 13-18　绘制平开门　　　　图 13-19　镜像平开门

Step18 执行“直线”“圆”“图案填充”命令，绘制梁、地漏及下水管图形，放置到合适的位置，如图 13-20 所示。

Step19 打开“轴线”图层，执行“线性”“连续”标注命令，为图纸添加尺寸标注。再关闭“轴线”图层，完成一层户型图的绘制，如图 13-21 所示。

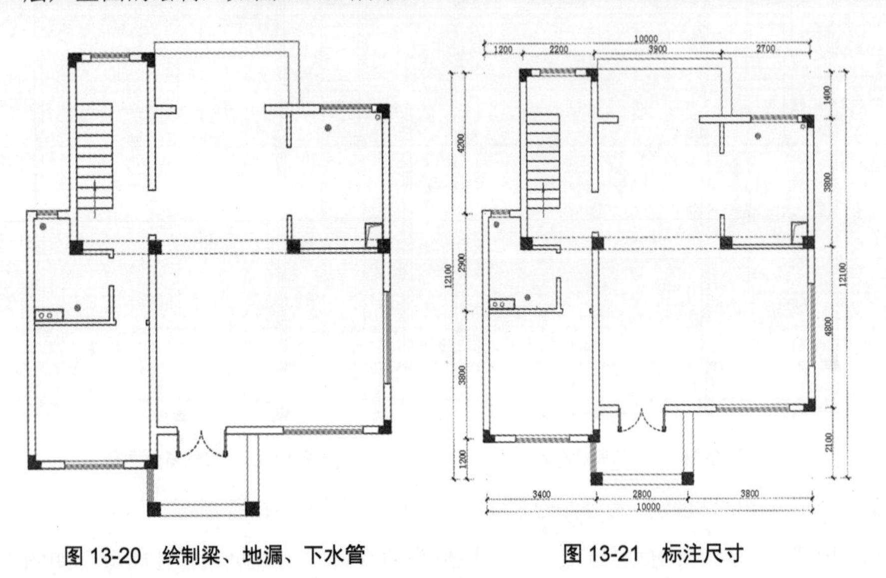

图 13-20　绘制梁、地漏、下水管　　　　图 13-21　标注尺寸

■ 13.2.2　绘制二层原始户型图

下面介绍二层原始户型图的绘制，主要是在一层户型图的基础上稍作改动，改变门窗的尺寸、楼梯图形，以及增加阳台、外机平台等图形，其具体绘制步骤如下。

Step01 复制一层原始户型图，删除多余的图形，如图 13-22 所示。

Step02 拉伸墙体，调整门窗位置及尺寸，如图 13-23 所示。

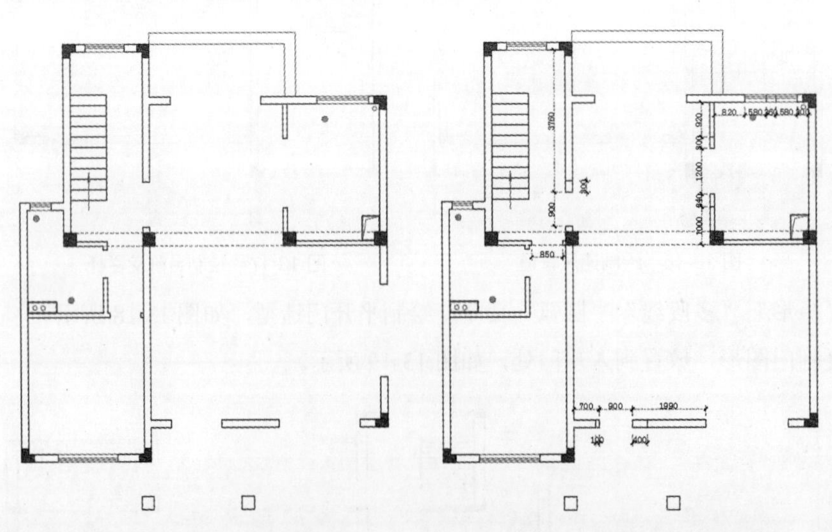

图 13-22　复制一层原始图　　　　图 13-23　调整门窗位置和尺寸

Step03 执行“直线”“偏移”“修剪”等命令，绘制 120mm 的墙体以及窗户图形，如图 13-24 所示。

Step04 执行“矩形”和“偏移”命令，绘制长为2720mm、宽为200mm的矩形并将其向内偏移50mm，如图13-25所示。

Step05 执行“修剪”命令，修剪并删除多余的线条，如图13-26所示。

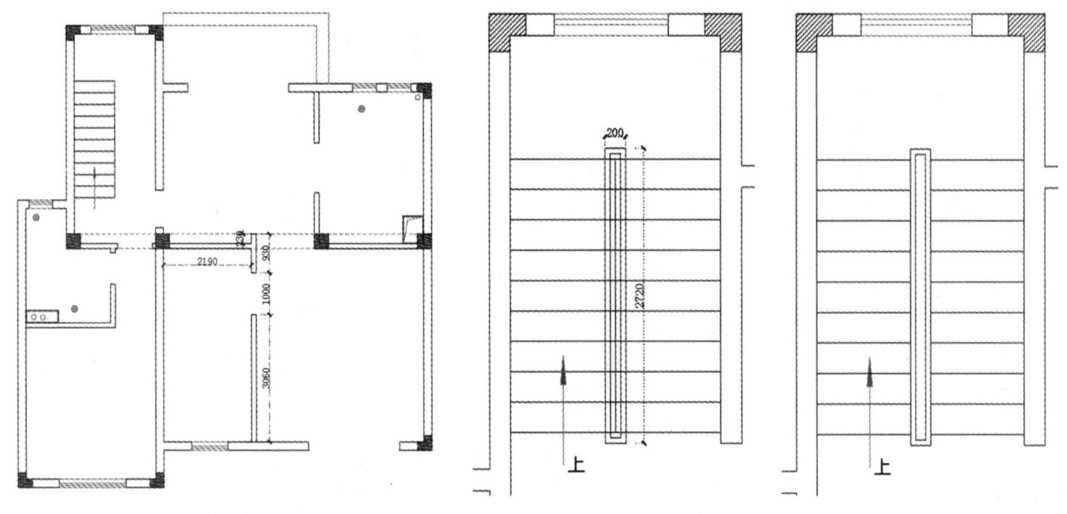

图13-24 绘制墙体及窗户图形　　图13-25 绘制楼梯扶手　　图13-26 修剪楼梯扶手

Step06 执行“多段线”命令，绘制一条拐弯的箭头，再创建单行文字，标注箭头，如图13-27所示。

Step07 执行“多段线”命令，绘制折断线，放置到楼梯处，再修剪图形，如图13-28所示。

Step08 将柱子矩形向外偏移150mm，再复制图形到另一处阳台，如图13-29所示。

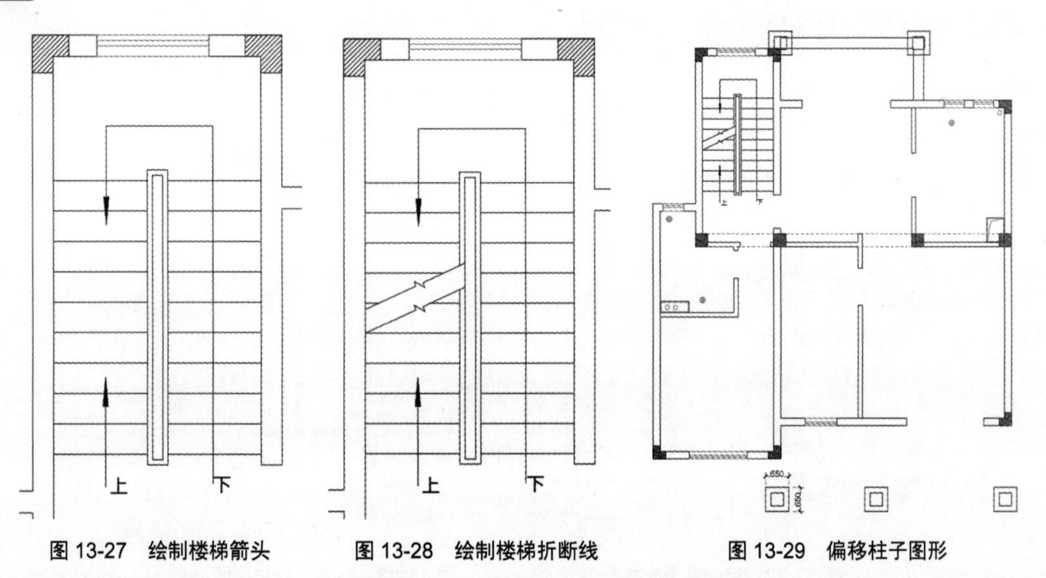

图13-27 绘制楼梯箭头　　图13-28 绘制楼梯折断线　　图13-29 偏移柱子图形

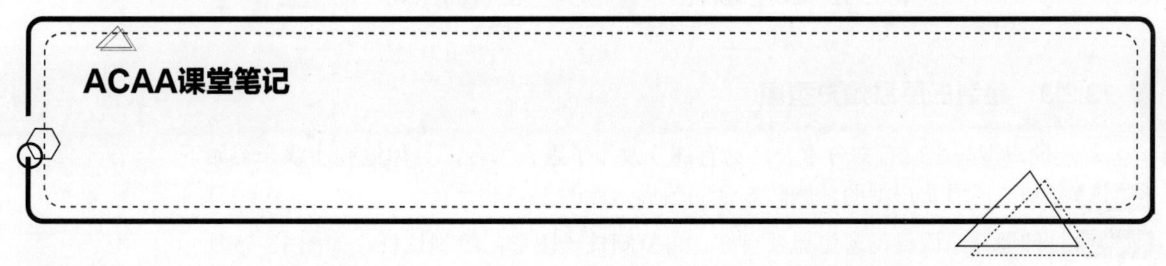

Step09 修剪图形，再绘制 300mm 宽的栏杆图形，如图 13-30 所示。

Step10 执行“多段线”“偏移”命令，绘制多段线并向内偏移 50mm，作为空调外机平台，如图 13-31 所示。

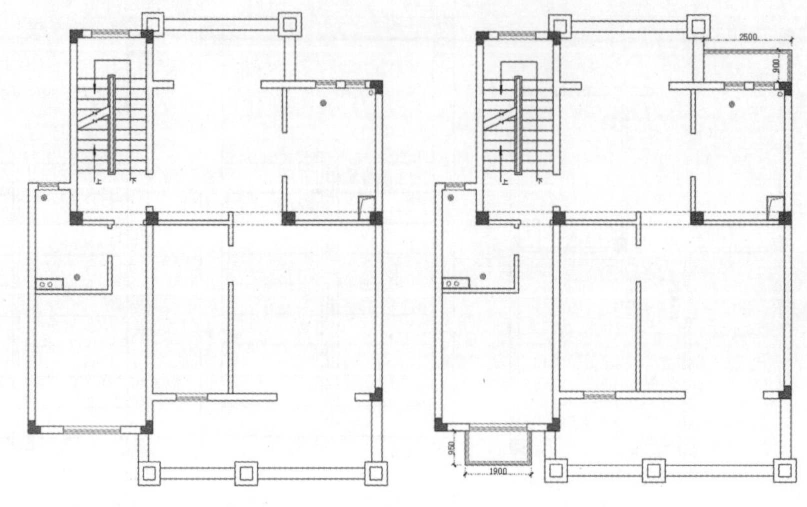

图 13-30　绘制栏杆图形　　　　图 13-31　绘制空调外机平台

Step11 执行“矩形”“直线”命令，绘制长为 850mm、宽为 540mm 的空调外机图形并复制，如图 13-32 所示。

Step12 移动并复制地漏图形。执行“线性”和“连续”命令，为图纸添加尺寸标注，完成二层原始户型图的绘制，如图 13-33 所示。

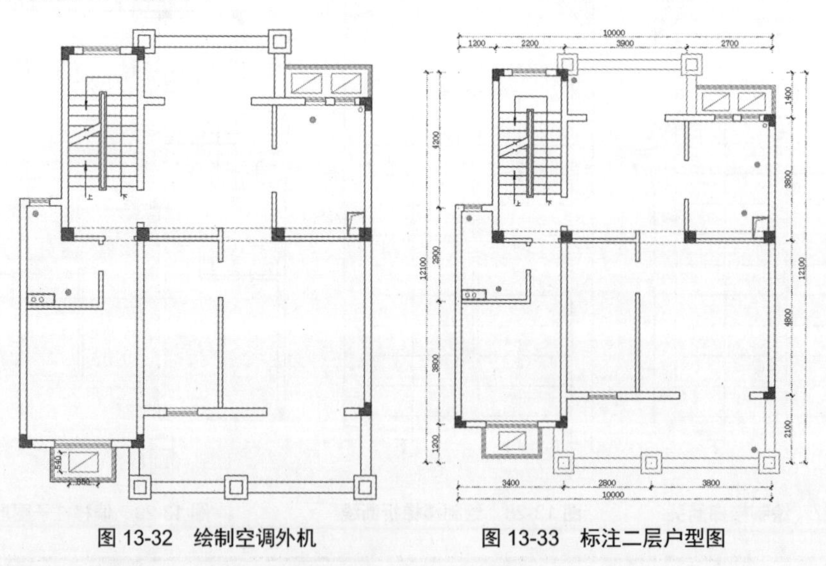

图 13-32　绘制空调外机　　　　图 13-33　标注二层户型图

13.2.3　绘制三层原始户型图

三层的户型与二层有部分重合，另有部分改作了露天平台，具体绘制步骤介绍如下。

Step01 复制二层原始户型图，删除多余的图形，如图 13-34 所示。

Step02 拉伸墙体，调整门窗位置及尺寸，再复制柱子图形，绘制栏杆，如图 13-35 所示。

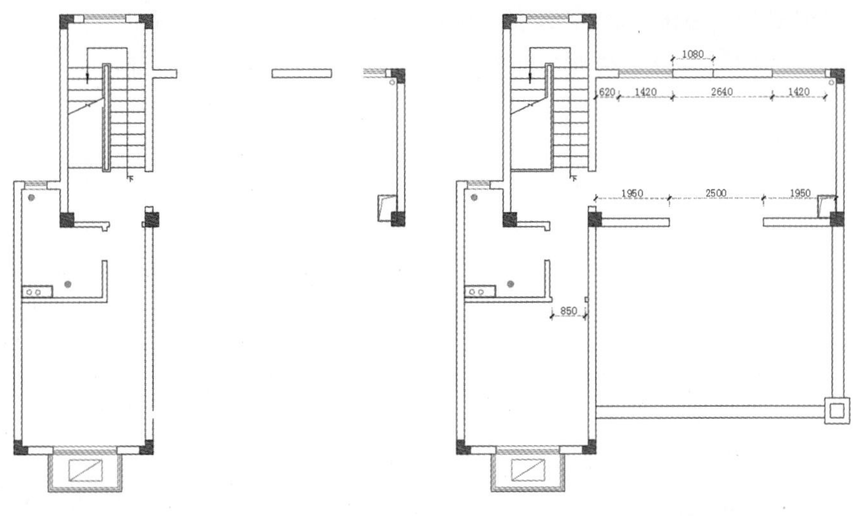

图 13-34　复制二层原始户型图　　图 13-35　调整户型结构

Step03 复制二层原始户型图，调整图形颜色并创建成块，重叠到三层户型图下，如图 13-36 所示。

Step04 执行“多段线”命令，捕捉柱子绘制两条多段线，如图 13-37 所示。

Step05 执行“偏移”“延伸”命令，将多段线分别进行偏移操作，再延伸图形至墙体，如图 13-38 所示。

Step06 执行“直线”命令，绘制屋脊线，并调整图形特性，如图 13-39 所示。

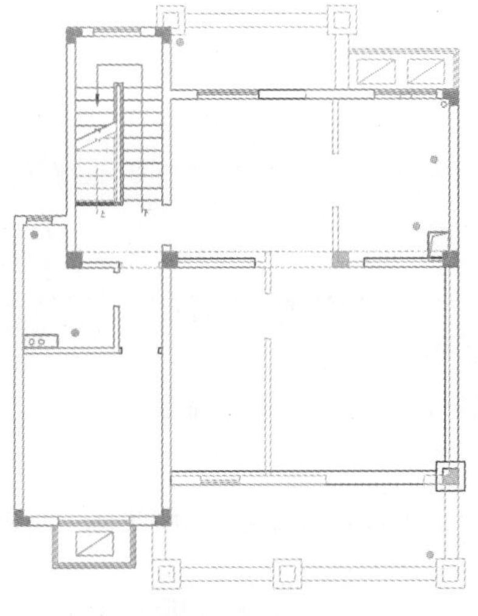

图 13-36　复制并修改二层户型图形

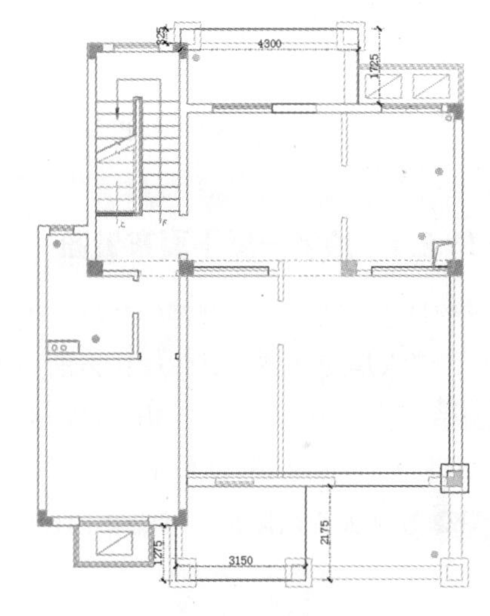

图 13-37　绘制多段线

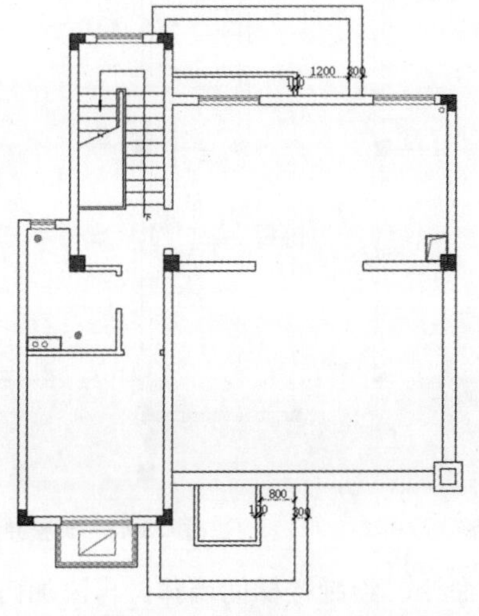

图 13-38　调整绘制的多段线

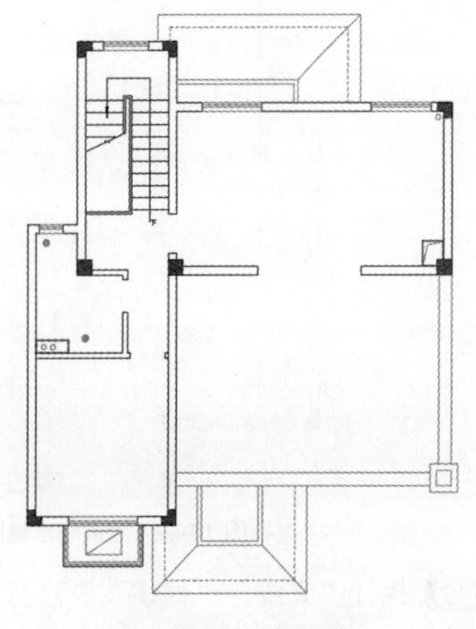

图 13-39　绘制屋脊线

Step07 执行“多段线”“偏移”命令，绘制空调外机平台，如图 13-40 所示。

Step08 复制空调外机图形。执行“线性”“连续”命令，为三层户型图进行尺寸标注，如图 13-41 所示。完成三层原始户型图的绘制。

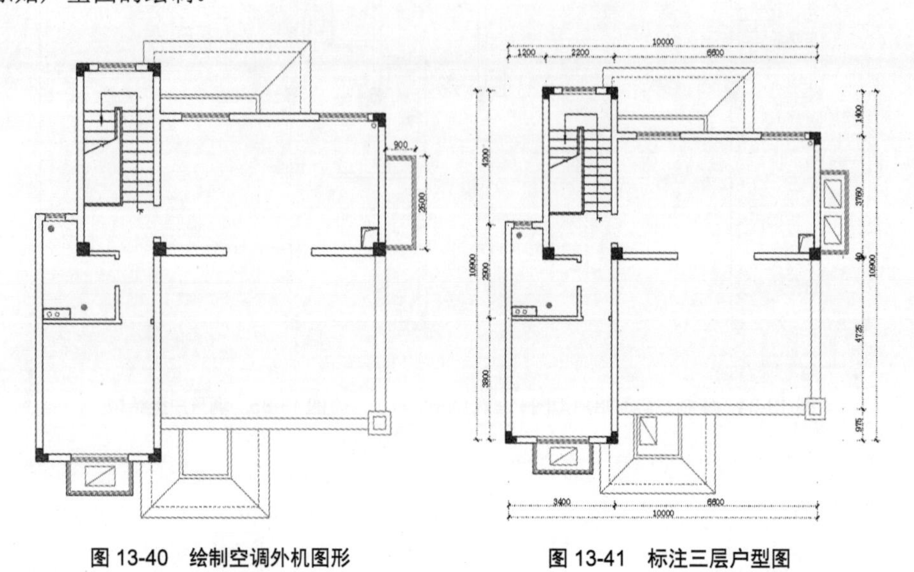

图 13-40　绘制空调外机图形　　　图 13-41　标注三层户型图

■ 13.2.4　绘制一层平面布置图

平面布置图是在户型图的基础上进行布置和设计的。下面介绍一层平面图的绘制，主要包括客厅、厨房、老人房等区域。具体操作方法如下。

Step01 复制一层原始户型图，删除梁图形，执行“矩形”命令，绘制长为 200mm、宽为 200mm 的包水管图形，如图 13-42 所示。

Step02 复制入户门图形，并调整门尺寸，分别放置到卧室及卫生间处，如图 13-43 所示。

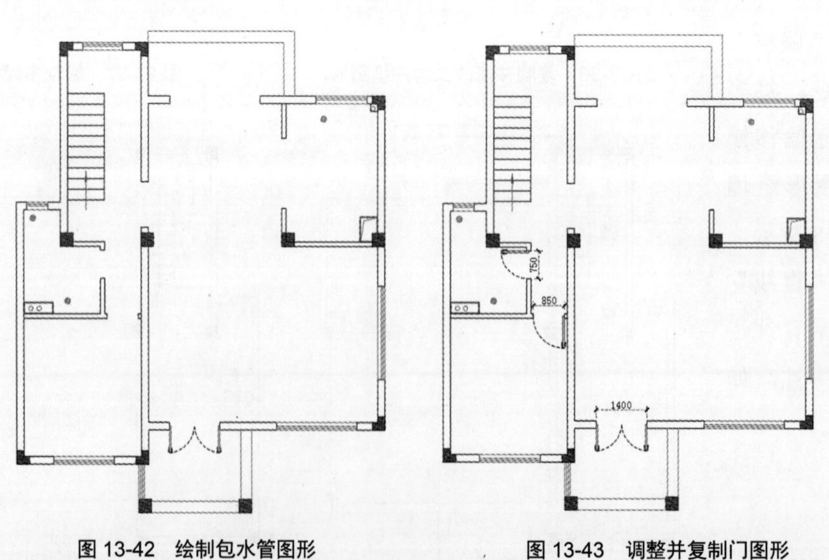

图 13-42　绘制包水管图形　　　图 13-43　调整并复制门图形

Step03 执行“直线”“偏移”“修剪”命令，绘制楼梯间墙体，再添加门图形，删除多余图形，如图 13-44 所示。

Step04 执行“矩形”“多段线”命令，绘制阳台的推拉门造型，如图 13-45 所示。

Step05 分解墙体图形。执行“偏移”“修剪”命令，绘制橱柜轮廓，如图 13-46 所示。

Step06 执行“偏移”“直线”“定数等分”命令，绘制吊柜图形，如图 13-47 所示。

Step07 将洗菜盆、燃气灶、冰箱等图块插入至厨房内，如图 13-48 所示。

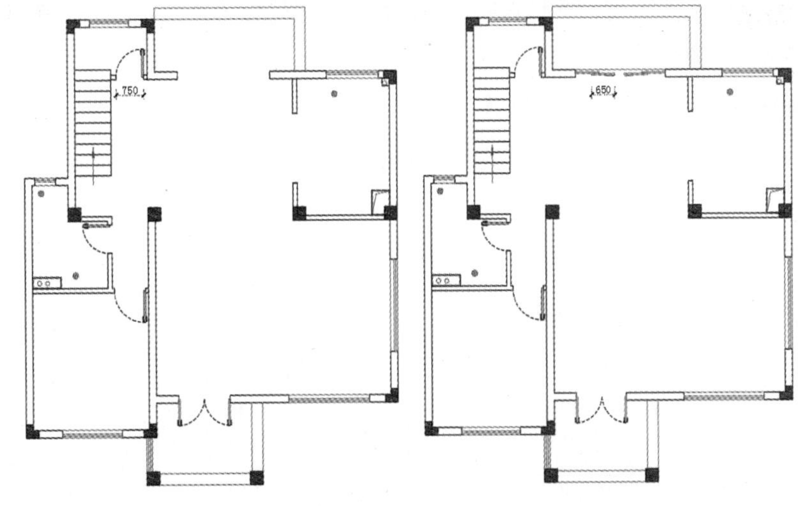

图 13-44　绘制楼梯及楼梯间门　　图 13-45　绘制推拉门

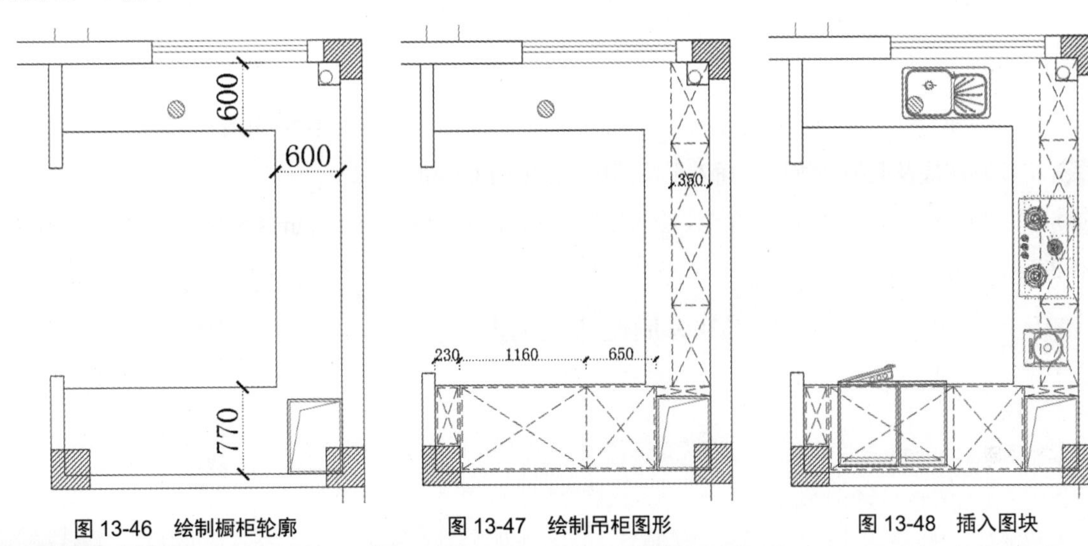

图 13-46　绘制橱柜轮廓　　图 13-47　绘制吊柜图形　　图 13-48　插入图块

Step08 执行“直线”命令，捕捉墙体绘制直线，再插入隔断图块并进行复制，如图 13-49 所示。

Step09 执行“矩形”“复制”命令，绘制长为 350mm、宽为 100mm 的矩形并进行复制，如图 13-50 所示。

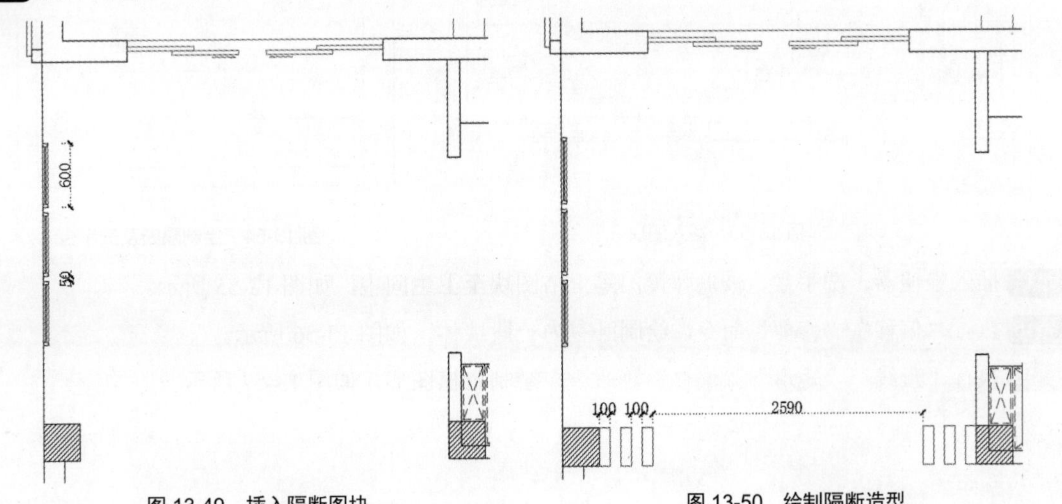

图 13-49　插入隔断图块　　图 13-50　绘制隔断造型

Step10 将餐桌椅、落地灯图块插入餐厅合适位置。再执行“圆”命令，绘制半径为 1400mm 的圆作为地毯图形，如图 13-51 所示。

Step11 执行“偏移”“修剪”命令，绘制出电视背景墙造型，如图 13-52 所示。

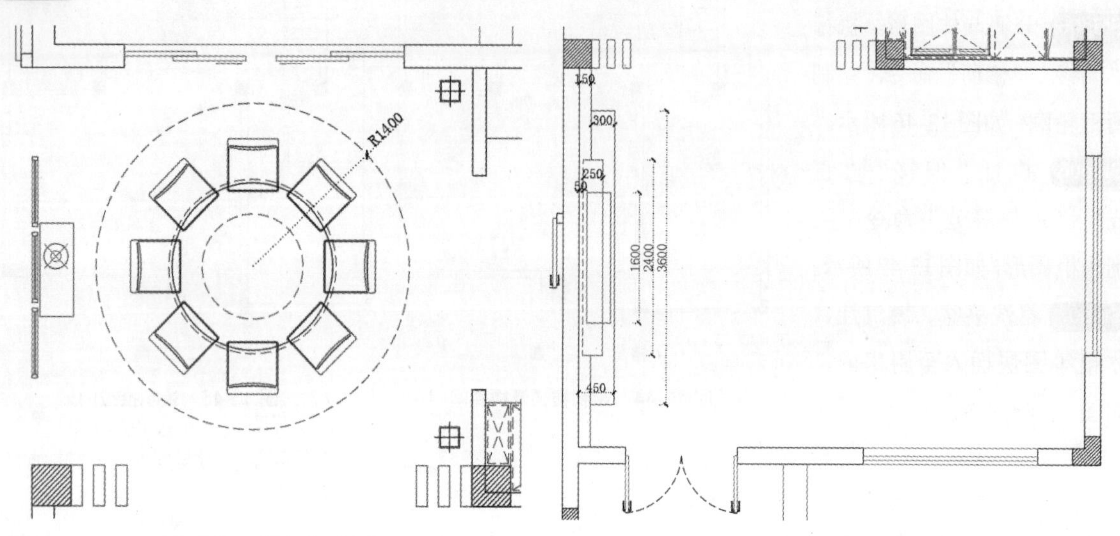

图 13-51 插入家具图块　　图 13-52 绘制电视背景墙造型

Step12 将沙发图块及其他装饰图块插入至图形中，如图 13-53 所示。

Step13 执行“直线”“矩形”“修剪”命令，绘制厚度为 14mm 的隔断和 1200mm×600mm 的洗手台图形，如图 13-54 所示。

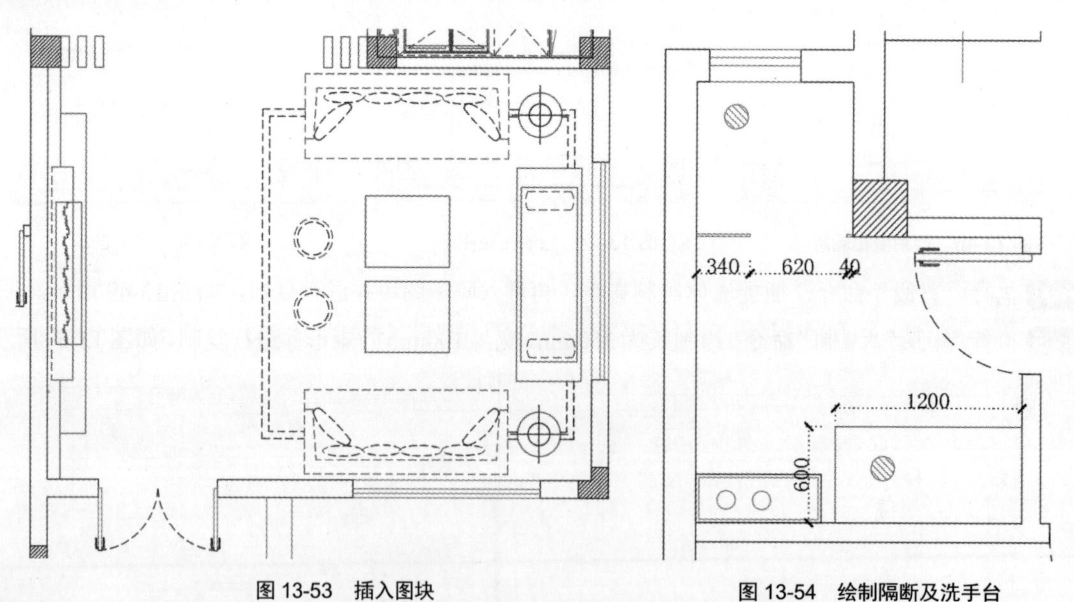

图 13-53 插入图块　　图 13-54 绘制隔断及洗手台

Step14 插入坐便器、洗手盆、玻璃弹簧门等卫浴图块至卫生间中，如图 13-55 所示。

Step15 执行“偏移”“修剪”命令，绘制卧室内一段墙体，如图 13-56 所示。

Step16 执行“直线”“矩形”“偏移”等命令，绘制衣柜图形，如图 13-57 所示。

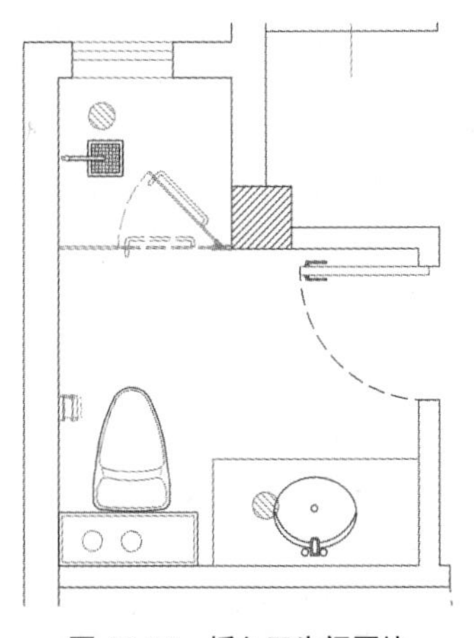

图 13-55　插入卫生间图块

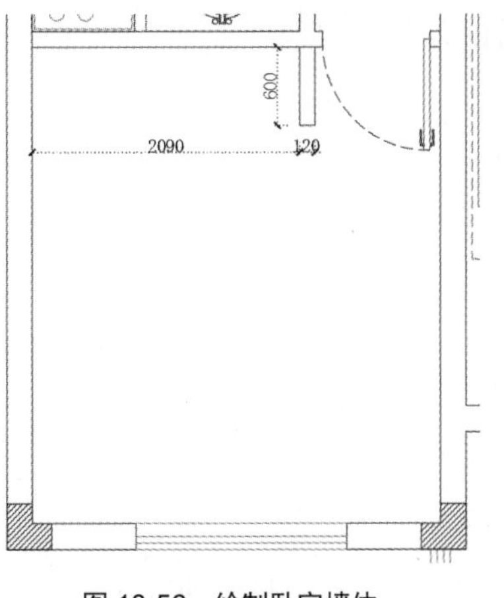

图 13-56　绘制卧室墙体

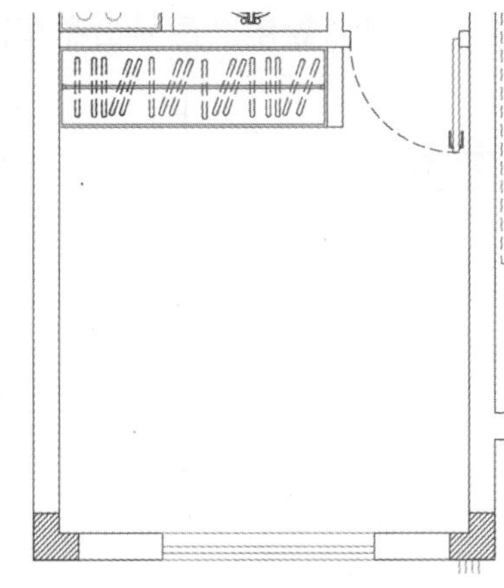

图 13-57　绘制衣柜图形

Step17 插入双人床及电视机图块至卧室中，如图 13-58 所示。

Step18 执行“多行文字”命令，为一层平面图添加文字注释，如图 13-58 所示。至此，完成一层平面图的绘制。

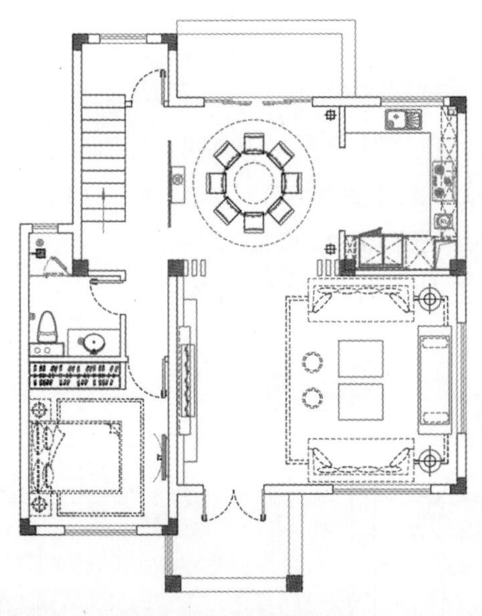

图 13-58　插入卧室家具图块

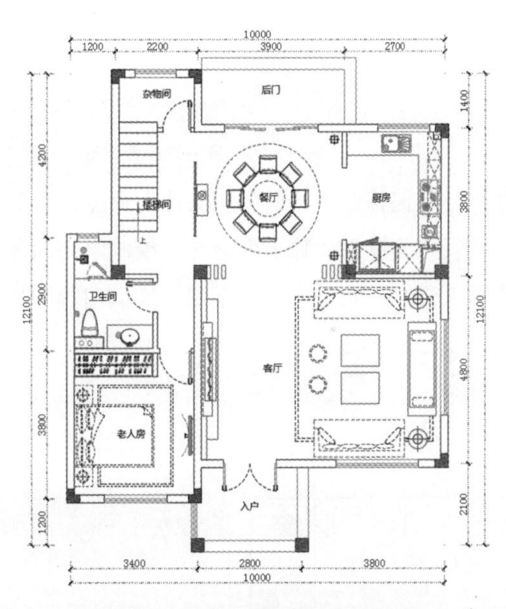

图 13-59　为一层平面图添加文字注释

■ 13.2.5 绘制二层平面布置图

接下来介绍二层平面布置图的绘制，主要包括主卧室、主卫、书房以及女孩房。

Step01 复制二层原始户型图。删除梁图形，再从一层平面图中复制门图形以及卧室中的图形，如图13-60所示。

Step02 执行“矩形”“圆弧”和“镜像”命令，绘制卫生间的推拉门造型，如图13-61所示。

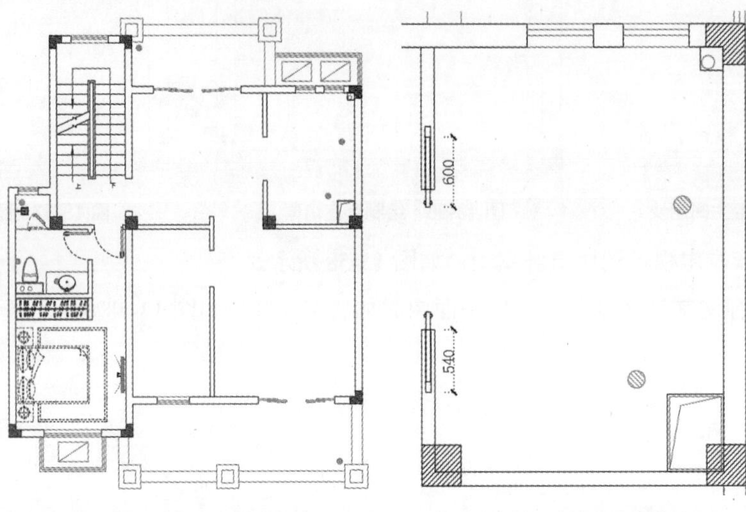

图13-60 复制并调整图形　　图13-61 绘制卫生间推拉门

Step03 执行“偏移”“修剪”“矩形”命令，绘制浴缸、洗手台及淋浴间轮廓，如图13-62所示。

Step04 执行“偏移”“修剪”命令，绘制淋浴间隔水，如图13-63所示。

Step05 插入浴缸、坐便器、洗手盆、玻璃门等图块至卫生间中，如图13-64所示。

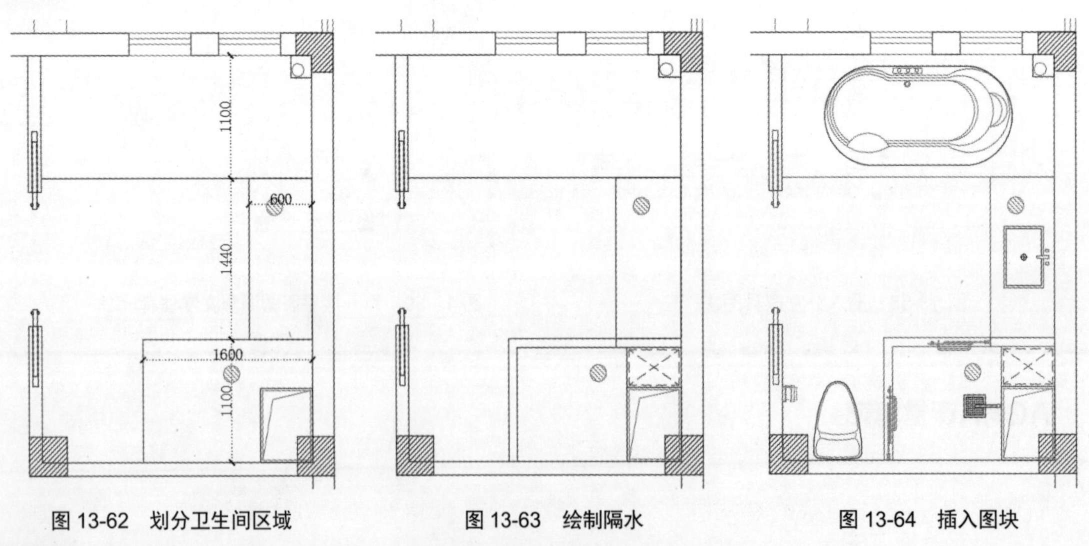

图13-62 划分卫生间区域　　图13-63 绘制隔水　　图13-64 插入图块

Step06 执行“矩形”“偏移”命令，绘制主卧室的衣柜轮廓，再复制衣架等图形，如图13-65所示。

Step07 插入双人床、电视机等图块至卧房中，如图13-66所示。

Step08 执行“矩形”“偏移”命令，在阳台位置绘制矩形并向内偏移50mm，如图13-67所示。

Step09 插入休闲桌椅及植物图块，再调整植物图形大小，如图13-68所示。

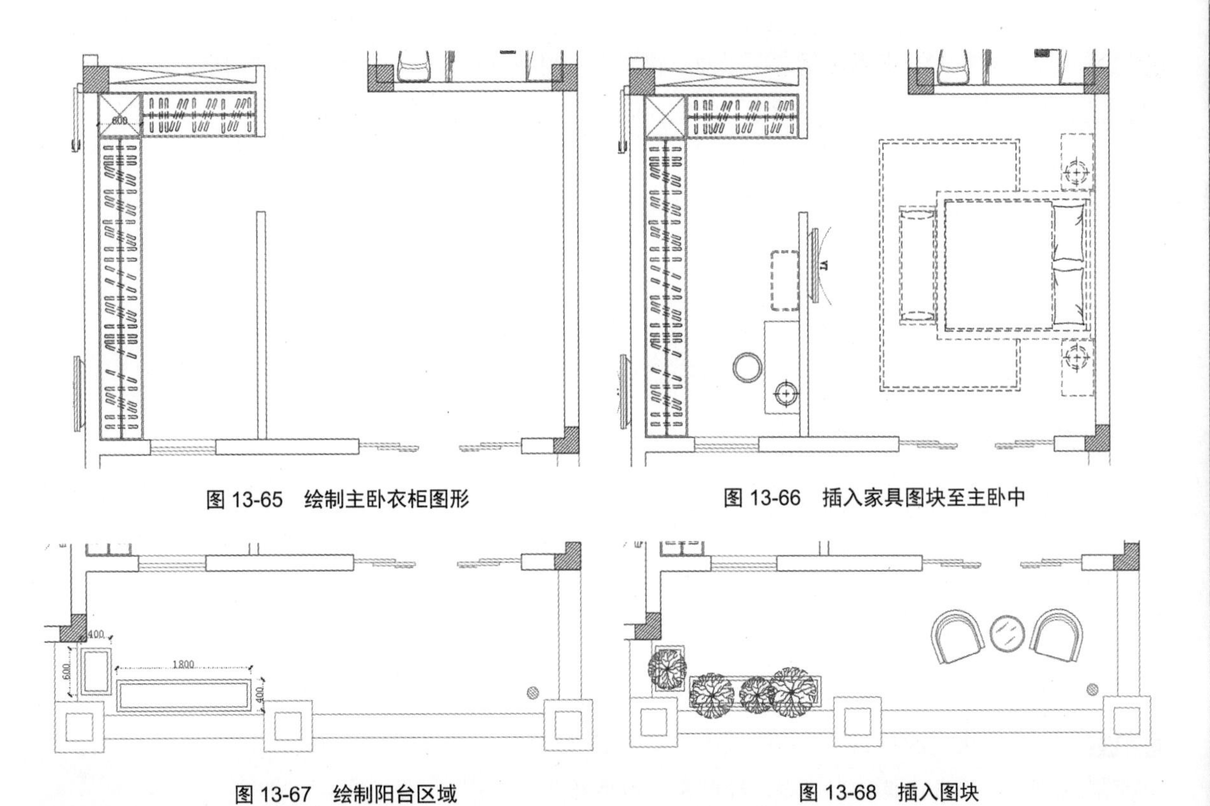

图 13-65　绘制主卧衣柜图形

图 13-66　插入家具图块至主卧中

图 13-67　绘制阳台区域

图 13-68　插入图块

Step10 继续插入工作台、带脚踏沙发，并复制休闲桌椅及植物图形，如图 13-69 所示。

Step11 执行“多行文字”命令，添加文字注释，完成二层平面布置图的绘制，如图 13-70 所示。

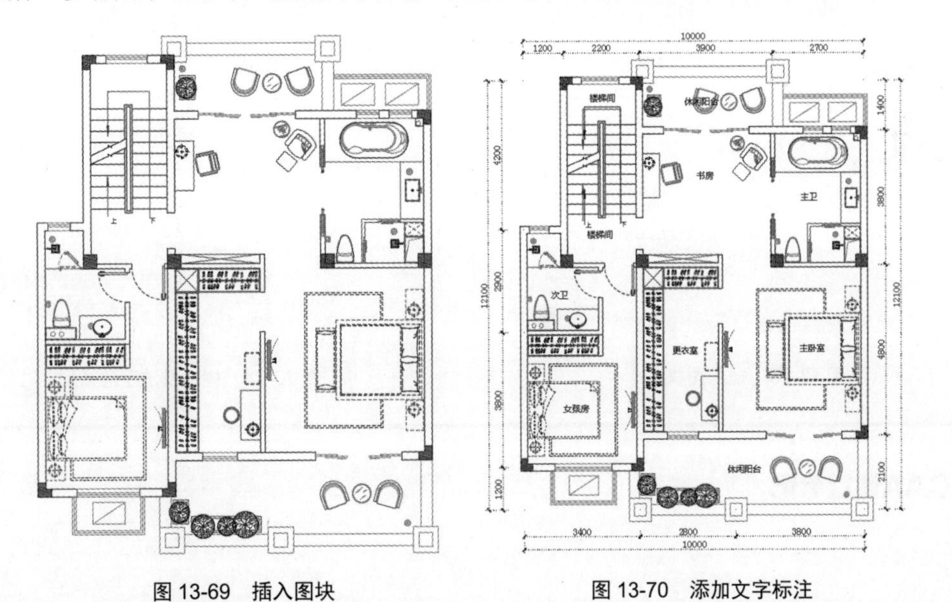

图 13-69　插入图块

图 13-70　添加文字标注

■ 13.2.6　绘制三层平面布置图

下面介绍三层平面布置图的绘制，三层主要是男孩房、多功能室以及露台区域，具体操作步骤如下。

Step01 复制三层原始户型图，从二层平面布置图中复制卧室布置图形，如图 13-71 所示。

Step02 执行“偏移”和“直线”命令，绘制 30mm 宽的书架图形，如图 13-72 所示。

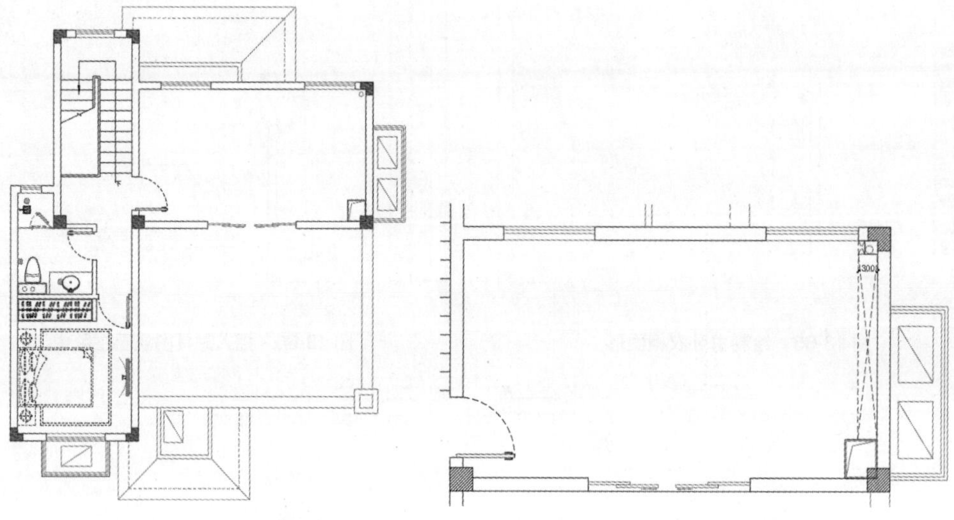

图 13-71　复制并调整图形　　　　图 13-72　绘制书架图形

Step03 插入办公桌、沙发图块至该区域中，如图 13-73 所示。

Step04 执行“矩形”“偏移”命令，绘制树池造型及洗手池轮廓，如图 13-74 所示。

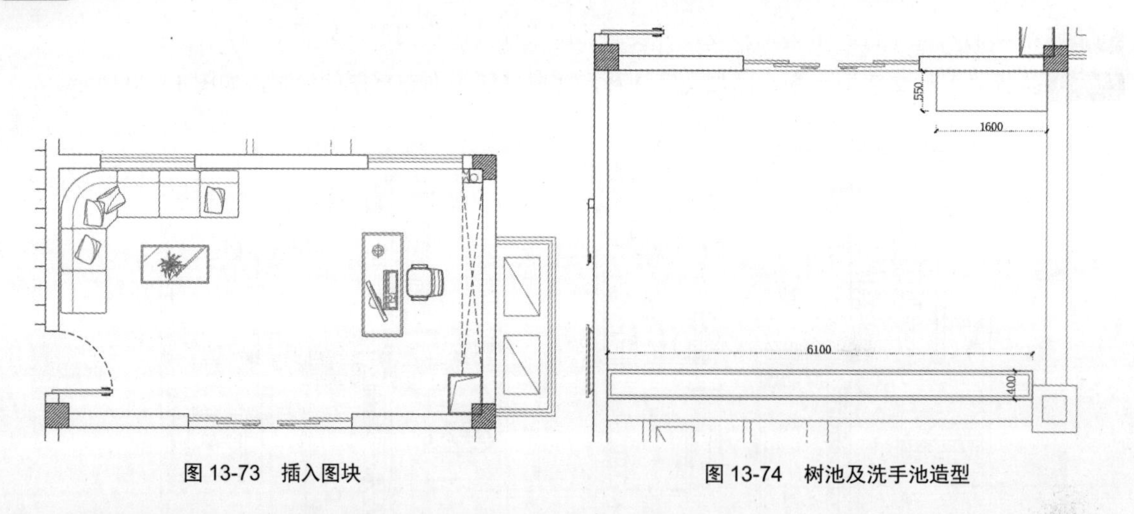

图 13-73　插入图块　　　　图 13-74　树池及洗手池造型

ACAA课堂笔记

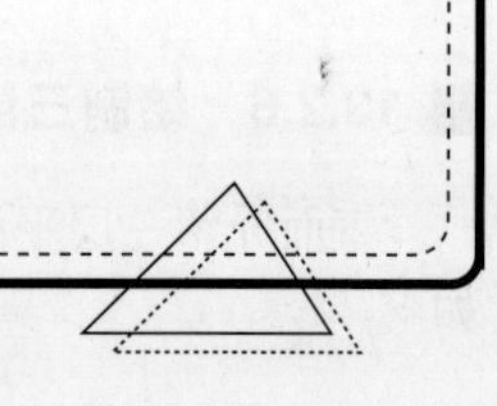

Step05 执行“图案填充”命令，选择 AR-CONC 图案填充树池，如图 13-75 所示。

Step06 插入洗手池、粗石踏步、户外桌椅以及烧烤桌图块至该区域中，如图 13-76 所示。

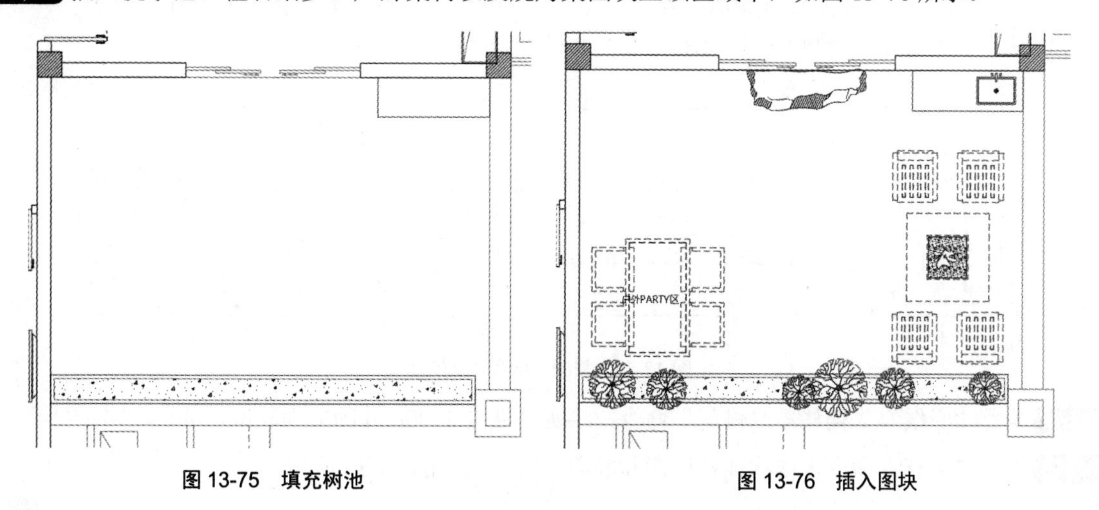

图 13-75　填充树池　　　　图 13-76　插入图块

Step07 执行“多行文字”命令，为图纸添加文字注释，完成三层平面布置图的绘制，如图 13-77 所示。

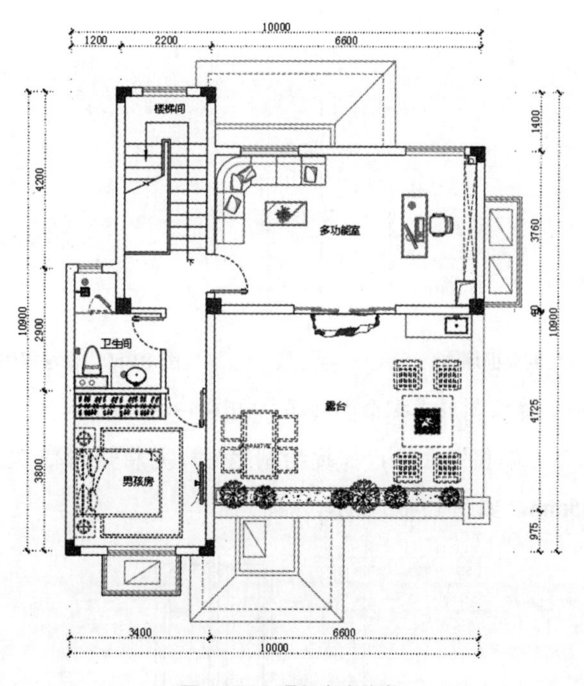

图 13-77　添加文字注释

13.3 绘制别墅立面图

立面图主要体现墙面的一些设计造型。在施工中，施工人员会结合平面图进行综合判断，并进行施工。严格来说，室内所有墙体立面都需要绘制。而在实际工作中，大多数设计师只需将有设计造型的墙面表现出来即可，其他无设计的墙面可忽略。

■ 13.3.1　绘制一层客厅背景墙立面图

客厅立面图是整个别墅设计中的亮点，也是重中之重。下面介绍具体的绘制操作。

Step01 从平面布置图中复制客厅区域的平面，并进行修剪，如图 13-78 所示。

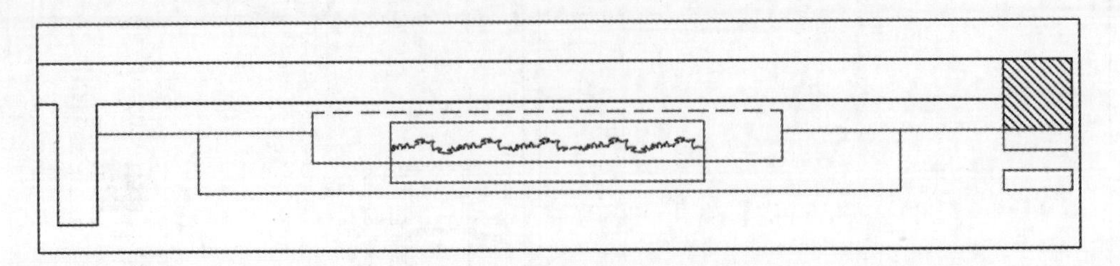

图 13-78　复制一层客厅背景墙

Step02 执行“直线”“偏移”“修剪”命令，绘制高度为 3400mm 的立面轮廓，如图 13-79 所示。

Step03 执行“偏移”命令，依次偏移横向和竖向的边线，如图 13-80 所示。

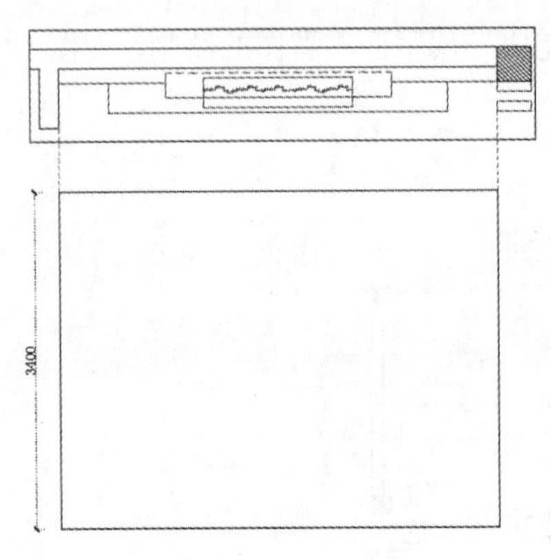

图 13-79　绘制立面墙体

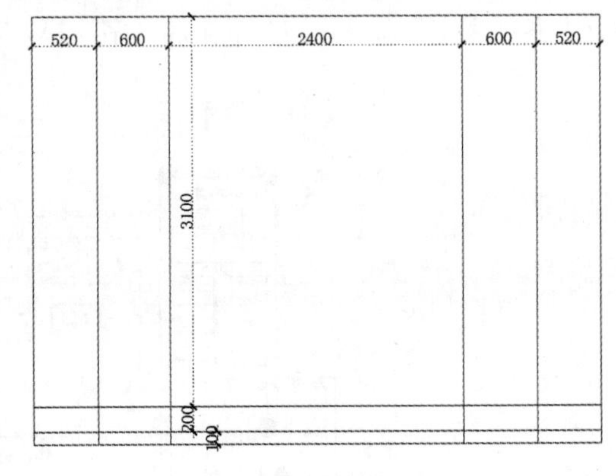

图 13-80　偏移墙体线

Step04 执行“修剪”命令，修剪图形中多余的线条，如图 13-81 所示。

Step05 依次执行“矩形”“偏移”命令，捕捉绘制矩形，并将矩形依次向内偏移 5mm、45mm、25mm、5mm、10mm、45mm，如图 13-82 所示。

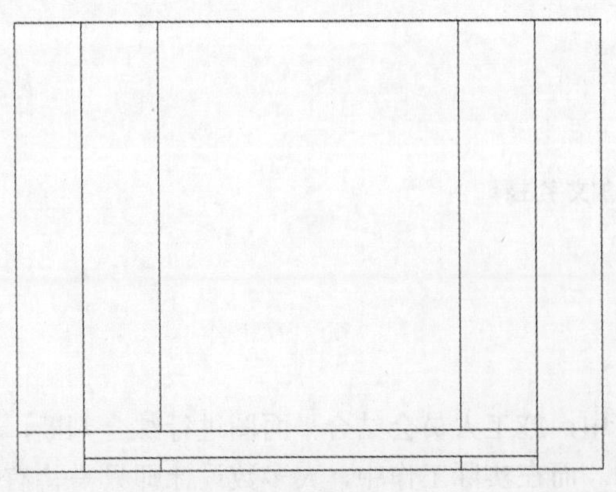

图 13-81　修剪偏移的墙体

图 13-82　绘制矩形并进行偏移

Step06 执行“直线”命令，绘制装饰框的角线，如图 13-83 所示。

Step07 依次执行“偏移”和“修剪”命令，绘制墙面造型，如图 13-84 所示。

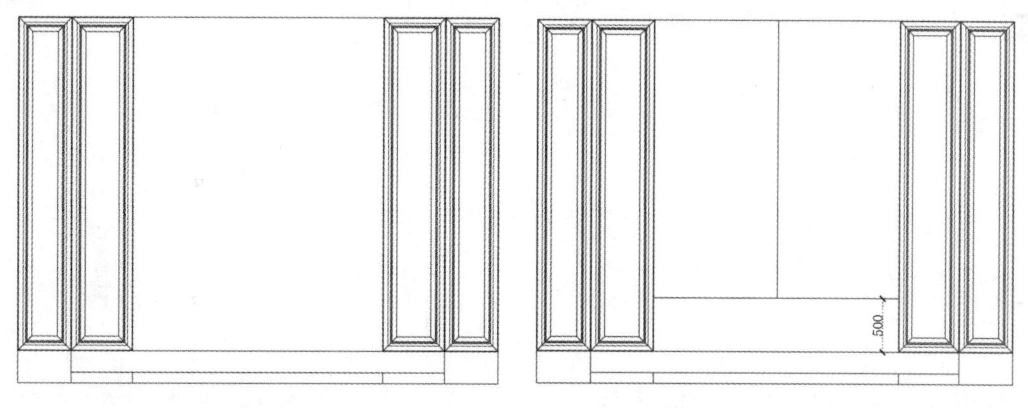

图 13-83　绘制角线　　　　图 13-84　绘制墙面造型

Step08 依次执行“定数等分”“直线”命令，绘制出石材拼缝，如图 13-85 所示。

Step09 执行“矩形”命令，绘制长为 1600mm、宽为 400mm 的矩形，居中放置到合适的位置，如图 13-86 所示。

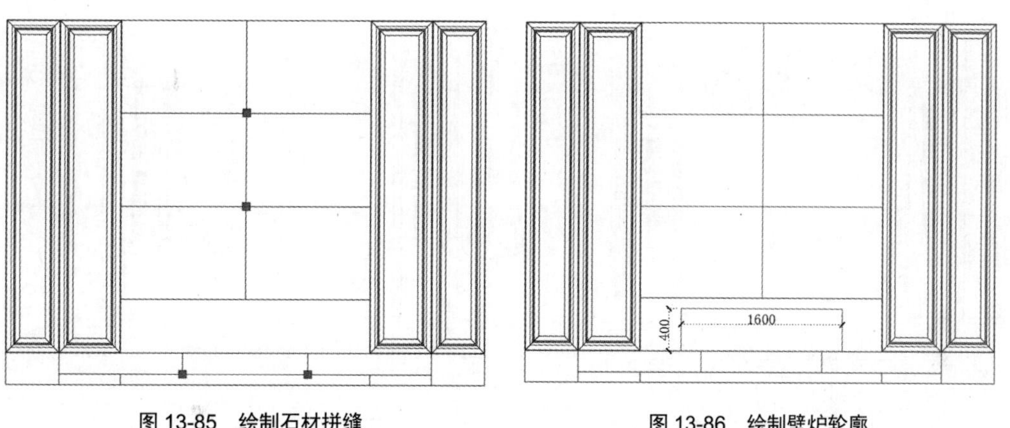

图 13-85　绘制石材拼缝　　　　图 13-86　绘制壁炉轮廓

Step10 执行“圆弧”命令，绘制火焰造型，依次执行“偏移”“修剪”命令，绘制出踢脚线造型，再绘制镂空折线，如图 13-87 所示。

Step11 执行“图案填充”命令，选择两种大理石图案，分别填充墙面，如图 13-88 所示。

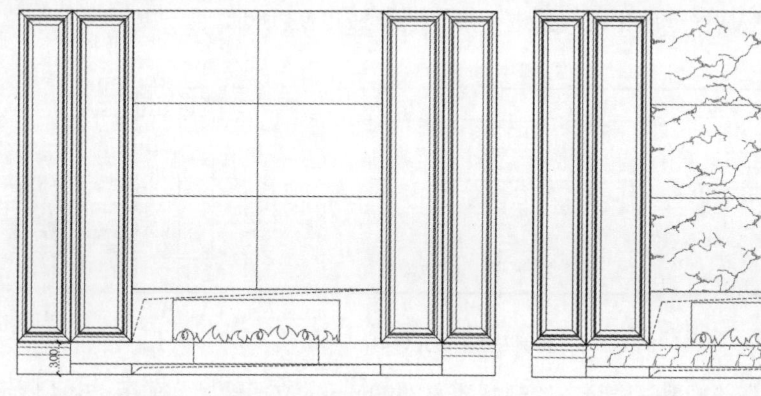

图 13-87　绘制火焰及镂空折线　　　　图 13-88　填充大理石墙面

Step12 执行“图案填充”命令，选择 ANSI32 图案，填充不锈钢区域，如图 13-89 所示。

Step13 插入壁灯及射灯图形至该区域中，如图 13-90 所示。

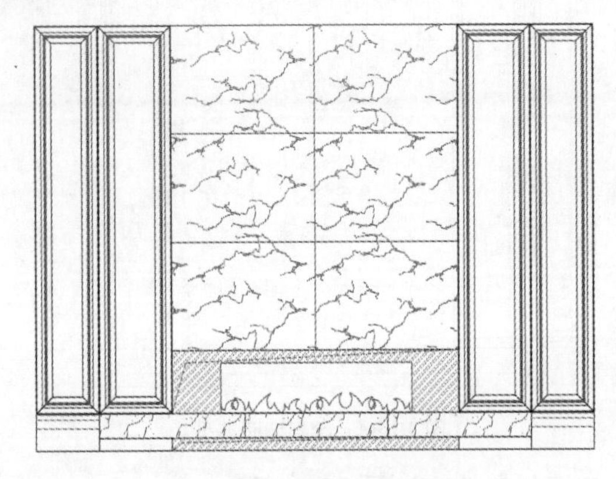

图 13-89　填充不锈钢区域

图 13-90　插入图块

Step14 执行“线性”“连续”标注命令，为立面图添加尺寸标注，如图 13-91 所示。

Step15 在命令行中输入 QL 命令，为立面图添加引线标注，完成背景墙立面图的绘制，如图 13-92 所示。

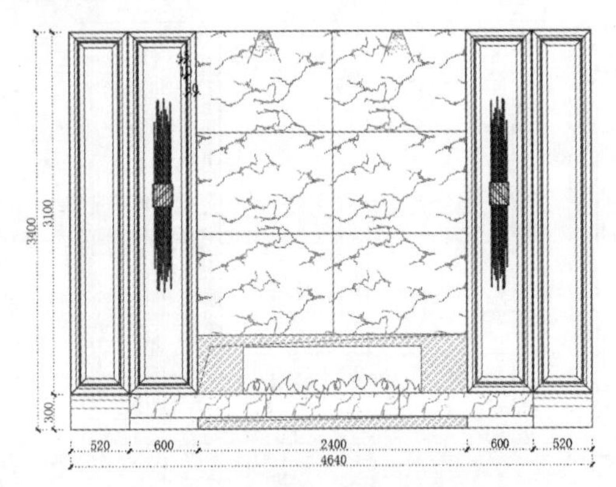

图 13-91　添加尺寸标注

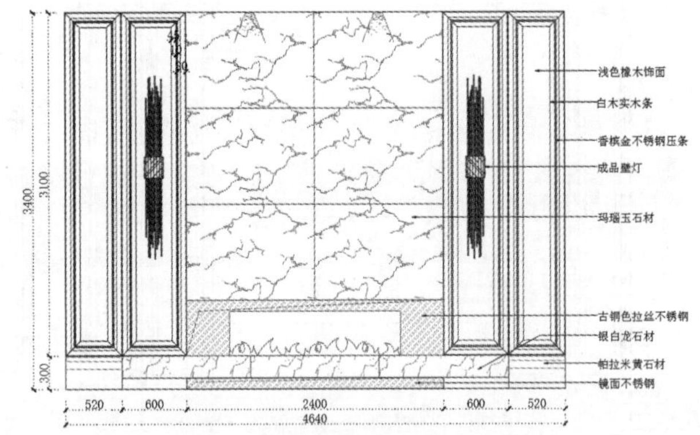

图 13-92　添加文字注释

■ 13.3.2　绘制餐厅屏风立面图

餐厅区域的屏风是餐厅通往楼梯间的通道，通透且造型美观，具体步骤介绍如下。

Step01 从平面布置图中复制餐厅区域的平面，并进行修剪，如图 13-93 所示。

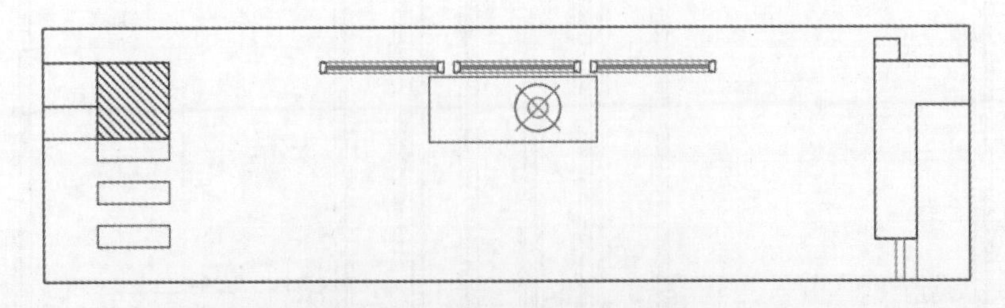

图 13-93　复制餐厅区域并修剪

Step02 执行“直线”“偏移”“修剪”命令，绘制高度为 3400mm 的立面轮廓，如图 13-94 所示。

Step03 执行“偏移”命令，将上边线依次向下进行偏移，如图 13-95 所示。

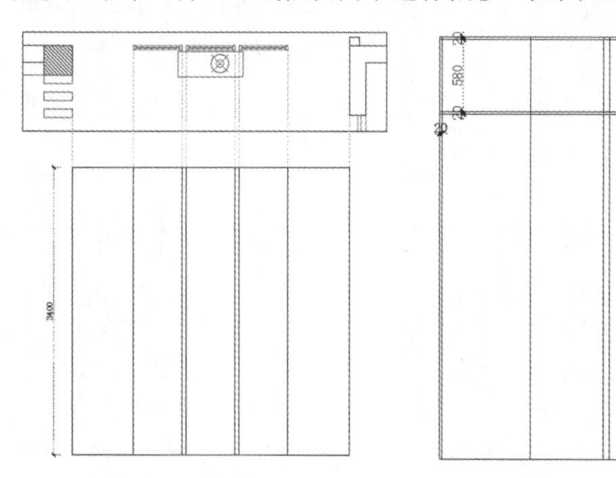

图 13-94　绘制立面墙体轮廓　　　图 13-95　偏移墙体线

Step04 执行“修剪”命令，修剪图形中多余的线条，如图 13-96 所示。

Step05 插入屏风图块并进行复制，删除多余的线条，如图 13-97 所示。

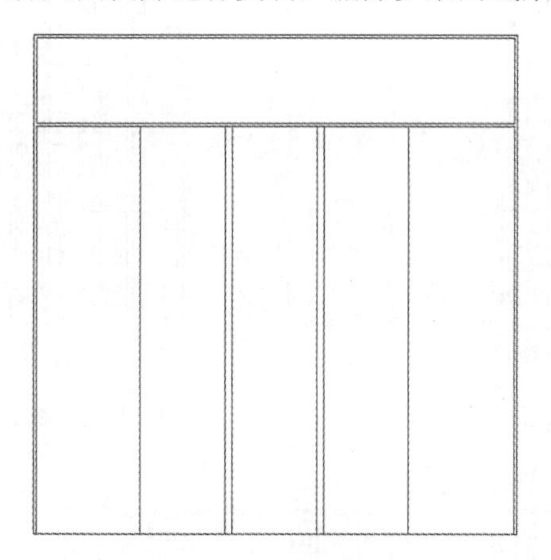

图 13-96　修剪偏移线段

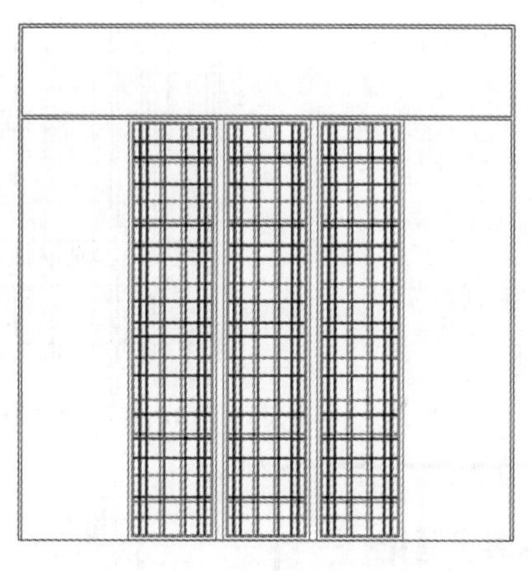

图 13-97　插入并复制屏风图块

Step06 执行“矩形”命令，绘制矩形并进行复制操作，间距为 15mm，如图 13-98 所示。

Step07 依次执行“直线”和“偏移”命令，绘制直线并偏移出 250mm 的间距，如图 13-99 所示。

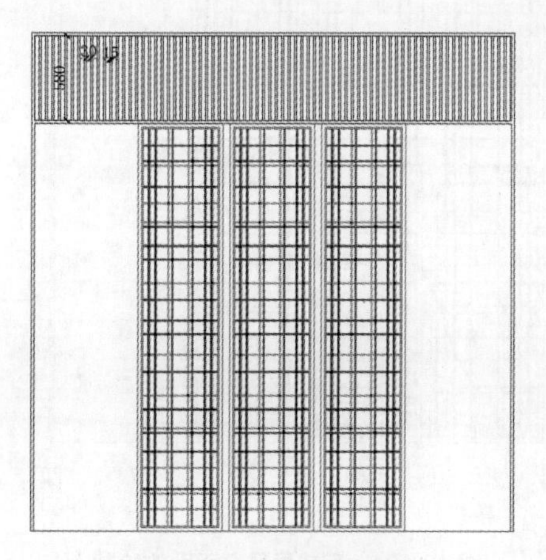

图 13-98　绘制矩形并复制

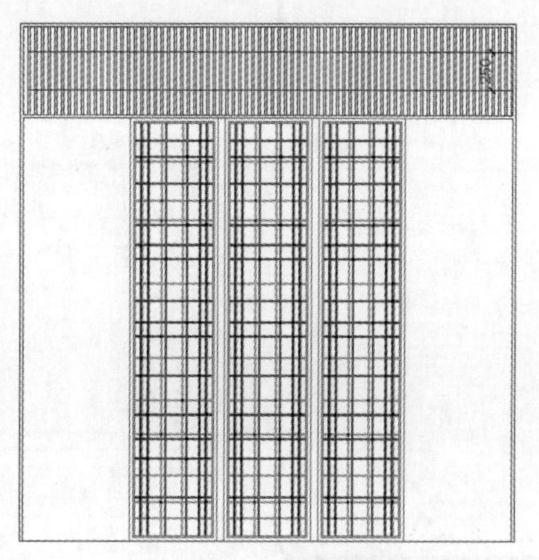

图 13-99　绘制直线

Step08 执行“修剪”命令，修剪图形中多余的线条，如图 13-100 所示。

Step09 执行“多段线”命令，绘制中空的标识线，如图 13-101 所示。

Step10 添加指示符属性块并修改属性文字，如图 13-102 所示。

Step11 执行“线性”“连续”标注命令，为立面图添加尺寸标注，如图 13-103 所示。

Step12 在命令行中输入 QL 命令，为立面图添加引线标注，完成立面图的绘制，如图 13-104 所示。

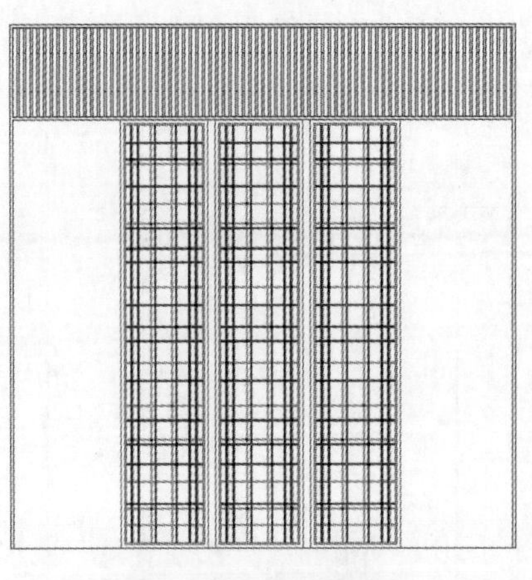

图 13-100 修剪直线

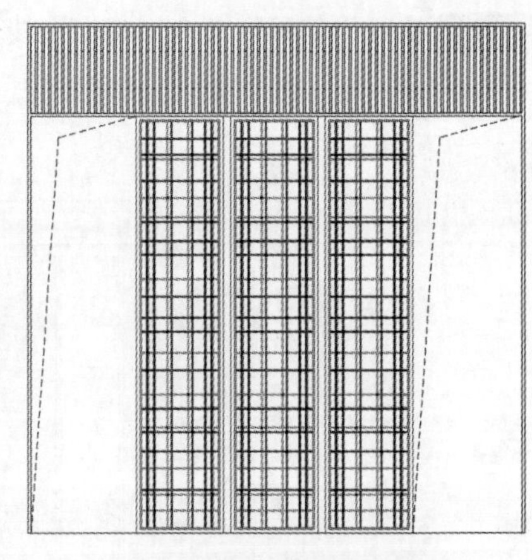

图 13-101 绘制中空标识线

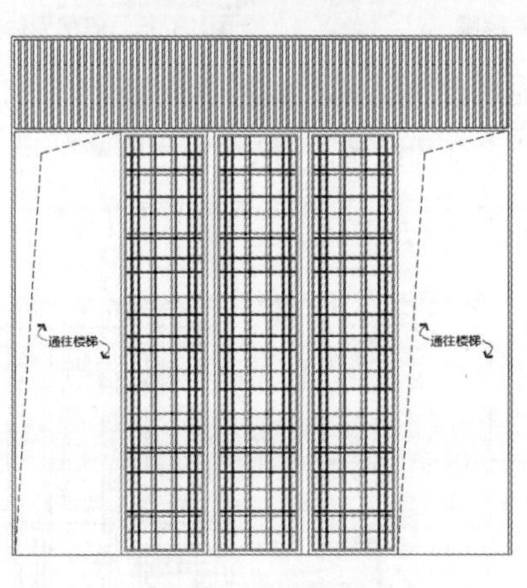

图 13-102 添加属性块

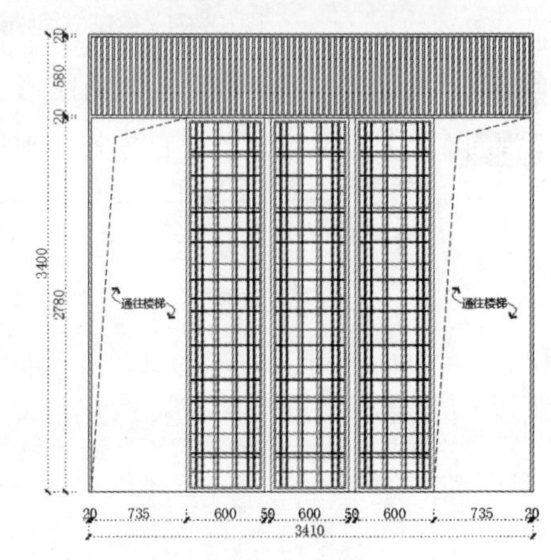

图 13-103 绘制直线

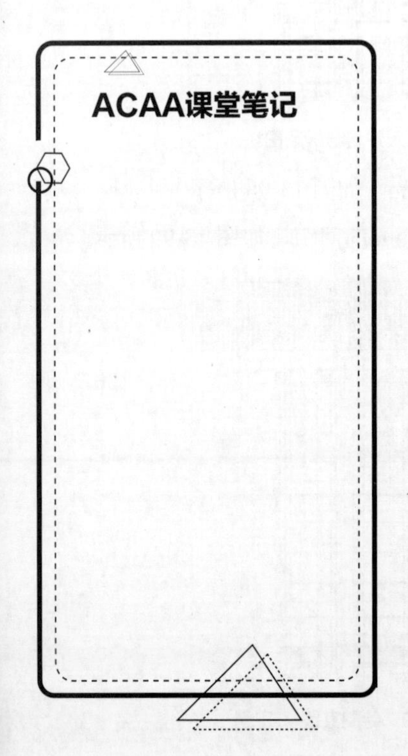

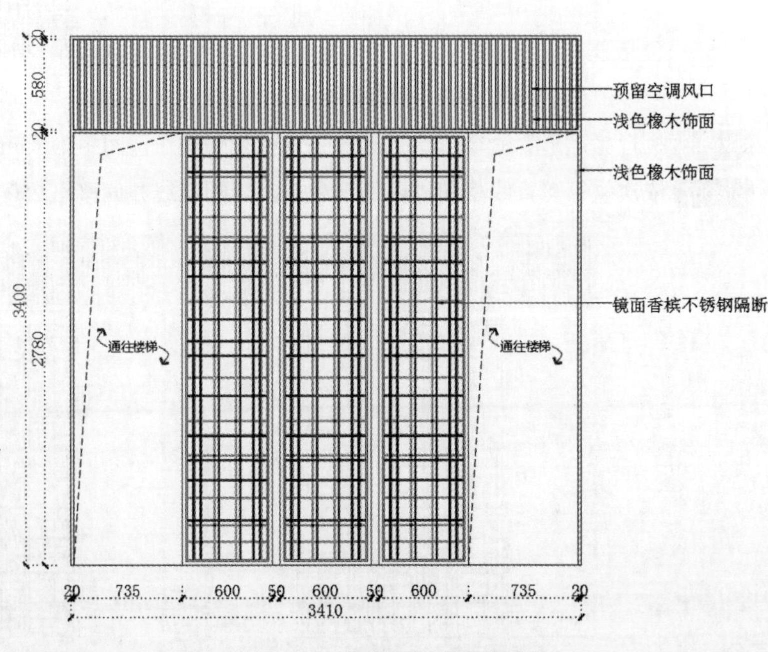

图 13-104 完成屏风立面图的绘制

13.3.3 绘制主卫立面图

下面介绍主卫立面图纸的绘制，包括化妆镜造型、洗手台造型等图形的绘制，具体操作步骤如下。

Step01 从平面布置图中复制二层主卫的平面，并进行修剪，如图 13-105 所示。

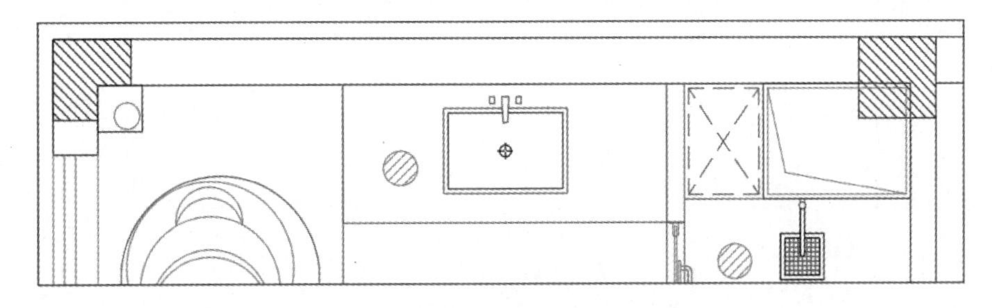

图 13-105 复制并修剪主卫平面图

Step02 执行“直线”“偏移”“修剪”命令，绘制高度为 2400mm 的立面轮廓，如图 13-106 所示。

Step03 执行“偏移”命令，依次偏移横向和竖向的边线，如图 13-107 所示。

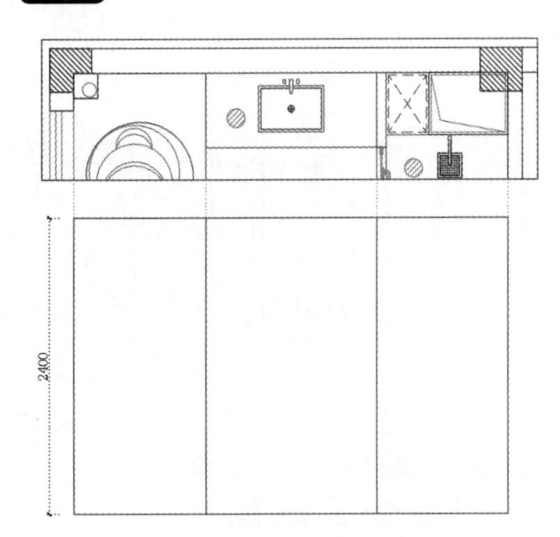

图 13-106 绘制立面墙体轮廓

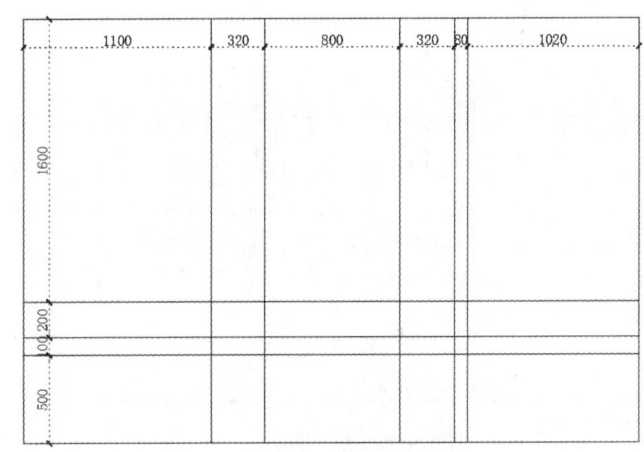

图 13-107 偏移墙线

Step04 执行“修剪”命令，修剪图形中多余的线条，如图 13-108 所示。

Step05 执行“偏移”命令，偏移 20mm 的挡水和 14mm 的玻璃厚度，如图 13-109 所示。

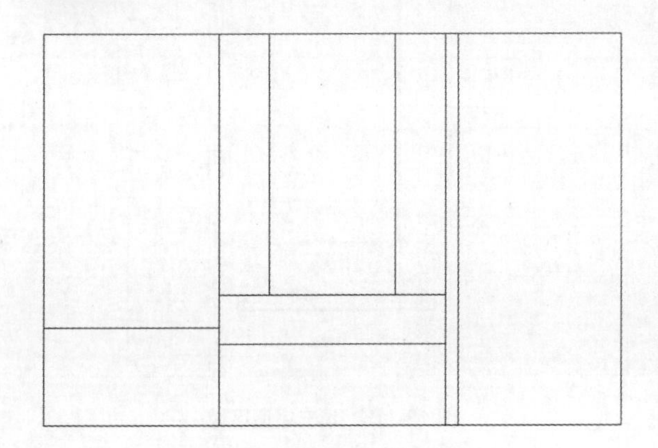

图 13-108 修剪图形线段

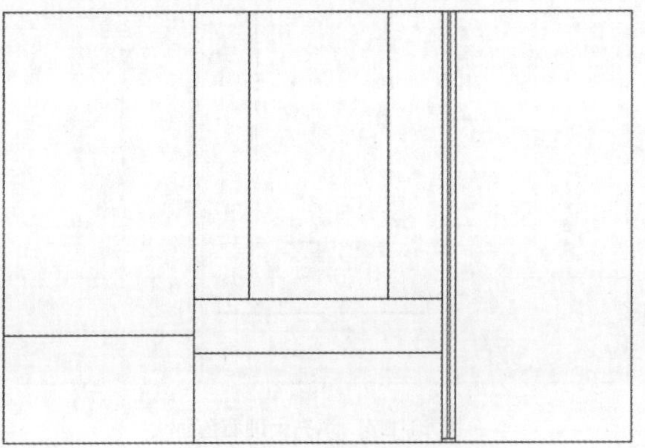

图 13-109 绘制挡水及玻璃

Step06 执行“偏移”“修剪”命令，捕捉绘制矩形并将其向内偏移 10mm，如图 13-110 所示。

Step07 执行“偏移”命令，将下方边线向上偏移 250mm，如图 13-111 所示

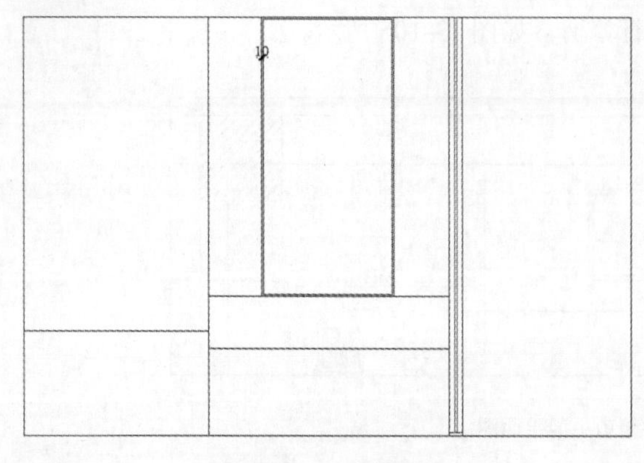

图 13-110 偏移线条

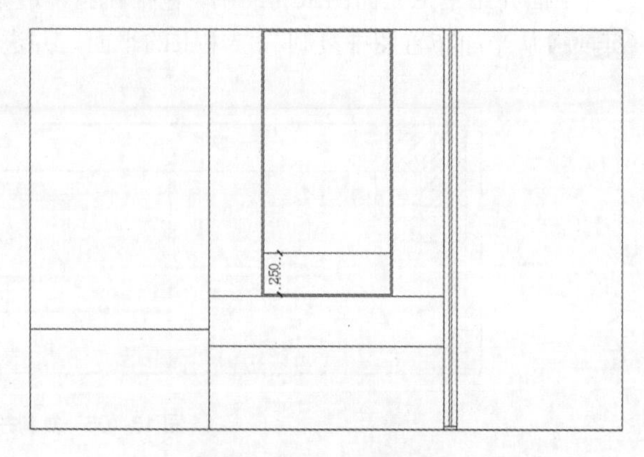

图 13-111 继续偏移线条

Step08 插入淋浴、浴缸、洗手盆等图块，放置到卫生间合适的位置，如图 13-112 所示。

Step09 执行“图案填充”命令，选择用户定义图案，填充出 300mm×600mm 的图案，如图 13-113 所示。

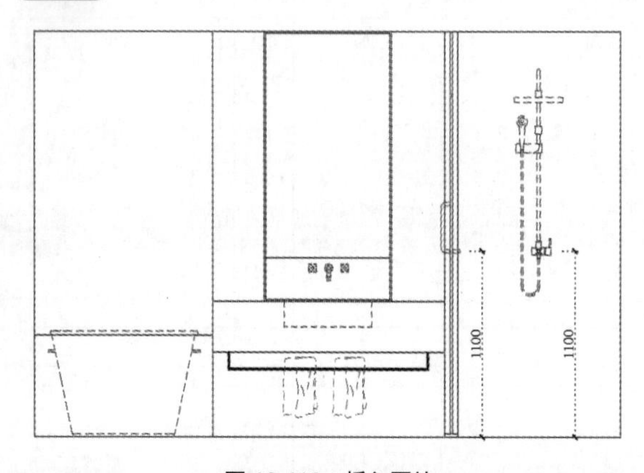

图 13-112 插入图块

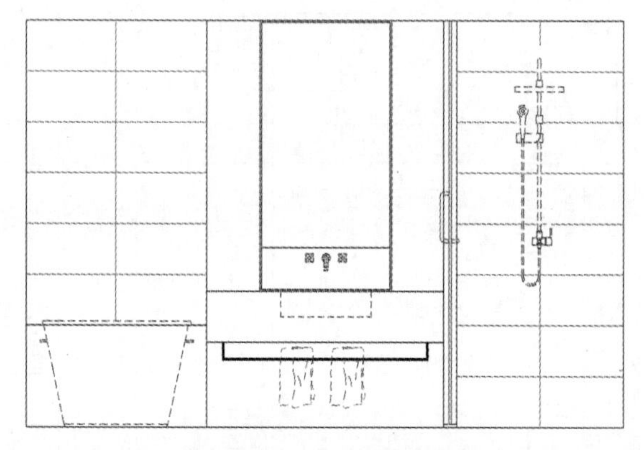

图 13-113 填充墙砖

Step10 执行“图案填充”命令，选择大理石图案，填充洗手台，如图 13-114 所示。

Step11 执行“图案填充”命令，选择图案 AR-RROOF，填充镜面区域，如图 13-115 所示。

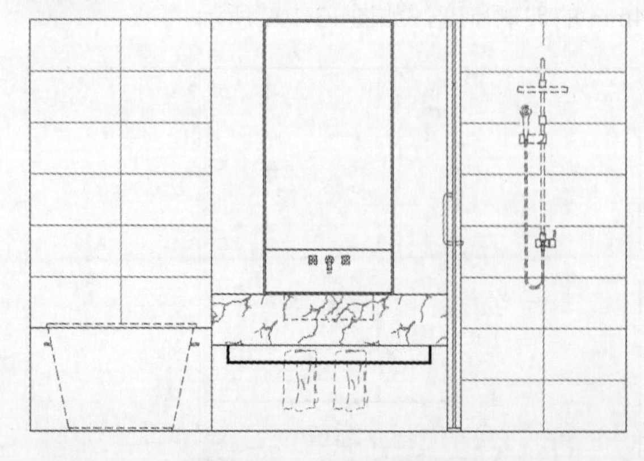

图 13-114 填充大理石台面

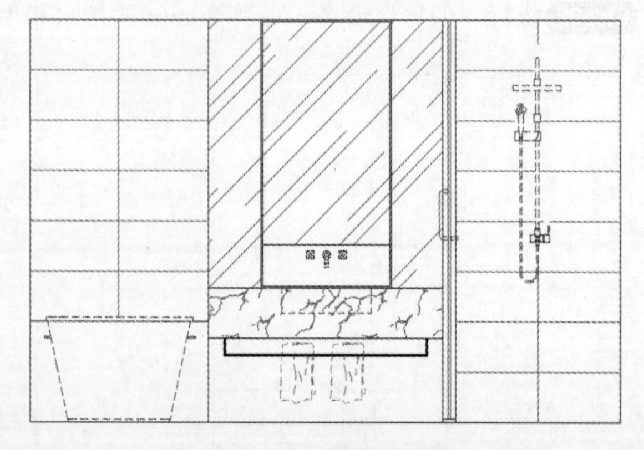

图 13-115 填充镜面区域

Step12 插入镜面装饰图案。执行“图案填充”命令，选择用户定义图案，填充 30mm×30mm 的马赛克，如图 13-116 所示。

Step13 执行“图案填充”命令，选择 AR-CONC 图案，填充浴缸区域，如图 13-117 所示。

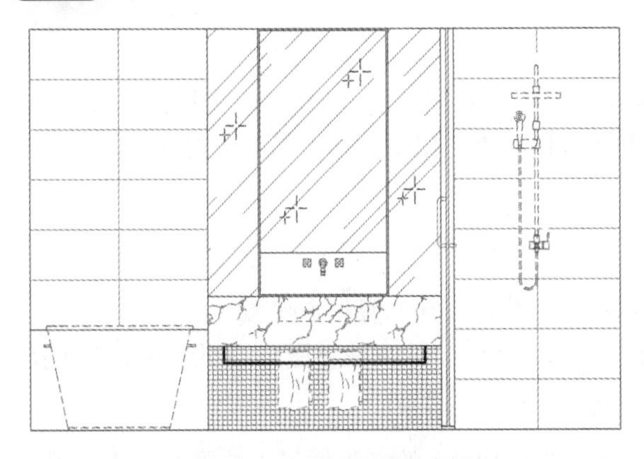

图 13-116　填充马赛克区域

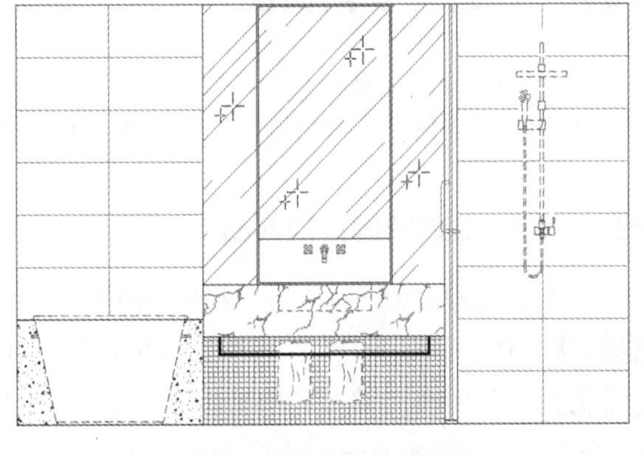

图 13-117　填充浴缸区域

Step14 执行“图案填充”命令，选择图案 ANSI31，继续填充浴缸区域，如图 13-118 所示。

Step15 执行“线性”“连续”标注命令，为立面图添加尺寸标注，如图 13-119 所示。

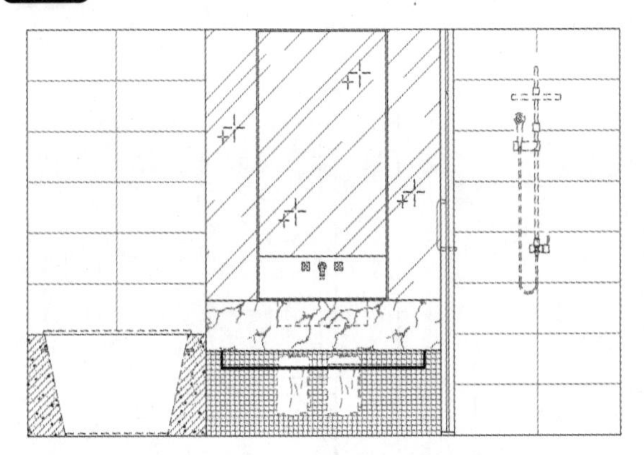

图 13-118　继续填充浴缸区域

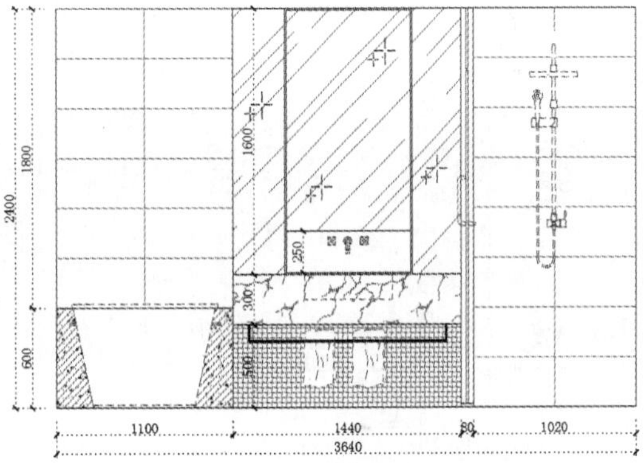

图 13-119　为立面图标注尺寸

Step16 在命令行中输入 QL 命令，为立面图添加引线标注，完成主卫立面图的绘制，如图 13-120 所示。

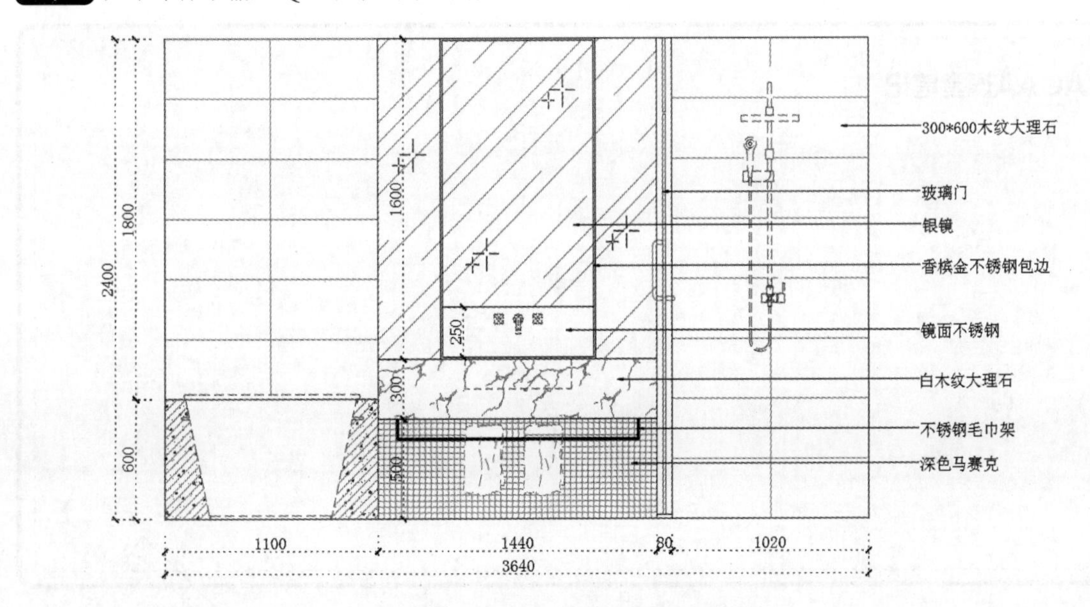

图 13-120　为立面图标注材料注释

13.4 绘制别墅剖面图

在制图过程中，有时在绘制某立面图时，也可绘制其相应的剖面图。如果立面图较为复杂，则可单独绘制剖面图。下面将以绘制踢脚线、壁炉剖面图为例，来介绍室内剖面图的绘制方法。

13.4.1 绘制踢脚线剖面图

踢脚线分很多种，以下所绘制的剖面图为石材踢脚线结合处，具体操作步骤如下。

Step01 执行“直线”命令，绘制地平线及墙体，再执行“偏移”命令，依次偏移图形，如图 13-121 所示。

Step02 执行“修剪”命令，修剪图形中多余的线条，如图 13-122 所示。

Step03 执行“矩形”“直线”命令，绘制长为 30mm、宽为 10mm 的龙骨图形，放置到合适位置，如图 13-123 所示。

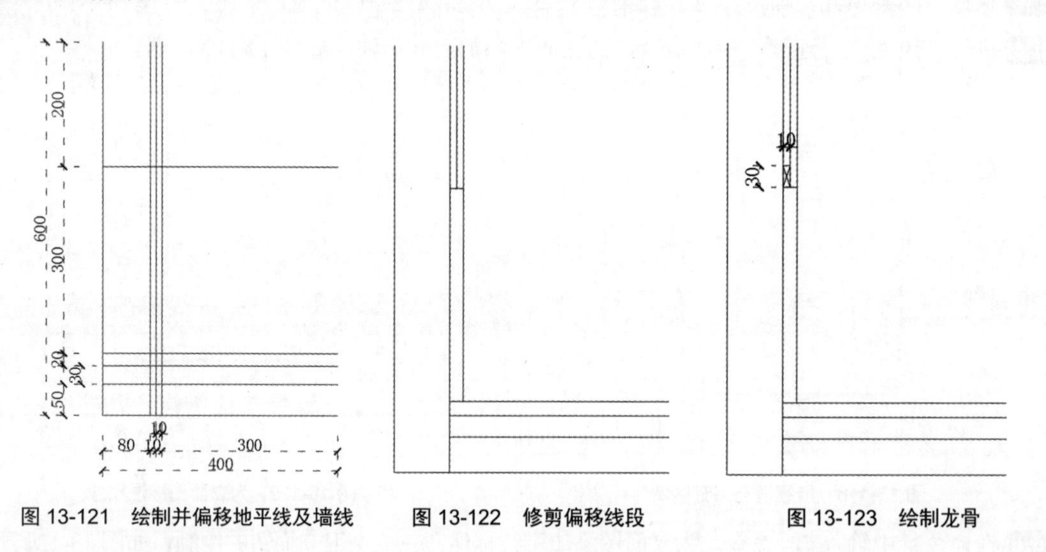

图 13-121 绘制并偏移地平线及墙线　　图 13-122 修剪偏移线段　　图 13-123 绘制龙骨

Step04 执行“多段线”命令，绘制踢脚线条及木线条轮廓，如图 13-124 所示。

Step05 将绘制好的木线条移动到合适的位置，如图 13-125 所示。

Step06 执行“矩形”命令，绘制长为 10mm、宽为 10mm 的矩形，放置到木线条上方，如图 13-126 所示。

Step07 执行“偏移”“直线”命令，将矩形向内偏移 1mm，再绘制交叉线，如图 13-127 所示。

Step08 执行“直线”“偏移”命令，绘制并偏移图形，如图 13-128 所示。

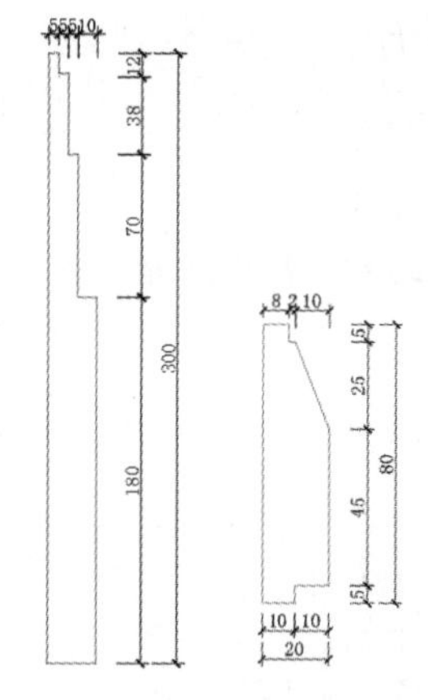

图 13-124 绘制踢脚线及木线条

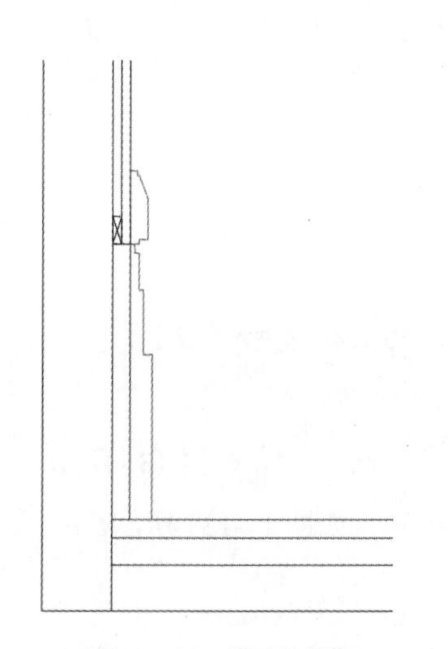

图 13-125 移动木线条

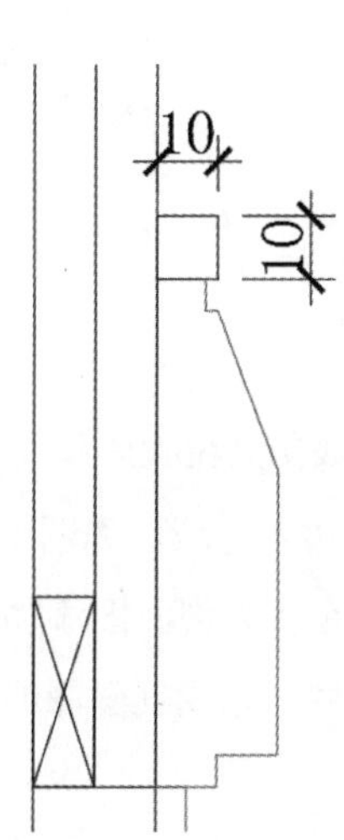

图 13-126 绘制矩形

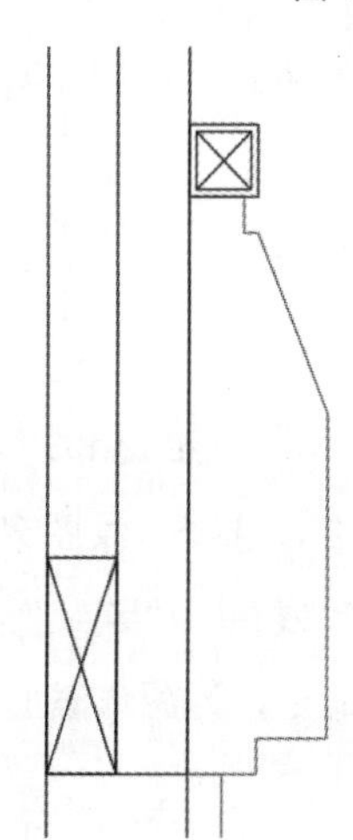

图 13-127 绘制矩形交叉线

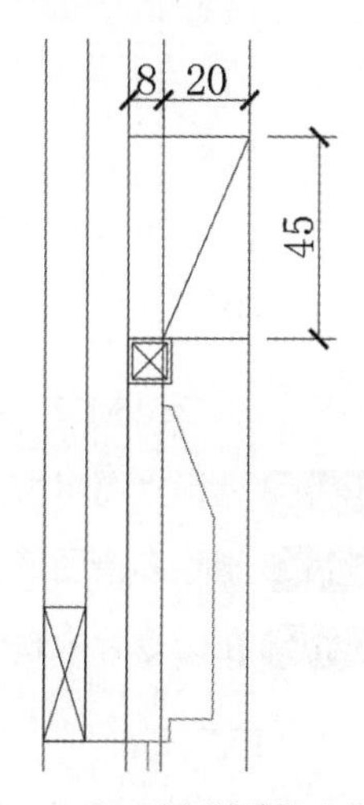

图 13-128 绘制并偏移直线

Step09 执行“修剪”命令，修剪并删除图形中多余的线条，如图 13-129 所示。

Step10 执行“偏移”“修剪”命令，将边线向内偏移 3mm 并修剪图形，再绘制直线，如图 13-130 所示。

Step11 执行“直线”命令，绘制直线封闭图形。再执行“图案填充”命令，选择图案 HEX、AR-CONC、ANSI333，填充地面，如图 13-131 所示。

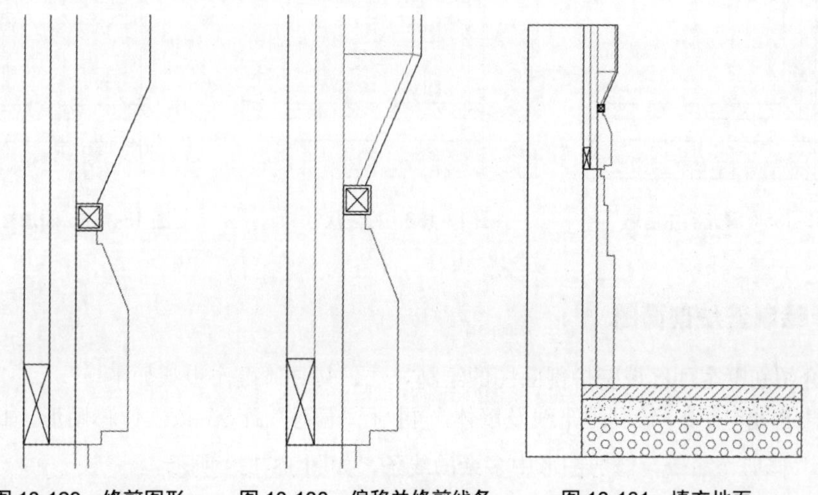

图 13-129 修剪图形　图 13-130 偏移并修剪线条　图 13-131 填充地面

Step12 执行“图案填充”命令，选择图案 AR-CONC、ANSI31，填充墙体，如图 13-132 所示。

Step13 执行“图案填充”命令，选择图案 AR-CONC、ANSI333，填充踢脚线及水泥砂浆层，如图 13-133 所示。

Step14 执行“图案填充”命令，选择图案 CORK，填充木工板区域，如图 13-134 所示。

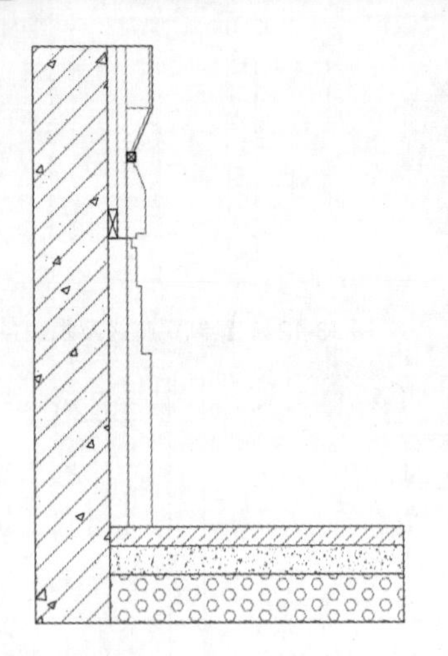
图 13-132　填充墙体

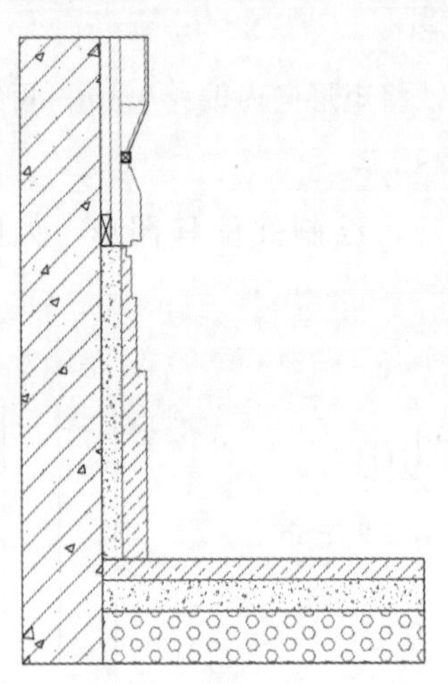
图 13-133　填充踢脚线及水泥砂浆层

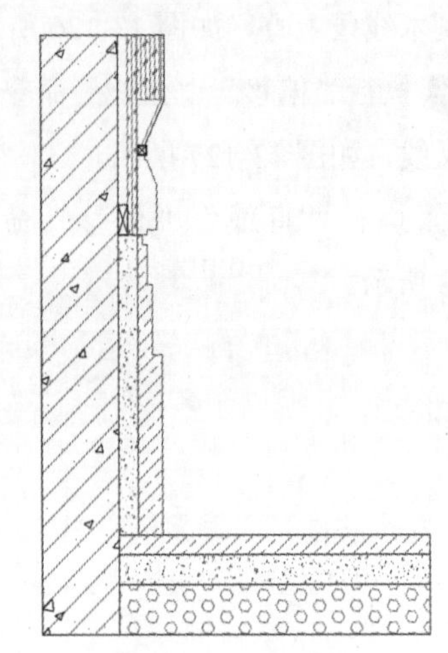
图 13-134　填充木工板

Step15 执行“图案填充”命令，选择木纹图案，填充实木区域，如图 13-135 所示。

Step16 删除多余图形，执行“线性”“连续”标注命令，为剖面图添加尺寸标注，如图 13-136 所示。

Step17 在命令行中输入 QL 命令，为图形添加引线标注，完成剖面图的绘制，如图 13-137 所示。

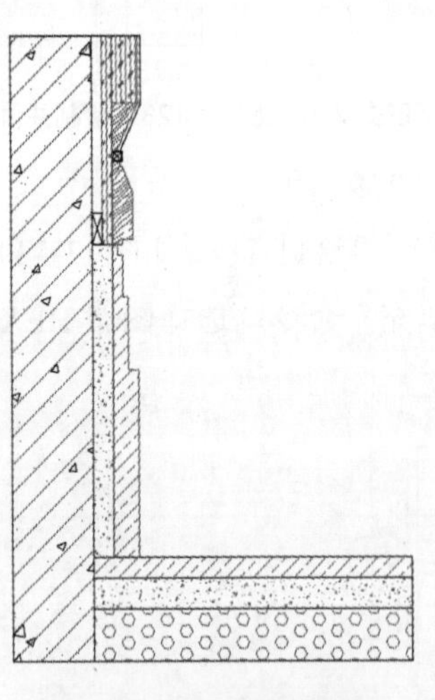
图 13-135　填充实木区域

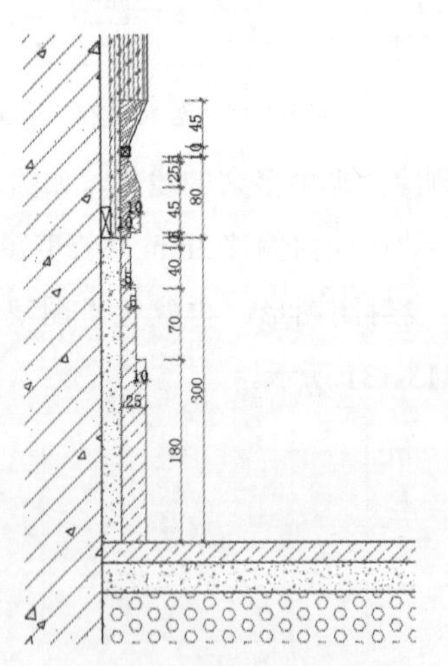
图 13-136　标注尺寸

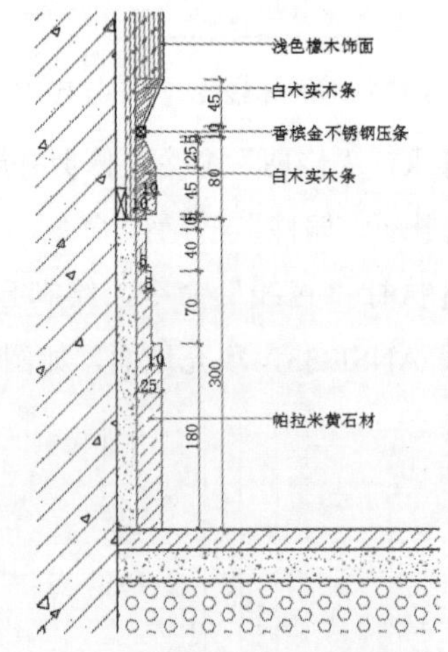

图 13-137　添加材料注释

13.4.2　绘制壁炉剖面图

下面将介绍别墅客厅区域壁炉剖面图的绘制方法，其具体操作步骤如下。

Step01 执行“直线”命令，绘制地平线及墙体，再执行“偏移”命令，依次偏移图形，如图 13-138 所示。

Step02 执行“修剪”命令，修剪图形中多余的线条，如图 13-139 所示。

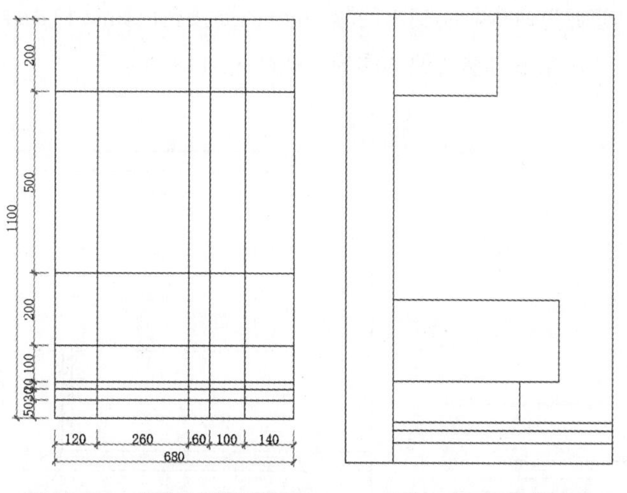

图 13-138　偏移地平线及墙线　　　　图 13-139　修剪图形

Step03 执行“偏移”命令，在上方偏移出 1mm 的不锈钢厚度、9mm 的九厘板和木工板厚度以及 20mm 的石材厚度，如图 13-140 所示。

Step04 执行“修剪”命令，修剪图形中多余的线条，如图 13-141 所示。

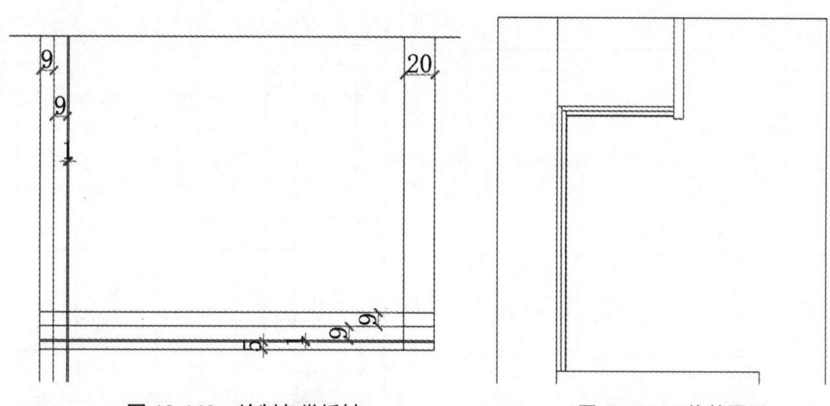

图 13-140　绘制各类板材　　　　图 13-141　修剪图形

Step05 执行“矩形”“直线”命令，绘制 30mm×30mm 的木龙骨，如图 13-142 所示。

Step06 插入膨胀螺丝及连接件图形，如图 13-143 所示。

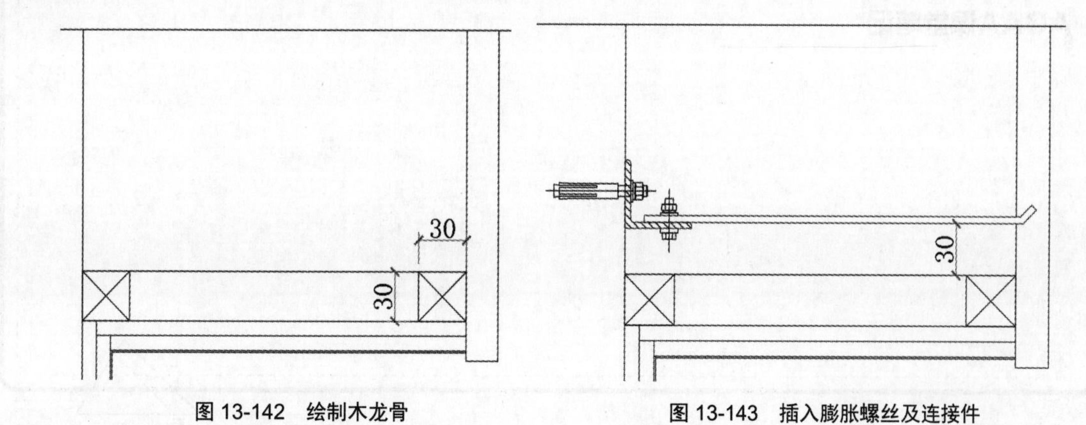

图 13-142　绘制木龙骨　　　　图 13-143　插入膨胀螺丝及连接件

Step07 执行“偏移”“修剪”命令，绘制出间隔 1mm 的连接孔，如图 13-144 所示。

Step08 执行“偏移”命令，在下方继续偏移图形，如图 13-145 所示。

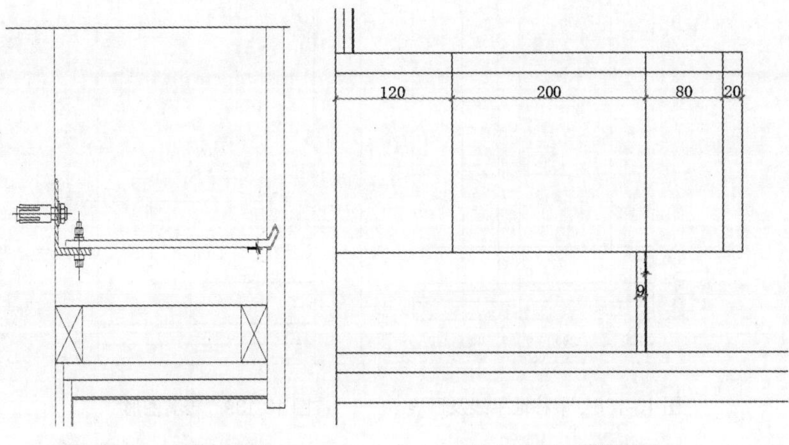

图 13-144　绘制连接孔　　　图 13-145　偏移图形

Step09 执行“修剪”命令，修剪图形中多余的线条，如图 13-146 所示。

Step10 复制 30mm×30mm 的木方图形，再执行“直线”命令，绘制龙骨，如图 13-147 所示。

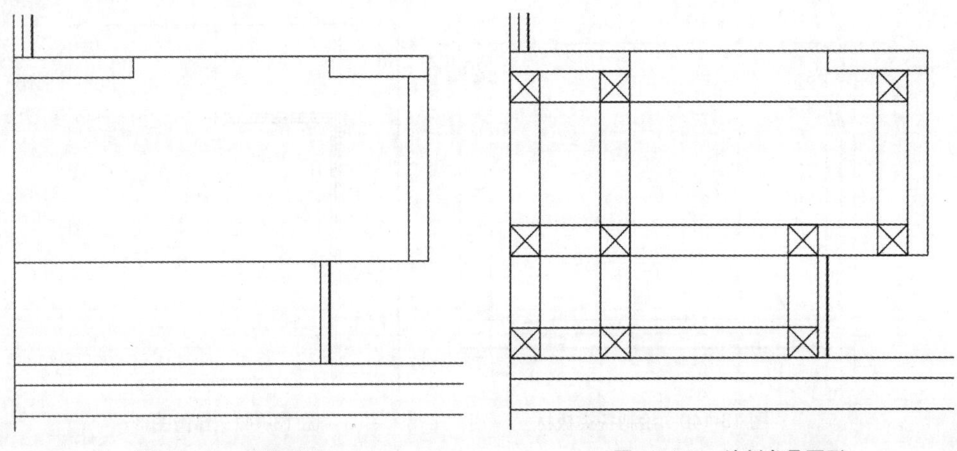

图 13-146　修剪图形　　　图 13-147　绘制龙骨图形

Step11 绘制角钢图形，再执行“镜像”“复制”命令，复制角钢图形，如图 13-148 所示。

Step12 执行“矩形”“多段线”命令，绘制酒精炉及火焰造型，如图 13-149 所示。

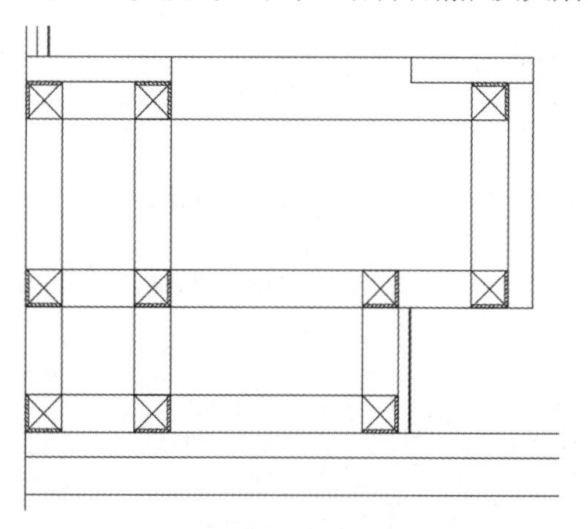

图 13-148　复制角钢图形

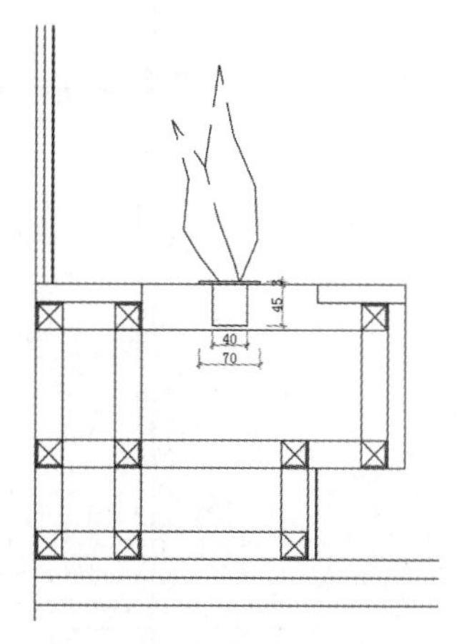

图 13-149　绘制酒精壶和火焰

Step13 执行“图案填充”命令，选择图案 HEX、AR-CONC、ANSI333，填充地面，如图 13-150 所示。

Step14 执行“图案填充”命令，选择图案 AR-CONC、ANSI31，填充墙体，如图 13-151 所示。

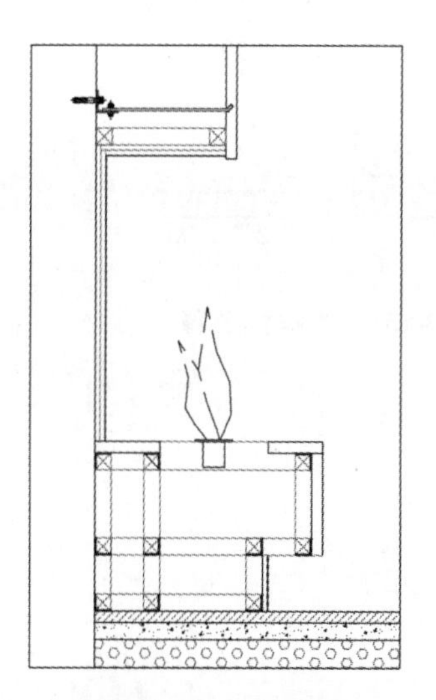

图 13-150　填充地面

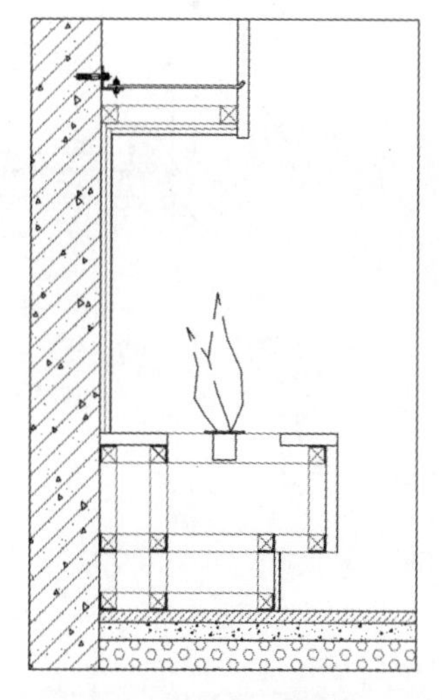

图 13-151　填充墙体

Step15 执行“图案填充”命令，选择图案 ANSI333，填充石材，如图 13-152 所示。

Step16 删除多余图形，执行“线性”“连续”标注命令，为剖面图添加尺寸标注，如图 13-153 所示。

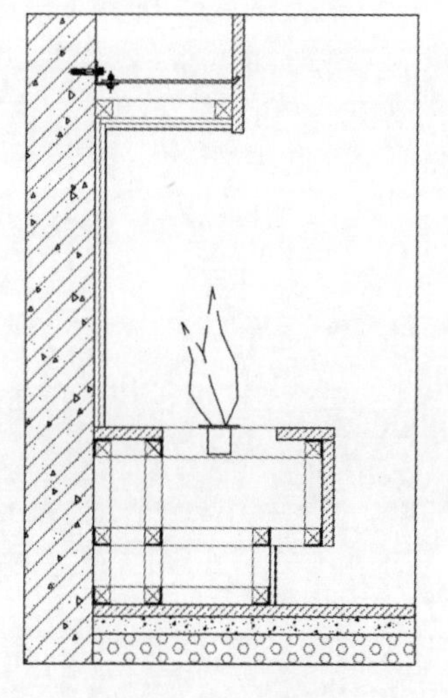

图 13-152　填充石材

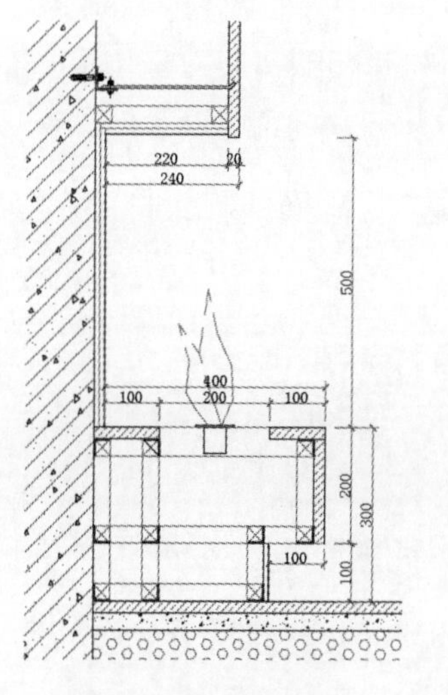

图 13-153　标注尺寸

Step17 在命令行中输入 QL 命令，为图形添加引线标注，完成剖面图的绘制，如图 13-154 所示。

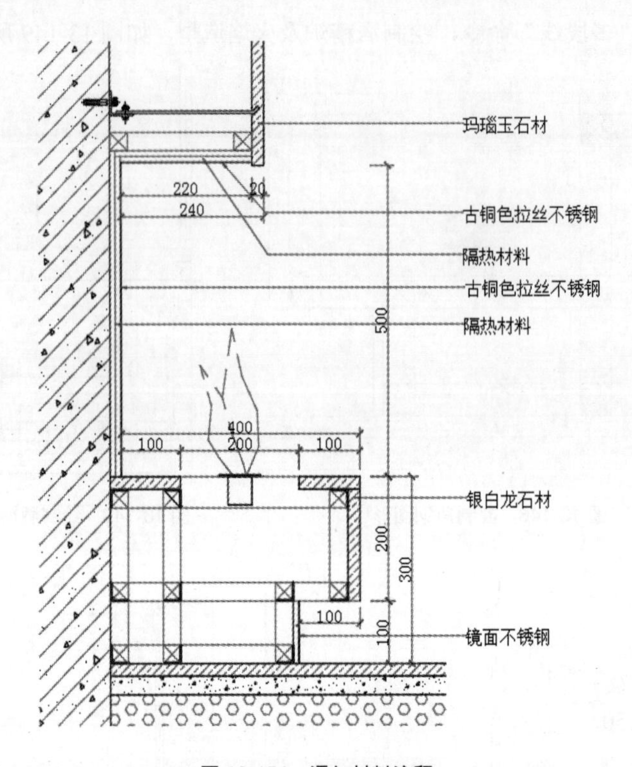

图 13-154　添加材料注释